DIE INNEREN ERKRANKUNGEN IM ALTER

VON

UNIV.-PROF. DR. ALBERT MÜLLER-DEHAM

MIT 6 ABBILDUNGEN IM TEXT

WIEN

VERLAG VON JULIUS SPRINGER

1937

ISBN-13: 978-3-7091-9685-4   e-ISBN-13: 978-3-7091-9932-9
DOI: 10.1007/978-3-7091-9932-9

Vorwort.

Nimmt man Bücher über Alterskrankheiten aus früheren Jahrzehnten zur Hand, etwa das Werk von Canstadt (1839) oder von Geist (1860), von Charcot (1868) oder den von Schwalbe 1909 herausgegebenen Sammelband, so wird man in den Vorreden immer wieder einem typischen Gedankengang begegnen. Die Verfasser wundern sich darüber, daß das Gebiet der Alterskrankheiten trotz seiner Wichtigkeit und Ergiebigkeit in der wissenschaftlichen Literatur vernachlässigt werde, sie stellen ein Versagen der Kenntnisse und des Handelns, die Mängel der Diagnose und der Therapie im Alter fest, und sie erhoffen von ihrem Werk eine Belebung des Interesses und eine Zunahme des ärztlichen Wissens und Könnens. Ihre Betrachtungen haben auch heute nicht an Berechtigung und Aktualität verloren. Im Gegenteil. Auch heute ist die Tätigkeit auf diesem Gebiete unzureichend, aber mit der Zunahme der Lebensdauer ist der Anteil der Alten überall in raschem Wachstum begriffen und mit den Fortschritten der Medizin verschiebt sich ein Teil der großen, noch zu lösenden Probleme, wie das der Hypertonie, der Arteriosklerose, des Krebses auf Zustände, welche vorwiegend den späteren Jahren zukommen.

Das letzte größere Werk über Alterskrankheiten in deutscher Sprache ist vor mehr als 20 Jahren erschienen. Es war dies das umfangreiche Buch von H. Schlesinger: Die Krankheiten des höheren Lebensalters, 1914. Es bedarf daher keiner besonderen Rechtfertigung, wenn neuerlich ein Versuch der Darstellung unternommen wird, wohl aber ist es notwendig, die Grundzüge der Durchführung anzugeben.

Dem vorliegenden Buch sind einige Kapitel vorausgeschickt, welche sich auf Grund der Literatur mit der Biologie des Alters und den normalen physiologischen Änderungen im Senium befassen, im übrigen aber ist es wesentlich aus eigener Erfahrung erwachsen, aus der Tätigkeit an einer sehr großen internen Spitalsabteilung, welche ich seit mehr als 12 Jahren im Rahmen des Wiener Versorgungshauses in Lainz führe. Es will die Erfahrungen dieser Jahre zusammenfassen und der ärztlichen Allgemeinheit übermitteln. Es ist darum in vielem ein subjektives Buch, und es weicht darin deutlich in seiner Struktur von dem sehr verdienstvollen und fleißigen Werke H. Schlesingers ab. Dieses basiert im Wesen auf einer möglichst vollständigen Sammlung der Literatur und auf der statistischen Verwertung von 1800 Obduktionen des Wiener Allgemeinen Krankenhauses an Altersleichen. Die eigene Erfahrung und die Stellungnahme Schlesingers tritt nur ergänzend hervor. Die Anzahl der Obduktionen, die den Ausführungen des vorliegenden Buches zugrunde liegen, ist an Zahl nicht geringer, aber sie entstammen durchaus dem eigenen Material der Abteilung, sie sind klinisch vorbeobachtet, waren Objekt und Kontrolle der ärztlichen Tätigkeit. In der Darstellung tritt die Eigenerfahrung in den Vordergrund und literarische Hinweise werden nur dort angedeutet, wo sie die Stellungnahme beeinflußten oder bestätigten. Diese Art der Behandlung hat zweifellos ihre Vorteile und ihre Mängel. Die Vorteile liegen darin, daß sie eine knappere, flüssigere und entschiedenere Art der Wiedergabe erleichtert und daß der Charakter eines Referates oder einer Kompilation vermieden wird. Nachteile ergeben sich daraus, daß die Erfahrungen eines einzelnen nie ausreichen können, daß subjektive Meinungen dazu bestimmt sind, in der Zukunft Korrekturen zu erfahren, und daß die Behauptungen schwerer nachprüfbar sind. Ich erwarte auch in manchen Auffassungen Widerspruch zu finden, der teils auf eingewurzelten Traditionen und Denkgewohnheiten, teils auf berechtigter Kritik beruhen wird. Ich hoffe jedoch, daß im ganzen der Zusammenhang mit dem gegenwärtigen Stand der inneren Medizin und mit den bestehenden Kenntnissen in der Alterspathologie gewahrt ist.

Der Inhalt des Buches beschränkt sich fast ausschließlich, dem Material meiner Abteilung und meiner Ausbildung entsprechend, auf die inneren Erkrankungen des höheren Alters. Selbst die Erscheinungen am Nervensystem habe ich nur insoweit herangezogen, als sie Ausdruck innerer Erkrankungen sind. So wurden bei Schlaganfällen die Fragen der Lokalisation nur berührt. Die vorliegende Darstellung müßte durch Ergänzungen auf den Gebieten der Spezialfächer vervollständigt werden, um eine Übersicht über die gesamte Pathologie des Greisenalters zu geben.

Das Buch, für praktische Ärzte, nicht nur für die engeren Fachgenossen bestimmt, durfte aus äußeren Gründen nicht zu umfangreich werden. Diese Beschränkung hatte zur Folge, daß überall die Kenntnis der Krankheitsbilder der inneren Medizin vorausgesetzt werden muß. Auf die Aufzählung von Raritäten, welche einmal im Alter vorkommen, ohne für dieses charakteristisch zu sein, wurde verzichtet. Beides ist nicht nur Nachteil. Das Bestreben ist dahin gerichtet, die Eigenart des Verlaufes der gewohnten Krankheiten im Alter zu präzisieren und die besonderen Affektionen dieser Periode hervorzuheben. Es sollte vermieden werden, einen Auszug aus der inneren Medizin mit besonderen Hinweisen auf das Alter zu verfassen. Manche früheren Werke könnten durch diese Bezeichnung charakterisiert werden. Wenn ich ein Buch nennen darf, mit dem das vorliegende in der Anlage vergleichbar ist, so ist es das durchaus auf eigenen Erfahrungen aufgebaute Werk von Lorenz Geist, Klinik der Greisenkrankheiten, 1860, dessen Schilderungen noch heute zu fesseln vermögen.

Eine gewisse Ungleichmäßigkeit der Diktion habe ich zu entschuldigen. Da die einzelnen Krankheiten in ihrer Bedeutung für das Greisenalter und im Grade der Abweichungen vom normalen Verlaufe sehr differieren, so wurde kein allgemeines Schema mit Ätiologie, Erscheinungen, Verlauf, Diagnose und Therapie festgehalten, sondern eine freie Behandlungsweise gewählt. Der Verlust an Übersichtlichkeit zugunsten von Kürze und Prägnanz soll durch das ausführliche Sachverzeichnis gemildert werden.

Ein Opfer, das der Verringerung des Umfanges gebracht wurde, ist der Verzicht auf ein Literaturverzeichnis. Die literarischen Hinweise geschehen meist nur durch Anführen von Namen. Die richtige Auswahl wäre in jedem Falle schwierig gewesen. Die eine Grundlage bildet die unabsehbare Literatur der inneren Medizin, zu der jedes moderne Handbuch den Zugang öffnet. Die zweite ist aber das besondere Schrifttum der Alterspathologie. Die klinische Literatur bis 1914 ist sehr weitgehend bei H. Schlesinger gesammelt, die spätere, nicht sehr umfangreiche ist durchaus zerstreut. Für das Gebiet der Physiologie und allgemeinen Pathologie des Alters kann auf die Arbeiten von Korschelt und S. Hirsch im 17. Band des Handbuches der normalen und pathologischen Physiologie 1926 hingewiesen werden.

Ein ganz besonderes Augenmerk wird in den klinischen Kapiteln der Diagnostik und Therapie zugewendet. Auf dem Gebiete der Diagnose wird die häufige Insuffizienz der Resultate mit voller Offenheit und schonungsloser Selbstkritik aufgezeigt, und die Schwierigkeiten der Diagnostik und der geringe Wert der Statistik im Alter sind in einem besonderen Kapitel zusammengefaßt. Mein Assistent, der das Buch im Manuskript las, hat eingewendet, daß ich in der Darstellung der Schwierigkeiten zu weit gehe, daß ich die Dinge schwärzer male, als sie sind, und daß dies abschreckend wirken könne. Was mich aber zu dieser Haltung bewogen hat, ist eigenes Erleben. Als ich nach einer sehr langen Ausbildungszeit und vielfacher selbständiger leitender Tätigkeit die Abteilung übernahm, hat sich diese Vorbildung für die Alterskrankheiten als unzureichend erwiesen, und ich mußte mich selbständig einarbeiten. Es war nicht anders, als ob man mir eine Kinderabteilung übergeben hätte, so groß war die Differenz vom

Gewohnten. Die Hindernisse am Weg, aber auch die erreichte Distanz sollten in diesem Überblick nicht verlorengehen. Die gewonnenen Erfahrungen — so unvollkommen sie sind — können anderen das Fortschreiten erleichtern — aber Illusionen soll kein Vorschub geleistet werden.

Wenn die Therapie sehr ausführlich in ihren Besonderheiten, Indikationen und Leistungen dargestellt wurde, so geschah dies, um dem vielfach vorherrschenden Nihilismus und Pessimismus entgegenzuarbeiten. Hier liegen die Dinge oft besser, als sie scheinen.

Bevor ich diese Vorrede schließe, habe ich noch manchen Dank zu sagen, Dank an die Verwaltung der Gemeinde Wien und die Direktion der Anstalt, die es mir ermöglicht haben, die Abteilung auf einem zureichenden Niveau der Untersuchung und Behandlung zu führen, Dank meinen Mitarbeitern, den Ärzten und Schwestern, in erster Linie meinen Assistenten Dr. F. Lasch und Dr. A. Bergel, dem letzteren auch für die Bearbeitung des Sachregisters und Hilfe bei der Revision.

Besonderer Dank gilt aber den Manen des Prosektors des Spitals, Prof. Dr. J. Erdheim, für eine dauernde Fülle von Belehrung und unermüdliches Eingehen auf die Bedürfnisse und Fragen der Klinik.

Die Alterspathologie ist ein Sonderfach der internen Medizin, welches erst in Entwicklung steht. Seine Bearbeitung ist notwendig und verspricht Resultate von wissenschaftlichem und praktischem Wert. Die Ergebnisse aber müssen in der Praxis zur Anwendung kommen. Es ist ein bedeutendes Interesse der Ärzteschaft, sich mit den Erkrankungen bei alten Leuten und deren Behandlung intensiver zu beschäftigen. Die Greise bilden heute einen wesentlichen und sehr behandlungsbedürftigen Teil der Patienten und werden in naher Zukunft noch mehr hervortreten. Sie werden aber die ärztliche Tätigkeit nur in dem Grade in Anspruch nehmen, in dem ihnen Interesse, Kenntnisse und Hilfe entgegengebracht werden.

Wien, im Juli 1937. **Dr. Albert Müller-Deham.**

Inhaltsverzeichnis.

                                                      Seite

1. Alter und Tod 1
2. Bemerkungen zur Anatomie und Physiologie des Alters 10
3. Lebensdauer, Langlebigkeit, Hygiene und Pflege im Alter 29
4. Diagnostik, Statistik, allgemeine Therapie im Alter 41
    Bemerkungen über Statistik im Greisenalter 50
    Therapie im Alter 57

Die Organerkrankungen.

Erkrankungen des Respirationsapparates im Alter 60
5. Emphysem, die Bronchitiden, Bronchialasthma 60
    Lungenemphysem im Alter 60
    Bronchitis im Alter 66
    Altersasthma und Asthmabronchitis 71
6. Die Pneumonie im Alter 76
    Die lobulären Pneumonien 76. — Die lobäre kruppöse Pneumonie 80. — Chronische und Indurativpneumonie 81. — Abszedierende Pneumonien, Lungenabszeß und Lungengangrän 81. — Bronchiektasie 83. — Lungenatelektasen 84.
7. Lungentuberkulose und Alterstuberkulose überhaupt. Lungentumoren 84
    Der Bronchialkrebs 95
8. Die Erkrankungen des Rippenfells 98

Erkrankungen des Kreislaufes 102
9. Allgemeines über Kreislauferkrankungen im Alter 102
    Die chronische Herzinsuffizienz 102
    Allgemeine Therapie der Kreislaufinsuffizienz 104
    Die Rhythmusstörungen im Alter 105
    Die anfallsweisen Dyspnoen im Alter 113
    Asthma cardiale 113. — Lungenödem 115. — Angina pectoris 116. — Cheyne-Stokessches Atmen 120. — Anfälle von Adams-Stokes 120. — Akutes Versagen 121.
10. Die einzelnen Affektionen des Herzens und Herzbeutels 121
    Die Klappenfehler 121
    Die Veränderungen des Herzmuskels 125
    Die entzündlichen Erkrankungen des Herzens. Endokarditis und Perikarditis 126
    Erkrankungen des Perikards 127
11. Die Erkrankungen der großen herznahen Gefäße 130
    Aorta 130. — Pulmonalsklerose 136.

Seite

12. Erkrankungen der peripheren Arterien und Venen 137
    Die Arteriosklerose.. 137
    Erkrankungen der peripheren Arterien 139
    Erkrankungen der Venen 144
    Die Pulmonalembolien 146.

13. Die Gefäßerkrankungen und -erscheinungen im Bereiche des
    Gehirns 148
    Die cerebrale Arteriosklerose 148
    Herdförmige Gefäßstörungen. Die Schlaganfälle 152
    Herderscheinungen bei Gefäßkranken ohne gröberen anatomi-
    schen Befund. Hirnödem 155

14. Blutdrucksteigerung als Symptom und die essentielle Hypertonie. 158
    Das klinische Bild der Hypertonie im Alter 165
    Therapie des Hochdrucks 167

Erkrankungen des Harn- und Geschlechtsapparates....... 173

15. Erkrankungen der Niere.................................... 173
    Vaskuläre Erkrankungen und chronische Nephritiden 173
    Gefäßerkrankungen der Niere und sekundäre Schrumpfniere... 174
    Die akute und chronische Glomerulonephritis............... 180
    Nephrosen und Amyloidnieren 181
    Die sonstigen, nicht aszendierenden, vorwiegend hämatogenen
    Nierenentzündungen.. 181
    Bakteriurien.. 183
    Nierentuberkulose 184
    Nierensteine.. 184
    Mißbildungen und Lageanomalien der Niere 186
    Hydro- und Pyonephrosen, Abflußhindernisse 186.
    Sonstige Nierenerkrankungen 187

16. Die Erkrankungen der Blase und Prostata.................. 188

17. Erkrankungen der Geschlechtsorgane 199
    Die sogenannten Verjüngungsoperationen 200

Erkrankungen des Verdauungsapparates.................. 203

18. Der obere Verdauungstrakt................................ 203
    Die Mundhöhle 203. — Krankheiten der Speiseröhre 205.

19. Magenerkrankungen und Duodenalaffektionen 212
    Das Magenkarzinom 214. — Ulcus ventriculi und duodeni 218.
    — Blutungen aus dem Magen und dem oberen Darmabschnitt
    222. — Gastritis 224. — Die sonstigen Magenerkrankungen im
    Alter 227. — Duodenalerkrankungen 231.

20. Krankheiten des Darmes 231
    Die akuten Diarrhöen und die akute Enteritis 231. — Chroni-
    sche Diarrhöen und Darmkatarrhe mit Ausschluß der ulzerösen
    Formen 234. — Enteritiden mit Geschwüren 236. — Eitrige
    lokalisierte Darmentzündungen 238. — Die habituelle Obstipa-
    tion 240. — Meteorismus 244. — Darmverengerung und Darm-
    verschluß 245. — Echte und entzündliche Darmtumoren 247.
    — Gefäßerkrankungen des Darms 250. — Sonstige Erkran-
    kungen des Enddarms und Afters 252.

Inhaltsverzeichnis. IX

Seite

Erkrankungen der Gallenwege und der Leber 252

21. Erkrankungen der Gallenblase 252
22. Erkrankungen der Leber 262

Icterus simplex (Icterus catarrhalis, akute Hepatitis) 262. — Chronische Hepatitis 263. — Cirrhosen der Leber 264. — Die sonstigen Cirrhosetypen 267. — Tuberkulose der Leber 270. — Leberlues 270. — Leberabszesse 271. — Lebergeschwülste 271. — Leberkrebs 271. — Pfortaderthrombose 272.

23. Erkrankungen des Pankreas 272
24. Erkrankungen des Peritoneums............................... 279
25. Blutkrankheiten und Pseudoleukämien 285

Anämien 286. — Erythrocytosen und Polycythämien 291. — Hämorrhagische Diathesen 292. — Die Leukämien. Die chronischen Leukämien 297. — Pseudoleukämien 299.

26. Erkrankungen der Drüsen mit innerer Sekretion.............. 304

Die Schilddrüse 304
Hypothyreosen 307
Erkrankungen der Epithelkörperchen 309
Erkrankungen der Hypophyse 310
Thymus 313
Erkrankungen der Nebennieren............................. 314
Hypogenitalismus 315 — Pluriglanduläre Störungen im Alter 315.

27. Stoffwechselerkrankungen 316

Diabetes mellitus 316
Die Gicht.. 328
Die sogenannte „uratische Diathese" 331
Die Fettsucht 332
Die Magersucht im Alter, insbesondere die primäre Kachexie. 337
Die senile Anorexie 341
Diabetes insipidus....................................... 342

Erkrankungen des Bewegungsapparates 342

28. Erkrankungen der Knochen 342

Senile Osteoporose 343
Die senile Osteomalazie.................................. 344
Pagetsche Erkrankungen (Ostitis deformans)............... 347
Sonstige entzündliche Knochenerkrankungen 349
Maligne Knochentumoren und Knochenmetastasen 351

29 Gelenkerkrankungen 352

Die akuten und subakuten Gelenkerkrankungen 352
Chronische Gelenkerkrankungen 353
Arthritiden von besonderer Ätiologie 361
Therapie der Gelenkerkrankungen 364

30. Erkrankungen der Muskeln, „Muskelrheumatismus" und „rheumatische" Beschwerden 368
31. Infektionskrankheiten 374

Angina tonsillaris 375. — Die Grippe 376. — Sepsis und Pyämie 378. — Meningitis epidemica 380. — Variola 381. — Fleckfieber 382. — Erysipel 383. — Malaria 385. — Cholera 386. — Ruhr 387. — Typhus und Paratyphus 388.

Sachverzeichnis 391

1. Alter und Tod.

Das vorliegende Buch ist im wesentlichen der Klinik gewidmet, der Mitteilung von Erfahrungen über die Krankheiten der späteren Lebensjahre und über die Besonderheiten des Krankheitsverlaufes im Alter. Es liegt in dieser Zielsetzung begründet, daß eine eingehende Darstellung der biologischen Probleme und eine zureichende Sammlung der Daten über die Physiologie des Alters nicht angestrebt wird. Anderseits können die notwendigen Kenntnisse nicht vorausgesetzt werden, und die Verständlichkeit der Darstellung erfordert es daher, daß der Hintergrund zumindest angedeutet wird, von dem sich die krankhaften Prozesse abheben.

Alter und Altern sind keine wissenschaftlichen Begriffe. Worte und Inhalt entstammen der allgemeinen Lebenserfahrung, sie umfassen sehr Verschiedenartiges und sträuben sich daher gegen eine kurze und einheitliche Definition, die nicht gelungen ist und auch nicht gelingen kann. Man denkt an weiße Haare und runzelige Haut, an Abnahme der körperlichen Leistungsfähigkeit und ein geändertes geistiges Gehaben, an die Erfüllung des Lebens, aber auch an dessen herannahendes Ende.

Es besteht ein Gegensatz zwischen Jugend und Alter, zwischen Wachstum und Atrophie, zwischen Entwicklung und Involution. Man hat das Alter als die Periode bezeichnet, in welcher die Prozesse der Involution und Atrophie die des Wachstums und der Entwicklung überwiegen. In diesem Gedanken ist sicher sehr viel Wesentliches und Wichtiges gesagt, er gibt oft ein brauchbares Kriterium ab, aber er versagt zuweilen, wenn er auf die einzelnen Organe und Gewebe angewendet wird. So bildet sich die Thymusdrüse bereits im Kindesalter zurück, das Gehirn hat bald nach der Pubertät sein Höchstgewicht erreicht, die geistige Entwicklung geht jedoch weiter. Morphologische Zunahme und physiologische Leistungsfähigkeit weichen aber nicht nur bei diesem Beispiel auseinander; wie manche Sportarten, etwa der Schnellauf, beweisen, ist die physiologische Leistung oft bereits auf einem Maximum angelangt, ehe die Muskulatur und das Herz das volle Gewicht erreicht haben.

Der Organismus ist in weitem Maße durch seinen Stoffwechsel charakterisiert, durch die Fähigkeit der Zellen und Organe, Stoffe aus der Außenwelt aufzunehmen, sie zu verarbeiten und auszuscheiden und dabei doch immer im wesentlichen den alten Zustand wiederherzustellen. Man hat darauf verwiesen — und dies war ein fundamentaler Gedanke —, daß neben dieser Wiederherstellung stets auch ein kleiner Anteil irreversibler Prozesse einhergehe, von bleibenden, nicht rückbildungsfähigen Veränderungen, welche in ihrer Summe einmal zur Verringerung der Leistungsfähigkeit und Einstellung der Funktion führen müssen. Es ist durchaus möglich, von dieser Grundlage aus zu einer Kennzeichnung des Alterns zu gelangen, die konsequent und eindeutig ist. Aber diese Definition ist einseitig und widerspricht dem Sprachgebrauch. Sie setzt den Begriff des Alterns mit dem ersten Lebenstag fest, wenn sie ihn nicht schon in die Embryonalzeit verlegt, und sie macht es nicht überflüssig, das Alter vom Altern abzugrenzen.

Man kommt wohl am weitesten, wenn man vom Gesamtorganismus ausgeht und im Alter die anlagemäßig bestimmte und vorgezeichnete letzte Lebensperiode sieht. Ebenso gesetzmäßig wie es eine embryonale Entwicklung, eine Periode des Wachstums gibt, ebenso gesetzmäßig gibt es ein Altern und eine Altersperiode. Es ist dann kein Widerspruch mehr, wenn diese Perioden ineinandergreifen, wenn Wachstum und Atrophie nebeneinander bestehen und das Verhältnis von Evolution und Involution in den einzelnen Organen wechselt, wenn der Umfang der irreversiblen Prozesse an der einen Stelle des Organismus bedeutend und leicht nachweisbar und an der anderen gering ist, wenn der Irreversibilität an dem einen Platze eine lebenswichtige Bedeutung zukommt und an dem andern eine sehr geringe.

Man wird freilich darauf verzichten müssen, die Alterserscheinung aus einem Punkte, einer Funktion, einem Organ heraus verstehen und ableiten zu wollen. Man wird sich damit begnügen müssen, sie unter mannigfachen Gesichtspunkten an den verschiedensten Stellen zu beschreiben und trachten, sie in ihrer Wirkung zu erfassen. Das Bestreben muß darauf gerichtet sein, die verschiedenartigen und doch vom Gesamtorganismus aus einheitlichen Prozesse zu einer Synthese zusammenzufügen, deren Symbol eben der Altersbegriff der Sprache ist.

Geht man von den Einzelzellen aus, so wird man im Alter häufig, aber nicht durchaus, eine Neigung zur Atrophie, und zur Ablagerung von Pigmenten und Fettstoffen nachweisen können und kaum fehlgehen, darin einen Ausdruck verminderter Funktion, von Abnützungserscheinungen und teilweise irreversiblen Veränderungen zu sehen. Es ist hier aber eine sehr wichtige Scheidung zwischen den Zellarten vorzunehmen. Die Zellteilung ist nicht nur ein Prozeß des Wachstums, sie ist auch mit einer Neuordnung des Zelleibes, mit Regeneration und Abstoßen der Schlacken verbunden. Man kann einzellige Lebewesen, wie Paramäzien, unter günstigen Bedingungen durch Tausende von Generationen durch reine Zellteilung lebend erhalten. Sie sind praktisch unsterblich. Bei den vielzelligen Lebewesen und auch bei vielen Einzellern sorgt die geschlechtliche Fortpflanzung oder die Verschmelzung von Individuen für eine tiefgreifende Umgestaltung und Erneuerung, welche erst den Fortbestand der Art ermöglicht. Diese Funktion der Zellteilung geht aber auch innerhalb der vielzelligen Lebewesen nicht verloren. Sie wird nur vermindert und begrenzt. Die Begrenzung hat zwei Ursachen: Die eine (Rubner) fällt mit der artbestimmten Körpergröße zusammen. Jeder Organismus entsteht in letzter Linie durch die Potenzierung der Zellzahl aus den Teilungen der beiden Geschlechtszellen. Die Potenzierung setzt sich fort, bis die Wachstumsperiode im großen abgeschlossen ist, weitere Teilungen können nur dem Ersatz zugrunde gehender Zellen dienen. Damit ist aber im späteren Leben die Anzahl der normalen Zellteilungen, auf die Zeiteinheit gerechnet, sehr vermindert, die Regeneration herabgesetzt. Weit wichtiger ist aber noch die zweite Ursache: Das Teilungsvermögen der Zellen hängt von ihrer Differenzierung ab. Auch im menschlichen Körper bleiben die weniger differenzierten Zellen, wie etwa die Mutterzellen der Blutkörperchen, des Bindegewebes und die Gefäßzellen bis in ein spätes Alter teilungsfreudig. Aber bei den höchstdifferenzierten Zellen muß der Mensch mit jenen auskommen, die er in der Jugend mit auf den Weg bekommen hat. Dies gilt von so lebenswichtigen Zellen wie die des Nervensystems — die Ganglienzellen — wie auch von der Herzmuskulatur. Wenn eine Zelle dieser Art zugrunde geht, so kann sie nur durch unspezifisches Gewebe ersetzt werden, sie hat aber die Möglichkeit verloren, sich durch Teilung zu erneuern und von ihren Schlacken zu befreien. Es ist daher gewiß kein Zufall, wenn sich gerade in diesen Fällen sehr deutliche Altersveränderungen im Sinne der Pigmentablagerung, von Änderungen am Protoplasma und Kern finden, Abweichungen in der Darstellbarkeit, Vergröberung der feinmaschigen Struktur. Es treten Vakuolen, Körner, Fetteinlagerung auf, der Kern wird plumper und dichter. Was die Ganglienzellen anlangt, so hat insbesondere Mühlmann mit Nachdruck darauf hingewiesen, daß sich Pigmentkörner von Jugend an in zunehmendem Maße ansammeln, bis sie an vielen Fällen in dichter Anordnung fast den ganzen Leib der Zelle einnehmen. Es kann daher nicht wundernehmen, wenn er oder Ribbert in diesen Ablagerungen ein Zeichen des Alterns durch Beeinträchtigung der Funktion und Abnützung sehen und geneigt sind, den natürlichen Tod als Gehirntod auf diese Befunde zu gründen. Ähnliches kann auch vom Herzen behauptet werden, an dem aber die Erscheinungen weit weniger deutlich und ausgebreitet sind. Vom Boden der Cellularpathologie aus betrachtet, hat diese Meinung viel Bestechendes. Es ist einleuchtend, daß manche Alterserscheinungen auf diese Weise erklärt werden können und daß ein natürlicher Tod durch das Versagen der lebenswichtigen Zellen erfolgen kann, ja erfolgen muß, wenn er eben ein Zelltod ist. Aber dies ist eine unbewiesene Voraussetzung. Man kann ruhig zugeben, daß die Erscheinungen am Gehirn für das Greisenalter von höchster Bedeutung sind und daß es praktisch sehr möglich ist, daß der physiologische Tod, wenn er überhaupt vorkommt, ein Gehirntod sein kann und daß keine andere isolierte Hypothese eine größere Wahrscheinlichkeit hat. Aber man darf doch nicht vergessen, daß die ganze Betrachtungsweise einseitig ist.

Geht man einen Schritt weiter, von den Zellen zu den Geweben, so sind zunächst die zellarmen Grundsubstanzen von Interesse. Auch diese weisen Alterserscheinungen auf, Erscheinungen, welche morphologisch nicht immer faßbar sein müssen. Die aufsteigende Aorta eines Greises von 90 Jahren kann spiegelglatt sein. Pathologen reichster Erfahrung haben mir versichert, daß auch die histologische Untersuchung eines solchen Stückes keine wesentlichen Unterschiede vom normalen Bilde aufweisen müsse, aber eine einfache physikalische Prüfung läßt doch einen grundlegenden Unterschied erkennen. Die alte Aorta ist unelastisch, undehnbar geworden, während die jugendliche sich wie ein Gummiband verhält. Meist sind aber auch anatomische Veränderungen nachweisbar, Verstärkung der Intima durch Bindegewebe nach dem vierzigsten Jahr (Rössle), ganz zu schweigen von den pathologischen Veränderungen der Arteriosklerose.

Am Knorpel finden sich, um ein weiteres Beispiel zu geben, im Alter regelmäßig Auffaserung, Verfettung an der Grundsubstanz, Erweichung, wie an den Bandscheiben der Wirbelsäule, Verkalkung an den Rippenknorpeln usw. Die Grundsubstanzen sind ganz allgemein Ort von Ablagerung der Pigmente, der Lipoide, des Kalkes; das gleiche gilt auch vom Bindegewebe. Das Fettgewebe, richtiger das Fett selbst, nimmt gelbes Pigment auf und verändert seine Farbe. Die Umgestaltungen an den Organen und an der Körperoberfläche werden im nächsten Kapitel herangezogen und im klinischen Teil ergänzt werden. An dieser Stelle sei nur gesagt, daß sie im allgemeinen durch eine Abnahme der spezifischen Elemente und eine zumindest relative Zunahme des Bindegewebes gekennzeichnet sind. An den meisten Organen führt dies auch zu einer Abnahme des Gewichtes, einer Altersatrophie. Es ist nur noch auf diejenigen Systeme einzugehen, für welche vielfach eine besondere Wichtigkeit für das Alter in Anspruch genommen wird und die manche Autoren in das Zentrum des Altersproblems stellen wollen.

Es ist ein alter Satz, daß der Mensch so alt ist wie seine Gefäße. In den normalen und pathologischen Veränderungen der Gefäße, letztere meist unter dem Namen der Arteriosklerose zusammengefaßt, haben Generationen von Ärzten die Hauptursache des Alters gesehen. Es ist auch sicher richtig, daß man kaum jemals eine Leiche im Alter ohne arteriosklerotische Veränderung finden wird, es wurde bereits hervorgehoben, daß auch eine anatomisch intakte Gefäßwand im Senium sich physikalisch anders verhält. Es kann hinzugefügt werden, daß auch an den funktionell so wichtigen kleinsten Gefäßen durch Quellung und Wucherung von Bindegewebsfibrillen und Intimazellen Veränderungen nachzuweisen sind, welche dem Zustrom zu den Organzellen und deren Stoffwechsel hinderlich sind. Es kann nicht bezweifelt werden, daß die Funktion dadurch leidet, der Ablagerung der Schlakken Vorschub geleistet wird und daß man es hier mit einer Komponente des Alterns von großer Bedeutung zu tun hat, noch weniger, daß die Quelle für vorzeitigen Tod und vorzeitiges Altern vielfach in den Gefäßen gelegen ist. Es fehlt aber ein ausreichender Parallelismus zwischen Gefäßänderungen und Alterserscheinungen, es gibt so viele von den Gefäßen unabhängige Alterszeichen, daß es nicht angeht, im Gefäßsystem, bei all seiner Bedeutung, die zentrale Altersursache zu sehen. Was insbesondere die Frage des physiologischen Todes anlangt, so besteht noch eine weitere Schwierigkeit darin, daß die Arteriosklerose von der überwiegenden Mehrzahl der Autoren als ein pathologischer Vorgang angesehen wird. Ihr fast ausnahmsloses Vorkommen ist kein Argument gegen diese Behauptung.

Die Entdeckungen über die Funktionsweise und die Bedeutung der Drüsen mit innerer Sekretion führten dazu, in ihnen die Altersursachen zu suchen. Auf nicht sehr tiefgehende Analogien zwischen Alter und Myxödem sich stützend, haben Horsley und Lorand unter Vernachlässigung der weit wesentlicheren Unterschiede das Altern auf eine Beeinträchtigung der Schilddrüsenfunktion zurückgeführt. Seit Claude Bernard wurde der Einfluß der Genitaldrüsen studiert, die wesentlichsten Beiträge hat wohl Steinach geliefert. Seine und seiner Nachfolger Theorien und Resultate werden im Zusammenhange mit den Hodenerkrankungen diskutiert werden. Es kann gegenwärtig, etwa nach der sehr kritischen und vorsichtigen Arbeit von Romeis kaum zweifelhaft sein, daß von Eingriffen am Hoden und von Transplantationen dieses Organs beim Tiere mächtige Einflüsse ausgehen, welche eine anscheinende „Verjüngung“, richtiger eine Neuerotisierung mit einer deutlichen Hebung des Allgemeinbefindens, der Kräfte erzielen können. Auch die Möglichkeit einer Lebensverlängerung ist dadurch gegeben. Die Tatsache aber, daß auch mehrfache Wiederholung des Eingriffes zuletzt versagt und den Tod nicht verhindert, beweist, daß nicht die Ursache, sondern nur eine der Komponenten des Alterns beeinflußt wird. Streng genommen beweist der therapeutische Effekt durch körpereigene Mittel ätiologisch nicht mehr als ein solcher mit körperfremden, etwa synthetischen Medikamenten beweisen, würde. Es liegt jedoch die Wahrscheinlichkeit nahe, daß die Sexualdrüsen ebenso das Altern beeinflussen, wie sie durch dieses beeinflußt werden. Daß die Sexualdrüsen nicht im Mittelpunkt des Alters stehen können, beweisen die Verhältnisse bei der länger lebenden Hälfte des Menschengeschlechtes, bei der Frau. Bei ihr stellen die Eierstöcke ihre Tätigkeit zu einem Zeitpunkt ein, welcher von vorgeschrittenen Alterserscheinungen und dem natürlichen Lebensende noch sehr weit entfernt ist. Es ist nicht anzunehmen, daß die Verhältnisse beim Mann so grundlegend verschieden sind. Unter diesem Gesichtspunkte wird man eventuelle Erfolge durch therapeutische Eingriffe am Sexualapparat oder mit Sexualstoffen nicht als Wiederherstellung physiologischer Verhältnisse, sondern als Behandlungsmaßnahmen ansehen müssen. Ich übergehe die Betrachtungen, welche über Nebennieren und Altern vorliegen, und möchte noch den jüngsten geistreichen Versuch (Raab) erwähnen, auf Grund der Ähnlichkeiten zwischen Cushingscher Erkrankung (s. S. 313) und Alter die Hypophyse in den Mittelpunkt der Altersgenese zu stellen. Er geht jedoch über wichtige Unterschiede hinweg und überschätzt, was aus Analogien zu schließen ist. Mit der in diesem Buche eingeschlagenen vielseitigen Betrachtungsweise ist er nicht vereinbar. Es soll mit diesen Bemerkungen keineswegs die Beteiligung der Hypophyse am Altern in Abrede gestellt werden. Zusammenfassend läßt sich anatomisch über die Drüsen mit innerer Sekretion sagen, daß sie atrophieren, daß ihre spezifischen Elemente teilweise durch Bindegewebe ersetzt werden und daß es vielfach zur Ablagerung von Lipoiden kommt (Romeis). Sie altern mit dem Körper, sind nicht die Altersursache, aber von einzelnen von ihnen ist es möglich, daß sie in Wechselwirkung mit anderen Faktoren die Altersvorgänge beschleunigen oder verzögern, an ihrer Regulierung mitwirken.

Andere Perspektiven auf das Altersproblem eröffnen sich von der physikalischen Chemie der Kolloide her (Marinescu). Das Altern von Kolloidlösungen, ihr Übergang zu Zuständen gröberer Dispersion wird herangezogen, es wird konstatiert, daß die Zellenhydrosole die Neigung haben, zu Gelen zu werden und so ihre Stabilität zu verlieren (Roccasolano), daß die Schutzkolloide, die Lipoide, besonders das Lezithin vor dem Eiweiß altern und dadurch dessen Ausfallen begünstigen (Ruziska). Damit im Einklang steht die an meiner Abteilung konstatierte Erhöhung der Senkungsgeschwindigkeit des Blutes im Greisenalter (Löw-Beer), welche auf Vermehrung des Fibrinogens und gröberer Verteilung beruht (Lasch).

Chemische Untersuchungen (Bürger und Schlomka u. a.), die zunächst an gefäßlosen Geweben, wie der Linse und dem Knorpel, vorgenommen, aber auch auf andere Organe übertragen wurden, ergeben als allgemeines Resultat eine Wasserverarmung des Protoplasmas im Alter, die festen Bestandteile in der Linse steigen z. B. nach dem 4. Dezennium von 26,7% bis auf 42% an. Daraus folgt die Tendenz, vom Verhalten der Sole zu denen der Gele überzugehen, das geringere Lösungsvermögen für Schlackenstoffe, wie Kalk und Cholesterin, die Gewebsverdichtungen im Alter und die Ablagerungen, welche als passiver Vorgang aufgefaßt werden, was freilich bestritten werden kann.

Andere Betrachtungen gehen vom Gesamtorganismus aus und nehmen an, daß im Stoffwechsel und im Wachstum selbst die Ursachen des Alterns zu finden seien. Die Berechnungen Rubners bei Säugetieren haben ergeben, daß die Gewichtseinheit lebender Substanz bei den verschiedenen Tieren bis zum Tode die gleiche Menge Energie verbraucht. Ist dies geschehen, so tritt der Tod ein, welcher also als ein Tod der Erschöpfung, der Abnutzung, anzusehen ist. Die Größe des Stoffwechsels geht nun mit der Körperoberfläche parallel. Da nun die Körperoberfläche mit wachsender Größe mit einer zweiten Potenz, das Gewicht mit einer dritten Potenz zunimmt, so sinkt der Stoffwechsel pro Gewichtseinheit mit zunehmender Größe, und das Lebensalter steigt. Dieses Gesetz braucht uns aber nicht eingehender zu beschäftigen, da der Mensch außerhalb der Reihe steht und ein mehrfach höheres Lebensalter erreicht, als ihm seinem Gewichte nach zukommen würde.

Unzureichend fundiert ist die „physikalische" Alterstheorie Mühlmanns. Er geht von dem Kampf der Teile innerhalb des Organismus um Nahrstoff und Entwicklung aus, wie Roux dies formuliert hat. Er postuliert — meines Erachtens bei genügender Ernährung mit Unrecht —, daß nicht alle Teile des Organismus ausreichend ernährt werden können, er nimmt ferner an — meines Erachtens wieder mit Unrecht —, daß die der Oberfläche des Körpers nahen Organe und innerhalb der Organe die peripheren Partien besser versorgt werden müssen als die zentralen und schließt daraus auf eine ungenügende Blut- und Nährstoffversorgung, insbesondere von Gehirn und Herz. Dies sieht er mit der Schlacken- und Pigmentanhäufung im Zusammenhang und stellt es als Altersursache hin.

Die Schlackentheorie variiert Kotsofsky, der von der Erfahrung ausgeht, daß Fütterung mit Material, welches von alten Tieren stammt, das Wachstum hemmt. Er vertritt die Meinung, daß das Alter eine Autointoxikation sei. Die Entfernung der toxischen Produkte der eigenen Lebenstätigkeit erfolge in unzureichender Weise. Besonders ungünstig sei in dieser Beziehung das Gehirn gestellt, das durch schlechtere Ernährungsverhältnisse, frühzeitigen Stillstand des Wachstums, geringste Regenerationsfähigkeit und schwächste Schutzfunktionen gegen die Gifte dem Alter preisgegeben sei. Es ist wohl Richtiges an dem Gedankengang, aber er überschätzt einseitig eine Teilerscheinung.

In ihm klingt schon das alte „Senectus ipse morbus" an, die Auffassung, daß das Altern etwas Pathologisches sei. Mit unzureichenden Gründen hat Metschnikoff eine Darmintoxikation für das vorzeitige Altern verantwortlich machen wollen. Laienhafte Auffassungen, bei denen der Wunsch Vater des Gedankens ist, suchen Altern und Sterben als vermeidlich hinzustellen. Sie treffen nicht den Kern des Altersproblems. Tatsächlich ist es aber richtig, daß die Mehrzahl der Menschen keines natürlichen Todes, sondern an Krankheiten stirbt, daß der physiologische Tod zwar eine biologische Notwendigkeit, aber keine Erscheinung ist, die ihrer Häufigkeit nach in Betracht kommt. Daraus folgt, daß die Probleme der Lebensverlängerung zum größten Teile an der Verhütung und Heilung der Krankheiten einzusetzen haben. Aber es würde aller Erfahrung widersprechen, wenn man daraus den Schluß zöge, daß Alter und Sterben nichts miteinander zu tun haben.

Die Frage, in welcher Beziehung Alter, Krankheit und Sterben zueinander stehen, muß gestellt werden. Sie findet andeutungsweise ihre Antwort in der Meinung (Lipschütz), daß der Tod im Greisenalter zwar nicht durch Altersschwäche, aber bei Altersschwäche erfolge. Es ist eine allgemeine ärztliche Erfahrung, die auch statistisch belegt wird (Abb. 1), daß bei jenen Krankheiten, für die alt und jung empfänglich sind, sowohl die Krankheitsdauer als auch die Mortalität der alten Individuen bedeutend gesteigert ist. Einseitig, aber scharf pointiert, hat Pütter darauf eine Definition des Alters gegründet, und dieses als Abnahme der Widerstandkraft gegen Schädigungen bezeichnet. Er hat diese Verhältnisse auch mathematisch zu erfassen gesucht, und die Begriffe der Absterbeordnung und des Altersfaktors geprägt. An dem Modell einer Bakterienaufschwemmung in einer giftigen Lösung kann gezeigt werden, daß die Abnahme der Keime in gesetzmäßiger Weise vor sich geht, welche in eine Formel als Funktion der Zeit gefaßt werden kann. Der Vorgang läßt sich in einer Kurve wiedergeben, welche die Absterbeordnung bildlich darstellt, und enthält eine Konstante, den Absterbefaktor. Die gleichen Gesetze beherrschen, wie gezeigt wurde, das Absterben einer sehr großen Anzahl von

Exemplaren einer Fliegenart, welche unter konstanten Bedingungen
gehalten wurden (Clark). Hier verwandelt sich der Absterbefaktor in
den Altersfaktor. Es läßt sich auch für jede Menschengruppe, bei welcher die Zahl der Lebenden vom 20. Jahre bis ins höchste Greisenalter bekannt ist, Absterbeordnung und Altersfaktor errechnen, aber es
muß klargelegt werden, was diese Zahlen bedeuten. Eine natürliche
Absterbeordnung ist somit nur unter der Voraussetzung gegeben, daß
das Maß der äußeren Schädigungen für alle Individuen und Altersklassen konstant sei.

Diese Voraussetzungen treffen aber beim Menschen nicht zu. Sie gel-
ten nicht für Mann und
Weib, nicht für die Al-
tersstufen und nicht für
sozial ungleich gestellte
Schichten, wie nicht erst
begründet werden muß.
Sie gelten nicht einmal
für einen Durchschnitt
in den letzten Jahrzehn-
ten mit ihrer steigenden
Lebensdauer. Berechnet
man die Zahlen etwa für
die Jahre 1870, 1900,
1930, so würden sich

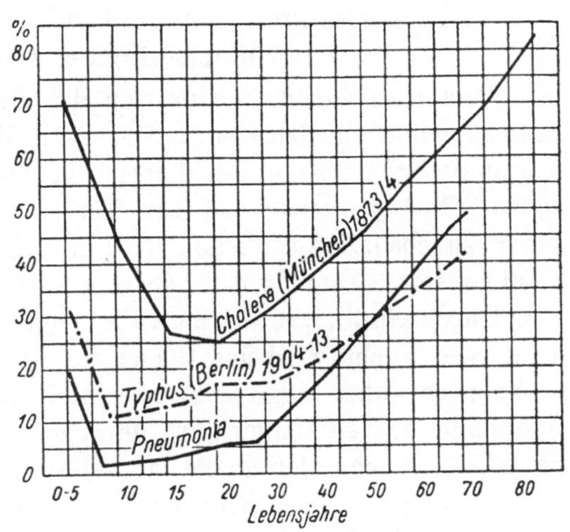

Abb. 1. Letalität und Lebensalter bei Infektionskrankheiten. (Nach E. Schiff.)

ganz verschiedene Altersfaktoren ergeben. Nun hat sich in dieser Zeit
nicht der Mensch geändert, sondern die äußeren Verhältnisse, die
Summe der Schädigungen. Heute sind die Pütterschen Formeln viel
eher geeignet, den Unterschied der Verhältnisse etwa zwischen den
einzelnen Völkern oder bestimmten Gruppen der Bevölkerung festzustellen und zu vergleichen, als deren biologischen Altersfaktor zu
bestimmen.

Es sind im Vorstehenden nur die wichtigsten Richtungen in der Behandlung des Altersproblems wiedergegeben worden. Vollständigkeit
wurde nicht erstrebt, aber das Vorgebrachte dürfte genügen, um das
Komplexe des Problems und die Unmöglichkeit einer formelhaften
Lösung zu begründen. Von dieser Grundlage aus läßt sich auch das
Problem des natürlichen Todes in wenigen Worten beleuchten. Es ist
nichts erforderlich als die Übertragung der Gedankengänge. Der natürliche Tod ist ebenso wie das Altern als eine anlagegemäß bestimmte
biologische Notwendigkeit zu betrachten, er ist das Ende des Alters
und alle Faktoren, welche das Alter bestimmen, führen auch zu ihm.

Zusammenfassend läßt sich sagen, daß Altern und Tod nur vom Gesamtorganismus aus zu verstehen sind. Von den vielen beteiligten Faktoren läßt sich die Abnützung der hochdifferenzierten Zellen etwa im Gehirn, die physikalische und chemische Änderung der Gewebe, der Einfluß einiger Sekretionsdrüsen, das Sinken der Widerstandskraft gegen äußere Schädigungen besonders leicht fassen und als wichtig erweisen. Aber sie sind gewiß nicht die einzigen. Hochorganisiertes, vielzelliges Leben führt mit Notwendigkeit zu Alter und Tod.

2. Bemerkungen zur Anatomie und Physiologie des menschlichen Alters.

Wenn man von dem Einsetzen der Pubertät und des weiblichen Klimakteriums absieht, so ist es ohne Willkür nicht möglich, den kontinuierlichen Fluß des Lebens in festumgrenzte Abschnitte zu teilen. Dies gilt auch von den Perioden des Alters. Es ist banal hervorzuheben, daß der eine mit 70 Jahren körperlich und geistig weit rüstiger sein kann als der andere mit 50. Aber auch ein Ausgehen vom Durchschnitt, von der Statistik, zeigt keine natürliche Gliederung In diesem Buche wird das Gebiet der Alterspathologie etwa mit dem sechzigsten Jahre abgegrenzt, aber vielfach schon das vorhergehende Jahrzehnt der Fünfzigerjahre herangezogen. Innerhalb der Altersperiode kann man sich an die Jahrzehnte halten, nach einer Vorperiode nach Fünfzig das eigentliche Alter mit 60, ein hohes Greisenalter mit 80 beginnen lassen, die Langlebigen mit 90 abgrenzen und die Hundertjährigen als Sonderklasse führen. Oder man kann mit Hippokrates, Hutchinson, Naunyn in der Mitte der Sechzigerjahre einen besonders wichtigen Punkt, das Einsetzen des Greisenalters sehen. Es ist auch möglich, ein einziges objektives Kriterium zu verwenden, das Absinken der Gewichtskurve, die Atemkapazität, die Gefäßstarre, aber diese Werte werden voneinander abweichen. So ist jede Einteilung Sache subjektiver Wahl, da keine anerkannte oder bevorzugte Tradition oder Konvention besteht.

Für eine Altersbeschreibung bietet eine Reihe statistischer Daten eine Grundlage, welche in allen Büchern wiederkehren und vielfach noch auf Quetelet, Flourens, Geist zurückgehen. Im Alter sinken Körperlänge und Gewicht. So zeigt bei dem Queteletschen Material die Körperlänge folgende Verhältnisse:

Alter	Männer	Frauen
40	1,68	1,58
50	1,67	1,54
60	1,64	1,52
70	1,62	1,51
80	1,61	1,51
90	1,61	1,50

Sieht man von der Krümmung der Wirbelsäule ab, so ist die wesentliche Ursache der Längenabnahme der Schwund der knorpeligen Bandscheiben zwischen den Wirbeln, auch eine Senkung des Fußgewölbes trägt in manchen Fällen dazu bei.

Für das Körpergewicht gibt Quetelet folgende Durchschnittszahlen:

Alter	Männer	Frauen
40	63,7	55,2
50	63,5	56,2
60	61,9	54,3
70	59,8	51,5
80	57,8	49,4
90	57,8	49,3

An der Verminderung des Gewichtes nehmen fast alle Organe mit Ausnahme des Herzens teil. Die Sonderstellung des Herzens ist durch das Überwiegen pathologischer Prozesse, der Hypertrophie und Dilatation, durch Insuffizienz und vermehrte Widerstände bei Blutdrucksteigerung, Arteriosklerose usw. bedingt. Bei marantischen Zuständen tritt eine sehr hochgradige, durch das Alter selbst eine mäßige Gewichtsabnahme (Rössle) ein. Sehr anschaulich werden die Verhältnisse in zwei Tafeln Mühlmanns dargestellt (Abb. 2 und 3), doch habe ich in ihr die Kurve der Lungen weggelassen. Das darin niedergelegte Ansteigen der Lungengewichte geht zweifellos auf das Nichtbeachten pathologischer Prozesse (Ödem, Entzündung) zurück und steht mit der täglichen Erfahrung und allen anderen Angaben im Widerspruch. Schon Geist macht auf die Schwierigkeit aufmerksam, Lungen mit den reinen Altersveränderungen auf die Waagschale zu bringen. Er gelangt zu sehr tiefen Zahlen für die Jahre 65—85, 1009 g beim Manne, 789 bei der Frau, bei 85—93 Jahren 789 g beim Manne, 738 g bei der Frau.

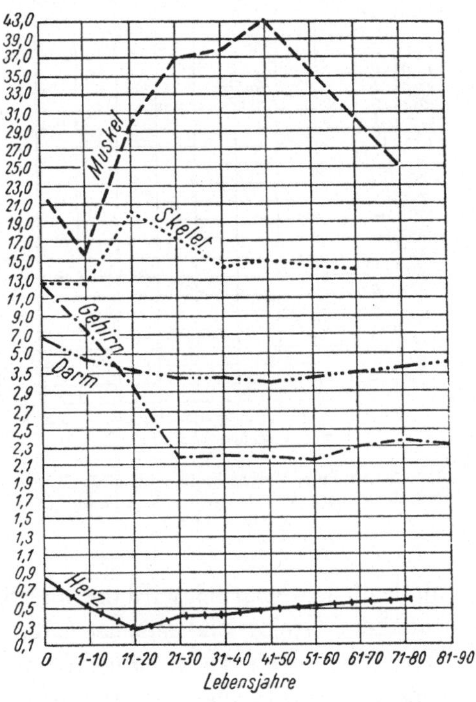

Abb. 2. Relatives Durchschnittsgewicht der menschlichen Organe in Prozenten des Körpergewichts. (Nach Mühlmann.)

Die Körperoberfläche. Es ist wohl kaum nötig, die Veränderungen der äußeren Erscheinungen zu beschreiben, welche für den Alterseindruck, für die Altersschätzung maßgebend sind. L. R. Müller hat eine Studie darüber geschrieben. Die Haut wird schlaff, welk, runzelig, verdünnt, die Falten vertiefen sich und das Fettgewebe hängt. Die Epidermis fühlt sich trocken an, neigt zur Schuppung, wird atrophisch, die Venen scheinen durch. Die Haut zeigt Neigung zu Pigmentation, gelblicher Verfärbung und zur Bildung von Warzen und Gefäßerweiterungen. Das Haar wird weiß und spärlich, beim Manne vielfach mit Glatzenbildung. Die Nägel werden glanzlos und brüchig, wuchern bei mangelnder Pflege oft klauenartig, besonders an den Zehen. Die Veränderungen der Zähne und Kiefer sind bekannt. Zahnlosigkeit bei atrophischem Kiefer trägt ebenso zur äußeren Greisenhaftigkeit bei wie die Veränderungen am Auge, Faltenbildung der Umgebung, Tiefliegen des Bulbus, Pupillenenge, Arcus senilis. Die Endbehaarung an Brauen, Ohr und Nase tritt stark hervor, während die Körperbehaarung an Achseln und Genitale oft sehr spärlich wird und sich beim Manne dem weiblichen Typus annähert. Greise sind zumeist mager, aber auch bei Fettleibigkeit ist das Fettgewebe schlaff, hängend, von Falten durchzogen. Am Thorax prägen sich die Züge des Emphysems aus, auf die noch ausführlich zurückzukommen sein wird. Die Muskulatur nimmt ab, sie tritt bei mageren Individuen mit dem Schwund der Umkleidung scharf hervor, aber selbst bei Fetten sind wenigstens die Halsmuskeln und, wo er ausgebildet ist, der „Hustermuskel" deutlich sichtbar. Der Greis ist oft wie ausgedörrt (Habitus corporis strictus). Bei Fettleibigen läßt sich ein plethorischer geröteter Typus mit straffem Fett von einem blässeren, mit welkem, oft sehr wasserreichem Fettgewebe unterscheiden (Ha-

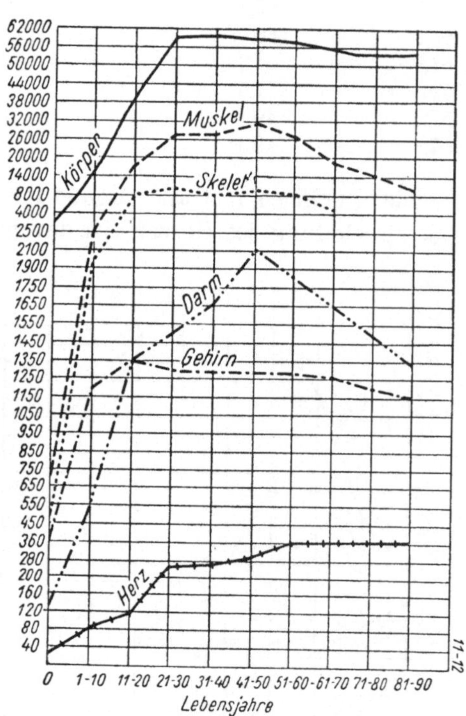

Abb. 3. Absolutes Durchschnittsgewicht des Körpers und der Organe des Menschen in Gramm. (Nach Mühlmann.)

bitus corporis laxus). Die Fettverteilung erfährt Umlagerungen, auf deren pathologische Typen im speziellen Teile einzugehen sein wird. Aber auch normalerweise sinkt im Bereiche des Kopfes der Fettbestand von den oberen Partien nach unten, so daß die Skeletteile des Obergesichtes schärfer hervortreten, zuweilen unter Aussparung von sackartigen Gebilden an den Lidern, besonders dem Unterlid, während an Wangen und insbesondere am Kinn das Fett sich oft in Falten ansammelt. Vorderfläche und Seite des Halses und der oberste Teil der Brustfläche ist relativ mager. Dies kontrastiert mit den supraklavikularen Fettansammlungen, dem Specknacken und bei Frauen mit den mächtigen Hängebrüsten. Bei Männern ist der Unterbauch, bei meist mageren Beinen, das große Fettdepot, während bei Frauen das Abdomen oft als Hängebauch mit den Fettmassen der Hüften, Schenkel und Knöchel in Konkurrenz tritt. Auf die pathologischen Gebilde, wie Hernien, Hydrocelen, Prolapse, Hämorrhoiden, Varicen soll nur hingewiesen werden.

Was die normalen Konstitutionstypen im Alter anlangt, so hat es sich beim Material des Wiener Versorgungshauses gelegentlich einer Untersuchung über die Kopfbehaarung an meiner Abteilung bei 1000 Fällen (Grünebaum) ergeben, daß auf 54 Astheniker im Alter von 55—96 Jahren 31 Pykniker und 15 vom athletischen Typus entfielen. Es sei erwähnt, daß die Glatzenbildung im Alter über 75 Jahren eine Verminderung erfährt, daß der Pykniker in der Glatzenbildung und im Weißwerden voransteht, während beim athletischen Typus die Glatzenbildung stark zurücktritt und die Haardichte lange anhält.

Gewebe und innere Organe. Was die Altersveränderungen der inneren Organe anlangt, so folge ich dabei den Angaben von Geist, Rössle, Hirsch u. a. Die Bemerkungen werden vielfach im speziellen Teile ergänzt werden. Die führenden Erscheinungen der Atrophie, der Abnahme der spezifischen Elemente, Zunahme des Bindegewebes, Neigung zu Ablagerungen wurden bereits hervorgehoben.

Stütz- und Bewegungsapparat. Die Verringerung des Skeletgewichtes im Alter ist auf atrophische Prozesse im Knochen zurückzuführen, welche langsam und unmerklich einsetzen, zuerst an den flachen Knochen deutlich werden, um sich mit fortschreitendem Alter und Sinken der Bewegungsfähigkeit auch an den Röhrenknochen in Osteoporose und abnormer Brüchigkeit zu äußern. Die dünnen Teile der flachen Knochen, wie die Fläche des Schulterblattes oder der Darmbeinschaufel, werden manchmal durchscheinend, am Schädel ist der gleiche Prozeß besonders am einsinkenden Scheitelbein ausgeprägt. Das Schädelskelet nimmt an einer allgemeinen Osteoporose teil, anderseits kommt es — bei Atrophie des Hirns — zu einer gleichzeitigen Hyperostose an Stirnbein und Os occipitale. Hyperostotische und atrophische Prozesse bestehen nebeneinander. Der Anteil und die Tätigkeit der spezifischen Elemente an Periost und Markhöhle verringern sich, das Gleichgewicht zwischen Anbau und Abbau im Knochen wird durch Verringerung des Anbaus gestört, die Knochenlamellen werden dünner, die Maschen der Spongiosa weiter, diese gewinnt auch im Bereiche der Kompakta Raum.

Von den weitgehenden Veränderungen des Knorpels im Alter wurde bereits im ersten Kapitel berichtet und als Erklärung des Kleinerwerdens im Alter der Schwund der Bandscheiben erwähnt. Abnützungserscheinungen an den Gelenkknorpeln sind die Grundlage der Arthritis deformans und führen zu reaktiven Knochenwucherungen, insbesondere am Gelenkrand, mit Einschränkung der Beweglichkeit. Solche Veränderungen fehlen kaum je bei den Wirbelsäulen von Greisen. An anderen Knorpelgebilden, wie den Rippen- und Kehlkopfknorpeln, kommt es zu Verkalkungen und Verknöcherungen, welche zusammen mit dem Verlust an Elastizität des Brustkorbes die Exkursionsbreite sehr beschränken können.

Die Umgestaltung des Rumpfskelets, die Entwicklung der Alterskyphose, die Änderung des Brustraumes kann nur mit Berücksichtigung der Lungenumwandlung, insbesondere der Entstehung des Emphysems, verstanden werden und findet an anderer Stelle Erörterung (s. Emphysem). Die Kyphose, bei deren Entwicklung die Bandscheiben maßgebend beteiligt sind, verlegt den Schwerpunkt nach vorn, dies wird durch Lordose in der Lendenwirbelsäule und die mehr horizontale Stellung des Beckens kompensiert. Wenn aber der untere Teil der Wirbelsäule durch arthritische Veränderungen der Wirbelsäule und des Sakroiliakalgelenks versteift ist, so sinkt der Schwerpunkt nach vorn. Es resultiert daraus eine vornübergebeugte Haltung, zunächst noch durch eine Beugung im Kniegelenk kompensiert, bis später die künstliche Stütze des Stockes erforderlich wird.

Die Veränderung des Thorax möchte ich vorwiegend mit Worten beschreiben, welche dem 1860 erschienenen Werke von Geist entnommen sind, um damit auch ein Beispiel für die Schilderung dieses eigenartigen Buches zu bringen, das in seinen anatomischen und physiologischen Abschnitten noch heute lesenswert ist: „Die nächste Veranlassung zu Altersveränderungen ... ergeben die allgemeine Abmagerung, der Verlust des Turgors der Haut, das Schwinden des Unterhautzellgewebes, die Abmagerung der Muskulatur, die festeren Artikulationen der verschiedenen knöchernen Teile.

Indem das Fettpolster der Achselhöhle schwindet, tritt die dasselbe begrenzende Muskulatur schärfer hervor und die Achselhöhle vertieft sich. Gleiches geschieht ober- und unterhalb der Schlüsselbeine, wo tiefe Gruben entstehen. Die Rippen treten schärfer hervor, die Zwischenrippenräume erscheinen eingesunken. Die Seitenwände des Thorax flachen sich ab, der nach rechts und links vom Processus ensiformis des Sternums schief nach hinten und unten abfallende, von den flachen und kurzen Rippen gebildete Rand tritt hervor und bildet zwischen Brust- und Bauchhöhle eine scharfe Grenzlinie. Das Sternum wird ebenfalls scharf markiert, seine Verbindungen mit den Rippen wie dieser mit den Wirbeln werden fester, Beweglichkeit und Ausdehnungsfähigkeit des Thorax geringer. Sternal- und Skapularartikulation der Clavicula sind ebenfalls sehr fest geworden und gestatten nur sehr geringe Beweglichkeiten dieses Knochens.

Diese Formänderung des Thorax ist die primäre und tritt auch ohne Kyphose ein, bei längerer Bewahrung der geraden Körperhaltung. Bedeutender und einflußreicher auf Lage der Lungen, des Herzens und der großen Gefäße wird dieselbe aber, gesellt sich zu ihr die Vorwärtsneigung der oberen Körperhälfte, die Alterskyphose. Nächste Veranlassung gibt dazu der Schwund der Zwischenwirbelkörper der Hals und Brust, welcher, so gering er auch für den einzelnen sein kann, in seiner Gesamtwirkung auf die Form des Thorax, die Stellung der einzelnen konstituierenden Knochen, Clavicula, Schulterblatt, Sternum, Rippe, die Haltung des Kopfes, der oberen Extremitäten, ja des ganzen Körpers von dem größten Einfluß ist, und welcher sich um so mehr steigert, wenn, wie es gewöhnlich der Fall ist, gleichzeitig eine Achsendrehung der Wirbelsäule stattgefunden hat und der Thorax nach der einen oder der anderen Seite vornüber sinkt. Die Rippen erleiden zunächst einen Zug an ihren Vertebralartikulationen, der je nach der seitlichen Ausweichung, Vor- oder Rückwärtsneigung der jedesmaligen Wirbelkörper ein vielfach verschiedener sein wird. Indem sich derselbe durch den Körper der Rippen auf das Brustbein fortsetzt, wird er auf dieses bald als Druck, bald als fortgesetzter Zug wirken und nächste Veranlassung zur Schiefstellung dieses Knochens oder zur Hervortreibung des einen oder anderen Randes dieses zu einer seitlichen Schiefstellung werden.

Durch die Vorwärtsneigung der Wirbelsäule erleiden die Rippen wesentliche Formänderungen. Im allgemeinen erhalten die hinteren Bogen der Rippen derjenigen Körperhälfte, nach der die Kyphose [richtiger Skoliose] stattfindet, eine stärkere Wölbung und haben den entsprechenden Rand des Brustbeins nach sich gezogen, weshalb diese Brusthälfte kürzer und enger erscheint, während die Rippen der anderen Seite abgeflacht, vorgeschoben, verlängert erscheinen und den entsprechenden Sternalrand hervorgetrieben haben. Nur in den Fällen, in welchen die Wirbelsäule gerade nach vorn ohne Achsendrehung sinkt, erleiden die hinteren Bogen der Rippen beider Thoraxhälften eine gleichmäßige größere Wölbung und findet eine Hervortreibung des Sternums gerade nach vorn statt, eine Form des Thorax, welche sich der sogenannten Vogelbrust nähert und den Spitzrücken bildet. Zuweilen habe ich auch gesehen, daß, wenn bei Kyphose gerade nach vorn die Knorpelverbindungen der Rippen mit dem Brustbein dem auf sie wirkenden Druck einen geringeren Widerstand entgegensetzen als das Brustbein, jene eine Wölbung erhalten, so daß das Sternum eingedrückt erscheint.

Mit diesen umfänglichen Altersveränderungen des Thorax findet häufig eine Verkürzung des Längsdurchmessers sowie ein Herabsinken des Thorax statt. Er nähert sich dem Becken und verkürzt das Abdomen. Der Bauch erscheint dadurch, besonders bei korpulenten Greisen, spitz hervorragend, der Scrobiculus cordis tief eingezogen, und wenn, wie gewöhnlich, der Kopf nach vornüber gesunken ist, so daß nicht selten das Kinn auf dem Manubrium sterni ruht, so erscheint die vordere Seite des Thorax besonders bei kleinen Greisen so verkürzt, daß sie kaum einen eine kleine Spanne breiten Raum der Untersuchung darbietet.

In den höchsten Graden dieser Altersverbildungen des Thorax schieben sich die Rippen oft dachziegelartig übereinander, erleiden Achsendrehungen nach innen und außen. Der Thorax hat alle und jede Ausdehnungsfähigkeit verloren, ist gleichsam fixiert und wird selbst bei tieferen Atmungsversuchen nur in seiner Gesamtheit verschoben.“

Der letzte Absatz und einige frühere Bemerkungen, wie jene über die Deformation des Sternums, beziehen sich nicht mehr auf normale Altersveränderungen, sondern sichtlich schon auf senile Osteomalazie. Im übrigen möchte ich dieser bezeichnenden Schilderung Geists nur wenige Worte beifügen, welche sich auf die Größe des Thoraxraumes und auf das Verhalten der unteren Apertur zum Abdomen beziehen. Geht die Altersatrophie der Lunge ohne Volumen pulmonum auctum einher, so ist der Thoraxraum klein und exspiratorisch fixiert (Lehnert). Ist das Lungenvolumen vermehrt, so resultiert, wie im speziellen Teil beim Emphysem auseinandergesetzt werden wird, bei breitem Brustkorb der bekannte faßförmige Thorax; bei langen Lungen wird aber oben Raum geschaffen, es bildet sich ein birnförmiger Brustkorb, der Thorax piriformis. Wenn bei diesem der Bauch fettreich ist, so werden die untersten Thoraxanteile, nach unten von dem Zwerchfellansatz trichterförmig nach außen umgestülpt und erweitert. Verbindet sich umgekehrt ein breiter, faßförmig fixierter Thorax mit einem fettarmen Abdomen, so stellt die untere Thoraxapertur einen festen Rahmen dar, von dem die Haut tief, im Liegen fast senkrecht absinkt, bis sie das Niveau des unteren Abdomens erreicht.

Muskulatur und Bindegewebe. Auf die Abnahme der Muskelmasse im Alter wurde bereits hingewiesen. Die anlagemäßig gegebene Tendenz der Altersstufe und die Abnahme der Funktionsreize durch die Verminderung der Anforderung wirken zusammen. Daß mit dem Alter auch qualitative Veränderungen der Muskeln physikalischer und chemischer Art verbunden sind, kann niemand entgehen, der bei Rind und Huhn mit Zähnen und Geschmackssinn die Verschiedenheit zwischen jungen und altem Fleisch festgestellt hat.

Daß das Bindegewebe im Alter vielfach für die spezifischen Bestandteile eintritt, ist bekannt. Es ist in den meisten alternden Parenchymen relativ, manchmal auch absolut vermehrt. Andrerseits weist es auch regressive Veränderungen auf, für die etwa seine Degeneration in der Greisenhaut als Beispiel dienen soll. Auch das Bindegewebe zwischen und um die Muskulatur und die Faszien werden im Alter atrophisch und morsch. Es wird auch wasserärmer und härter. Das Schwinden des elastischen Gewebes ist eine allgemeine, doch nicht ausnahmslose Erscheinung.

Respirationsorgane. Es ist zunächst auf die Senkung des gesamten Respirationsapparates aufmerksam zu machen, welche schon in der Pubertät beginnt, alle Organe — Kehlkopf, Trachea, Lungen — umfaßt und zur senilen Ptose (Quincke) führt. Am Kehlkopf und an den Trachealknorpeln sind die häufigen Verknöcherungen, an der Trachea Volumänderungen hervorzuheben, von welchen die Verengerung, die Säbelscheidentrachea, im Alter am wichtigsten ist. Die weitaus bedeutsamste Altersveränderung der Lunge, das Emphysem, wird im speziellen Teile besprochen werden. An dieser Stelle soll nur an die Farbänderungen der Lunge, das Vorwiegen des grauen Tones infolge Schwundes der kleinen Gefäße und der reichlichen Pigmentablagerung und an die Anthrakose erinnert werden. Auch sei erwähnt, daß im Zusammenhang mit den Thoraxänderungen einerseits, mit der ungleichförmigen Verteilung der atrophischen Prozesse andrerseits sich die Interlobärgrenzen steiler, mehr vertikal stellen. Es tritt eine senile Drehung der Lunge nach vorn und oben auf, welche die Unterlappen mehr zu Hinterlappen macht. Oft kommt es zur Verschmelzung der Lappen. Das Rippenfell ist verdickt und trockener, es reagiert auf den Druck der Rippen mit Bindegewebswucherungen, welche wie ein Abdruck der Rippen erscheinen. Die ungemein zahlreichen Verwachsungen und Schwarten sind pathologische Gebilde.

Zirkulationsapparat. Die Altersveränderungen an Herz und Gefäßen sind im wesentlichen, nicht durchaus pathologischer Art. Ihre Darstellung erfolgt zweckmäßiger im Zusammenhang mit der Klinik.

Verdauungsorgane. Von den allbekannten Änderungen an den Zähnen abgesehen, sind die Altersveränderungen am oberen Teil des Verdauungstraktes durch einen Rückgang der spezifischen Elemente, des drüsigen und lymphatischen Apparates bestimmt. So wird die Zunge oft glatter, ihre Papillen flacher. Der Magen weist keine einheitlichen Veränderungen auf, die pathologischen überwiegen weitaus. Ob die häufige Atrophie der Schleimhaut zu ihnen gehört, steht dahin. Rössle sieht in der stärkeren Beteiligung von elastischem Gewebe innerhalb der Muskulatur von Cardia und Fundus und innerhalb der Schleimhaut Alterserscheinungen. Ein Mehr an elastischem Gewebe im Alter ist jedenfalls auffallend. Das Gesamtgewicht des Darms sinkt stark. Daran ist nicht nur der Fettschwund, sondern auch Atrophie der Schleimhaut, des lymphatischen Apparates und der Muskulatur beteiligt. Die Pigmentablagerung nimmt zu. Die Verdünnung der Muskulatur bietet Anlaß zur Entstehung von Schleimhauthernien, den Divertikeln, die oft multipel auftreten und von denen insbesondere die kleinen Graserschen Divertikel am Enddarm die häufigsten sind. Obstipation und Blähung führen zu Erweiterungen von Colon und Rectum, der Blinddarmfortsatz verödet oft, Polypen, Hämorrhoiden und Prolapse werden häufig. Das Netz ist bei hochgradiger Abmagerung aufs höchste atrophisch, bei Fettleibigkeit mit großen Fettmassen erfüllt.

Das Durchschnittsgewicht der Leber sinkt im Alter. Es beträgt nach Geist zwischen 60 und 70 Jahren durchschnittlich 1257 g bei Männern, 1120 g bei Frauen, nach dem 80. Jahr nur 826 g bzw. 751 g, bei hochgradiger Abmagerung kommt es zur braunen Atrophie. Im übrigen werden die Veränderungen durch pathologische Zustände, wie Stauung, Degeneration, Verfettung beherrscht. Die Leber erhält ihre Form weitgehend durch ihre Umgebung. Es ist daher verständlich, wenn sie, bei seniler Ptose ins freie Abdomen absteigend, oft die scharfen Ränder verliert und sich abrundet.

Die ungemein häufigen Veränderungen der Gallenblase und -wege sind krankhaft; sie werden ebenso wie die des Pankreas im klinischen Teil erörtert werden.

Harnapparat. Die Niere nimmt im Alter an Gewicht ab. Die vaskulären Prozesse sind so häufig und in ihren nicht sehr vorgeschrittenen Stadien ohne wesentlichen funktionellen Einfluß, daß sie kaum als abnorm bezeichnet werden können. Oft besteht eine Körnelung der Nierenoberfläche als Ausdruck der Arteriolosklerose und des dadurch bedingten Verlustes an spezifischem Gewebe, oft klaffen die größeren Gefäße. Der Übergang in Schrumpfung ist schon als krankhaft zu bezeichnen. Das Markgerüst der Niere ist oft verbreitert und verfettet, die harmlosen Harnzysten sind häufig, die Nierenkapsel ist oft verdickt. Die ableitenden Harnwege weisen zahlreiche pathologische Veränderungen auf, Cystitis, Trabekelblase, Divertikelbildungen usw. Als spezifische Altersveränderungen kann Ersatz der Muskulatur durch Bindegewebe und elastisches Gewebe bezeichnet werden.

Geschlechtsorgane. In diesem den inneren Erkrankungen gewidmeten Buche soll auf die sehr bekannten Alterserscheinungen am weiblichen Geschlechtsapparat überhaupt nicht eingegangen werden und bezüglich des männlichen die Bemerkung genügen, daß eine Atrophie des Hodens im Alter wohl eintritt, die Spermatogenese aber bis in das höchste Alter erhalten bleiben kann. Die Verhältnisse und die Rolle der Zwischenzellen sind nicht endgültig geklärt, doch wird im Zusammenhang mit den Verjüngungsversuchen auf das Problem noch eingegangen werden, ebenso auf die Prostatahypertrophie.

Drüsen mit innerer Sekretion. Eine allgemeine Charakteristik der Veränderungen wurde bereits im ersten Kapitel gegeben. Die Schilddrüse weist, wenn sie nicht strumös verändert ist, eine mäßige Atrophie auf, das Parenchym wird bräunlich, Lipoide und Pigment sind vermehrt abgelagert, das Bindegewebe hat zugenommen, das Follikelepithel ist abgeflacht, das Kolloid dichter. Die Epithelkörperchen weisen vermehrtes Bindegewebe und Lipoideinlagerungen auf. Der starke, fast vollständige Rückgang des Thymus ist bekannt. Die Hypophyse nimmt besonders in ihrem vorderen Anteil an Gewicht ab, ist aber bei alten Frauen schwerer als bei Männern. Die Zellen werden atrophisch, die spezifischen Elemente bleiben jedoch erhalten, es erfolgt eine Einwanderung von basophilen Elementen in den Hinterlappen (Erdheim). Die Nebenniere weist im Rahmen der allgemeinen Altersatrophie einen Rückgang der spezifischen Elemente und Zunahme des Bindegewebes in wechselndem Ausmaße auf. Die Lipoide der Rinde sind oft ungleichmäßig angeordnet. Die Zirbeldrüse wird kleiner und flacher, ihr zelliger Anteil tritt gegenüber dem Bindegewebe zurück, Verkalkung ist häufig.

Blut, Knochenmark, Milz und Lymphdrüsen. Die Angaben über die normalen Blutbefunde im Alter sind durchaus widersprechend, nach unseren Erfahrungen bewegen sie sich im Bereich der Norm, jedoch an ihrer unteren Grenze. Man kann für die roten Blutkörperchen Werte von 4,5 Millionen beim Manne, 4—4,5 Millionen bei der Frau als normal betrachten. Dem entspricht ein Sahli von 95 bis 85%, der Färbeindex ist oft leicht erhöht (s. S. 285). Die Anzahl der Leukocyten weicht vom Gewohnten nicht ab. Das normale Knochenmark im Alter ist Fettmark, doch ist seine Konsistenz infolge der Erweiterung der Markräume und der geringeren Tätigkeit oft herabgesetzt, es nähert sich dem Gallertmark, ist aber bei manchen Anämien und sonstigen Anforderungen durchaus zur Umwandlung in rotes Knochenmark befähigt.

Das Gewicht der Milz nimmt stark ab. Nach Geist bei beiden Geschlechtern von 139 g zwischen sechzig und siebzig auf 93, bzw. 82 g nach dem achtzigsten Jahre. Das spezifische Gewebe an Pulpa und Körperchen geht zurück, das Bindegewebe und oft auch der Gehalt an Hämosiderin ist vermehrt. Die Lymphdrüsen verlieren ihren Follikelreichtum. Bindegewebe, Fett und an den entsprechenden Stellen Einlagerungen wie Kohlenpartikelchen u. a. m., treten stark hervor.

Haut. Von der Haut war bereits die Rede. Histologisch entspricht ihren Veränderungen eine Verdünnung ihrer Epidermis mit Atrophie der Zellen, Zunahme des Pigments, Abflachung der Retezapfen. Im Corium spielt die Degeneration des Bindegewebes und der elastischen Fasern die Hauptrolle. Es treten Quellung und Körnelungen auf, Zerfaserungen und Verklumpungen. Dazu kommt noch Schwund der Kapillaren und atrophische Prozesse an den Anhangsgebilden, wie den Talg- und Schweißdrüsen.

Sinnesorgane. Auf die genau studierten Alterserscheinungen an Auge und Ohr soll dem Plane des Buches nach nicht eingegangen werden.

Nervensystem. Da im klinischen Teile nur jene Erscheinungen besprochen werden sollen, welche in das interne Gebiet hinüberspielen, sei hier das Wesentliche der anatomischen Befunde mit den Worten von Hirsch zusammengefaßt: „Als makroskopische Alterszeichen des Gehirns gelten: Allgemeine Atrophie, Verdickungen der Meningen, besonders der Pia, Verschmälerung der Windungen der Rinde, Klaffen der Furchen, Erweiterung der Ventrikel, Zunahme der Konsistenz." ... „Zu den histologischen Veränderungen des Gehirns, welche für die normale Involution charakteristisch sind, rechnet man im allgemeinen: Die Verkleinerung der Ganglienzellen und ihrer Fortsätze, Verfall und Schwund der Nisslschen Granula, hyaline Degeneration der Gefäße und eine mäßige Gliose an der Stelle des Parenchymschwundes, außerdem Einlagerung von Pigment."

Zur Physiologie des Greisenalters, Leistungen und Reaktionen. Es liegt nahe, die Greisenphysiologie ausschließlich unter dem Gesichtspunkte der Schwäche und Abnahme von Leistung und Reaktion zu betrachten, doch wäre dieser Standpunkt zu enge. Es kann nicht geleugnet werden, daß eine Abnahme der Funktion meist im Vordergrund steht, aber es handelt sich oft auch um qualitative Änderung und zuweilen, allerdings nicht häufig, um eine Zunahme. Vielfach spielt auch die Ungleichmäßigkeit des zeitlichen Verlaufs der Involution, die Heterochronie der Alterserscheinungen eine Rolle.

Körperliche Gesamtleistung. In dieser tritt die Abnahme

deutlich hervor, wobei Minderleistungen der Muskulatur, des Zirkulationsapparates, der Atmung und der nervösen Koordination in wechselndem Ausmaße beteiligt sind. Sehr respektable Leistungen fehlen dem gesunden Alter nicht, besonders wenn sie gewohnt und trainiert sind. Ein alter Bergbauer kann noch immer in Sonnenglut an steiler Grashalde bei der Heumahd einen langen Sommertag hindurch seinen Mann stellen, ein alter Bergführer schwierige Touren führen, ein Schmied noch im Greisenalter der stärkste Mann des Dorfes sein, aber sie alle werden hinter ihren Jugendleistungen zurückbleiben, niemals wird ein Greis einen sportlichen Rekord aufstellen, nie einen Wettlauf gewinnen, der Höchstaufwand an Kraft und Schnelligkeit gehört der Jugend, aber zähe Ausdauer kann lange erhalten bleiben. Doch sind dies die Ausnahmen. Die häufigere Abnahme der Kräfte bis zur Erscheinung des unbeholfenen, zittrigen, muskelschwachen Greises mit seinem trippelnden Gang und den ausfahrenden Bewegungen im hohen Alter ist zu bekannt.

Temperatur. Die Körpertemperatur des Greises hält sich nach unserer sehr ausgedehnten Erfahrung auch bei axillarer sorgfältiger Messung in den normalen Grenzen zwischen 36 und 37°, ist im Durchschnitt gegenüber jüngeren Lebensperioden höchstens um wenige Zehntelgrade gesenkt. Auf die Vorteile, welche eine rektale Messung beim Greis besitzt, ist seit Charcot immer wieder aufmerksam gemacht worden. Die anatomischen Verhältnisse der Achselhöhle, sowie die langsame Wärmeabgabe von seiten der Haut bereiten Schwierigkeiten, die insbesondere im Anstieg der Temperatur in Betracht kommen. Im Zweifelsfalle ist daher immer die Rektaltemperatur heranzuziehen, doch bietet ihre durchgehende Ermittlung bei großem Krankenmaterial wegen der Verantwortung für ein Abbrechen im Rektum durch Ungeschicklichkeit und unerwartete Lageänderung der Alten große Schwierigkeit, die nur durch ein zahlreiches Personal überwunden werden könnten, welches in der Regel nicht zur Verfügung steht.

Zirkulationsapparat. Die Minderleistungen im Greisenalter sind zu einem großen Teil durch pathologische Prozesse bedingt, doch stehen ausreichende Untersuchungen mit den neuen hämodynamischen Methoden noch nicht zur Verfügung. Über die Größenverhältnisse von Herz und Aorta wird im klinischen Teil zu sprechen sein, ebenso über Blutdruck und Elektrokardiogramm. Dort werden auch die Folgen der Abnahme der Elastizität und der Weitung der Gefäße zu erörtern sein. Die vasomotorischen Reaktionen an den Kapillaren verlaufen verlangsamt und weniger ausgiebig. Die Pulszahl sinkt im frühen Greisenalter, um später wieder anzusteigen. Geist macht für die Nachmittagstunden bei Ausschluß von Herz- und Lungenleiden folgende Angaben:

Tabelle 1.

	Zahl	Alter	Minimum	Mittel	Maximum
Männer	24	55—65	60	62	75
	76	65—75	60	72	90
	52	75—85	60	72	90
	12	85—92	60	75	86
Frauen	10	45—55	60	67	70
	40	55—65	60	70	80
	136	65—75	60	75	90
	88	75—85	58	77	100
	14	85—93	73	84	113

Die Peripherie ist schlecht durchblutet. Die Kapillaren reagieren auf Reize langsamer und unvollkommener, die Strömungsgeschwindigkeit ist herabgesetzt, die kleinen Gefäße sind oft erweitert. Auch bei suffizientem Kreislauf sind die distalen Körperpartien oft kühl und zyanotisch. Diese Verschlechterung der Blutversorgung der Oberfläche läßt die Greise oft frieren und erschwert ihren Wärmeausgleich, ist anderseits aber wohl auch ein Element ihres verringerten Stoffwechsels und Bedarfes. Die Verhältnisse an den Venen sind sehr verschieden, doch wird zumindest bei mageren Individuen eine Tendenz zur Erweiterung offenbar, welche, besonders bei Frauen, auch den Varicen- und Geschwürsbildungen Vorschub leistet.

Respiration. Durch Einschränkung der Atemfläche und der Atemtiefe sinkt die maximale Leistung der Atmung sehr beträchtlich. Es ist bekannt, daß schwerere Emphyseme im Gegensatz zu Vitien schon in der Ruhe keine normale, d. h. annähernd maximale Sauerstoffsättigung des Blutes erreichen können. Noch deutlicher ist dann eine Insuffizienz der Sauerstoffversorgung bei starken Anforderungen. Die Verhältnisse der Greisenlunge und des Greisenthorax sind für das körperliche Versagen im Alter wahrscheinlich mindestens so wichtig als die des Zirkulationsapparates. Einen zahlenmäßigen Ausdruck finden sie in einfacher Weise in der Vitalkapazität, der maximalen Atemgröße, welche seit Hutchinson viel studiert wurde. Diese sinkt bereits seit den Dreißigerjahren, im Alter rascher. Geist Diese sinkt bereits nach den Dreißigerjahren, im Alter rascher. Geist gibt folgende Zahlen, die ich umgerechnet in Tab. 2 zusammenfasse.

Das Sinken der Kapazität bedeutet auch Vermehrung des schädlichen Raumes und Behinderung des Gasaustausches.

Die Zahl der Atemzüge variiert beim gesunden Alter beiderlei Geschlechts nur wenig. Ihre Norm ist 17—18 mit nur geringen Schwankungen zwischen 14—22 (Geist). Über die wichtigen Störungen des Atemrhythmus wird im klinischen Teile berichtet werden.

Tabelle 2.

Versuchs-person	Alter	Kapazität in cm			Abnahme in cm
		Minimum	Mittel	Maximum	
20	15—25	1980	3260	4040	
20	25—35	3320	3720	4600	
20	35—45	2160	3460	4020	240
20	45—55	2360	3140	3520	320
24	55—65	2200	2820	3820	320
76	65—75	2000	2400	2960	400
42	78—85	1500	2200	2920	200
12	85—95	1380	1820	2600	300

Die Verdauungsorgane. Anazidät des Magens ist eine sehr häufige, aber vielleicht pathologische Erscheinung. Im übrigen darf man wohl annehmen, daß die Verdauungssekrete zuweilen in geringerer Menge geliefert werden. Es lassen sich jedoch beim Gesunden keine Schäden der Verdauung feststellen, im Gegenteil, oft ist die Leistungsfähigkeit bis ins späte Alter erstaunlich.

Harnorgane. Gleiches gilt von den Harnorganen. Über einen mäßigen Ausfall bei Funktionsprüfungen wird zu berichten sein. Sonst sind die Abweichungen der Zusammensetzungen des Harnes von geringer physiologischer und klinischer Bedeutung. Spezifisch sind wohl nur die von dem Aufhören der Tätigkeit der Sexualorgane abhängigen Änderungen in der Prolan- und Kreatinausscheidung. Prolan wird im Alter bei der Frau regelmäßig, beim Manne zuweilen vermehrt ausgeschieden (Österreicher). Die Umwandlung von Kreatin in Kreatinin ist an die erhaltene männliche Sexualität gebunden (Lasch).

Innere Sekretion. Was die sehr bekannten Änderungen in der Geschlechtsfunktion anlangt, so sind sie schon herangezogen worden und werden im Anschluß an die Verjüngungsversuche noch im speziellen Teil zu diskutieren sein. Das Nachlassen der Funktion ist sicher. Damit stehen auch Änderungen in der Tätigkeit der Hypophyse, so die vermehrte Prolanproduktion, im Zusammenhang. Mit einer Mehrtätigkeit von Hypophysenzellen dürfte auch die bei manchen Greisen festzustellende akromegaloide Vergröberung einzelner Endteile im Alter zurückzuführen sein (s. S. 311). Bei der Schilddrüse, den Epithelkörperchen, der Thymusdrüse lassen wohl die anatomischen Zeichen der mäßigen bis starken Atrophie mit Recht auf eine Minderung der Leistung schließen, doch wird dem Bedarf des alten Organismus genug getan. Ausfallserscheinungen bestehen nicht. Über die Nebenniere ist wenig zu sagen. Weder der Schluß aus der Neigung des Alters zu Pigmentierungen auf eine Untertätigkeit der Rinde, noch aus der häufigen Blutdrucksteigerung auf eine Funktionsuznahme des Markes ist irgendwie gesichert. Der Vitamin C-Gehalt sinkt.

Blut, Milz, Lymphdrüsen. Die blutbereitenden Organe funktionieren befriedigend. Allerdings erfolgt der Ersatz, etwa nach schweren Blutungen langsamer und weniger vollkommen. Remissionen bei Blutkrankheiten dauern kürzer, die Therapie muß länger und oft dauernd weitergeführt werden. Aplastische Formen der Anämie sind im Blutbilde häufiger, aber das Knochenmark wird rot. Der greise Organismus ist sehr wohl imstande, sehr hohe Leukocytenwerte aufzubringen, im Gegenteil, die Neigung zu Eiterung und eitriger Einschmelzung ist sogar erhöht. Man kann darin wohl ein Zeichen mangelnder Heilungskräfte sehen, man muß aber auch die enorme Zelleistung anerkennen.

Die Milz ist zur akuten und chronischen Schwellung befähigt, die Leistung der Lymphdrüsen dürfte ihren atrophischen Zügen nach herabgesetzt sein, doch bleiben sie auf entzündliche Reize und bei der lymphatischen Leukämie usw. noch zu ausgiebiger Vergrößerung und Reaktion fähig.

Sinnesorgane. Es ist nicht nötig, auf die Linsenveränderungen usw. einzugehen. Die Pupille verengt sich im Alter zumeist, ihre Reaktion wird träge. Bekannt ist die Abnahme des Hörvermögens insbesondere für hohe Töne im Alter. Die Grenzen zwischen dem Pathologischen und Physiologischen zu ziehen, soll den Otiatern überlassen bleiben.

Stoffwechsel. Die Tatsache, daß der überwiegende Teil der Menschen im Alter abmagert, beweist eine Störung. Das Gleichgewicht zwischen Einnahmen und Ausgaben wird nicht mehr automatisch aufrechterhalten. Wenn wir in diesem physiologischen Abschnitte von allen Störungen durch Krankheiten und Demenz absehen, so kann wohl eine Anzahl der Abnahmen durch Appetitmangel erklärt werden, aber nicht alle. Es magern auch Greise mit sehr guter Nahrungsaufnahme ab. In diesen Fällen muß wohl an ein besonderes Verhalten der zentralen Regelung des Stoffwechsels gedacht werden. Den höchsten Grad bilden die Fälle von primärer Kachexie (s. S. 338).

Das Studium des Gaswechsels zeigt eine Verringerung des Gesamtumsatzes, die seit langem bekannt ist. Sie tritt deutlich bei der Bestimmung des Grundumsatzes hervor. Die bekannten leicht zugänglichen, auf den Arbeiten von Benedikt, Atwater u. a. beruhenden Tabellen zeigen, daß in allen Gewichtsklassen und Körperlängen die Normalwerte mit dem Alter sinken. Was für den Grundstoffwechsel gilt, gilt auch für den Leistungsstoffwechsel. Die Ausgaben sinken, und so ist auch die Herabsetzung des Nahrungsbedarfes zu erklären, welche allgemeine Erfahrung und Stoffwechselversuch in vielen, aber nicht in allen Fällen feststellen. Es ist möglich, daß der Eiweißbedarf im Alter etwas geringer ist, zeitweise werden wohl im Zusammenhang mit der Knochenatrophie Kalk und Phosphorsäure in erhöhtem Ausmaße abgegeben. Gewisse mit den Drüsentätigkeiten zusammenhängende Ausscheidungsdifferenzen wurden bereits beim Harn erwähnt. Im allgemeinen aber bestehen im Alter keine Unterschiede im qualitativen Stoffwechsel, die faßbar und von größerer Bedeutung wären.

Nervensystem. Im Bereich des peripheren Systems der markhaltigen Nerven und des Rückenmarks sind wesentliche Funktionsänderungen im Alter nicht bekannt. Als Teiluntersuchung einer Reihe von Studien über die Reaktivität im Alter habe ich mit meinem Mitarbeiter Lasch eine Funktionsprüfung des vegetativen Nervensystems im Alter vorgenommen. Wir konnten bei Erhaltenbleiben der verschiedenen Reaktionstypen von der sogenannten Sympathikotonie bis zur Vagotonie neben feineren Unterschieden eine Flüchtigkeit der Adrenalinwirkung feststellen, wobei aber die Empfindlichkeit für diesen Stoff nicht sinkt. Erhaltene Vagusempfindlichkeit und verringerter Sympathikuseffekt bedingen ein Überwiegen des Vagussystems im Alter.

Für die körperlichen Erscheinungen des Alters haben eine Reihe von subkortikalen Zentren Bedeutung. Es ist hier zunächst der Anteil des Gehirns an der Blutdrucksteigerung zu erwähnen. Zentraler Hochdruck und die pathologischen zentralen Atemstörungen werden uns im klinischen Teil zu beschäftigen haben. Mit Nachdruck haben insbesondere Lewy und Hirsch auf die Analogien zwischen postencephalitischem Parkinsonismus und gewissen Eigentümlichkeiten des hohen Greisenalters und damit auf das Zwischenhirn verwiesen. Haltungsanomalien, Starre des Ausdrucks, Verlangsamung der Willkürbewegungen, der senile Tremor, Veränderungen des Ganges sind die wesentlichen Erscheinungen, aber auch Schädigungen in den Stoffwechsel- und Gefäßzentren sind anzunehmen. Die senilen, noch physiologischen Schlafstörungen dürften ebenfalls hier einzuordnen sein. Von den eigentlich psychischen Funktionen wird am Schlusse dieses Abschnittes die Rede sein, aber bereits an dieser Stelle kann gesagt werden, daß die subkortikalen Gebiete wohl für das Weniger an dem Ausdruck der Emotionen und wahrscheinlich auch der Emotionen selbst verantwortlich zu machen sind. „Freude und Schmerz, Verlegenheit und Scham sind im Alter ebenso gemindert wie der Dermographismus, die Neigung zu Schweißausbrüchen und das Spiel der Pupillen" (L. R. Müller).

Allgemeine Reaktivität im Alter. Die letzten Zeilen enthalten schon Aussagen darüber, und zwar im Sinne der Verminderung.

Man ist sehr geneigt, diesen Gesichtspunkt zu verallgemeinern, besonders wenn einem ärztliche Erfahrungen über geringe Fieberhöhen und latenten Verlauf von schweren Erkrankungen gegenwärtig sind. Diese Erscheinungen werden uns noch ausführlich beschäftigen, aber bereits hier sei gesagt, daß der gleiche Patient, der eine Pneumonie subfebril überstanden hat, auf den Bakterienschub aus den Harnwegen mit hohen Temperaturen antworten kann. Wenn die serösen Häute, denen bei den Erkrankungen der Eingeweide meist die Schmerzübermittlung zukommt, nicht reagieren, so ist damit nicht gesagt, daß auch die peripheren Nerven und deren Rezeptionsapparat stumpf geworden sind. Eine Gelenkerkrankung, ein Herpes zoster kann mit heftigsten Sensationen einhergehen. Auch die Funktionsprüfung des vegetativen Systems läßt sich nicht einfach als Herabsetzung der Empfindlichkeit zusammenfassen.

Noch weniger gilt dies von dem Gesamtgebiet der Entzündung. Auf die Leistungsfähigkeit des Leukocytenapparates bei Leukocytosen und Eiterungen ist bereits aufmerksam gemacht worden. Als ich noch von der Annahme einer allgemeinen Reaktionsschwäche ausging, wollte ich mir diese, gleichzeitig zur Erklärung einiger Besonderheiten des Tuberkuloseverlaufs im Alter durch Prüfung der Tuberkulinempfindlichkeit vor Augen führen (Müller-Deham und Jokl); es ergab sich überraschenderweise eine sehr hohe Tuberkulinempfindlichkeit. Ähnlich liegen die Verhältnisse bei der Blatternimpfung. Durch mehrere Jahre wurden solche regelmäßig in der Aufnahmeabteilung unserer Anstalt vorgenommen. Die Reaktionen waren vielfach unangenehm und ungewohnt groß und heftig. Die Hautempfindlichkeit war im Alter nach der pharmakologischen Prüfung nach Gröer und Hecht bei einer Reihe von Versuchspersonen normal. Auch der Leukocytensturz nach der intrakutanen Injektion von 0,1 Kochsalz erfolgte im allgemeinen prompt (Lasch).

Was die Wirkung von Medikamenten als Ausdruck von Funktionen anlangt, so kann man im großen und ganzen von der Hypothese einer unveränderten Empfindlichkeit ausgehen. Dies entspricht der ärztlichen Erfahrung. Wenn vielfach die Wirkungen unzureichend und flüchtiger sind, so muß dies vorwiegend aus dem Zustand der erkrankten Erfolgsorgane erklärt werden. Einzelne Unterschiede bestehen. So werden ganz abnorme Strychnindosen, wie wir sie manchmal zur Behandlung einer Blaseninkontinenz verwendet haben, reaktionslos vertragen. Einige experimentelle Arbeiten liegen vor. So hat Youngsta alte Kaninchen gegen Stoffwechselgifte, wie Arsen und Thyroxin, empfindlicher gefunden. Vollmer alte Mäuse und Ratten gegen Äthylalkohol und Urethan empfindlicher, gegen Brenzkatichin und Anilin resistenter, gegen andere Alkohole gleichempfindlich angetroffen.

Eine systematische Fortsetzung von Untersuchungen über die Reaktivität, über Standardwerte von Funktionen und über Arzneikörpertoleranz im Greisenalter wird zweifellos zu einer Erweiterung der Kenntnisse über den Prozeß des Alterns führen und wohl auch praktische Bedeutung gewinnen.

Das psychische Verhalten. Da der Plan des Buches die nervösen und psychischen Erkrankungen nicht einbezieht oder nur streift, so muß auf die reizvolle Aufgabe einer eingehenden Darstellung der Psyche im Senium verzichtet und nur das Wesentlichste kurz zusammengefaßt werden. Einige Bemerkungen über die Wertung des Alters sollen vorangehen. Sie ist in der Gegenwart im Vergleich zu früheren Zeiten sehr zuungunsten des Alters verschoben. Früher war das Alter geehrt, heute wird es geringgeschätzt. Patriarchalische Formen der Familie und der Macht, Ahnenverehrung, religiöse Vorschriften, aber auch der Seltenheitswert der hohen Jahre wirkten zusammen. Bezeichnend ist, daß wir nach alter Gewohnheit uns Gottvater unter dem Bilde eines majestätischen Greises vorstellen. Würde aber ein Künstler der Gegenwart das Bild der schöpferischen Kraft nicht nach der Tradition, sondern aus seiner Intuition gestalten — ich bin überzeugt, er würde es in der Gestalt der Jugend tun. Es braucht nicht auseinandergesetzt zu werden, wieviel die Jugend an Kraft und Schwung und Leistung voraushat, aber es ist unrichtig, im Alter nur das Negative zu sehen. Sicher bildet erst ein gesundes Alter die Vollendung eines Lebens, vor allem eines bedeutenden Lebens.

Es ist allerdings richtig, daß für den Durchschnittsmenschen das Negative, die Minderung des geistigen Lebens überwiegt. Von ihm, dem Durchschnittsmenschen, soll auch ausgegangen werden. Zunächst pflegt das Gedächtnis nachzulassen. Namen, Worte, Assoziationen stehen nicht mehr so prompt zur Verfügung, sie müssen oft gesucht werden, fallen verspätet ein. Ein zweites ist die Minderung der Haftfähigkeit; neue Eindrücke prägen sich nicht mehr ein, die Anpassung an neue Verhältnisse und ihr Verstehen versagt. Im gewohnten Denken und Tun ist der alte Mensch noch durchaus leistungsfähig, aber er ist nicht mehr beweglich. Mit dem alten Bestande muß hausgehalten, er kann nicht wesentlich gemehrt und geändert werden. So wird das Alter konservativ. Die geistige Leistungsfähigkeit nimmt ab, aber dies muß sich zunächst nur bei ungewohnter Arbeit äußern, erst später allgemein. Die Beziehungen zur Umwelt ändern sich und verarmen, schon weil sich die Umgebung und die Zeiten ändern und die Altersgenossen aussterben. Man beschränkt sich auf sich und die Seinen, aber der Mensch altert mit seinem Charakter und seiner Konstitution, also in sehr verschiedener Weise. Der Mitteilungsbedürftige wird geschwätzig und der Stille wortkarg. Im Verhältnis zur Umgebung lassen sich entgegengesetzte Typen unterscheiden: Der eine ist die gute Großmutter, es kann auch der Großvater sein, der andere ist Harpagon und die alte Hexe. Wohlwollend, leicht zufrieden, anspruchslos, oft heiter ist die erste Gruppe, sie findet leicht den Weg zu Kindern, weil sie von ihnen nicht mehr verlangt, als sie zu bieten haben und diese zufrieden sind mit dem, was die guten Alten ihnen zu geben haben. Den egozentrischen Typus aber kennzeichnen Egoismus, Neid, Geiz, Mißtrauen, Störrigkeit, Eigensinn, Streitsucht und Launen. Er kann eine Qual für seine Umgebung sein. Starres Festhalten an Eigentum und Einfluß wiegen vor. Die ungünstigen Züge sind teils Ausprägungen früherer Eigenschaften, teils scheinen sie neu zu sein, doch handelt es sich oft nur um den Wegfall von Hemmungen und Verdrängungen, sicher aber auch manchmal um einen wirklichen Wandel des Charakters.

Von den gezeichneten Bildern geht es allmählich hinunter bis in die zweite Kindheit mit Abnahme der Intelligenzleistung, Abschwächung auch der normalen Affekte, Weinerlichkeit und dann zu der pathologischen senilen Demenz.

Es darf aber auch das Gegenbild nicht fehlen. Geniale Menschen sind auch im hohen Alter zu schöpferischen Leistungen höchsten Ranges befähigt. Als Greis hat Michelangelo die Kuppel der Peterskirche gewölbt und in seinen Skulpturen der letzten Periode Jahrhunderte künstlerischer Entwicklung vorweggenommen. Die Alterswerke des fast 100jährigen Tizian schlagen neue Wege ein, der Faust wurde von dem über 80jährigen Goethe vollendet. Es ist wohl richtig, daß die meisten genialen Leistungen der Wissenschaft in der Jugend konzipiert werden, aber es gibt einen Dauertypus, der bis ins späte Alter produktiv ist und nicht nur Jugendleistungen entwickelt. Die letzten Werke von Helmholtz und Mommsen zeigen keinen geistigen Rückgang, und doch hat die Untersuchung ihrer Gehirne Untergewicht und atrophische Erscheinungen ergeben. Auch die Entschlußkraft fehlt nicht. Als Greis hat Moltke die Schlachten des Siebzigerkrieges geschlagen und Bismarck die Politik Europas beherrscht. Daß aber auch die Leidenschaften nicht fehlen, dafür kann Bismarck als Hasser und Goethe als Liebender herangezogen werden.

Steigen wir von der Sphäre des Genialen in die der Oberklasse, der Eliten herab, so wird man wohl im ganzen ein Nachlassen von Initiative und Produktivität im Alter konstatieren müssen, aber vielfach bleiben Intelligenz und Einsicht erhalten. In seinem Werke Saluti senectutis führt Lindheim eine seitenlange Liste von Männern an, die im Alter Hervorragendes geleistet und zum Teil begonnen haben. Er zitiert Cato: „Nicht durch Stärke und Schnelligkeit oder körperliche Gewandtheit werden große Dinge ausgeführt, sondern durch Überlegung, Ansehen und Urteil, Eigenschaften, die dem Greisenalter nicht entzogen sind, sondern in ihm noch vermehrt zu werden pflegen." Im Zusammenklang von reifer Erfahrung und dem Rücktreten der Leidenschaften kann eine Übersicht erreicht werden, die Objektivität und Urteilskraft verbindet und durch vorsichtige und richtige Beurteilung eine höchst wertvolle Eigenschaft der Persönlichkeit und der Leistung darstellt. Es ist der Typus des grand old man. Gesellt sich noch Wohlwollen und Güte dazu, so ist die höchste Eigenschaft des Alters, die Weisheit erreicht. Ist einem Menschen dieses Schlages noch Gesundheit und Heiterkeit beschieden, dauern die Interessen an, dann mag wohl das Alter — wie Greise dieser Art es seit der Antike versichert haben — zu den schönen Perioden des Lebens gehören, wenn der Gedanke „sich ums Vergangne wie ums Künftige schlang, um Mitternacht."

3. Lebensdauer, Langlebigkeit, Hygiene und Pflege im Alter.

Zunahme der mittleren Lebensdauer und Abnahme der Geburtenziffer sind Erscheinungen, welche tief in den Bevölkerungsaufbau Europas und der von Angelsachsen besiedelten Kontinente eingreifen; sie werden das soziale Gefüge in der Zukunft noch stärker als heute beeinflussen. Uns hat nur die erstere Erscheinung zu beschäftigen.

Die durchschnittliche Lebensdauer, die Lebenserwartung des Neugeborenen betrug in den zwei Jahrhunderten vor 1850 etwa 30 Jahre. Diese Zahl dürfte auch heute für viele außereuropäische Gebiete, wie Indien und China, gelten. Von der Mitte des 19. Jahrhunderts an begann sie langsam zu steigen, 1870—1880 war sie im deutschen Gebiete 37 Jahre, in den Weststaaten um einiges höher. Von da an wird der Anstieg rascher, er nähert sich um die Jahrhundertwende 50 Jahren und heute ist in Deutschland eine mittlere Lebensdauer von 60 Jahren bereits überschritten. Es hat sich also in weniger als 100 Jahren die durchschnittliche Lebensdauer des Menschen in den Kulturstaaten verdoppelt, denn das gleiche, was für Deutschland und Österreich gilt, ist auch für alle Staaten ähnlicher Kulturhöhe richtig.

Analoges Bild gewähren die Zahlen der Sterblichkeit. Nach Angaben von Rubner starben in Deutschland jährlich von je 1000 Menschen 1840 bis 1850 26,8, 1890—1900 22,2, 1910 aber nur 16,2, 1920 16,6, 1926 11,7, 1934 11,0. Der Prozeß ist aber noch nicht zum Stillstand gekommen, denn in England, wo die Sterblichkeit 1895 29,6$^0/_{00}$ betrug, war sie 1935 10,2$^0/_{00}$.

Dementsprechend erreichten in Deutschland 1926 70$^0/_0$ der Bevölkerung ein Alter von 40 Jahren, 43$^0/_0$ eines von 65 und fast 34$^0/_0$ eines von 70 Jahren. Sie hatten dann noch eine Lebenserwartung von

28,2 Jahren bei 40 Jahren, bzw. 11, und für die letzte Kategorie 9,1 Jahre.

Es besteht vielfach die Tendenz, diese Zunahme allzusehr mit dem Rückgang der Säuglingssterblichkeit durch die Fortschritte der Kinderheilkunde, der Säuglingspflege und der durch die Abnahme der Geburtenzahl gesteigerten Fürsorge für die wenigen Kinder in Beziehung zu bringen. In der Tat sind auch die Änderungen in den ersten Jahren erstaunlich und von großem Einfluß, aber nicht entscheidend. Geht man von der Altersstufe von 2 Jahren aus, so war die Lebenserwartung des Zweijährigen in Deutschland um 1875 50 Jahre, um 1895 55 Jahre, um 1910 59 und ist heute zirka 63 Jahre; sie ist also in 6 Jahrzehnten um 13 Jahre gewachsen. Dieses Anwachsen ist im wesentlichen Grade bis in den Beginn des Greisenalters nachzuweisen. So war die Sterblichkeit 60jähriger Frauen in England 1895 $29,6^0/_{00}$, 1930 $16,2^0/_{00}$. Vergleicht man 1875 und 1925 in Deutschland, so steigt die Lebenserwartung des Dreißigjährigen um 7, des Vierzigers um 6, des Fünfzigers um 4 Jahre. Diese Zahlen sind aber heute schon überholt. Für das hohe Greisenalter sinken die absoluten Zahlen ab. So erreichen von 100 Zwanzigjährigen 75 Personen das 50. Lebensjahr, aber nur 8 das 85. und ein einziger das 92. Beim Ausgang vom Neugeborenen wäre das Ergebnis noch ungünstiger. Fragt man nach den Ursachen dieser erstaunlichen Verlängerung des menschlichen Lebens, so kann es keinem Zweifel begegnen, daß daran der wissenschaftlichen Medizin ein Hauptanteil zukommt, aber auch keinem Zweifel, daß sie nicht allein beteiligt ist, sondern daß die Besserung der sozialen Bedingungen nach vielen Richtungen beitragen, die Änderung von Ernährung, Wohnung usw. Was die Medizin anlangt, so muß man sich nur überlegen, was der Rückgang der Säuglingssterblichkeit, der Frauenverluste bei Geburten, die erfolgreiche Bekämpfung der Seuchen und der Tuberkulose, die operativen Erfolge bei lebensbedrohlichen Erkrankungen und die Fortschritte der internen Therapie und der aller Spezialfächer zusammen ausmachen. Diese Zahlen sind der beste Beweis, daß die Schulmedizin, so unvollkommen und verbesserungsbedürftig sie auch ist, sich doch auf dem rechten Weg befindet. Wenn mit der Zunahme der Lebensverlängerung soziale Übel verbunden sind, so muß der Arzt es anderen Faktoren überlassen, die Erscheinungen der Überalterung und Vergreisung der Bevölkerung zu berücksichtigen und sich mit ihnen abzufinden. Seine Aufgabe ist die Verlängerung des Lebens, und er darf auf seinen Anteil daran stolz sein.

Faktoren, die das Alter bestimmen. Versucht man nun, den Ursachen nachzugehen, welche in einer gegebenen Bevölkerung das Alter des einzelnen bestimmen, so wird dies vielfach von dem individuellen Schicksal beherrscht, aber es lassen sich doch eine Reihe von Faktoren als allgemein wirkend herausgreifen.

Geschlecht und Erblichkeit. In allen europäischen Statistiken ergibt sich in den höheren Altersstufen ein Frauenüberschuß. Die Frauen leben länger, obwohl mehr Knaben als Mädchen geboren werden. Das 55. Lebensjahr erreichten in einer Statistik 668 Männer und 702 Frauen, das 65. Lebensjahr 527 Männer und 577 Frauen, das 75. 290 Männer und 340 Frauen, beim 80. sind es 64 Männer und 84 Frauen, beim 90. 16 Männer und 24 Frauen (Venzmer). Es ist möglich, aber nicht zweifelsfrei, daß sich in diesem Überleben eine größere Zähigkeit der Frauen ausdrückt, anderseits muß man bedenken, daß, von den Verlusten durch Krieg und Abwanderung abgesehen, die Männer im Beruf größeren Schädlichkeiten ausgesetzt sind und daß sie mehr zu dem Abusus von Alkohol, Nikotin und sonstigen Exzessen neigen. Anderseits leben mehr Frauen als schlechter bezahlt in dürftigen Verhältnissen, sind andere gewohnt, die Eigenbedürfnisse zugunsten von Männern und Kindern zurückzustellen, andere wieder sind durch Doppeltätigkeit im Beruf und Haushalt überlastet. Die Frauen wissen aber, es sich mit spärlichen Mitteln besser einzuteilen, so daß im ganzen die Bilanz der äußeren Schädlichkeiten zuungunsten der Männer abschließen dürfte.

Der Einfluß der Erblichkeit im engeren Rahmen der Familie ist deutlich, er spricht sich vor allem in der Lebensziffer von Kindern aus, die beiderseitig von langlebigen Eltern stammen, aber manchmal scheint auch, wie Familienstammbäume zeigen, einseitige Langlebigkeit dominant zu sein.

Konstitution. In dem Sinne einer Vererblichkeit hoher Lebensdauer gibt es also eine konstitutionelle Langlebigkeit. Darüber hinaus ist wenig sichergestellt. Daß pathologische Konstitutionen im Sinne vererbter Krankheitsanlagen, wie Diabetes oder Nervenkrankheiten, die Lebensdauer verkürzen, ist ebenso klar, wie, daß das gleiche von abnormen Konstitutionen, wie Kümmerformen und degenerativen Typen usw. gilt. Ob aber die Lebensdauer der Hauptformen der normalen Konstitution, etwa der Pykniker, Astheniker, Athleten im Sinne Kretschmers gesetzmäßig differiert, darüber ist meines Wissens nichts Ausreichendes bekannt. Ähnliches gilt von der Rasse. Es wurde öfters die höhere Lebensdauer der Juden herangezogen. Ob diese aber rassenmäßig bedingt ist, steht dahin, da die Juden im Durchschnitt nicht in den genau gleichen sozialen Verhältnissen leben wie ihre Umgebung. Man denke an die Berufsverteilung, an die geringere Neigung zu Alkoholabusus und an den Einfluß ritueller Lebensvorschriften für den strenggläubigen Anteil. Der Vergleich aber zwischen örtlich getrennten Rassen leidet immer an der oft grund-

Tab. 3. Sterblichkeit der Männer nach dem Beruf in England 1890—1892.

Berufsart	Auf 1000 Männer starben jährlich im Alter von Jahren							Standard-Sterblich-keit beim Alter von 25—65 J.
	15—20	20—25	25—35	35—45	45—55	55—65	über 65	
Geistliche	—	4,9	4,2	5,2	10,5	25,3	83,6	53
Ackerbauer	1,7	3,5	4,8	7,7	12,2	24,2	92,1	60
Lehrer	2,2	4,3	4,2	6,8	14,3	24,9	98,4	60
Ziegeleien	1,4	4,9	4,9	8,0	16,0	34,1	112,0	74
Zimmerleute	1,7	4,0	5,8	9,4	17,2	32,2	102,2	78
Künstler	2,3	6,3	5,6	8,6	19,3	30,5	90,2	78
Eisenbahn (Bureau-B.)	3,3	6,8	7,8	9,5	16,4	27,6	94,7	78
Anwälte	—	2,8	5,3	10,7	17,7	34,5	111,7	82
Müller	3,6	3,9	5,1	9,3	18,9	38,8	128,4	84
Mischer	3,4	7,7	9,1	10,6	18,6	25,7	110,5	85
Ladeninhaber	2,1	5.0	6,9	11,1	18,3	32,9	78,2	86
Papierfabriken	4,0	5,9	5,6	9,3	18,8	44,6	149,4	90
Kontorpersonal	2,4	5,1	7,7	12,7	18,4	33,8	83,0	91
Schmiede	1,8	4,3	5,8	10,8	20,7	39,5	120,6	91
Bäcker	2,0	4,0	6,5	11,0	22,2	35,5	94,0	92
Schuhmacher	2,9	5,9	7,7	11,4	19,9	35,3	98,9	92
Sattler	2,1	4,8	7,6	12,5	20,7	32,2	99,3	92
Schlosser	2,3	3,9	6,5	12,0	22,2	33,9	90,8	92
Bergleute	3,8	5,7	6,4	9,7	19,6	44,3	150,5	93
Apotheker, Drogisten	3,1	6,2	7,0	12,2	22,8	31,3	98,3	93
Handelsreisende	2,6	2,9	6,1	12,6	21,4	39,3	106,3	96
Ärzte	—	5,8	6,7	14,9	21,0	34,2	112,4	97
Schreiner	2,5	4,8	6,9	13,1	21,1	38,7	101,2	98
Schneider	2,7	5,0	6,9	13,7	22,0	37,6	97,4	99
Maurer	2,3	3,8	6,6	13,5	22,0	40,2	107,7	100
Wagner	2,6	4,4	6,6	11,8	23,0	46,7	126,8	104
Eisenbahnarbeiter	6,0	6,2	8,3	13,0	22,8	41,7	98,8	105
Textilindustrie	3,4	5,9	7,5	12,3	22,3	46,1	138,9	105
Buchbinder	2,8	6,2	9,0	15,4	18,9	41,4	98,5	106
Maschinenbau	2,9	5,3	7,1	12,4	23,8	46,4	142,6	107
Drechsler, Küfer	1,8	4,9	8,0	13,9	25,5	40,5	106,8	109
Friseure	2,5	6,6	9,4	15,0	23,3	39,0	101,0	110
Buchdrucker	3,2	6,6	9,1	14,4	21,6	43,4	102,6	110
Metzger	1,7	4,1	7,5	15,7	22,6	43,3	107,9	110
Hutmacher	2,0	5,9	7,0	15,4	24,8	43,9	125,5	111
Maler, Glaser	2,3	4,6	7,0	14,8	25,1	45,6	107,1	112
Transportwesen	3,3	6,1	9,3	15,9	26,6	46,5	125,5	122
Eisen- und Stahlindustrie	3,2	6,1	8,8	15,8	28,5	55,3	157,0	130
Dachdecker	4,7	5,3	11,0	17,2	27,5	50,3	128,2	132
Feilen-, Nadel- und Scherenfabriken	2,1	5,3	8,4	18,4	32,9	57,5	127,7	141
Bierbrauer	2,7	5,6	10,8	19,0	30,8	54,4	129,1	143
Glasindustrie	3,2	6,4	11,3	17,9	32,1	60,8	172,4	149
Gastwirte, Kellner	2,4	6,9	15,1	24,5	35,2	52,7	103,8	166
Töpfer	2,8	5,4	8,2	19,6	43,0	75,1	143,4	171
Alle Männer	4,1	5,6	7,7	13,0	21,4	39,0	103,6	100

legenden Verschiedenheit von sozialen und hygienischen Verhältnissen und Wohlstand. Es wäre gewiß interessant zu untersuchen, wie sich innerhalb eines Volkes die Sterblichkeit der es zusammensetzenden rassischen Haupttypen verhält. Das Vergleichsmaterial müßte aber nach sozialem Standard und Berufsgliederung homogen sein.

Äußere Momente. Man kann in der verschiedenen Lebensdauer in den verschiedenen Staaten vorwiegend einen Maßstab für Wohlstand, für die Summe der Berufsschädigungen und für geordnete hygienische und medizinische Verhältnisse sehen. Der Selbständige lebt länger als der Angestellte und dieser als der Arbeiter, der Bauer länger als sein Knecht. Geordnete Verhältnisse der Lebensführung wirken lebensverlängernd. Verheiratete Personen leben länger als ledige. Man kann allerdings gegen den Schluß, daß die Ehe als solche lebensverlängernd wirke, einwenden, daß ein Teil der Unverheirateten ledig bleibt, weil sie minder begehrenswert, weniger lebenstüchtig oder konstitutionell abnorm sind. Es ist möglich, daß dieser Anteil statistisch auf das Lebensalter der normalen Ledigen drückt und so einen günstigen Einfluß der Eheschließung vortäuscht.

Von sehr großem Einfluß auf die Sterblichkeit ist der Beruf, wobei sich soziale Stellung (Einkommen, die äußere Umgebung, ob Land oder Stadt), die Summe von Anstrengungen und Aufregungen, die Exposition gegen allgemeine Schädigungen und Berufsschädigungen im besonderen ergänzen. Dies zeigt sehr eindrucksvoll die englische Berufsstatistik aus den Jahren 1890—1892, zitiert nach Prinzing (Tab. 3).

Lebensführung, Hygiene, Krankheiten. Daß die Art der Lebensführung, die Vermeidung von Schädlichkeiten, wie des Abusus von Alkohol und Tabak, daß die Summe der überstandenen schweren Krankheiten auf die Lebensdauer von Einfluß ist, lehren die Statistik der Lebensversicherungen wie die alltägliche Erfahrung des Arztes. Der Tod wird in der überwiegenden Mehrzahl durch schwere Erkrankungen herbeigeführt, wenn nicht Unfälle oder Suizid dem Leben das Ende setzen. Welchen Einfluß dabei der Zustand des Körpers und das Alter auf den Verlauf vieler Erkrankungen nimmt, braucht nicht auseinandergesetzt zu werden. Es ist Aufgabe der ärztlichen Eugenik, Hygiene und Therapie, an den entscheidenden Faktoren von Konstitution, Lebensführung und Krankheit helfend einzugreifen.

Langlebigkeit. Die Tatsache, daß einzelne Menschen ein ungewöhnlich hohes Alter erreichen, hat seit langer Zeit Beachtung gefunden, teils aus dem Interesse, das sich Raritäten zuwendet, teils in der Hoffnung, aus den Grenzfällen Rückschlüsse auf das Normale ziehen und aus der Art und Lebensführung der Überalten Wesentliches für das Problem des Alterns und der Lebensverlängerung lernen zu können. Schon der Hundertjährige ist eine sehr seltene Erscheinung, die Mitte des 11. Jahrzehnts wird von sehr seltenen Ausnahmen erreicht, es ist zweifelhaft, ob der Hundertzehnjährige und der noch Ältere mehr ist als eine Mythe.

In Deutschland starben 1912 14 Männer und 24 Frauen im Alter von über 100 Jahren. Es läßt sich daraus ableiten, daß die Zahl der Lebenden dieser Altersklasse unter 100 betrug. Auf eine Million Menschen entfielen um 1890 in Preußen 1,4 in Frankreich 4,6 Hundertjährige. Das dürften zuverlässige Zahlen sein. Wenn aber ungefähr zur gleichen Zeit in Japan 42,6, in Kuba 217 pro Million angeführt wurden, wenn in Bulgarien auf 4 Millionen Einwohner 3800 Menschen über 100 Jahre entfallen sollten, so beweist dies nichts als die Unzuverlässigkeit der Angaben und der Grundlagen. Voraussetzung der Zuverlässigkeit ist, daß in diesen Staaten nicht heute, sondern vor 100 Jahren verläßlich belegte Eintragungen und Dokumente geführt wurden. Diese Voraussetzung trifft nur für das westliche, nördliche und mittlere Europa zu. Wie wenig subjektive Angaben beweisen, zeigt eine Bemerkung Venzmers, der erzählt, daß eine bayrische Statistik 1871 27 Personen über 100 Jahre anführte. Genaue Nachprüfungen ergaben die Richtigkeit für einen einzigen der 27, während 9 noch nicht einmal 90 Jahre alt waren. Das ist die wirkliche Erklärung dafür, daß die Zahl der Hundertjährigen mit der Zahl der Analphabeten und mit der Primitivität der Verhältnisse und Einrichtungen zu wachsen scheint. Man hat aus diesen Angaben Schlüsse auf die Lebenskraft der Menschen geschlossen, welche in urtümlichen Verhältnissen leben. Es ist auch wirklich an der Robustheit einzelner Balkanvölker und einiger exotischer Gruppen nicht zu zweifeln. Metschnikoff hat bei den Bulgaren die Quelle der Langlebigkeit der Hirten in der Joghurtmilch gesucht und darauf seine Theorie von dem Altern durch Vergiftung vom Darm aus entwickelt, welcher durch Milchsäuregärung entgegengearbeitet werden kann. Aber all dies steht im krassen Gegensatz zu der sehr geringen Lebenserwartung dieser Gruppen; die Zahlen sind nicht zu verwerten.

Gleiches gilt in verstärktem Maße von allen Angaben, welche von 110 Jahren und darüber berichten. Sie liegen insbesondere aus der Vergangenheit in großer Zahl vor. Da ist der berühmte, von Harvey untersuchte Thomas Parr mit 152 Jahren, da gibt es in den Ausführungen Hallers aus dem 18. und denen Hufelands aus dem Anfang des 19. Jahrhunderts Dutzende von Fällen, zum Teil mit einem Alter von 130—150, ja 169 und 185 Jahren. Es ist durchaus unwahrscheinlich, daß eine irgendwie erhebliche Anzahl dieser Angaben zutrifft, bewiesen ist es von keiner. In der jüngsten Zeit hat Kuczynski einen Russen untersucht und obduziert, dessen Alter er auf maximal 118 Jahre, minimal 109 Jahre schätzt, aber Hirsch zeigt, daß nach den vorliegenden Unterlagen ein Alter über 106 Jahren unwahrscheinlich, ein geringeres nicht ausgeschlossen sei. An die Richtigkeit der Altersangaben eines Indianerhäuptlings sowie eines Türken in den letzten Jahrzehnten — der letztere Zaro Agha, angeblich über 150 Jahre alt — sind Zweifel geboten. S. Hirsch kommt zu dem Schlusse, daß ein Alter über 106 Jahre nicht erwiesen ist.

Pütter hat versucht, das Problem mit der Wahrscheinlichkeitsrechnung anzugehen. Er berechnet, daß ein Todesalter von 105 Jahren auf 1,1 Millionen Sterbefälle zu erwarten ist. Die entsprechenden Zahlen für 106, 107, 110 und 115 Jahre sind in Millionen 2,2, bzw. 4,3, 44 und 6650. Man kann dessen eingedenk sein, daß der Absterbefaktor Pütters von äußeren Faktoren abhängig ist und daher die Zahlen mit 2 oder 4 oder mehr multiplizieren, man kann selbst die Gültigkeit der Formel für das Extremalter bezweifeln, aber immerhin gibt die Wahrscheinlichkeitsrechnung ein weiteres Argument für die große Unwahrscheinlichkeit vieler behaupteter Lebensangaben.

Weit wichtiger als die Zahl ist die Frage nach der Qualität und der Lebensgeschichte der besonders Langlebigen. Im Vordergrund steht die günstige Heredität und ein sehr spätes Einsetzen des Alterns. Die Hundertjährigen stammen meist beiderseitig von langlebigen Eltern, sie waren kräftige, gesunde Leute, welche meist sehr viel jünger aussahen, als sie waren, sie bewahrten ihre körperliche Rüstigkeit und Leistungsfähigkeit bis in das späteste Lebensalter. Besonders greifbar sind zwei Symptome, langes Erhaltenbleiben der Akkommodationsfähigkeit der Linse und der Sexualfunktionen. Sie haben bis in späte Jahre Naharbeit ohne Brille verrichten können und haben gut gehört und sind bis in unwahrscheinliche Zeiten potent geblieben. Eheschließungen und Kinderzeugungen mit 90 Jahren und darüber sind bei Männern, sehr späte Geburten bei Frauen häufig. Meist sind es magere Leute, zuweilen gut genährte, nie fettleibige. Die Koinzidenz verschiedener Symptome, etwa der Linsenelastizität, macht es wahrscheinlich, daß die erhaltene Sexualfunktion nicht die Ursache, sondern eine Begleiterscheinung der Konstitution zur Langlebigkeit ist. Aus der Lebensgeschichte der sehr Alten ist als durchgehende, aber auch nicht ausnahmslose Regel zu entnehmen, daß sie wenig krank waren und vielfach von schwereren Krankheiten ganz verschont geblieben sind. Man kann darin sicher zum Teil einen Ausdruck ihrer erhöhten Resistenz sehen, muß aber anderseits auch ein günstiges Schicksal dabei anerkennen. Alles übrige variiert. Wohl gibt es besonders unter den Frauen, aber auch unter den Landleuten Lebensgeschichten, die der Vorstellung von einem gesunden Leben entsprechen, in mäßigem Wohlstand, in ländlicher Umgebung bei tüchtiger Arbeit und ohne viel Aufregung. Aber es gibt auch sehr Arme, die oft gedarbt haben, es gibt Städter wie Bauern, Schwerarbeiter wie Kopfarbeiter. Die Männer sind vielfach keine Musterknaben gewesen, eine überschäumende, kräftige Vitalität stand dem im Wege. Es gibt unter ihnen Abenteurernaturen mit einem Auf und Nieder, viele haben viel getrunken und stark geraucht, haben sich Exzesse im Essen und in venere geleistet. Die Lebensführung variiert ungemein, es gibt Abstinente und Trinker, solche, welche ihr langes Leben der Pfeife und solche, welche es dem Widerwillen gegen Nikotin zuschreiben. Es sind Fleischesser und Vegetarianer, Vielesser und Mäßige, Pedanten und „breite" Naturen. Faßt man zusammen, so ist für den Normalmenschen wenig zu lernen. Der Rat, der dem zu geben ist, der den Hunderter erreichen will, lautet: Von langlebigen Eltern mit kräftiger Konstitution auf die Welt kommen und den Krankheiten aus dem Wege gehen.

Hygiene und Alter. Wer aus dem vorangehenden Abschnitt den Schluß ziehen wollte, daß Hygiene und Altern nichts miteinander zu tun haben, der ist durchwegs im Unrecht. Die Unabhängigkeit beider mag wohl in gewissem Grade für den Ausnahmsmenschen, den Hundertjährigen gelten. Sie gilt keineswegs für den Durchschnitt. So paradox es klingt: Vernünftig zu leben, ist für den Höchstaltrigen nicht wichtig, aber es ist für die Erreichung des Sechzigers, Siebzigers oder Achtzigers von großer Bedeutung. Die Frage der vernünftigen richtigen hygienischen Lebensweise in Jugend und Reifeperiode kann und braucht hier nicht aufgerollt zu werden. Sie gehört nicht in die Alterspathologie und ist der Inhalt von ärztlicher Hygiene und Prophylaxe. Was erörtert werden soll, sind zwei Fragen, die eine ist, ob wir etwas über die Bedingungen des hohen Alters im Gegensatz zum eben besprochenen Höchstalter wissen, und die zweite, wie das Leben innerhalb der Altersperiode zu gestalten ist.

Bedingungen des hohen Alters. Das umfangreichste Material liegt wohl in den einheitlich durchgeführten Erhebungen von Lindheim-Spitz (1909) vor. Sie wurden an mehr als 700 Personen von über 80 Jahren (310 Männern, 395 Frauen) vorgenommen. Das Material entstammte zum größten Teil der armen Wiener Bevölkerung aus den Versorgungshäusern und Greisenasylen, wurde aber ergänzt durch Sondergruppen aus der wohlhabenden, durch Geburt oder Leistung ausgezeichneten Schicht und einer jüdischen Gruppe, welche wegen der behaupteten Langlebigkeit aufgesucht wurde. Das Durchschnittsalter der über 80jährigen Untersuchten war im allgemeinen 85$\frac{1}{2}$, bei den Juden 89 Jahre. Die Schlußfolgerungen lauten etwas gekürzt: Auf die Erhöhung der menschlichen Lebensdauer üben den glücklichsten Einfluß: Ehe, die Abstammung von gesunden, langlebigen Eltern und Großeltern, Brusternährung, Mäßigkeit und Regelmäßigkeit im Leben, heiteres Temperament, Beschäftigung bis in das späteste Alter und Verzögerung des Ruhestandes.

In der Regel ist die menschliche Lebensdauer unabhängig von dem Einfluß des Wohlstandes allein, von Aufenthalt in Stadt und Land, von Kummer und glücklich bestandenen Krankheiten bei gutem Temperament. In Bezug auf die Kost ist zu bemerken, daß die übergroße Mehrzahl der Befragten gemischte Kost nahm und zum Teil von Alkohol und Tabak in nicht geringen Quantitäten Gebrauch machte.

Zu diesen Resultaten ist kritisch zu bemerken, daß sie sich doch immerhin auf ein durch Langlebigkeit ausgezeichnetes Material beziehen. Die behauptete Unabhängigkeit der Lebensdauer von Wohlstand, vom Genuß von Tabak und Alkohol mag für sie zutreffen, aber es ist zweifelhaft, ob dies für Durchschnittskonstitutionen gilt. Beim Wohlstand ist das Gegenteil sicher bewiesen, und auch für den Genuß von größeren Mengen von Alkohol und Tabak dürfte dies gelten. Der Einfluß der Brusternährung erscheint — von der unbezweifelten Wichtigkeit für die Kindersterblichkeit abgesehen — insofern nicht gesichert, als der Nachweis fehlt, daß der Anteil der Brusternährten bei den in früheren Lebensperioden, etwa mit 40 oder 50 Jahren, Verstorbenen geringer war.

Sektionsbefunde von Hochaltrigen sind oft veröffentlicht worden, zuletzt von Kuczynski der des angeblich Hundertachtzehnjährigen. Die größte Sammlung von Material hat Böning unter Rössle durchgeführt. Er faßt zusammen, daß viele wirklich markante Züge, die den Höchstaltrigen als Menschen besonderer Art bezeichnet hätten, nicht gefunden wurden, und er betont, daß der Höchstaltrige im Vergleich mit niedrigen Altersgruppen Höhestadien physiologischer Rückbildung zeigt; auch pathologische Abnützungserscheinungen im Sinne enormer Arteriosklerose wurden gefunden. Das ist sicher ganz richtig, aber dennoch möchte ich meinem Eindruck aus zahlreichen Obduktionen Ausdruck geben, daß der Fortschritt dieser Altersveränderungen zwischen 60 und über 85 Jahren nicht so groß ist, wie man es erwarten würde. Auf ein Detail — das relative Freibleiben der aufsteigenden Aorta von schwerer Arteriosklerose bei Greisen von über 75 Jahren — machte J. Erdheim immer wieder aufmerksam.

Hygiene des Alters. Die Ratschläge, welche zu allen Zeiten von hervorragenden Ärzten zur Erreichung und Erhaltung eines gesunden, lebenswerten Alters gegeben worden sind, variieren seit Hippokrates nur wenig. Sie lauten Mäßigkeit, Arbeit, Pflege und Gleichmut. Nur ein neuer Grundsatz ist hinzugekommen: Aufrechterhalten des Gewohnten. Die hygienischen Vorschriften sind vielleicht am an-

sprechendsten in dem Buche des deutsch-englischen Arztes Hermann
Weber „Über Langlebigkeit und Lebensverlängerung" zusammengefaßt worden. Wir können uns darauf beschränken, die obigen Forderungen zu kommentieren.

Mäßigkeit: Dies gilt zunächst von Essen und Trinken. Da das
Nahrungsbedürfnis im Alter sinkt und eine gewisse Magerkeit als
günstig gelten kann, ist die Nahrungsmenge unter Berücksichtigung
von Individualität und Eßlust im allgemeinen knapp zu halten. Plötzlicher Tod tritt, wie unser Prosektor zu demonstrieren liebte, relativ
oft bei überfülltem Magen ein. Die Menge der Einzelmahlzeit ist zu
reduzieren. Übereinstimmung herrscht auch darin, daß ein Übermaß
von Fleisch und Eiweiß nicht günstig wirkt. Darüber hinaus ist bei
Gesunden alles kontrovers, und es darf wohl der Rat gegeben werden,
ohne wichtigere medizinische Indikationen nichts an den Gewohnheiten
zu ändern. Als schädlich muß jedes Übermaß an Alkohol, Tabak und
sonstigen Genußmitteln angesehen werden, aber es liegt gar kein Grund
vor, ein Glas Wein oder die Zigarre zu verbieten, solange sie gut vertragen werden, oder den Kaffee. solange er den Schlaf nicht stört und
den Zirkulationsapparat nicht irritiert. Mäßigkeit gilt auch von der
Arbeit, der körperlichen und der geistigen. Der Greis muß lernen, seine
Ermüdungsgefühle zu respektieren, er soll nicht forcieren und keine
Rekordgelüste für sein Alter haben, aber er soll seine Kräfte ausnützen, sonst gerät er in Gegensatz zu der Forderung nach Übung
und Arbeit.

Übung und Arbeit. Wer rastet, der rostet, nur Übung fördert
die Funktion. Dies gilt zunächst von der Berufsarbeit, die im allgemeinen frisch erhält. Es existiert eine ganze Reihe von Statistiken,
die zeigen, daß vorzeitiger Ruhestand das Leben verkürzt. Solche
Daten sind unter anderem bei Lindheim, in den Expertisen von
Westergaard, Rahz, Spitz zu finden, sie stellen die Tatsache
außer Zweifel. Es ist naheliegend hervorzuheben, daß der Ruhestand
vorwiegend von Kranken und Minderleistungsfähigen gewählt wird.
Diese Umstände haben sicher einen erheblichen Einfluß auf die erhöhte Sterblichkeit, aber Zahlen, die aus Fällen gewonnen sind, wo
— wie bei manchen Lehrergruppen oder Offizieren — der Ruhestand
ohne jede Rücksicht auf den Gesundheitszustand, zufolge einer Altersgrenze oder aus anderen Gründen herbeigeführt wurde, stellen sicher,
daß auch in der Pensionierung an und für sich ein lebensverkürzender
Faktor wirksam ist. Daraus kann natürlich nicht der Schluß gezogen werden, daß der Greis seine Berufsarbeit bis zur Erschöpfung
und zum Ausschluß der Jugend fortsetzen soll, wohl aber der, daß
er rechtzeitig durch Pflege anderer Interessen, durch Liebhabereien,
freiwillige Tätigkeit für andere Personen und Zwecke vorsorgen

und sich vor leerer Untätigkeit schützen soll. Zur Betätigung gehört auch die Übung der Körperfunktionen. Die Muskulatur nimmt im Alter ab, sie kann nur durch Übung relativ gut erhalten werden, dem gilt die Empfehlung von Bewegung, vor allem in frischer Luft, Frei- und Atemübungen sowie angemessener Sport. Der alte Engländer spielt Golf, der Deutsche wandert.

Auch die Haut ist ein wichtiges Objekt für Übung. Ihre Funktion und die Reaktion ihrer Gefäße soll erhalten bleiben, soweit es möglich ist. Wer ein tägliches Bad in kaltem Wasser immer gewohnt war, kann es, wie der Altmeister der Hydrotherapie Winternitz, bis ins hohe Alter fortsetzen, man darf es aber nicht neu einführen. Wird es nicht mehr vertragen, so muß es durch ein wärmeres mit kühlerer Abreibung ersetzt werden, aber auf eine ausgedehnte Waschung kann nicht verzichtet werden, warm oder kalt mit folgender kräftiger Friktion. Trockene Haut erfordert öfteres Einfetten mit indifferenten Salben.

Die Außenluft umströmt Haut und Atemwege. Der Aufenthalt im Freien, gute Lüftung, angemessene Kleidung dienen dem Schutz vor Schädigungen, ebenso wie der Erhaltung von Abhärtung. Kann der gewohnte Grad durch Beschwerden oder Empfindlichkeit nicht mehr aufrechterhalten werden, so sind Konzessionen zu machen. Der materiell Unabhängige wird dann vielleicht für die schlechtere Jahreszeit ein südliches Klima aufsuchen.

Psychisches. Der Altersprozeß und das Behagen im Alter wird in sehr hohem Maße durch psychische Faktoren beherrscht. Ein heiteres, zufriedenes Temperament kann man sich nicht anschaffen. Es muß einem als eine der wesentlichsten Vorbedingungen für ein hohes Alter gegeben sein, aber es gilt, die Leidenschaften zu beherrschen, Gleichmut zu bewahren und die positive Einstellung zur Welt, zu der Umgebung, zu seinen Interessen und Aufgaben nicht zu verlieren. In mancher Hinsicht ist eine Verringerung des Affektlebens durch die Natur vorgezeichnet, aber diese Tendenz muß verwertet werden und darf nicht zur Gefühllosigkeit und Ichsucht entarten. Der egozentrische Greis ist nicht nur eine wenig erbauliche Erscheinung, er ist auch unglücklich und verlassen. Das innere Jungbleiben verlangt auch sein Training und seine Übung. In erheblichem Maße kann auch die Umgebung zur Hebung von Stimmung und Selbstbewußtsein der alten Menschen beitragen, wenn sie ihnen das Gefühl verschafft, für jemanden noch etwas zu bedeuten und von Nutzen zu sein.

Aufrechterhaltung des Gewohnten. Ein alter Baum läßt sich nicht verpflanzen. Der alte Mensch hält zähe an seinen Gewohnheiten fest und wird durch Veränderungen oft geschädigt. Auf diesen

Gesichtspunkt hat S. Hirsch mit besonderem Nachdruck aufmerksam gemacht. Die Begründung liegt in der Vorherrschaft der automatischen Regulationsmechanismen im Alter, in der geringeren Beweglichkeit. Dagegen kann angekämpft werden. Geniale Personen tun dies mit Erfolg, aber im allgemeinen vollzieht sich eine Anpassung an dieses „Gesetz des eigenen Individuums" auf Kosten der Freiheit von Willen und Handlung. Die Schäden, welche etwa durch das Wegsterben des Ehegefährten, durch Umwandlung der äußeren Verhältnisse, durch Ortswechsel, durch das Aufgeben des Berufes herbeigeführt werden, beweisen dies oft auf das deutlichste. Solche Verluste sind vielfach ganz unvermeidlich und unersetzlich. Es kann kein anderer Schluß daraus gezogen werden als der, daß man es nach Möglichkeit vermeiden soll, in den Automatismus und den Rhythmus des Greisenlebens einzugreifen, daß Konservativismus dabei Trumpf ist, jedoch mit der die Einschränkung: Konservativismus, soweit ihm nicht dringende andere Indikationen entgegenstehen. Auch energische Änderungen sind durchzuführen, sofern sie sicher das geringere Übel sind. Dies gilt besonders während der Behandlung von Krankheiten.

Sexuelles. Die sexuellen Bedürfnisse und Fähigkeiten im Alter variieren ungemein. Sie erlöschen meist im Greisenalter, bleiben aber zuweilen, wie schon hervorgehoben wurde, in überraschendem Maße erhalten. Bei Männern richten sie sich vielfach auf weit jüngere Frauen. Sexuelle Überanstrengungen, wie sie etwa die Ehe oder der Sexualverkehr mit solchen Frauen mit sich bringt, führen leicht zu raschem Altern und Erschöpfung und Verlust der Potenz, von der nicht allzuoft Gebrauch gemacht werden soll. Doch bekommt man nach dieser Richtung zuweilen Erstaunliches zu hören. Es ist schwer vorstellbar, wer noch immer Ansprüche macht und Anwert findet. Nicht nur der alte Adam, sondern auch die alte Eva begibt sich oft nur schwer zur Ruhe.

Pflege und Prophylaxe. Auf allgemeine Reinlichkeit, Zahn- und Mundpflege, Sorge für Stuhl und Schlaf soll nur hingewiesen werden. Über die Stuhlverhältnisse wird im klinischen Teil ausführlich zu reden sein. Vom Schlaf ist bekannt, daß seine Dauer im Alter geringer ist, doch sind die individuellen Verhältnisse sehr verschieden Bei Störungen muß auf die Herstellung guter Einschlafbedingungen durch Regelmäßigkeit der Stunden, frühes Abendmahl, Herbeiführung psychischer Beruhigung und im Bedarfsfalle durch leichte physikalische und medikamentöse Hilfen Bedacht genommen werden.

In der Einhaltung aller erörterten Maßnahmen und Ratschläge liegt auch die wesentliche Prophylaxe. Darüber hinaus soll sich der Greis den vermeidbaren Schädlichkeiten und Infektionsgelegenheiten nicht aussetzen. Es ist wichtig, die ersten leicht einsetzenden Krankheitserscheinungen ernst zu nehmen und zum Anlaß der zweckmäßigen Gegenmaßnahmen zu machen. Bestehende chronische Leiden und Beschwerden, ererbte Übel müssen dauernd überwacht werden.

Verhalten in Krankheiten. Bei Erkrankungen ist immer zweierlei zu berücksichtigen: 1. daß es sich um einen kranken Menschen handelt und 2. daß dieser ein Greis ist. Gegen beides wird in der Praxis viel gesündigt. Nach der ersten Richtung wird allzuoft dem alten Individuum die Wohltat des Bettes aus Furcht vor Pneumonie verweigert, werden bei Auftreten von Ödemen nicht die notwendigen Konsequenzen für die Diät gezogen, wird die medikamentöse Therapie in Unkenntnis des vielen, was auch beim Greise zu erreichen ist, unzureichend eingesetzt. Es herrscht ein unberechtigter therapeutischer Nihilismus. Auf der anderen Seite aber wird der Automatismus der Lebensführung und die Eigenart des alten Organismus nicht genügend beachtet. Es werden unnötige Änderungen und Einschränkungen schematisch durchgeführt. Die Besprechung all dieser Fragen gehört jedoch in den zweiten speziellen Teil.

Ich möchte diesen Abschnitt mit einem Ausspruch Rubners schließen: „Die ganze Kunst, das menschliche Leben zu verlängern, besteht darin, es nicht zu verkürzen.“ Es ist möglich, daß dieser Satz heute, angesichts einiger Tendenzen der direkten Lebensverlängerung, nicht mehr exakt gilt, aber das Wesentliche faßt er prägnant zusammen.

4. Diagnostik, Statistik, allgemeine Therapie im Alter.

Jeder Student hört gelegentlich in der Vorlesung, daß Erkrankungen im Greisenalter latent verlaufen können und der Diagnose Schwierigkeiten bereiten, daß die Symptome sich ändern. Die üblichen Beispiele sind die Greisenpneumonie und das Fehlen deutlicher Temperatursteigerungen bei entzündlichen Affektionen. Jeder Arzt, dessen Diagnosen öfters durch Obduktionen kontrolliert werden, wird bei Greisen die Erfahrung machen, daß wichtige für den Verlauf oft entscheidende Organveränderungen festgestellt werden, die er nachzuweisen oder anzunehmen nicht in der Lage war. Er wird sich in der Regel mit den eben angeführten Gründen, mit der Reaktionsschwäche des alten Organismus und mit den Schwierigkeiten trösten, welche der Einzelfall der Untersuchung geboten hat. Über den vollen Umfang der diagnostischen Insuffizienz wird er aber nicht Bescheid wissen. Dieser ist, wenn ich aus der eigenen Erfahrung und aus der Beobachtung vieler anderer schließen darf, nicht in das allgemeine ärztliche Bewußtsein gedrungen. Er wird mit der ganzen Eindringlichkeit nur von jenen erlebt, die in der Lage sind, ein sehr großes Material von alten Kranken zu übersehen und klinische Diagnose und Obduktionsbefund vergleichen zu können. Auch wer eine lange klinische Ausbildungszeit hinter sich hat, wird zunächst über den Grad der Divergenzen erstaunt und niedergedrückt sein. Im Laufe der Jahre wird sich ein Wandel vollziehen. Er wird einerseits mit wachsender Erfahrung lernen, ein Mehr an bestimmten Aussagen zu erreichen, anderseits wird er die Grenzen besser erkennen. Er wird oft Möglichkeiten offenlassen und in seiner Ausdrucksweise vorsichtig sein, nie aber werden seine Diagnosen im Greisenalter jenen Grad von Zuverlässigkeit und Präzision erreichen, der an einem vorwiegend aus den unteren Lebensstufen der Erwachsenen gebildeten, gut beobachteten normalen Krankenmaterial möglich ist. Es ist meines Erachtens für die ärztliche Allgemeinheit wichtig, daß diese Verhältnisse betont und daß ihre Ursachen erörtert werden. Es soll daher als Einleitung zur Klinik das Prinzipielle kurz zusammengefaßt werden. Die diagnostischen Bemerkungen bei den einzelnen Krankheiten werden dann in ihrer Gesamtheit einen ausführlichen Kommentar zur allgemeinen Darstellung bieten.

Symptomarmut. Die erste Gruppe der Ursachen läßt sich unter dem Gesichtspunkt der Symptomarmut zusammenfassen. Diese bezieht sich zunächst auf die subjektiven Angaben der Alten. Die Vorgeschichte wird oft wegen Erinnerungslücken und Gedächtnisschwäche unzureichend wiedergegeben. Was die Gegenwart anlangt, so geraten auch sonst noch vollsinnige Patienten bei schwereren Erkrankungen oft in einen Zustand des Sopors und der Gleichgültigkeit, so daß sie ihre Klagen unvollkommen, unpräzise und widerspruchsvoll äußern. Wenn Erscheinungen seniler Demenz bestehen, so wird dieser Ausfall gesteigert oder vollständig. Wer den Wert der guten Anamnese für die Diagnose gebührend schätzt, wird die Bedeutung dieser Mängel richtig erkennen.

Weiters fehlen sehr viele subjektive Symptome völlig oder sind hochgradig herabgesetzt. Dies gilt zunächst von jenen Entzündungen und Schmerzen, welche von den serösen Häuten aus dem Bewußtsein übermittelt werden. Eine akute Pleuritis oder Perikarditis kann ganz schmerzfrei verlaufen. Das gleiche gilt von der Peritonitis, selbst zuweilen vom akuten Durchbruch. Die Verhältnisse der Schmerzübermittlung von der Serosa des Abdomens werden aber für den Alltag um so bedeutungsvoller, als ein großer Teil der Symptome bei Abdominalkranken auf dem Wege des Peritonäums zustande kommt. Es ist bekannt, daß die inneren Organe vielfach auch auf grobe Eingriffe schmerzfrei sind oder daß die Schmerzen nur auf spezifische Weise, wie durch den Tetanus der glatten Muskulatur, auslösbar sind. Die Schmerzreaktionen gehen vielfach auf Beteiligung des serösen

Überzugs zurück. Im Alter können akute Entzündungen, wie solche der Gallenblase, des Appendix, Penetrationen von Magen und Duodenum, Fettgewebsnekrosen usw. ohne oder mit sehr geringen subjektiven Symptomen verlaufen. In ähnlicher Weise verhalten sich Sensationen, die normalerweise innerhalb der Organe selbst ausgelöst werden. Ein Koronarverschluß des Herzens braucht nicht als Schmerzanfall zu erscheinen. Periphere Gallenwege sind mit Steinen erfüllt, der Ductus choledochus ist akut verschlossen, die Papille weist Zerreißungen auf, es besteht eine Gallenblasen-Darmfistel, ohne daß je über verdächtige Schmerzen geklagt wurde. In gleicher Weise findet bei Greisen ein Nierenstein seinen Weg zur Blase ohne Koliken. Große und tiefgreifende Geschwüre im Magen und Darm können ohne Ulkusschmerzen verlaufen, bei Karzinomen kann Nausea und Erbrechen fehlen, auch wo man dies nach ihrem Sitze erwarten sollte. Die Beispiele könnten leicht vermehrt werden.

Die Unterempfindlichkeit gegen Schmerzen im Alter ist aber weder eine durchgehende, allgemeine, noch eine nur auf die serösen Häute und die Innenorgane beschränkte Erscheinung. Die erste Annahme wird durch die Beobachtung widerlegt, daß Greise etwa bei Erkrankungen von Gelenken, Muskeln, Nerven, Gefäßen usw. von heftigsten Schmerzen gequält werden können, die zweite durch geringere Empfindlichkeit auch bei anderen Organerkrankungen. So kann unter Umständen eine schwere Mandelentzündung oder ein Erysipel nur recht geringe Beschwerden auslösen.

Wenn es einmal im Alter zu erheblichen Temperatursteigerungen kommt, so werden diese oft atypisch, d. h. nur als Mattigkeit und Schwäche empfunden.

Subjektiv-objektive Symptome. Die abnorme Art der abdominellen Schmerzauslösung äußert sich auch, wenn nach Druckempfindlichkeit gesucht wird, in deren Fehlen oder Abschwächung. Geringe Äußerungen können von größter Bedeutung sein, ihre Verwertung ist aber immer unsicherer als in früheren Perioden. Dies gilt von fast allen Organen. Ein weiterer Zusammenhang nach dieser Richtung besteht in der Abschwächung von Reflexphänomen, wie man sie bei Entzündung oder Beteiligung des Peritonäums usw. zu sehen gewohnt ist. Muskelspannungen sind allerdings zuweilen sehr ausgesprochen, aber in anderen schwerwiegenden Fällen können sie selbst bei diffuser Peritonitis und akuten Organentzündungen fehlen oder sich nur andeuten. Auch die Zonen der Ausstrahlung wie bei Koronaraffektionen, die Prüfung der Regionen von Hautüberempfindlichkeit und der Druckpunkte läßt weit öfter im Stich. Und zum Überdruß treten neue Fehlerquellen auf. So finden sich intensive, meist nur auf die oberen Teile der Bauchmuskulatur beschränkte Muskelspannungen

bei stärkerem Husten, bei Muskelrheumatismus, bei Wirbelsäulenver-
krümmungen, nach kleinen Traumen — von Muskelblutungen wie bei
Skorbut abgesehen. Diffusere Spannungen treten bei Blähungszuständen auf. Bei den bisher genannten Beispielen liegt die Ursache wenigstens in der Nähe der Erscheinung, aber sie kann auch weitab liegen.
Ich nenne Meningitis und Meningismus, ferner Muskelrigidität und
Ausstrahlungen bei rechtsseitiger Pneumonie, Blinddarmsymptomen
ähnelnd. Solche Muskelspannungen treten auch während der Anfälle
von Altersasthma oder im Status asthmosus auf. Eine senile Osteomalazie kann ihnen zugrunde liegen. Cerebrale Erkrankungen, wie
Parkinsonismus, senile Demenz und Hirnarteriosklerose werden zuweilen von ihnen begleitet.

Im Bereiche des Thorax sind bei Angina pectoris, bei Tumoren
usw. die Phänomene der Hauthyperästhesie seltener nachweisbar, die
Ausstrahlungen sehr inkonstant.

Objektive Symptome, die physikalische Untersuchung,
Inspektion und Palpation. Die vielfache Überlagerung der
Mittelorgane durch die emphysematöse Lunge erschwert die Beobachtung der Bewegungsphänomene an Herz und Gefäßen. Dies
äußert sich beim Spitzenstoß wie bei der Hebung des unteren Sternums, wie auch bei den durch abnorme Vergrößerung und Fixierung
bedingten Symptomen, mögen sie vom Ventrikel oder der erweiterten
Aorta ausgehen. Auch die Palpation des Klappenschlusses bei Druck-
steigerungen stößt dadurch auf Hindernisse.

Was die Lunge anlangt, so sind die Verhältnisse durch das Emphysem und die verringerte Thoraxexkursion verändert. Daß beim
Abdomen Fettleibigkeit und Blähung die Wahrnehmung von pathologischen Phänomenen durch Auge und Hand erschweren, sind wir
auch aus früheren Lebensstufen gewohnt. Neue Schwierigkeiten bietet
die Verkleinerung des Bauchraumes durch die Annäherung von Brust
und Becken und ferner das senkrechte Einsinken des oberen Teiles
der Bauchdecken von dem starren Rahmen eines faßförmigen Thorax
auf das Niveau eines mageren Bauches. Anderseits muß hervorgehoben werden, daß die Senkung auch manchmal die Palpation von
Leber und Milz erleichtert und daß schlaffe, fettarme Bauchdecken,
besonders bei Frauen, eine ideale Palpation der Gebilde des Bauchraumes bis zur Wirbelsäule gestatten können.

Perkussion. Diese wird durch zwei Umstände sehr erschwert.
Die Überlagerung der medianen Organe, insbesondere des Herzens
und der Gefäße durch die oft emphysematösen Lungenränder verringert das Anliegen der Mittelorgane an der Brustwand. Der starre,
mit gewebsarmer Lunge erfüllte Thorax schwingt bei Beklopfen in
weit höherem Grade als ganzer und erlaubt eine Lokalisation der

dämpfenden Gebilde nur in wesentlich geringerem Ausmaße. Das Bestehen von Verdichtungen innerhalb der Lunge wird durch ein gleichzeitiges Emphysem der benachbarten oder umgebenden Partien vielfach verdeckt. So kommt es, daß nur Pleuraaffektionen, Ansammlung von Flüssigkeit, Schwarten, randständige Tumoren mit der gleichen Sicherheit und Exaktheit wie sonst nachgewiesen werden können, während im übrigen die Perkussion im Alter Geringeres leistet. Dies gilt von der Größenbestimmung von Herz und Aorta, wie insbesondere von den Verdichtungen innerhalb der Lunge. Daß Lungenherde im Alter schwer nachweisbar sind, ist allgemein bekannt, aber man ist bei den Obduktionen immer wieder erstaunt über die Größe pneumonischer oder tuberkulöser Verdichtungen, welche keine oder nur minimale, wenig verwertbare Dämpfungen verursacht haben. Dies beruht nicht auf Übersehen, sondern ist auch dann der Fall, wenn man von dem Vorhandensein derartiger Prozesse überzeugt ist und darnach sucht. Sehr zu beachten sind immer die Krümmungsverhältnisse am Thorax. Man erspart sich manchen Irrtum, wenn man daran denkt, daß bei gleichem Inhalt über einer mehr ebenen Thoraxfläche ein lauterer Schall, über einer Krümmung eine Dämpfung zu erwarten ist.

Auskultation. Beim Herzen ist eigentlich nur von einer einzigen Änderung von Belang zu berichten. Es ist fast durchwegs unbekannt, daß im Alter bei der so häufigen Hypertrophie des rechten Ventrikels die zugehörige Akzentuation des zweiten Pulmonaltons in der Regel fehlt. Man darf also aus diesem Fehlen weder die Hypertrophie ausschließen, noch ein Versagen der Kompensation annehmen.

Die Auskultation der Lunge ergibt schon wegen der geringeren Exkursion ein leiseres Atemgeräusch. Ich weiß nicht, ob die Abnahme allein durch das Emphysem bedingt ist oder ob noch andere Umstände eine Rolle spielen, daß ein richtiges und lautes Bronchialatmen so selten zustande kommt, auch wenn nach der Luftleere bei der Obduktion die Bedingungen gegeben wären. Die Veränderungen des Atemtypus im Sinne des Bronchialatmens, welche etwa für die Lokalisation einer Pneumonie oder eines Infarktes verwendet werden müssen, sind weit geringer als sonst und darum ist auch die Untersuchung mit einem größeren Unsicherheitskoeffizienten belastet. Oft fehlt jedes Bronchialatmen, und es ist kaum etwas zu hören. Ein gleiches gilt von den klingenden Rasselgeräuschen aller Größen. Die Prüfung des Stimmfremitus ist besonders bei Frauen oft nicht durchführbar.

Sonstige Untersuchungsmethoden. Allgemeinreaktion. Die geänderten Verhältnisse des Temperaturverlaufs im Alter sind allbekannt, ebenso der Umstand, daß der verringerte oder fehlende Ausschlag der Temperaturkurve nur bei vielen, nicht bei allen Fiebererkrankungen häufig ist. Das Fehlen oder die Verringerung erschwert die Diagnose. Die Reaktion des Leukocytenapparates ist im allgemeinen erhalten. Die Bestimmung der Senkungsgeschwindigkeit des Blutes ist von Bedeutung, sie bedarf aber ganz anderer Standardwerte und anderer Bewertung. Die Ausschläge sind meist übergroß, insofern auch leichtere entzündliche Affektionen, die in früheren Lebensperioden in der Senkung nur wenig zum Ausdruck kommen, von starken Änderungen begleitet sind.

Ätiologische Methoden. Die Untersuchungen, welche durch den Nachweis von Bakterien und Parasiten im Blut und Ausscheidungen, durch spezifische Reaktionen im Serum und an der Hautoberfläche Krankheitsursachen festzustellen suchen, behalten ihre volle Bedeutung. Vielleicht sind die Resultate perzentuell häufiger negativ.

Organ- und Ausscheidungsuntersuchungen. Über die Untersuchung von Sputum, Magen- und Duodenalinhalt und Stuhl können wenige Bemerkungen genügen. Sie beziehen sich darauf, daß der Nachweis von Tuberkelbazillen im Sputum spärlicher gelingt, daß dem Bestehen von Anazidität und Achylie eine geringere Bedeutung zukommt, daß der Blutnachweis im Stuhl wegen der Vielheit der möglichen Blutungsquellen weniger verwertbar ist, wenn nur die empfindlichen Methoden, wie Benzidinreaktion, positiv sind. Die Mikrochemie des Blutes und die morphologische Blutuntersuchung werden in der gleichen Weise und mit analogen Resultaten herangezogen, jedoch kommt einem wenig erhöhten Färbeindex nicht die weittragende Bedeutung zu wie sonst (s. S. 285). Kernhaltige Erythrocyten treten auch bei schweren Anämien weit seltener im Blute auf. Diese haben morphologisch weit öfter den Charakter der aplastischen Anämie. Die Zahl der weißen Blutkörperchen bei Leukämien ist in der Regel geringer und die subleukämischen und aleukämischen Formen nehmen relativ zu.

Bei der Funktionsprüfung der Nieren lassen sich nur gröbere Ausschläge verwerten als sonst.

Sehr wichtig und unbekannt ist es, daß die bedeutungsvolle Unterscheidung zwischen Transsudat und Exsudat an den Punktionsflüssigkeiten, insbesondere Pleuraergüssen und Aszites auf ernstliche Schwierigkeiten stößt. Es werden nicht nur besonders häufig Grenzwerte vorgefunden, sondern sichere, durch Autopsie bestätigte Exsudate weisen in bezug auf spezifisches Gewicht, Eiweißgehalt und die Rivaltasche Probe Werte auf, wie sie in jüngeren Jahren nur den Transsudaten zukommen.

Röntgenverfahren. Daß unter diesen Umständen der Biopsie durch das Röntgenverfahren eine besonder Wichtigkeit zukommt, braucht nicht auseinandergesetzt werden, aber auch hier ergeben sich Schwierigkeiten. Sie liegen zum großen Teil an den Patienten selbst. Wenn man nicht in bezug auf die Lage der Untersuchungsstation und des Transportes unter sehr günstigen Bedingungen arbeitet — wir haben unter sehr ungünstigen zu leiden —, so ist schon der Transport und die mit der Untersuchung verbundene Anstrengung ein Hindernis, besonders wenn es sich um Schwerkranke oder um den Verdacht von Pneumonien und Infarkten handelt. Weitere Hemmungen ergeben sich aus der Ermüdbarkeit, der Ungeschicklichkeit und Gleichgültigkeit der Untersuchten. Da kann nicht tief geatmet werden, da verbietet sich der häufige Lagewechsel und die Prozedur muß verkürzt werden, da wird eine Probemahlzeit nicht in der notwendigen Menge genommen, ein Darmeinlauf nicht gehalten. Allerdings lassen es auch die Radiologen manchmal an Geduld und Zähigkeit fehlen und sind in der Beurteilung der Befunde im Alter nicht genügend versiert.

Faßt man alle diese Ausführungen, die Summe aller dieser Einzelheiten zusammen, so ergibt es sich mit Deutlichkeit, daß der Altersdiagnostik im Vergleich zu früheren Perioden weniger Daten zur Verfügung stehen und daß diese vielfach mit einem Koeffizienten der Unsicherheit belastet sind. Aber damit ist es nicht genug, sie müssen auch zum Teil in einer prinzipiell abweichenden Weise verwertet werden.

Die Bildung der Diagnose im Alter. Klinische Symptome sind nur selten pathognomonisch. Ein richtiger Pulsus celer, ein diastolisches Geräusch an typischer Stelle werden nur höchst selten anders als durch eine Aortenklappeninsuffizienz bedingt sein. Der Befund von Malariaparasiten bei einem Fieberkranken wird nur sehr ausnahmsweise — solche Ausnahmen kommen vor — anders als durch eine Malariaerkrankung als Fieberursache zu erklären sein. Vielfach sind es, wie bei der Diagnose der Herzklappenfehler oder der Lungenerkrankungen, typische Kombinationen von Symptomen, welche die Stellung der Diagnose bedingen. All dies ist im Bereiche der Routine, des Handwerks.

Jede einigermaßen schwierigere Diagnose ist aber eine Kombinations- und Wahrscheinlichkeitsdiagnose, sie entsteht durch rationelle Zusammenordnung wechselnder Faktoren, die „schöne", überraschende, schwierige Diagnose ist aber dadurch bedingt, daß sich scheinbar nicht zusammengehörige, weitab liegende Symptome durch die Kombinationsgabe und die Kenntnisse des Diagnostikers zu einem Krankheitsbild zusammenschließen. Das leitende Prinzip ist das der Vereinheitlichung, das schon im Mittelalter formuliert wurde. Der Altmeister der Diagnostik, Leube, faßt es mit folgenden Worten zusammen: „Es unterliegt keinem Zweifel, daß in der Mehrzahl der Fälle nur eine Hauptkrankheit vorliegt und von dieser auch die nicht ohne weiteres in den gewöhnlichen Rahmen des Symptomenkomplexes passenden Erscheinungen abhängig gemacht werden können. Auf alle Fälle hat man daher in erster Linie den Versuch zu machen, von der festen Grundlage der diagnostizierten Hauptkrankheit ausgehend, alle Symptome damit in genetischen Zusammenhang zu bringen." Leube warnt freilich vor einer Überspitzung dieses Vorgehens und meint, „jedes übertriebene Streben, alle Erscheinungen unter einen Gesichtspunkt zu bringen, rächt sich in empfindlicher Weise".

Im Alter verhalten sich aber die Dinge grundsätzlich anders. Das diagnostische Hauptprinzip gilt nicht mehr, denn die Wahrscheinlichkeit mehrerer voneinander unabhängiger Krankheiten ist größer als das Bestehen einer Hauptkrankheit. Mancher Greisenkörper ist ein pathologisches Museum. Es handelt sich darum, eine Gleichung mit mehreren Unbekannten zu lösen. Ich füge zur Veranschaulichung zwei Obduktionsbefunde an, welche hinsichtlich Vielfalt von Krankheiten durchaus nicht extrem ausgewählt wurden. Im ersten wurde die eigentliche Todesursache, eine schwere Enteritis, mangels aller Erscheinungen nicht erkannt. Im zweiten wurde auf Grund von Kachexie, Nachweis von Blut im anaziden Mageninhalt und im Stuhl neben anderen Krankheiten, wie Emphysem und Cystitis usw., ein Magenkarzinom mit Lebermetastasen diagnostiziert. Der Röntgenbefund ergab einen Verdacht in dieser Richtung. Es handelte sich um Magenulzera und um ein Karzinom an anderer Stelle.

K. R., 74 Jahre, Mann. Akute hämorrhagisch-nekrotisierende Entzündung des Ileums und des Dickdarms bis zur Flexura lienalis mit blutig-flüssiger Beschaffenheit des Inhaltes, während im Endabschnitt des Dickdarms die Schleimhautentzündung fehlt und der Dickdarminhalt in jeder Beziehung normal ist. Überwalnußgroßes, abgesacktes, eitriges, pleuritisches Exsudat bei weit ausgedehnter, schwartiger Anwachsung der rechten Lunge und diffuser Induration des Unterlappens mit Bronchiektasien. Lungenemphysem. Rezidivierende Endokarditis der Mitralis. Parenchymatöse Degeneration des Herzens. Chronischer Milztumor. Primär polyartikuläre Arthritis ankylopoetica mit fibröser Ankylose und Kontraktur besonders der Kniegelenke.

P. J., 85 Jahre, Frau. Seniles Emphysem, Hypertrophie des rechten Herzens und geringe des linken, mäßiges Atheron der Aorta, kleines Adenokarzinom des unteren Ileums. Vereinzelte Metastasen im Mesenterium und zahlreiche größere in der Leber. Hämorrhagische Cystitis und Pyelitis und Ureteritis cystica rechts. Arteriosklerotische Schrumpfung der rechten Niere, Cholelithiasis, multiple Ulzera der Pars pylorica ventriculi. Viel Blut im Magen. Stauung der Leber und Milz.

Es ist einleuchtend, daß bei anatomischen Grundlagen dieser Art das Prinzip der Vereinheitlichung nur in die Irre führen kann. Es verliert auch im Alter den größten Teil seines Wertes und die Führung in der Diagnose und sinkt zu einem sekundären Hilfsmittel herab. Die Diagnosen müssen anders aufgebaut werden. Von einer hervorstechenden Beschwerde, von einem möglichst eindeutigen Befunde aus, werden zunächst diejenigen Erscheinungen ausgesondert, welche sich ungezwungen und wahrscheinlich zueinander fügen. Vieles bleibt noch unverwertet übrig. Von einem voraussichtlich unabhängigen Phänomen aus wird der gleiche Prozeß noch einmal und eventuell noch mehrfach wiederholt. Leitend sind dabei Erfahrungen über die Häufigkeit der einzelnen Krankheiten und ihrer Symptome. So ergibt sich ein diagnostisches Bild, welches nicht auf einer Hierarchie von Symptomen, sondern auf ein Nebeneinander von Erscheinungsgruppen aufgebaut ist. Zwischen diesen heißt es dann zu wählen und zu sondern, Zweifelhaftes an den richtigen Platz zu stellen. Wenn z. B. Lungen-, Herz- und Abdominalsymptome gegeben sind, so wird zunächst das abgetrennt, was auf das bestehende Emphysem zurückgeführt werden kann, es bleiben dann beispielsweise Herzgeräusche übrig, welche ebenso wie die Abdominalerscheinungen jedes für sich unabhängig aufgefaßt werden, statt eine sehr komplizierte einheitliche Diagnose aufzubauen. Wenn Fieber vorliegt und eine Bronchitis zu finden ist, hinter der sich pneumonische Herde verbergen können und gleichzeitig eine schwere Cystitis, wo ist dann die Fieberursache zu suchen? Dem Erfahrenen wird die Beobachtung der Atmung, des Allgemeinzustandes und insbesondere des Fiebertypus mit Wahrscheinlichkeit auf den richtigen Weg bringen. So ist überall die Frage zu stellen, welche von den Krankheiten im Moment die Hauptrolle spielt, welche zurücktritt und welche latent sind. Und all dies gilt nur unter der oft nicht zutreffenden Voraussetzung, daß man alle Krankheiten ermitteln kann, welche gleichzeitig bestehen.

Faßt man alle die Hindernisse zusammen, die Verminderung und die größere Unsicherheit der zur Verfügung stehenden objektiven und subjektiven Daten, die Vielfältigkeit der Krankheiten und die besondere Art der Diagnosenstellung, so muß man wirklich die Frage aufwerfen, ob man überhaupt zu einem halbwegs befriedigenden Stand der Diagnostik gelangen kann. Es ist noch einmal das Eingeständnis zu wiederholen, daß eine Präzision und Sicherheit der Diagnose, wie sie in früheren Lebensperioden möglich ist, für die Krankheiten des Alters derzeit überhaupt nicht zu erreichen ist und daß die Anforderungen gesenkt werden müssen. Immer wieder kommen falsche oder doch wesentlich unvollständige Diagnosen zustande, ohne daß man beim Rückweg von der Prosektur sagen könnte, wie es besser zu machen gewesen wäre. Aber dies gilt doch immerhin nur von einer nicht allzu großen Minderheit, und die Grenzen lassen sich wesentlich vorschieben, wenn zwei Bedingungen erfüllt werden.

Da im Alter die Daten spärlicher und vieldeutiger einlaufen, so ist der höchste Wert darauf zu legen, ihre Anzahl zu vermehren, d. h. die Untersuchung und die Heranziehung der speziellen Untersuchungsmethoden hat in einem möglichst großen Ausmaße zu erfolgen. Dagegen erheben sich aber Hindernisse, die im allgemeinen nur in einem Spitalsbetrieb zu überwinden sind und dagegen wird auch viel durch Gleichgültigkeit gesündigt von seiten der Kranken und ihrer Umgebung, aber auch der Ärzte. Das geringe Interesse, das die Alten in den Spitälern finden, ist bekannt. Aber jeder Fortschritt hängt für den Einzelfall wie für die Allgemeinheit davon ab, daß sich diese Haltung ändert.

Die zweite Bedingung sind besondere Kenntnisse und Erfahrung auf diesem Gebiete. Sie können primär nur an einer Abteilung mit reichlichem Material an alten Leuten, exakter Kontrolle durch Obduktionen und eine auf die Alterspathologie gerichtete Aufmerksamkeit erworben werden. Es ist ein wesentlicher Zweck dieses Buches, solche individuell erworbene Erfahrungen einem breiteren Kreise zu vermitteln und so zu deren Ausbau und Anwendung beizutragen.

Bemerkungen über Statistik im Greisenalter.

In der allgemeinen Praxis steht es gegenwärtig mit der Diagnostik der Krankheiten der Alten noch sehr schlecht, und man kann ruhig die Behauptung aufstellen, daß eine sehr große Anzahl von Greisen unter falschen oder zumindest sehr unvollständigen Diagnosen stirbt. Zur Begründung dieser Behauptung möchte ich den Analogieschluß von mir selber anführen. Nach einer sehr langen klinischen Ausbildung und einem nicht allzu schlechten Ruf in der Prosektur, habe ich mich dem Altersmaterial gegenüber in der ersten Zeit insuffizient erwiesen. Sehr zahlreiche Beobachtungen an Zuweisungsdiagnosen und das Verhalten anderer Internisten bei Krankheitsfällen beweisen, daß es ihnen auch nicht anders geht. Das Grundmaterial für eine Altersstatistik ist also unzuverlässig. Nun ist aber keine Statistik besser als ihre Grundlage. Große Zahlen gleichen nur die Fehler der zufälligen Streuung aus, sie korrigieren aber nicht die Unterlagen. Eine verläßliche Statistik über Alterskrankheiten kann sich nur auf obduziertem Material aufbauen. Sollen aber aus den so gewonnenen Zahlen Rückschlüsse auf die Allgemeinheit gezogen werden, so müßte die Voraussetzung zutreffen, daß die obduzierten Fälle ein Spiegelbild der allgemeinen Morbidität und Mortalität darstellen. Dies ist aber selbst dann mit Sicherheit zu verneinen, wenn alle Fälle eines Spitals obduziert werden und nicht, wie dies bei unserer Anstalt für das Gesamtmaterial gilt, nur eine Auswahl. Denn die Aufnahme und der Tod im Spital selbst stellt aus naheliegenden Gründen schon eine einseitige Auslese gewisser Krankheiten mit Rückdrängung anderer dar. Auf weitere prinzipielle Schwierigkeiten wird noch zurückzukommen sein. Zunächst sei nur darauf hingewiesen, daß nirgends ein Obduktionsmaterial zur Verfügung steht, welches die wahren Sterbe- und Krankheitsverhältnisse einer Population anders als grob verzerrt wiedergibt.

Ich habe es nicht einmal für zweckmäßig gehalten, mein eigenes Material statistisch zu verwerten. Die Verteilung der einzelnen Krankheitsgruppen erfolgt im Rahmen der Anstalt nicht gleichmäßig. Organisatorische Gründe und die Richtung der Interessen der Abteilungsvorstände beeinflussen sie. An meiner Abteilung hätte sich z. B. ein übergroßer Prozentsatz von Diabetikern, von Anämien und Lebererkrankungen ergeben und anderseits ein Minus an Hemiplegien, Tuberkulose, Nervenkrankheiten und Hirnerkrankungen, um nur einiges zu nennen. Das Zahlenmaterial wäre nur irreführend.

Die medizinische Statistik im Alter basiert meist auf den Angaben über Todesursachen und schließt von ihnen auf die Lebenden. Selbst unter der ganz unrichtigen Annahme, daß die Todesursachen und Grundkrankheiten im Alter im wesentlichen zutreffend bezeichnet werden, ist die Verwertung doch immer sehr beschränkt. Es wird eine unmittelbare Todesursache und höchstens noch eine Grundkrankheit angegeben. Nur eine erscheint in der Statistik. Wir nehmen an, die für den betreffenden Fall maßgebende. Nun stirbt aber ein sehr großer Teil der Greisen an ganz anderen Erkrankungen als denen, an welchen sie im Leben vorwiegend gelitten haben. Die alten Leute sterben etwa an Pneumonien, Herzinsuffizienz, Schlaganfällen und waren im Leben Gelenkkranke, Diabetiker, Hypertoniker, Emphysematiker, Harnkranke. Die Todeserkrankungen erscheinen gehäuft, die Lebenserkrankungen fallen zum großen Teil in einer Sterbestatistik aus. Mortalität und Morbidität sind im Alter sehr verschieden. Aber auch eine nach der üblichen Methode auf richtigen Grundlagen durchgeführte Statistik trüge einer fundamentalen Eigenart des Alters keine Rechnung, der Vielheit der Krankheiten in einem Menschen. Sie nimmt eine Krankheit auf und vernachlässigt alle übrigen. Es würde nötig sein, hier neue Wege einzuschlagen. Nimmt man an — und dies ist durchaus kein extremes Beispiel —, daß bei dem alten Individuum fünf verschiedene, voneinander unabhängige Krankheiten festgestellt wurden, die im Krankheitsbild eine Rolle spielen, so müßten alle fünf in die Statistik eingehen, wenn diese ein Bild der Wirklichkeit geben soll. Sie müßten eigentlich je nach ihrer relativen Bedeutung mit einem verschiedenen zahlenmäßigen Werte versehen werden. Aber selbst wenn wir das Problem durch Vernachlässigung dieses Umstandes vereinfachen, so würde derselbe Mensch fünfmal

mit verschiedenen Krankheiten in der Statistik erscheinen, die Schlußsumme müßte dann in passender Weise auf die Zahlen der Individuen
reduziert werden, was nicht unmöglich wäre. Die Todeskrankheit
könnte, wenn sie faßbar ist, besonders hervorgehoben werden. Aber
dies ist nicht immer der Fall. Es ist kein seltenes Vorkommen, daß
man bei der Obduktion zwar pathologische chronische Veränderungen
gefunden hat, aber über die unmittelbare Todesursache nichts weiß
oder zwischen mehreren Möglichkeiten die Wahl hat. Es ist dann
die Entscheidung der Willkür überlassen oder durch ein non liquet
zu umgehen. Diese Dinge sollen weiter nicht erörtert werden, weil
ein großes obduziertes, aber gleichzeitig die allgemeinen Verhältnisse
repräsentierendes Material zur Durchführung einer korrekten Obduktionsstatistik derzeit nicht zu erhalten ist.

Statistiken von wissenschaftlichem Wert können heute am Lebenden im Senium nur hinsichtlich jener Krankheitserscheinungen durchgeführt werden, welche durch ein führendes Symptom oder einen leicht
erhebbaren Befund gekennzeichnet sind. Geeignete Beispiele sind etwa
Blutdrucksteigerungen, Veränderungen der peripheren Gefäße, Röntgenbefunde am Herzen, an den großen Gefäßen, der Lunge u. a. Aus
dem Material der offiziellen Todesfallangaben sind nur die Angaben
über jene Erkrankungen verwertbar, welche in der überwiegenden
Mehrzahl im Alter richtig diagnostiziert werden und bei denen die betreffende Erkrankung gleichzeitig in überwiegender Wahrscheinlichkeit als Todesursache angegeben wird. Ich wüßte kaum ein anderes
Beispiel dafür zu nennen als die Karzinome.

An dieser Unsicherheit der Grundlagen krankt auch der Versuch
von Pirquet, aus der englischen Medizinalstatistik der Todesursachen
sehr weittragende Schlüsse auf die Verteilung der einzelnen Krankheiten zu ziehen, soweit er das Greisenalter einschließt. Für frühere
Altersstufen mag dies ganz anders sein. Pirquet nennt diese Studien
Allergie des Lebensalters. Es spricht aber für den feinen Instinkt
dieses bedeutenden Mannes, daß er — für die nach seinem Tode erschienene ausführliche Publikation — sich gerade jenes Teilgebiet
ausgewählt hat, die bösartigen Geschwülste, bei dem die Voraussetzungen der Verwertbarkeit zutreffen wie bei keinem anderen und
gleichzeitig große Zahlen vorliegen. Die wichtigsten Resultate Pirquets sollen wiedergegeben werden, sie erlauben auch einiges Prinzipielles über die so wichtige Alterserkrankung zu sagen, welche uns
im folgenden nur als Krebs der einzelnen Organe begegnen wird. Auf
die strittigen Fragen der Pathogenese und der allgemeinen Krebstherapie wird allerdings nicht eingegangen werden. Abb. 4 bringt eine
Kurve über den Altersverlauf aller bösartigen Geschwülste nach
Männern und Frauen getrennt, in welche ich noch die Kurve des weit-

aus häufigsten Krebses — des Magenkarzinoms — für beide Geschlechter gemeinsam einbezogen habe. Die absolute Zahl der Karzinomfälle ist bei dieser Darstellung um das 65. Jahr am größten.

Die Kurven Pirquets bauen sich auf den absoluten Zahlen der einzelnen Organgeschwülste und deren Summen auf oder sie stellen die relative Verteilung dieser einzelnen Zahlen oder Zahlengruppen auf die einzelnen Perioden des Alters dar. Sie berücksichtigen aber nicht die Anzahl der Lebenden in den verschiedenen Stufen. Dies beeinflußt das Bild wesentlich. Nimmt man eine andere Berechnung

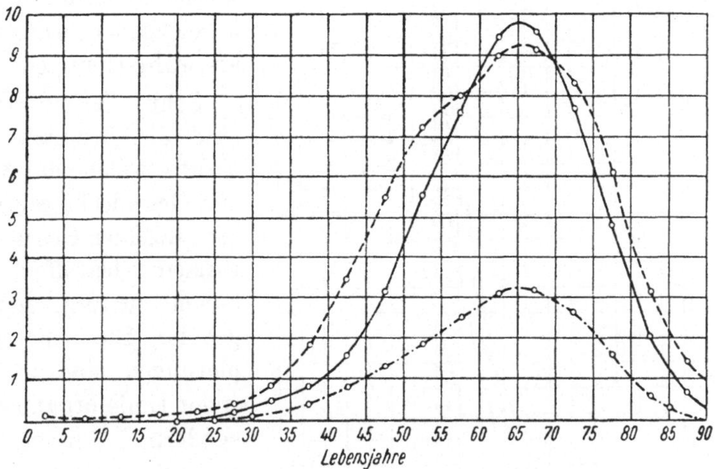

Abb. 4. *1* der Höhe ist 4°/₀₀ pro Lebensjahr. (Nach Pirquet.)

——————— Bösartige Neubildungen ohne Rücksicht auf den Sitz bei Männern.

– – – – – – Bösartige Neubildungen ohne Rücksicht auf den Sitz bei Frauen.

—·—·—·— Magenkarzinom bei beiden Geschlechtern.

zum Ausgangspunkt, so erhält man eine ganz andere Kurve. Diese Abb. 5 basiert auf einer Statistik Weinbergs und Gautpars und verwertet das Stuttgarter Material der Todesfälle an Krebs 1893 bis 1902. Sie enthält die Gesamtzahl nach Männern und Frauen, außerdem die Krebse der Verdauungsorgane wieder für beide Geschlechter und die der weiblichen Brust und des weiblichen Genitales. Die Zahlen sind aber überall auf eine gleiche Anzahl von Lebenden gerechnet, geben also die relative Häufigkeit für jede Altersstufe. Die Karzinome erscheinen nun bei dieser Betrachtung noch in weit höherem Maße als Alterskrankheit, zumindest ergeben sich steigende Kurven bis zum 75. Jahr. Später, im hohen Greisenalter, senkt sich die Mehrzahl der Kurven. Es ist möglich, daß sich darin eine geringere Krebsbereitschaft des Hochalters ausdrückt. Zieht man aber die Zeit der Erhebung und deren diagnostischen Hilfsmittel in Rechnung, so ist zumindest die Möglichkeit nicht abzuweisen, daß die Krebse der

höchsten Altersperioden unzureichend diagnostiziert wurden. Dies
wird durch den Rückgang der Diagnose Altersschwäche zugunsten
des Krebses nahegelegt, der allgemein festzustellen ist und z. B. in
London 1911—1920 25$^0/_{00}$
betrug, 1929 aber nur 13,2,
während in der gleichen
Periode die Krebszahlen
nur von 9 auf 16,8 stie-
gen. Somit erscheint die
zweite Deutung der un-
zureichenden Diagnostik
als wahrscheinlich.

Sehr bedeutungsvoll
sind die Resultate Pir-
quets, welche die Alters-
und Geschlechtsverteilung
der einzelnen Geschwulst-
formen betreffen. Er
kommt zu folgendem Er-
gebnis: Die Altersgrup-
pierungen sind nicht in
erster Linie organbedingt,
sondern in erster Linie
geschlechtsbedingt, und
zweitens: Sowohl bei Män-
nern als bei Frauen he-
ben sich besondere Grup-
pen von Geschwülsten als
zusammengehörig heraus,
die eine gleiche oder ähnliche Altersallergie auf-
weisen. Pirquet unter-
scheidet folgende Gruppen:
1. Rein männlich: Hoden,
Vorsteherdrüse und Skro-
tum. 2. Fast männlich:
Lippe (7$^0/_0$ Frauen). Zunge (9$^0/_0$), Mund (30$^0/_0$).

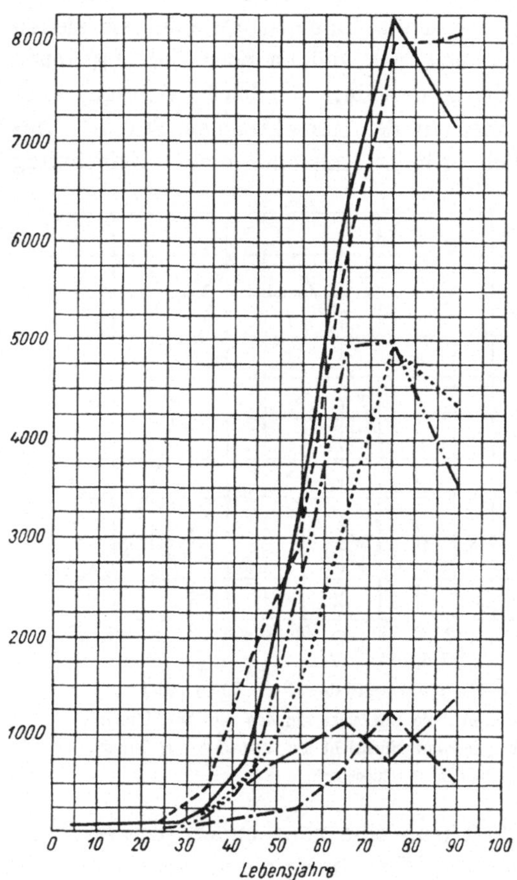

Abb. 5. Sterblichkeit an Neubildungen nach Weinberg
und Gautpar. Auf je eine Million Lebende jeder Altersklasse berechnet.

——————   Männer: insgesamt.
— — — —   Frauen: insgesamt.
— ·· —   Männer ⎫
·········   Frauen ⎭ Verdauungsorgane.
——— ———   Weibliches Genitale.
— · — · —   Mammakrebse.

3. Die Frauen machen nur ein Drittel bis ein Fünftel aller Fälle
aus: Kehlkopf (21$^0/_0$), Rachen (23$^0/_0$), Speiseröhre (24$^0/_0$), Kiefer
(26$^0/_0$), Harnblase (31$^0/_0$), Lunge und Brustfell (36$^0/_0$). (Die
eingeklammerten Zahlen bedeuten überall die Beteiligung der
Frauen. Die Unzuverlässigkeit der Diagnosen zeigt sich in dem

Sonderfall des hohen Anteils der Frauen beim Ösophaguskarzinom.
Es ist daraus zu schließen, daß vielfach Kardialkarzinome bei Schluckbeschwerden oder sonstige Erkrankungen als Ösophaguskarzinome
angegeben wurden. Die wirkliche Zahl der Ösophaguskarzinome bei
Frauen ist weit kleiner, sie gehören in die fast männliche Gruppe.)
4. Die Frauen bilden 40 bis 50⁰/o der Fälle: Mastdarm (42⁰/o), Haut-
(44⁰/o), Magen, Knochen sowie Niere und Nebenniere (je 47⁰/o), Bauchspeicheldrüse (48⁰/o). 5. Die Frauen bilden ungefähr zwei Drittel der

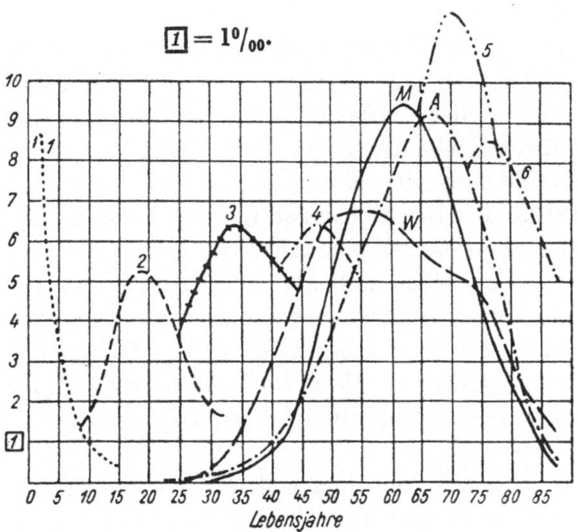

Abb. 6. Die Haupttypen der bösartigen Neubildungen. (Nach Pirquet.) (Die Kurven stellen
die Verteilung der Krebsformen auf die Altersstufen dar. Ihre Höhe ist von der absoluten Zahl
unabhängig, gibt nur die Dichte an.)

A Leber und Gallenblase (Männer), abdominaler Typus. *M* Mund (Männer), männlicher Typus.
W weibliche Brust, weiblicher Typus. *1—6* seltenere Typen. *1* Niere und Nebenniere (beide
Geschlechter), *2* Knochen (Männer), *3* Hoden, *4* Gehirn (Männer), *5* Prostata, *6* Haut (Männer).

Fälle: Darm (57⁰/o), Leber und Gallenblase (58⁰/o), Bauchhöhle sowie
Gekröse (69⁰/o). 6. Rein weiblich sind Brust (mit Ausnahme von
0,8⁰/o), Eierstöcke und Eileiter, Gebärmutter, Vagina und Vulva.

Pirquet entwirft die Kurven der einzelnen Organgeschwülste
nach Geschlechtern gesondert, analysiert ihren verschiedenen Verlauf
und ihre verschiedene Verteilung auf die Altersstufen und gelangt zu
sehr abweichenden Typen. Eine Gruppe umfaßt ohne wesentlichen
Unterschied der Geschlechter die häufigen Krebse der Bauchorgane
mit Ausnahme der Harnblase; sie ist in Abb. 6 durch die Kurve *A*
repräsentiert und ist der abdominale Typus. Der männliche Typus *M*
wird durch den Mundkrebs vertreten, ganz anders verläuft der weibliche Typus *W*, der durch die Kurve an der weiblichen Brust exempli-

fiziert ist. Wie groß aber die Unterschiede sind, wird an selteneren Krebsformen, wie an denen von Nieren und Nebennieren für beide Geschlechter, und an Knochen, Gehirn, Hoden, Prostata und Haut bei Männern gezeigt. Der Kurvenverlauf ist so different, daß ein Kommentar überflüssig ist.

Auf Grund all dieser Befunde wird von Pirquet folgende natürliche, auf Altersverlauf und Geschlecht basierende Gruppierung der Geschwülste aufgestellt: 1. Bösartige Geschwülste des Abdomens, 2. Thorax, 3. Mund, 4. männliche, 5. weibliche Geschlechtsorgane, 6. Haut, 7. übrige Organe.

Die Frage, ob der Krebs zugenommen hat, ist, an den absoluten Zahlen gemessen, sicher zu bejahen, kann aber ungezwungen mit der enormen Zunahme der Lebensdauer erklärt werden. Es erleben viel mehr Leute ihren Krebs als früher. Die relative Zunahme aber in einzelnen Altersschichten wird durch die Änderung der Diagnosen ausreichend erklärt. Peller gibt sogar für die mittleren Altersschichten zwischen 30 und 60 Jahren eine Abnahme an. Dies mag dahingestellt bleiben, aber die Zunahme im hohen Alter ist aller Wahrscheinlichkeit nach eine statistische, zahlenmäßige, keine reale. Es ist freilich richtig, daß für London 1880 583 Krebse aufscheinen und, auf die gleiche Bevölkerungszahl gerechnet, 1929 1500; aber die Diagnose Altersschwäche sinkt gleichzeitig von 4476 auf 730. Jedenfalls ist eine Zunahme unbewiesen.

Aus allen diesen Ausführungen geht die überwiegende Bedeutung der Alters- und Geschlechtsdisposition für das Karzinom hervor. Dies darf aber für den sicheren Einfluß exogener Faktoren nicht blind machen. Die gewerblichen Hautkrebse, der Schneeberger Lungenkrebs, der Röntgenkrebs, der Zusammenhang von Gallenblasenentzündungen und -krebsen sind einige der Beispiele. Auch der starke Rückgang der Magenkrebse zur Zeit der Mangelernährung während und nach dem Kriege kann für den Einfluß der Ernährung herangezogen werden. Daraus sind auch schon therapeutische Konsequenzen gezogen worden, insbesondere von E. Freund auf Grund seiner ausgedehnten chemischen und serologischen Forschungen. Diese Resultate, wie auch der klinische Wert der vielen Karzinomreaktionen sind noch kontrovers und nicht allgemein durchgedrungen. Auf diese Fragen soll nicht eingegangen werden. Man wird die Resultate in der allgemeinen Klinik abwarten müssen, bevor eine Übertragung auf das Alter versucht werden kann. Die Täuschungsmöglichkeiten einer günstigen Beeinflussung sind hier sehr groß. Wir werden an vielen Stellen von einem besonders gutartigen und langdauernden Verlauf des Karzinoms im Alter als Möglichkeit zu berichten haben, der dem nach dieser Richtung Unerfahrenen therapeutische Erfolge vorspiegeln kann. Dies gilt auch für das im Alter sehr häufige Rücktreten subjektiver Beschwerden.

Therapie im Alter.

Ich kann mir vorstellen, daß die Ausführungen dieses Kapitels über die Schwierigkeiten von Diagnose und Statistik im Alter auf einen Leser, der mit der Materie nicht vertraut ist, deprimierend wirken müssen. Sie sind aber meines Erachtens nicht von pessimistischem Geist getragen, sondern sie stellen die Dinge eben dar, wie sie sind. Sie wollen nicht abschrecken, sondern zu Verbesserungen und Fortschritten einladen, aber es läßt sich nicht leugnen, es ist viel Negatives hervorgehoben.

Demgegenüber möchte ich dieses Kapitel doch mit einigen Bemerkungen eines gewissen Optimismus schließen, welcher der Therapie gilt. Dieser Optimismus kann nur begrenzt sein. Wenn die herabgesetzte Widerstandsfähigkeit im Alter gegen Schädigungen und Krankheiten hervorgehoben wurde und sogar zur Berechnung eines Absterbequotienten benützt werden konnte, muß die Mortalität der Krankheiten im Alter gesteigert sein. Wenn auch im Falle völliger Heilung jeder Effekt einer Therapie beim Menschen nur Lebensverlängerung bedeuten kann, so muß mit dem Sinken der Lebenserwartung dieser Effekt nachlassen. Wenn die Summe der irreversiblen Veränderungen wächst, so kann der spontane Beitrag des Körpers zur Wiederherstellung nur sinken. Heilungen werden weniger vollkommen erfolgen und langsamer einsetzen, die Perioden der Schwächung und Rekonvaleszenz länger sein. Wenn die Summe der chronischen und nicht rückbildungsfähigen Leiden im Körper zunimmt, so muß sich die Therapie mehr nach der konservativen Seite verschieben, sie muß dem Fortschreiten der Krankheit entgegenarbeiten, Funktionen zu erhalten und zu verbessern trachten und vielfach symptomatisch sein. Aber diesen Einschränkungen gegenüber muß betont werden, daß dennoch ein weiter Bereich für ärztliches Handeln bleibt, der vielfach nicht erkannt und nicht ausgenützt wird. Es herrscht in der Praxis und in den Spitälern oft ein Nihilismus und eine Gleichgültigkeit gegenüber den Krankheiten und Beschwerden der alten Leute, welcher durchaus unberechtigt ist. Aus der mangelnden Erfahrung geht das Gefühl hervor: „Da kann man eben nichts machen", und man zuckt die Achseln. Auf Einzelheiten soll an dieser Stelle nicht eingegangen werden, aber die Besprechung der Therapie wurde in den folgenden Kapiteln so ausführlich gestaltet, um dieser ärztlichen Haltung entgegenzuarbeiten. Es wird sich in jedem Abschnitt ergeben, daß bei der Beschränkung des Möglichen und Erreichbaren, doch in allen Gebieten eine beträchtliche Sphäre erfolgreichen Handelns und Eingreifens besteht und daß oft Überraschendes erzielt werden kann. Da unsere Therapie in hohem Grade Allgemeintherapie und Pflege ist, steht ihrem Wirken selbst die häufige Unsicherheit der Diagnose nur manchmal, nicht regelmäßig entgegen. Das Vorgehen im Alter weist allerdings einige Besonderheiten auf. Die Pflege ist noch viel wichtiger als früher und die Behandlung muß systematischer, kontinuierlicher und schonender sein. Sie muß den Eigentümlichkeiten des alternden Organismus Rechnung tragen. In der Pflege wird sehr viel verfehlt, in den Familien wie in den Spitälern. Patienten selbst aus guten Verhältnissen und aus von anerkannten Kräften geführten Spitälern kommen in einem Zustand der Vernachlässigung zur Aufnahme, der beschämend und schädlich ist und in letzter Linie die angewandte Arbeit nur erhöht. Es ist selbst in Sälen, welche von alten Leuten gefüllt sind, die dauernd Harn und Stuhl verlieren, zu erreichen, daß der Dekubitus eine seltene Ausnahme ist. Es gehört nichts anderes dazu als ein gut gemachtes, glatt gespanntes Bett, eine einfache Hautpflege mit Reinigung, Pudern und Einfetten, die rechtzeitige Verwendung von Luft- und Wasserkissen und eine Dekubituspflege[1] vom ersten Beginn. Ähnliches gilt von der Mundpflege, der Sorge für Ernährung und Reinigung.

Die Anforderungen an die ärztliche Behandlung wurden angeführt. Sie muß systematisch sein, weil der alte Mensch langsamer reagiert, in seinen Reaktionen nicht gestört werden soll und weil viele Behandlungen Anforderungen an den Körper stellen, die nicht durch Häufung von Reizen und Reaktionen übersteigert werden dürfen. Die Therapie bei chronischen Krankheiten muß dauernder sein, weil die erzielten Erfolge rascher abzuklingen pflegen als sonst und daher immer wieder erneuert und aufrecht erhalten werden müssen. Die Selbstregulierung nach einer Besserung bleibt hinter den gewohnten Erwartungen zurück. Dies Prinzip tritt unter anderem bei der Behandlung von Herz- und Blutkrankheiten deutlich hervor. Die Therapie

---

[1] Zur Behandlung des Dekubitus, für die im ersten Stadium die Erfahrungen der Schwestern mindestens ebenso wichtig sind wie der Arzt, verwenden wir meist eine Dekubitussalbe folgender Zusammensetzung, welche, dünn auf Leinwandlappen aufgestrichen, verwendet wird: Pasta zinci, Borvaselini aa 50,0, Bals. peruv. 4,0, ev. (Ol. jec. aselli 15,0). An ihrer Stelle können auch andere Salben, wie die Metuvitsalbe, verwendet werden. Reicht die Heilungstendenz nicht aus, so kann bei oberflächlichem Dekubitus zur Austrocknung und zur Bildung eines heilenden Schorfes mit Vorteil 5%ige Tanninlösung verwendet werden. Versagt die Epithelisierung nach der Reinigung der Wunde, so kann intermittierender Gebrauch von Scharlachrot nützlich sein. Tiefgreifender Dekubitus erfordert oft Austrocknung und Desodorisierung mit Tierkohle oder Dermatol. Zur Reinigung und Abstoßung von Krusten und Gewebsteilen müssen oft vorübergehend Umschläge mit Burow-Lösung verwendet werden. Die letzte Auskunft ist das Wasserbett.

soll möglichst schonend sein, weil nur dies dem konservativen Charakter des Körpers und der Psyche im Alter entspricht, der mög-
lichsten Aufrechterhaltung der Automatie und des Gewohnten, weil
bei eingreifenden Veränderungen der Lebensweise, mit Roßkuren
und mit Operationen verbunden, die Gefahren steigen. Aber dieser
letzte Grundsatz darf auch nicht übertrieben werden, so daß Not-
wendiges versäumt und dem Nihilismus Vorschub geleistet wird. Er
mußte hier ausgesprochen und formuliert werden, aber dies ist nur
mit Bedenken geschehen. Es wird wohl nach der Richtung gefehlt,
daß die alten Leute gedankenlos nach dem gleichen Schema wie junge
behandelt werden, aber noch mehr dadurch, daß keine oder eine
unzureichende Therapie getrieben wird. Sehr wertvoll ist die
psychische Beeinflussung. Die Greise wollen in ihrer Überzahl
leben, sie sind bereit, Beschwerden zu ertragen, wollen diese aber
nicht bagatellisiert sehen. Es ist notwendig, ihnen optimistisch entgegenzutreten, Hoffnung zu geben und ihre Leiden zu erleichtern,
auch wenn von Heilung keine Rede mehr sein kann. Die Interessen
der medizinischen Wissenschaft und ihres Fortschritts, aber auch das
Ansehen und die Existenzbedingungen des ärztlichen Standes erfordern in der Gegenwart eine gesteigerte Beschäftigung mit der
Alterspathologie und mit der Behandlung von Alterskrankheiten.

Die Organerkrankungen.

Erkrankungen des Respirationsapparates im Alter.

Nach dem Plane des Buches bleiben die Erkrankungen der oberen
Luftwege unberücksichtigt.

5. Emphysem, die Bronchitiden, Bronchialasthma.

Bei der Erörterung der Lungenerkrankungen im Alter ist in erster
Linie zu berücksichtigen, daß sie sich in der großen Mehrzahl nicht
in einer normalen Lunge abspielen, sondern in einer anatomisch und
funktionell beträchtlich veränderten. Es ist daher zweckmäßig, die
grundlegende Veränderung, das Emphysem der Lunge, voranzustellen.

Lungenemphysem im Alter.

Fast jede Obduktion im Greisenalter zeigt die Lungen mehr oder
minder hochgradig verändert. Sie sind leicht, also substanzarm, kolla-
bieren nur unvollständig, sind also wenig elastisch. Wo der Gewichts-
bestand des Körpers annähernd normal geblieben ist, ist ihr Volumen absolut vergrößert. Wenn aber durch zehrende Krankheiten
oder durch Greiseninvolution Schrumpfung und Atrophie der Organe
eingetreten ist, braucht das Lungenvolum nicht absolut vergrößert
zu sein, aber die Überlagerung des Herzens, der Tiefstand der Grenzen,
bezeugen die relative Ausdehnung. Es hat wenig Sinn, diese Unterscheidung zu einer Abgrenzung des sogenannten substanziellen Emphysems vom senilen heranzuziehen, die eigentlich ununterscheidbar
sind. Es ist auch von geringer Bedeutung, selbst für die Schätzung
des Emphysemgrades, ob sich an einzelnen Partien, besonders an
den Lungenrändern, größere konfluierende Hohlräume des bullösen
Emphysems bis zu Zentimetergröße finden. Den Arzt interessiert,
was zugrunde liegt, die Verminderung des funktionierenden Gewebes der Lungen, der Schwund der Septen vieler Alveolen und
deren Vereinigung, also Verminderung der Atmungsfläche, Ausschaltung und Ausfall der entsprechenden kapillaren Zirkulations-
wege, Abnahme und qualitative Verschlechterung der elastischen

Fasern und damit des Retraktionsvermögens und der exspiratorischen Kräfte der Gesamtlunge. So sehr der Grad und der Zeitpunkt dieser Lungenveränderungen von äußeren Umständen, z. B. chronischen Bronchialkrankheiten oder konstitutionellen Momenten, abhängig ist, im Grunde ist das Lungenemphysem im Alter eine spezifische Veränderung, eine Abnützungserscheinung der Lungen.

Die zweite Gruppe der anatomischen Veränderungen findet sich am Skelett des Brustkorbs als Änderungen der Form und der Qualität der Gewebe. Es ist nicht nötig, auf den typischen Thorax emphysematosus einzugehen, mit seiner allgemeinen Volumzunahme, der Erweiterung der unteren Thoraxapertur, dem Tiefertreten des Zwerchfells. Aber es ist notwendig, mit Nachdruck darauf hinzuweisen, daß nur eine Minderheit der Emphysematiker im Alter diesem Typus zugehört und daß er nur bestimmten Gruppen von Konstitutionen und Erhaltungszuständen zukommt. Es sind die breitbrüstigen und kurzlungigen Menschen, die Pykniker und Athleten, bei denen die Volumzunahme in den unteren Lungenabschnitten erfolgt, besonders dann, wenn noch ein reichlicher Panniculus adiposus im Bauche das Tieftreten des Zwerchfells einschränkt und diesem ein Widerlager verschafft.

Am entgegengesetzten Ende der Reihe stehen die Astheniker. Der Typus ihres Emphysems ist in Ärztekreisen weitgehend unbekannt und wird sehr häufig übersehen. Er läßt sich in einem Satze zusammenfassen. Der Thorax emphysematosus des Asthenikers ist der Thorax piriformis. Dieser Thorax piriformis, in der Regel als Seltenheit angesehen, ist bei darauf gerichteter Aufmerksamkeit eine ungemein häufige Erscheinung. Ihm liegt Volumzunahme in den oberen Thoraxpartien zugrunde. Diese Lokalisation ist funktionell begründet. Seit den grundlegenden Ausführungen Wenckebachs ist es klar, daß die langen Lungen des Asthenikers durch Senkung und Abflachung des Zwerchfells dessen Wirkung als Respirationsmuskel beeinträchtigen. Eine weitere Volumzunahme durch Emphysem gleicht die Kuppe des Zwerchfells so weit aus, daß eine Kontraktion während der Inspiration nicht mehr mit einer Erweiterung des unteren Thoraxraums vereinbar ist, wie dies normalerweise durch Abflachung der Wölbung mit gleichzeitiger Ausdehnung ihrer Grundfläche geschieht. Im Gegenteil, es muß durch Näherung der Ansatzpunkte, die horizontal liegen, eine Einengung der unteren Brustapertur erfolgen. Dies ist bei jedem höhergradigen Emphysem eines Asthenikers ohne weiteres zu sehen und zu fühlen. Eine Volumzunahme nach unten ist also weder anatomisch in erheblichem Maße möglich, noch funktionell der Einatmung dienstbar. Nur oben kann Raum geschaffen werden. Dies geschieht von vorn nach hinten in erster Linie durch

Bildung einer Kyphose im Brustteil, ferner durch Hebung des Sternums. Die seitliche Verbreiterung geschieht durch die mit dieser Knickung der Wirbelsäule (Löschke) und Verschiebung des Sternums verknüpften Hebung und Flacherstellung der oberen Rippen, während die unteren steiler stehen. Dies alles ergibt die birnförmige Gestalt des Brustkorbs. Zwischen diesen Extremen in der Ausprägung des Emphysems gibt es Übergänge, so wenn ein ursprünglich faßförmiger Thorax durch Abmagerung und Zusammensinken sich der asthenischen Form annähert oder wenn ein relatives, d. h. nicht durch eine absolute Vermehrung des Lungenvolums gekennzeichnetes Emphysem sich nur durch Kyphose und Bewegungseinschränkung ausprägt. Bei beiden Typen wird auch der Raum über den Klavikeln durch Vorwölbung einer Lungenausstülpung herangezogen, wenn er anatomisch frei ist, wenn die Lunge nicht lokal durch die so häufigen Spitzenschwielen oder Pleuraadhäsionen in ihrer Entfaltungsmöglichkeit gehemmt ist oder die Annäherung der Knochenteile (Wirbelsäule, erste Rippe, Klavikel) keinen Raum läßt.

Die zweite maßgebende Veränderung am Skelett ist das Ausmaß der Verkalkung der Rippenknorpel. Nicht selten muß zur Leichenöffnung die Säge herangezogen werden. Damit wird eine weitere, nicht von der Lunge, sondern vom Skelett ausgehende Bewegungseinschränkung des Thorax gesetzt, welche zur völligen Starre werden kann.

Während das Zwerchfell in der Regel eine deutliche Schädigung in seinem Muskelbestand aufweist (Atrophie und Degeneration, Hitzenberger), hypertrophieren die auxillären Hilfsmuskeln der Atmung, was insbesondere an den Halsmuskeln und beim Musc. latissimus dorsi auffällt, die stark vorspringen.

Funktionell ergibt sich zunächst mechanisch aus allen diesen Momenten eine Verschiebung der respiratorischen Mittellage in der Richtung der Inspiration und eine Verringerung der respiratorischen Beweglichkeit, oft in sehr hohem Grade. Die Behinderung der Exspiration bedingt auch eine Vermehrung des schädlichen Raumes. Berücksichtigt man noch dazu die Einengung der Respirationsfläche durch den Schwund von Alveolen und Kapillaren, so ist es klar, daß die Atmung gesteigerten Anforderungen quantitativ nicht gewachsen ist und daß unter solchen die Sauerstoffsättigung des Blutes mangelhaft erfolgt. In der Tat ist es auch das Emphysem und es sind nicht die schweren Herzleiden, bei denen gasanalytische Bestimmungen häufig eine mangelhafte arterielle Sauerstoffsättigung ergeben. Der Schwund vieler Kapillaren, deren ungünstigere Durchströmung in Inspirationsstellung und die Verminderung der Respirationsgröße führen zu einem erhöhten Widerstand im Lungenkreislauf und dadurch zu einer Hypertrophie und Dilatation des rechten Herzens, dem Cor pulmonale.

Unter allen Umständen führt das Emphysem zu einer Verminderung der körperlichen Leistungsfähigkeit, und ist eine der kardinalen Ursachen von deren Abnahme im Alter. Sie hängt ceteris paribus vom Grad des Emphysems ab. Dieser Grad wird ärztlich am besten durch die Inspektion und Palpation der Thoraxexkursion beurteilt, wobei man den Patienten auffordert, die dem Thorax aufgelegten Hände des Arztes durch seine Atmung möglichst voneinander zu entfernen. Dabei können sowohl die oberen wie die unteren Abschnitte des Brustkorbs in ihrer seitlichen wie in ihrer anterior-posterioren Beweglichkeit kontrolliert werden. Ein zahlenmäßiger Ausdruck für diese Mobilität ist die Bestimmung der Vitalkapazität, welche beim Emphysem stets herabgesetzt ist.

Weniger ergiebig ist die physikalische Untersuchung. Wohl kann man stets, wo nicht Verwachsungen bestehen, den Tiefstand der unteren Lungengrenzen, die Verringerung der respiratorischen Verschieblichkeit, die Überlagerung des Herzens finden, aber quantitativ doch weniger verwerten. Tiefstand und verminderte Verschieblichkeit weist auch der nicht emphysematöse Astheniker auf. Hochgradige Überlagerung des Herzens findet sich bei Randemphysem mit noch guter Funktion. Pleuraanwachsungen halten bei vorgeschrittenen Veränderungen die Herzfläche wieder wandständig. Auch die Qualität des Perkussionsschalls ist kein verläßlicher Führer. Der hypersonore, tiefe Schachtelton des faßförmigen Thorax ist freilich nicht zu verkennen. Dieser Ton ist ein Ausdruck sowohl der Volumzunahme als der Rarefizierung der Lunge. Wo aber der Thorax ursprünglich flach und enge oder sekundär geschrumpft ist, ist auch bei hochgradigem Emphysem von diesem Schachtelton keine Rede. Es ist bekannt, wie sehr der Schall über einer Thoraxkrümmung im Vergleich zu einer benachbarten flachen Partie des Brustkorbs gedämpft ist. Gerade in den erweiterten Partien des Thorax piriformis spielen nun solche Krümmungen eine besondere Rolle und heben die Schallverstärkung auf. Das gleiche geschieht durch Pleuraverwachsungen, auch durch flächenhafte, selbst radiologisch nicht nachweisbare.

Auch die Auskultationserscheinungen sind bei dem nicht durch Bronchitis komplizierten und nicht dyspnoischen Emphysem nicht sehr charakteristisch. Eine Tendenz zur Erhöhung der Atmungsfrequenz, zur Abschwächung der Geräusche, zur Verlängerung des Exspiriums ist wohl festzustellen, Erscheinungen, welche sich im Stadium der Dyspnöe wesentlich akzentuieren.

Die hier vertretene relative Minderbewertung der physikalischen Untersuchung gegenüber der funktionellen Betrachtung entspricht nicht der herkömmlichen Meinung, stützt sich aber auf die Ergebnisse zahlreicher Obduktionen.

Emphysem macht kurzatmig und verringert die körperliche Leistungsfähigkeit. Das gilt ausnahmslos, aber doch in sehr weiten Grenzen. Es gibt Leute mit typisch faßförmigem Thorax, welche dank eines guten Herzens, kräftiger, geübter Muskulatur und einer zweckmäßigen Atemtechnik noch sehr erheblicher Leistung fähig sind, selbst noch als Bergführer fungieren können. Fragt man sie aber aus, so werden sie zugeben, daß ihnen das Steigen doch viel schwerer fällt als in früheren Jahren, und untersucht man sie, so wird man in solchen Fällen noch immer eine sehr gute Beweglichkeit des Brustkorbs feststellen können. Das Zwerchfell ist noch immer gewölbt, eine Verschieblichkeit vorhanden, die Vitalkapazität nicht hochgradig verringert, die Verkalkung der Rippenknorpel wenig vorgeschritten. Den Gegenpol im Bereiche des reinen, unkomplizierten Emphysems bilden die Fälle, meist dem asthenischen Typus mit Thorax piriformis zugehörig, bei welchen der Thorax infolge inspiratorischer Fixierung und Rippenverknöcherung eine starre Masse geworden ist, welche in mühsamer, mit Anspannung der Hilfsmuskeln durchgeführter Arbeit inspiratorisch gehoben und dann fallen gelassen wird. Der respiratorische Effekt dieser Akte ist sehr gering, die Erweiterung des Thorax läßt sich kaum sehen noch fühlen und die Vitalkapazität sinkt auf paradoxe Minima, bis auf 300—500 ccm. Solche Patienten sind nur in voller Bettruhe beschwerdefrei, schon ein mehrmaliges Aufsetzen macht sie dyspnoisch, sie sind bei gesundem Herzen und ohne Bronchitis unfähig, einige Schritte zu machen, nur weil sie nicht genug Sauerstoff für die Mehrtätigkeit heranschaffen können. Dabei bestehen sonst keine Zeichen von Herzinsuffizienz. Im Bette brauchen solche Patienten nicht mehr an Cyanose aufzuweisen als eine solche der Lippen und der Extremitätenenden, aber jede Anstrengung, jede Komplikation im Bereiche der Atmungsorgane macht sie schwer zyanotisch.

Das Altersemphysem ist ein chronischer Zustand. Es führt als solches nur auf Umwegen zum Tode. Dieser erfolgt entweder durch die so häufigen Lungenkomplikationen des Emphysems, welche in den folgenden Abschnitten erörtert werden sollen, oder durch das Versagen des Herzens.

Das Emphysemherz, das Cor pulmonale, entzieht sich oft weitgehend dem physikalischen Nachweis und kann, sofern man nicht die Röntgenuntersuchung heranzieht, nur erschlossen werden. Dies gilt sowohl von der Dilatation des rechten Herzens, welche durch Überlagerung seitens der Lunge verdeckt und durch die physikalischen Eigenschaften des Greisenthorax auch einer Tiefenperkussion unzugänglich bleibt, als auch von seiner Hypertrophie. Die gleiche Überlagerung durch Lunge, Erweiterung der unteren Thoraxapertur beim faßförmigen Brustkorb, ursprüngliche Anlage als Tropfenherz beim Thorax piriformis lassen die pulsatorische Hebung des unteren Sternums nicht in Erscheinung treten, und es wurde bereits hervorgehoben, daß die Verstärkung des zweiten Pulmonaltons im Alter bei Hypertrophie des rechten Herzens und Drucksteigerung im kleinen Kreislauf aus unbekannten Gründen in der Regel vermißt wird.

Eine weitere Sondererscheinung beim Emphysem ist es, daß bei Herzinsuffizienz die Vergrößerung der Leber in der Regel hinter den anderen Stauungserscheinungen zurückzubleiben pflegt. Die übliche, unter andern von Wenckebach gegebene Erklärung, daß der Tiefstand des Zwerchfells die Leber entleert, scheint mir nicht plausibel, weil das Wesentliche an dieser Entleerung doch nicht der bloße Tiefstand, sondern der rhythmische Druck des Zwerchfells auf die Leber sein müßte, und gerade dieser fällt beim Emphysem weg oder ist vermindert. Ich bin jedoch nicht in der Lage, eine bessere Erklärung für diese oft sehr auffallende Erscheinung zu geben.

Die Herzinsuffizienz beim Emphysem erfolgt auf zwei Arten. Die eine ist eine chronische Kreislaufschwäche mit Stauungen, Ergüssen, welche nur in dem Verhalten der Leber von dem gewohnten Bilde abweicht und auch in der Therapie mit den üblichen Mitteln bekämpft wird. Die zweite Art des Versagens ist akut. Eine plötzliche Dyspnöe, der, allzuhäufig, in Minuten der Tod folgt. Sie geht zuweilen spontan zurück, in den anderen Fällen tritt der Tod ein, bevor — auch im Spitale — ärztliche Hilfe zur Stelle ist. Ich weiß nur einen Fall anzuführen, der wahrscheinlich in diese Gruppe gehörte, wo eine intrakardiale Adrenalininjektion sich bewährte. Schmerzen fehlen, das ist zur Unterscheidung von Angina pectoris wichtig, aber sonst ist die Abgrenzung gegen andere akute Formen des Herztodes, z. B. eine Pulmonalembolie aus unbekannten Quellen nicht mit Sicherheit zu machen. Halbwegs wird die Diagnose durch die ganz exorbitante Cyanose von Kopf und Hals, auch an der Leiche erleichtert. Der Obduktionsbefund weist in den reinen Fällen nur ein Cor pulmonale nach, ohne Zeichen der Schädigung an Myokard und Kranzgefäßen, und bietet keine Aufklärung über Auslösungsursache oder Zeitpunkt des Anfalles.

Differentialdiagnostisch muß das nichtkomplizierte Emphysem abgegrenzt werden gegen die vorübergehenden Lungenblähungen etwa nach körperlichen Überanstrengungen oder Asthmaanfällen — wozu Anamnese und Beobachtung die nötigen Anhaltspunkte liefern — oder gegen eine angeborene Großlunge, die durch normale Beweglichkeit und Vitalkapazität ausgezeichnet ist.

Therapie des Altersemphysems. Sieht man von der Behandlung der Komplikationen und des Herzens ab, so kann die Therapie des Altersemphysems zunächst nichts anderes erstreben, als die

Bewegungsfähigkeit des Thorax zu erhalten und womöglich zu steigern. Dies geschieht in erster Linie durch Förderung der Exspiration. Am wichtigsten ist in leichteren Fällen systematische Atmungstherapie im Sinne von Hofbauer (Nasenatmung, Kontrolle der Exspiration durch Summen) und Terrainkuren. In dem gleichen Sinn, aber notwendigerweise nur vorübergehend, wirken auch Erleichterung der Ausatmung durch Ansaugung mit Hilfe von Apparaten (Waldenburg, Brunn) und Kammern, aber ihre eigentliche und nicht allzu weite Indikation liegt in der Beeinflussung der Bronchitis. Auch Atmungsstühle, welche entweder am Thorax komprimierend angreifen oder vom Bauch aus das Zwerchfell hochdrängen, können der Natur der Sache nach nur vorübergehend Erleichterung bringen. Die Kuhnsche Saugmaske ist, wie die Atmungsübungen, eine aktive Trainierung der Atmung. Bei den gegebenen Bedingungen eines Dauerzustandes spielen alle diese mechanischen Verrichtungen in der Behandlung keine allzu große Rolle. Es kommt darauf an, daß der einzelne sich seinen Möglichkeiten anpaßt und sie zu erhalten trachtet. Von der Anschauung ausgehend, daß in vielen Fällen Thoraxstarre durch Verkalkung der oberen Rippenknorpel die primäre Ursache der Atemstörung sei, hat A. W. Freund zwecks Mobilisation die Durchschneidung der Knorpel der ersten Rippen empfohlen. Es ist still von dieser Operation geworden. Alter galt immer als Kontraindikation. Unter dem Eindruck der Thoraxstarre bei Thorax piriformis habe ich doch in einem Fall den Versuch unternommen, die ersten Rippen durchschneiden zu lassen. Es galt zu sehen, ob nicht die Behebung der einen Komponente der Störung den Allgemeinzustand bessere. Der Versuch ist ohne Erfolg, aber auch ohne Schaden für den Kranken verlaufen. Wiederholt wurde er nicht.

Bronchitis im Alter.

Die akute und chronische Bronchitis im Alter ist in der Regel eine Bronchitis in einer emphysematösen Lunge. Ist sie dies nicht, so unterscheidet sie sich im Verlauf und in der Behandlung nicht wesentlich von den analogen Erkrankungen des vollkräftigen Alters. Es ist nur insofern auf den Lebensabschnitt Rücksicht zu nehmen, als das Verhalten des Herzens und der Gefäße besonders sorgfältig zu überwachen ist. Ferner ist zu beachten, daß die Bronchitis als solche eine der wichtigsten Ursachen oder Förderer des Emphysems darstellt, da sie zur lokalen Blähung und Dehnung der Lungenabschnitte, zur Schädigung des elastischen Gewebes und zur Zerstörung von Alveolenwänden bei den Hustenstößen Anlaß gibt. Dies bedeutet, daß eine Bronchitis im Alter immer ernster zu nehmen, daß eine vollständige Ausheilung eines akuten Prozesses anzustreben ist, daß der Hustenparoxysmus gestillt werden soll, und daß der Abheilung eine Schonungsperiode in reiner Luft folgen soll, Forderungen, die allerdings leichter gestellt als durchgeführt werden können. Die Maßnahmen brauchen nicht im einzelnen besprochen zu werden, da sie sich mit der allgemeinen Bronchitistherapie und mit der der Emphysembronchitis decken.

Die Bronchitis im Organismus eines Emphysematösen steht unter anatomisch ungünstigeren Bedingungen. Da die Lunge nicht maximal komprimiert werden kann, ist die Ansammlung des Sekrets mechanisch erleichtert, seine Entfernung erschwert. Inwieweit die abnorme Zusammensetzung der Alveolarluft beim Emphysem schädigend einwirkt und wie weit im Alter eine Herabsetzung der Tätigkeit des Flimmerepithels stattfindet, soll, als nicht genügend geklärt, nicht herangezogen werden. Sicher ist aber, daß die Expektoration auf Schwierigkeiten stößt, besonders wenn das Sputum entweder sehr zähe oder besonders reichlich ist, und daß man bei den Obduktionen die Bronchien mit eitrigem Sekret oft gefüllt findet, wo der Lebende kaum Sputum ausgeworfen hat.

Wenn es sich nicht um grippeartige Attacken handelt, verläuft die akute wie die chronische Bronchitis meist ohne Fieber oder subfebril. Höhere Temperaturen sind ein Anlaß, nach Komplikationen zu forschen, deren noch zur Bronchitis gehörender Vertreter die eitrige Bronchiolitis, deren wichtigste Folge die Bildung lobulärer Herde ist.

Die physikalischen Symptome sind allbekannt, Auftreten von Rasselgeräuschen, trockenen wie feuchten, Verschärfung des Atemgeräusches und Verlängerung des Exspiriums. Klingende Rasselgeräusche gehören nicht zum Bilde. Bevor aber aus ihnen der Schluß auf Infiltration gezogen werden darf, ist erst ihre anderweitige Erklärung (Entstehung in atelektatischer, komprimierter oder indurierter Lunge) in Betracht zu ziehen.

Sputum kann völlig fehlen, kann in sehr geringer Menge produziert werden bis zu reichlichster Sekretion zähen oder flüssigen, weißen oder gelben, gleichmäßigen oder münzenförmigen oder geschichteten Sputums.

Therapie der Altersbronchitis. Die Allgemeintherapie der Bronchitis im Alter erfordert zunächst eine Schonung, die herkömmlicherweise gerade den Alten nicht in genügendem Grade zuteil wird. Ich meine damit die Bettruhe, welche bei jeder schwereren akuten, bei jeder fieberhaften und bei Exazerbationen der chronischen Bronchitis so notwendig und nützlich ist, aber häufig von seiten der Ärzte wie der Laien auf Schwierigkeiten stößt. Es ist die Angst vor dem Bett, vor Hypostase und Pneumonie,

welche diesen fundamentalen Fehler begehen läßt und müde, fiebernde
Greise von der Ruhe fernhält und zur Bewegung zwingt. Die Frage
wird bei der Besprechung der Pneumonie noch erörtert werden, aber
schon hier soll betont werden, daß in allen Fällen, wo gemeiniglich
Bettruhe angezeigt ist, diese auch den Greisen überwiegend nützt und
nicht schadet, daß sie Komplikationen verhütet, nicht sie schafft. Wie
alle Bronchitiker, bedürfen auch sie der reinen Luft, des Umschlags
usw. Der Unterschied kann nur darin liegen, daß man wohl für reichliche Lüftung sorgen, aber auf Freiluftbehandlung verzichten muß,
daß die gleichmäßige Temperatur des Zimmers, häufiger Lagewechsel,
regelmäßige Tiefatmung mit größerer Sorgfalt überwacht werden
sollen. Ein eventueller Klimawechsel oder Erholungsaufenthalt
soll mehr unter dem Gesichtspunkt des Schonklimas als des Reiz-
klimas gewählt werden, man soll also Höhenklima über 1000 m oder
nördliches Meer nur dann heranziehen, wenn die individuelle gute
Verträglichkeit schon bekannt ist.

Die Indikationen der Therapie sind Erleichterung der Expektoration, Verminderung reichlicher Sputummengen, Stillung allzu
starken Hustenreizes und Bekämpfung der Entzündung bzw. Infektion.

Die Erleichterung des Aushustens ist gerade für den Greis von
ganz besonderer Bedeutung. Sie wird herkömmlicherweise durch Verordnung der sog. Expektorantia erstrebt. Es hat nun gar keinen Sinn,
das Heer der hier herangezogenen Mittel und Kombinationen aufzuzählen, von den alkalisch-salinischen Heilquellen, die auch durch die
damit verbundene Zufuhr heißer Flüssigkeit wirken, den Tees, dem
Salmiak, bis zu Primula, Senega und Ipecacuanha, sie alle können
auch im Alter in den gleichen Indikationen verwendet werden. Es
wird oft eine subjektive Erleichterung angegeben, auch objektive Besserung post oder propter hoc, aber sie sind wenig verläßliche Mittel,
wie schon ihre ungeheure Zahl beweist, unter deren Auswahl subjektive Vorlieben und Gewohnheit entscheiden. Gleiches gilt von den
Kalk- und Guajakolpräparaten. Worauf es hier ankommt ist, ob
es Mittel gibt, denen im Alter eine besondere Bedeutung zukommt. Für
den Bereich der akuten Bronchitis möchte ich Injektionen vom Typus
des Transpulmin hervorheben, dessen Besprechung aber rückgestellt
werden soll, da es mehrfachen Indikationen entspricht, für den Bereich
der chronischen Bronchitis das Jod. Dieses Medikament, etwa als Jod-
natrium in wäßriger Lösung löffelweise, eventuell mit entsprechenden
Geschmackskorrigentien, in der Tagesmenge von 0,5 bis 1,0 g verordnet, hat bei der Bronchitis der Alten sehr häufig den deutlichsten
Effekt. Ich bilde mir nicht ein, etwas über den Mechanismus der Wirkung zu wissen, kann aber die Tatsache des Effekts vertreten.

Subjektive Erleichterung, insbesondere Befreiung von Dyspnöe, besseres Aushusten, rascherer Ablauf der objektiven Erscheinungen, werden immer wieder beobachtet. Das Jod wird aus Furcht vor Hyperthyreoidismus gegenwärtig zu selten verordnet. Wenn die Beobachtung auf Jodschäden (Gewicht, Puls, Nervosität, Zittern) erfolgt — es sind weder Grundumsatzbestimmungen, noch tägliche, mindestens aber wöchentliche Kontrolle dazu notwendig —, ist diese Furcht für alte Leute unberechtigt. In dieser Lebensphase sind plötzliche, auf wenige Dosen erfolgende Jodschäden mit langsamer Restituierung, wie Jodbasedow, so extrem selten, daß man nicht das Recht hat, ein so wertvolles Medikament in dieser wie in anderen Indikationen zu vernachlässigen. Ein anderes wenig benütztes, zuweilen mit Vorteil zu verwendendes Präparat ist die Benzoesäure oder Natr. benz. in Pulverform (2—3 zu 0,2 g).

Das anatomische Bild wechselt von der düsterroten, zuweilen diphtherischen Entzündung der Trachea bei echter Grippe bis zu den Affektionen nur der kleineren Bronchien. Weder der Zustand der Schleimhäute noch der Bronchialinhalt weisen eindeutige Beziehungen zur Schwere des klinischen Bildes auf. Auch die Neigung der Anatomen, eitrigen Inhalt mit akuten Affektionen und schleimigen mit chronischen in Zusammenhang zu bringen, ist mit dem klinischen Bilde nicht immer in Übereinstimmung zu bringen.

Bei übermäßiger Sputummenge werden Inhalationen mit Terpentinöl oder Terpentinpräparaten, z. B. Terpinhydrat (0,2, zweimal täglich), angewandt, energischer wirken Transpulmin und Injektionen balsamischer Öle, so Menthol 5,0, Eucalyptol 10,0, Olei camph. 10,0, je 1 ccm ein- bis zweimal täglich. Bei putrider Bronchitis, die im Alter selten ist, sieht man weiters Erfolge von Myrthol (in Gelatinekapseln mit Ol. oliv. an 0,3 mehrmals täglich), ferner von den bei der Behandlung der Bronchiektasie und des Abszesses zu erörternden Maßnahmen.

Die zweckmäßige, symptomatische Stillung des Hustenreizes ist eine Frage der individuellen Dosierung. Es darf die Beseitigung des Auswurfs keineswegs durch allzu große Alkaloidmengen geschädigt werden, aber es muß anderseits doch ein gewisses Maß an Nachtruhe gewährleistet und den schädlichen und anstrengenden Hustenparoxysmen entgegengetreten werden. Bei intelligenten Patienten spielt die Hustendisziplin eine Rolle, die das Aushusten mit wenigen gemäßigten räusperartigen Bewegungen anstrebt. Die Unterdrückung unfruchtbaren Hustenreizes durch den Valsalvaschen Versuch empfiehlt sich im Alter wegen der damit verbundenen Drucksteigerung nicht, wohl aber das Offenhalten der Stimmritze durch sakkadierte Exspiration, bis der Reiz imperativ wird. Die Alkaloide, vom Codein, Heroin, Dilaudid, Acedicon bis zum Morphium sind nicht zu entbehren. Das

Entscheidende ist, wie gesagt, die Dosierung individuell zu gestalten, nicht die Wahl des Präparats. Kombinierung des gewählten Körpers mit Papaverin zur Ausschaltung spastischer Komponenten ist zu empfehlen, wie auch die gleichzeitige Verabreichung von Expectorantiis zu vertreten ist, deren uralter Kombinationstypus das Pulvis Doweri ist. Bei nervösen und schlaflosen Patienten ist die gleichzeitige Gabe von Nervinis oder Schlafmitteln leichterer Art in Betracht zu ziehen. Das oft schwierige Aushusten in der Frühe kann durch eine geringe Menge eines Präparats vom Typus des Ephedrins erleichtert werden. Es gibt auch fertige Präparate, welche gleichzeitig Expectorantia, Sympathikusmittel und Narkotica in geringen Mengen enthalten, wie der Mercksche Ephetoninhustensaft oder der Synkodalsyrup (Syngala). Sie sind bei leichteren Fällen zweckmäßig, schwerere können mit einer schematischen Mischung nicht behandelt werden.

Bei dem Einsetzen eines fieberhaften Katarrhs — sei es akut, sei es als Exazerbation eines chronischen — kann die alte Methode des Schwitzens durch Tees, unterstützt durch Aspirin, mit Vorteil angewandt werden; kaum weniger bewährt ist die Verordnung eines initialen Abführmittels, wenn die erfolgenden Stühle im Bett absolviert werden. Jeder Arzt kann sein gewohntes Grippemittel für einen oder mehrere Tage verordnen; ich bevorzuge Causyth. Auch die unspezifischen Vaccinepräparate, wie Omnadin und Stormin, deren Injektion mit geringen Allgemeinreaktionen verbunden ist, zählen beim Versagen der erstangeführten oder bei schwerer einsetzenden Attacken gleichzeitig mit ihnen zu den empfehlenswerten Maßnahmen. Diesen ist auch für die ersten Tage die Verordnung einer salzarmen und kalkreichen, entzündungswidrigen Diät zuzurechnen unter Bevorzugung von Obst, Fruchtsäften, Kompott. Man wird allerdings oft durch den dieser Verordnung entgegengesetzten Geschmack und die Gewohnheiten der alten Leute zu Kompromiß und Verzicht gezwungen.

Als das wichtigste und bewährteste Mittel in der Behandlung fieberhafter Bronchitiden erweisen die Erfahrungen der Abteilung das Transpulmin oder seine Ersatzpräparate, wie Eupulmon, die ein- bis zweimal täglich in Mengen von 1 bis 2 ccm intramuskulär injiziert werden. Das Mittel besteht aus kleinen Mengen Chinin, Campher, in Öl mit Beimengung ätherischer Öle gelöst. Die Hauptindikation des Präparats liegt in der Behandlung der Lobulärpneumonie, an welcher Stelle ausführlicher darauf eingegangen wird. Abgesehen davon, daß wir bei der fieberhaften Bronchitis alter Leute oft nicht wissen, ob und in welchem Ausmaße sich lobuläre Herde bereits gebildet haben, ergibt seine Anwendung bei Bronchitiden immer wieder den Eindruck rascherer Entfieberung und schnelleren Ablaufes der Erscheinungen. Diese Meinung wird verstärkt durch wiederholte Erfahrungen beim gleichen Patienten, durch Verschlechterungen bei vorzeitigem Aussetzen und Besserung bei neuerlicher Verwendung des Mittels.

In der Behandlung der chronischen Bronchitis spielt, wo die wirtschaftlichen Verhältnisse dies gestatten, die Klimatotherapie eine bedeutende Rolle. Die Schäden von Nässe und Kälte können im Alter nicht übersehen werden. Die wohlhabenden Engländer wissen, was sie tun, wenn sie in vorgerückteren Jahren im Süden überwintern, wobei bei reichlicher Expektoration die trockenen Gebiete — mit dem Wüstenklima Ägyptens als Extrem —, bei geringerer die Riviera oder die Inseln des Mittelmeers oder der Atlantis am Platze sind. Die Sommermonate können vorteilhaft in Badeorten, wie Reichenhall, Gleichenberg und vielen anderen, verbracht werden, wo sich Mineralwässer mit physikalischen Methoden, wie Inhalatorien, pneumatischen Kammern und mit der Sorge um allgemeine Gesundung zu therapeutischen Effekten verbinden. Auch die Waldes- und Bergluft der mittleren Höhen, in Ausnahmsfällen auch der geschützter gelegenen Höhenorte, zeitigt jene Resultate, an denen nebst Wegfall der Schädigungen der Stadt oder klimatisch ungünstiger Länder vielleicht auch noch unbekannte positive Faktoren beteiligt sind.

Von ursächlicher Therapie wurde nicht gesprochen, weil sie uns im Bereiche der Bronchitis nicht zur Verfügung steht.

Altersasthma und Asthmabronchitis.

Eine der häufigsten Dyspnöeformen im Alter, wahrscheinlich die häufigste, ist die vom Typus und mit der Therapie des Asthma bronchiale. Daß Bronchitis und Anfälle dieser Art im Alter vorkommen, ist allgemein bekannt, aber die relative Bedeutung und Häufigkeit dieser Erkrankung wird unterschätzt. Man kann sie erst durch Beobachtung eines größeren liegenden Altersmaterials in vollem Umfang kennenlernen. Die Anfälle sind zum großen Teil nächtlich und werden nach der Schilderung oft für Asthma cardiale gehalten, sind aber von diesem ganz wesentlich verschieden, wenn auch Misch- und Kombinationsformen vorkommen. Die Anfälle variieren von Einzelattacken, die mit Asthma bronchiale identisch erscheinen, bis zu einem Status asthmosus als Dauerdyspnöe. Das Volumen pulmonum auctum, die exspiratorische Dyspnöe, die Anspannung aller Hilfsmuskeln der Atmung, die enorme Verlängerung des Exspiriums, Verschärfung des Atmens, die trockenen Rasselgeräusche verbinden sich zum vertrauten Bild. In der Literatur besteht auch bei maßgebenden Autoren und auch bis in die jüngste Zeit (Romberg, Jagić, Thanhauser) die Tendenz, Anfälle dieser Art als im Wesen kardial zu erklären oder auch teilweise als zentral, als paroxysmale Dyspnöe bei cerebraler Arteriosklerose oder bei Hochdruck aufzufassen. Es soll gewiß nicht geleugnet werden, daß reine Anfälle dieser Art wie auch Mischformen vorkommen, auch nicht, daß ein Asthmaanfall bei Disponierten auch Blutdrucksteigerung auslösen kann, aber die große Mehrzahl gehört, wie die Beobachtung erweist, zum Bilde des Bronchialasthmas. Der Lufthunger kann stark sein, die vermehrte Anstrengung kann Beklemmungsgefühle auslösen, es kann Cyanose eintreten, aber das Herz bleibt ruhiger und leistungsfähig, es fehlt das Unheimliche, Angstvolle und Tiefgelegene der Herzattacke, es fehlen die Zeichen der Überfüllung der Lunge, der feuchten Rasselgeräusche. Der Organismus wehrt sich gegen einen Widerstand und wird nicht, wie bei Herzattacken, von innen angegriffen und überwältigt. Es ist Lungendyspnöe und nicht Herzinsuffizienz.

Man kann gegen diese Abgrenzung einwenden, daß sie sich auf subjektive Eindrücke und vieldeutige Symptome stützt, es muß weiters auch eingeräumt werden, daß ein differentialdiagnostisches Moment uns oft im Stiche läßt. Dem Altersasthma kommt die Eosinophile im Blute und Sputum, das Auftreten der charakteristischen Spiralen und Kristalle nur in erheblich geringerem Prozentsatz zu als dem Bronchialasthma jüngerer Individuen. Es kann aber ein anderes Argument für die Zuordnung zum Kreise des Bronchialasthmas mit Nachdruck vertreten werden, der Schluß ex juvantibus. Therapeutisch hilft — und das ist das Wichtigste — was sich auch beim Asthma bronchiale bewährt, und die Herztherapie läßt in den reinen Fällen im Stich.

Versucht man in das Wesen der Erscheinungen einzudringen, so liegt es bei den gegenwärtigen Tendenzen zur Erklärung der Asthmagenese nahe, die Frage der allergischen Verursachung zu stellen. Ich bin diesem Problem im Verein mit meinem Assistenten Dr. Lasch nachgegangen. Eine Testung unserer Fälle von Altersasthma mit den Storm van Leeuwenschen Antigenen erbrachte in allen Fällen eine starke Reaktion gegen Schimmelpilze und eine Gruppe von Sputumbakterien (Bakterienallergene II) bei negativem Ausfall der Reaktionen gegen die anderen Gruppen. Dieses anscheinend einwandfreie Resultat wird wesentlich beeinträchtigt durch die Tatsache, daß normale Alterskontrollen an Asthmafreien bei Schimmelpilzen in 87%, bei den genannten Bakterien in 55% ein positives Resultat, allerdings schwächer, geben. Die Auffassung, daß das Altersasthma auf einer Überempfindlichkeit gegen die eigenen Sputumbakterien und sehr häufige Umweltschäden beruht, kann daher wohl als gestützt, aber nicht als bewiesen bezeichnet werden.

Therapie des Altersasthmas. Aus der entwickelten Auffassung lassen sich therapeutische Konsequenzen ziehen. Der akute Anfall von Altersasthma und die Neigung dazu wird als Bronchialasthma behandelt. Das souveräne Mittel zur raschen Beendigung des schweren Anfalls ist bekanntlich die Adrenalininjektion, in ihrer Wirkung verlängert durch die Kombination mit Pituitrin (Typus Asthmolysin) oder Ephetonin (Typus Ephedralin) mit den verschiedensten Handelsbezeichnungen. Ihre Anwendung im Alter stößt vielfach auf Bedenken. Es wird die damit verbundene Blutdrucksteigerung mit ihren möglichen Schäden gescheut. Diese Furcht ist ganz unbegründet. Abgesehen davon, daß schon H. Schlesinger darauf hingewiesen hat, daß die Blutdrucksteigerung nach Adrenalin, subkutan gegeben, im Greisenalter auffallend gering ist, hat ihre Anwendung an der Abteilung bei vielen Tausenden von Injektionen nie einen Schaden gezeitigt, nie ein Versagen des Herzens oder cerebrale Erscheinungen zur Folge gehabt. Auch die Gefäße von Patienten, die sehr viele derartige Injektionen erhalten hatten, wiesen bei der Obduktion, zumindest makroskopisch, keine Besonderheiten auf. Man kommt in der Regel mit einem $1/4$ oder $1/2$ ccm aus, doch ist auch gegen Wiederholung oder die ganze Dosis von 1 ccm in refraktären Fällen nichts einzuwenden. Die oralen Sympathikusmittel, wie Ephetonin, Ephedrin u. a., machen in leichteren Fällen und initial gegeben die Injektion unnötig. Auch die sonstigen Asthmamittel — die Räuchermittel, Strammonium, Nitrite, die Adrenalin- und Kokaininhalationen in ihren vielfachen Varianten (Einhornsche Mischung, Stäublische Mischung, Tuckersche Lösung usw.), die man in jedem Rezepttaschenbuch nachschlagen kann, die intravenösen Calciuminjektionen, das Atropin — bringen vielfach Erleichterung. Nur sehr selten und mit großem Widerstreben wird man zur Morphiumspritze (mit Atropin) oder zu pantoponartigen Präparaten greifen müssen.

Um den Grundzustand zu beeinflussen und dem Auftreten der Anfälle vorzubeugen, gibt es kein allgemeingültiges Rezept, die individuellen Variationen sind zu groß. An der Abteilung wird in der Regel folgendes Verfahren eingeschlagen. Es wird zunächst durch drei bis vier Wochen Jod gegeben, gewöhnlich als Natrium jodatum 2,0 zu 200,0, drei Eßlöffel täglich, in der Privatpraxis mit Vorteil in der Jod-Arsen-Kombination des Taumagens (Pillen und Tropfen nach Vorschrift). Es tritt häufig Verringerung und Verschwinden der Anfälle auf, eine Besserung, die nach dem Aussetzen der Medikation noch durch geraume Zeit fortbestehen kann. Ist die Jodverordnung von Erfolg begleitet und wird sie vertragen, d. h. bleiben Gewichtsverlust und Erscheinungen von Jodintoxikation aus, so kann diese Medikation in Abständen von Monaten immer unter Kontrolle wiederholt werden. Bleibt der Effekt aus oder ist er ungenügend, so wird die Joddarreichung vorzeitig abgebrochen und eine spezifische oder unspezifische Desensibilisierung versucht. Zur spezifischen Desensibilisierung (spezifisch mit Fragezeichen) wurden die Storm van Leeuwenschen Antigene (Schimmelpilze und Bakterienallergene II) gleichzeitig, aber sonst nach Vorschrift injiziert verwendet oder aus dem Sputum des Patienten selbst hergestellte Eigenvaccine. Besserung ist häufig, Heilung selten. An Stelle dieser kostspieligen oder mühsam herzustellenden Präparate können auch die Mittel zur unspezifischen Desallergisierung herangezogen werden. Wir verwenden nach dem Vorgang von Storm van Leeuwen in der Regel Serieninjektionen von $^1/_4\%$ Schwefel in Öl (je 1 ccm, zweimal wöchentlich, 10 bis 15 Injektionen). Die therapeutischen Resultate sind nach Dauer und Häufigkeit nur wenig geringer als die mit den spezifischen Allergenen erzielten. Auch Pepton usw. kann in ähnlicher Weise herangezogen werden, vom Paspat haben wir keine besonderen Vorteile gesehen.

Sind Kuren dieser Art ohne Erfolg von längerer Dauer geblieben, so hat man damit zu rechnen, daß der betreffende Fall nicht nachhaltig, sondern nur vorübergehend symptomatisch zu beeinflussen ist. Aber mit dieser Vermutung hören die kurmäßigen Behandlungen nicht auf. Serienbehandlungen mit Calciuminjektionen (10% Calcium chloratum oder Afenil intravenös oder Calciumglukonat [Sandoz, Nordmark, Egger]) intramuskulär setzen die Asthmabereitschaft herab oder Atropinkuren durch Wochen (1—3—6 mg pro die oder entsprechende Mengen der weniger giftigen Ersatzpräparate, Typus Novatropin oder Bellafollin) schalten die Vaguswirkung aus. Bei tuberkulinüberempfindlichen Alten ohne aktiv nachweisbare Tuberkulose mag eine vorsichtige Tuberkulinkur versucht werden, aber in der Regel wird man auf eine dauernde symptomatische Therapie des Asthmas und der Asthmabereitschaft angewiesen sein, kombiniert mit den schon erörterten Maßnahmen zur Beeinflussung der Begleitbronchitis, vom Expektorans bis zum Klimawechsel.

Heilung ist da nicht mehr zu erwarten, aber es wäre durchaus ungerecht zu unterschätzen, wieviel noch zur Erleichterung geschehen kann. Die Anzahl der verwendeten Mittel und Kombinationen ist ungemein groß, und die Erfahrung des einzelnen kann nicht ausreichen, sie alle genügend zu erproben und zu vergleichen. Die große Zahl der Möglichkeiten ist dadurch bedingt, daß das Asthma einerseits auf jedem Punkte seines Weges von der überempfindlichen Schleimhaut über das Zentralnervensystem bis zu den efferenten vegetativen Nerven und zu den Erfolgsorganen, den Bronchialmuskeln und der Schleimhaut, beeinflußt werden kann, daß es anderseits auch durch eine Reaktion des Gesamtorganismus zu bekämpfen ist. Die zahlreichen Kombinationspräparate enthalten neben den schon erwähnten Substanzgruppen noch Stoffe, welchen eine entspannende Wirkung auf die glatte Bronchialmuskulatur zugeschrieben wird, wie die Körper der Purinreihe, wie Papaverin, Campher usw. Sie enthalten Erregungsmittel des

Atemzentrums, wie Lobelin und campherähnliche Stoffe, Sedativa usw. Die chronische Natur des Leidens läßt für Wechsel der Präparate Zeit und erfordert ihn aus psychischen Gründen, so daß jeder Patient im Laufe der Jahre das für ihn passendste Mittel herausfindet. Aus eigener, teilweise, immer nur teilweise günstiger Erfahrung kenne ich an Kombinationsmitteln unter anderen: Iminol (Purinkörper-Agaricin-Papaverin), Felsol (Antineuralgika-Herzmittel-Coffein-Lobelin), Perphyllon (Deriphyllin-Adonigen-Perparin), Spasmosolv (Purinkörper-Campher-Antipyretica-Jod-Lobelin), Parisalon (Purinkörper-Ephetoninkörper-Antineuralgikum) u. a. Sehr gut hat sich in jüngster Zeit als Symptomatikum das Kombinationspräparat Epokan bewährt, welches aus neuen chemischen Körpern verschiedener Angriffspunkte besteht (Verbindung des Ephedrins mit einem Sedativum, Cumarin-Carbonsäure, ferner einem Abkömmling des Atropins und einem Erregungsmittel der Atmung mit gleichzeitiger Herzwirkung, dem Pyrazincarbonsäureanhydrid, 1—6 Tabletten täglich, eventuell Injektionen). Nimmt man dazu die Möglichkeit individueller magistraler Verschreibungen und den Gebrauch der eigentlichen Anfallsmittel, Zigaretten und Räucherungen, so ist des Guten, aber Unzureichenden genug vorhanden.

Die psychische Einstellung des Kranken und deren Beeinflussung durch den Arzt bedeutet viel. Nicht nur bei „nervösen" Patienten, aber besonders bei ihnen, hilft auch die Verordnung von Sedativen, wie Brom oder Luminal und deren zahlreichen Verwandten und Kombinationen.

Zur Unterbrechung eines Status asthmosus ist zuweilen eine Shocktherapie in Form des künstlichen Fiebers durch Milchinjektionen oder Pyrifer notwendig. In Ausnahmefällen sind Narkotica nicht zu entbehren. Von physikalischen Mitteln sind bei kräftigeren Leuten Glühlichtbäder oft von Vorteil. Exspiration gegen verdünnte Luft, Inhalationen mit Sauerstoff-Adrenalin und mit den spezifischen Salzgemischen der Kurorte kommen in Frage. Von der Säuretherapie nach Kapp habe ich im Alter keine nachhaltigen Erfolge gesehen, ebensowenig nach allerdings nicht genügend ausreichenden Erfahrungen vom Aufenthalt in allergenfreier Kammer. Da Anhaltspunkte für Nahrungsmittelallergie fast immer fehlen, darf auch das Versagen extremer, z. B. eiweißfreier Kostformen nicht wundernehmen. Meine nicht sehr ausgedehnten Erfahrungen mit Röntgenbestrahlungen der Lunge waren im Alter negativ. Über Milz- und Leberbestrahlungen habe ich keine eigenen Beobachtungen, ebensowenig solche über die operativen Methoden (Sympathicusoperationen). Sie werden auch im vollkräftigen Alter kaum verwendet und sind im Greisenalter als zu gefährlich kontraindiziert. Dagegen kommt der Disziplinierung der Atmung auch im

Sinne systematischer Verstärkung der Exspiration nach Hofbauer und ausschließlicher Nasenatmung auch im Alter Bedeutung zu. Ihre Durchführung stößt oft auf Schwierigkeiten.

6. Die Pneumonien im Alter.

Die lobulären Pneumonien. Die Herdpneumonien gehören zu den häufigsten und wichtigsten Alterserkrankungen. Durchmustert man Obduktionsprotokolle, so wird man in zirka einem Drittel der Todesfälle im vorgeschrittenen Alter den Befund von lobulären Pneumonien vermerkt finden. Aber es wäre durchaus unrichtig zu behaupten, daß ein Drittel der Greise an lobulären Pneumonien stirbt. Versucht man die Todesursachen nach Möglichkeit zu bestimmen, so wird man nur in der Minderzahl — wieder in etwa einem Drittel — die Pneumonie als Grundkrankheit und vorwiegende Todesursache annehmen können, während sie in den restlichen zwei Dritteln als symptomatisch aufzufassen sind, eine Komplikation einer anderen Todeskrankheit bilden und in vielen Fällen als Begleitpneumonien nur ein Symptom des Sterbens darstellen. So unscharf diese Scheidung auch in Einzelfällen ist, kann sie doch zur Grundlage einer prinzipiellen Trennung gemacht werden.

Lobuläre Pneumonien als Hauptkrankheit. Der Leichenbefund ergibt ausgedehnte einseitige oder doppelseitige, auf einen oder mehrere Lappen sich erstreckende, meist konfluierende Herde. Als häufigste Entstehungsbedingung ist das Übergreifen einer bestehenden Bronchitis auf das Lungengewebe anzusehen, wobei vielfach die Atelektase (Fleischner) den Übergang darstellen mag. Die Bronchopneumonien weisen als Erreger entweder die typischen Pneumoniekokken auf, oder es handelt sich um Mischflora, oder es liegen akute Infektionen von Grippecharakter zugrunde, oder sie gehen von Infarkten aus. Die Größe der befallenen Partie wechselt stark. In extremen Fällen kann der größere Teil beider Lungen befallen sein. Das Aussehen der Herde schwankt von der hämorrhagischen Pneumonie der echten Grippe oder in der Stauungslunge bis zu blassen Herden, die sich autoptisch mehr dem Tastgefühl als dem Gesichtssinn verraten. Meist ist eine eitrige Bronchitis vorhanden, oft ein Übergreifen auf die Pleura, parenchymatöse Degeneration des Herzens und der Organe findet sich neben den sonstigen Altersveränderungen. Die Lunge ist im übrigen meist emphysematös, vielfach oft nur fleckweise hyperämisch, stellenweise atelektatisch, relativ oft mit terminaler Hypostase oder Lungenödem behaftet — Erscheinungen, welche die Pneumonie für das Auge zunächst verdecken können.

Die klinischen Erscheinungen werden durch das Allgemeinbild beherrscht, wenn die lobulären Pneumonien nicht — wie dies vorkommt

— völlig latent, klinisch und physikalisch erscheinungslos, verlaufen. Es besteht eine Dyspnöe, aber nicht die aktive Dyspnöe der kardialen und bronchialen Anfälle, gegen die sich der Organismus wehrt, sondern eine mehr passive. Eine schwere Pneumonie liegt im Alter darnieder, Anspannung der Atemmuskeln, Orthopnöe wäre erforderlich, statt dessen tritt passive Rückenlage ein, oberflächliche frequente Atmung, leichte oder stärkere Trübung des Sensoriums. All dies im Verein mit der Tachykardie und Cyanose, oft mit subikterischer Verfärbung, geben ein Bild, welches die Diagnose der Pneumonie nahelegt, oft ohne daß ihre Lokalisation möglich wäre.

Bekanntlich kann die Pneumonie bei Greisen fieberlos oder subfebril, auch bei rektaler Messung, verlaufen. Leukocytose ist meist vorhanden, oft hoch (12.000 bis 30.000 Leukocyten), aber nicht konstant. Die Senkungsgeschwindigkeit ist extrem erhöht; auch dies im Alter kein zuverlässiges Symptom. Das Sputum wird oft verschluckt, dann bekommt man es nicht zu Gesicht. Wird es zutage gefördert, so unterscheidet es sich in der Regel nicht von einem Bronchitissputum. Rostbraunes oder hämorrhagisches Sputum zählt eher zu den Ausnahmen, wenn man von den Pneumonien bei Grippe und Lungenstauung absieht.

Die physikalischen Symptome lassen allzuoft im Stich. Im vollkräftigen Alter wird man kaum eine Pneumonie diagnostizieren, ohne daß Dämpfung, Bronchialatmen und klingendes Rasseln nachweisbar sind. All dies kann fehlen. Der starre, unelastische Thorax erschwert jede lokalisatorische Perkussion, das Emphysem überdeckt die Dämpfungsherde, die oft verteilt, weil lobulär, entstehen. Nur selten ist die Konfluenz so vollkommen, daß eine massive Dämpfung erzeugt wird, aber selbst dann ist man am Sektionstisch oft überrascht über die Ausdehnung des Herdes, der nur eine Spur von Dämpfung mit sich brachte. Man kann an einem herausgenommenen Stück Lunge Schenkelschall finden und dabei wissen, daß in vivo die Dämpfung so gering war, daß sie ohne Kenntnis der Perkussionsbefunde vor der Erkrankung unverwertbar gewesen wäre. Andere Umstände stehen der Ausbildung des deutlichen Bronchialatmens entgegen, schon eine Andeutung desselben gewinnt unter Umständen entscheidenden Wert, manchmal ist gar nichts zu hören. Am häufigsten ist das klingende Rasseln festzustellen, bei dem man aber eine andere Genese der Luftleere der Lunge durch Erguß, Induration, Ödem usw. ausschließen muß. Vielfach gelingt es auch nicht, die Greise zu jener ausgiebigen Atmung zu veranlassen, bei der Bronchialatmen und klingendes Rasseln deutlich werden, und resigniert gibt man bei der ganz oberflächlichen frequenten, von Stöhnen und trachealen Geräuschen entstellten Atmung den Versuch der Auskultation auf. Die aphonische Stimme läßt oft die

Prüfung des Stimmfremitus ergebnislos werden, sonst ist sie, wie die Auskultation der Flüsterstimme, ein wertvolles Symptom.

Symptomatische Pneumonien. Wenn ein apoplektischer Insult, ein Karzinom oder eine Tuberkulose stirbt und dann außer dem Grundleiden noch pneumonische Herde in größerer oder geringerer Zahl und Ausdehnung gefunden werden, so ist dies etwas ganz anderes, als wenn ein vorher relativ gesunder oder nur bronchitiskranker Greis an einer Lungenentzündung erkrankt. Freilich gibt es da Übergänge. Ein Vitium, eine Arteriosklerose oder Hypertonie, eine Myokardaffektion ist gewiß für den Verlauf einer Pneumonie nicht bedeutungslos. In dem Zusammenwirken verschiedener Krankheiten liegt ja ein Teil der Ursachen, welche die Häufigkeit und die hohe Mortalität der Alterspneumonie bedingen. Eine besondere Gruppe bilden die Fälle, wo passive Rückenlage und Kreislaufschädigung die Entstehung von Hypostasen und dann von Pneumonien begünstigen oder eine Disposition zu Atelektasen und Lungenödem schaffen, wie dies unter anderem auch nach Operationen der Fall ist. Eine weitere Gruppe sind die Infarktpneumonien. Daß die diagnostischen Schwierigkeiten und die Unsicherheit der Lokalisation bei den symptomatischen Pneumonien noch erhöht sind, ist klar. Es ist unmöglich, ihr Bestehen, ihre Lokalisation und Ausdehnung in annähernder Genauigkeit festzustellen. Der Unterschied an Erfahrung, Beobachtung und Untersuchungstechnik kann sich nur darin ausprägen, in wieviel Prozent der Nachweis gelingt und in wieviel Prozent darüber hinaus noch richtig geraten wird. Die Schädigung durch den Transport verhindert mit Ausnahme von besonders günstigen Bedingungen, über die ich nicht verfüge, die ausreichende Heranziehung der Röntgenkontrolle, welche wieder bei der Unterscheidung von Atelektase, Ödem und Stauung technische Schwierigkeiten findet.

Wie sich in praxi die Fehldiagnose der Pneumonie gestaltet, soll an einigen Beispielen gezeigt werden. Eine Greisin wird hinfällig, keine Klagen. Der rechte Oberbauch gespannt, leicht empfindlich Subfebril. Leukocytose. Es wird eitrige Cholecystitis angenommen. Der Befund ergibt diese bereits im Durchbruch. Einige Tage später weist eine andere Patientin den absolut gleichen Befund auf. Nur klagt sie über Schmerzen im Oberbauch. Kein physikalischer Lungenbefund. Obduktion: Abdominalbefund normal. Pneumonie im rechten Unterlappen mit Zwerchfellpleuritis. Noch ein Beispiel: Eine perniziöse Anämie muß wegen ungenügender Reaktion auf sehr große Dosen Leber eine Bluttransfusion erhalten. Darnach Aufregungszustände, Verwirrtheit, Benommenheit, Bewußtlosigkeit. Tod nach 3 Tagen. Etwas Nackensteifigkeit und Babinski. Lumbalpunktion ohne Besonderheit. Klinische Diagnose: Perniziöse Anämie,

Hirnödem. Dies wird autoptisch bestätigt, aber auch eine Pneumonie beträchtlichen Umfangs im oberen Anteil des einen Unterlappens gefunden. Es ließen sich Seiten mit solchen Fällen füllen.

Eine der erwähnten Beobachtungen hat bereits auf zwei der häufigsten Komplikationen der Pneumonie aufmerksam gemacht, auf die des Meningismus, der immer auch an das Bestehen einer Pneumonie denken lassen muß, und auf die Pleuritis. Beide werden an entsprechender Stelle zu behandeln sein, ebenso die abnormen Ausgänge der Pneumonie.

Therapie. Die Grundlage der Behandlung bildet Pflege wie bei der schweren Bronchitis, Verabreichung von Gefäßmitteln, wie Coffein und campherähnlichen Substanzen. Wir bevorzugen größere Dosen von Campheröl (5 ccm ein- bis zweimal täglich). Wenn man nicht die unten empfohlene Injektionstherapie anwendet, werden Expektorantien und Chinin zu verwenden sein. Als für das Alter besonders wichtig sollen nur 3 Punkte betont werden: Die Frage der Bettruhe, der Digitalis und des Transpulmins bzw. der Chininderivate.

Es besteht eine Tendenz, Greise, die pneumonieverdächtig sind, solange außer Bett zu lassen, als sie sich auf den Beinen halten können. Manche gekrönte Häupter wurden zum Gehen gezwungen und sind im Sessel gestorben. Ich möchte dies als Vorurteil, Unfug und Kunstfehler bezeichnen. Das Entstehen dieses Aberglaubens geht meines Erachtens darauf zurück, daß man die symptomatischen Pneumonien nicht von den selbständigen abgetrennt hat. Bei jenen spielt wirklich die Hypostase und die passive Rückenlage eine Rolle, bei diesen aber gar keine, wenn man für möglichste Tiefatmung, eventuell mit manueller Hilfe, für zeitweiligen Gebrauch der Rückenlehne und fleißigen Lagewechsel sorgt und eventuell ein Sauerstoff-Kohlensäure-Gemisch einatmen läßt. Verweigerung des Bettes geht auf Kosten des Allgemeinzustandes, der Reservekräfte, der Zirkulation und verschlechtert die Prognose.

Sauerstoffinhalationen, eventuell mit Beimischung von Kohlensäure, werden auf der Abteilung aus finanziellen Gründen nur bei Steigerung von Dyspnoe und Cyanose durchgeführt. Über die Möglichkeit, eine Pneumonie in einer sauerstoffreichen Atmosphäre zu behandeln, verfügen wir nicht. Sie ist sehr kostspielig, ein Versuch wäre aber bei der Alterspneumonie von besonderem Interesse. Die Zufuhr des Gasgemisches aus der Bombe durch einen Nasenschlauch nach Leiner bedeutet gewiß einen Fortschritt, doch fehlen mir noch ausreichende Erfahrungen.

Digitalis wird in der Regel gegeben, von den einen mit Überzeugung, von den anderen aus Tradition, aber von den dritten wird es als unnötig oder schädlich angesehen. An der Abteilung wird es regelmäßig verwendet, meist per os in Form eines guten, gereinigten Präparates, am ersten Tag etwa 0,3, später 0,1—0,2 Digitalispulvern entsprechend. Vergleichende Versuche mit dieser Methode und mit dem Verzicht auf regelmäßige orale Verabreichung der Digitalis, aber Einsetzen von Injektionen der Digitaliskörper bei Versagen des Kreislaufes ergaben wohl keine erhebliche Differenz in der Sterblichkeit, zeigten aber, daß diese Injektionen oft erforderlich wurden. Es ergab sich ferner eine höhere Pulsfrequenz der nicht digitalisierten Fälle und ein dem Eindruck nach etwas schwereres und längeres Krankheitsbild. Sehr große Digitalisdosen haben keine Vorteile, man muß sie oft wegen Störungen aussetzen, ohne daß eine ausreichende Nachwirkung im Alter garantiert wäre.

Neben der Kreislauftherapie ist die Behandlung mit Transpulmin (Eupulmon) für uns die Standardmethode, ein- bis zweimal täglich 1—2 ccm. Nur die selbständigen Pneumonien sind für die Beurteilung therapeutischer Effekte geeignet. Die Einführung des Transpulmins hatte an der Abteilung ein Sinken der Mortalität dieser Art von Greisenpneumonien auf die Hälfte zur Folge. Obwohl Chinin, Campher und ätherische Öle als wirkende Bestandteile in ihrer Indikation klar sind, ist der Effekt doch schwer zu verstehen, denn die verabreichten Dosen sind sehr gering (0,03 Chinin, 0,025 Campher pro dosi). Ich vermag den Erfolg nicht zu erklären, möchte ihn aber aus ausgedehnter Verwendung bezeugen. Injektion großer Dosen von Chinin nach Aufrecht wirkt nicht besser und ist wegen der herzlähmenden Wirkung des Stoffes theoretisch nicht ganz unbedenklich. Auch Solvochin ist nicht überlegen. Erfahrungen mit dem wegen seiner Nebenwirkungen selten verwendeten Optochin bei Greisen habe ich nicht, ebensowenig mit den auf die einzelnen Pneumokokkentypen eingestellten spezifischen Seren, noch mit der jüngst empfohlenen Verwendung von Vitamin C in sehr großen Dosen.

Die lobäre kruppöse Pneumonie. Es ist sicher unbefriedigend, wenn ich eingestehen muß, daß meine Erfahrung über diese Affektion im Alter durchaus ungenügend ist. Sie ist in Wien überhaupt eine seltene Erkrankung und im Senium eine Rarität. Auf Hunderte lobulärer Pneumonien kommt vielleicht alle zwei Jahre eine kruppöse. Diese Tatsache wird mir auch von dem Obduzenten bestätigt. Was klinisch als Lobärpneumonie erscheint, ist fast durchwegs ausgedehnte konfluierende Lobulärpneumonie. Wenn in der Literatur die Lobärpneumonie von manchen Autoren auch im Alter als häufig hingestellt wird und große Zahlen genannt werden, so muß es sich entweder um ungemeine lokale Unterschiede oder um falsche Diagnosen handeln, wobei ich auf die reichliche Kontrolle der unseren durch Obduktionen verweisen darf. Unter diesen Umständen wäre es nicht am Platze, die Unterschiede des klinischen Bildes im Alter zu entwickeln. Ich beschränke mich auf die Bemerkung, daß in unseren Fällen typischer Beginn mit Schüttelfrost nur bei einem Patienten auftrat, daß kein Fall kritisch abfiel, daß Herpes labialis verzeichnet wurde und daß es sich mit Ausnahme von zwei Friedländer-Pneumonien um den typischen Erreger handelte. Die Sterblichkeit war hoch. Optochin, das in zwei Fällen vor Jahren, Solvochin, das in neuerer Zeit versucht wurde, waren ohne überzeugenden Erfolg.

Chronische und Indurativpneumonie. Die Pneumonien können auch im Senium sehr rasch und spurlos ausheilen. Der beste Beweis dafür ist, daß man häufig bei den Obduktionen akute Pleuritiden antrifft, die aller Wahrscheinlichkeit nach vor kurzer Zeit von Pneumonien ausgegangen sind, ohne daß diese Herde noch nachweisbar wären. Anderseits kommt ein sehr langsamer Verlauf vor, teils als Wanderpneumonie, teils mit unvollkommener, verlangsamter Resorption. Die Infiltrationen können sich selbst durch Monate hinziehen und doch zur Ausheilung gelangen. In manchen dieser Beobachtungen scheint eine Eiweißtherapie, etwa Milch oder Eigenblut, die günstige Wendung herbeigeführt zu haben. Verzögerter Verlauf läßt aber in der Regel seine Spuren zurück in chronischer Entzündung und Bindegewebsbildung. Wenn diese ausgedehnt und intensiv sind, das funktionierende Gewebe erdrücken, kommt es zur Indurativpneumonie. Ihr physikalischer Befund ist Dämpfung, lauteres oder leiseres Bronchialatmen, verstärkter Stimmfremitus und ein klingender Charakter der eventuellen Rasselgeräusche — all dies als Dauerzustand. Die klinische Bedeutung liegt darin, daß jede dort lokalisierte Bronchitis sehr hartnäckig ist, und daß es leicht zu Bronchiektasien und Eiterungen kommt (s. unten). Meist schrumpft die befallene Partie sehr bedeutend. Ihr Raum wird durch kompensierendes Emphysem der Umgebung ersetzt.

Abszedierende Pneumonien, Lungenabszeß und Lungengangrän. Die Neigung der Lunge zu eitriger Einschmelzung ist im Alter wesentlich gesteigert, und es kommen daher Abszedierungen relativ häufig vor. Die weitaus vorwiegende Entstehungsursache ist die Lobulärpneumonie, dann kommt der vereiterte Infarkt und die Pneumonien, welche bei Lungenkrebs, Tuberkulose und in der Nähe von Bronchiektasien auftreten. Auch mediastinale Prozesse, so im Anschluß an vereiterte, tuberkulös oder sonstwie infizierte Drüsen, bei Krebs des Ösophagus, bei Vereiterung von Pleuraentzündungen oder im Bereich des Mediastinums, sind in Betracht zu ziehen. Die dritte Gruppe sind metastatische Abszesse auf dem Blutwege, bei Pyämien und eitrigen Thrombosen entstanden. Ausnahmsfälle, wie Aktinomykose und andere Parasiten als Ursache sollen nur erwähnt werden.

Es kommt im Senium nur relativ selten zur Bildung einer ein-

zigen wohlabgegrenzten Höhle, durch deren Eröffnung oder Spontan-
durchbruch in einen Bronchus der Prozeß beendet werden kann,
meist zu multipler, teilweise konfluierender Abszeßbildung. Der Prozeß verläuft klinisch oft latent, afebril oder subfebril und prägt sich
nur durch einen relativ schlechten Allgemeinzustand aus. Überall, wo ein
Grundleiden besteht, das erfahrungsgemäß zu Abszessen führen kann,
hat man bei jedem verzögerten oder ungünstigen Verlauf an diese
Komplikation zu denken. Der Nachweis eines Zentrums von klingen-
dem Rasseln verstärkt den Verdacht. Die Zeichen der Höhlenbildung,
die nur allzuoft vermißt werden, sichern ihn. Es ist selbstverständlich, daß man die Röntgenuntersuchung heranziehen muß, die zuweilen entscheidet, zuweilen in dem schattengebenden Gewebe keine
Differenzierung gestattet. Das Sputum ist meist eitrig, reichlich, oft
geschichtet, und der Nachweis elastischer Fasern bestätigt die Diagnose, wenn dieser Befund nicht auch anders, z. B. durch Tuberkulose erklärt werden kann. Wie bei allen Höhlenprozessen, kommt
der sehr wechselnden, oft sehr großen, dann sistierenden Sputument-
leerung diagnostische Bedeutung zu. Wo der Prozeß keinen Ausweg zum Bronchus hat, kann aber auch das Sputum fehlen oder uncharakteristisch sein.

Vollzieht sich im Bereich der Eiterung eine Infektion mit Fäulnis-
erregern, so nennt man dies Lungengangrän. Sie verrät sich meist
durch den Gestank des Sputums und im Nachweis von Gewebsfetzen
darin. Man darf aber nicht vergessen, daß Kommunikation nach außen
Voraussetzung für dieses Symptom ist und daß diese fehlen kann. In
solchen Fällen kommt es zuweilen vor, daß nicht das Sputum, wohl
aber die ganze Umgebung des Patienten nach Fäulnis riecht. Es ist
schon einige Male gelungen, dadurch aufmerksam gemacht, die Diagnose zu stellen.

Bei Lungenabszessen und -gangrän findet sich sehr häufig ein
Übergreifen der Entzündung auf die Pleura mit Bildung eines
Empyems, seltener auf das Perikard und Mediastinum.

Therapie von Lungenabszeß und -gangrän. Zuweilen
führt ein breiter Durchbruch eines Abszesses in einen Bronchus eine
Spontanheilung herbei, oder eine Perforation in die Pleurahöhle gestattet es, den betreffenden Fall als Pleuraempyem zu behandeln Es
gibt ferner Lokalisationen, wo thoraxnahe, wandverwachsene Höhlen
eine erfolgreiche Punktion ermöglichen oder eine nicht allzu schwere
Operation durchführen lassen. Meist ist aber der Prozeß zu diffus,
um eine Operation mit guter Prognose im Alter zu gestatten. Die
eigenen Operationserfahrungen sind für diese Lebensperiode nicht
ermutigend, auch die interne Therapie ist im allgemeinen nicht durch-
schlagend genug, um die überwiegend schlechte Prognose zu einer

guten zu machen, aber sie ist nicht machtlos. Man erlebt zuweilen im Anschluß an Medikamentenverabreichung Erfolge, welche erstaunlich sind. Es ist unnötig, auf die symptomatische und Herztherapie einzugehen; sie gleicht jener der Pneumonie auch in dem Sinne, daß bei diesen Prozessen vom Transpulmin vorteilhaft Gebrauch gemacht werden kann. Nur das Spezifische soll erwähnt werden. Ein mechanisches Moment ist die Aufsuchung jener Lage, bei der die beste Expektoration erfolgt, wie dies bei der Behandlung der Bronchiektasien zu diskutieren sein wird. Einige Medikamente werden angewandt, deren Wirkungsmechanismus nicht ganz klar ist. An erste Stelle möchte ich das Neosalvarsan in großen Dosen (0,3—0,5 g in kurzen Abständen) stellen, von dessen Anwendung man nicht selten schlagartige Besserung, ja Heilung sieht. Viel weniger günstig sind meine Erfahrungen im Alter mit Emetin (0,05 g täglich), negativ mit Urotropininjektionen und den Sepsismitteln. Bei Lungengangrän wird neben Salvarsan die bei der Behandlung der putriden Bronchitis aufgezählte Arzneigruppe (Myrtol, Menthol-Eucalyptol) nicht ohne Berechtigung, zuweilen mit sichtlichem Erfolg verwendet. Eine Reihe von Greisen hat mit den genannten Maßnahmen auch schwere Affektionen dieser Art überstanden, die Mehrzahl ist freilich ad exitum gekommen. Es soll auch keineswegs verhehlt werden, daß die Abszedierung von Pneumonien oft ein Überraschungsbefund bei der Obduktion war. Klinische Anhaltspunkte fehlten oder wurden nicht erkannt.

Bronchiektasie. Wenn man von den angeborenen Bronchiektasien absieht, welche in der Alterspathologie keine Rolle spielen, so geben zu ihrer Entstehung Anlaß: die chronische Bronchitis, die Indurativpneumonie, die Lungenschwielen und Indurationen nach Tuberkulose, die Pleuraschwarten und alle Zustände, welche zu einer Bronchusstenose führen können. Solche sind der Bronchialkrebs, tuberkulöse Affektionen (Lymphdrüsen, Peribronchitis, Narbenstränge, Anthrakosen), aber auch Aneurysmen und Tumoren. Fleischner hat auseinandergesetzt, daß die gemeinsame Bedingung für die Bildung von Bronchiektasien lokal erhöhter Druck im peripheren Bronchus ist. Im Greisenalter sind Bronchiektasien recht häufig. In der Regel sind sie nicht sehr auffällig, meist nur mäßige Erweiterungen mittlerer Bronchien. Sie verraten sich dann klinisch nur durch ein dauerndes Rasselzentrum, welches immer Anlaß geben muß, an diese Affektion zu denken, ferner durch reichliches und sich unregelmäßig entleerendes Sputum. Nur den selteneren größeren Höhlenbildungen bei Krebs oder partialer Stenose eines größeren Bronchialgebietes kommt maulvolle Expektoration zu. Die Bedeutung der Röntgenuntersuchung ist bekannt. Zur souveränen Methode der Bronchialfüllung wird man sich im Alter nur bei bestimmter, auch therapeutisch wichtiger Indikation entschließen. Trommelschlegelfinger erleichtern die Diagnose, sie sind nicht sehr häufig. Die klinische Bedeutung der Bronchiektasien liegt, abgesehen von dem Sondercharakter der begleitenden, zuweilen putriden Bronchitis, in der Tatsache, daß sie zum Ausgangspunkt von chronischen Pneumonien und Abszedierung und zur Quelle von Hämoptoen werden können.

Die Therapie sucht die begleitende Bronchitis mit allen Mitteln auch der medikamentösen Sekretbeschränkung und eventuellen Desodorisierung zu behandeln und hat darüber hinaus zwei Sonderaufgaben. Die erste ist, die Sekretstauung mechanisch zu bekämpfen. Da die überwiegende Mehrheit der Bronchiektasien in den Unterlappen, rechts mehr als links, lokalisiert ist, hat eine Lagerung mit erhöhtem Fußende und flacher Kopflage in jener Seitendrehung, die sich als wirksam erweist, unleugbare Vorteile (Quinckesche Lagerung). Sie wird im Alter nicht immer und nicht lange genug im Tage vertragen, doch leistet Gewohnheit und Training dabei viel. Die zweite Indikation ist die Beschränkung der Sekretmenge durch flüssigkeitsarme Kost, jedoch habe ich von den empfohlenen Durstkuren überzeugende Erfolge nicht gesehen, geschweige denn Heilung.

Lungenatelektasen. Die Lungenatelektasen bei Kompression wie durch Ergüsse, oder durch Raummangel wie bei Kyphoskoliose, erfordern keinen Kommentar. Dagegen erscheint es zweifelhaft, ob alle anderen Formen als Obdurationsatelektasen durch Verschluß der Bronchien erklärt werden können, ob nicht auch reflektorisches Geschehen im Spiel ist. Der massive Lungenkollaps nach Operationen ist eine im Alter häufige Erscheinung, er tritt zuweilen auch bei schmerzhaften Thoraxaffektionen auf und kann durch möglichste Vermeidung der Inhalationsnarkosen, durch Tiefatmung, Inhalation von Kohlensäuregemischen und lokale Schmerzstillung bekämpft werden. Die fleckweisen und strichförmigen, über die Lungen verbreiteten Atelektasen hat Fleischner röntgenologisch studiert. Er mißt ihnen für die Entstehung der Pneumonien Bedeutung zu. Die Lappenatelektasen an der Basis sind physikalisch nur unvollkommen vom Zwerchfellhochstand und von Ergüssen abzugrenzen, wenn kein Atelektaseknistern oder die Tatsache einer Bauchoperation den Weg weist. Sie werden meist verkannt. Nur Röntgenuntersuchung und eventuell Probepunktion kann entscheiden.

7. Lungentuberkulose und Alterstuberkulose überhaupt. Lungentumoren.

Im folgenden Abschnitt wird sich die Erörterung mit einer bewußten, aber vielleicht zweckmäßigen Inkonsequenz nicht allein auf die Lungentuberkulose beschränken, sondern versuchen, das Charakteristische der Alterstuberkulose als solche auch in anderen Organen zu erfassen. Es wird dabei eine Scheidung vorgenommen. Es gibt im Alter Lungentuberkulosen und andere Organtuberkulosen, welche die Reste und Entwicklungen und Verschlechterungen von Erkrankungen darstellen, welche die Alten aus ihrer mittleren Lebensperiode mitgebracht haben, und es gibt solche, die neu entstehen, meist aus den noch im Zusammenhang mit dem kindlichen Primärkomplex oder später infizierten und veränderten Lymphdrüsen. Während die ersten dem Verständnis der Genese keine besonderen Schwierigkeiten bieten, allerdings Besonderheiten des klinischen Verlaufs und der Diagnose aufweisen, müssen für die letzteren erst die Bedingungen ihres Entstehens aufgeklärt werden. Während für die ersteren Formen überall die Kenntnisse und Erfahrungen der inneren Medizin zur Verfügung stehen, ist das Bestehen und die Häufigkeit der für das Alter spezifischen Formen weniger bekannt, beachtet und berücksichtigt. Berechnet man die Todesfälle an Tuberkulose verhältnismäßig auf 10.000 Lebende der Altersklasse, so ist die Variation innerhalb des reifen Alters nicht sehr groß. Nach Hoppe-Seyler beträgt sie, um Beispiele zu geben, für Männer zwischen 30 und 40 Jahren 31,9 an Tuberkulose überhaupt, 23,5 an Lungentuberkulose, die entsprechenden Zahlen für das 7. Dezennium lauten 42,4 und 33,5, für das 8. 32,8 und 23,5, erst über 80 findet ein starkes Absinken statt, 21,4 und 12,6. Was die Verteilung der Lungentuberkulose im Alter anlangt, so zeigt das Material von W. Alwens 34,5% vorwiegend zirrhotische, 42% proliferierende und 19,5% exsudative Formen.

I. Gruppe. Eine sehr große Anzahl gesunder Greise weist in ihren Lungen die Zeichen abgelaufener Veränderungen auf. Spitzennarben und Schwielen, Anhäufungen schieferigen, luftleeren Gewebes, Indurationen neben normaler oder emphysematöser Lunge, knotige und strangförmige, einseitige oder symmetrische Narben, in einem Lappen einer Hiluspartie zustrebend oder als Zeichen ehemaliger hämatogener Aussaat beiden Lungen mit Bevorzugung der Oberlappen zugehörig — das sind im wesentlichen ausgeheilte Prozesse, Narben, wenn auch vielleicht die mikroskopische Untersuchung abgekapselte Herde mit lebenden Bazillen finden kann. Das Bestehen eines Kreideherdes in dem Gewebe macht es schon wahrscheinlicher, daß es sich nicht um geheilte, sondern um ruhende Prozesse handelt. Auch wenn die Untersuchung ausgeheilte, mit Bronchiektasien einhergehende Herde und peribronchitische Veränderungen ergibt, so ist dem Frieden nicht zu trauen. Der Übergang zu den stationären, aktiven, aber nicht wesentlich progredienten Formen ist fließend, fließend aber auch der zu den progredienten, den langsam progredienten und zirrhotischen mit sehr spärlichem spezifischem Gewebe und geringem Gehalt an Bazillen, sowie den rascher progredienten, den Konglomerattuberkeln, bei denen die Neigung zu Käsebildung und der relative Abschluß gegen die Umgebung stärker oder geringer sein kann, bis zu deren Konfluenz und Zerfall, der Neubildung von Kavernen und rasch verlaufender exsudativer Tuberkulose mit käsigen Pneumonien. Die gewohnte Bevorzugung von Spitzen und Oberlappen tritt zurück, die neuen Infiltrate bilden sich oft in den mittleren und unteren Lungenpartien.

Fügt man noch hinzu, daß ganz analoge Veränderungen an den Pleuren in Rechnung zu stellen sind, von den Pleurakappen, den Adhäsionen und Schwarten bis zur frischen, spezifischen Pleuritis mit spärlichen oder reichlichen Knötchen, trockenfibrinös oder mit spärlichem oder hochgradigem Erguß, so sind die Bilder umrissen, und es kann konstatiert werden, daß nichts darin enthalten ist, was dem Arzt nicht geläufig ist.

Wenn frühere Darstellungen der Alterstuberkulose deren Gutartigkeit, die Neigung zu Fibrose besonders in den Vordergrund gestellt haben, so gilt diese Bezeichnung vorwiegend dem, was die Kranken aus früherer Periode mitbringen, nicht dem, was sich neu entwickelt (Hoppe-Seyler, Alwens u. a.). Auch radiologisch kommen sehr verschiedene Formen vor, wie dies auch Fleischner konstatiert, aber er findet dennoch, daß sich ein Röntgenbild herausheben läßt, das den Kern der Alterstuberkulose darstellt. „Ausgedehnte, oft nicht auf die Oberfelder beschränkte, vielfach die Mittel- und Unterlappen bevorzugende Verdichtungen, zum Teil zirrhotischer Art, zum Teil mit frischen exsudativen Herden, bilden sich als vorwiegend harte, streifigflächige Schatten im vermehrten hellen Lungenfeld ab. Spitzenschwielen, Kavernen und Flüssigkeit ... und Pleuraverwachsungen ergänzen das Bild zum Typus der Phthisis ulcero-fibrosa kachectisans." Dies ist die häufigste Form der Altersphthise, wenn sie sich aus einer lange bestehenden Lungenaffektion entwickelt.

Klinisch bestehen große Unterschiede im Allgemeinbefinden und Verlauf, Schwierigkeiten der Diagnose und der Beurteilung von Aktivität, Progredienz und Infektiosität im Alter. Daß ausgeheilte latente Formen keine Erscheinungen machen, nimmt nicht wunder, aber gerade sie weisen oft weit deutlichere physikalische Zeichen auf als aktive, und zwar in Form von Dämpfungen und Atemveränderungen, wobei selbst Rasselgeräusche, auch klingende, einer banalen Bronchitis oder Bronchiektasie entsprechen können. Aber auch die stationäre und die langsam progrediente Alterstuberkulose ist mit sehr gutem Allgemeinbefinden, gutem Ernährungszustand, normaler Temperatur und dem Fehlen aller Hustenbeschwerden vereinbar. Nach dieser

Richtung ist wenigstens eines in das allgemeine ärztliche Bewußtsein übergegangen, daß anscheinend ganz gesunde, nur an harmlosen Katarrhen leidende Greise die Quelle von Ansteckungen, insbesondere für Kinder, sein können und daß darauf geachtet werden muß. Dieses Mißverhältnis zwischen anatomischer Veränderung und klinischer Erscheinung gilt selbst für ganz grobe Veränderungen. Auf meiner Abteilung liegt seit vielen Jahren eine alte Frau mit Emphysem und sehr großen Oberlappenkavernen, die mehrfach Zeichen von Aktivität aufgewiesen haben, ihr Allgemeinbefinden ist noch heute unverändert gut.

Das Gegenbild bieten die Schwererkrankten mit negativem oder spärlichem klinischem Befund. Ein Greis wird mager, wird appetitlos, vielleicht hustet er ein wenig, vielleicht ist die Temperatur leicht erhöht, aber auch diese Zeichen können fehlen. Die Untersuchung ergibt nur ein Emphysem, etwas Bronchitis, wenn es hochkommt, Spitzendämpfung und Zeichen alter Adhäsionen. Trotzdem hat er eine progrediente und ausgedehnte Konglomerattuberkulose, welche in ihrem diffusen, verstreuten Charakter dem klinischen Nachweis entgeht, aber überraschend weit vorgeschritten sein kann. Auch stumme Kavernen können bestehen. In solchen Fällen kann nichts helfen, als der Entschluß, einerseits jeden hustenden oder abmagernden Greis auch als tuberkuloseverdächtig anzusehen und nach dieser Richtung genau zu untersuchen und anderseits wieder bei jedem positiven klinischen Befund die Frage zu stellen, ob er Aktivität beweist.   ·

Um positive Zeichen zu erlangen, ist in erster Linie die Röntgenuntersuchung heranzuziehen. In vielen Fällen beantwortet sie durch die Beschaffenheit oder die zeitliche Entwicklung der Herde auch die Frage der Aktivität, in anderen läßt sie im Stich. Der positive Bazillenbefund ist von großer Bedeutung, leider ist der negative bei aktiven Prozessen allzu häufig, selbst bei wiederholter Untersuchung und Heranziehung der Anreicherungsverfahren. Ich glaube mit der Behauptung nicht fehlzugehen, daß er bei anatomisch vergleichbaren Fällen im Alter seltener gelingt als in früheren Perioden. Eine normale Senkungsgeschwindigkeit schließt einen Aktivprozeß aus, eine gesteigerte, auch eine hochgradig gesteigerte, beweist bei der Empfindlichkeit dieser Reaktion im Alter nur wenig, da es nie gelingt, eine andere latente Entzündung auszuschließen. Diazo- oder Urochromogen-Reaktionen sind, falls positiv, wertvoll, aber sie sind es nicht häufig. Die Tuberkulinüberempfindlichkeit ist, wie wir hören werden, bei gesunden Greisen so oft zu finden, daß ihr positiver Ausfall nichts beweist, die negative Reaktion kommt den ausgeheilten und den stark progredienten Formen vielfach zu, sie kann zum Ausschluß einer Aktivität nur bei sehr gutem Allgemeinzustand herangezogen werden. Ihre Bedeutung bei dieser Art von Alterstuberkulose ist nicht sehr hoch. Selbst wenn man alle klinischen Hilfsmittel heranzieht, wird man die gestellten Fragen häufig nicht entscheiden können und den Kranken längere Zeit beobachten müssen. Sehr schwer ist es aber, dies außerhalb des Spitals durchzuführen, weil die Greise wie ihre Umgebung den nötigen Untersuchungen meist ablehnend gegenüberstehen, solange kein Krankheitsgefühl besteht. Prinzipiell wird als tuberkuloseverdächtig zu gelten haben: jeder chronische Husten, jede Bronchitis, die in Verlauf und Lokalisation vom gewohnten Bilde abweicht, jede unklare Temperatursteigerung und Kachexie, jede Verschlechterung des Allgemeinbefindens, Gewichts und der Atmung. Auch Sinken des Blutdrucks kann verwertet werden. Selbst wenn man überall nach Tuberkulose forscht, wird manche dem Nachweis entgehen, aber man hat dann wenigstens das Mögliche für den Kranken und seine Umgebung getan.

Die besonderen Tuberkuloseformen des Alters. Es heißt, daß das Alter zuweilen kindisch wird. Die Alterstuberkulose wird oft wieder kindlich, d. h. die Drüsen des Primärkomplexes und andere Drüsen spielen wieder eine Rolle, man bekommt wieder aktive Drüsentuberkulose, gesteigerte schwankende Allergie und hämatogene Metastasen aller Art zu sehen, Reaktivierungen sehr alter Lungenherde treten auf, die unteren Abschnitte der Lunge sind stärker beteiligt, aber all dies nicht in einem jugendlichen, sondern im gealterten Organismus.

Die Frage ist, welche Formen die Tuberkulose im Greisenalter bei jenen annimmt, welche früher klinisch tuberkulosegesund waren, d. h. abgesehen vom Primärkomplex und vielleicht Spitzennarben durch Jahrzehnte keine Zeichen aktiver Tuberkulose aufgewiesen haben. Es ist nun von einer Reihe von Autoren die Tatsache festgestellt worden, daß in einem hohen Perzentsatz von Greisenobduktionen sich im Bereiche der Drüsen und Lungen frische Knötchen feststellen lassen, obwohl die Todesursache ganz anderer Art war. So hat Anders auf dem Aschoffschen Institute diese Erscheinungen genau untersucht. Er findet bei 35% der Altersobduktionen frische tuberkulöse Erscheinungen, speziell an den Drüsen im Bereiche des Primärkomplexes. Es handelt sich um die lymphoglanduläre endogene Reinfektion im Sinne Ghons, um Reaktivierungen. Es ist nun ganz zweifellos, daß solche Reaktivierungen im Alter nicht nur bei Sterbenden ungemein häufig erfolgen und daß sie der Ausgang der eigentlichen neu auftretenden Greisentuberkulose sind. Analog findet Arnstein an einem großen, allerdings ungünstigen Material in 27% frische tuberkulöse Veränderungen, wobei alle Tuberkulosetodesfälle ausgeschlossen sind. Von der Gruppe Arteriosklerose war die Hälfte, von den Krebsfällen ein Viertel bei ihrem Tode mit frischen tuberkulösen Knötchen in Drüse und Lunge behaftet.

Das Aufflammen der Hilus- und Lungentuberkulose mit dazugehöriger fokaler Entzündung, mit der Auflockerung und dem Umbau der mit Kohlepartikelchen und anderen Mineralbestandteilen beladenen Drüsen führt nun auf zwei Arten zu Krankheitserscheinungen: 1. lokal durch die Beziehungen dieser Drüsen zum umgebenden Gewebe und 2. durch Ausbreitung der Tuberkulose auf lymphogenem und insbesondere hämatogenem Wege.

Auf die Häufigkeit der lokal durch diese Drüsen bedingten klinischen Erscheinungen hat Arnstein hingewiesen. Es kommen Durchbrüche in die Nachbarorgane vor, zunächst in die Bronchien. Diese Vorgänge sind sogar der klinischen Diagnose zugänglich, wenn im Sputum die gröberen Kohlepartikelchen der zerstörten Drüse erscheinen, sie bereiten dann auf weitere Folgen vor. Solche sind Auftreten von Pneumonien, auch von Abszessen und Gangrän in der benachbarten Lunge, Übergreifen aufs Mediastinum und insbesondere Arrosion von Gefäßen, welche zu Hämoptoen und bei dem Befallenwerden größerer Äste der pulmonalen Arterien und Venen — aber auch Aorteneinbruch kommt vor — zu rasch tödlichen Blutungen führen können. Diese Genese der Hämoptoe sonst gesunder Greise muß berücksichtigt werden. Weitere Beziehungen bestehen zur Speiseröhre, wo Bildung von Traktionsdivertikeln, aber auch Durchbruch erfolgen kann, sowie zu Nervenstämmen, wobei Lähmung des Nervus recurrens, aber auch Erscheinungen an anderen Vagusästen beobachtet wurden. Neben dem Sputumsymptom können auch Schmerzphänomene im Hilusgebiet und Klopfempfindlichkeit der Wirbelsäule in dieser Gegend zur Vermutungsdiagnose beitragen. Wenngleich auch Drüsenaffektionen anderer Genese, so nach Pneumonien, analoge Folgen haben können, so ist doch zahlenmäßig die spezifische Ätiologie im Vordergrund.

Weit wichtiger und weittragender sind aber die Propagationen aus den befallenen Drüsen im Bereich der Lunge und der anderen Organe. Für die Lunge selbst kommt noch die lymphogene Ausbreitung zu den subpleuralen Lungendrüsen (Schmoe) in Betracht, vorherrschend ist aber der hämatogene Weg, wobei die Bazillen auf dem Lymphwege in spärlichen oder reichlichen Schüben die Blutbahn erreichen oder direkt in Gefäße abgegeben werden können.

Die Folgen sind klar: Das Auftreten aller jener Formen, welche hämatogen sind, welche wir mit dem zweiten allergischen Stadium Rankes zu verbinden pflegen, welche man bei Jugendlichen häufig und im vollkräftigen Alter nur ausnahmsweise sieht. Dies sind zunächst für den Bereich der Lungen: miliare Schübe, spärlich und gutartig als Tbc. miliaris discreta mit Neigung zur Fibrose oder bösartiger als disseminierte beiderseitige Tuberkuloseherde. Sie führen bei reichlicher Aussaat zur typischen Miliartuberkulose der Lungen, entweder mit vorwiegend gleichaltrigen Knötchen oder vereinigen in wiederholten Schüben frische und ältere Aussaaten, die ältesten vielleicht schon in Zerfall begriffen, sich zur rasch verlaufenden hämatogenen Phthise ausbreitend. Die hämatogene Verbreitung ist aber im Alter keineswegs auf die Lunge beschränkt, es tritt wieder die allgemeine Miliartuberkulose und die Meningitis tuberculosa auf, man sieht Organtuberkulose als Tuberkulose der peripheren Drüsen, als Knochentuberkulosen, z. B. Karies der Wirbelsäule und Fungus, es finden sich Genitaltuberkulosen usw.

An zwei Beispielen sollen die Typen hämatogener Verbreitung der Tuberkulose im Alter angedeutet werden. Der erste Obduktionsbefund zeigt die Kombination von Lungenphthise, Miliartuberkulose und Knochentuberkulose, beim zweiten fehlen ältere Lungenveränderungen, Miliartuberkulose, Karies, Beteiligung von Darm und Peritonäum kennzeichnen ihn.

I. 67jährige Frau. Chronische Lungentuberkulose mit mäßig zahlreichen älteren progredienten Konglomerattuberkeln in allen Lungenlappen. Geringgradige Pleuritis tbc. beiderseits. Peritonitis tbc. älteren Datums mit ausgedehnten Adhäsionen. Karies der 2., 4., 6., 8. Rippe rechts, der 10. und 12. Rippe links, kariöse Herde in zahlreichen Wirbelkörpern..., Psoasabszeß rechts. Tbc. der Halslymphdrüsen mit großem kalten Abszeß rechts.

II. 73jährige Frau. Karies des dritten Lendenwirbels mit fast vollständiger Zerstörung des Wirbelkörpers mit spinaler Pachymeningitis externa, mit beträchtlicher Einengung des Wirbelkanals und kleinem, kaltem prävertebralen Abszeß links, ... außerordentlich dichte Miliartuberkulose der Lunge, Leber, Milz, Nieren und Meningen...

Was ist nun die Ursache dieser Umstimmung im Alter, der Reaktivierungen und des besonderen Verlaufs? Die mangelnde Widerstandskraft des Alters wird angeführt, die Kombination mit Emphysem und die Kreislaufschwäche. Diese Gründe umschreiben nur die Tatsache, und nicht einmal diese, denn sie klären den vielfach gutartigen Verlauf nicht auf. Über Änderungen der chemischen und mechanischen Zusammensetzung der Gewebe wissen wir zu wenig. Ich möchte nun ein bis jetzt nicht beachtetes Moment heranziehen, vielleicht nur als Parallelerscheinung. Es ist die Tatsache der im Alter sehr häufig gesteigerten spezifischen Allergie. Zu diesen Untersuchungen sind nicht die manifest Kranken heranzuziehen, bei denen sehr häufig schwankende Werte und als Zeichen negativer Allergie Tuberkulinunempfindlichkeit beobachtet werden. Das geeignete Kontrollmaterial sind die anscheinend Tuberkulosefreien. Ich habe mit Mitarbeitern an über 300 alten Männern und Frauen zwischen 50 und

90 Jahren die Tuberkulinunempfindlichkeit untersucht und sie im Durchschnitt außerordentlich hoch gefunden, viel höher als im vollkräftigen Alter. Diese Untersuchungen wurden von Meyer nachgeprüft; er kam zu dem Resultat, daß die Tuberkulinempfindlichkeit im Alter sehr wechselnd und diagnostisch nicht verwertbar sei. Dieses Ergebnis ist aber weder mit meinen Resultaten noch mit meinen Schlüssen im Widerspruch, da es von ihm an einem Material gewonnen wurde, welches zu mehr als vier Fünftel Zeichen aktiver Tuberkulose aufwies, während ich vorwiegend klinisch Tuberkulosefreie untersuchte. Seit den wichtigen Arbeiten Rankes sind wir gewohnt, von einem primären, sekundären und tertiären Stadium der Tuberkulose zu sprechen und Allergie und Verlauf in Zusamenhang zu bringen. Man braucht kein unbedingter Anhänger der Rankeschen Lehre zu sein, man kann die Einwände Redeckers und das Schwanken der Allergien innerhalb einer Periode anerkennen, aber daß in den Rankeschen Anschauungen ein richtiger Kern steckt, ist wohl allgemein anerkannt. Das sekundäre Stadium, meist im jugendlichen Alter, ist gekennzeichnet durch hochgradige Allergie einerseits und anatomisch durch die Neigung zu allgemeiner Generalisation und hämatogenen Metastasen anderseits, das tertiäre durch geringe Allergie und das Vortreten der Organzerstörung per continuitatem auf dem Lymph- oder Bronchialwege und das Rücktreten hämatogener Verbreitung. Es liegt nicht fern, die gesteigerte Allergie im Alter und die Verlaufsformen in Beziehung zu bringen und dem sekundären Stadium ein analoges im Alter, als viertes, gegenüberzustellen. Unsicher bleibt aber, was das Primäre ist. Geht die Reaktivierung der Drüsen usw. aus unbekannten Gründen voran, oder ändert sich zuerst die Allergielage, oder ist beides Parallelerscheinung eines unbekannten Dritten? Vielleicht macht die Altersatrophie der Drüsen, der Rückgang ihres spezifischen Gewebes den Bazillen die Wege wieder frei, jedenfalls beweisen die hämatogenen Schübe, daß die Erreger zuweilen im Blute kreisen müssen. Man könnte die Bazillämie nach dem Vorbild von Löwenstein und Reitter in den Mittelpunkt stellen, aber sie ist im Alter nicht nachgewiesen. Eine Reihe von Blutbefunden, welche dem Institute Löwenstein zur Untersuchung überwiesen wurden, war negativ. Aber die Zahl ist nicht ausreichend, jedenfalls aber läßt die gesteigerte Greisenallergie die Alterstuberkulose in einem neuen Lichte erscheinen.

Die diagnostischen Schwierigkeiten sind auch für diese Tuberkuloseformen nicht gering, oft unüberwindlich. Daß miliare Schübe keine greifbaren Symptome hervorrufen, ist einleuchtend. Aber auch der übergroße Teil der Lungenherde ist zerstreut und entzieht sich, wie nicht noch einmal auseinandergesetzt werden muß, leicht dem Nachweis. Alle Hilfsmittel der Diagnose müssen herangezogen werden. Nicht günstiger steht es bei den Organtuberkulosen mit Ausnahme mancher Knochentuberkulosen und der palpablen Drüsen, wo eventuell die Probeexstirpation entscheidet. Man denke, daß sich z. B. die Differenzialdiagnose der Miliartuberkulose im Alter in der Regel nicht gegen die akuten Infektionen, sondern gegen das Karzinom und andere Kachexien abspielt, daß sie meist fieberlos oder subfebril verläuft. Man kann nach Schlesinger eine vorwiegend bronchiale, meningeale und kachektisierende Form unterscheiden. Die Meningitis ist gegen organische Hirnerkrankungen, aber auch gegen Hirnödem und Meningismus abzugrenzen. Man darf mit der Lumbalpunktion nicht zögern, wenn man sie fassen will. Eine Karies der Wirbelsäule weist diffuse Schmerzhaftigkeit und Beschwerden auf, welche sich von den rheumatischen Leiden des Alters und seinen Knochenerkrankungen wenig abheben. Die Beobachtung der Beweglichkeit, Klopfempfindlichkeit und des Stauchungsschmerzes geben Anhaltspunkte, die oft im Stiche lassen. Der sorgfältige Röntgenbefund ist nicht zu entbehren, aber selbst ein ausgesprochener Gibbus und Destruktionserscheinungen und Kompression der Wirbel können auch auf hochgradige Osteoporose, von Tumoren und seltenen Prozessen zu schweigen, zurückzuführen sein. Knochenkaries tritt oft unter den Zeichen der chronischen Gelenksaffektionen und selbst zunächst des akuten Gelenksrheumatismus auf, bis die andersartige Reaktion auf die Therapie oder das Erscheinen von Eiter die Diagnose klärt. Eine tuberkulöse Peritonitis braucht keine anderen Erscheinungen als Schwäche und Abmagerung aufzuweisen, kurz es heißt immer, Verdacht haben und suchen, aber immer wieder wird man auf dem Obduktionstisch von oft schweren tuberkulösen Veränderungen überrascht werden, die entweder latent waren oder auch schwere Erscheinungen hervorgerufen haben, für deren Deutung aber die diagnostischen Anhaltspunkte fehlen.

Therapie. Bei der Therapie haben wir die behandlungsbedürftigen Fälle von den nicht behandlungsbedürftigen zu scheiden. Keiner Behandlung bedürfen die ausgeheilten Formen und ein Minimum die stationären, welche unter guten hygienischen Bedingungen jahrzehntelang als Fibrosen und eventuell als geheilte Phthisen leben können. Maßgebend für die Behandlung ist nur der aktive Prozeß, leider mit der Einschränkung, soweit wir ihn nachweisen können. Die Grundlage jeder Tuberkulosebehandlung ist die hygienisch-diätetische, welche im Alter als Schonungstherapie durchzuführen ist. Als klimatische Behandlung ist reine gute Luft auch für den Greis von Nutzen, aber das Hochgebirge wirkt nicht nur dadurch, sondern auch durch eine Reihe von reizenden Faktoren, Luftverdünnung,

Temperaturverhältnisse usw. Es ist für die Alterstuberkulose nicht zu empfehlen, selbst wenn der Zirkulationsapparat in Ordnung und das Emphysem nicht zu hochgradig ist. Die alten Leute gehören zumindest in ihr gewohntes Klima oder noch besser, besonders im Winter, in eine milderes, südlicheres. Winteraufenthalte in Meran oder Bozen, an staubfreien Orten der Riviera usw. sind zu empfehlen, wo dies finanziell durchführbar ist. Die Abhärtung darf nicht schematisiert und zu weit getrieben werden. Nur für die, die es gewohnt sind, ist das offene Fenster bei jeder Temperatur angezeigt und die beliebten Abhärtungen durch Kaltwasserkuren sind zu unterlassen. Liegekuren bilden einen integrierenden Bestandteil jeder Tuberkulosetherapie, aber die Ausdehnung auf Freiluftkuren bei jeder Temperatur und jedem Wetter ist nicht zu billigen und muß nach Gefäßreaktion, Gewohnheit und subjektiver Verträglichkeit eingeschränkt werden.

Es besteht derzeit kein Grund, bei der Greisentuberkulose von einer gemischten kalorienreichen Kost mit reichlich Eiweiß, Fett und Vitaminen abzugehen. Über Resultate der Gerson-Diät bei Greisen liegen meines Wissens keine zureichenden Erfahrungen vor, und die wenigen Fälle, bei denen ich sie versuchte, scheiterten an ihrer Ablehnung. Reiztherapie durch kräftige Besonnung, durch stärkere Quarzlampenbestrahlungen ist bei Lungentuberkulose wegen der Gefahr unliebsamer Herdreaktionen nicht am Platze. Bei der Tuberkulose anderer Organe können sie mit vorsichtiger Dosierung herangezogen werden, insbesondere bei hämatogener rezidivierender Pleuritis und Peritonitis haben wir davon Erfolge gesehen.

Die medikamentöse Therapie dient vorwiegend der Behandlung begleitender Erscheinungen von seiten der Bronchien und des Kreislaufs. Eine Mittelstellung nehmen die Campherpräparate ein, die mit ihrer expektorierenden, vasomotorischen und vielleicht auf die Lungengefäße wirkenden Komponente als Campherinjektionen und intern etwa in Form des Cardiazols empfohlen werden können. Die Bekämpfung des Hustens und die Therapie der Hämoptoe mit Injektion von blutstillenden Mitteln und Campher ist die gleiche wie sonst. Narkotika sind bei Lungenblutung auf ein Minimum zu beschränken, um die Gefahr der spezifischen und unspezifischen Pneumonien zu verringern. Mit Kalk habe ich nur bei Behandlung von Hämoptoen Erfahrung. Die Wirkung von Kieselsäure ist ungemein schwer zu beurteilen. Gegen ihre Verwendung ist gewiß kein Einwand zu erheben. Die Goldsalze (Sanocrysin, Krysolgan, Lopion usw.) werden bei der Alterstuberkulose kaum verwendet. Bei den benignen Formen sind sie unnötig, und bei den schwereren Formen fürchtet man die Folgen der Herdreaktionen und die Rückwirkung auf Zirkulation und Allgemeinbefinden; ich selbst habe wenig Erfahrung mit diesen Präparaten.

Was das Tuberkulin und die verwandten Präparate anlangt, so werden sie im Greisenalter in der Regel nicht angewendet. Man scheut die Herdreaktion und ihre Folgen. Ganz ohne Zweifel ist der Widerstand gegen Tuberkulinbehandlung bei allen schwereren progredienten Tuberkulosen vom Typus der Phthise und Konglomerattuberkulose berechtigt, von der Miliartuberkulose ganz zu schweigen. Bei den fibrösen Formen hält man die Tuberkulinbehandlung für nicht notwendig. Alle Proteinkörpertherapie ist als Herdreaktionstherapie den gleichen Einwänden unterworfen, und nur die mildesten Formen kommen in Frage, als solche wären eventuell die Behandlung mit spezifischen oder unspezifischen Fettkörpern zu erwähnen, wie etwa die entsprechenden Muchschen Fett- und Lipoidpartialantigene, ferner Lipatren und Gamelan. Doch liegen bei der Alterstuberkulose ausreichende Erfahrungen nicht vor, und auch ich selbst verfüge über keine abschließenden Resultate.

In der Frage der Tuberkulintherapie nehme ich allerdings eine etwas abweichende Stellung ein. Die vorherrschende Meinung ist, daß die Tuberkulintherapie einerseits durch Herdreaktionen wirkt und anderseits durch Anregung der Antikörperbildung, womit vielfach eine gesteigerte Allergie verbunden ist. Mir scheint eine dritte Indikation für die Tuberkulintherapie besonders wichtig zu sein: die Beseitigung hochgradiger Tuberkulinüberempfindlichkeit. Wo diese festgestellt ist und im Krankheitsbild eine Rolle spielt, ist sie zu beseitigen, falls keine Kontraindikation gegen Tuberkulinanwendung besteht. Tuberkulin ist ganz zweifellos nicht die Therapie der schweren Lungentuberkulose oder der schweren käsigen Form der Knochenaffektion. Hier kann es durch Herdreaktionen sehr schaden. Aber in der Jugend ist es die Therapie des sekundären allergischen Stadiums der Tuberkulose, der tuberkulotoxischen Erkrankungen der Haut und der Gelenke, der langdauernden Fieberzustände bei gutartigen Lungenprozessen, der rezidivierenden Pleuritiden und Peritonitiden. Wenn dies der Fall ist, erhebt sich die Frage, ob nicht die analogen Prozesse im Greisenalter, welche mit hochgradiger Tuberkulinüberempfindlichkeit verlaufen, auch ein Objekt dieser Therapie sein können. Auszuschließen sind die anatomisch schweren Prozesse und alle anergischen Patienten. Mir liegt es ferne, schon heute zu einer ausgedehnten Tuberkulinbehandlung im Greisenalter auffordern zu wollen, aber wir haben einstweilen schon Fälle von rezidivierenden Pleuritiden, gewissen spezifischen Hautaffektionen und Gelenkleiden mit Erfolg behandelt. Es ist dazu Feststellung der Empfindlichkeit an der Haut, ausgehend von einer darnach bestimmten Konzentration, mit sehr vorsichtiger Steigerung an der Grenze der Reaktion anzustreben.

Auch die Pneumothoraxtherapie wird im Alter in der Regel abgelehnt. Die häufige Komplikation mit Emphysem und Bronchitis, die verschlechterte Anpassungsfähigkeit der Zirkulation begründen diese Zurückhaltung. Trotzdem möchte ich aber diese Therapie in einzelnen Fällen für berechtigt halten. Voraussetzung ist die ideale Indikation von Seiten der Lunge, d. h. ein einseitiger schwerer Prozeß. Wenn in einem solchen Falle das Allgemeinbefinden gut, die Konstitution kräftig und das Emphysem nicht zu fortgeschritten ist, so ist nicht einzusehen, warum ein Pneumothorax oder die Phrenikusexhairese nicht versucht werden soll. Vertragen doch die gleichen Patienten oft anstandslos große pleuritische Exsudate, die gewiß keine geringeren Anforderungen stellen. Große Operationen, wie Plastiken oder Plomben, können nur in ganz seltenen Ausnahmefällen in Frage kommen, aber auch hier könnte zuweilen der Gesamtbefund gegen das Geburtsdatum entscheiden.

Der Bronchialkrebs.

Der Lungenkrebs, richtiger Bronchialkrebs, ist eine typische und nicht seltene Alterserscheinung. Er wird in den letzten Jahrzehnten nicht nur häufiger diagnostiziert, sondern auch auf dem Obduktionstisch gefunden. Die örtlichen Schwankungen des Vorkommens sind groß, aber bis 8% aller Karzinome dürfte dem Durchschnitt entsprechen. Die Tatsache, daß er bei Männern mehrfach häufiger ist als bei Frauen, die örtlichen Differenzen, die besondere Häufigkeit im Bergwerksbetrieb von Schneeberg (Radium!) sprechen dafür, daß neben den sonstigen unbekannten Krebsursachen auch chronische Reizungen für seine Entstehung eine Rolle spielen. Ob die Zunahme, welche die Statistiken ergeben, real sind, d. h. über die Alterszunahme und die verbesserte Diagnostik hinausgehen, ist durchaus nicht sichergestellt. Der Ausgangspunkt des Krebses ist die Bronchialschleimhaut meist der großen Bronchien. Der rechte Unterlappen ist etwas bevorzugt. Der primäre Krebs ist im allgemeinen im Vergleich mit seinen Metastasen unscheinbar, er führt zur Stenosenbildung im Bronchus, zum Übergreifen auf Lunge und sonstige Nachbarorgane, inklusive der Blutgefäße und fast regelmäßig zur Metastasierung in die regionären Lymphdrüsen, in Leber, Knochen, Gehirn, Nebennieren usw.

Das klinische Bild entwickelt sich schleichend, meist als chronischer Husten, dem sich bald Abmagerung und Mattigkeit hinzugesellen. Der Verdacht einer Tuberkulose entsteht. Es ist vielleicht zweckmäßig, die Erscheinungen an diesem Vergleichsbild zu entwickeln. Da ist zunächst der Husten quälender, hartnäckiger, schwerer zu stillen. Das Sputum ist im Beginn spärlich und uncharakteristisch, wird oft blutig tingiert, das stete Fehlen von Koch-Bazillen verstärkt den Verdacht. Die blutige Beschaffenheit wird in vielen Fällen dauernder, reichlicher bis zur himbeergeleeartigen, nicht häufigen, aber dann fast pathognomonischen Beschaffenheit. Bei Übergreifen des Krebses auf Gefäße kommt es zu schweren, oft tödlichen Blutungen. Die subjektiven Beschwerden treten viel stärker hervor als bei der Tuberkulose. Die Euphorie fehlt, das Krankheitsgefühl ist ausgesprochen, die Dyspnoe quälend, im Mißverhältnis zum objektiven Befund. Sehr häufig sind Schmerzen am Thorax, zunächst unbestimmt an Brust und Rücken, später in der Regel zunehmend und, wenn Nerven oder die Pleura ergriffen werden, sehr quälend und intensiv als Interkostalschmerz oder Plexusschmerz. Rekurrensparese ist häufig.

Der physikalische Befund kann so lange uncharakteristisch bleiben, als sich die Lungenveränderungen nicht der Thoraxwand nähern, aber dann weist er Besonderheiten auf. Die Dämpfungen sind meist intensiv, hart. Treten sie im Oberlappen auf, so bleibt meist die Spitze im Beginn frei, und es besteht ein ausgesprochener Unterschied des Schalls zwischen vorn und hinten, je nach der Stelle, wo der Prozeß sitzt. W. Neumann macht darauf aufmerksam, daß die Oberlappendämpfungen vorne die Mittellinie des Manubriums überschreiten. Im Unterlappen fällt die harte Dämpfung auf, wenn pleuritischer Erguß und Schwarte auszuschließen ist. Der Stimmfremitus ist abgeschwächt, das Atmen sehr leise. All diese Erscheinungen haben in dem soliden Charakter des Tumors und in der Bronchusstenose, die ihn oft begleitet, ihre Ursache. Die Dichte des Tumors und seine Luftleere lassen das Rückbleiben der befallenen Seite bei der Atmung stärker in Erscheinung treten als bei der Tuberkulose. Die Indurativpneumonie macht im Unterlappen ähnliche Erscheinungen, aber nur wenn der Bronchus verschlossen ist, sonst ist der Stimmfremitus verstärkt und das Bronchialatmen lauter, ihr fehlt die Progredienz. Neue Erscheinungen treten durch Komplikationen auf. Die Bronchusstenose führt ungemein oft zur Entstehung von Bronchiektasien, dann sind Rasselgeräusche, auch klingende, zu hören. Ein weiterer Folgezustand sind chronische Pneumonien, die zuweilen abszedieren und in Gangrän übergehen. Bei jeder chronischen Pneumonie und jedem Lungenabszeß im Alter muß man an Bronchialkrebs als Ursache denken. Weitere Erscheinungen des Verschlusses großer Bronchien verraten sich am Zwerchfell, welches hochgezogen und unbeweglich wird, und am Mediastinum, welches angesaugt wird; sie können bei aufmerksamer Untersuchung nachgewiesen werden. Zwerchfellähmung mit Beteiligung des Phrenikus ist nicht selten. Paradoxe Bewegung ist die Folge. Behinderung des Abflusses aus den Venen und der Lymphe kann sich in Venenerweiterungen am Thorax, an einem Arm oder in Lymphstauung mit Ödem manifestieren. Zusammengehalten und kombiniert sind diese rein klinischen Anhaltspunkte meist genügend, um in vorgeschrittenen Fällen die Diagnose oder den dringenden Verdacht des Tumors zu gestatten.

Die wichtigste Bestätigung in vielen Fällen, die einzig zureichende Begründung, erfährt die Diagnose durch die Röntgenuntersuchung, wenn nicht Komplikationen, wie Ergüsse oder Pneumonien, das Bild verschleiern. Es ist hier nicht der Ort, die Röntgendiagnose zu erörtern, sie gründet sich auf verschiedene, nicht eindeutige, aber wichtige Eigentümlichkeiten des Tumors, sein häufiger Ausgang vom Hilus und sein Ausstrahlen in die Peripherie; in anderen Fällen ist die scharfe Abgrenzung am Rande des Lungenlappens, die Unschärfe gegen das Lappeninnere von Bedeutung. Oft ist das Bild uncharakteristisch und von metastatischen Tumoren, von Tuberkulose, Drüsengeschwülsten usw. schwer zu unterscheiden. Die Zwerchfellbewegungen bilden weitere differentialdiagnostische Anhaltspunkte.

Die Folgeerscheinungen wurden teilweise erwähnt. Sie können in Einzelfällen sehr mannigfaltig sein, so haben wir bei einer 84jährigen Frau den Durchbruch des Karzinoms sowohl in die Pleurahöhle als auch in das Perikard mit entsprechenden Entzündungen beobachtet; so verlief ein anderer Fall bei einem 65jährigen Mann mit einer Zerfallshöhle, die den ganzen rechten Oberlappen einnahm, außerdem bestand infolge Einscheidung der Vena cava das Bild der Cavathrombose, und es waren multiple Metastasen im Herzmuskel vorhanden. Zuweilen ahmen andere seltene Affektionen das klinische Bild des Bronchuskarzinoms nach. So beobachteten wir bei einem 76jährigen Manne einen Bronchuspolyp, der das Lumen des linken Oberlappenbronchus vollständig obturierte und auch noch den Hauptbronchus bei enormer Eiterretention verengte. Oder wir sahen bei einer 70jährigen Frau einen Bronchialstein im Lumen des rechten Unterlappens mit Sekretstauung, Bronchiektasien und Indurativpneumonie. Derartige Fälle können selbst bei Zuhilfenahme der Bronchoskopie kaum erkannt werden, welche aber bei Greisen kein unbedenklicher Eingriff ist.

Die Therapie des Bronchialkrebses ist rein symptomatisch. Röntgen- und Radiumbestrahlungen bringen bisweilen vorübergehende Besserungen. Die großen Operationen, die sich im Versuchsstadium befinden, wie Lappenresektionen, kommen im Alter nicht in Frage. Sehr oft sind die Alkaloide in großen Dosen die einzige Hilfe. Ich erinnere mich an das qualvolle Ende einer Patientin mit Bronchialkrebs, die keine Alkaloide vertrug. Antineuralgika und Schlafmittel helfen wenig.

Anhangsweise soll erwähnt werden, daß in der Lunge auch im Alter zahlreiche Metastasen von bösartigen Geschwülsten vorkommen, welche gegenüber dem gewohnten Bilde keine Besonderheiten aufweisen. Sehr reichliche kleinfleckige Metastasen von Sarkomen usw. können ein Bild ergeben, das der Miliartuberkulose ähnlich ist. Auch andere Geschwülste, wie Hypernephrome, bevorzugen bei der Metastasierung den Blutweg, während die meisten Karzinome die Lunge entweder per continuitatem erreichen, wie der Ösophaguskrebs, oder über die Pleura, wie meist das Mammakarzinom, oder von befallenen Lymphdrüsen aus. Die Verbreitung innerhalb der Lunge erfolgt in der Regel auf dem Lymphwege. An primären Lungengeschwülsten wurde von uns noch ein Lungensarkom des linken Oberlappens mit mächtiger pleuraler Aussaat beobachtet, aber es stellen solche Vorkommnisse, ebenso wie die entzündlichen Geschwülste der Syphilis, Aktinomykose, Aspergillose, die Lungencysten und der Echinokokkus der Lunge nur praktisch bedeutungslose Ausnahmsfälle dar, welche der Diagnose kaum zugänglich sind, während das Bronchuskarzinom in der Regel richtig erkannt werden kann, wenn man daran denkt.

8. Die Erkrankungen des Rippenfells.

Die Pleuritis ist im Alter in allen ihren Formen — trocken, fibrinös oder mit serösem oder eitrigem Erguß — eine sehr häufige Erkrankung. Sie unterscheidet sich in ihrem klinischen Bilde weniger als andere Affektionen von den entsprechenden Krankheiten in anderen Lebensperioden, weicht aber doch in einigen wichtigen Punkten ab.

Es ist bekannt, daß der größte Teil der sogenannten idiopathischen Pleuritiden tuberkulösen Ursprungs ist. Im Alter ist die Präponderanz dieser Ätiologie nicht so sehr gegeben, weil die Pleuritiden vielleicht noch öfter von pneumonischen Herden — häufig von latent gebliebenen — ihre Entstehung nehmen. Dies läßt sich nicht nur aus dem Fehlen von Knötchen, auch bei sorgfältigem Nachsuchen, bei vielen Obduktionen vermuten, sondern auch aus der Analogie mit anderen Fällen schließen, wo eventuell Reste des pneumonischen Herdes noch nachweisbar sind. Im weiten Abstand von diesen beiden Ursachen, aber keineswegs selten, kommt dann die Infarktpleuritis und weiters die anderen Entzündungen, welche durch Übergreifen von der Nachbarschaft (Perikard, Mediastinum, abdominale Prozesse nach Durchwanderung des Zwerchfells) oder auf dem Blutweg (Metastasen septischer oder maligner Natur) die Pleura ergreifen.

Auch in früheren Jahren beweist das Entstehen sehr vieler pleuraler Anwachsungen und Verschwartungen ohne entsprechende Vorgeschichte, daß zahlreiche Rippenfellentzündungen keine nennenswerten klinischen Erscheinungen hervorrufen. Diese Neigung zu Latenz ist, was Fieber und Schmerzen anlangt, im Alter noch gesteigert.

Die Temperatur ist häufig normal oder subfebril. Aber Ausnahmen kommen vor, sowohl nach der Richtung beträchtlichen Fiebers als auch nach der gesteigerten Schmerzes. So klagte an der Abteilung ein Patient über heftigste Schmerzen vom Typus der Interkostalneuralgie, welche ihn bis zum Schreien brachten und nach Versagen der Antineuralgika und der lokalen Prozeduren große Mengen Alkaloide erforderten. Der physikalische Befund war völlig negativ. Dann konnte etwas spärliches Reiben nachgewiesen werden, erst einige Tage vor dem Tode ein Rasselzentrum. Also zunächst die trockene Pleuritis, ihr folgend ein pneumonischer Herd. Bei der ungewöhnlichen Intensität der Schmerzen wurde auch eine ungewöhnliche Ätiologie vermutet, etwa durch Metastasen oder durch einen subdiaphragmatischen Herd hervorgerufen. Dem war aber nicht so. Es bestand eine trockene spezifische Pleuritis mit spärlichen Knötchen von bescheidener Ausdehnung, daneben ganz frische lobulärpneumonische Herde. Aber es war ein Ausnahmsfall.

Verlauf und Ausgang der Alterspleuritis entspricht nach Dauer und Endzustand der gewohnten Variabilität. Es kann restitutio ad integrum in überraschend kurzer Zeit erfolgen, es kann zu lockeren Verwachsungen bis zu gewaltigen Verschwartungen kommen, welche zuweilen noch durch lange Zeit, eventuell durch Jahre, abgesackte Reste des Ergusses einschließen können.

Die Diagnose der Pleuritis erfolgt nach den üblichen Symptomen, dem Reiben oder der Dämpfung mit den bekannten Zeichen eines Ergusses. Wichtig ist nur eines: Bei jeder Dämpfung durch Erguß ist die Probepunktion heranzuziehen, da sehr harmlos aussehende Pleuritiden im Alter eitrig sein können. Wie schon hervorgehoben wurde, ist die diagnostische Bedeutung der Punktion eingeschränkt, soweit die Unterscheidung von Transsudat und Exsudat in Frage kommt. Flüssigkeiten von niederem spezifischen Gewicht, niederem Eiweißgehalt und negativem Rivalta, welche in früheren Lebensperioden mit Sicherheit als Transsudate anzusprechen wären, können ohne weiteres bei Pleuritiden auftreten, die mit Reiben begonnen haben oder bei denen der Obduktionsbefund mit Fibrin und Knötchen keinen Zweifel an der Entzündung läßt. Dies haben wir sehr oft bei Obduktionen beobachtet. Auch der bei diesen Fällen reichlichere Zellbefund im Sediment reicht nicht immer zur Differenzierung aus, besonders wenn nicht an der untersten Grenze der Flüssigkeit punktiert wird, so daß ein Befund vom Charakter des Transsudats im Senium eine Pleuritis nicht ausschließen läßt.

Daß hämorrhagische Beschaffenheit des Exsudats die Aufmerksamkeit in die Richtung der tuberkulösen bzw. malignen Pleuritis lenkt, muß nur erwähnt werden, doch kommen bei Blutungsneigung auch bei anderen Ätiologien blutige Exsudate, selbst von hohem Blutgehalt, vor.

Über die Therapie der Pleuritis im Alter ist nicht viel Unterscheidendes zu sagen. Die üblichen Symptomatika der Stillung von Schmerz und Hustenreiz, die Anwendung von lokalen Gegenreizen, wie Senfpflaster, bei protrahiertem Verlauf von Schmierseife, können ebenso empfohlen werden wie sonst. Mit Punktionen soll man nicht sparsam sein und nicht lange zuwarten, einerseits um den oft klinisch nicht markanten, im Spätverlauf sich vollziehenden Übergang in Eiterung nicht zu übersehen, anderseits um der Bildung von Verschwartungen entgegenzuarbeiten. Bei großen Ergüssen ist es zweckmäßig, etwa die Hälfte der entnommenen Flüssigkeitsmenge durch Luft zu ersetzen, um die Druckverhältnisse des Pleuraraumes nicht zu plötzlich zu ändern und um den Wiederanstieg zu verzögern. Die schonendste Punktion bei dünnflüssigem Exsudat ist die mit dünner Nadel und angesetztem, mit Flüssigkeit gefülltem, langem, engem Schlauch, welcher durch Heberwirkung ansaugt. Bei dieser Methodik und bei Nachfüllung mit Luft braucht man bei entsprechender Beobachtung des Patienten mit der auf einmal entleerten Menge nicht allzu zurückhaltend zu sein. Man kann bis über 1,5 l auf einmal gehen, während rascheres Vorgehen ein früheres Sistieren bei höchstens einem Liter notwendig macht. Bei schwächlichen Patienten ist Vorbereitung mit Coffein und schmerzstillenden Mitteln am Platze. Entleerungen mit dicker Nadel oder gar Troikart sind durch Lokalanästhesie schmerzlos zu gestalten. All dies ist wichtiger als bei jüngeren Patienten, weil man Kollapse und Lungenödem vermeiden muß, welche aber dann auch höchst selten auftreten.

Einer sehr ausgesprochenen Neigung zum Wiederanstieg kann man durch entzündungswidrige Kost und knappe Flüssigkeitszufuhr entgegenarbeiten. Auch ein Versuch mit Salyrgan kann gemacht werden. Durch Umstimmungstherapie mit Eigenserum, bei kräftigen Personen mit Milchinjektionen oder bei starker Tuberkulinüberempfindlichkeit und gutem Allgemeinzustand mit einigen an der Schwelle der Allgemeinreaktion dosierten Tuberkulininjektionen glaubt man zuweilen, in hartnäckigen Fällen eine Wendung des Krankheitsbildes bewirken, doch ist das propter hoc im Einzelfalle schwer zu entscheiden.

Pleuraempyem. Es ist bekannt und auch für das Alter gültig, daß das parapneumonische Empyem günstiger zu beurteilen und weniger aktiv zu behandeln ist als das metapneumonische. Dieses sowie die Empyeme anderer Genese (Infarkt, Übergreifen, Sepsis usw.) sind stets sehr ernste Erkrankungen. Entleerung des Eiters ist immer indiziert; dies geschieht mit dicker Nadel oder Troikart, durch Ansaugen unterstützt. Zweckmäßig ist auch nach der Punktion ein Nachwaschen mit 1%iger Yatrenlösung (Lasch) und Belassen einer Menge dieser Lösung in dem Pleuraraum. Wir haben dabei auch prognostisch recht ungünstige Fälle heilen sehen. Mit den großen Eingriffen muß man im Alter recht zurückhaltend sein, selbst die Bühlausche Drainage immobilisiert die greisen Patienten zu sehr. Recht ungünstig sind die Resultate der Rippenresektionen, welche trotzdem bei dickem Eiter notwendig sein können. Aber die Wahrscheinlichkeit des Exitus letalis ist dabei sehr hoch.

Pleuraschwarten. Von den klinisch und röntgenologisch nicht nachweisbaren losen, strang- oder flächenförmigen Adhäsionen geht eine kontinuierliche Reihe bis zu jenen Schwarten, welche sich durch massive Dämpfungen, schwere Behinderung der Atmung und Schrumpfung der Interkostalräume kennzeichnen und die den befallenen Lungenabschnitt durch Behinderung der Lüftung und der Exkursionen von der Funktion ausschalten und zu einem locus minoris resistentiae machen. Sie bilden die Prädilektionsstelle für Bronchitiden, Bronchiektasien und Indurationen. Massive, oft zentimeterdicke Schwarten halten häufig noch beträchtliche Exsudatreste eingeschlossen, sind meist mehrkammerig und schalten große Partien der Lunge aus. Besonders wenn die Schwarten beiderseitig sind, führen sie genau so wie die schwielige Perikarditis zu Hypertrophie und Dilatation des rechten Herzens und nicht selten zu dessen Versagen unter Stauungserscheinungen. Verschwartungen entstehen in diesem Umfang meist nur dann, wenn die Behandlung der Pleuritiden durch Unterlassung der notwendigen Punktionen unzureichend war, oder die Nachbehandlung durch systematische Atemübungen unterlassen wurde. Die letztere kann allerdings (Hofbauer) auch später manches ausgleichen, doch gilt dies im Alter mit seinem Emphysem und den verringerten Kräften, insbesondere der Exspiration, doch nur in geringerem Ausmaße. Zudem gibt es noch Pleuritiden, besonders eitrige oder hämorrhagische, wo auch sorgfältigste Behandlung die grobe Verschwartung nicht verhindert.

Der primäre Pleurakrebs oder das Sarkom ist im Alter ungemein selten. Wir selbst haben nur ein primäres Endotheliom beobachtet. Relativ häufig sind metastatische Krebspleuritiden, die sich durch besondere Neigung zu Schmerzen, Kachexien und blutige Ergüsse auszeichnen und jeder anderen Therapie als der rein symptomatischen unzugänglich sind.

Erkrankungen des Kreislaufs.

9. Allgemeines über Kreislauferkrankungen im Alter.

Die chronische Herzinsuffizienz. Daß der Mensch am Herzen stirbt, ist eine banale Phrase. Im Alter könnte man zu ihrer Begründung noch die Statistik heranziehen. Der Herztod wird als ungemein häufige Todesursache angegeben, aber wir sind über den geringen Wert solcher statistischer Daten orientiert. Unter chronischer Herzinsuffizienz sollen an dieser Stelle jene Leiden verstanden werden, in denen ein länger dauerndes Versagen des Kreislaufs im Vordergrund gestanden ist, gleichgültig, ob die primäre Ursache dafür im Herzen selbst gelegen war, etwa in einem Klappenfehler oder einer Myokardaffektion, oder ob die Gefäße, ob eine Hypertonie, eine Schrumpfniere oder ein Emphysem die Ursache der Störung war. Grenzt man so ab, so handelt es sich jedenfalls um ein ungemein häufiges Vorkommnis. Der Tod der Herzkranken erfolgt heute in der Regel nicht mehr wie früher unter dem Bilde der Wassersucht oder der bis ans Ende gelangten Stauung. Dies wird durch die Fortschritte der Therapie verhütet. Der Tod erfolgt meist an Komplikationen. Ein Teil der Herzkranken stirbt ganz plötzlich und unerwartet, oft dürfte Kammerflimmern die Ursache sein, andere in Anfällen schwerer Natur, wie Angina pectoris oder Lungenödem, andere an Erscheinungen, welche indirekte Folgen der Kreislaufinsuffizienz sind, wie Embolien, ein beträchtlicher Anteil stirbt an Komplikationen, bei denen die kranken Kreislauforgane nur die Mortalität vergrößern, wie Pneumonien oder sonstige entzündliche Erkrankungen.

Die chronische Herzinsuffizienz tritt im Alter unter den verschiedensten Bildern auf, wobei strenge Beziehungen zwischen Ursache und Form in geringerem Maße hervortreten als sonst. Man muß auch im Alter zwischen der Insuffizienz des linken und jener des rechten Herzens unterscheiden und wird feststellen können, daß die erstere mehr zu Atemnot und Anfällen, die letztere zu Cyanose und Stauung neigt. Aber um im Bereiche der zweiten zu bleiben, so kann weiter noch zwischen dem Typus des Emphysemherzens mit seiner Cyanose und geringen Lebervergrößerung unterschieden werden und zwischen der abdominalen Stauungsform, wie sie bei Mitralfehlern in Verbindung mit Ödemen vorkommt. Trotzdem kann aber bei einem Klappenfehler als erstes Insuffizienzsymptom eine Stauungslunge auftreten und beim Emphysem ein Ödem. In die Lokalisation der Störung haben wir im Alter nur geringeren Einblick, und wir müssen es hinnehmen, wenn von anscheinend gleichartigen Fällen der eine zuerst ein Knöchelödem aufweist und der andere eine große Leber, der dritte zunächst einen Hydrothorax entwickelt und der vierte die Stauungslunge und noch ein anderer periphere Cyanose. Aber von dem grundlegenden anatomischen Typus abgesehen, ist diese Art des Einsetzens für den Einzelfall doch nicht ohne Bedeutung, denn in der Regel verläuft dann die Insuffizienz unter Präponderanz des betreffenden Symptoms nach dem Gesetz, wonach sie aufgetreten ist, auch wenn sich allmählich noch Erscheinungen anderen Charakters hinzugesellen.

Es wird allerdings der natürliche Verlauf der Ereignisse gegenwärtig durch die Therapie sehr abgeändert, wie vorweggenommen werden muß. Dies gilt insbesondere von der hydropischen Form. Aber immer kommen noch Fälle in Beobachtung, bei denen meist durch eigene Nachlässigkeit oder Indolenz der Umgebung ärztliche Hilfe nicht ausreichend in Anspruch genommen wurde oder sich erfolglos erwies, so daß die alten Typen hervortreten.

Wenn es sich um ein Versagen des gesamten Kreislaufs handelt, ist bekanntlich das rechte Herz der schwächere Teil, und seine Symptome überwiegen. Aber auch dann sind die Erscheinungen nicht einheitlich. Es gibt den alten Patienten, der wenig klagt, wenig zyanotisch ist, flach liegen kann, einen guten Puls von nicht hoher Frequenz hat, aber dennoch sind seine Beine, sein Skrotum und Penis ohne Nephritis oder Thrombosen unförmig geschwollen, die Kreuzbeingegend und in vielen Fällen die ganze Bauchhaut ist ödematös, das ist der Typus der Wassersucht. Ihm steht ein zweiter Typus gegenüber, ganz trocken, ohne Spur von Ödem, hochgradig zyanotisch, abgemagert und kachektisch. Er weist Stauungsorgane, insbesondere Stauungslunge, auf. Aber auch die Verteilung der Stauungsorgane ist unregelmäßig. Daß beim Emphysem die Lebervergrößerung meist fehlt, wurde bereits erwähnt. Hier liegt wenigstens eine gewisse Regelmäßigkeit vor. Aber warum in einem Falle von Herzinsuffizienz die Leberstauung so sehr im Vordergrund steht, daß sich der Patient für magenkrank oder leberleidend hält, warum in anderen Fällen die Lunge, die Niere, die Milz einseitig bevorzugt sind, wissen wir nicht, für das Alter noch weniger als sonst. Wir wissen nichts über die verschiedene Tendenz zum Hydrothorax.

Dagegen läßt sich sagen, daß der rein abdominale Typus mit Aszites und geringen Ödemen nur selten durch eine Herzkrankheit allein verursacht wird, sondern meist eine ergänzende anatomische Aufklärung findet, etwa in einer latenten Cirrhose oder einer Cirrhose cardiaque oder in einer Zuckergußleber oder in Veränderungen am Perikard oder ausgedehnten Pleuraverschwartungen. Wie dies bei der Besprechung des Emphysems geschehen ist, werden die Beziehungen zwischen dem Typus der Kreislaufinsuffizienz und ihrer Ursache auch bei den Einzelerkrankungen des Herzens und den sonstigen

Quellen der Herzinsuffizienz, z. B. der Hypertonie, herangezogen werden. In dieser allgemeinen Übersicht sollte nur darauf Wert gelegt werden, daß die Typen der Kreislaufstörungen im Alter zwar bestehen, aber sich doch im einzelnen vielfach überschneiden und in der Verteilung der Symptome sehr variieren. Die Fragen nach dem Wesen der Kreislaufinsuffizienz oder besser der Kreislaufinsuffizienzen sind derzeit im Fluß. Neben den hydromechanischen Momenten stehen die der Peripherie, des geänderten Stoffwechsels und der nervösen Regulierungen in Diskussion. Es wird Aufgabe der Zukunft sein, die sichergestellten Ergebnisse auf die komplizierteren Verhältnisse im Alter zu übertragen.

Allgemeine Therapie der Kreislaufinsuffizienz.

Der Behandlung der einzelnen Herzkrankheiten soll eine allgemeine Übersicht über die Therapie der Kreislaufinsuffizienz im Alter vorangestellt werden. Vorausgesetzt sind jene allgemeinen Ratschläge über Anpassung an die Funktion, Schonung und Mäßigkeit, welche jedem Herzkranken gegeben werden und welche sich zum Teil mit der allgemeinen Hygiene des Alters decken. Die Behandlung ist vorwiegend eine medikamentöse und diätetische.

Das wichtigste Medikament ist die Digitalis, welche aber in ihrer Dosierung und Kombination im Alter vielfach anders verwertet werden muß. Die typische Darreichung im Senium ist die kleine Dosis, oft durch sehr lange Zeit, kontinuierlich oder in steter Wiederholung mit Pausen gegeben. Der für mich richtunggebende Fall liegt viele Jahre zurück, lange vor meiner Beschäftigung mit Alterskrankheiten. Es handelte sich um eine alte Dame, die vom 60. bis 75. Jahre sozusagen ausschließlich von der Digitalis lebte. Es war eine Mitralstenose mit Neigung zu Tachykardie und Stauung von Lunge und Leber, ohne Tendenz zu Ödem. Gab man der Kranken größere Dosen, so traten rasch Bradykardie, Extrasystolie, Magenbeschwerden und allgemeines Unbehagen auf. Setzte man mehr als eine Woche aus, so ging der Puls enorm in die Höhe, Cyanose, Dyspnoe und Stauungserscheinungen setzten ein. Sie nahm durch 15 Jahre fast ununterbrochen 0,1, zuweilen auch nur 0,05 g Digitalis pro Tag. Wenn sie aufs Land oder in eine Heilanstalt fuhr, riet ich dem behandelnden Kollegen brieflich, die Digitalisbehandlung fortzusetzen. Wenn er die Dauer der Verabreichung erfuhr, machte er fast regelmäßig den Versuch, das Medikament auszusetzen, die Patientin kam dekompensiert zurück. Ich referiere den Fall so ausführlich, weil er Typisches zeigt. Er beweist, daß die zeitliche Dauer der Digitalisverabreichung im Alter fast unbegrenzt sein kann. Allerdings wird man versuchen, in der Regel Pausen einzuschalten, etwa von 10 Tagen im Monat, je nach dem individuellen Bedarf, den die Patienten, wenn sie gute Beobachter sind, genau zu beurteilen vermögen. Anderseits hat es vielfach einen Sinn, bei Leuten, welche einer dauernden Verabreichung nicht bedürfen, aber doch herzgeschädigt sind, etwa bei Emphysem oder Hochdruck, Digitalis in noch kleineren Mengen prophylaktisch zu geben, so durch 10 Tage im Monat. Man erzielt dadurch Besserung mancher Beschwerden, welche nicht manifeste Kreislaufbeschwerden sind, und ein längeres Erhaltenbleiben der Kompensation.

Im Beginne der Behandlung, bei dekompensiertem Kreislauf, muß man wohl mit größeren Mengen Digitalis einsetzen. Wir geben meist durch einige Tage 0,3 gr, um dann zu den kleineren Dosen überzugehen. Die Verwendung sehr großer Digitalismengen, etwa 3 g in 5—6 Tagen mit langen Pausen, erweist sich in der Regel unzweckmäßig. Bei jungen Individuen sieht man nach dieser früher bevorzugten Therapie sehr lange Zeiten der Kompensation durch Monate, manchmal durch Jahre eintreten, ohne daß neuer Digitalisbedarf besteht. Bei den Alten ist es anders. Zunächst fällt die lange günstige Nachwirkung weg, die Dekompensation setzt ohne intermittierende Zufuhr der Digitalis in weit kürzeren Perioden ein, der therapeutische Gewinn ist geringer. Zur Erklärung dieses Vorganges braucht man nicht an Änderungen der Haftwirkung der Digitalis zu denken, wohl aber daran, daß die Selbstregulierung des wiederhergestellten Kreislaufs im Alter weit unvollkommener ist und der steten Hilfe bedarf. Das zweite Argument gegen die sehr großen Dosen besteht in den Störungen, die darnach auftreten. Digitalisextrasystolen, Digitalisbigeminie, Digitalisbradykardie sind häufiger und die allgemeine Unzuträglichkeit von Seiten des Verdauungstraktes tritt auch bei nichtoraler Zufuhr relativ leicht ein. Die therapeutische Breite der Digitalis, die Differenz zwischen optimaler und toxischer Wirkung dürfte im Alter, nach der Klinik zu urteilen, geringer sein, ohne daß pharmakologische Untersuchungen nach dieser Richtung vorliegen. Man kann einer Reihe dieser Erscheinungen durch gleichzeitige Verabreichung von Chinin (s. unten) entgegenarbeiten, aber es hat keinen Sinn, im Alter eine Digitaliswirkung zu forcieren, da der Vorteil der langen Kompensationsdauer kaum zu erreichen ist.

Die dauernde Verabreichung der kleinen Mengen ist wieder notwendig, weil ihr Aussetzen in sehr vielen Fällen eine rasche Verschlechterung des Allgemeinbefindens, unliebsame Tachykardien, Dyspnoe und Stauungserscheinungen hervorruft.

Das typische Präparat für die kleinen Mengen ist das titrierte Pulv. fol. dig., 0,1 pro dosi, welches aber besonders bei empfindlichem Magen durch die modernen gereinigten Digitalispräparate ersetzt werden kann; allerdings nicht durch alle.

Die ersten gereinigten Digitalispräparate, Digalen und Digipurat, waren in ihrer ursprünglichen Zusammensetzung noch unvollkommen. Als erstes vollwertiges Präparat erschien das Digifolin, aber seither gibt es wohl in allen Ländern verläßliche, von Ballaststoffen befreite Digitalispräparate, allerdings noch mehr solche, die nicht vollwirksam sind. Was man verlangen muß, ist gute Verträglichkeit und volle Wirkung, welche bei Überdosierung auch die Möglichkeit der Digitalisintoxikation einschließt. Digitalispräparate, welchen das Fehlen der Kumulationswirkung (Kumulationswirkung im klinischen Sinne gemeint) nachgerühmt wird, sind minderwertig. Man kann mit ihnen nicht den optimalen therapeutischen Effekt erreichen. Es ist Sache des Arztes und der Dosierung, nicht der Fabrik, Digitalisschäden zu vermeiden. Rektale Verabreichung und Injektion folgen auch im Alter den üblichen Indikationen.

Wo sich die Digitalis nach Variationen der Dosierung als unzureichend in der Wirkung erweist, ist auch im Alter die Strophantinkur zu empfehlen, welche sich bei Ausschluß verzweifelter Fälle und bei entsprechender Technik bewährt. Man injiziert intravenös sehr langsam, am besten mit Traubenzucker oder mit Zusatz eines Gefäßmittels, wie Cardiazol, und gibt als erste tastende Injektion $^1/_4$ mg, in zweifelhaften Fällen noch weniger, als Höchstdosis $^1/_2$ mg. Auch im Alter gibt es sehr überzeugende Erfolge, Beseitigung von Stauung und Dyspnoe bei sonst nicht zu kompensierenden Fällen. Auch bei der Therapie der Angina pectoris wird vom Strophantin noch zu reden sein.

Die Ersatzpräparate der Digitalis (Adonis, Scilla, Convallaria, Spartein) haben einen verhältnismäßig engen Indikationsbereich, wenn man diesen darin sieht, daß nur Fälle behandelt werden sollen, bei denen man mit Digitalis nicht zurecht kommt. Theoretische Grundlagen ihrer Anwendung sind kürzere Haftdauer, geringere Beeinflussung der Reizleitung und der tertiären Herzzentren, doch ist die Anzahl der Fälle sehr gering, wo man sich nicht durch geeignete Kombination und Dosierung der Digitalis helfen kann.

Anderseits ist kein Zweifel, daß von Stoffen dieser Art typische Herzwirkungen ausgehen können, insbesondere im Scilloral (Bergel) haben wir in jüngster Zeit ein Mittel kennengelernt, welches sich durch seine besondere diuretische Wirkung auszeichnet und gestattet, auch schwere Herzinsuffizienzen im Alter ohne Beihilfe von Digitalis zu kompensieren. Für jene Fälle, wo Salyrgan kontraindiziert ist, ist Scilloral manchmal der Digitalis vorzuziehen, so daß Mittel dieser Art doch mehr sind als eine Zuflucht in Sonderfällen und eine Abwechslung aus psychologischen Gründen. Kontraindikationen der Digitalis werden bei den entsprechenden Erscheinungen erörtert werden.

Alle anderen Maßnahmen der Herztherapie sind sehr variabel. Überall, wo Flüssigkeit in irgendeiner Form im Körper zurückgehalten wird, in erster Linie bei allgemeiner Wassersucht, aber auch bei isolierten Transsudaten, bei Stauung der Leber und der Lunge, bei Neigung zu Asthma cardiale oder zu Ödem der Lunge und des Gehirnes empfiehlt sich eine salzarme Kost, sie braucht nicht salzfrei zu sein, und Zusätze von 2—5 g Kochsalz in natura können in der Regel gestattet werden. Damit muß Beschränkung der Flüssigkeit verbunden werden. Sehr bewährt ist bei nicht allzu reduzierten Alten mit Flüssigkeitsretention die Einleitung der Behandlung mit 2—3 Karell-Tagen, sei es als Milch- oder Obst- oder Kompott- oder Kartoffel-Karell, gleichzeitig mit Digitalisverabreichung. Die Gewichtsabnahmen sind oft verblüffend. 5—6 kg in 3 Tagen sind keineswegs selten, und die Rückwirkung auf Allgemeinzustand und physikalischen Befund ist entsprechend. Die kochsalzarme Kost ist sehr lange Zeit fortzusetzen, später häufig nach dem Vorgange Noordens durch Alternieren von kochsalzarmen und normalen Tagen als Zick-Zack-Kost gemildert, eventuell durch einen oder zwei Karell-Tage in der Woche verstärkt. Sie spielt im Alter vielleicht eine noch wichtere Rolle als in früheren Jahren und ist, weil die sonstige Diuretika im Alter weniger wirksam sind, neben den Quecksilber-Diuretizis die wichtigste Maßnahme der Entwässerung.

Wir verordnen zwar fast regelmäßig zur ersten Digitalisierung auch Theobrom. natrio-salicyl. (Diuretin), aber überschätzen dessen harntreibenden Wert nicht. Wird es in kleinen Mengen, etwa dreimal 0,5 gr gegeben, so wirkt es nicht deutlich diuretisch und stellt mehr ein Sicherheitsventil gegen die gefäßverengernde Wirkung der Digitaliskörper auf die Kranzgefäße dar und fördert die bessere Durchblutung. Größere Dosen, dreimal 1 g des Diuretins oder entsprechende Mengen anderer Purinkörper, sind zwar als Diuretika gemeint und wirksam, aber das sehr häufige Mißlingen des Versuches, Schäden der Wasserbilanz nur durch sie und mit Digitalis ohne Beschränkung des Salzes zu beeinflussen, zeigt die Schwäche der Wirkung und den relativ geringen Anwendungsbereich der Purinkörper als Diuretika. Etwas höher sind wohl die stärkeren Diuretika der Purinreihe einzuschätzen, etwa Theocin, Theacylon in der üblichen Dosierung, Euphyllin rektal oder intravenös gegeben, aber sie treten doch im Alter mehr zurück. Der alte Organismus spricht auf sie weniger an als der junge. Gering ist im Alter auch die Bedeutung der pflanzlichen und mineralischen harntreibenden Mittel, wie der Species diureticae, von Schilddrüse und Urea usw.

Das souveräne Mittel, wenn die genannten Methoden versagen — und dies ist häufig genug der Fall — sind auch im Alter die organischen Quecksilberdiuretika, besonders Salyrgan und Novurit intramuskulär, bei ungenügendem Erfolg eventuell auch intravenös und bei Aszites intraperitoneal gegeben, in der Menge von $1/_2$ ccm als Tastdosis bis zu 2, ja 4 ccm. Das Resultat ist auch im Alter oft erstaunlich. Es kann, wie bekannt, durch Vorbehandlung (Ammonchlorid, Mixt. solvens in größeren Dosen, Gelamon) gesteigert und gesichert werden. Das stärkste Diuretikum ist die Mischspritze nach Fleckseder, welche Decholin, Salyrgan und Traubenzucker enthält.

Die Bedeutung der salyrganartigen Mittel — Analoges ist auch von der salzarmen Kost zu sagen — beschränkt sich nicht nur auf die Behandlung der Wassersucht, sondern sie gilt auch für die anderen früher aufgezählten Zustände, wie Stauung der Leber und Lunge, kardiales Asthma, Hirnödem usw.

Die Quecksilberdiuretika sind im Alter nicht völlig harmlos, selbst wenn man die Kontraindikationen (Kachexie, Nierenschädigungen durch Nephritiden oder Schrumpfnieren, Diarrhöen) beachtet. Auch unerwartet kommt es in seltenen Fällen zu schweren Erscheinungen. Ich habe zwei Todesfälle im Alter gesehen, ohne daß ein Fehler in der Indikation vorlag, einen an einer nekrotisierenden Darmentzündung, den andern an einer Durchwanderungsperitonitis. Aber diese beklagenswerten Fälle kommen doch nicht in Betracht gegenüber den tausendfach erzielten Lebensverlängerungen und Besserungen. Noch weniger gilt dies von den leichteren Erscheinungen von Salyrganüberempfindlichkeit (Fieber, Exantheme, Urtikaria) in einzelnen Fällen oder von den Muskelkrämpfen nach rascher Entwässerung. Wir kennen Kranke, die auch im Alter durch viele Jahre, so durch 8 Jahre, nur durch Quecksilberdiuretika am Leben erhalten worden sind. Die fundamentale Bedeutung der Therapie ist nicht zu bezweifeln. Ich muß auch gestehen, mich in verzweifelten Fällen mit Erfolg und in vollem Bewußtsein der Gefahr gegen die Kontraindikationen vergangen und diese Mittel also auch bei Schrumpfnieren, allerdings nicht bei nephritischen, bei zweifelhaftem Kräftezustand und bei geringen Diarrhöen verabreicht zu haben. Wo nichts zu verlieren ist, ist man berechtigt, die Verantwortung für ein solches Risiko zu übernehmen.

Es wurde bereits erwähnt, daß es dank der Vorschriften der Therapie zu den Ausnahmen gehört, daß Kreislaufkranke unter dem Bilde der schweren Wassersucht sterben. Wenn dies geschieht, so hat man sich immer die Frage vorzulegen, ob nicht eine besondere anatomische Ursache der Therapie den Angriffspunkt nimmt, etwa eine latente Endo- oder Perikarditis, Koronarinfarkte und ausgedehnte Schwielenbildungen im Herzen, Thrombosen im Bereiche der Vorhöfe, der Lunge oder der unteren Körperhälfte. Es ist jedoch auch zuzugeben, daß Fälle ohne solche, oft erst bei der Obduktion nachweisbaren Gründe vorkommen, wo die sonst so wirksamen Methoden der Entwässerung versagen.

Im gewöhnlichen Laufe der Dinge findet man mit den erörterten Maßnahmen das Auslangen. Die meisten anderen Eingriffe sind dazu bestimmt, entweder Komplikationen zu behandeln oder Sonderindikationen zu dienen; beides wird an entsprechender Stelle zu besprechen sein. Aber es gibt doch noch einzelne Beschwerden im typischen Verlauf und Maßnahmen, welche noch zur allgemeinen Therapie gerechnet werden müssen. So die bereits erwähnte Verordnung von Theobrominpräparaten als Sicherheitsventil gegen die Andeutung von stenokardischen und cerebralen Beschwerden und Schwindel und ebenso wie Darreichung von Coffein, um die pulmonale Dyspnoe zu beeinflussen. Ihr Angriffspunkt liegt an peripheren Gefäßen, wie an der Bronchialmuskulatur, wozu beim Coffein noch die stärkere Beeinflussung der Zentren für Vasomotoren und Atmung kommt. Bei Hochdruck und Stauung im Lungenkreislauf kann ein wiederholter Aderlaß nützen.

Physikalische Therapie, wie Kohlensäure- und Sauerstoffbäder, Bestrahlungen mit Quarzlicht können bei leichteren Fällen im Alter verwendet werden, bei schwereren sind sie kontraindiziert. Die subjektiven Erleichterungen, die sie manchmal bringen, sind deutlicher als der objektive Erfolg. Ihre Wichtigkeit ist im Alter nicht sehr groß.

Reduktion überschüssigen Fettes, Förderung von Gewichtszunahmen bei starkem Untergewicht, kleine häufige Mahlzeiten sind Indikationen, die keiner Erläuterung bedürfen. Vielleicht aber darf doch darauf hingewiesen werden, daß es auch im Alter wünschenswert ist, die Muskulatur zu erhalten, und daß daher bei kompensierten Fällen auf Körperbewegung zu dringen ist, unter Anpassung an die Leistungsfähigkeit, und daß bei allen, insbesondere bei den bewegungsschwachen Kranken, Körpermassage ein Mittel ist, welches der Muskulatur und der peripheren Zirkulation zugute kommt. Solange man nicht weiß, ob die Kranken eine Höhenlage gut vertragen, was öfter zutrifft, wird man 600—900 m als die obere Grenze ansehen müssen, die für dauernden Aufenthalt in Betracht kommt.

Die Rhythmusstörungen im Alter.

Extrasystolen, Pulsus irregularis perpetuus, in weitem Abstand davon Überleitungsstörungen, dies sind die typischen Rhythmusstörungen im Alter. Die anderen, wie Pulsus alternans sind bedeutungslose Ausnahmsfälle, die respiratorischen Arhythmien sekundäre Erscheinungen.

Extrasystolen sind eine ungemein häufige Erscheinung, alle

Typen kommen vor. Bei langsamem Puls sind sie mit sehr guter körperlicher Leistungsfähigkeit vereinbar. Ich habe einen alten Bergführer gekannt, der trotz seiner Extrasystolen mit schwerem Rucksack Hochtouren führte. Extrasystolen sind im Alter bei langsamem Puls und guter Leistungsfähigkeit keine besondere prognostische Bedeutung zuzumessen, freilich darf man sich nicht darüber täuschen, daß fast alle diese Unregelmäßigkeiten organischen Ursprungs sind, also ein Zeichen irgendeiner anatomischen Läsion oder einer Zirkulationsstörung im Herzen. Nervöse Extrasystolen können nur dann angenommen werden, wenn sie sich durch eine Vorgeschichte vieler Jahre als aus der Jugend herübergenommen erweisen. Ich kenne einen solchen Fall auch mit prompter Reaktion auf Atropin. Reflektorische Auslösung, z. B. durch Blähungszustände ist häufig. Die subjektiven Beschwerden treten meist zurück. Viel seltener als Jugendliche beschweren sich die Alten, daß sie ihre Extrasystolen als Schläge, als Herzstillstand, als Stoß spüren, meistens bleiben sie ihnen unbewußt. Auf die Erscheinung der Bigeminie, der regelmäßig mit dem Hauptschlag gekuppelten Extrasystolen, und ihr Auftreten nach Digitalis sei hingewiesen. Über den Ursprung der Extrasystolen aus den einzelnen Teile des Reizleitungssystems gibt heute das Elektrokardiogramm raschen und sicheren Aufschluß.

Therapeutisch ist bei der Behandlung der Extrasystolen zunächst das Grundleiden in Betracht zu ziehen. Sie treten oft bei Dekompensation auf und verschwinden mit deren Beseitigung. Die zweite Frage ist, ob Extrasystolen nicht medikamentös bedingt sind, praktisch wichtig, ob es nicht Digitalis-Extrasystolen sind, welche zu dessen Ausschaltung Anlaß geben müssen. Es ist wichtig, den individuellen Auslösungsbedingungen nachzugehen, von denen im Alter besonders Zwerchfellhochstand, Magenüberladung, Blähung und Obstipation in Frage kommen. Das symptomatische Mittel bei der Behandlung der Extrasystolen ist das Chinin, welches in Mengen dreimal 0,1—0,15 pro Tag gegeben wird, isoliert gegeben, wenn es sich um Digitalis-Extrasystolen handelt. Wenn aber gleichzeitig eine Digitalisindikation besteht, wird es mit kleinen Mengen Digitalis kombiniert, oft auch mit Strychnin, etwa in der von Wenckebach stammenden Kombination: Chinin 3,0, Pulv. fol. dig. titr. 1,0, Strychnin. nitr. 0,03 auf 30 Pillen. Der therapeutische Effekt liegt in der Herabsetzung der Erregbarkeit der heterotopen Zentren, von denen die Extrasystolen ihren Ursprung nehmen. Die Medikation wird nach Bedarf in Pausen wiederholt. Man sieht im Alter weniger oft als früher ein Verschwinden der Unregelmäßigkeit auf diese Medikation, wohl aber ein Rücktreten. Viel mehr ist auch mit Chinidin nicht zu erreichen, vielleicht ist dessen symptomatischer Effekt etwas stärker, sicher nicht die Nachwirkung, und Chinidin ist kein ganz indifferentes Medikament. Die übrigen empfohlenen Mittel sind in ihrer Wirkung ganz unsicher.

Der Pulsus irregularis perpetuus, das Vorhofflimmern, ist im Alter ungemein häufig. Es ist bei langsamem Puls oft mit guter Herzfunktion vereinbar, oft aber mit Erscheinungen der Herzinsuffizienz und sehr häufigen, vielfach frustranen Kontraktionen verbunden. In letzteren Fällen muß die Herzleistung rein mechanisch leiden. Wenn ein Pulsus irregularis als Zeichen der Dekompensation entstanden ist, so kann er mit Eintreten der Kompensation wieder verschwinden. Eine Beseitigung auf andere Art habe ich im Senium nie gesehen. Insbesondere versagt Chinidin nach dieser Richtung völlig. Man kann im Alter auch durch sehr große Dosen nur eine ganz vorübergehende Herstellung des Grundrhythmus erreichen, welche aber mit Aussetzen des Medikaments oder Verringerung der Dosis wieder verlorengeht. Ich habe es daher aufgegeben, im Alter das Chinidin für diesen Zweck noch zu verwenden, obwohl es in früheren Lebensperioden das wichtigste Medikament für die Behandlung von Vorhofflimmern darstellt. Was an Therapie übrigbleibt, ist der Versuch, bei Tachykardie die notwendige Pulsverlangsamung mit Digitalis, eventuell auch in größeren, länger gegebenen Dosen zu erreichen und dabei gleichzeitig die Anzahl der das Vorhofflimmern komplizierenden Extrasystolensalven mit Chinin zu verringern. Nach dieser Richtung kann man auch von Cardiazol-Chinin und den obenerwähnten Wenckebach-Pillen Gebrauch machen.

Überleitungsstörungen vom Typus des Herzblocks, der vollständigen oder unvollständigen Dissoziation, sind im Alter relativ häufiger als in jüngeren Lebensperioden, aber mit geringeren klinischen Erscheinungen verbunden. Besonders sind die Anfälle von Bewußtlosigkeit sehr selten. Der Block im Alter tritt klinisch meist als eine einfache Bradykardie auf, aber eben darum ist auch jede Bradykardie im Alter blockverdächtig und muß zur Stellung der Diagnose zum Studium des Venenpulses und besonders des Elektrokardiogramms auffordern. Eine Wiederherstellung der Funktion ist nie zu erreichen, außer in Fällen luetischer Genese. Die Therapie ist in voller Analogie zum Vorhofflimmern die des Grundzustandes und die der begleitenden Extrasystolen. Ein Herzblock in gutem Funktionszustand ist kein Gegenstand der Behandlung. Der vollständige Block ist keine Kontraindikation gegen sonst indiziertes Digitalis. Hier kann dieses nichts mehr verderben. Bei unvollständiger Dissoziation, wenn etwa die Vorhöfe genau dreimal öfter schlagen als die Ventrikel, ist das Bedenken, Digitalis anzuwenden, sehr berechtigt. Denn Digitalis schädigt die Überleitung und kann vollständige Unterbrechung herbeiführen. Aber das Verbot ist nicht ausnahmslos. Es muß überschritten werden, wenn der Kreislauf Digitalis braucht. Allerdings sind in solchen Fällen auch Versuche mit Scilla- oder Adonisbehandlung zu machen und Chinin heranzuziehen.

Die respiratorische Arhythmie im Alter ist mit der in der Jugend nicht zu vergleichen. Sie stellt kein Spielen um einen Gleichgewichtszustand dar, sondern ist eine Rhythmusform, welche durch schwere Störungen der Atmung wie beim Cheyne-Stokesschen Atmen oder beim kardialen Asthma dem Organismus aufgenötigt wird. Isoliert auftretend ist sie von übler Bedeutung, ebenso wie der Pulsus alternans.

Die Extreme der Pulsfrequenz als solche sind mit Ausnahme ihrer anfallsartigen Formen keiner Therapie zugänglich. Dies gilt von der echten Bradykardie, welche nicht durch Medikamente wie Digitalis verursacht ist. Da sie jedoch meist bei leistungsfähigem Herzen auftritt, ist dies von geringerer Bedeutung. Die wichtigste Aufgabe des Arztes besteht darin, der Meinung entgegenzutreten, daß ein langsamer Puls ein schwacher Puls sei und in der Beruhigung des Patienten. Unangenehmer ist unsere Hilflosigkeit der reinen Tachykardie gegenüber, wo bei bestehender Herzinsuffizienz Digitalis nicht hilft. Ist die Tachykardie nicht Symptom einer behandelbaren Krankheit, etwa einer Hyperthyreose oder einer fieberhaften Entzündung oder handelt es sich nicht um einen paroxysmalen Anfall, so gibt es kein sicheres Mittel. Man kann noch die Kältewirkung heranziehen, in Form des Herzkühlers. Die Medikamente versagen in der Praxis fast immer, dies gilt sowohl von den Nervinis (Brom, Baldrian), den Vagusreizmitteln (Physostigmin, Cholinpräparaten), wie von dem sympathikuslähmenden Ergotin. Auch Digitalis wie Chinin ist bei primären, dauernden Tachykardien meist ohne Einfluß. Es wäre eine der wichtigsten therapeutischen Aufgaben, die nicht durch Herzinsuffizienz bedingten einfachen Sinustachykardien pharmakologisch zureichend beeinflussen zu können. Diese Aufgabe ist ungelöst, sie dürfte aber nicht unlösbar sein, denn das Einsetzen eines Ikterus bringt während seiner Dauer auch solche Tachykardien zu vorübergehendem Sistieren. Versuche mit Decholininjektionen, welche wir angestellt haben, bedingen ein Nachlassen der Frequenz, das aber nach einigen Stunden wieder vorübergeht.

Anfälle von paroxysmaler Tachykardie kommen im Alter in allen Abarten zur Beobachtung. Häufig sind sie nicht. Sie unterscheiden sich weder im Auftreten noch in der Behandlung von der analogen Affektion in früheren Lebensperioden. Schwere Anfälle können zu einer rasch einsetzenden Stauung, besonders an der Leber, führen und tödlich enden. Die Therapie wird zunächst versuchen, die Reflexwirkungen, die sich oft hemmend ausprägen, auszunützen, wie Karotis- und Bulbusdruck, Pressen, Brechreiz, Tiefatmen usw. Das wichtigste Mittel beim schweren Anfall ist die intravenöse Chinininjektion, aber sie ist nicht ganz gefahrlos, 0,2 g Chinin und, falls dies gut vertragen wird, 0,5 g wird injiziert. Chinin oder Chinidin per os wirkt nur langsam, kann aber versucht werden, wenn die Not nicht drängt. Es bewährt sich aber oft sehr gut zur Prophylaxe bei Neigung zu häufigen Anfällen. Versagt das Chinidin, so kann noch Strophanthin, intravenös gegeben, den Anfall unterbrechen, aber auch dies ist kein ganz harmloser Eingriff und wird am besten unter den oben bei der Strophanthintherapie empfohlenen Kautelen ausgeführt.

Die anfallsweisen Dyspnoen im Alter.

Von der häufigsten paroxysmalen Dyspnoe, dem Anfall vom Typus des Asthma bronchiale, wurde bereits gesprochen. Die eigentlichen, vom Kreislauf ausgehenden Anfälle sind Asthma cardiale, Lungenödem, cerebrale Dyspnoe, Angina pectoris, Cheyne-Stokes und Adams-Stokes, ferner die Hochdruckkrisen. Die Kußmaulsche Atmung beim Koma diabeticum und die urämische Atmung gehören zu einer anderen Gruppe.

Was die Häufigkeit der Anfälle betrifft, kann vielleicht folgendes als Anhaltspunkt dienen. An meiner Abteilung sind dauernd etwa 300 alte Leute, darunter sehr viele Herzkranke in Beobachtung. Während mehrere täglich Anfälle vom Typus des Asthma bronchiale haben, und leichte, rasch vorübergehende Beschwerden stenokardischer Art ebenso häufig sind, werden nur einer bis zwei der Kranken in der Woche einen Anfall von Asthma cardiale aufweisen, noch seltener sind schwerere Anfälle von Angina pectoris; ein Lungenödem, ein Koronarinfarkt kommt nur alle paar Wochen zur Beobachtung, noch weniger häufig sind Anfälle von reinen Blutdruckkrisen und von cerebraler Dyspnoe. Typischer, ausgeprägter schwererer Cheyne-Stokes ist ein seltenes Ereignis, das nur in Monaten eintritt. Anfälle von Adams-Stokes sind Ausnahmen.

Asthma cardiale. Dieses ist im Alter, besonders als nächtliche Attacke, häufig. Lufthunger, das Gefühl, nicht durchatmen zu können, Beklemmung auf der Brust, die sich bis zu Erstickungsnot und Schmerzen steigert, sind die Initialsymptome. Die Pulsfrequenz und der Blutdruck steigen oft, nicht regelmäßig. Die Atmung wird mühsam, die Hilfsmuskeln werden herangezogen, der Patient ist zyanotisch. Oft ist bei bestehendem Emphysem auch die Exspiration verlängert, aber nicht in dem Grade und mit dem Pfeifen des Bronchialasthmas, feuchte Rasselgeräusche sind häufig. Das Gesicht ist ängstlich, zyanotisch, die Venen schwellen an.

Was dem Asthma cardiale zugrunde liegt, ist kein einheitliches und restlos aufgeklärtes Geschehen. Zunächst ist eine Schädigung des Herzens Voraussetzung, meist eine solche des linken Herzens, aber es kommt auch bei Rechtsinsuffizienz vor. Ein zweites kardinales Merkmal ist der Anfall, ein Anfall, der aller Wahrscheinlichkeit nach vom Atemzentrum aus zustande kommt, reflektorisch ausgelöst wird und sich vielfach auch reflektorisch auswirkt. Ein drittes Kennzeichen ist der Übergang mancher Fälle in Lungenödem. Die herrschende Ansicht, daß dem Asthma cardiale ein Versagen des linken Herzens zugrunde liegt, wurde durch die Anschauungen Eppingers und seiner Mitarbeiter erschüttert, wonach beim Anfall die Herzleistung wesentlich erhöht sein soll. Obgleich dieses Resultat Widerspruch gefunden hat und voraussichtlich durch unzureichende Methoden bedingt war, bleibt immerhin manches, wie der geringe Sauerstoffverbrauch im Venenblut, unaufgeklärt, wenn man eine Minderleistung des Herzens annimmt. Die alten Theorien, wonach Lungenstauung und Lungenstarre die Erscheinungen des Asthma cardiale auslösen, erklären zweifellos nicht das Eintreten des Paroxysmus. Die rein nervöse Theorie erklärt den Übergang zum Lungenödem in manchen Fällen nicht. Der verbindende Gedanke (Volhard, Brunn), daß Mobilisierung von Flüssigkeit und Einströmen in die Lungen vorwiegend in der Nacht eine Vorbedingung zumindest für jene Fälle von Asthma cardiale seien, welche mit Lungenstauung und Rasselgeräuschen einhergehen, ist wertvoll. In jedem Fall vereinigen sich Erscheinungen zentraler und peripherer Natur. Von der Angina pectoris läßt sich der Anfall durch das Rücktreten der Schmerzen und die Lungenerscheinungen abgrenzen. Die Unterscheidung vom Altersasthma wurde bereits erörtert. Aber es muß zugegeben werden, daß Mischformen vorkommen. Solche verbinden das Asthma cardiale auch mit den Hochdruckkrisen.

Zusammenfassend läßt sich als wahrscheinliche Erklärung des nächtlichen Asthma cardiale zunächst ein Nachlassen der Tätigkeit des geschädigten Herzens im Schlafe annehmen, so daß dem Atemzentrum bei erhöhtem Kohlensäuregehalt weniger Blut und Sauerstoff zugeführt wird. Das Zentrum ist im Schlafe weniger erregbar, reagiert auf den Reiz erst, wenn die Veränderungen des Blutes vorgeschritten sind, dann aber in stürmischer, auf andere Hirnzentren und die Peripherie übergreifender, unzweckmäßiger Weise. Dies ist das reflektorische Geschehen im Anfall, in vielen Fällen begleitet von Lungenstauung und Einstrom von Gewebsflüssigkeit in Blut und Lunge.

Die Therapie hat im Anfall kräftig auf das Herz einzuwirken, anderseits die nervösen Zentren zu beruhigen und den Wasserstrom zur Lunge abzudämmen. Man kann, während man auf die Spritze wartet, zunächst versuchen, den Anfall durch einen Karotisdruck

(Wassermann) von der Peripherie aus reflektorisch zu unterbrechen. Ich habe davon im Alter nur ein einziges Mal einen Erfolg gesehen. Dann kommt in der Regel Morphium und Coffein in Betracht; das Morphium nicht nur als Beruhigungsmittel, sondern auch um die Flüssigkeitsabgabe der Gewebe an das Blut und die Lunge zu hemmen, das Coffein als Erregungsmittel der Vasomotoren und des Herzens. Ist die Cyanose stark, sind die peripheren Venen gestaut, so kann man dem nächsten Eingriff, dem der intravenösen Injektion, noch einen Aderlaß vorausschicken, der entlastend wirkt. Sonst ist die intravenöse Darreichung von Euphyllin, in hochprozentigem Traubenzucker gelöst, ein bewährtes Mittel, welches die Gefäßversorgung des Atemzentrums verbessert, durch Anregung der Diurese die überschüssige Flüssigkeit entfernt und durch die hypertonische Lösung neues Einströmen verhindert und gleichzeitig die Herztätigkeit fördert. Hat sich der Anfall durch diese Mittel nicht gelöst, so gibt es keine strengen Indikationen mehr, sondern Beobachtung des Falles. Man gibt die Analeptika der Camphergruppe, bei Nachlassen der Atmung Lobelin, bei Versagen des Herzens Injektion von Digitalis oder Strophanthin, bei Überfüllung der Lunge Pituitrin, welches ebenfalls den Gewebsstrom hemmt, bei hohem Blutdruck Nitrite oder Papaverin. Man macht einen großen Aderlaß oder staut die Extremitäten zum unblutigen Aderlaß. Das Ultimum refugium ist die intrakardiale Adrenalininjektion. Während all dieser Bemühungen ist wohl auch Zeit gewesen, zur Erleichterung der Atmung Sauerstoff heranzuziehen.

Prophylaktisch ist bei Neigung zu Asthma cardiale und zu Lungenödem eine Entwässerung durchzuführen. Es darf nicht zu viel Gewebsflüssigkeit zur Verfügung stehen. Dies geschieht durch Einschränkung von Wasser und Salz, besonders aber durch eine prophylaktische Salyrganinjektion. Es kann am Abend Pituitrin gegeben werden, um die Flüssigkeit an das Gewebe zu binden (Brunn).

Lungenödem. Das Lungenödem ist in jenen Fällen, die sich aus einem Anfall von Asthma cardiale entwickeln, nur durch die Schwere der Erscheinungen, die Fülle der feuchten Rasselgeräusche und das reichliche wässerige Sputum von diesem unterschieden. Die Therapie ist die gleiche.

Bei anderen Formen des Lungenödems handelt es sich zwar auch um ein reflektorisches Geschehen, aber es steht die Peripherie stärker im Vordergrund. Dies ist der Fall etwa bei jenen Attacken, welche bei Hochdruck, nach Anstrengungen oder im Anschluß an eine Angina pectoris einsetzen und wo ein Versagen des linken Herzens bei Lungenstauung der Anlaß ist. Ganz analog ist das Lungenödem bei schwerer Mitralstenose anzusehen. Veränderungen der Gefäßdurchlässigkeit liegen wieder in erster Linie dem Lungenödem bei entzündlichen Erkrankungen, wie Pneumonien und Pleuritiden, zugrunde. Je nach den Erscheinungen hat die Reihenfolge der therapeutischen Eingriffe zu wechseln. Es kann die Indikation der Herabsetzung des Druckes oder der Gefäßdichtung durch intravenöses Calcium in den Vordergrund treten, dann folgt nach Bedarf die Reihe der beim Asthma cardiale erwähnten Eingriffe.

Angina pectoris. Das Bild weicht im Alter in einer Reihe von Zügen von dem gewohnten ab. Vor allem ist die Angina pectoris, besonders in ihren schweren Formen, nicht so häufig, wie man dies erwarten sollte. Man findet ungemein oft arteriosklerotische Veränderungen an den Kranzgefäßen oder Herzschwielen, die nur aus Gefäßverschlüssen entstanden sein können, aber es fehlt auch bei intelligenten und ihrer Erinnerung sicheren Greisen jede passende Vorgeschichte. Es sind auch die typischen Fälle seltener, so die Angina pectoris ambulatoria in ihrer reinen, nur auf äußere Reize, wie Bewegung oder Kälte oder Mahlzeit ausgelösten Form. Spontane und nächtliche Sensationen treten mit Vorliebe auf. Fast immer liegen organische Prozesse in den Gefäßen zugrunde. Dies bestätigt auch das Elektrokardiogramm, welches bei solchen Fällen meist verändert ist, nicht immer im Sinne der unzweideutigen Zeichen des überstandenen Koronarinfarkts, aber in dem der Myokardschädigung mit Veränderung an der Hauptschwankung oder der Nachschwankung oder der horizontalen Strecke. Allerdings sind derzeit diese Bilder prognostisch noch nicht ausreichend zu beurteilen, denn es fehlen genügende Kontrollen an Herzgesunden im Alter und Studien über Lebensalter und Lebensdauer, welche mit bestimmten Veränderungen des Elektrokardiogramms verbunden sind.

Von den leisen Sensationen in der Herzgegend, zuweilen mit Ausstrahlung, geht eine kontinuierliche Reihe zu den schwereren, aber von dem Befallenen doch noch nicht als kritisch und gefährlich empfundenen Attacken mit stärkeren Schmerzen, mit Andeutung von primärer Angst und mit längerer Dauer. Selten erfolgt in einem Anfall dieser Art ein Herztod.

Der typische Koronarinfarkt mit seinem schweren Bilde, mit Angst und Schmerzparoxysmen, Blässe und Verfall, mit schlechter Herztätigkeit und unmittelbarer Lebensgefahr kommt auch im Alter zur Beobachtung und wird, ebenso wie der Minutentod, in einem Anfall zur Todesursache, im ganzen aber erscheint im Alter das Bild der Angina pectoris in allen ihren Formen mitigiert, weniger häufig, die Beschwerden und die Gefahren sind geringer als etwa um das 50. Lebensjahr. Fiebersteigerungen bei Koronarverschluß treten im Alter nur selten auf. Auch die gesteigerte Senkungsgeschwindigkeit ist im

Alter nur dann verwertbar, wenn man den früheren Ausgangswert kennt. Perikarditisches Reiben sichert die Diagnose, wenn man eine primäre Perikarditis ausschließen kann. Die überragende semiotische Bedeutung des Elektrokardiogramms gilt auch im Senium.

Der Endausgang häufiger, nicht tödlicher Anfälle von Angina pectoris ist in der Regel der Übergang in Herzinsuffizienz, wobei dann die Attacken oft ausbleiben oder sich nur andeuten. Zuweilen kommt es zur Bildung von Herzaneurysmen, welche klinisch mit sehr hartnäckiger, therapeutisch wenig beeinflußbarer Kreislaufschwäche einherzugehen pflegen. Wenn die entsprechende Vorgeschichte gegeben ist, ist der Zustand zu vermuten, der Verdacht kann durch abnorme Palpationsbefunde am Herzen und durch das Röntgenverfahren gesichert werden. Vom Durchbruch ins Perikard mit dessen Tamponade wird noch zu sprechen sein.

Die Therapie der Angina pectoris ist prinzipiell die gleiche wie sonst und in ihrem Effekt eher befriedigender, wenn man von den schwersten Attacken absieht. Es ist häufig ein promptes Reagieren festzustellen. Die leichtesten passageren Anfälle erfordern symptomatisch Nitrite in üblichen Verabreichungen, manchmal warten die Patienten einfach ab. In der Prophylaxe spielt die Berücksichtigung der Auslösungsursachen eine große Rolle, also Rauchverbot, Unterlassung der körperlichen Bewegung nach einer Mahlzeit, Vermeidung von Magenüberladung, von Verstopfung usw. Vorbeugend werden auch dauernd oder vorübergehend vielfach Purinkörper verabreicht. Typus ist das Theobromin natr.-salicylicum oder dessen Calciumverbindung. Es gibt hervorragende Ärzte, welche von dieser Medikation nicht sehr viel halten und etwa die Verordnung einer Salpetermischung vorziehen; aber ich möchte mich doch von dem Nutzen dieser Medikation als überzeugt erklären. Es gibt eine Unzahl von Kombinatiospräparaten auf dieser Grundlage mit Verstärkung der Wirkung nach einer oder der anderen Richtung, so durch gleichzeitige Beeinflussung des Nervensystems durch kleine Dosen Luminal wie Theominal, Artrial, durch Zufügung von Jod oder Rhodan, von Papaverinkörpern, Atropin und Chinin. Sie alle haben ihre Vorzüge, je nach dem Einzelfall. Besonders hat sich an der Abteilung das Theocamphor, eine Calciumverbindung des Theobrominum camphoricum bewährt, in welcher die antispasmodische Wirkung des Camphers, wie schon früher im Perichol (hier mit Papaverin gepaart), herangezogen wird. Unter Medikationen dieser Art sinkt oft die Anfallsneigung und die Leistungsfähigkeit steigt. Entlastung von Arbeit und Aufregung verlieren auch dann nicht an Bedeutung, wenn anderseits getrachtet wird, die Leistungen des Bewegungsapparates auszunützen und eventuell in vorsichtigem Training zu steigern. Ist der Erfolg nicht befriedigend, so werden kurartige Behandlungen notwendig. Von solchen medikamentöser Art haben wir ausgedehnte und gute Erfahrungen mit Serien von 10—15 intravenösen Mischspritzen folgender Zusammensetzung: 10 ccm hochprozentige Traubenzuckerlösung (die auch isoliert zur Therapie empfohlen wird) mit 0,02 Natr. nitrosum und eventuell 1 ccm Telatuten). Die Injektionen werden in ein- bis zweitägigen Intervallen gegeben. Bleibt nach den ersten Injektionen eine Besserung aus, so hat Fortsetzung wenig Sinn. Die Erfolge dieser Behandlung scheinen mir im allgemeinen den neueren Gefäßpräparaten (Eutonon, Lakarnol, Padutin, Myoston, Doryl, Adenosinophosphorsäure) überlegen zu sein, aber auch von diesen sieht man zuweilen Gutes. Eine Reihung dieser Mittel nach ihrem Wert könnte ich nicht vornehmen, überschätzen würde ich sie nicht. Von Röntgenbestrahlungen und sonstiger physikalischer Therapie habe ich im Senium wenig Überzeugendes gesehen, wenn man nur Fälle heranzieht, in denen die sonstigen Mittel versagen. Reizbestrahlungen der Herzgegend mit Quarzlicht scheinen bisweilen von Nutzen. In jüngster Zeit hat Raab die Theorie aufgestellt, daß die reflektorisch, etwa durch Bewegung oder Kälte ausgelösten Anfälle von Angina pectoris durch Mobilisierung von Adrenalin hervorgerufen werden. Er hat diese Annahme mit guten Gründen gestützt und berichtet von bemerkenswerten Erfolgen durch Röntgenbestrahlungen der Nebennierengegend. Diese Beobachtungen stehen anscheinend im Widerspruch mit der von uns hervorgehobenen Harmlosigkeit von Adrenalininjektionen im Alter. Es erscheint auffällig, daß durch solche nicht öfters Anfälle von Angina pectoris ausgelöst werden. Aber dieser Gegensatz läßt sich möglicherweise überbrücken. Es wurde von uns (Lasch und Müller) der verringerte Effekt des Adrenalin im Alter festgestellt, ferner wurde die relative Seltenheit von Anfällen von Angina pectoris im Senium hervorgehoben, während die anatomischen Veränderungen an den Koronararterien sehr häufig sind. Nimmt man nun an, daß bei Greisen die große Mehrzahl, nicht nur der schweren Anfälle, sondern auch der stenokardischen Beschwerden durch organische Veränderungen der Herzgefäße und dadurch herbeigeführte unzureichende Blutversorgung einzelner Herzabschnitte bedingt sind, daß aber in jüngeren Jahren meist für die Anfälle vom Typus der Angina ambulatoria Adrenalinmobilisation verantwortlich gemacht werden kann, so würden die beiden Gruppen von Beobachtungen vereinbar sein. Nach diesen Überlegungen ist allerdings zu erwarten, daß sich die Therapie von Raab im Senium als weniger wirksam erweisen dürfte, auch wenn seine Erfolge bei jüngerem Material sich bei Nachprüfung bestätigen sollten. Eigenerfahrungen mit dieser Bestrahlungsmethode fehlen mir. Eine zweite Folgerung ist aber, daß aus den Anschauungen Raabs keine Kontraindikation gegen eine vorsichtige Injektionstherapie mit Adrenalin bei alten Leuten abgeleitet werden kann. Leute mit Angina pectoris und Blutdruckkrisen haben wir auch früher von der Behandlung mit Adrenalin bei Beschwerden vom Typus des Asthma bronchiale ausgeschlossen. Mit den operativen Eingriffen am Sympathikus habe ich bei Greisen keine eigenen Erfahrungen, dagegen habe ich an zwei der seinerzeit von Eppinger und Hofer mit Depressordurchschneidung behandelten Fälle das Verschwinden der Anfälle durch lange Zeit beobachten können. Der eine Fall wies bei der Obduktion ein nichtluetisches Aneurysma aortae auf (s. S. 132). Man wird wohl die Entwicklung der operativen Eingriffe bei jüngeren Kranken abwarten müssen, ehe sie im Alter indiziert erscheinen.

Wenn die Stenokardien mit Zeichen der Herzinsuffizienz verbunden sind oder von einem Koronarverschluß gefolgt sind, kommt auch die Strophanthintherapie nach Edens sehr in Betracht — kleine Mengen langsam mit Traubenzucker und Cardiazol injiziert. Der Koronarinfarkt selbst erfordert Morphium-Coffein, Euphyllin-Dextrose intravenös und alle Mittel der begleitenden Herz- und Gefäßstörung inklusive der Strophantin-Injektion, welche dank Edens in diesen Fällen ihren Schrecken verloren hat. Bei unerträglichen, durch Alkaloide nicht zu stillenden Schmerzen kann man auch zur intravenösen Verabreichung eines Schlafmittels, wie Pernokton oder Evipan, greifen und dadurch Schlaf und Sistieren der Attacke herbeiführen. Im allgemeinen scheint mir der Tod im Koronarinfarkt im Alter seltener und weniger schmerzhaft zu sein.

Mischformen der Angina pectoris. Anfälle von Angina pectoris ohne Herzinsuffizienz sind oft mit Blutdrucksteigerung verbunden, die durch den Schmerz allein erklärt werden kann. Nimmt aber diese Blutdrucksteigerung eine besondere Höhe an, wird sie für das Bild und das Kommen der Anfälle von Bedeutung, so handelt es sich um eine Mischform. Das gleiche, von der anderen Seite her, tritt ein, wenn sich im Verlaufe einer Blutdruckkrise und durch diese Zeichen einer Stenokardie entwickeln, sei es infolge der Mitbeteiligung der Kranzgefäße an der Kontraktion, sei es als Ausdruck vorübergehend ungenügender Herzdurchblutung bei dem erhöhten Widerstand. Diese Mischformen bilden den Übergang zu den reinen Hochdruckkrisen, deren Erscheinungen und Behandlung aber erst im Zusammenhang mit der Hypertonie erörtert werden sollen. Auch hinsichtlich der cerebralen anfallsweisen Dyspnoe soll an dieser Stelle nur ein Hinweis erfolgen, der Ort ihrer Erörterung sind die Gefäßstörungen des Gehirns.

Cheyne-Stokessches Atmen. Nur ein Zustand aus dieser Reihe ist symptomatisch so scharf abgegrenzt, daß er schon an dieser Stelle zur Sprache kommen kann. Dies ist der Cheyne-Stokessche Atemtypus, der Wechsel vertiefter, in der Regel sich allmählich steigernder Atmung mit Atempausen, von Bewußtlosigkeit und geistiger Aktivität, meist auch von Schwankungen der Pulsfrequenz und der Reflexe begleitet, zuweilen mit Spontanabgang von Harn und Stuhl in den Atempausen. Es tritt ein Ersatz der gleichmäßigen Atmung durch eine unvollkommene und gewaltsame, rhythmisch gestörte ein. Dem Cheyne-Stockes liegt sicher Sauerstoffmangel im Bereiche des Atmungszentrums zugrunde, der durch lokale Störungen der Gefäßzufuhr oder der Gefäße, durch mangelnde Zufuhr oder durch Störung bei gesteigertem Hirndruck veranlaßt sein kann. Sauerstoffmangel ohne Kohlensäureüberladung ist die typische Auslösungsbedingung. Das Auftreten nach Morphium legt auch Beziehungen zur Unterempfindlichkeit des Atemzentrums nahe. Alle diese Vorbedingungen scheinen im Alter besonders oft gegeben, aber trotzdem ist der typische Cheyne-Stokes im Alter weit seltener als etwa bei Vitien oder Nephritiden in jüngeren Jahren. Wassermann, der den Cheyne-Stokes eine sehr ausführliche und verdienstliche Studie gewidmet hat, findet ihn sehr häufig in allen Fällen linksseitiger Kreislaufinsuffizienz. Dies kann für das Alter gelten, wenn man alle geringen rhythmischen Schwankungen der Atmung zu diesem Typus rechnet, wie er es tut. Beschränkt man sich aber auf die schweren Anfälle mit Atempausen, so möchte ich ihr Rücktreten im Alter behaupten. Daß es sich bei dieser Konstatierung nicht um ein Übersehen von nächtlichen Anfällen handelt, dafür kann ich einstehen. Als mir nämlich die relative Spärlichkeit der Anfälle im Alter bewußt wurde, habe ich die in Betracht kommenden Patienten auch in der Nacht durch diensthabende Ärzte und Schwestern kontrollieren lassen, ohne nennenswerte positive Ausbeute. Worin der Grund für diese Abweichung liegt, kann ich nicht sicher sagen, doch würde ich es für möglich halten, daß er in der im Alter so regelmäßigen Kohlensäureanreicherung des Blutes durch das Emphysem zu suchen ist. Cheyne-Stokes kommt im Alter meist nur bei schweren Schlaganfällen, nach Morphium, bei Hirnödem und ante exitum zur Beobachtung.

Die Therapie des Cheyne-Stokes bestand früher, neben der Allgemeinbehandlung des Grundleidens, fast ausschließlich in Sauerstoffzufuhr, welches aber in der Regel nicht lange genug angewendet werden kann. Vagusdruck kann versucht werden. Das souveräne Mittel in früheren Lebensperioden ist die intravenöse Euphyllininjektion (Vogl), aber auch diese ist im Alter weit weniger zuverlässig.

Anfälle von Adams-Stokes. Die relative Seltenheit dieser mit

Bewußtlosigkeit und zuweilen mit Krämpfen einhergehenden Herzstill-
stände bei den Patienten mit Herzblock im Alter wurde bereits erwähnt.

Akutes Versagen des chronisch kranken Herzens ohne greifbaren
anatomischen Befund oder faßbaren Anlaß, wie z. B. partiale Pulmonalembolie, tritt am häufigsten bei Aorteninsuffizienzen, bei Mesaortitis und beim Emphysemherzen auf. Es dürfte sich meist um Kammerflimmern handeln. Oft ist es ein Sekundentod, bei dem jede Hilfe zu
spät kommt. Dauert der Zustand länger, so beherrschen elender, oft
unfühlbarer, frequenter, arhythmischer Puls, Cyanose, Tachypnoe, Bewußtseinstrübung das Bild. Schmerzen fehlen. Rasche Hilfe mit allen
Mitteln, vorwiegend intravenös, Strophanthin, Hexeton oder Coramin,
Coffein und Sympatol, subkutan, und insbesondere die intrakardiale
Adrenalininjektion bringen zuweilen eine weitgehende Besserung,
welche aber nur in einer Minderzahl anhält. Immerhin haben wir
doch eine Anzahl von Fällen gesehen, welche sich nach solchen, ohne
energische Hilfe absolut tödlichen Zufällen erholten und viele Monate, ein Patient sogar durch mehrere Jahre, bei leidlicher Kompensation lebten.

10. Die einzelnen Affektionen des Herzens und Herzbeutels.

Die Klappenfehler. Die Herzklappenfehler sind im Alter ungemein häufig zu finden. H. Schlesinger gibt bei den Greisenobduktionen des Wiener Allgemeinen Krankenhauses eine Prozentzahl von 16
an, unsere Zahlen sind wegen Ungleichmäßigkeit in der Verteilung
des Materials noch höher und würden weiter ansteigen, wenn man die
abgelaufenen Endokarditiden ohne Zeichen funktioneller Störung
dazu addieren wollte. Der Zahl nach stehen die postendokarditischen
Vitien weitaus im Vordergrund. Ihrer Qualität nach waren bei meinem
Material unter 100 aufeinanderfolgenden Fällen 64 Mitral- und 13
Aortenfehler, ferner 23 kombinierte Vitien, unter denen sechsmal die
Trikuspidalklappe mitbetroffen war. Der Häufigkeitsunterschied zwischen Mitral- und Aortenfehlern wird aber durch die häufigen syphi-
litischen Aortenveränderungen wesentlich verringert. Rein arteriosklerotische Klappenfehler sind selten und fast ausschließlich aortisch,
wohl aber wirken im Alter Verkalkung und Versteifung im Bereiche
der Klappen nicht selten an den funktionellen Störungen mit. Die
Prognose der Klappenfehler im Alter ist durchaus nicht so schlecht,
wie früher angenommen wurde. An obduziertem Material, das zum
Teil einem Wiener Herzspital (Herzstation), zum Teil meiner Abteilung entstammt, wurde gezeigt, daß die mittlere Lebensdauer der
Vitien im erstgenannten Spitale 44 Jahre, im Versorgungsheim
65 Jahre betrug, daß die durchschnittliche Kompensationsdauer seit
der Klappenerkrankung in der ersten Anstalt 19,6, in der zweiten

34 Jahre betrug und öfters 50 Jahre überschritt (Friedberg und Tartakower). Dies gilt von den Klappenfehlern auf Basis einer Endokarditis.

Mitralinsuffizienz. Es muß leider auseinandergesetzt werden, daß eine so primitive Diagnose wie die der Mitralinsuffizienz im Alter in der Regel nicht mit Sicherheit gestellt werden kann, wenn nicht Ausnahmsmomente die Diagnose erleichtern. Alle Hauptsymptome sind mehrdeutig, ihre Kombination ist es gleichfalls und überdies können mehrere Zeichen fehlen. Daß ein systolisches Geräusch, auch in der typischen Lokalisation an der Herzspitze, nicht ausreicht, um eine Mitralinsuffizienz sicherzustellen, das gilt für alle Lebensalter, auch daß Lautheit und Klangcharakter nicht entscheiden. Man braucht zunächst noch den Nachweis der Hypertrophie und Dilatation des rechten und linken Ventrikels, aber dieser Nachweis ist sowohl schwierig zu führen als auch von geringem diagnostischen Wert, denn beide Erscheinungen finden in dem fast regelmäßig bestehenden Emphysem und in der häufig vorkommenden Blutdrucksteigerung eine andere ungezwungene Erklärung. Der perkutorische Nachweis der Vergrößerung und Formänderung des Herzens, das Heben des unteren Sternums, die epigastrische Pulsation wird durch das Emphysem allzuhäufig überdeckt. Die Akzentuation des zweiten Pulmonaltons fehlt im Alter fast regelmäßig, und zwar auch bei voller Kompensation, so regelmäßig, daß man Grund hat zu fragen, ob nicht eine Sondererscheinung, etwa eine Pulmonalsklerose besteht, wenn sie einmal vorhanden ist. So fallen alle unsere gewohnten Differentialmomente in nichts zusammen. Wenn allerdings das systolische Geräusch palpabel, mit Schwirren verbunden, wenn die Fortleitung nach links besonders ausgeprägt ist, so sind dies Momente, welche die Diagnose erleichtern, aber auch dann muß noch manches, etwa Herzaneurysma, Aortenaneurysma, in Betracht gezogen werden. Eine mitrale Konfiguration im Röntgenbild und die Einschränkung des retrokardialen Raumes ist wichtig, aber die sekundären Mitralisationen vieler Herzschädigungen sind zu erwägen. Es muß eingestanden werden, daß die Diagnose der Mitralinsuffizienz häufig offen bleibt, es ist klinisch diejenige diagnostische Angabe, welche wir am häufigsten mit einem Fragezeichen versehen. Dies gilt nicht nur von der Entscheidung, ob es sich um eine organische oder relative Mitralinsuffizienz handelt, sondern von der primitiveren Frage: Mitralinsuffizienz oder keine? Wenn noch andere Klappen ergriffen sind, wenn die Vorgeschichte Gelenksrheumatismus oder seit vielen Jahren die Diagnose eines Klappenfehlers ergibt, so sind dies Anhaltspunkte, welche das Raten erleichtern. Von der Mitralinsuffizienz nicht abzugrenzen, ja ihr eigentlich auch funktionell zuzuzählen, sind jene systolischen Geräusche, welche bei Versteifung und Verkalkung des Klappenringes entstehen, auch hier sind die Klappen nicht schlußfähig. Auch grobe und laute systolische Geräusche brauchen im Alter gar keine Aufklärung zu finden, dies gilt auch von den musikalischen, wo man die berühmten Sehnenfäden zwar zuweilen nachweisen kann, viel öfter aber nicht.

Mitralstenose. Mit ihrer Diagnose ist es insofern besser bestellt, als sie ein spezifisches und in seiner reinen Ausprägung fast pathognomonisches Geräusch aufweist. Sieht man von dem sehr seltenen, aber auch im Alter zur Beobachtung kommenden Flintschen Geräusch bei Aorteninsuffizienzen ab, so beweist ein präsystolisches oder ein nach den Regeln auf die Mitralklappe zu beziehendes diastolisches Geräusch eine Mitralstenose. Alle anderen Symptome, der kleine linke Ventrikel, die vieldeutigen Erscheinungen der Rechtshypertrophie und Dilatation sind nur Zugaben, die sich aus den gleichen Gründen wie bei der Mitralinsuffizienz, oder durch die Kombination mit anderen Klappendefekten, dem Nachweis entziehen können. Schwierig ist es zuweilen, das präsystolische Geräusch von einem sehr ähnlichen Rhythmus abzugrenzen, der im Alter bei Hypertonie und Hypertrophie des linken Ventrikels häufig ist und aus präsystolischem Vorschlag und gespaltenem ersten, oft auch zweitem Ton besteht. Die sorgfältige Analyse des Gehörseindrucks, die Frage nach der Qualität des linken Ventrikels geben meist die Entscheidung. Nicht sicher ist diese in den seltenen Fällen von geräuschloser Mitralstenose zu treffen, die oft gerade mit schweren anatomischen Änderungen, Knopflochstenosen, einhergehen und die im Alter häufig auch den lauten und klappenden ersten Ton vermissen lassen, der sonst auf sie aufmerksam macht. Die besondere Erweiterung des linken Vorhofs bei der Perkussion und im Röntgenbilde, das Fehlen einer Hypertrophie und Vergrößerung des linken Ventrikels bei Herzinsuffizienz können herangezogen werden, aber ich muß gestehen, daß bei der Mehrzahl der stummen Formen die einschlägigen Diagnosen erst auf dem Obduktionstisch gemacht wurden. Das gleiche gilt auch von einer sehr bedeutungsvollen Komplikation der Mitralstenose, der Thrombose im linken Vorhof, die oft so ausgedehnt ist, daß nur ein schmaler Kanal für das zufließende Blut zwischen den Thrombenmassen bleibt, welche den Vorhof ausfüllen. Leistungsunfähigkeit, Venenstauung, Cyanose, sehr ungenügende Reaktion auf Medikamente, meist ohne Neigung zur Ödembildung, sind damit verbunden. Man kann daran denken, insbesondere wenn sich bei einer Mitralstenose die Reaktion auf Medikamente plötzlich verschlechtert, aber es ist nicht der einzige Zustand, wo dies geschieht. Es ist im Laufe der Jahre zuweilen gelungen, die Vermutungsdiagnose bestätigt zu sehen, aber noch öfters erwies sie sich als irrig oder der entsprechende autoptische Befund war eine Überraschung.

Aortenklappeninsuffizienz. Die Aortenklappeninsuffizienz als solche ist in der Regel auch im Alter durch den Nachweis des diastolischen Geräusches und der entsprechenden Pulsqualitäten leicht und sicher festzustellen. Dennoch haben wir bei einigen Fällen diastolische Geräusche gehört, allerdings ohne Pulsus celer, bei welchen die Obduktion keine Veränderung an den Aortenklappen nachwies, auch nicht im Sinne einer wahrscheinlichen relativen Insuffizienz. Auch eine andere Erklärung, wie durch schwere Anämie oder sonstige Veränderungen an Venen oder Klappen, konnte nicht gegeben werden. Daß es sich um Täuschungen gehandelt hat, möchte ich angesichts der Beobachtung durch mehrere Untersucher und der verhältnismäßigen Lautheit der Geräusche nicht annehmen.

Bei der therapeutisch wichtigen Frage nach der Genese der Aorteninsuffizienz kommt neben der gewohnten Fragestellung endokarditisch-luetisch noch in Ausnahmefällen die der arteriosklerotischen Entstehung in Betracht. Über die erste Unterscheidung mittels Anamnese, Wassermann, den Röntgenbefund der Aorta (Dilatation der Aorta ascendens, Aneurysma bei Lues) ist weiter nichts Abweichendes zu sagen. Die arteriosklerotische Aorteninsuffizienz durch Verkalkung, Schrumpfung und Verbildung der Klappenränder ist nicht häufig, sie ist nie sicher zu diagnostizieren. Man kann sie in Erwägung ziehen, wenn ein Herz, welches in früheren Jahren von kompetenten Beobachtern gesund befunden wurde, im Alter Zeichen einer Aortenklappeninsuffizienz aufweist, ohne daß inzwischen irgendein Anhaltspunkt für eine luetische oder endokarditische Erkrankung bestanden hätte, und wenn eine Aortensklerose röntgenologisch nachweisbar ist.

Wenn bisher von dem linken Ventrikel keine Rede gewesen ist, so hat dies seinen Grund darin, daß für eine Hypertrophie im Alter immer auch andere Gründe gefunden werden können und daß sie bei bestehender Aorteninsuffizienz oft fehlen kann, bei Aortitis luetica und Arteriosklerose öfter als bei endokarditischer, aber auch bei dieser ist sie bei Abmagerung vielfach nicht sehr ausgeprägt.

Aortenstenose. Bei der Aortenstenose kann das systolische Geräusch über der Aorta nicht das führende Symptom sein. Ein solches ist zu häufig aus anderen Gründen vorhanden. Die Diagnose ist nur sicher, wenn von den kardinalen Symptomen: systolisches, womöglich palpables, gegen die Peripherie ausstrahlendes Geräusch, Leiserwerden oder Verschwinden des ersten Tons, ausgeprägte Hypertrophie des linken Ventrikels, Pulsus tardus höchstens eines fehlt. Relativ sicher ist auch die Kombination von Aorteninsuffizienz und -stenose, wenn zu den Geräuschen noch ein Fehlen oder eine Abschwächung des Pulsus celer tritt. In allen anderen Fällen sind die Aortenstenosengeräusche geringerer Intensität kaum von den zahlreichen systolischen Geräuschen abzugrenzen, wie sie u. a. jede Aorteninsuffizienz und Aortenveränderungen luetischer, arteriosklerotischer und senilektatischer Natur so oft begleiten, ohne daß wir sagen können, warum in zwei anatomisch analogen Fällen der eine ein lautes Geräusch aufweist und der andere es vermissen läßt. Da die Bedingungen für Geräuschbildung überall gegeben sind, wäre weniger die Frage nach der Entstehung als die nach der Ursache des Fehlens der Geräusche zu beantworten.

Trikuspidalvitien. Die Diagnose der organischen und der relativen Trikuspidalinsuffizienz erfolgt in der gleichen Weise wie im vollkräftigen Alter aus dem positiven Puls der Halsvenen und der Leber, sowie der Lokalisation des Geräusches. Trikuspidalstenosen sind selten, die wenigen autoptisch festgestellten Fälle waren unserer Diagnose entgangen.

Klappenveränderungen an der Pulmonalis sowie angeborene Klappenveränderungen an den Pulmonalklappen sind ebenso wie die angeborenen Vitien im Alter Seltenheiten ohne praktische Bedeutung.

Die Veränderungen des Herzmuskels.

Man könnte sehr häufig bei Obduktionen von Greisen die Herzen vertauschen, das Herz eines anscheinend Herzgesunden, der an einer dieses Organ nicht schädigenden Krankheit verstorben ist, auf die Organtasse eins anderen legen, der durch Jahre Erscheinungen schwerer Herzinsuffizienz aufgewiesen hat, und der gewiegte Obduzent würde diesen Tausch nicht merken, so wenig unterscheidet sich unter Umständen das schwer geschädigte Herz in Aussehen, Farbe und Konsistenz des Muskels von einem leistungsfähigen. Die Obduktionen lassen bei Herzkrankheiten oft wichtige Fragen offen: Welches die anatomische Ursache der Herzinsuffizienz gewesen ist, welches die unmittelbare Todesursache war, warum denn der Tod gerade zu seinem Zeitpunkt und nicht lange früher oder lange später eingetreten ist. Andere Herzen wieder weisen nur Veränderungen kurzer Dauer auf, wie etwa parenchymatöse oder fettige Degeneration bei Infektion oder Tigerung des Herzmuskels bei Anämien. Der Herzmuskel ist schlaff, zerreißlich. Wieder andere Herzen tragen aber auch anatomisch die Zeichen langdauernder schwerer Muskelerkrankungen in Form ausgebreiteter oder spärlicher Herzschwielen, oder im Einwachsen von Fett, oder es grenzen sich frische Nekroseherde ab. Die Ursachen für diese Veränderungen finden sich vielfach in Arteriosklerose oder frischen Embolien und Thrombosen in den Kranzarterien oder deren Folgezuständen. Ein sicheres Zeichen für frische Herzinsuffizienz sind die Thromben in den Herzohren und in dem Bereich des Papillarmuskelsystems und der Herzwände. Die weißen Flecke, welche nach deren Organisation übriggeblieben sind, bezeugen alte überstandene Perioden von Herzinsuffizienz. Während solche positive Befunde eine befriedigende Aufklärung der klinischen Erscheinungen bilden, ist es in anderen Fällen ein vergebliches Bemühen, klinisches Bild und anatomischen Befund in Übereinstimmung bringen zu wollen, so daß der Kliniker auf seine funktionellen Befunde angewiesen ist, in neuerer Zeit wird er darin durch das Elektrokardiogramm wesentlich unterstützt. Diese funktionellen Gesichtspunkte aber liegen dem einleitenden Abschnitt über Herzinsuffizienz zugrunde; auf sie muß in der Diagnostik und Therapie Bedacht genommen werden. Es kommt weniger darauf an, wie der Herzmuskel pathologisch-anatomisch aussieht, als was er leistet.

Von besonderen Myokarderscheinungen ist die Bildung von Herzaneurysmen meist im Gefolge von Gefäßverschlüssen zu erwähnen. Diese, aber auch insbesondere der frische Infarkt, können zur Herzruptur führen, welche durch Herztamponade einen akuten Tod veranlaßt. Wir haben mehrere Fälle dieser Art obduzieren lassen. Auch eine Blutung unter das Endokard kann bei entsprechendem Sitz im Bereiche des Leitungssystems einen plötzlichen Exitus bewirken.

Die akuten entzündlichen Veränderungen des Herzmuskels, die Myokarditiden, sind im Alter höchstens bei gleichzeitiger manifester Endo- oder Perikarditis oder auf dem Wege des Elektrokardiogramms faßbar.

Herzgeschwülste sind sehr selten. Immerhin haben wir von primären Tumoren ein haselnußgroßes Myxom im Septum sowie ein Lipom beobachtet — beides ohne klinische Erscheinungen — sowie mehrfach Metastasen im Herzmuskel, so bei Bronchus-, Nebennieren- und Mammakarzinomen. Diese Metastierungen verliefen unter dem Bilde der Herzschwäche und Kachexie.

Die Größenunterschiede des Greisenherzens können extrem sein, vom Cor bovinum bis zu den winzigen Herzen bei hochgradigen Abmagerungen, welche an Größe etwa dem Herzen eines Zehnjährigen entsprechen können. Die großen und geschlängelten Gefäße verlaufen dabei fast ungedeckt und stehen im Mißverhältnis zur spärlichen Fleischmasse.

Die entzündlichen Erkrankungen des Herzens. Endokarditis und Perikarditis.

Die Endokarditis ist im Senium sehr oft klinisch latent.

Endocarditis spuria. Dies gilt insbesondere von der Endocarditis spuria, wo sich bei der Obduktion nur spärliche Wärzchen an den Klappen finden, ohne funktionelle Bedeutung. Sie begleitet die verschiedensten entzündlichen Erkrankungen im Körper. Am häufigsten ist sie beim Dekubitus, so daß man bei jedem größeren oder tieferen Prozeß dieser Art einen Verdacht nach dieser Richtung haben und äußern kann. Sie ruft keine Erscheinungen hervor.

Rekrudeszierende Endokarditis. Schlesinger gibt ihr Vorkommen mit $1^1/_2\%$ seiner Greisenobduktionen an. In unserem Material ist sie noch häufiger. Die veränderten Klappen bieten der Ansiedlung aller im Blute kreisenden Keime Haftpunkte. Es handelt sich weniger um eine rezidivierende „rheumatische" Affektion, als um eine Folgeerscheinung bei und nach entzündlichen Prozessen aller Art, wie Pneumonien, Harninfektionen u. dgl. Sie kann in der Regel klinisch nicht erfaßt werden, weil ihre Symptome — die Steigerung von Temperaturen, Änderungen im Blutbild und Senkungsgeschwindigkeit — vieldeutig sind. Die Fieberreaktion fehlt oft völlig, die Änderungen der Geräusche sind meist wenig auffallend.

Akute, neu auftretende verruköse Endokarditis höheren Grades. Sie verrät sich eher durch das Auftreten von Geräuschen, Tachykardien und Herzbeschwerden, welche im Verein mit den Allgemeinsymptomen, häufig auch mit herdnephritischen Befunden im Harn und positiver Bakterienzüchtung aus dem Blute, zuweilen auch aus dem Urin die Diagnose ermöglichen.

Wenn bei den Affektionen der beiden letzten Gruppen vor ihrem Auftreten Herzerscheinungen bestanden haben, so bildet die Verschlechterung aller therapeutischer Reaktionen einen wichtigen, aber mehrdeutigen Hinweis, daß im Krankheitsbilde irgend etwas Neues aufgetreten ist, das auch eine Endokarditis sein kann.

Maligne ulzeröse Endokarditis. Sie tritt im Rahmen oder als Ausgangspunkt septischer Prozesse mit allen Erscheinungen dieser auf (s. Sepsis S. 378). Ihr Ausgangspunkt im Alter ist nur selten die Tonsillitis, obwohl dies vorkommt, eher sind es Eiterprozesse in den Gallenwegen und im Nierensystem, sowie Entzündungen in der Lunge und im Mediastinum.

Die Therapie aller im Senium faßbaren Endokarditiden ist die gewohnte, also größte Schonung, systematische Herztherapie und ätiologische Beeinflussung durch Behandlung der Ausgangspunkte und durch die Mittel, welche eine innere Desinfektion oder Anregung der Körperabwehrreaktionen anstreben. Die Unsicherheit der Wirkung dieser Maßnahmen ist im Senium noch ausgesprochener.

Erkrankungen des Perikards.

Akute Perikarditis. Sie ist nicht sehr häufig, aber kein Ausnahmsfall. Schlesinger findet sie in 3% seiner Leichenbefunde. Die „rheumatische Perikarditis" tritt im Senium ganz in den Hintergrund. Weitaus am häufigsten ist die Entstehung durch ein Übergreifen von der Umgebung, von Pneumonien und Pleuritiden, von eitrigen Prozessen der Lymphdrüsen und des Mediastinums. Auch Durchwanderung des Zwerchfells vom Abdomen her, bei Cholangitis und subphrenischen Eiterungen kommt vor. Dann folgt an Häufigkeit im Abstand die tuberkulöse Perikarditis; das Karzinom erreicht den Herzbeutel meist auf dem Wege der Durchwanderung und des Einbruchs, selten auf dem Blutwege. Von der Pericarditis epistenocardica wurde bereits gesprochen. Die urämische Perikarditis muß noch erwähnt werden.

Jede Perikarditis ist im Alter eine sehr ernste Affektion mit zweifelhafter, meist infauster Prognose. Sie ist mit einer schweren Schädigung des Herzmuskels verbunden, welche auch nach Überstehen des akuten Stadiums und Ausheilung der lokalen Veränderungen oft zu einer therapeutisch schwer ansprechenden und darum ungünstig zu beurteilenden Herzinsuffizienz zu führen pflegt. Diese schlechte Prognose gilt von den Perikarditiden, die im Alter diagnostizierbar sind. Daneben aber müssen, nach der Häufigkeit von Perikardverwachsungen zu schließen, auch oft Perikardentzündungen ablaufen, welche latent bleiben und sich wenig auswirken.

Schmerzen und Fiebersteigerungen treten bei der akuten Perikarditis im Vergleich mit den jüngeren Jahren zurück. Sie sind selten heftig und ausgeprägt und fehlen sehr oft völlig. Die hervorstechendsten Symptome sind Schwäche, Mattigkeit, Verschlechterung des Pulses und Herzinsuffizienz. Für die Diagnose ist das perikarditische Reiben das führende Symptom. Es wird allzuoft, selbst bei ausgedehnten trockenen Perikarditiden vermißt. Bei den exsudativen Perikarditiden ist der Nachweis der charakteristischen perkutorischen Eigenschaften der Dämpfungsfigur (Abschrägung des Herz-Leber-Winkels, breites Herzdreieck) unter den Perkussionsverhältnissen des Alters schwerer zu führen. Selbst bei der radiologischen Feststellung des Ergusses muß immer das Hydroperikard in Erwägung gezogen werden. Bei der Perikarditis wie bei der Endokarditis ist die scheinbar grundlose Verschlechterung der Gesamtlage und der therapeutischen Reaktionen ein wichtiger Hinweis, jedoch wird die Diagnose oft mangels zureichender Anhaltspunkte verfehlt. Größere Exsudate bedingen die Zeichen der Einflußhemmung: gestaute Venen und Leber, Dyspnoe, Cyanose, kleinen frequenten Puls, der sich nur selten respiratorisch deutlich verkleinert, zum Pulsus paradoxus wird.

Perikardverwachsungen und Schwielen. Nach der Anzahl der Verwachsungen und Narben zu schließen, müssen Perikarditiden im Alter sehr oft latent verlaufen und heilen. Wenn die Anwachsungen nur partial sind oder auch total erfolgen, aber weich und geschmeidig bleiben, wenn sie das Herz nur nach Art eines anhaftenden Handschuhes überkleiden, so machen sie keine klinischen Erscheinungen und sind nicht zu erkennen. Damit ist nicht gesagt, daß sie stets bedeutungslos sein müssen. Ein solches Herz ist oft geschädigt, weil es eine Perikarditis überstanden hat, und bei totaler Concretio dürfte auch die unbehinderte diastolische Füllung und damit die Anpassungsfähigkeit an große Zuflußmengen gehindert sein. Aber faßbar ist dies nicht und der Befund gibt höchstens eine nachträgliche Erklärung, warum ein Patient weniger leistungsfähig oder weniger leicht zu kompensieren war, als man dies nach seinen sonstigen Befunden erwartet hätte.

Kein Zweifel besteht aber, daß die Verschwartungen, besonders wenn sie am Thorax fixiert sind, bedeutenden funktionellen Einfluß haben und die Ursache einer Herzinsuffizienz werden können. Man kann zwei Typen unterscheiden: Ist das Herz klein geblieben, weil die Verschwartungen seine Ausdehnung nicht zugelassen haben, so kann die Kombination von kleinem Herz und Puls mit venöser Einfluß-stauung an Leber, Halsvenen und Abdomen Anhaltspunkte für die Diagnose geben, welche noch an Sicherheit gewinnen, wenn sich Symptome des zweiten Typus zugesellen. Dieser ist durch die mechanischen Folgen gekennzeichnet, welche Fixierung des Herzens an dem Brustkorb und dem Mediastinum hervorrufen, wobei eine Beeinflussung durch die Atmung von großer Wichtigkeit ist. Man muß leider gestehen, daß der klassische Typus der Accretio mit systolischer Einziehung an der Herzspitze, diastolischem Vorschleudern der Thoraxwand, mit Pulsus paradoxus und inspiratorischer Venenschwellung im Alter kaum vorkommt, nur Andeutungen davon. Wahrscheinlich erreichen Fälle dieser Art kein höheres Alter, und zum Teil werden die Erscheinungen durch das Emphysem und die verringerte Atemtiefe abgeschwächt. Versucht man, nach den Symptomen einer geringen inspiratorischen Anschwellung der Halsvenen, eines angedeuteten Pulsus paradoxus, verringerter Verschieblichkeit des Herzens die Diagnose zu stellen, so wird man oft enttäuscht sein, bei der Obduktion den Perikardraum frei zu finden und nur einige Pleuraschwarten festzustellen. Aber selbst wenn man deren Bestehen nach Möglichkeit ausschließt, ist die Übereinstimmung von Diagnose und Befund unbefriedigend, dagegen wird man aber schwielige Perikarditis vorfinden, wo keine Anzeichen dafür vorhanden waren. Der röntgenologische Nachweis von Kalkablagerung am Herzumfang sichert die Diagnose, ohne über deren mechanische Bedeutung etwas auszusagen.

Therapie. Die Therapie der akuten Perikarditis ist symptomatisch: große Ergüsse erfordern auch im Alter Entleerung durch

Punktion, eventuell mit folgender Lufteinblasung. Da bei der schwieligen Perikarditis die Beseitigung der Herzschwielen durch Operation im Alter nur für Ausnahmefälle in Betracht kommt, kann die Therapie nur eine solche der Kreislaufstörungen sein. Das sehr häufige zirrhoseähnliche Krankheitsbild erfordert oft Punktionen des Aszites, wenn Diuretika mit Einschluß der Quecksilberdiuretika versagen.

11. Die Erkrankungen der großen herznahen Gefäße.

Aorta. Wenn man Aorten von Greisen betrachtet, so ist es nicht der Grad der Arteriosklerose, was sie durchgehend und charakteristisch von denen jüngerer Individuen unterscheidet, sondern etwas anderes: der Verlust der Elastizität und die Erweiterung. Gerade im hohen Greisenalter sind viele Aorten in ihren oberen Abschnitten von Atheromatose und Verkalkung fast frei. Nimmt man sie aber zwischen die Finger und versucht, sie zu dehnen, so zeigt sich das Gewebe nicht mehr elastisch, es ist starr. Dies hat unmittelbare funktionelle Folgen. Wenn das Schlagvolumen durch ein starres Gefäß gepumpt werden soll, so muß bei gleicher Blutmenge entweder die Röhre weiter sein oder der Widerstand wachsen. Dem Weiterwerden entspricht die senile Ektasie, dem erhöhten Widerstand jene Komponente des im Alter häufig erhöhten Blutdrucks, welche auf die Starre des Hauptgefäßes zu beziehen ist. Die Starre bedingt auch, daß der Pulsdruck durch Fehlen des elastischen Ausgleichs höher ist und daß die Qualität des Rohres für besonders große Anforderungen nicht ausreicht. Es liegt hier ein Grund für die herabgesetzte Leistungsfähigkeit der Kreislauforgane auch im gesunden Alter. Die Erweiterung der Aorta können wir im Röntgenbilde nachweisen. Sie bedeutet im Alter in erster Linie Ektasie und nicht den Beweis für Arteriosklerose. Diese letztere ist allerdings fast immer in höherem oder geringerem Grade beteiligt. Aber es gibt eine Paradoxie, deren Kenntnis ich Prof. Erdheim verdanke. Wird ein Greis älter als 75 Jahre, so ist in der überwiegenden Mehrzahl der Fälle der Grad der arteriosklerotischen Veränderungen, zumindest im Bereich der aufsteigenden Aorta, auffallend gering. Man kann von dem hohen Alter mit großer Wahrscheinlichkeit auf einen jugendlich aussehenden Aortenanfangsteil schließen. Ein sicherer Schluß auf den höheren Grad der Aortensklerose ist nur in jenen Fällen möglich, wo röntgenologisch die Schattendicke und -dichte oder der Nachweis von gröberen Kalkeinlagerungen die entsprechenden Anhaltspunkte geben. Wir wissen auch nicht, was das Bestehen einer Arteriosklerose der Aorta neben der Ektasie funktionell bedeutet, wissen nicht, in welcher Weise eine Arteriosklerose des Anfangsteils der Aorta ohne besondere vermittelnde Komplikationen den Tod herbeiführen kann. Wir wissen nur, daß Leute mit dieser Affektion ein hohes Alter nicht erreichen, wahrscheinlich weil sie mit anderen Zeichen des Alters und der Krankheit gekuppelt ist. Die Arteriosklerose der Aorta pflegt häufig distal zuzunehmen. Wenn es zur Bildung atheromatöser Geschwüre kommt, sind zumeist auch Parietalthromben zu finden. Solche hochgradige Veränderungen sind nicht nur durch ihre Rauhigkeiten, Verengerungen und Wirbelbildung für die Mechanik des Kreislaufs von Nachteil, sie werden auch zur Quelle von Thrombosen und dadurch von Embolien in die Peripherie.

Der Tod bei Aortensklerose erfolgt meist an Komplikationen oder Herzinsuffizienz oder Begleitkrankheiten. Ein eigenartiger, zum Exitus letalis führender Verlauf sei ausführlich mitgeteilt, weil er sowohl die Bildung eines Aneurysma dissecans im Alter mit seinen Folgeerscheinungen zeigt, als auch deren fast latenten Verlauf. Die 74jährige Frau, welche vorher keine auffallende Dyspnoe oder Schmerzen gezeigt hatte, starb plötzlich beim Absetzen von Stuhl. Sie war ins Klosett gegangen.

Atherom der Aorta in der Pars ascendens sehr gering, am Arcus mäßig, in der Pars descendens und in den Iliacae communes sehr hochgradig. Spontanruptur der Aorta auf eine Länge von mehr als 2 cm knapp jenseits des Arcus und Aneurysma dissecans, sich nur wenig gegen den Arcus erstreckend, hingegen linkerseits entlang der ganzen Aorta descendens und von da entlang beider Iliacae communes sowie entlang des Truncus coeliacus und der linken Arteria renalis bis ins Nierenparenchym hinein. Konsekutive Kompression des Arterienlumens und ausgedehnte Infarkte der linken Niere. (Vor 2 Wochen plötzlich Schmerzen der linken Lendengegend und hohe Mengen von Eiweiß im Harn — 8 Tage später 20% Albumen, massenhaft Zylinder und verspätete Ausscheidung der linken Niere — als Niereninfarkt gedeutet.) Die rechte Niere ohne Befund. Kompression des linken Nervus vagus und Recurrens durch das Hämatom (einige Stunden ante mortem plötzlich totale Aphonie). Ruptur der Adventitia über dem Aneurysma und Austritt von über 2 Liter Blut in die linke Pleurahöhle, welches zum Teil im freien Pleurakavum liegt, zum Teil sich tief in flächenhafte pleuritische Adhäsionen eingewühlt hat.

Das gesamte Mediastinum anticum hochgradig und diffus von Hämorrhagien durchsetzt, die perikardiale Flüssigkeit stark sanguinolent und blutige Imbibition bis hinein in den rechten Lungenhilus, sowie in adhäsives Bindegewebe der rechten Pleura.

Ein weiterer, besonders interessanter Fall betrifft einen 74jährigen Mann, der 7 Jahre vorher wegen heftigster Anfälle von Angina pectoris von Eppinger und Hofer mit Depressordurchschneidung behandelt worden war und seine Anfälle dauernd verloren hatte. Er starb an maligner Endokarditis nach Tonsillitis. Es hat sich — ob als Folgeerscheinung der Operation, läßt sich nicht sagen — eine ungewöhnliche aneurysmatische Erweiterung der Aorta gebildet; organische Veränderungen an den Kranzgefäßen fehlten.

Rezidivierende maligne Endokarditis der Aortenklappen... mit Insuffizienz... Beträchtliche Dehnung der Aorta ascendens über das Maß der gewöhnlichen Ektasie hinausgehend und mäßige senile Ektasie vom Arcus abwärts. Die Aorta ascendens vollständig frei von Atherom und sonstigen Veränderungen. Vom Arcus an sehr unbedeutende Arteriosklerose... Beide Koronararterien frei von Atherosklerose und weit...

Aortitis luetica und Aneurysma. Die Aortitis luetica ist im Alter eine ungemein häufige Erkrankung, sie verläuft teilweise ganz latent, in anderen Fällen machen Beschwerden und Symptome auf sie aufmerksam. Anatomisch kommt es, wenn die Aortenwurzel einbezogen ist, oft zu luetischer Aorteninsuffizienz und, wenn der Prozeß auf die Ostien der Koronargefäße übergreift, zu deren Stenosierung, also zu den Erscheinungen des Klappenfehlers in dem einen Falle, zu denen der Koronarenge mit den entsprechenden stenokardischen Beschwerden und Abnahme der Leistungsfähigkeit im anderen. Bei der Prädilektionsstelle der Lues im Anfangsteil der Aorta ist die besondere Erweiterung der Aorta ascendens ein frühes und wichtiges Symptom gegenüber Ektasie und Arteriosklerose. Die luetische Aorteninsuffizienz ist auch sehr oft mit systolischen Geräuschen verbunden, ohne bestehende Stenose, die zweiten Töne wechseln sehr in der Intensität, oft ist die Hypertrophie des linken Ventrikels sehr gering, der Blutdruck schwankt bei verschiedenen Fällen in hohem Maße.

Die Diagnose der Aortenlues ist seit der Kenntnis des anatomischen Bildes, der Einführung der Wassermannschen Reaktion und der Röntgenuntersuchung viel häufiger und leichter geworden. Sie wird in Zweifelsfällen oft noch nachträglich durch den Erfolg der Therapie gesichert. Aber es muß aufmerksam gemacht werden, daß die Anamnese meist im Stich läßt. Nicht, daß die alten Leute ihre Lues verbergen wollen oder sie vergessen haben, nein, sie haben nie etwas von ihr gewußt. Ich konnte nachweisen, daß der Prozentsatz der negativen Vorgeschichten und damit der fehlenden Vorbehandlung bei der Aortitis luetica ein besonders großer ist und daß man zu der Annahme berechtigt ist, daß gerade Luesformen mit leicht zu übersehenden, minimalen primären und sekundären Erscheinungen, oft nach einem Intervall von Jahrzehnten zur Aortitis führen. Es kann auch keine Rede davon sein, daß die Zunahme der Aortenlues mit der Einführung des Salvarsans in Zusammenhang steht, wie angesehene Autoren vermuteten. Bei meinem Material war die Anzahl der überhaupt Vorbehandelten nicht sehr groß, die Anzahl der ausreichend mit Salvarsan behandelten Kranken zu vernachlässigen, so daß nur der Schluß gezogen werden kann, daß nicht eine besondere Art der Behandlung, sondern keine oder ungenügende Behandlung das Entstehen der Aortitis specifica begünstige. Die Erleichterung der Diagnose, die

Kenntnis und das Interesse an der Erkrankung sind die Ursache für die scheinbare Zunahme. Alle diese Fälle wurden früher als Arteriosklerose aufgefaßt. Die Arteriosklerose der Aorta verdankt den Ruf ihrer Bösartigkeit ebenso zum guten Teil früher unerkannten Fällen von Aortenlues, wie das Jod diesen seinen Ruf als Spezifikum der Arteriosklerose. Man kann bei unklaren Herzerscheinungen, insbesondere bei Atypien im Bilde von Herzerkrankungen nicht oft genug an Lues denken und muß dann deren Symptome suchen. Wenn man gewohnt ist, wie dies an der Abteilung geschieht, in jedem Falle eine Wassermann-Reaktion durchzuführen, wird man erstaunt sein, wie oft sie ohne jeden sonstigen Anhaltspunkt positiv ist. Dies bedeutet natürlich nicht die Sicherheit, sondern nur die Möglichkeit von spezifischen Veränderungen auch an der Aorta. Aber trotzdem wird man noch immer bei den Obduktionen von Veränderungen überrascht werden, für welche jeder klinische Anhaltspunkt gefehlt hat. Anderseits darf das Zusammentreffen von Aorteninsuffizienz und Lues einen nicht verlocken, mit Sicherheit eine Mesaortitis anzunehmen. Es schließt einen endokarditischen Klappenfehler nicht aus, wie wir öfters erfahren haben.

Aneurysma aortae. Das klinische Bild des Aortenaneurysmas deckt sich im wesentlichen mit dem früherer Lebensperioden, so daß einige Bemerkungen ausreichen. Der perkutorische oder röntgenologische Nachweis der besonderen Erweiterung der Aorta, inklusive der Bildung sekundärer Säcke, abnorme Pulsationen, die Feststellung eines pulsierenden Tumors mit Umgestaltung des Thorax, Erscheinungen des Übergreifens, wie Usuren der Rippen oder des Sternums, der Kompression in Form von Druck auf Nerven, Gefäße und Lymphstämme, Pulsdifferenz, Sympathikussymptome (Pupillen), Oliver-Cardarellisches Zeichen usw. machen die Diagnose je nach der Fülle und Ausprägung der Symptome zu einer leichten oder schwierigeren. Der Verlauf ist im Alter insofern günstiger, als die oft unerträglichen Schmerzen seltener sind und die Progredienz langsamer ist. Komplikationen und Endausgänge sind die gleichen wie früher, aber im ganzen ist der Prozeß weniger bösartig.

Es soll ein Fall von besonderen Komplikationen des Aneurysmas berichtet werden, der zeigt, wie kompliziert die Dinge im Alter liegen können und wie eine ursprünglich richtige Diagnose fast zwangsmäßig verlassen wurde. Bei einer kachektischen 67jährigen Frau mit Brustschmerzen wurde auf Grund einer geringen Pulsation am Thorax und des Rückbleibens der gedämpften rechten Seite bei der Atmung von einem Abteilungsarzt das Bestehen eines Aneurysmas mit Bronchusstenose vermutet. Die Röntgenuntersuchung ergab nur eine diffuse Verschattung dieser Seite und des linken Oberlappens. Bei der

Probepunktion wurde etwas eitriges Exsudat entleert, in diesem wie im Auswurf wurden Koch-Bazillen nachgewiesen. Daher wurde der Fall als eine verschwartende Tuberkulose aufgefaßt. Die Obduktion zeigte tatsächlich Tuberkulose, alte, nicht völlig abgeheilte Kavernen im linken Oberlappen und die Reste des tuberkulösen Exsudats rechts. Aber dies war nur der Nebenbefund. Der Hauptbefund war ein Aneurysma, welches den rechten Hauptbronchus verschloß und die ganze Lunge in ein System von Eiterhöhlen umgewandelt hatte. Kein Fieber, relativ gutes Allgemeinbefinden.

Der dramatische Ausgang des Aortenaneurysmas ist die schwere tödliche Blutung infolge Durchbruchs meist in den Bronchialbaum oder in die Speiseröhre, aber dieser kann sich auch langsam vorbereiten, wie folgender Fall zeigt.

72jähriger Mann. Aneurysma aortae und Mesaortitis luetica. Doppeltfaustgroßes Aneurysma am Arcus mit sehr weitem Durchbruch in den Ösophagus und Erfüllung des Magens und Darms mit frischen Blutungen. In der Bifurkation der Trachea ein schmächtiges Blutgerinnsel. Trachea und Bronchien frei. 1. Blutung 8 Tage a. m. [ante mortem] sehr gering, 2. Blutung 4 Tage a. m. schon namhaft, 3. Blutung einen Tag a. m. sehr bedeutend, und Tod nach der 4. Blutung.)

Spezifische Therapie der Aortenlues. Zweierlei ist mir unverständlich: Erstens, daß heute noch Autoren den Wert der spezifischen Therapie bei der Aortenlues gering anschlagen und im Alter eine Kontraindikation der spezifischen Behandlung sehen, und zweitens, daß andere die Aortenlues von vornherein mit massiven Dosen Salvarsan behandeln wie eine sekundäre Lues. Das erste bedeutet, auf eine Reihe der schönsten, eindrucksvollsten und langdauernden ärztlichen Erfolge verzichten, das zweite den Patienten ganz unnötig schwer gefährden. Was die Erfolge anlangt, so habe ich seit dem Jahre 1910 im wesentlichen nach der später angegebenen Methode behandelt und habe, von subjektiven Besserungen und vom Stationärwerden des Prozesses abgesehen, viele Fälle zur Verfügung, welche in vorgeschrittenem Alter, schlechtem Zustand und mit geringer Lebenserwartung in die Behandlung kamen und durch viele Jahre leistungsfähig blieben. Ich habe Aneurysmatumoren zurückgehen, Aortendilatationen sich verkleinern und Stenokardien verschwinden sehen, alles auch im vorgerückten Alter. Was die Gefahren der spezifischen Therapie anlangt, so muß man sich erinnern, daß infolge plötzlicher Todesfälle die Aortenlues lange als Kontraindikation der Salvarsanpräparate galt und daß diese Kontraindikation bei Einsetzen der Behandlung mit den normalen Dosen berechtigt ist. Man muß bedenken, wie häufig die Lues gerade an der Einmündungsstelle der Koronargefäße lokalisiert ist und was eine Schwellung im Sinne einer Herxheimer-Reaktion an dieser Stelle bedeutet.

Es wurde daher schon sehr frühe die Folgerung einer Vorbereitung mit Jod und einer einschleichenden Dosierung gezogen. Es ist ferner anzustreben, daß jeder Fall in der bestmöglichen Kompensation und unter symptomatischer Behandlung eventueller Beschwerden in die Therapie eintritt. Wenn aber eine volle Kompensation oder eine Beseitigung von Stenokardien nicht gelingt, so ist dies kein Grund, die Flinte ins Korn zu werfen. Oft ist der Erfolg der Kompensation erst nach und durch die spezifische Behandlung möglich. Ein vielfach bewährtes Schema des Vorgehens ist folgendes: Die Kur wird mit Jod, gewöhnlich 2 g Natr. jod. in Lösung pro Tag, eingeleitet; dieses Jod wird durch vier Wochen gegeben, aber bereits nach einer Woche wird mit der intravenösen Salvarsankur begonnen. Die Folge der Dosen ist 0,05, 0,1, 0,2 und dann je 0,3 bis zur Gesamtdosis von 3 g. Das typische Intervall ist bei den kleinen Dosen 4—5 Tage, bei den größeren 7 Tage. Nach Beendigung der Jodkur werden eine Reihe von Injektionen eines Bismutpräparats intramuskulär verabreicht. Von Quecksilber mache ich keinen Gebrauch, es verbessert die Resultate nicht, das Schwergewicht des Erfolges liegt beim Salvarsan und Jod.

Abweichungen vom Schema sind zuweilen notwendig. Wenn keine Venen zur Verfügung stehen, wird Myosalvarsan oder das weniger schmerzhafte Neoiakol in den gleichen Dosen intramuskulär verabreicht. In sehr seltenen Fällen wurden die Salvarsanpräparate nicht vertragen. Ich habe einige Male Salvarsandermatitis, aber nie mit tödlichem Ausgang gesehen. In solchen Fällen wurde die Kur abgebrochen, aber der Erfolg war trotz unzureichender Dosis in der Regel sehr gut. Die Arsenbehandlung kann dann durch eine Spirozidkur, innerlich genommen, ersetzt werden.

Wenn irgend einmal bei Steigerung der Dosis Reaktionserscheinungen, etwa stenokardische Beschwerden oder allgemeines Unbehagen, oder Temperatursteigerung auftritt, so muß die nächste Dosis verkleinert oder das Intervall erhöht werden.

Die Kur wird in der Regel nach einem halben Jahr und dann nach einem Jahr wiederholt. Auch bei latenter unbehandelter Lues ohne sichere Lokalisation pflegen wir in gleicher Weise vorzugehen. Ich bin — wie gesagt — überzeugt, daß dieser Behandlung bei der Aortenlues ein oft weitgehender und nachhaltiger Erfolg zukommt. Zu dessen Erklärung kann man sich einerseits vorstellen, daß die Herde von Entzündung und Nekrose beseitigt und dadurch die Progression aufgehoben wird. Das genügt aber nicht, um die Verkleinerung von Aneurysmen u. dgl. zu erklären. Daß das spezifische Gewebe, welches zugrunde gegangen ist, nicht restituiert werden kann, sondern nur durch Narben ersetzt wird, ist sicher. Aber man muß annehmen, daß sich unter dem Einfluß der spezifischen Behandlung an Stelle von schlaffem, ausdehnungsbereitem Bindegewebe straffe, haltbare, schrumpfende Narben bilden, welche funktionell ausreichen.

Es ist wenig bekannt, daß es außer Atheromatose und Lues noch eine dritte chronische Aortenkrankheit gibt, den Schwund der Media, die insbesondere von Erdheim bearbeitete Medianekrosis idiopathica. Der klinischen Diagnose ist sie noch nicht zugänglich, doch sollen die drei an der Abteilung beobachteten Fälle kurz mitgeteilt werden. Die beiden ersten verliefen unter dem Bilde der Herzinsuffizienz, der dritte wies eine tödliche Aortenruptur auf.

I. Frau, 76 Jahre, mit Herzinsuffizienz und Kyphoskoliose. Medianekrose der Aorta mit diffuser Dilatation der Pars descendens und des Arcus. Abgelaufene Endokarditis der Aortenklappen. Hypertrophie und Dilatation des rechten Herzventrikels...

II. Mann, 79 Jahre, mit Herzinsuffizienz und Wassersucht. Aneurysma. Abgelaufene Endokarditis der Aorten- und Mitralklappen mit hochgradiger Stenose des Aortenostiums und mäßiger Insuffizienz der Aortenklappen... Hypertrophie beider Herzventrikel... Oberhalb der hinteren Klappe... eine etwa pflaumengroße und ebenso geformte Stelle der Aorta, welche mit weitem Eingang ausgebaucht ist und eine auffallende Wandverdünnung aufweist. In der ganzen Aorta ascendens erscheint die Wand absolut normal... Dagegen sieht man im Bereich der Aussackung das Gelb der Media in der Mitte fast vollständig fehlen und nahe den Rändern nur in Form isolierter, horizontaler, ovaler, durchschnittlich 2—3 mm großer Herde erhalten, zwischen denen die Media fehlt und die Wand bläulich durchschimmert: Medianekrosis idiopathica...

III. 74jährige Frau. Fast zwerghafte Frau mit hochgradiger Kyphoskoliose, Hypertonie und Herzinsuffizienz. Plötzlicher Tod durch Aortenruptur. Tödliche Aortenruptur bei Medianekrose mit Herztamponade: 2 cm über der hinteren Aortenklappe ein 4 cm langer, fast senkrecht verlaufender Riß der Intima und Media mit konsekutivem Aneurysma dissecans, welches knapp am rechten Herzohr mit einem kleinen Schlitz im Epikard in den Herzbeutel eingebrochen ist... Knapp über der hinteren Klappe eine 2 cm lange, horizontal verlaufende Narbe nach geheilter Aortenruptur. Die auseinandergewichenen Ränder der Media deutlich erkennbar. Herde von Medianekrose in der Aorta... oberhalb der Klappen. In beiden Iliacae communes... ein offenbar der Medianekrose analoger Vorgang...

Pulmonalsklerose. Pulmonalsklerose ist im Alter kein ganz seltener Befund, aber ihre Erscheinungen sind so vieldeutig und so wenig scharf begrenzt, daß die Diagnose kaum gemacht werden kann. Mit einer gewissen Wahrscheinlichkeit kann man sie erwarten, wenn bei einer ausgeprägten Mitralstenose im Alter die Cyanose vorherrscht. Dämpfung in der Pulmonalgegend, Ausprägung des Pulmonalisbogens im Röntgenbild, Neigung zu Blutungen und insbesondere der Befund eines im Alter selten verstärkten zweiten Pulmonaltons können den Verdacht verstärken. Besonders starke Cyanose, Erscheinungen, welche an Stenokardie gemahnen, häufige Hämoptoe, verschlechterte therapeutische Reaktion kommen auch bei den Fällen von Pulmonalsklerose ohne Mitralstenose zur Beobachtung — eine Erkrankungsform, welche zuweilen auch die kleinen Verzweigungen der Pulmonalis befällt. Aber die gleichen Erscheinungen werden noch öfters aus ungleich häufigeren Ursachen beobachtet, so daß man kaum über das Aussprechen eines Verdachtes hinauskommen kann. Als solche Konkurrenzdiagnosen nenne ich unter anderem multiple Embolien in die kleineren Pulmonaläste aus irgendeiner Quelle, eine latente Endo- oder Perikarditis, Komplikationen von seiten der Lunge, der Bronchien oder der Pleuren. Das klinische Bild ist kaum faßbar.

12. Erkrankungen der peripheren Arterien und Venen.
Die Arteriosklerose.

Allgemeines. Die Arteriosklerose ist keine Alterserkrankung im engeren Sinne. Sie entsteht in den mittleren Lebensjahren, wird ins Alter hinübergenommen und schreitet in diesem fort. Von der eigentlichen Arteriosklerose ist die Sklerose der Media abzutrennen, die Verkalkung dieser Schichte, welche zur Gänsegurgelarterie und zur Schlängelung der Armgefäße bei der körperlich arbeitenden Bevölkerung führt. Wie das letzte Beispiel zeigt, ist sie von der funktionellen Beanspruchung, wohl auch von der Schädigung der Gefäßmuskulatur durch überstandene Infektionen abhängig, klinisch aber meist bedeutungslos. Es ist für den Arzt nur wichtig zu wissen, daß er aus diesem Befund oder aus geschlängelten Schläfenarterien keinen Schluß auf echte Arteriosklerose ziehen darf und daß er auch den Patienten in dieser Richtung beruhigen muß.

Die echte Arteriosklerose, der in der Intima beginnende Prozeß, welcher mit deren Verdickung, der Schädigung des elastischen Gewebes und Lipoideinlagerung beginnt und zu sekundären Verkalkungen und Mediaveränderungen führt, in schweren Fällen auch mit der Bildung atheromatöser Geschwüre verbunden ist, soll in ihrer Pathogenese nicht ausführlich diskutiert werden. Wir kennen keine einheitliche Ursache, sind auch nicht in der Lage, zwischen den notwendigen Bedingungen und disponierenden und verschlechternden Momenten zu entscheiden. Konstitution und Heredität spielen eine Rolle, die Männer erkranken früher und schwerer. Daß es sich um eine Abnützungskrankheit handelt, ist eine Teilwahrheit, die zumindest für die besondere Lokalisation im Einzelfalle und für die Beziehungen zum allgemein und lokal erhöhten Blutdruck wertvoll ist. In welchem Ausmaße psychische Erregungen und Depressionen, Genußgifte, wie Nikotin, die Art der Ernährung, insbesondere das Ausmaß an tierischem Eiweiß und Lipoiden (Cholesterin), alimentäre und bakterielle Schädigungen, im Verdauungskanal entstehende Gifte, andere Stoffwechselprodukte (Beziehungen zu Gicht, Diabetes!), Infektionen und

Allergien beteiligt sind, läßt sich derzeit nicht abwägen und abgrenzen.

Seit der Abtrennung der Blutdruckerkrankung, der essentiellen Hypertonie und ihren Erscheinungen von der Arteriosklerose ist deren Bild symptomärmer geworden und ihre klinische Bedeutung verringert. Es ist bekannt, daß nicht die Arteriosklerose als solche, auch nicht die vorgeschrittene, Blutdrucksteigerungen bewirkt, sondern nur besondere Lokalisationen derselben, daß ferner auch nur besondere Lokalisationen und Komplikationen die klinischen Krankheitserscheinungen hervorrufen. Von diesen wurden die Folgen an Aorta, Kranzgefäßen und Lungen schon erwähnt.

Allgemeintherapie der Arteriosklerose. Grundlage ist die möglichste Beseitigung aller Schädigungen, die im Einzelfalle in Frage kommen. Die Richtung ergibt sich aus den aufgezählten fördernden Momenten in individueller Anwendung, die in einem Falle Rauchverbot, im anderen Gewichtsreduktion oder Diabetesbehandlung, in dem nächsten Regelung der Arbeit oder psychische Entlastung als besonders wichtig erscheinen lassen. Gemeinsames Prinzip ist ein Regime allgemeiner Mäßigkeit, welches bei der Besprechung der Hypertonie entwickelt werden soll. Alle weiteren Maßnahmen sind kontrovers. Die Frage der Prophylaxe steht in diesem Altersbuch nicht zur Diskussion. Selbst wenn man zugibt, daß aus der vergleichenden Ernährungslehre und dem Tierexperiment gewisse, allerdings unsichere Anhaltspunkte dafür bestehen, daß eine an tierischen Lipoiden aus Ei, Milch, Innereien usw. und an tierischem Eiweiß sehr arme Ernährung die Entwicklung der Arteriosklerose hemmt, stünde einer allgemeinen Empfehlung neben der Unsicherheit des Erfolges noch das ungelöste Bedenken entgegen, ob Vorteile nach dieser oder anderen Richtungen (Diabetes) durch andere Nachteile, etwa Herabsetzung der Leistungsfähigkeit oder der Resistenz gegen Infektion, nicht allzu teuer erkauft würden. Daß eine solche Ernährung Erscheinungen bereits bestehender Arteriosklerose zur Rückbildung bringen kann, wird von Vegetariern und Rohköstlern und ihnen nahestehenden Ärzten behauptet, aber von ihren Erfolgen sind die mit dieser Therapie oft unzweifelhaft verbundenen Senkungen des erhöhten Blutdrucks, Regulierung von Gewichts- und Wasserentziehung für diese spezielle Frage abzuziehen. Da die Durchführung dieser Ernährung oft auf Widerstand stößt, ist mein eigenes. Material nach dieser Richtung gering, aber ich habe reine Fälle von peripherer Arteriosklerose, ohne Blutdrucksteigerung, mit kompensiertem Herzen, mit kontrollierbaren Beschwerden (intermittierendes Hinken oder häufige stenokardische Beschwerden auf voraussichtlich arteriosklerotischer Basis) ausgewählt; ich habe bei derartiger Ernährung, bei Ausschluß aller sonstiger Änderungen der Lebensweise der Vorperiode und ohne ergänzende andere Therapie nichts Überzeugendes gesehen. Von Medikamenten wird bei Arteriosklerose seit sehr langer Zeit Jod verwendet. Wenn es auch wahrscheinlich ist, daß die besten Erfolge früherer Zeit auf der Beeinflussung unerkannter luetischer Prozesse beruhten, wenn auch über die Wirkungsart und über eine anatomische Beeinflussung des Prozesses nichts Sicheres bekannt ist, wird man immer wieder die Beobachtung machen, daß in einer nicht unerheblichen Minderzahl arteriosklerotische Beschwerden günstig beeinflußt werden. Man läßt unter Kontrolle kleine oder mittlere Dosen Jod nehmen und diese Kuren bei Erfolg nach Intervallen von Monaten wiederholen, auch in den Jodkurorten. Jod wird derzeit aus Angst vor Jodschäden zu wenig verordnet. Die spezifische Einwirkung von Organpräparaten aus Intima (Telatuten, Animasa u. a.) ist durchaus zweifelhaft. Ein gefäßerweiternder Einfluß scheint mir bei Telatuteninjektionen wahrscheinlich. Für eine direkte Einwirkung auf den anatomischen Prozeß durch Organ-, insbesondere Hodenpräparate und Eingriffe an dem Geschlechtsapparat bestehen keine Anhaltspunkte. Die symptomatische Therapie deckt sich mit der des Hochdruckes, der Stenokardien usw.

Erkrankungen der peripheren Arterien.

Intermittierendes Hinken, Claudicatio intermittens. Für die Entstehung dieses Symptomenkomplexes tritt im Alter die Arteriosklerose in den Vordergrund, während die in früheren Jahren häufigen Prozesse der Endarteriitis obliterans und der angiospastischen nervenbedingten Erkrankungen kaum eine Rolle spielen. Es braucht weder das Krankheitsbild der von Dauer und Intensität der Bewegung und Anstrengung abhängigen Schmerzen geschildert zu werden, noch die Ursache, welche in einem Mißverhältnis zwischen Durchblutung und Blutbedarf liegt. Ob die unmittelbare Auslösung der Schmerzen ein Krampf der Gefäße oder die Dehnung oberhalb der verengten Stelle bildet, ist kontrovers. Jedenfalls sind neben den anatomischen Veränderungen auch funktionelle, vasomotorische Einflüsse von Wichtigkeit.

Die Diagnose erfordert die meist unschwere Abtrennung von ähnlichen Symptomen, wie sie etwa bei Plattfüßen, bei Varikositäten, Arthritiden, Muskelkrämpfen, Neuritiden und Neuralgien zustande kommen. Auch Erfrierungen und Ergotinschäden sind in Betracht zu ziehen. Das wichtigste objektive Symptom — der Mangel der Fußpulse — ist insofern entwertet, als er im Alter auch bei vielen Kontrollpersonen vorkommt. Die befallene Extremität pflegt blässer zu sein und kühler. Bei Anstrengung prägen sich die Differenzen stärker aus und werden durch Cyanose deutlicher. Beim Fortschreiten der Affektion sind die Veränderungen der Haut dauernd, die Extremität ist auffallend kühler, cyanotisch, selbst livide, das Fehlen der Fußpulse rückt bis in die Kniekehle und höher, das Kapillarmikroskop weist grob veränderte Schlingen und träge Zirkulation nach. Die Beschwerden sind nicht mehr an Bewegung geknüpft, sie treten auch in Ruhe, oft bei Nacht auf oder werden dauernd, mit Exazerbationen. Nachweis der Verkalkungen im Röntgenbild und eventuell intraarterielle Füllung der Beinarterien mit Kontrastmitteln, welchen die Schule Eiselsberg auch therapeutische Erfolge nachrühmt, sichern den Befund in Zweifelsfällen. Der Zusammenhang mit Nikotinabusus ist für die arteriosklerotische Abart nicht so evident wie für die Arteriitis obliterans.

Aus kleinsten Verletzungen oder spontan, auf Grund lokaler Ernährungsstörungen, entstehen schlechtheilende Geschwüre, Quellen fortschreitender Infektionen oder der Gangrän. Zehen oder deren Spitzen werden blau und blaß und verfallen der Nekrose, die fortschreiten kann. Oft ist all dies mit geradezu unerträglichen Schmerzen verbunden.

Therapie. Bei der Regelung der Lebensweise (s. Arteriosklerose und Hochdruck) wird man immer das Rauchverbot einschalten. Sonst zielen alle therapeutischen Bestrebungen auf Verbesserung der Durchblutung und Anpassung an die Leistungsfähigkeit.

Ungemein wichtig, oft von entscheidender Bedeutung ist es, die Beine vor Kälteschäden zu bewahren und trocken zu halten und die Wärmeabgabe nach außen zu mindern. Warme Unterwäsche, dicke, bei jedem Feuchtwerden gewechselte Strümpfe oder Socken, weites, warmes Schuhwerk, Überschuhe, peinlicher Schutz vor Bodenkälte durch Teppich oder Fußsack, Bettstrümpfe, Wärmeflasche oder Flanellfußsack im Bett sind wichtiger, als dies scheint. Therapeutische Wärmeprozeduren sind nur von Nutzen, wenn sie vorsichtig und gelinde durchgeführt werden, sonst schaden sie. Dies gilt von Heißluft wie auch von Diathermie und Kurzwellen.

Die medikamentöse Behandlung weist sehr starke Analogien zur Therapie der Angina pectoris auf und kann daher kurz gefaßt werden. Hier wie dort hat die Verabreichung der Präparate vom Typus des Diuretin in allen Variationen oft sehr deutliche Effekte. Von den Nitriten treten die rasch wirksamen, wie Nitroglyzerin und Amylnitrit, zurück, da sie an der unteren Körperhälfte weniger angreifen. Dagegen kommt subkutanen Serieninjektionen von Natrium nitrosum Bedeutung zu. Sie werden übertroffen durch die S. 118 angegebenen Mischinjektionen, welche an der Abteilung die Standardmethode darstellt. Die Reihe der Organextrakte vom Typus Eutonon wird verwendet. Dazu kommt — auch bei Männern — noch das Menformon. Mit aller Reserve möchte ich bei diesen Affektionen Padutin, Doryl und Menformon ein wenig in den Vordergrund stellen.

An Sondermaßnahmen kommt bei hartnäckigen Fällen die Lerichesche Operation (Entnervung durch streckenweise Entfernung der Gefäßscheide der Arteria femoralis am Oberschenkel) oder die Dopplersche Phenolpinselung in Frage. Jedoch sind bei schwereren Arteriosklerosen die Erfolge sehr unsicher. Immerhin habe ich ganz unerwartet bei einer sehr hochgradigen Arteriosklerose ein gutes Resultat gesehen. In ähnlicher Weise dürften Radiumbestrahlungen der Gefäße wirken. Technik und Dosierung ist Sache des Spezialisten, aber man kann die wenig eingreifende, jedoch nützliche Prozedur empfehlen. Die Entfernung der Lumbalganglien ist in geschickter Hand kein großer Eingriff und scheint Besseres zu leisten als die anderen Operationen, doch sind meine Erfahrungen noch nicht ausreichend. Sehr Gutes wird von der von Amerika ausgehenden Methode einer Saug- und Druckbehandlung der Extremität in einem Stiefel-Apparat berichtet. Über eigene Beobachtungen verfüge ich nicht. Im allgemeinen kommt man unter Spitalsbedingungen mit den konservativen Methoden soweit aus, daß mit Ausnahme von diabetischer Gangrän und besonderen Komplikationen, wie Thrombosen oder Embolien der Arterien, in den letzten Jahren keine Amputationen notwendig waren. Zur Bekämpfung der Schmerzen sind alle Mittel notwendig, vom Aspirin an, das manchmal recht wirksam ist, über die Antineuralgika und deren Kombinationen untereinander oder mit Schlafmitteln (Typus Veramon) oder auch mit leichteren Alkaloiden (Typus Somnacetin) geht die Reihe bis zum Morphium und bis zum Modiskop. Eine Anzahl von Patienten fühlen sich bei gesenktem Fuß und dadurch bedingter passiver Hyperämie wohler. Man kann ihnen nach Eppinger durch Entfernung des letzten Matratzendrittels ein Liegen mit gesenktem Unterschenkel im Bett ermöglichen. Durch Reifenbahren oder Fersenringe muß jede empfindliche Stelle vor Druck geschützt werden. Die lokale Behandlung kleinerer Geschwüre kann es versuchen, etwa durch vorsichtige intermittierende Verwendung von epithelisierenden Salben mit Scharlachrot oder — besonders bei Diabetikern — durch lokale Insulinanwendung zur Heilung direkt beizutragen. Aber diese Bestrebungen treten zurück hinter die Aufgabe, die weitere Infektion und das Fortschreiten der Wunde, bzw. der Nekrosen hintanzuhalten. Aseptischer Schutzverband, indifferente Salben, besonders aber, wenn es zu stärkerer Sekretion gekommen ist, Trockenhalten, bzw. Austrocknung sind indiziert. Als austrocknend bewähren sich Alkoholumschläge und Streupuder, wie Dermatol und Tierkohle u. a., wobei zu achten ist, daß sich nicht hinter einem oberflächlichen trockenen Verschluß in der Tiefe die Entzündung ausbreitet. Mit den beliebten entzündungswidrigen Umschlägen, wie essigsaure Tonerde, Pregl- oder Dakin-Lösung muß man zunächst zurückhalten; sie treten erst in Aktion, wenn die Aufgabe des Trockenhaltens nicht geglückt ist, eine beträchtliche Entzündung besteht, aber der Zeitpunkt für ein chirurgisches Eingreifen noch nicht gekommen ist. Dieser wird bestimmt durch den Grad und die Ausdehnung der lokalen Entzündung, durch die örtlichen Komplikationen, wie Thrombose und Phlebitis und durch die Allgemeinerscheinungen von Fieber und Sepsis. Auch unerträgliche und mit Alkaloiden nicht zu bekämpfende Schmerzen können den Entschluß zur Operation herbeiführen. So lange Hoffnung für das Erhaltenbleiben der Extremität besteht, ist er zu verzögern, denn der Chirurg muß in solchen Fällen fast immer hoch am Oberschenkel amputieren, um bei den alten Leuten eine Heilung gewährleistet zu sehen. Die Natur aber amputiert schonend mit einem Minimum an Gewebsopfer. Man sieht bei Zuwarten und intensiver interner Behandlung doch vielfach einen überraschend günstigen Verlauf bei ursprünglich trüber Prognose, bei Fällen z. B., wo die vorgeschlagene Operation, wie so oft, von den alten Patienten abgelehnt wurde. Bei Komplikation mit Diabetes oder septischen Symptomen hat man allen Grund, sich leichter zur Operation zu entschließen.

An den oberen Extremitäten kommen Erscheinungen, welche dem intermittierenden Hinken und seinen Komplikationen analog sind, wohl vor, sind aber sehr selten.

Thrombosen und Embolien der peripheren Arterien. Arterielle Thrombose und Embolie ist im Alter häufiger als sonst und weist Sonderzüge auf. Daß die Endokarditis des linken Herzens oder Thromben des Herzohres oder eine Pyämie in jedem Alter zu Embolien führen kann, ist klar. Aber diese Embolien erfolgen doch meist nur in Gefäße kleineren Kalibers, wie Hirngefäße, wenn man von den Pulmonalembolien absieht. Im Alter sind oft die größeren Arterien der unteren Extremitäten betroffen und es gibt eine Emboliequelle, welche dafür besonders in Betracht kommt, die Parietalthrombosen bei Arteriosklerose der Aorta usw. Die weit selteneren arteriellen Thrombosen der früheren Jahre haben meist einen faßbaren, von außen wirkenden Entstehungsgrund — sei es ein Übergreifen einer Entzündung oder eine Kompression, wie durch Lymphdrüsen oder Tumoren. Thrombosen in den alten Arterien entstehen vielfach spontan. Es ist also die scheinbare Spontaneität und der gröbere Charakter der Erscheinungen neben der Häufigkeit im Alter kennzeichnend. Die Neigung zur Thrombose wird durch das Bestehen von entzündlichen und entkräftenden Prozessen im Körper verstärkt. Häufig schließt sich eine Thrombose an eine Embolie an, auch Zirkulationsänderungen in der Umgebung, wie durch eine Venenthrombose, können den Anlaß abgeben.

Klinisch sind die Erscheinungen von Thrombose und Embolie schwer zu trennen. Es tritt in kurzer Zeit unter heftigen Schmerzen eine schwere Zirkulationsstörung des befallenen Gliedes auf, meist ist es die untere Extremität. Der befallene Anteil wird ganz kalt, leichenartig auch in der Farbe, die Haut ist livide, oft gefleckt oder mit netz- und strangartigen Gefäßzeichnungen versehen. Rasch kann Gangrän eintreten, aber die Erscheinungen können sich auch rückbilden, wenn eine genügende Blutversorgung durch Nachbargefäße unter Ausbildung eines Kollateralkreislaufs möglich ist. Viele dieser Erkrankungen sind von vornherein infiziert und können zur Sepsis führen, aber auch die Neigung zur Sekundärinfektion ist groß.

Ein sehr heftiger, ganz plötzlich einsetzender Schmerz mit den entsprechenden Ausfallserscheinungen der Zirkulation spricht für Embolie. Am häufigsten sind die unteren Extremitäten im Bereiche der Unterschenkel betroffen, aber die Erscheinungen von Embolie und Thrombose können auch den Oberschenkel, beide Extremitäten, ja die Aorta ergreifen, wobei das Bild der schlaffen Lähmung mit Schmerzen und mit ausgebreiteter Schädigung des Blutkreislaufs entsteht. Weit seltener sind analoge Erscheinungen an der oberen Extremität und an den Gefäßen von Hals und Kopf. Die cerebralen Embolien werden ebenso wie die der inneren Organe an entsprechender Stelle zu erörtern sein.

Therapie. Bei Embolien wird das betroffene Gebiet dadurch vergrößert, daß ein Krampf der Gefäßmuskulatur den Embolus oft an einer höheren Stelle festhält, als dies seinem Volum entspricht. Lösung des Krampfes durch intravenöse Injektion von verstärkten Papaverinpräparaten, wie Eupaverin (Denk), Perparin oder von Euphillin-Traubenzucker kann den Embolus in die Peripherie verschieben, also den Ausfall verkleinern. Bei Versagen dieser Methode und schweren Erscheinungen ist in den ersten Stunden bei entsprechendem Allgemeinbefund ein aktives Vorgehen möglich, die Embolektomie. Ich verfüge neben Versagern über zwei Fälle mit ausgezeichnetem Enderfolg. Sonst bleibt bei Embolien wie Thrombosen nichts übrig, als zuzuwarten und die Amputation solange aufzuschieben, als es Allgemeinzustand, Eintreten oder Bestehen von Infektion und Schmerzen gestatten. Dabei wird die befallene Partie durch Einhüllen in Watteschichten und Zufuhr milder Wärme versorgt und gefäßerweiternde Mittel werden angewendet. Zuweilen stellt sich eine genügende Zirkulation wieder her; selbst bei einem 97jährigen Greis habe ich dies gesehen, oder es erfolgt eine Demarkation und eine schonende Selbstamputation in trockener Nekrose im Laufe der Monate. Meist kommt es zur Amputation, sehr oft gestattet der Allgemeinzustand keinen Eingriff mehr. Im ersten Falle ist der Exitus häufig, im zweiten sicher.

Aneurysmen. Aneurysmen der Bauchaorta werden viel zu häufig angenommen. Die erweiterte, oft gekrümmte Bauchaorta imponiert bei schlaffer Bauchdecke und Magerkeit als Tumor. Die wirklichen Bauchaneurysmen und die sonstigen peripheren Gefäßaneurysmen sind sehr selten und weichen in ihrem klinischen Bilde und ihrer Diagnose von denen früherer Lebensperioden nicht ab.

Einen Fall von Periarteriitis nodosa habe ich im Greisenalter nicht gesehen.

Erkrankungen der Venen.

Venenerweiterungen, wie die Varicen an den unteren Extremitäten, die Varikokelen und der variköse Symptomenkomplex des chronischen Unterschenkelgeschwürs werden im allgemeinen nicht zum Arbeitsgebiet des Internisten gerechnet. Die Hämorrhoidalvenenerweiterungen werden bei den Erkrankungen des Mastdarms besprochen werden, die Varicen des Ösophagus bei diesem Organ.

Phlebosklerose. Intimaveränderungen ähnlich der Arteriosklerose an den Venen und die Bildung von Venensteinen sind klinisch ohne besondere Bedeutung.

Venenentzündung. Sie ist im Alter häufiger als sonst. Infektionen der Venenwand entstehen entweder von außen als Periphlebitis oder von innen als eigentliche Thrombophlebitis durch Ansiedlung von Mikroorganismen aus dem Blute. Die Entstehungsbedingungen und die Beziehungen zu lokalen Entzündungen, Infekten und Operationen sind im Alter genau dieselben wie früher. Die oberflächlichen Venenentzündungen sind durch die Palpation des verdickten oder schmerzhaften entzündlichen Stranges, die begleitende Rötung und durch Erhöhung der lokalen Wärme zu erkennen. Tiefe Entzündungen, besonders an den unteren Extremitäten, sind durch die stärkere Schmerzhaftigkeit bei Palpation, die Allgemeinsymptome und die lokalen Entzündungserscheinungen sowie durch die meist gesteigerten subjektiven Beschwerden von den analogen Erscheinungen der einfachen Venenthrombose zu unterscheiden. Entzündliches Ödem und Rötung der befallenen Extremität sowie Leukocytose sind Zeichen des Entzündungsgrades. Eitrige Phlebitiden führen zu Schüttelfrösten und Pyämie. Viele tiefliegende Venenentzündungen, wie die der Beckenvenen, der Prostata, des Rektums können nur erkannt werden, wenn Erkrankungen dieser Organe oder ihrer Umgebung, oder Operationen die Aufmerksamkeit darauf lenken. Sonst muß bei unklaren Folgeerscheinungen, wie Embolien, nach ihnen gesucht werden, ohne daß sie regelmäßig gefunden werden können.

Venenthrombosen. Venenthrombosen sind im Alter ungemein häufig, etwa doppelt so häufig wie in früheren Lebensjahren, schon aus dem Grunde, weil sich die disponierenden Momente mit fortschreitendem Lebensalter häufen. Es sind dies lokale Verlangsamung des Blutstromes und eine abnorme Beschaffenheit des Blutes, wie sie bei entzündlichen Prozessen im Körper und bei Kachexien gegeben ist. Auch nach Operationen ist die Neigung deutlich erhöht. Altersveränderungen des Blutes, wie sie sich in der erhöhten Senkungsgeschwindigkeit ausprägen, sowie Veränderungen an der Venenwand mögen weiters eine Rolle spielen.

Der bevorzugte Sitz ist der Unterschenkel. Klinische Erscheinungen können im Beginn völlig fehlen. Manchmal bestehen geringe und unbestimmte Schmerzen, ein Gefühl von Schwere, zuweilen Parästhesien, Hitzegefühl, Jucken. Von objektiven Symptomen ist der Nachweis von Ödem, meist am Fußrücken beginnend, am wichtigsten, auch Druckempfindlichkeit der Wadenmuskulatur, an der Rückseite der Tibia und an der Planta pedis, ist abwägend zu verwerten. Die Ödembildung, bei fortschreitendem Prozeß bis zum Oberschenkel, braucht nur erwähnt zu werden. Beiderseitige Prozesse sind häufig. Auch die Erscheinungen bei Thrombosen oder Kompression der Cava inferior, Cava superior, beider Iliacae oder der Pfortaderthrombose sind denen in jüngeren Jahren analog. Als Beispiele aus eigener Erfahrung können die Einscheidung der Vena cava sup. durch ein Mediastinalsarkom mit Einbruch des Tumors in die Vene und Thrombose bis in die Vena jugul. dextra dienen, ferner Übergreifen auf das Perikard bei einer 77jährigen Frau, oder die gleichzeitige Kompression von Vena cava inferior und Pfortader durch einen riesenhaften retroperitonealen Tumor (Liposarkom) bei einer 65jährigen Frau.

Dagegen ist die Thrombose der Armvenen, welche in früheren Lebensperioden durch Drüsen, Tumoren, Aneurysmen fast ausschließlich lokal bedingt ist, im Alter, besonders bei Herzinsuffizienz, ein nicht zu seltener Spontanvorgang. Wir konnten im Laufe einiger Jahre vier derartige Prozesse am Obduktionstisch sehen, wobei bei dreien die klinische Diagnose einer solchen isolierten Thrombose gestellt war. Auch die Fortsetzung einer sehr lange bestehenden Thrombose mit Armödem auf eine Kollaterale der Brustvene und deren Umwandlung in einen soliden Strang haben haben wir beobachten können.

Die Thrombose im Bereiche der Hirnvenen wird bei alten Leuten nicht nur als Komplikation von Ohreiterungen, sondern auch spontan bei Herzinsuffizienz und marantischen Prozessen gefunden.

Therapie der Venenerkrankungen. Diese hat in den letzten Jahrzehnten bedeutende Fortschritte gemacht, sie ist aktiver und für den Patienten weniger lästig geworden. Dies gilt von der Behandlung der Varicen mit der Verödungstherapie durch Injektionen, von der Behandlung des chronischen Unterschenkelgeschwürs, aber auch von den Venenthrombosen und Phlebitiden an den Extremitäten. Hochlagerung bei entzündlichen Erscheinungen, meist mit Umschlägen von essigsaurer Tonerde und Stilliegen durch viele Wochen war die übliche Therapie. Und doch machten die Prozeduren des Waschens und des Stuhlgangs, die Bettpflege und die Bewegungen des Patienten während des Schlafes und die Unachtsamkeit der alten Leute ein wirkliches Stilliegen illusorisch, und dessen Gefahren quoad decubitus und Pneumonien waren hoch. Auch heute noch muß man diese Methode bei fiebernden und septischen Phlebitiden, bei schwerbeweglichen und ödematösen Fällen anwenden, aber wo immer dies nur möglich ist, wird die dauernde elastische Umwicklung und, noch weit besser, der Zinkleimverband herangezogen werden. Vielfache Erfahrung hat gezeigt, daß die Zahl der Embolien, insbesondere der tödlichen, bei dieser Methode geringer, gewiß aber nicht höher ist. Bei nicht progredienten und eitrigen Phlebitiden, bei geringeren Thrombosen verlassen die Patienten sehr rasch das Bett, und in jedem Falle wird die Behandlungsdauer sehr abgekürzt. Auch bei den Beckenvenenthrombosen erlaubt eine Lage mit erhobenen Oberschenkeln und horizontalen Unterschenkeln eine Abkürzung der Behandlung mit Verringerung der Emboliegefahr (Friedländer).

Embolien aus Venen. Die Pulmonalembolien. Der natürliche Weg für Thromben und Thrombenteile aus den Venen führt in die Lunge. Die Pulmonalembolie steht im Mittelpunkt. Alle anderen Möglichkeiten sind mit wenigen Sätzen zu erledigen. Es ist richtig, aber praktisch bedeutungslos und diagnostisch nicht faßbar, daß Thromben der Vena cava rückläufig in die Lebervenen gelangen können. Wenn gleichzeitig Erscheinungen einer Venenthrombose und Embolien im arteriellen Kreislauf zu beobachten sind, ist es möglich, an ein offenes Foramen ovale zu denken. Aber praktisch bedeutet dies sehr wenig, denn im Alter wird man in solchen Fällen immer mit der weit größeren Wahrscheinlichkeit einer zweiten unbekannten Emboliequelle im arteriellen Bereiche, besonders im linken Herzen selbst, rechnen müssen.

Was die Pulmonalembolie oder besser Pulmonalembolien anlangt, so ist es nicht möglich oder wichtig, zwischen den aus den Venen und den aus dem Herzen stammenden einen Unterschied zu machen. Es gibt im Alter eigentlich nur zwei Symptomenbilder, welche die Diagnose der Embolie in die Lungen mit großer Wahrscheinlichkeit zu stellen gestatten, eines, wobei der Patient stirbt, und ein anderes, wo er am Leben bleibt. Das erste ist der akute plötzliche Herztod. Pulmonalembolie wird angenommen, wenn gleichzeitig eine Quelle für den Lungenembolus sicher vorhanden ist, wie bei der manifesten Venenthrombose, oder doch wahrscheinlich, wie nach Becken- oder Prostataoperationen. Aber auch hier besteht keine absolute Sicherheit, daß ein plötzlicher Tod diese Ursache hat. Die Erscheinungen der Embolie selbst, das plötzliche shockartige Hinsinken oder der etwas verzögerte Tod unter Dyspnoe und Cyanose gestatten an und für sich nicht, andere Todesursachen mit Sicherheit auszuschließen, wie das plötzliche Versagen des Herzens, oder Kammerflimmern, oder Herzruptur.

Die zweite, diagnostisch zu erfassende Möglichkeit wird durch den Lungeninfarkt mit hämorrhagischem Sputum gebildet. Isoliert kann er wohl kaum von den anderen Möglichkeiten der Hämoptoe geschieden werden. Aber in seiner Wiederholung und unter Berücksichtigung einer Herzinsuffizienz oder Thrombosenquelle und bei Bestehen sonstiger Zeichen eines Infarkts, wie Dämpfung, Atemveränderung — wie sie bei großen Infarkten zu finden sind — und bei Nachweis der Folgeerscheinungen wie Infarktpneumonie oder Infarktpleuritis — kann diese Diagnose mit großer Wahrscheinlichkeit gestellt werden. Auch Subikterus trägt zur Erkennung bei.

Zwischen diesen faßbaren Bildern liegt eine Reihe unklarer und schwer deutbarer Symptomenkomplexe. Große Embolien in den Hauptstamm oder die beiden Hauptäste werden nicht immer vom Tode gefolgt, sondern führen zu Zuständen von plötzlich eintretender Cyanose und Dyspnoe, welche den Verdacht nach dieser Richtung erwecken, aber durchaus nicht immer von anderen Verschlechterungen zu unterscheiden sind. Solche Prozesse können sich lange hinziehen und mit Organisierung der Thromben enden; sie können auch zum Tode führen. So erinnere ich mich eines Mannes mit starker Cyanose und Dyspnoe, der eine Spitzendämpfung und reichliches, teilweise klingendes Rasseln über großen Partien der Lunge aufwies. Zuweilen war etwas Blut im Sputum. Da einmal auch Tuberkelbazillen gefunden wurden, stellte ich mit Zuversicht die Diagnose der Lungentuberkulose mit wahrscheinlicher Miliartuberkulose, allerdings bei dem schwer beweglichen Manne ohne Röntgenkontrolle. Die Obduktion ergab zwar eine alte, wenig aktive zirrhotische Lungenaffektion mit einer kleinen Kaverne als Nebenbefund, als Ursache der Erscheinungen aber multiple alte und frischere Lungenembolien, auch in den Hauptästen, zum großen Teil schon in Organisierung.

Es ist sehr wichtig, darauf hinzuweisen, daß im Alter die Lungeninfarkte in ihrer großen Mehrzahl k e i n hämorrhagisches Sputum produzieren. Das gilt nicht nur von den anämischen, sondern auch von den bei der Obduktion sich als hämorrhagisch erweisenden Infarkten. Ich möchte die Abwesenheit von Blut bei mindestens zwei Dritteln annehmen. Wenn solche Infarkte nicht zu Lungen- oder Pleurakomplikationen führen, die wieder von pneumonischen Herden und postpneumonischen Pleuritiden nur schwer zu unterscheiden sind, sind sie klinisch nicht faßbar. In der Tat sind multiple Lungenembolien der kleinen Äste und multiple kleinere Infarkte ungemein oft ein nicht erwarteter Obduktionsbefund bei den alten Leuten, sowohl bei Herzinsuffizienz, als auch bei latenten Thrombosen.

Die Embolien, welche aus infizierter Quelle stammen, verbreiten die Infektion, sie können zu Pyämien, zu multiplen Lungenabszessen, zu Pneumonien mit der Neigung zu Vereiterung und Gangrän führen, zur eitrigen Pleuritis wie Perikarditis.

Die Therapie der Embolien leistet nur wenig; man kann wohl bei schweren, aber nicht unmittelbar tödlichen Lungenembolien den vielleicht bestehenden Muskelspasmus durch Eupaverin u. dgl. aufzuheben und so den Embolus in die Peripherie zu verschieben trachten. Die operative Entfernung wird im Alter nur unter ganz seltenen Bedingungen der Person des Kranken und der Operationsgelegenheit in Betracht kommen. Es bleibt nichts übrig als die symptomatische Behandlung der Lungen- und Kreislaufsymptome. Das Schwergewicht liegt auf der Prophylaxe, der Behandlung von Venenthrombosen und der Kreislaufinsuffizienz.

13. Die Gefäßerkrankungen und -Erscheinungen im Bereiche des Gehirns.

Eine Darstellung der Erkrankungen des Nervensystems im Alter liegt nicht im Plan dieses Buches. Aber es gibt Grenzgebiete, interne Erkrankungen, welche sich im Bereiche des Nervensystems auswirken, doch nach ihrer Ursache und Entstehung, vielfach auch zumindest nach ihrer initialen Therapie zur inneren Medizin gehören, in ihren Erscheinungen und ihrer Lokalisation aber zur Neurologie. Bezüglich dieser Krankheiten wurde ein Mittelweg gewählt. Sie dürfen in einer Darstellung der inneren Erkrankungen im Alter nicht fehlen, sollen aber in ihrer herdmäßigen Auswirkung und in ihrer lokalisatorischen Diagnostik nur gestreift werden.

Die cerebrale Arteriosklerose.

Erscheinungen cerebraler Arteriosklerose fehlen kaum je in einem Obduktionsbefund des Greisenalters, aber sie variieren ungemein, von einzelnen Flecken an den größeren Gefäßen ohne jede funktionelle Bedeutung bis zu einer diffusen schweren und ausgebreiteten Erkrankung. Für die Erscheinungen maßgebend ist nicht nur der Grad, sondern auch die Lokalisation. Schwere Veränderungen der großen Gefäße können im Leben ohne jede Erscheinungen verlaufen, welche über die physiologische Änderung im Alter hinausgehen, über eine leichtere Ermüdbarkeit, Abnahme der Frische gegenüber neuen Eindrücken, wobei aber das Gehirn im Rahmen des Gewohnten doch noch zu Leistungen hohen Ranges befähigt sein kann. Auf der anderen Seite können, um von herdförmigen Ausfallserscheinungen zu schweigen, Gefäßerkrankungen geringen Umfangs, wenn sie z. B. das Zwischenhirn betreffen, den Gesamteindruck der Persönlichkeit auf das schwerste beeinträchtigen. Hervorzuheben ist ferner, daß die Einzelsymptome bei Arteriosklerose fast nie eindeutig sind, daß sie meist auch durch andere Erkrankungen hervorgerufen werden können, daß sie also nur in Kombination und im Verlauf diagnostische Bestimmtheit gewinnen. Man kann sogar weitergehen und behaupten, daß nahezu jeder Symptomenkomplex auf arteriosklerotischer Grundlage seine Doppelgänger anderer Genese besitzt, so daß die diagnostische Auffassung durch das Gesamtbild bestimmt wird und zuweilen durch längere Zeit offen bleiben muß.

Allgemeine Symptome. Dies gilt zunächst von den lokalisatorisch nicht zu verwertenden Allgemeinsymptomen. Kopfschmerzen, Schwindel, Gefühl von Blutandrang und Leere im Kopf gehören ebenso zum Hochdruck wie zur Arteriosklerose oder zur Niereninsuffizienz, um von anderen Möglichkeiten zu schweigen. Wenn eine dieser häufigen Erkrankungen vorhanden ist, so läßt sich nicht entscheiden, welche Erscheinungen durch eine begleitende Arterisklerose bedingt sind. Der Typus der Kopfsensationen wechselt, von dauerndem Eingenommensein des ganzen Kopfes, bis zu lokalisierten und anfallsweisen Schmerzen. Der Schwindel ist nur ausnahmsweise ein echter Schwindel, ein Bewegungsschwindel, nämlich dann, wenn der zentrale Teil der Bahnen vom Innenohr oder das Kleinhirn befallen ist, sonst nur ein Gefühl des Auslassens, des Schwachwerdens und Schwankens und Einknickens, des Schwarzwerdens und Flimmerns vor den Augen. Die psychische Leistungsfähigkeit nimmt im allgemeinen ab, besonders das Gedächtnis und die Merkfähigkeit, die Worte finden sich nicht mehr so rasch, naheliegende Dinge entfallen — gewiß ein normaler Vorgang — aber in gesteigertem Ausmaße. Die Stimmung wird labil, reizbar oder gedrückt. Der Charakter ändert sich nicht zum Besseren, er wird oft egozentrisch, oft weich und rührselig, Interessen schwinden, alles wird gleichgültiger.

Pseudoneurasthenie. Die psychischen Erscheinungen verbinden sich zuweilen ohne jeden objektiven somatischen Befund zu einem Bilde, welches ich als Pseudoneurasthenie zu bezeichnen pflege, als Neurasthenie, weil es diesen bekannten Erscheinungen der

jüngeren Jahre weitgehend gleicht, als Pseudo-, weil es auf Hirnarteriosklerose zurückzuführen ist. Die Leute, meist jenseits der Fünfzig, oft viele Jahre später, werden auf einmal zu Hypochondern und
Neurasthenikern, sie bringen hartnäckig Klagen vor, fast unbeeinflu-
bar durch symptomatische und allgemeine Therapie und Suggestion,
oft immer dieselben Bedenken, meist etwas bizarr gefärbte, oft aber
täglich wechselnde, sich immer anders erneuernde. Als Beispiel der
ersten Gruppe möchte ich einen Arzt erwähnen, der über ein unbe-
einflußbares Zungenbrennen klagte und dieses — ich brauche nicht
zu sagen, daß perniziöse Anämie und alle Lokalerkrankungen ausgeschlossen wurden — zum einzigen Inhalt seines Daseins machte, tief
deprimiert wurde, bis ihn ein Schlaganfall erlöste. Bei anderen ist es
ein peripherer Schmerz, eine Magen- oder Darmbeschwerde, die so
hervortritt. Es sind dies sehr unangenehme Patienten, auch querula-
torisch eingestellt, reizbar oder melancholisch. Selbst wenn äußere
Gründe gegeben sind, wie ein organisches Leiden oder ein psychisches
Trauma, Verlust von Anverwandten, Änderung der Lebensbedingun-
gen, hat man immer Grund zum Mißtrauen, wenn in späteren Jahren
plötzlich oder langsam Erscheinungen auftreten, die als nervöse, neur-
asthenische oder hypochondrische imponieren, sie gehen allzuhäufig
in deutliche cerebrale Arteriosklerose über, in Alterspsychosen oder
beginnende Demenz oder enden mit einem Schlaganfall. Es heißt in
diesen Fällen, sich selbst und den Angehörigen gegenüber mit der
Prognose vorsichtig sein. Gewiß ist es möglich, daß durch äußere
Anlässe auch im Alter eine Neurose oder reine Erschöpfung auftritt
und zur Heilung kommt. Aber bevor diese eingetreten ist, hat man,
besonders bei vorher nicht nervösen Patienten, die Sachlage als zweifelhaft anzusehen, was natürlich dem Patienten verborgen bleiben
muß.

Erscheinungen in der Richtung der Paralysis agitans.
Bei vielen Fällen mit cerebraler Arteriosklerose ändert sich der Gesichtsausdruck, das Auge wird starrer, die Lidspalte weiter, das Mie-
nenspiel ist weniger beweglich, die Lippen werden nicht fest geschlossen, der Unterkiefer hat eine Neigung, sich zu senken. Bei anderen beginnt eine Hand zu zittern, in langsamer Frequenz, was sich
bis zum grobschlägigen Tremor beider Arme und konsekutiver Funktionsstörung steigert. Bei anderen wieder läßt die Koordination der
Beine nach, der Gang wird unelastisch, weniger ausschreitend, unsicher, kleinschrittig. Diese Initialsymptome können sich kombinieren
und steigern und es führt eine allmähliche Stufenleiter zum Bilde der
Paralysis agitans und des Parkinsonismus mit grobem Schütteltremor
oder hochgradiger Bewegungsarmut und Starre, mit dem Maskenge-
sicht, dem Sinken der Spontaneität der Bewegung, einer Sprache, die

pseudobulbär wird, dem schleifenden oder trippelnden Gang bis zum Bettzwang; Speichelfluß, Kopfwackeln usw. vollenden das Bild.

Der gleiche Zustand kann aber auch anders zustande kommen, als Folgeerscheinung einer Encephalitis und multipler Encephalomalazie, nach grobanatomischen Herden im Bereich des Zwischenhirns, und im späteren Greisenalter als Ausdruck einer allgemeinen Atrophie des Gehirns, welche nicht mit einer ausgeprägten, makroskopischen Arteriosklerose der Gefäße verbunden sein muß. Es ist Sache des Gesamtbildes unter Berücksichtigung der Vorgeschichte, des Verlaufs, des Alters und der anderen Symptome des Patienten, die Unterscheidung zwischen diesen Möglichkeiten so weit zu vollziehen, als es möglich ist.

Erscheinungen in der Richtung der Demenz. Es wurde schon hervorgehoben, daß psychische Veränderungen zu dem Bilde der cerebralen Arteriosklerose gehören. Stumpfheit und Erregung steigern sich aber zuweilen zu Verblödung und Verwirrung. Das geistige Leben geht zurück, vielfach in einer Rückbildung zum Infantilen, der Greis wird zum Kind, das mit seinen vegetativen Funktionen beschäftigt ist. Die Sprache wird undeutlich und schleppend bis zum unverständlichen Lallen, zeitliche und örtliche Orientierung versagen, die einfachsten Aufgaben werden nicht mehr gelöst. Zwangsweinen und -lachen treten auf, manchmal kommt es zum teilnahmslosen Dahinliegen, oft ist es aber durch Schlafstörungen und besonders nächtliche Erregungszustände mit Bewegungsdrang unterbrochen. Dabei kann Appetit und Nahrungsaufnahme sowohl intakt bleiben als darniederliegen. Das letztere führt zu einer sekundären Kachexie oft hohen Grades. Bemerkenswert ist besonders ein Zustand, für den wir auf der Abteilung den Terminus technicus Koprophilie gebrauchen. Alles dreht sich um den Stuhl, der Patient kann nicht genug davon bekommen, klagt über Verstopfung, auch wenn die Tabelle mehrere reichliche Entleerungen aufweist und wenn ein Abführmittel gewirkt hat, aber er schmiert auch mit Genuß und ist am Morgen mit Stuhl zuweilen bis ins Gesicht verunreinigt. Dabei kann er aber sonst noch ganz vernünftig sein, wie überhaupt oft das Ungleichmäßige die arteriosklerotische wie die senile Demenz auszeichnet. So erinnere ich mich an einen Greis, der sehr gut von seinen Kriegserinnerungen aus dem Achtundvierzigerjahr erzählen konnte, aber nicht wußte, wo er sich befand, der die Schwestern wüst beschimpfte und stieß, in der Nacht unruhig war und schmierte. Wer mit ihm sprach, hätte dies nie geglaubt. Wirklichkeit und Phantasie verschwimmen. Böse Charakterzüge kommen zum Vorschein. Solche Patienten erzählen oft ihren Angehörigen Schauergeschichten, die glaubhaft klingen, verleumden schwer. Aber auch nach der anderen Richtung muß man sich vor Irrtümern hüten, besonders davor, äußere

Teilnahmslosigkeit und Mangel an Spontaneität, welche zum Parkinsonismus gehören, mit Demenz zu verwechseln. Manchmal birgt sich dahinter ein überraschend reges Geistesleben, und Patienten, die nie ein Wort äußern, geben auf Befragen auch in komplizierten Angelegenheiten richtige Auskunft. Auch Schwerhörigkeit und Aphasien können zunächst als Demenz erscheinen.

Die diagnostische Unterscheidung der arteriosklerotischen, durch schwere manifeste Gefäßveränderungen bedingten Demenz von jenen Zuständen, welche bei wenig veränderten Gefäßen auf die bloße senile Atrophie des Gehirns oder auf den sogenannten Status lakunaris — den vielfältigen Ausfall von Ganglienhaufen in der Rinde, verbunden mit Veränderungen an den Zellen und den Fibrillen und der Glia — zurückzuführen sind, ist praktisch sehr schwer oder überhaupt nicht durchführbar. Es würde eine Abschweifung in das psychiatrische Gebiet bedeuten, auf die Unterscheidungsmerkmale einzugehen, welche beobachtet werden. Es soll nur der subjektiven Meinung Ausdruck gegeben werden, daß sie meist nicht ausreichen, soweit sie sich auf das Zustandsbild selbst beziehen — Ausnahmen wie die Korsakoffsche Psychose zugegeben. Wichtig ist dagegen der Verlauf, der Zeitpunkt des Einsetzens, wobei hohes Greisenalter mehr für Atrophie spricht, die Verbindung mit sonstigen Gefäßsymptomen, wie Hochdruck oder Schlaganfällen, eher für Arteriosklerose und Herderkrankungen.

Es wurde schon in früheren Abschnitten erwähnt, daß noch andere Krankheitserscheinungen zum Teil als durch zentrale Gefäßstörungen bedingt aufgefaßt werden, so Formen des Hochdrucks und anfallsweise Dyspnoen. Es kann auf diese Abschnitte verwiesen werden.

Die selteneren, auf Lues beruhenden Gefäßerkrankungen verlaufen unter dem gleichen klinischen Bilde wie die Arteriosklerose und zeichnen sich nur durch ihre Neigung zu transitorischen Herderscheinungen aus, welche spastischer Natur sind oder auf Hirnödem beruhen. Ihre Abgrenzung kann nur unvollkommen sein, weil Lues und Arteriosklerose meist kombiniert sind, sie erfolgt diagnostisch durch die Vorgeschichte, die Wassermann-Reaktion im Blute und Liquor, den sonstigen Liquorbefund und den Erfolg der antiluetischen Therapie.

Herdförmige Gefäßstörungen. Die Schlaganfälle.

Entstehung. Blutung oder Erweichung, die letztere infolge organischen Gefäßverschlusses durch Thrombose oder Embolie oder nach neueren Anschauungen auch durch spastischen bedingt, sind die Ursachen von Hirnschlag und langdauerndem, nach Größe und Lokalisation variierenden Funktionsausfall. Dazu kommen noch, vorübergehend oder prämortal, analoge Erscheinungen ohne pathologischen Befund oder ohne einen solchen an den Gefäßen. Diese sollen in einem nächsten Abschnitt erörtert werden.

Die früher allgemein gültige Meinung war die, daß einer Hirnblutung eine Zerreißung der Gefäßwand zugrunde liege und daß die häufigste Ursache dafür im Bersten miliarer Aneurysmen zu finden sei. Es steht außer Zweifel, daß dieser Vorgang in vielen Fällen stattfindet und nachzuweisen ist, aber neuere Anschauungen wollen zumindest quantitativ eine andere Genese in den Vordergrund schieben, wonach die Blutung in der Regel multipel, per diapedesim und im Anschluß an funktionelle, spastische Zustände der Gefäße, nach einem Gefäßkrampf und durch ihn erfolge. Die Argumente hierfür sind doppelt: negativ und positiv. Das negative Argument besteht darin, daß in sehr vielen Fällen auch bei sorgfältigem Suchen eine Gefäßlücke nicht nachgewiesen werden kann (Rosenblath), das positive, daß man in der Umgebung der Blutung vielfache kleine Blutungsherde und Gefäßnekrosen findet. Klinisch spricht dafür, daß die Hirnblutung durchaus nicht immer ein Vorgang mit einem plötzlichen Beginn ist, wie man dies erwarten müßte, sondern oft durch prämonitorische Zeichen, wie Kopfschmerzen, Schwindel, rasch vorübergehende Ausfallserscheinungen, Gesichtsstörungen eingeleitet wird, in denen die Vertreter der spastischen Hypothese (Westphal) die Zeichen der Vorbereitung und des Beginnes sehen. Den pathologischen Befunden kann entgegengehalten werden (Stämmler), daß die Zerstörung, welche die Blutung und die fermentativen, anschließenden Prozesse anrichten, die primäre Blutung dem Nachweis entziehen können und daß die anderen Befunde in der Umgebung nur Folgeerscheinungen sind. Es soll zu der Hypothese keine Stellung genommen werden, es kann nur gesagt werden, daß sie gestützt und nicht widerlegt, aber auch nicht strikte bewiesen ist. Eine Folgerung daraus wäre, daß sich der anatomische Unterschied zwischen Erweichung und Blutung verwischt und höchstens als quantitativer weiterbesteht.

Das Zustandekommen der Erweichungsherde durch lokale Thrombose oder Embolie bedarf keiner Erläuterung. Wo solche nicht zu finden sind, kann man wohl an einen funktionellen Gefäßverschluß denken. Sekundär ist es, ob in die erweichte Partie dann Blut per diapedesim eintritt, ob der Infarkt blande oder hämorrhagisch erfolgt.

Folgeerscheinungen. Es liegt nicht im Plane des Buches, die Folgeerscheinungen nach Gefäßläsionen ausreichend, nach ihrem Zustandsbild und ihrer lokalisatorischen Wertung darzustellen. Eine Übersicht zu geben, aber hieße Allbekanntes wiederholen, es soll daher der kurze Hinweis genügen, daß die Arteria fossae Sylvii und ihre Verzweigungen am häufigsten befallen werden und daß die Halbseitenlähmungen in ihren verschiedenen Ausdehnungen und Abarten die wichtigsten Krankheitsformen sind; im Abstand folgen Sprachstörungen und dann die Vielfalt der selteneren Lokalisationen. Das Elend, welches die Tatsache, daß die Hirnarterien des Menschen als Endarterien funktionieren, über die Menschheit bringt, läßt sich vielleicht nur in einer Anstalt für alte Leute genügend erfassen, die Anzahl der durch Schlaganfälle körperlich und geistig Geschädigten und Bettlägerigen ist überaus groß.

Symptomatologie und Differentialdiagnose der Entstehung. Auf die allgemein bekannten Symptome des Schlaganfalls soll nicht näher eingegangen werden. Die Reihe geht von der tödlichen Attacke, wo der Betreffende „wie von Schlag gerührt" hinfällt, sein Bewußtsein verliert und unter zunehmenden Erscheinungen des Hirndrucks stirbt, bis zu dem bei vollem Bewußtsein erfolgenden Bemerken, daß ein Glied nach Kraft und Koordination den Gehorsam versage, daß die Sprache erschwert sei. Die Erörterungen sollen sich vorwiegend der Frage zuwenden, ob eine Differentialdiagnose der Entstehung, z. B. die Entscheidung: Blutung oder Erweichung, mit annähernder Sicherheit möglich sei. Dies ist nun, entgegen der herkömmlichen Meinung, im allgemeinen nicht der Fall, wenn man von extremen Fällen absieht. Wenn ein pyknischer Hypertoniker mit rotem Kopf und einer Extradrucksteigerung daliegt, tief bewußtlos, aus einem Mundwinkel blasend, mit allen Zeichen des Hirndrucks und der Extrablutdrucksteigerung, die Augen zur Seite gerichtet, ist es freilich nicht schwer, an eine Blutung zu denken und, wenn er dann unter Krämpfen stirbt, an einen Ventrikeldurchbruch. Läßt man aber das letzte Symptom beiseite, so werden wir finden, daß sich fast genau der gleiche Symptomenkomplex bei einer ausgedehnten Erweichung finden kann, wenn sie mit Hirnödem kombiniert ist. Es ist naheliegend, an eine Embolie zu denken, wenn bei einem Patienten mit Klappenfehler oder Herzinsuffizienz ohne wesentliche Allgemeinerscheinungen plötzlich eine Hand gelähmt und hypästhetisch wird, aber selbst bei so einfacher Sachlage kann die Obduktion nicht den erwarteten Embolus, sondern Thrombose oder Blutung aufzeigen. Größe und Lokalisation des Herdes, die begleitende Hirnschwellung sind für das klinische Bild und die Therapie von weit größerer Bedeutung als die Variation der anatomischen Entstehung, abgesehen davon, daß für einen wesentlichen Teil der Hirnblutungen jeder prinzipielle Gegensatz zur Erweichung wegfällt, wenn die Westphalsche Hypothese Recht behält. Von Sonderfällen abgesehen, ist es klüger, darüber keine präzisen Aussagen zu machen, die so häufig nicht verifiziert werden. Ich halte es für nicht möglich, aus dem Zustandsbild die Differentialdiagnose der Entstehung mit einiger Sicherheit zu machen. Ich glaube auch nicht, daß dies nur der persönlichen Insuffizienz zuzuschreiben ist, denn die Unsicherheit der Diagnose entspricht auch der Erfahrung der Prosekturen mit gemischtem Material aus verschiedenen Abteilungen.

Herderscheinungen bei Gefäßkranken ohne gröberen anatomischen Befund. Hirnödem.

Ausfallserscheinungen ohne nachweisbare lokalisierte Ursache treten bei Greisen unter zwei Umständen auf: Die erste Gruppe entsteht prämortal. Bewußtlosigkeit, aber auch deutlichste Halbseitenlähmungen sowie einseitige und doppelseitige Krämpfe, welche bei Krankheitszuständen der verschiedensten Genese, wie Herz- und Gefäßerkrankungen, Infektionen, Kachexien usw., in den letzten Tagen vor dem Tode auftreten, sind diagnostisch nicht zu verwerten. Wohl kann einmal eine Herdaffektion die Ursache sein, in den meisten Fällen findet sich nichts als ein cerebrales Ödem. Die Verlockung, auf Grund der deutlichen Erscheinungen eine andere Ursache anzunehmen, ist für den nicht durch vielfache Erfahrung Gewitzigten unwiderstehlich. Auf Zustände dieser Art wird noch unter dem Gesichtspunkte des Hirnödems zurückzukommen sein.

Weit überraschender aber und weniger bekannt ist die Tatsache, daß typische Hemiplegien und andere Herdaffektionen, durch eine ganze Reihe von Tagen vom Tode getrennt und scheinbar selbständig auftretend, ohne makroskopischen Befund verlaufen können. Ich spreche dabei nicht von den transitorischen Erscheinungen bei Paralysis progressiva und Hirnlues, von Pseudourämie usw., sondern von längerdauernden und schwereren Erscheinungen. Das Vorkommen ist durchaus nicht selten, wir begegnen ihm in jedem Jahre mehrmals. Es soll nur durch ein Beispiel für viele veranschaulicht werden. Eine 61jährige Frau mit Hochdruck und mäßiger Herzinsuffizienz, die eine Venenthrombose hat, wird am 24. Februar 1929 unruhig und erbricht, am 25. Februar ist ein Schlaganfall mit Lähmung der rechten Seite, mit erhöhten Reflexen und Klonus verzeichnet, mit Deviation conjugée, Benommenheit, Cheyne-Stokes-Atmen. Am 27. Februar sensorische Aphasie, Sensorium frei, Cheyne-Stokes nach Euphyllin verschwunden. Später neuerlicher Cheyne-Stokes. Unruhig. Lähmung und Sprachstörung halten an. Am 2. März Fazialislähmung der anderen Seite von peripherem Typ. Hypoglossuslähmung. Dysarthrie. Schluckstörung. Erst am 3. März Exitus. Es werden mehrfache embolische Herde angenommen. Im Gehirn sind makroskopisch keine Veränderungen nachzuweisen. Herzhypertrophie, globulöse Vegetationen im linken Ventrikel und Herzohr. Stauungsorgane, Femoralthrombose und partielle Pulmonalembolie.

Hirnödem. Ungemein vielgestaltig in Erscheinungsform und Ätiologie ist das Hirnödem. Ich folge in der Darstellung vorwiegend einer Studie L. Kühnels. Daß es schwere Hirnaffektionen mit Herderscheinungen und Krämpfen vortäuschen kann, wurde bereits erwähnt. Das gemeinsame, diagnostisch aber unzureichende Moment seiner Formen ist die Bewußtseinstrübung, leicht oder schwer, still oder delirant, mit meningealen Reizerscheinungen oder ohne diese. An objektiven Zeichen ist vielfach eine leichte Nackensteifigkeit vorhanden, beiderseitiger Babinski ist oft angedeutet; fehlt er, so läßt er sich meist während und durch die Ausführung des Kernigschen Versuches auslösen (Edelmann). Das Kernigsche Zeichen ist auch oft an und für sich nachweisbar.

Die Grundkrankheiten, bei denen im Alter Hirnödem auftreten kann, sind sehr mannigfaltig. Von Hirnkrankheiten und den organischen Schlaganfällen abgesehen, kommen Herz- und Niereninsuffizienz, Hochdruck, Hirnatrophie, entzündliche Erkrankungen aller Art, wie Pneumonien und Erysipel, ferner Kachexien und schwere Anämien in Betracht. Alkoholismus scheint zu prädisponieren.

Behandlung. Was die Behandlung der cerebralen Arteriosklerose im allgemeinen anlangt, so können wir uns kurz fassen, da sie mit der der Arteriosklerose überhaupt und der des Hochdrucks im wesentlichen zusammenfällt. Nur ist ein noch größerer Nachdruck auf die psychische Hygiene, die Vermeidung von Überanstrengung und vermeidbarer Erregung, auf die symptomatische Beeinflussung der nervösen Symptome, wie Schlafstörungen, Aufregung, zu legen, so daß auch die Nervina und die physikalische Therapie neben den gefäßerweiternden Medikamenten und neben den oft symptomatisch gut wirkenden Jodpräparaten heranzuziehen sind. Erholungspausen größerer und kürzerer Dauer, Abbau jeder der Leistungsfähigkeit nicht mehr angepaßten Belastung sind anzuraten.

In der Behandlung des Schlaganfalls ist nur eines unstrittig, daß der Patient der größten Ruhe und der besten Pflege bedarf, daß er ins Bett gehört und daß alle seine körperlichen Funktionen in Ordnung gehalten werden müssen: die Nahrungsaufnahme, soweit sie überhaupt möglich ist, unter Vorsorge gegen Verschlucken, die Entleerung von Harn und Stuhl unter Rücksicht auf den Zustand des Bewußtseins, die Pflege der Haut usw. Dagegen herrscht keine Übereinstimmung, ob ein sonstiges aktives Vorgehen zweckmäßig sei. In erster Linie steht da die Frage des Aderlasses. Es gibt unbedingte Anhänger, welche die Unterlassung als Kunstfehler werten, und Ärzte, welche argumentieren, daß, besonders bei Thrombosen und Embolien, eine Senkung des Blutdrucks den Blutzustrom zum ungenügend versorgten Gebiete noch sperren kann. Dieses Argument gilt aber nur unter der Voraussetzung, daß der Aderlaß nicht auch andere günstige Wirkungen auf Spasmus und Ödembildung hat. Es ist aber nicht zu leugnen, daß es bei Schlaganfällen mit ihrem unvorhersehbaren Verlauf sehr schwierig ist, das post und propter hoc zu unterscheiden. Ich gehe von der Annahme aus, daß eine nützliche Wirkung des Aderlasses auf den Herd nicht nachgewiesen, eine ungünstige nicht wahrscheinlich ist, und sehe in dem Aderlaß ein symptomatisches Mittel, welches je nach dem Gesamtzustande anzuwenden ist, wobei Plethora, Extrablutdrucksteigerung oder, falls der normale usuelle Blutdruck nicht bekannt ist, seine absolute Höhe und die Zeichen von Hirndrucksteigerung die Indikationen abgeben. Bei dieser Richtlinie sieht man öfters darnach eine günstige Beeinflussung von Bewußtsein und Beschwerden, wie Kopfschmerz, Schwindel, Erbrechen. In der gleichen Richtung wie der Aderlaß wirken auch lokal gesetzte Blutegel usw., die ich kaum anwende, und die Eisblase oder Kühlhaube auf den schmerzenden Kopf. Ob die Verwendung einer Reihe von Eigenblutinjektionen nach dem Anfall von Nutzen ist, scheint mir nicht bewiesen, die Beurteilung ist zu schwierig und meine eigenen Erfahrungen nicht ausgedehnt genug. Immer wird man es für indiziert halten können, gefäßerweiternde und spasmenlösende Mittel anzuwenden, nach der letzteren Indikation etwa Papaverin oder Eupaverin usw., auch intravenös, während das sonst sehr verläßliche Oktin nicht intravenös gegeben werden darf, da es dann Blutdrucksteigerungen veranlaßt. Das meist gebrauchte gefäßerweiternde Mittel im Anfall selbst ist wohl Euphyllin oder Corphyllamin, welches gefäßerweiternd, gerinnungsfördernd und diuretisch wirkt und rektal und intravenös gegeben werden kann. Wenn der Patient schlucken kann, so kommen auch die sonstigen Präparate und Kombinationen der Purinreihe zur Anwendung. Westphal empfiehlt im Anfall die Kombination von Euphyllin mit hypertonischem Traubenzucker, welcher der Exsudation ins Gewebe und der Ödembildung entgegenarbeiten soll. Er berichtet über sehr gute, momentan auftretende Erfolge. Wir haben die Kombination oft benutzt und niemals einen schlagenden, über das sonst Gewohnte hinausgehenden Erfolg gesehen. Im übrigen ist die Behandlung der kritischen Periode noch außerdem symptomatisch. Herzinsuffizienz kann die üblichen Mittel erfordern, Atemstörungen Lobelin, Euphyllin usw. Hirndruckerscheinungen und Meningismus verlangen aus diagnostischen und therapeutischen Gründen langsame und vorsichtigste Lumbalpunktion.

In der folgenden Periode gilt es im wesentlichen den Grad des spontanen Rückgangs abzuwarten, wobei durch richtige Lagerung, durch passive Bewegungen Kontrakturen verhütet werden können. Elektrische Behandlungen sind üblich, ich glaube nicht an einen objektiven Effekt, bei völliger Lähmung können stärkere faradische Ströme oder dessen Abarten, wie Tonisator und der Bergoniésche Apparat die Muskeln wenigstens zu Kontraktionen bringen. Es beginnt dann die Periode der Übungen, eventuell mit Hilfe von Gehschulen und gymnastischen Behelfen, der Massage, der Bäder usw. In einer nicht allzu großen Minderzahl von lange vorbeobachteten konstanten Fällen habe ich nach dem Gebrauch von Oxydase-Vithormon (Dr. Z a j i c e k) deutliche Besserungen gesehen. Das Präparat stellt eine Mischung aller möglichen ganz frischen Organextrakte (besonders aus dem Genitalapparat und dem Gehirn) mit oxydasenreichen Pflanzenextrakten dar. Meinem Eindruck nach waren die Resultate besser, als das Präparat noch täglich frisch bereitet und in einer Suppe verabfolgt wurde, als heute, wo ein Dauerpräparat, im wesentlichen ein Hodenpräparat, hergestellt wird. Besserung der Beweglichkeit an Extremitäten, die sehr lange gelähmt waren, oder von Sprachstörungen sind theoretisch sehr schwer zu erklären, weil von einer Regeneration zerstörter Ganglienzellen nichts bekannt ist und als ausgeschlossen bezeichnet werden darf. Dazu ist noch die Theorie der Einwirkungen des Gemisches reichlich unklar. Ich bitte mir daher zu glauben, daß mein Skeptizismus sehr groß war, aber einige Beobachtungen waren merkwürdig. Für die Einwirkung des Präparats sprach auch, daß bei Überdosierung über einige Wochen hinaus Schädigungen vorkamen.

Die Therapie der Schlaganfälle ohne anatomisches Substrat kann sich von der der anderen schon darum nicht unterscheiden, weil sie diagnostisch nicht zu trennen sind. Kommen bei einem Patienten mehrfach transitorische Anfälle zur Beobachtung, so wird man neben der Behandlung des Grundleidens (Herzinsuffizienz, Nephritis, Hochdruck, Lues usw.) noch symptomatisch mit gefäßerweiternden und eventuell blutdrucksenkenden Maßnahmen eingreifen.

Die Behandlung des Grundleidens ist auch die wichtigste Therapie und Prophylaxe des Hirnödems. Darüber hinaus kommen noch zwei Mittel in Anwendung, das von K ü h n e l empfohlene und in den Vordergrund gestellte Salyrgan (2 ccm) mit Coffein (0,25) kombiniert, welches eine direkte Entwässerung des Gewebes herbeiführen kann, und die Entlastung durch Lumbalpunktion, wobei allerdings nicht in allen Fällen von Hirnödem die Liquormenge dem Ödem parallel geht und der Liquordruck nicht wesentlich gesteigert sein muß.

14. Blutdrucksteigerung als Symptom und die essentielle Hypertonie.

Der Blutdruck wird im Alter fast allgemein als gesteigert angegeben. Eine „Bauernregel", wenn dieser Ausdruck gestattet ist, sagt, daß der systolische Blutdruck so viel über 100 betragen dürfe, als der Mensch Jahre zählt. Dies kann als ungefährer Anhaltspunkt gelten, wenn man auf Ausdehnung dieser Regel auf die Jahre über 70 verzichtet. Wenn man also demnach einen Blutdruck von 170 für den Siebziger als noch normal betrachten würde, so bedeutet dies, daß der Blutdruck in dieser Altersklasse durchschnittlich erhöht ist, zwar nicht auf 170, aber wohl auf 160 mm Hg. Der Normbegriff, der hier verwertet wird, ist der des Durchschnittes. Kann man aber sagen, daß ein Blutdruck von 130 bei einem leistungsfähigen Siebziger nicht normal ist? Gewiß nicht. Aber es ist ein ganz anderer Normbegriff, von dem aus dies negiert wird, ein Normbegriff, der eine Annäherung an ein Soll bedeutet, welches in unserem Falle der gesunde Erwachsene darstellt. Die Venus von Milo oder der Hermes von Praxiteles entsprechen den „Normen" der Griechen, nicht dem Durchschnitt, sondern dem Idealtypus. Nun gibt es in allen höheren Altersklassen Leute mit einem Blutdruck, der sich von den Normalwerten der Vollkraft 120—140 nicht unterscheidet. Es sind vielfach besonders leistungsfähige und wohlerhaltene Individuen darunter, bis zu denen, welche dem Hunderter nahekommen. Es kann die Auffassung vertreten werden, und sie wird hier vertreten, daß das Normale des Blutdrucks im Sinne des Gesunden, Leistungsfähigen, Wünschenswerten sich nicht wesentlich von der oberen Grenze des allgemein Normalen unterscheidet und daß die durchschnittliche Steigerung ein Ausdruck von sehr häufigen pathologischen Veränderungen ist. Unter den Greisen, welche mit 80 Jahren noch Berge besteigen und geistig frisch sind, findet sich wohl eine Anzahl mit erhöhtem Blutdruck, aber der Anteil derer mit „normalem" Blutdruck ist weit höher als bei den gealterten der gleichen Gruppe. Es gibt keinen erfahrenen Arzt, der nicht mit einer gewissen Befriedigung bei einem nicht dekompensierten alten Menschen einen relativ niederen Blutdruck feststellen würde. Die ärztliche Taktik macht, nebenbei bemerkt, von dem Bestehen der beiden Normbegriffe nebeneinander auch unbewußt Gebrauch. Sie gratuliert dem alten Patienten mit niederem Blutdruck zu diesem als Zeichen erhaltener Jugend der Gefäße und sie tröstet den mit hohem Blutdruck damit, daß dies für sein Alter normal sei.

Dem statistischen Normbegriff entspricht es, wenn J. Th. Peters meint, daß der systolische Blutdruck S zwischen $90 + \frac{A}{2}$ und $130 + \frac{A}{2}$ (A = Alter in Jahren) schwanken dürfe und der diastolische Blutdruck zwischen $\frac{S}{2}$ und $\frac{S}{2} + 30$. Auch Hitzenberger findet bei seinen normalen Vergleichszahlen, daß der Blutdruck zwischen 50 und 60 Jahren in 37%, über 60 Jahren in 54%, zwischen

140 und 180 mm liege und daß er diese Werte in 5, bzw. 13% überschreite. Noch weiter geht Saller, wenn er z. B. bei Frauen zwischen 48 und 59 Jahren Blutdruckwerte zwischen 104 und 196 und bei 59 bis 67 Jahren zwischen 102 und 210 mm noch als normal gelten läßt. Mit einem Normbegriff dieser Art läßt sich nichts anfangen. Dem Normbegriff als Soll entspricht es, wenn Wikner bei völlig gesunden alten Leuten zwischen 50 und 80 Jahren den mittleren Blutdruck bei Männern nur zwischen 141 und 150 schwankend findet und bei Frauen ein Ansteigen von 142 auf 165 feststellt. Ähnliches ergeben die Zahlen von Richter, der zwischen 60 und 85 Jahren ein Ansteigen des Blutdrucks von 138/74 auf 161/77 fand. Die zweite Zahl bedeutet den diastolischen Blutdruck; es ergibt sich auch daraus ein Ansteigen des sogenannten Pulsdrucks, welcher dem pseudoceleren Puls der Alten zugrunde liegt. Ich persönlich halte einen Blutdruck über 150 in jedem Alter als nicht mehr sicher normal und einen über 160 als gesteigert.

Dauernde Blutdrucksteigerung. Diese tritt entweder als Symptom, als sekundäre Blutdrucksteigerung in Erscheinung oder als Erkrankung sui generis, als essentielle Hypertonie. Blutdrucksteigerung als Symptom wird zumeist mit bestimmten Nierenerkrankungen und bestimmten Formen der Arteriosklerose in Zusammenhang gebracht. Von den Nierenerkrankungen sind es die Glomerulonephritiden und die genuine sowie die sekundäre Schrumpfniere. Es wird auf diese Erkrankungen in der Nierenpathologie eingegangen werden, aber es sei vorgreifend hier bemerkt, daß es — ohne den generellen Zusammenhang in Abrede zu stellen — im Alter weit häufiger Nephritiden und Schrumpfnieren mit normalem Blutdruck gibt als sonst, daß diese Beziehungen gelockert sind. Die Arteriosklerose als solche führt zu keiner Blutdrucksteigerung, nur besondere Lokalisationen, wie im Anfangteil der Aorta, in den Splanchnikusgefäßen und der Niere. Auch hier muß unter Verweisung auf das Nierenkapitel gesagt werden, daß im Alter Arteriosklerosen und Arteriolosklerosen der Niere relativ oft ohne Blutdruck und klinische Erscheinungen verlaufen, und bei gesteigertem Blutdruck sich klinisch so wenig von dem Bilde der Hypertonie unterscheiden, daß die Beziehung zu der Gefäßänderung als Ursache in Zweifel gezogen und als häufige Vergesellschaftung aufgefaßt werden kann. Die große Bedeutung der Splanchnikusgefäße für die Regulierung des Blutdrucks steht außer Zweifel, aber es sind die kleinen Gefäße, deren Summe maßgebend ist. Nun ergibt die Überlegung, daß dauernde Verengerung des Zustroms zu ihnen durch Arteriosklerose der großen zuführenden Gefäße den für die Organfunktion nötigen Betriebsdruck wohl steigern kann, aber man wird im Einzelfalle nur bei extremen

Veränderungen eine gleichzeitig bestehende essentielle Hypertonie als Ursache der Blutdrucksteigerung ausschließen können. Veränderungen in der Mechanik der Aorta durch Aortensklerose müssen durch Beeinflussung der Windkesselfunktion auch Blutdrucksteigerungen ergeben, welche sich nicht nur im Bereiche der Aorta selbst abspielen, sondern auch peripher fortgepflanzt werden. Aber die Aortensklerose tritt wieder mit der senilen Ektasie und dem Elastizitätsverlust im Alter in Konkurrenz, welche beide von der Arteriosklerose unabhängig sind. Wenn aber dies der Fall ist und die Windkesselfunktion unter allen Umständen leidet, so erhebt sich die Frage, wie es denn überhaupt bei leistungsfähigem Herzen im Alter einen normalen Blutdruck geben könnte. Die wahrscheinlichste Antwort ist, daß dieser Verlust durch die Weitung des Gefäßsystems kompensiert und daß die Änderung der Elastizität in ihrer Auswirkung durch Anspannung der Gefäßmuskulatur ersetzt werden kann. Böger und Wetzler haben gezeigt, daß Kontraktion der glatten Muskulatur nicht den elastischen Widerstand steigert, sondern die Arterien dehnbarer macht, und daß diese Wirkung bei Hypertonikern herabgesetzt ist oder fehlt. Leistungsfähige Zirkulationsorgane bei normalem Blutdruck im Alter würden dann einen Ausgleich der Starre durch Weitung und erhaltene Gefäßmuskelfunktion bedeuten. Dabei liegt immerhin im Ansteigen der Werte von der unteren zur oberen Grenze der Norm und in der Differenz zwischen Aortendruck und gemessenem Blutdruck noch ein gewisser Spielraum für die mechanisch bedingte Blutdrucksteigerung. Disharmonien der Weitung und Ausfall der Gefäßmuskeltätigkeit führen zu einem mechanisch bedingten höheren Anstieg, dessen beide Faktoren durch Arteriosklerose weiters ungünstig beeinflußt werden müssen. Es besteht aber keine Möglichkeit, den Anteil dieser Faktoren und den einer gleichzeitigen essentiellen Hypertonie auseinanderzuhalten. Auf sonstige seltene Ursachen dauernder Blutdrucksteigerung, wie Hirndruck, Gehirnherde bestimmter Lokalisation, Bleiintoxikation usw. soll nicht eingegangen werden, sie sind für das Alter nicht charakteristisch.

Die essentielle Hypertonie und die Blutdruckkrisen. Die Aufstellung des Krankheitsbildes der essentiellen Hypertonie durch Pal, Friedrich Müller, Munk u. a. war gewiß ein bedeutender Fortschritt. Man darf sich aber nicht täuschen, daß dieses Krankheitsbild auf einem Symptom, nämlich der Blutdrucksteigerung und ihren klinischen und anatomischen Folgeerscheinungen und ferner auf einem Negativum begründet ist, dem Fehlen eines sonstigen pathologisch-anatomischen Befundes. Es ist also durchaus möglich, daß dieses Krankheitsbild in seiner heutigen Abgrenzung mehrere genetisch verschiedene Zustände umfaßt. Einteilungsversuche bestreben sich, dem

Rechnung zu tragen, aber es ist nicht sicher, ob sie sich innerhalb einer klinischen Einheit abspielen.

Die essentielle Hypertonie ist eine Krankheit von höchster Wichtigkeit, und sie ist eine Alterskrankheit. Fahr berechnet aus der amerikanischen Mortalitätsstatistik, daß 23% aller Todesfälle über 50 Jahren auf Folgeerscheinungen der Hypertonie zu beziehen sind, Bell und Clawson finden an einem obduzierten Material, daß der Perzentsatz, der durch Hypertonie bedingten Todesfälle zwischen den Jahren 50 und 90 von 14 auf 20% ansteigt. Was die Altersverteilung anlangt, so konstatiert Volhard an 268 Fällen essentieller Hypertonie (149 Männer, 119 Frauen), daß 250 dieser Fälle nach dem 40., 204 jenseits des 50. Jahres liegen.

Wenn man die essentielle Hypertonie ausschließlich als die Krankheit des dauernd gesteigerten Blutdrucks auffaßt, so begreift man die Anfangszustände nicht mit ein, wo der Blutdruck nur temporär erhöht und noch in weitem Grade beeinflußbar ist. Es ist also zweckmäßig, auch den noch labilen, nicht fixierten erhöhten Blutdruck einzuschließen. Innerhalb dieses Komplexes, aber auch außerhalb desselben, kommen noch kurz dauernde, anfallsweise auftretende Blutdrucksteigerungen vor, als isolierte Erhöhungen und als Extrasteigerungen, die Blutdruckkrisen Pals. Diese sind für Genese und Therapie so wichtig, daß sie zweckmäßig an dieser Stelle zu behandeln sind, obwohl sie sicher nicht durchaus mit der essentiellen Hypertonie in Beziehung stehen.

Ein kurz gefaßtes Buch über Alterskrankheiten ist nicht der Ort, wo die Frage nach der Genese der Hypertonie ausführlich mit Argument und Gegenargument diskutiert werden kann. Als allgemein anerkannt kann gelten, daß die Blutdrucksteigerung der Hypertonie durch erhöhten Widerstand in der Peripherie zustande kommt und daß dieser vorwiegend in den kleinen Gefäßen der arteriellen Seite des Kreislaufs gelegen ist. Für die Regulierung des Blutdrucks überwiegen die Gefäßgebiete des Bauchraums, das Splanchnikusgebiet; ihre Kontraktion kann nicht durch Erweiterung und ihre Erweiterung nicht durch Kontraktion anderer Gefäßgebiete völlig kompensiert werden. Mit dieser Feststellung ist aber noch nichts über die Ursache des erhöhten Widerstandes gesagt. Daß dieser seinen Grund vorwiegend in anatomischen Veränderungen der kleinsten Gefäße habe, muß abgelehnt werden. In hyaliner Degeneration und Bindegewebsvermehrung liegen zwar vielfach solche Veränderungen vor, sie sind aber meist weder ausgedehnt noch regelmäßig genug, um als Erklärung auszureichen und sind viel eher Folgeerscheinung dauernden Hochdrucks als seine Ursache. Daß eine peripher auf die Gefäßmuskeln wirkende Ursache Hochdrucksteigerung auslösen kann, ist sicher. Für die nephrogene Blutdrucksteigerung kommt der Einfluß pressorischer Substanzen sehr in Frage (Hülse, Volhard u. a.), er fehlt bei der Hypertonie. Die naheliegende Annahme, daß es sich um vermehrte Adrenalinämie handelt, trifft nur für den Sonderfall hochgradiger Blutdrucksteigerungen bei gewissen Nebennierentumoren zu, ist aber für die essentielle Hypertonie widerlegt. Vertreten wird noch die Meinung, daß Substanzen, welche die Gefäßmuskulatur für Adrenalin überempfindlich machen, eine Rolle spielen, sei es dem Eiweißstoffwechsel (Peptone) oder der Lipoidgruppe entstammend. Der vermehrte Cholesteringehalt im Blute mancher Hypertonie stützt diese Annahme, während anderseits Cholesterinvermehrung ohne Blutdrucksteigerung und Hypertonie ohne ein Plus an Cholesterin es ausschließen, daß eine notwendige Verknüpfung vorliegt. Volhard vertritt die Ansicht, daß die Abnahme der Weitbarkeit der Gefäße im Alter, also ein mechanischer Grund, für die essentielle Hypertonie, den roten Hochdruck, eine wesentliche Rolle spielt. Aber diese Annahme ist weder mit der Tatsache der sehr hohen Blutdruckschwankungen vereinbar noch mit den früher gegebenen Anschauungen über die relative Bedeutung der mechanischen Faktoren für den Blutdruck und muß auch von Volhard durch die Hilfshypothese einer tonischen Kontraktion der Gefäßmuskulatur gestützt werden, für welche wieder der Mechanismus in Frage steht.

Sicher ist, daß der Blutdruck zentral reguliert wird und daß jede Theorie dies berücksichtigen muß. Ohne Beteiligung der Zentren ist Blutdrucksteigerung nicht möglich, aber dies verschiebt das Problem auf die Frage, wodurch die Zentren zu der abnormen Einstellung veranlaßt werden. Chemische, reflektorische, hormonale Einflüsse verschiedenster Art wirken auf sie ein und werden in ihnen verarbeitet. So sehr die Erkenntnis der Zwischenhirnfunktionen und die experimentelle Tatsache, daß es im Tierversuch gelingt, vom Gehirn aus, z. B. durch Depots indifferenter Substanzen, wie Kaolin, an geeigneter Stelle dauernd Hochdruck zu erzeugen, die Bedeutung der Blutdruckzentren in den Vordergrund gerückt hat — die Frage nach der spezifischen Ursache der Hypertonie ist damit nicht gelöst. Man kann als Kennzeichen des nervös-funktionellen Mechanismus des Hochdrucks eine Übererregung und Übererregbarkeit der Vasomotorenzentren feststellen (Raab), wie sie sich z. B. in der verstärkten Reaktion gegen Sauerstoffmangel und Kohlensäureüberladung oder in psychischer Erregung nachweisen läßt. Die Ursache für diese Übererregbarkeit der Blutdruckzentren, welche vorwiegend in den thalamischen und hypothalamischen Regionen des Gehirns, besonders im Globus pallidus gelegen sind, mit übergeordneten Zentren vielleicht auch in der Rinde und mit tiefer gelegenen im verlängerten Mark, wird zum Teil in anatomischen Veränderungen gesucht, zum Teil in funktionellen. Raab, Büchner u. a. sehen vorwiegend arteriosklerotische Veränderungen im Bereiche der Vasomotorenzentren als Ursache der Hypertonie an. Sie stützen sich dabei auf anatomische Befunde an Hypertonikergehirnen (Rühl, Büchner u. a.), auf die besondere Häufigkeit der Hirnarteriosklerose bei Hypertonikern und nehmen auch auf die Starre und die histologischen Veränderungen der kleinsten Gefäße Bedacht. Auf diese Weise wird die Arteriosklerose wieder zur Ursache der essentiellen Hypertonie, allerdings nicht wie früher die periphere Arteriosklerose, sondern die Arteriosklerose der kleinsten Hirngefäße. An der Bedeutung dieser Befunde ist nicht zu zweifeln, aber jede Auffassung, welche anatomische Veränderungen in den Vordergrund stellt, wird Schwierigkeiten haben, die Möglichkeit therapeutischer Erfolge, die große Variabilität der Blutdruckwerte während der Entstehung des Hochdrucks und die oft ungemein großen Tagesschwankungen, das Sinken des Blutdrucks im Schlaf auf fast normale Werte zu erklären, besonders dann, wenn sie den Sauerstoffmangel als Ursache der Reizung der Zentren ansieht. Es müßte dann der Blutdruck im Schlafe eher ansteigen. Man wird einstweilen daran festhalten müssen, daß funktionelle Einflüsse eine Hauptrolle spielen. Eine Zweiteilung der Hypertonie in eine anatomisch bedingte und eine funktionelle wird auch von Raab u. a. angenommen, aber es scheint noch nicht entschieden zu sein, ob die anatomisch bedingten Formen quantitativ so überwiegen, wie Raab u. a. dies annehmen. Es kann auch keine Theorie der Blutdrucksteigerung an den Experimenten von Braun und Samet vorbeigehen, wonach dauernder Hochdruck durch Entnervung der Nieren beseitigt werden kann, wenngleich die Übertragung dieser Versuche auf den Menschen noch nicht genügend sichergestellt ist. In jüngster Zeit stellte Kylin funktionelle Veränderungen des Hypophysenvorderlappens in den Vordergrund, wie denn überhaupt die Blutdruckverhältnisse zur Zeit des Klimakteriums, der Einfluß der Nebenniere und Schilddrüse auch hormonale Einflüsse auf den Blutdruck sicherstellen. Jedenfalls ist das Problem der Ursache der essentiellen Hypertonie derzeit noch ungelöst und im Fluß. Eine große Anzahl wichtiger Faktoren sind sichergestellt oder wahrscheinlich. Aber es ist zweifelhaft, ob sie sich unter einem anderen Gesichtspunkte als dem symptomatischen zusammenfassen lassen, ob sich die essentielle Hypertonie in eine Summe von Krankheiten mit verschiedener Ätiologie und vielleicht verschiedener Therapie auflösen lassen wird oder ob sie in einer neuen, klar fundierten Einheit erhalten bleiben wird. Die Einteilungsversuche wollen einzelne Formen unterscheiden, aber sie dienen entweder wie die Kylins oder wie die Scheidung von blassem und rotem Hochdruck (Volhard) vorwiegend, wenn auch nicht ausschließlich, der Trennung der essentiellen Hypertonie von den renalen oder, was fast dasselbe ist (Ausnahme z. B. Blei), den durch pressorische Substanzen bedingten Blutdrucksteigerungen, oder sie greifen, wie etwa die klare Einteilung Kahlers, auf das Gesamtgebiet der Blutdruckerhöhung über.

Das klinische Bild der Hypertonie im Alter.

Die Beschwerden. Diese fehlen in sehr vielen Fällen völlig oder beziehen sich nur auf eine Reduktion der körperlichen und geistigen Leistungsfähigkeit, welche im Alter nicht auffallend ist. In anderen Fällen bestehen Herz- und Gefäßsymptome, die Kurzatmigkeit, Herzklopfen, Andeutungen stenokardischer Beschwerden und anfallsweiser Dyspnoe bis zu deren Ausprägung in Herzinsuffizienz, Stenokardie und Anfällen von Asthma cardiale. Gefäßsymptome sind Wallungen, Schweiße; das Nervensystem wird durch Kopfdruck, Kopfschmerzen, Schwindelgefühle, Schlafstörungen, allgemeine Nervosität und Reizbarkeit, verringerte Leistungsfähigkeit, erhöhte Ermüdbarkeit betroffen. Objektiv herrscht im Aussehen der Patienten im Greisenalter der Typus des roten Hochdrucks, der dem alten plethorischen Typ, dem Habitus apoplecticus nahesteht, nicht so sehr vor, wie das der Darstellung Volhards entsprechen würde. Er kommt im Alter meist nur den Pyknikern und auch ihnen nicht durchwegs zu. Oft fehlt die Röte des Gesichts, auch der Farbwechsel ist nicht auffallend. Hochdruck, Herzhypertrophie, Neigung zu Pulsbeschleunigung, etwas verbreiterte Aorta, klappender zweiter Aortenton müssen nur erwähnt werden, ebenso wie die Veränderungen im Augenhintergrund (Gunn, Guist). Von Symptomen geringerer Bedeutung soll die Neigung zu Blutungen aus Nase und Hämorrhoiden hervorgehoben werden. Weit wichtiger ist der Ausgang in Herzinsuffizienz und die Entstehung sekundärer Nierenveränderungen, der genuinen Schrumpfniere. Sehr weittragend ist das häufige Vorkommen von Anfallskomplikationen, von denen neben den bereits erwähnten Herzanfällen die cerebralen Störungen vorübergehender Art, wie cerebrale Dyspnoe und epileptiforme Anfälle in Frage kommen. Dauernde Folgen haben die organischen Hirnkomplikationen, wie Erweichung und Apoplexie. Sie sind an anderer Stelle besprochen worden und entscheiden mit den Herzkomplikationen die Prognose.

Bei den ganz schweren, fixierten Formen mit geringen Tagesschwankungen ist die Blutdrucksteigerung fast unbeeinflußbar. Bei etwas leichteren und kürzer bestehenden Fällen sind die Variationen größer; nimmt man den Blutdruck des Vormittags zum Ausgangspunkt, so wird er in der Nacht und besonders im Schlafe weit unterschritten, während er nach den Mahlzeiten, bei Anstrengungen und Aufregungen weiter ansteigt. Andere günstige und frühere Fälle weisen periodenweise Senkungen auf, welche meist durch irgendeinen äußeren Anlaß (Bewegung, Anstrengung, Ausschreitungen) unterbrochen und durch Herstellung günstiger Umstände oder therapeutische Maßnahmen wieder herbeigeführt werden können. Der Blutdruck ist labil. Alle diese Typen kommen im Alter vor, aber es ist verständlich, wenn die fixierten und lang bestehenden Formen vorherrschen und die labilen zur Ausnahme gehören. Dies hat allerdings den Vorteil, daß auch die Extrasteigerungen und die Blutdruckkrisen im Senium zurücktreten. Ein Blutdruck von 180 ist im Alter als mäßig gesteigert anzusehen, Werte über 200 sind hoch, aber häufig, Zahlen über 230 werden schon seltener. Der Pulsdruck ist in der Regel hoch, was dem Puls so oft den Charakter des Pulsus pseudoceler verleiht.

Bei der ungemeinen Häufigkeit des Hochdrucks im Alter werden die Beziehungen zur Konstitution, besonders zum pyknischen Typ, zur Heredität, dem Geschlechte und zu überstandenen Infektionskrankheiten, wie zur Lebensweise undeutlicher und schwerer nachweisbar, Beziehungen, welche in den früh entstandenen Fällen recht deutlich sind.

Blutdruckkrisen. Gefäßkrisen sind anfallsweise Blutdrucksteigerungen, welche sich entweder — und dies ist im Alter die Regel — bereits auf einem erhöhten Blutdruck als Extrasteigerungen oder — im Alter selten — von einem normalen Blutdruck aus entstehen. Für die erstere Gruppe ist essentielle Hypertonie, nephrogene Blutdrucksteigerung und Arteriosklerose die Grundlage. Die zweite kommt bei funktionellen und organischen Nervenkrankheiten wie Tabes, bei Vergiftungen (Blei, Nikotin), bei hormonalen Störungen (Nebenniere, Klimakterium) und aus unbekannten Gründen zur Beobachtung. Wenn so die Blutdruckkrisen keineswegs zur essentiellen Hypertonie dazugehören, sind doch Beziehungen gegeben. Ihre Kenntnis ist für das Verständnis mancher Symptome und zur Begründung therapeutischer Maßnahmen wichtig.

Ein Patient fühlt sich plötzlich nicht wohl, z. B. nach einer Erregung oder nach einer reichlichen Mahlzeit. Ihm ist ängstlich zu Mute, beengt, er hat Herzklopfen, schwitzt bei Kältegefühl, ist unruhig, konzentrationsunfähig. Die Palpation des Pulses stellt eine harte, enge Arterie mit meist erhöhter Schlagzahl fest und die Blutdruckmessung ergibt sehr hohe Werte. Dies ist eine Gefäßkrise, welche gleichzeitig Symptome von Stenokardie, Asthma cardiale, bis zu ihrer vollen Ausprägung auslösen kann. Sie kann in einem Kollaps, einem Lungenödem, einem Schlaganfall, einem akuten Herztod endigen, bildet sich aber in der Regel auch spontan zurück, mit subjektiver Erleichterung und Schwinden der Erscheinungen. Auslösend wirken psychische oder sexuelle Erregung, Überanstrengungen körperlicher und geistiger Art, Exzesse im Essen, Rauchen, Trinken, ungewöhnte Höhenlage, Schlaf- und Stuhlstörungen, Wetterkrisen. Aber auch ohne jede nachweisbare Ursache kann ein solcher Anfall, besonders nachts, auftreten. Eine Blutdruckkrise entsteht durch einen Gefäßkrampf der für den Blutdruck wichtigen Gefäßgebiete, oft durch einen allgemeinen Gefäßkrampf.

Therapie des Hochdrucks.

Bei der unvollkommenen Einsicht in das Zustandekommen der essentiellen Hypertonie ist es derzeit nicht möglich, eindeutige therapeutische Folgerungen aus der Pathogenese zu ziehen. Die Therapie ist vorwiegend empirisch, unter Verwertung theoretischer Einzelerkenntnisse. Sie ist teils hygienisch-diätetisch, teils physikalisch und medikamentös. Sie zielt einerseits auf die Beeinflussung des Grundsymptoms — der Blutdrucksteigerung — ab, anderseits auf die Behandlung der Beschwerden und Komplikationen.

Die Grundfrage ist, ob Senkung des gesteigerten Blutdrucks anzustreben sei. Sie wird von maßgebenden Autoren wie Krehl und Pal mit der Begründung verneint, daß der hohe Blutdruck im wesentlichen eine Kompensationseinrichtung sei, daß der Organismus ihn als Betriebsdruck brauche, daher müsse als Ziel der Therapie nur die Behandlung von Beschwerden und Komplikationen unter Beseitigung der Extrasteigerungen zu gelten haben. Ich möchte diese Argumentation nur sehr eingeschränkt annehmen, zunächst aus der einfachen Erfahrung, daß es von guter Wirkung auf Allgemeinzustand und Leistungsfähigkeit ist, wenn es in einem Falle gelingt, den Blutdruck ohne gewaltsame Maßnahmen zu senken. Die Senkung des Betriebsdruckes ist von Vorteil. Sie entlastet — von der Beeinflussung der Beschwerden abgesehen — wesentlich das Herz, vermindert die mechanische Belastung der Gefäße und deren pathologisch-anatomische Folgeerscheinungen, wie Förderung der Arteriosklerose und der hyalinen Degeneration. Allerdings ist zuzugeben, daß im Alter der Blutdruck nicht so weit gesenkt werden soll, daß jener Anteil des Betriebsdruckes wegfällt, welcher zur Kompensation der verminderten Windkesselfunktion als geringe Erhöhung wünschenswert ist. Praktisch gesprochen heißt dies, daß es nicht angestrebt werden kann, im Alter eine Blutdrucksenkung auf Kosten der Leistung und des Wohlbefindens zu erzielen.

Schon physiologischerweise sinkt der Blutdruck bei Ruhe und im Schlafe und steigt bei Anstrengung. Das erste therapeutische Mittel ist daher Ruhe in allen Formen. Auf Bettruhe reagieren einzelne

Patienten glänzend, andere überhaupt nicht. Bei der ersten labilen Gruppe kann auch im Alter eine bedeutende Blutdrucksenkung, in Ausnahmefällen bis zu 100 mm Hg, erzielt werden, und man wird dann darnach trachten, den günstigen Effekt durch wiederholte Verordnung von Ruheperioden und Ruhetagen festzuhalten. Bettruhe ist aber nur das Paradigma für Schonung auf körperlichem und psychischem Gebiete. Dauernde Reduktion beruflicher Überlastung und möglichste Ausschaltung der Quellen psychischer Erregung, Erholungsaufenthalte von dem Weekend und der Sommerfrische bis zum Besuche von Kurorten und Sanatorien bewähren sich. Zur Ruhe gehört auch Beruhigung durch den Arzt.

Die Regelung der Ernährung hat von der Tatsache auszugehen, daß die größeren eiweißreichen Mahlzeiten von einer Blutdrucksteigerung gefolgt sind. Daher sollen die Hauptmahlzeiten nicht zu groß, nicht zu eiweißreich sein und womöglich von einer Ruheperiode gefolgt werden. Sie sind durch Zwischenmahlzeiten zu ergänzen. Darüber hinaus ist das diätetische Regime kontrovers und kann im Alter nur individuell verordnet werden.

Wo Eiweißüberernährung vorausgegangen ist, wird sich Reduktion und Einschaltung von vegetarischen Perioden empfehlen, die nach ihrem Erfolg zu wiederholen und durch vegetarische Einzeltage während anderer Ernährung zu ergänzen sind.

Ein kurzer Versuch mit vegetarischer Kost oder Rohkost, eine Reduktion des tierischen Eiweißes und der tierischen Lipoide kann in jedem Initialfall gerechtfertigt werden, aber es hat gar keinen Sinn, einem Patienten, der aus knapper und fleischarmer Ernährungslage kommt oder bei dem sich der Blutdruck auf Entziehung von Fleisch und Lipoiden nicht gesenkt hat, weiter durch diese zu quälen und ihn eventuell in seinem Kräftezustand und in seiner Appetenz zu schädigen. Man erzielt zuweilen schöne therapeutische Erfolge, wenn man solche Mißgriffe durch kräftige Ernährung ausgleicht.

Ähnliche Gesichtspunkte gelten von der Gesamtquantität der Nahrung. Eine Entfettungskur kann bei Überernährten Ausgezeichnetes leisten und den Blutdruck bedeutend senken. Die Erfolge von Marienbad sind ein Beispiel dafür. Bei unterernährten und mäßigen Menschen bringt Hunger keinen Nutzen.

Das Maß der Flüssigkeitszufuhr ist Gegenstand von Kontroversen. Wir halten mit v. Noorden eine Flüssigkeitsreduktion auf 1 bis $1^1/_2$ Liter täglich im allgemeinen für zweckmäßig. Bei normaler Nierenfunktion läßt sich dieser Standpunkt heute nicht mit Sicherheit begründen, denn die normale Niere bewältigt, wie der Diabetes insipidus beweist, enorme Flüssigkeitsmengen ohne Herzhypertrophie und Blutdrucksteigerung. Empirisch aber scheint die Maßnahme günstig einzuwirken, Beschwerden zu mildern und zuweilen nachweisbare Blutdrucksenkungen herbeizuführen. Daß in der Ätiologie der Hypertonie dauernde Flüssigkeitsüberlastung eine Rolle spielt, dafür sprechen die Beobachtungen über das Münchner Bierherz und das Tübinger Mostherz, wobei freilich auch die Alkoholmenge in Rechnung gestellt werden muß. Vielleicht in noch höherem Maße sind Erfahrungen in Kurorten zu verwerten, wo Hypertoniker auf schematische Zufuhr großer Flüssigkeitsmengen oft schlecht reagieren. Von Getränken ist Bohnenkaffee und stärkerer Teeaufguß zu verbieten oder mindestens in seiner Wirkung zu kontrollieren, das gleiche gilt von geistigen Getränken.

Eine Reduktion der Kochsalzmenge ist allgemein üblich; sie scheint ohne weiteres aber nur bei Annahme von Nierenstörungen begründet. Auch sie ist auf den Erfolg zu kontrollieren und die Rückwirkung auf den Allgemeinzustand und Appetit in Rechnung zu ziehen.

Alle diese Methoden werden von einzelnen Autoren auch in extremsten Durchführungen empfohlen. Fastenkuren, eiweißärmste Diät, Durstkuren und Kochsalzentziehung auf weniger als 1—2 g im Tag haben ihre Verfechter. Gewiß sind damit Blutdrucksenkungen zu erreichen, allerdings nicht in zuverlässiger Weise. Auch vereinzelte schöne und dauernde Erfolge sollen nicht in Abrede gestellt werden, aber vor jedem Schematismus ist im Alter dringend zu warnen. Eine Reihe dieser Blutdrucksenkungen sind mit Schädigungen des Allgemeinbefindens zu teuer erkauft, und hier sind auch wohl die Fälle zu finden, wo eine zahlenmäßige Senkung auf Kosten des notwendigen Betriebsdruckes erfolgt und die Leistungsfähigkeit des Individuums und seiner Organe vermindert. Es ließe sich zweifellos auch durch eine völlig vitaminfreie Ernährung eine radikale Senkung des Blut,-druckes erzielen, aber hier liegt die Unzweckmäßigkeit von Gewaltkuren auf der Hand. Insbesondere im Alter ist auch mit dem Widerstand der Patienten und ihrer Umgebung zu rechnen und das Prinzip zu berücksichtigen, daß die Lebensumstände nicht mehr geändert werden sollen, als notwendig erscheint.

Als Dauerregime kommen alle diese Kostformen im Alter nicht in Frage, wohl aber können sie als Maßnahmen für kurze Zeit herangezogen werden, wo vor der Behandlung im entgegengesetzten Sinne gesündigt worden ist. Milchtage, Obsttage, Entfettungskuren, Eiweißreduktion können durch Wochen oder in Form der Noordenschen Zickzackkost tageweise eingeschaltet werden.

Der Obstipation kommt zuweilen ein blutdrucksteigernder Einfluß zu und ihre Beseitigung ist anzustreben. Abführkuren werden vielfach angewendet, der Typus ist die Marienbader Kur, von der insbesondere fettleibige, vollblütige Patienten mit dem Typus der abdominalen Plethora ihren Vorteil haben. Daß Blähungszustände des Magens und Darms durch Zwerchfellhochstand reflektorisch den Blutdruck erhöhen können und darum bekämpft werden sollen, ist bekannt. Entsprechende Diät, Bauchmassagen, Wärmeapplikationen dienen neben der medikamentösen Beeinflussung diesem Ziele.

Nahe liegt es, durch eine Herabsetzung der Blutmenge in Form des Aderlasses eine Verminderung des gesteigerten Druckes herbeizuführen. Die Resultate sind ganz wechselnd. Zuweilen gelingt es nach einem Aderlaß längerdauernde Blutdrucksenkungen herbeizuführen oder zumindest die Beschwerden günstig zu beeinflussen. In solchen Fällen kann er in geeigneten Abständen wiederholt werden, in anderen Fällen ist er ganz erfolglos. Auf die besondere Rolle des Zentralnervensystems ist in neuerer Zeit vielfach die Aufmerksamkeit gelenkt worden. Die Beeinflussung mancher Blutdrucksteigerungen durch Lumbalpunktion hat Kahler gezeigt; wir haben davon nur bei Zeichen gesteigerten Hirndrucks und Hirnödems Gebrauch gemacht.

Vielfach werden die Mittel der physikalischen Therapie herangezogen: Beeinflussung von der Haut aus durch laue Bäder, durch Sauerstoff- oder Kohlensäurebäder, durch ableitende Prozeduren, wie Senffußbäder, Bürstenbäder und Vierzellenbäder spielen wohl im Rahmen der Allgemeinbehandlung eine ziemliche Rolle, sie wirken oft auf das Gesamtbefinden und einzelne Beschwerden günstig ein, aber eine radikalere Beeinflussung des Blutdrucks kann man von ihnen nicht erhoffen. Theoretisch begründet ist der Versuch, durch Hyperämie der Haut eine Besserung der Blutverteilung und eine Verringerung der arteriellen Widerstände herbeizuführen. Diesem Zwecke dienen vorsichtige, gut kontrollierte Bestrahlungen mit künstlicher Höhensonne. Zweifellose Erfolge sind selten. Theoretisch ganz ungeklärt ist die Beeinflussung des Blutdrucks durch elektrische Hochfrequenzströme, d'Arsonvalisation u. dgl. Bei dem deutlichen Einfluß der Elektrizität auf den Organismus und den Blutdruck, wie er sich beim Gewitter kundgibt, ist eine therapeutische Wirkungsmöglichkeit gegeben, doch werden häufigere Erfolge nur von wenigen Autoren berichtet.

In jüngster Zeit steht der Versuch einer Diathermie des Hirnstammes oder einer Galvanisation dieser Gegend eventuell mit Iontophorese von Doryl zur Diskussion. Persönliche Erfahrungen habe ich nicht, ebensowenig wie mit der von Leimdörfer angegebenen Galvanisation in absteigender Richtung.

Bei Überventilation sinkt der Blutdruck bei essentieller Hypertonie, allerdings vorübergehend. Die Angaben von Tirala über andauernde

Erfolge durch Atemübungen haben bis jetzt keine allgemeine Anerkennung gefunden. Meine eigenen Beobachtungen sind negativ.

Medikamentöse Behandlung. Bei der Besprechung der medikamentösen Behandlung ist es zweckmäßig, von der Therapie der Blutdruckkrisen auszugehen. Die symptomatisch wirkenden Mittel greifen an der Gefäßmuskulatur oder deren Innervation, also am Erfolgsorgan an. Dies gilt von den Nitriten wie den Papaverinpräparaten. Die Aufzählung der Präparate unterbleibt hier wie im folgenden unter Berufung auf die Abschnitte über Angina pectoris und Arteriosklerose. Ähnlich wirken Benzoylbenzoat und Akineton und Doryl, wenn wir vom Aderlaß und Abbinden der Glieder absehen.

Wichtiger ist aber noch, das Auftreten der Blutdrucksteigerungen und Beschwerden zu vermeiden. Die Durchführung der Prophylaxe deckt sich im allgemeinen mit der Therapie der Beschwerden, wobei die Behandlung der begleitenden Herz- und Niereninsuffizienz sowie der wichtigen Komplikationen, wie Angina pectoris und Cardialasthma nicht wiederholt werden soll. Als Mittel der Vorbeugung dienen in erster Linie die Körper der Purinreihe, Typus Diuretin. Sie greifen erweiternd an den Gefäßen an, aber auch an den Geweben, bzw. deren Quellungszustand und an den Nieren. Es entspricht vielfacher klinischer Erfahrung, daß die Purinkörper geeignet sind, Blutdruckschwankungen auszugleichen, das Eintreten von Anfallskomplikationen zu verhüten und Beschwerden zu bessern. Sie können lange — und wenn das Aussetzen der Medikation sich störend bemerkbar macht — auch dauernd mit eingeschalteten Pausen gegeben werden. Ein Einfluß auf die Höhe eines einigermaßen fixierten Blutdrucks kommt ihnen aber kaum zu. Als symptomatisches Mittel ist auch das Jod aufzufassen, in der gleichen Weise und mit den gleichen Vorsichtsmaßregeln gegeben wie bei Arteriosklerose. Sehr wichtig ist der Einfluß nervenberuhigender Medikamente (Brom, Adalin, Luminal, Chloralhydrat usw.) bei erregten Patienten. Es braucht nicht betont zu werden, daß Kombinationen der wirksamen Mittel in freier Verschreibung und in den Handelspräparaten viel verwendet werden.

Eine der wichtigsten Fragen ist, ob es gelingt, den dauernd gesteigerten Blutdruck, die Hypertonie im eigentlichen Sinne, medikamentös zu beeinflussen. Man ist weit entfernt, die Mehrzahl der Fälle von Hypertonie in ihrem Blutdruck senken zu können, aber immerhin sind in den letzten Jahren einige Fortschritte zu verzeichnen. Doch müssen zwei einschränkende Bemerkungen gemacht werden. Die Prüfungen der Mittel genügen in den wenigsten Fällen kritischen Anforderungen. In den Spitalsabteilungen ist die Änderung der ganzen Lebensweise und des Milieus von so starkem Einfluß, daß erst nach sehr langer Vorbehandlung Schlüsse auf die Einwirkung von blutdrucksenkenden Medikamenten gezogen werden können. Bei der ambulatorischen Beobachtung werden vielfach mit der Verschreibung eines Medikaments auch hygienisch-diätetische Ratschläge gegeben. Wirklich beweisend sind meines Erachtens nur Beobachtungen an einem stationären chronischen Spitalsmaterial einerseits und gut beobachtete Fälle der Hauspraxis anderseits. Die erste Gruppe weist aber vielfach allzu schwere Fälle auf, so daß das Urteil zu strenge ausfällt. Es ist ferner zu fordern, daß Hypertoniemittel, insbesondere solche, die injiziert werden müssen oder unangenehm zu nehmen sind, eine längere Nachwirkung aufweisen müssen, wenn sie den Fordederungen der Praxis entsprechen sollen.

Ausgehend von der Tatsache, daß der Druck im Fieber oft sinkt und nach Infektionen zuweilen längere Zeit niedrig bleibt, wurden Fiebertherapie und Proteinkörperinjektionen empfohlen. Dazu gehört die Verwendung von Tuberkulin in großen Dosen, von Milchinjektionen, das Zuelzersche Depressin (eine Colivakzine) und Injektionen großer Dosen parenteralen Schwefels, die allerdings mit recht unangenehmen Nebenerscheinungen verbunden sind. Mit Mitteln dieser Gruppe läßt sich nicht selten ein vorübergehendes Absinken herbeiführen. Eine lange Nachwirkung habe ich nur ganz ausnahmsweise beobachtet.

Direkt blutdrucksenkend sollen wirken: die Viscum-Präparate (persönlich negative Erfahrungen), das Vasotonin (Mischung von Yohimbin und Urethan als Injektion, mit dem man zuweilen, in zirka 10% der Fälle, gute und nachdauernde Erfolge erzielt, meist aber Versager), das Lupinin (keine persönliche Erfahrung) und das oral gegebene Hypotonin (ein Isovaleriansäure-Präparat, von dem ich keine Wirkung gesehen habe) u. a. m.

Versuche mit Organtherapie liegen in der Animasa (einem Abbauprodukt aus der Intima von Schlachttieren, das ich ohne sichtlichen Erfolg versucht habe), in dem Subtonin (Mischung von Kalzium-Chloracetat mit Hypophyse und Thymus), im Spermin, im Telatuten usw. vor. Wesentliche Einwirkung habe ich nicht feststellen können.

Die Nitrite können in Form von intravenösen und subkutanen Injektionen verwendet werden, nur selten mit längerdauerndem Erfolg. Seine Häufigkeit wird scheinbar gesteigert durch die Kombination mit Salzen, wie sie im Nitroskleran vorliegt, bei dem man relativ häufig beträchtliche Drucksenkungen sieht, welche wieder nicht allzu selten einige Zeit anhalten. Von den sogenannten physiologischen Salzen (Truneček) habe ich keine Beeinflussung beobachtet, ebensowenig von der oralen Kombination von Salzmischungen mit Radium, wie Radiosklerin oder der von Kylin empfohlenen Calcium-Atropin-Darreichung. Subjektive Erleichterungen werden angegeben.

Ein Abkömmling der alten Jodtherapie ist die Anwendung des Rhodan als permeabilitätssteigernde Substanz, welche in großen Dosen (1—3 g der Salze angewandt) wegen der Nebenerscheinungen nicht beliebt war. Herabsetzung der Dosis auf dreimal 0,1 bis einmal 0,05 führt zwar zu weniger starken Drucksenkungen, ist aber gut verträglich, und bei einem Teil der Fälle bleibt der erzielte Erfolg durch eine Zeit bestehen. Verwendet wurde vorwiegend Rhodapurin, eine Kombination von Rhodanammonium mit Coffein, und Rhodanatrial (Rhodancalciumtheobromin mit Luminal).

Von den Cholinpräparaten, wie Pacyl, habe ich, isoliert gegeben, keinen wesentlichen Effekt beobachtet, stärker wirkend erscheint die Kombination mit Rhodan, das Rhodacholin.

Prinzipiell wichtig scheint es zu betonen, daß ich, mit Ausnahme eines Falles — wo sich mit der Drucksenkung bei einer etwas dementen Hypertonie die cerebralen Erscheinungen mehrmals verschlechterten (verringerte Durchblutung des Gehirns?) —, von den oft sehr erheblichen Drucksenkungen durch die geschilderten Maßnahmen aller Art nie einen Schaden gesehen habe, und zwar auch bei solchen Fällen nicht, die vorher zuweilen durch Jahre konstanten Hochdruck aufgewiesen hatten.

Zusammenfassend sei festgestellt, daß bei der Therapie des dauernden Hochdrucks — von den Beschwerden und Komplikationen abgesehen — gegenwärtig die physikalisch-diätetische Behandlung noch immer im Vordergrund steht; aber auch die medikamentöse Therapie ist nicht ganz machtlos, obwohl ein sicher oder ein auch nur in der Mehrzahl der Fälle wirksames Mittel fehlt.

Erkrankungen des Harn- und Geschlechtsapparates.

15. Erkrankungen der Niere.

Vaskuläre Erkrankungen und chronische Nephritiden.

Vorbemerkung. Die Niere des gesunden Alters braucht in ihrem Aussehen und in ihrer Struktur von der normalen nicht abzuweichen. Ihr Gewicht ist meist etwas vermindert, aber vorwiegend vom Körpergewicht und dem Allgemeinzustand abhängig. Geringe Veränderungen am Gefäßapparat und daraus folgend am Parenchym sind in der Regel an einzelnen Stellen bei der Besichtigung nachzuweisen. Sie fallen für die Funktion nicht ins Gewicht. Das gilt auch von den häufigen Harnzysten (mit Harn gefüllten Hohlräumen, meist unter der Kapsel, von der Größe einer Stecknadel bis zu der einer Pflaume). Es wurde bereits erwähnt, daß die Harnbefunde im Alter von dem Gewohnten kaum abweichen. Dies gilt auch für den Gehalt des Blutes an Reststickstoff und den anderen für die Beurteilung der Nierenfunktion herangezogenen Substanzen. Auch bei der Funktionsprüfung aus der Harnbeschaffenheit, wobei uns ausgedehnte Erfahrungen nur mit dem Volhardschen Verdünnungs- und Konzentrationsversuch zur Verfügung stehen, sind die Werte sehr oft mit den üblichen identisch, aber nicht immer. Im Greisenalter zeigt die Prüfung bei Nierengesunden, deren normale Niere durch die Obduktion kontrolliert wurde, zuweilen gewisse Einschränkungen auf, meist in dem Sinne, daß die Konzentration nicht auf 1030 und darüber ansteigt, sondern nur bis 1025. Etwas seltener wird eine Verdünnung nur bis 1004 bis 1005 erzielt. Die größte Halbstundenmenge kann etwas verkleinert sein, und die Ausscheidung erfolgt quantitativ zureichend, aber zeitlich leicht verzögert. Man kann also geringe Abweichungen vom Optimum im Alter nicht verwerten.

Gefäßerkrankungen der Niere und sekundäre Schrumpfniere.

Arteriosklerose und Arteriolosklerose der Niere sind klinisch solange fast bedeutungslos, als sie nicht mit Schrumpfung der Niere oder mit ausgedehntem Parenchymverlust verbunden sind. Bei Arteriosklerose klaffen an der Schnittfläche eine Reihe von Gefäßen und die Präparation zeigt ihre Veränderung. Die Oberfläche der Niere ist durch die Gewebsausfälle, welche durch die Gefäßanomalien verursacht werden, unregelmäßig und gröber eingezogen, bei hochgradigen Veränderungen gelappt. Bei Arteriolosklerose sind die Unebenheiten feiner, aber doch nicht regelmäßig. Der Zustand verursacht keine Beschwerden und keine klinischen Erscheinungen von Belang, er ist oft mit Hypertonie vergesellschaftet, kommt aber auch bei normalem Blutdruck vor. Die heute meist vertretene Anschauung ist, daß die Hypertonie oft die Ursache der Gefäßveränderungen darstellt. Die früheren Meinungen, die auch heute noch Verteidiger finden, sahen die Ursache des Hochdrucks in Nierenveränderungen. Im Harn findet man zuweilen Spuren von Eiweiß bis deutliche Eiweißmengen, ein spärliches Sediment mit einzelnen Zylindern, Leukozyten und roten Blutkörperchen. Die Funktionsprüfung ergibt zumeist eine geringe Einschränkung der Konzentrations- und Verdünnungsfähigkeit, so daß dieser Befund das Bestehen von Gefäßveränderungen nahelegt, ohne sie zu beweisen.

Die vaskuläre Schrumpfniere. Diese entsteht, wenn die Veränderungen von Gefäß und Gewebe zu einer beträchtlichen Verkleinerung des Organs führen, das blässer und härter wird und Verschmälerung der Rinde mit unscharfen Grenzen aufweist. Das Kennzeichen für alle Schrumpfnieren ist die Verbindung von Hochdruck und Funktionsstörung der Niere. Erst innerhalb dieses Symptomenkomplexes erfolgt die weitere Differenzierung. Diese Verbindung gilt auch für die überwiegende Mehrzahl der Schrumpfnieren im Alter. Es soll aber vor der Darstellung dieser typischen Fälle die Ausnahme vorweggenommen werden.

Schrumpfnieren bei normalem Blutdruck. Diese sind im Alter keineswegs Ausnahmsfälle. Wir haben im Laufe der Jahre doch eine große Anzahl von Schrumpfnieren auf dem Obduktionstische gesehen, wo im Leben dauernd ein normaler, nicht etwa durch Herzinsuffizienz oder durch zehrende Krankheiten gesenkter Blutdruck bestand. Solche Fälle sind klinisch kaum zu fassen, sie verlaufen entweder latent und sind überraschende Nebenbefunde bei Todesfällen anderer Genese. Manchmal macht bei einer unaufgeklärten Bewußtseinstrübung erst der Befund eines hohen Reststickstoffes auf die Niere aufmerksam, in anderen Fällen ermöglichen der Nachweis von Eiweiß, Sediment und die Funktionsprüfung die Feststellung der Niereninsuffizienz. Dann ist bei Kenntnis des Zustandes die Wahrscheinlichkeitsdiagnose möglich.

Vaskuläre Schrumpfnieren bei Hochdruck. Die Schrumpfniere unterscheidet sich von der Hypertonie zunächst und durchgreifend durch die Störung der Nierenfunktion. Diese muß nicht im Harnbefund als solche zum Ausdruck kommen, wohl aber in dem Verhalten des spezifischen Gewichts und in den Funktionsprüfungen. Die Minderung der Konzentrations- und Verdünnungsfähigkeit und der Variationsbreite der Stundenmenge bis zur Isothenurie kann als bekannt vorausgesetzt werden, ebenso die Neigung zu Polyurie und Nykturie, die blasse Farbe des Harnes. Sediment und Eiweißgehalt können völlig fehlen, gering sein oder auch ansehnliche Werte erreichen mit einem Eiweißgehalt von 3—4$^0/_{00}$ und darüber, mit reichlichen hyalinen und granulierten Zylindern und einem Zellgehalt, bei dem im Alter auch zahlreiche Erythrozyten keinen nephritischen Nachschub, sondern nur erhöhte Durchlässigkeit beweisen. Nimmt man noch dazu, daß im Alter auch andere Blutungsquellen aus den Harnwegen häufiger sind als sonst, so ist der Blutgehalt sehr viel vorsichtiger zu beurteilen und zu verwerten. Er beweist keinen akuten nephritischen Nachschub.

Das klinische Bild der vaskulären Schrumpfniere ist im Alter je nach dem Stadium der Erkrankung, den Komplikationen und den Insuffizienzerscheinungen von Niere und Kreislauf stark wechselnd.

Zunächst muß betont werden, daß im Alter sehr häufig ein symptomenarmes und gutartiges Bild vorkommt, bei dem Beschwerden fast völlig fehlen können oder denen der Hypertonie entsprechen. Es ist dies ein Zustand, der durch Jahre stationär sein kann, und in solchen Fällen kann auch das Ende durch Erscheinungen herbeigeführt werden, welche mit der Grundkrankheit nicht einmal in einem indirekten Zusammenhange stehen, wie Krebs oder Tuberkulose.

Der zweite Typus verläuft unter dem Bilde der chronischen Herzinsuffizienz mit allen ihren Erscheinungen, Gefahren, Komplikationen und Anfallsarten. Das Herz ist bei der Schrumpfniere hypertrophisch, doch ist die Hypertrophie meist geringer als in jüngeren Jahren und kann bei Abmagerung durch eine allgemeine Atrophie zurücktreten. Häufig ist neben dem lauten zweiten Aortenton ein präsystolischer Vorschlag und lauter erster gespaltener Ton zu hören. Der Rhythmus erinnert dann an den der Mitralstenose. Er geht bei Tachykardie in einen präsystolischen Galopprhythmus über, dessen Ablösung durch den diastolischen Galopprhythmus ein sehr übles Zeichen ist. Die zweite renale Verlaufsart ist oft durch lange Zeit — ohne oder mit nur geringen Beschwerden — nur durch die objektiven Harn- und Funktionssymptome bestimmt. Die Niere arbeitet als Ganzes noch ausreichend, der Reststickstoff ist nicht wesentlich erhöht. Treten Ödeme auf, durch die Ausscheidungsschwäche der Niere veranlaßt oder begünstigt, so tragen sie doch den Charakter und heben die Lokalisation der kardialen, nicht der nephritischen Ödeme. Ein zweites Stadium, das der malignen Sklerose Volhards, wird erreicht, wenn die Niere als Ganzes insuffizient geworden ist. Die objektiven Symptome sind Isosthenurie, Ansteigen des Reststickstoffs und Umwandlung des Bildes des Augenhintergrundes von dem der Hypertonie und Arteriosklerose in das der Retinitis albuminurica mit Ausprägung von Angiospasmus und Ödem. Die subjektiven Symptome sind etwas anders als in jüngeren Jahren. Die Kopfschmerzen sind weniger heftig, inkonstant, die alarmierenden psychischen Zeichen, wie Halluzinationen und psychotische Zustände treten zurück, ebenso die Krämpfe der Pseudourämie. Müdigkeit, Mattigkeit, Leistungsunfähigkeit, Beschwerden vom Typus der Neurasthenie herrschen vor. Trübungen des Bewußtseins, Erscheinungen von Hirnödem und leichteren cerebralen Störungen sind häufig. Die Urämie, die am Schluß einsetzt, verläuft als stille Urämie mit unendlicher Mattigkeit, Versagen der Nahrungsaufnahme, Erbrechen, Hinfälligkeit, Bewußtseinsstörung, vertiefter Atmung und urinösem Geruch.

Außer den schon genannten, insbesondere kardialen Komplikationen ist das Auftreten von Blutungen, zuweilen recht schweren, aus Nase, Hämorrhoiden, aber auch aus dem Nierenbecken zu erwähnen. Die lebensbedrohenden und wichtigsten Komplikationen sind aber die cerebralen Insulte, die Erweichungen und Apoplexien, denen ein beträchtlicher Teil der Hypertonie- oder der Schrumpfnierenfälle plötzlich erliegt, oder durch welche sie zu Siechtum verdammt werden.

Die sekundäre postnephritische Schrumpfniere. Sie entsteht aus einer chronischen Glomerulonephritis als deren Endstadium und unterscheidet sich von ihr makroskopisch durch die Gleichmäßigkeit der Veränderungen an den Nieren. Dementsprechend ist die Oberfläche feiner und gleichmäßig granuliert, die Kapsel im ganzen Umfang fester adhärent, die Rinde schmal, die Glomerulusverödungen überall verteilt. Das klinische Bild gleicht dem der vaskulären Schrumpfniere so weitgehend, daß es nicht wiederholt zu werden braucht. An Unterschieden sind hervorzuheben, daß die Herzhypertrophie, solange keine Herzinsuffizienz eingetreten ist, konzentrisch ist, im Gegensatz zur Hypertonie und zur arteriosklerotischen Schrumpfniere, wo sie mit Dilatation verbunden auftritt. Anämie ist häufig. Höhere Eiweißwerte, reichliches Sediment können im Zweifelsfalle für eine sekundäre Schrumpfniere, Nachweis von Urobilinfarbstoffen für eine genuine verwertet werden. Im wesentlichen ist aber die Diagnose von der Kenntnis der Vorgeschichte abhängig, der Entwicklung aus einer chronischen, seit Jahren bestehenden entzündlichen Nierenerkrankung. Die Anamnese läßt im Alter oft im Stich, dann ist eine sichere Trennung im allgemeinen nicht möglich, sie ist allerdings für die Therapie und auch sonst von geringer Bedeutung.

Schrumpfnieren besonderer Ätiologie. Bleinieren im Alter habe ich nicht gesehen. Die einseitigen Schrumpfnieren infolge eines Hindernisses oder einer Anomalie im Ureter bewirken nur Lokalsymptome und eventuell die Allgemeinerscheinungen der sekundären Infektion, sie zeigen keine Zeichen von Nieren- oder Gefäßalteration, sind zumeist von einer Vergrößerung der anderen Niere begleitet und durch diese kompensiert. Dagegen sind doppelseitige hydronephrotische Schrumpfnieren, wie sie bei Frauen meist als Folge eines Uterusprolapses und bei Männern durch langdauernde Harnstauung bei Prostatahypertrophie entstehen, was ihren klinischen Verlauf anlangt, von den anderen Schrumpfnieren nicht wesentlich verschieden. Das gleiche gilt von den Zystennieren. Palpationsbefund und insbesondere die Ergebnisse der urologischen und der Röntgenuntersuchungen ermöglichen die Diagnose dieser Formen, wenn sie unter dem Eindrucke eines Verdachtes oder routinemäßig herangezogen werden. Die Niereninsuffizienz bei frischerer Harnstauung infolge von Prostataveränderungen weist Sonderzüge auf; sie ist insbesondere nach mechanischen Eingriffen gut rückbildungsfähig.

Therapie der Schrumpfnieren. Soweit die Therapie der Schrumpfniere im Alter eine Behandlung der kardialen Insuffizienz, des Hochdrucks und der typischen Komplikationen beider ist, braucht sie an dieser Stelle nicht ausgeführt zu werden. Es sei nur betont, daß man auch von kräftigen Mitteln, wie intravenöser Strophantintherapie, Gebrauch machen kann und muß. Mit der Verabreichung von Salyrgan usw. wird man bei den Fällen, welche einen mehr nephritischen Charakter tragen, sehr zurückhaltend sein, in den anderen aber, bei Versagen der sonstigen Maßnahmen der Entwässerung, auch zu diesen greifen, mit Tastdosen eingeleitet. Schwere Blutungen aus der Nase usw. erfordern neben der inneren Blutungsbehandlung, welche an anderer Stelle zusammengefaßt werden soll, auch lokale Maßnahmen, wie Tamponade, Anwendung von Stryphnon, Clauden usw.

Die Aufgabe, die Lebensweise, insbesondere die Ernährung, an die Nierenfunktion anzupassen, bedingt Vermeidung von Schädigungen, wie durch Alkohol, Nikotinabusus, nierenreizende Gewürze, worunter aber nicht die eventuell zur Zubereitung einer indizierten salzarmen Diät nötigen Küchenkräuter verstanden sind. Die Erleichterung der Nierenleistung und damit die Beeinflussung der Zwangspolyurie erfolgt durch dosierte Beschränkung jener Nahrungsmittel, welche viel harnfähige Substanzen liefern, also in erster Linie von Fleisch, Innereien und des Kochsalzes. Solange die Niere relativ gut funktioniert, braucht man damit nicht über das bei der Hypertonie übliche Maß hinauszugehen. Ansteigen des Reststickstoffes bedingt rigorosere Eiweißbeschränkung, wobei man auch mit Vorteil Perioden von Rohkost und vegetarischer Ernährung einschieben kann. Steigt der Reststickstoff nach einer Periode kochsalzarmer Ernährung, so ist auf das Bestehen von Hypochlorämie zu achten. Dann befördert eine Salzzulage, eventuell paradoxer Weise sogar Harnstoff, die Ausschwemmung und führt zu einem Sinken des Reststickstoffs und einer Erleichterung der Retentionssymptome.

Therapie der Pseudourämie und Urämie. Wie bereits erwähnt, ist die Pseudourämie in ihren charakteristischen dramatischen Formen mit Krämpfen usw. selten. Bewußtseinsstörungen und andere cerebrale Erscheinungen werden durch Herztherapie und Entwässerung und gefäßerweiternde Mittel verhütet. Treten sie akut auf, so sind ihre Symptome und ihre Behandlung die gleichen wie die des Hirnödems (siehe dieses). Schlafstörungen und Erregungszustände erfordern Schlafmittel, wie Paraldehyd, Chloralhydrat, Luminal u. a. bis zum Morphium und Modiskop.

Wenn die echte Urämie, wie dies öfters der Fall ist, plötzlich oder auch unerwartet eintritt, so erfordert die absolute Nierenschonung völlige Karenz, wenn das quälende Durstgefühl dies zuläßt, sonst nur Tee, eventuell gezuckert, oder Fruchtsäfte und andere salzarme Getränke. Eispillen oder Sodawasserspülungen des Mundes erleichtern den Durst, die trockene Zunge und Mundschleimhaut wird durch Auswischen mit Glyzerin oder Borglyzerin feucht gehalten. Diuretika und Aderlaß erweisen sich meist als nutzlos, man wird sie trotzdem versuchen. Schwitzprozeduren sind zulässig, wenn der Allgemeinzustand sie gestattet, aber die Ableitung auf die Haut ist als Entgiftung nicht ausreichend. Auf Darmentleerung durch Einlauf oder mineralische Abführmittel ist Wert zu legen; es werden auf diese Weise nicht nur Stickstoffschlacken entfernt, sondern dadurch und durch die Verabreichung von Tierkohle auch die Resorption von Fäulnisprodukten vermindert. Lumbalpunktion kann nützlich sein. Die Zufuhr von Traubenzucker als Tröpfchenklysma oder intravenös ist für die Anregung der Diurese und gegen das Durstgefühl nützlich. Eine sehr wichtige Maßnahme, in manchen Fällen von deutlichem Erfolg begleitet, ist die Diathermie der Niere.

Die Behandlung der chronischen Urämie ist auf die Dauer eine traurige Angelegenheit, doch werden auch erstaunliche temporäre Erfolge beobachtet. Eine lange fortgesetzte, sehr eiweißarme Diät aus Kohlehydraten und Fetten, die Bevorzugung alkalisch wirkender Stoffe, wie sie in den meisten Gemüse- und Obstsorten, besonders aber bei Rohkost und den Obsttagen vorwiegen, erweist sich als vorteilhaft, da mit der Urämie auch eine Azidose verbunden ist. Wo keine Ödeme bestehen, hat man keinen Grund, in der Zufuhr von Flüssigkeit und Salzen, besonders der alkalischen Mineralwässer ängstlich zu sein, bei den hypochlorämischen Formen ist eine Salzzulage indiziert. Derartige Zustände haben wohl auch den Ruf der früher üblichen, meist entbehrlichen Kochsalzinfusion begründet. Gegenwärtig wird sie besser durch rektale Dauerzufuhr von Traubenzucker oder Invertzucker ersetzt, wenn dauerndes Erbrechen die Flüssigkeitsaufnahme erschwert. Auch die intravenöse Verabreichung größerer Mengen hypertonischer Dextroselösung kann versucht werden.

Quälende subjektive Erscheinungen sind die völlige Appetitlosigkeit, das Erbrechen, Singultus, Hautjucken. Das Erbrechen wird durch innerliche anästhesierende Mittel, durch Chloroformwasser, Desalgin, Anästhesin und Cocain mit Atropin meist nur wenig beeinflußt. Volhard empfiehlt bei nicht zu elenden Patienten Magenspülung, auch mit der Indikation zur Entfernung giftiger, in den Magen ausgeschiedener Produkte. Von der rektalen Verabreichung der gegen Seekrankheit wirksamen Mitteln (Nautisan, Vasano) beobachtet man zuweilen Erfolg, auch von der Injektion von Inalgon (Lasch), welches Dimapyran, Luminal, Coffein und etwas Hyoscin enthält, wie von der Darreichung von Insulin (je 5—10 E.) mit Traubenzucker injiziert. In aussichtslosen Fällen soll man mit Alkaloiden nicht sparen. Wenn es nicht gelingt, den Gesamtzustand zu beeinflussen, so sind diese auch die Mittel der Wahl, um Singultus und Hautjucken zu behandeln. Die Symptomatika helfen meist nicht. Zuweilen ruft aber gerade das Morphium Hautjucken hervor, man muß dann die anderen Alkaloide heranziehen.

Die akute und chronische Glomerulonephritis.

Die akute Glomerulonephritis ist im Alter sehr selten und weicht in ihrem klinischen Bilde wesentlich von dem früherer Perioden ab. Sie kommt in zwei extremen Formen vor. Die eine tritt nach einer Angina oder im Verlauf eines entzündlichen Prozesses, eines Erysipels, einer Eiterung auf, sie ist leicht, vorübergehend und heilt. Ihr einziges Symptom ist der Harnbefund, Auftreten von größeren Eiweißmengen und Blut im Sediment, mit reichlichen Zylindern, auch Blutzylindern. Dies genügt, um sie von der febrilen Albuminurie zu unterscheiden, nicht aber, um sie von einer Herdnephritis abzugrenzen, welcher sie oft entsprechen dürfte. In diesen Fällen fehlt das Auftreten einer Blutdrucksteigerung und des nephritischen Ödems, welche erst die diffuse akute Glomerulonephritis kennzeichnen. Daß man aber eine solche nicht ausschließen darf, zeigt das andere Extrem, die prämortale diffuse Glomerulonephritis, welche aber auch kein klinisches Nephritisbild liefert. Sie bleibt unerkannt, wenn der Harn nicht kurz vor dem Tode untersucht wird. Klinisch entspricht ihr eine Verschlechterung im Allgemeinbefinden und in der Herztätigkeit bei einem entzündlichen oder kachektisierenden Zustand, pathologisch eine akute hämorrhagische Nephritis. Als eine Erkrankung sui generis mit dem gewohnten Bilde des nephritischen Ödems und der Blutdrucksteigerung kommt die akute Glomerulonephritis im Alter nur höchst selten zur Beobachtung. Ich habe nur einmal die Entwicklung einer chronischen Nephritis dieser Art aus einer akuten gesehen; auch diese ohne initiales Ödem und ohne Steigerung des schon vorher erhöhten Blutdrucks.

Schon daraus geht hervor, daß die chronische Glomerulonephritis im Alter eine seltene Erkrankung sein muß. Doch kommt es bei dem sehr langgezogenen Verlauf vor, daß eine früher entstandene chronische Nephritis ins Alter hinübergenommen wird, sei es als ein Restzustand einer Nierenentzündung ohne Neigung zu Progredienz oder Ödemen, nur durch den Harnbefund, Eiweißausscheidung und Sediment, die Blutdrucksteigerung und die unbefriedigende Funktionsprüfung charakterisiert. Oder die Erkrankung ist progredient und macht im Alter den Übergang in eine sekundäre Schrumpfniere durch. Sehr selten sind die chronischen Nephritiden mit nephrotischem Einschlag, also sehr hohen Eiweißmengen im Harn und starker Ödemneigung.

Die Therapie der akuten und chronischen Glomerulonephritis im Alter unterscheidet sich nicht von der sonst gewohnten.

Nephrosen und Amyloidnieren.

Nephrosen sind im Alter sehr selten. Ich habe in 12 Jahren nur zwei gesehen und auch diese nur mit einer Andeutung des gewohnten äußeren Bildes der blassen pastösen Haut und der hochgradigen Ödeme vom Nierentypus. Etwas häufiger sind Amyloidosen, von denen wir zwei bei chronischer Tuberkulose, eine bei Indurativpneumonie und eine ohne ätiologische Aufklärung beobachtet haben, alle bereits im Beginne der sekundären Schrumpfung.

Sie werden nach den gleichen Grundsätzen wie sonst diagnostiziert und behandelt. Es soll nur an die besondere Bedeutung der Einschränkung von Kochsalz erinnert werden, sowie daran, daß kein Grund zur Eiweißverminderung in der Kost, sondern eine Indikation für eine reichliche Ernährung vorliegt. Seitdem Erfolge mit Lebertherapie berichtet wurden, hatte ich nur zweimal Gelegenheit, diese anzuwenden, und zwar ohne Erfolg. Unter den Diureticis stehen Salyrgan und Harnstoffpräparate Urea purea oder Ituran in großen Mengen voran. Die in jüngeren Jahren oft sehr wertvolle Schilddrüsentherapie läßt im Alter im Stich.

Die sonstigen, nicht aszendierenden, vorwiegend hämatogenen Nierenentzündungen.

Bei vielen Infektionskrankheiten, die durch Eitererreger bedingt sind, kommt es auf dem Blutwege zu einer eitrigen interstitiellen Nierenentzündung mit der Bildung vieler kleiner Abszesse. Falls es sich um schwere Sepsis handelt, verschwinden die Symptome in der Grundkrankheit, besonders ist dies im Alter der Fall, wo das Fieber oft fehlt. Der Harnbefund ist entweder normal oder weist Zeichen der Infektion in Form von Bakterien, Leukozyten oder Erythrozyten auf. Dann kann im Zusammenhang mit der Grundkrankheit der Verdacht der Nierenlokalisation ausgesprochen werden.

Schwerere Erscheinungen rufen die größeren Nierenabszesse hervor, welche bei Eitererkrankungen isoliert oder multipel die Niere befallen. Selbst im Alter ist dabei das Fieber meist erheblich. Schmerzen in der Nierenregion und Klopfempfindlichkeit, unter günstigen Verhältnissen das Entstehen eines palpablen empfindlichen Nierentumors, Leukocytose sind verwertbare Symptome. Solange das Nierenbecken nicht zumindest in die kollaterale Entzündung einbezogen ist, kann der Harn normal sein. Wenn die subjektiven Erscheinungen gering sind, bleibt ein solcher Abszeß latent, wächst und kann zum paranephritischen oder subphrenischen Abszeß werden. Die günstigste Lösung ist der Durchbruch ins Nierenbecken. Wir beobachteten das Aufblühen eines Menschen, der mit unbestimmten Beschwerden eingeliefert, abgemagert, den Eindruck eines an Krebs oder Tuberkulose Erkrankten machte, nach dem Eintritt eines solchen Ereignisses, wobei Eiter im Ausmaß von mehr als einem halben Liter entleert wurde. Der Palpationsbefund war vorher negativ gewesen. Der Harn hatte nur spärliches Leukocytensediment gezeigt.

Die nicht aszendierende eitrige Pyelonephritis ist im Alter sehr viel seltener als der analoge aszendierende Prozeß. Aber sie kommt vor, meist mit Fieber einsetzend, durch den Harnbefund von Eiter und Bakterien, bei Rücktritt der zystitischen Erscheinungen gekennzeichnet. Der urologische Befund entscheidet die Auffassung. Da die subjektiven Blasensymptome fehlen, Schmerzen in der Nierengegend inkonstant sind, zuweilen heftig, als unbestimmter Schmerz oder mit deutlichen Ausstrahlungen und kolikartigem Anschwellen gekennzeichnet, zuweilen fehlend, so steht der Harnbefund als Wegweiser in erster Linie. Die Temperatur kann dauernd hoch, oft für das Alter ungewöhnlich hoch sein, oder es können sich auch einzelne hohe Fieberzacken aus dem subfrenilen oder normalen Grundtypus herausheben. Es wird an späterer Stelle hervorzuheben sein, welche große diagnostische Bedeutung diesen Fieberschüben für die Erkennung der vom Harntrakt ausgehenden Entzündungen zukommt. Der Verlauf hängt wesentlich von der Schwere der Infektion und ihrer rechtzeitigen Behandlung ab. Es kann rasche Heilung eintreten oder es kommt zu einer Beruhigung des chronischen Prozesses, in anderen Fällen aber zu einem langsamen und schubweisen Fortschreiten, welches sich durch Jahre hinzieht und dann immer deszendierend auch die Blase ergreift. Der ungünstigste Verlauf ist eine foudroyante Zerstörung der Niere mit multiplen Abszessen und Nekrose und oft diphtherischer Entzündung des Nierenbeckens. Die Erkrankung ist meist einseitig. Ein relativ günstiger Ausgang kann durch Abschluß des Ureters erfolgen, dann bildet sich ein Eitersack und die Niere wird zur pyelonephritischen Schrumpfniere. Derartiges sieht man bei normalem Harn als Nebenbefunde bei Obduktionen; klinisch bestand meist Latenz. Doppelseitige Prozesse führen zur Niereninsuffizienz, bei alkalischem Harn erfolgt öfters die Bildung von entzündlichen Steinen, Phosphat- und Carbonatsteinen. Der Nachweis von Bacterium coli ist weit häufiger und prognostisch günstiger als der von Eiterkokken, besonders Staphylokokken.

Für die Aufklärung solcher Fälle sind die Spezialmethoden der Urologie heranzuziehen. Bei abgeschlossener Niere liegt meist allerdings keine Indikation dafür vor. Die sonstigen klinischen Erscheinungen sind oft vieldeutig. Wenn überhaupt Schmerzen vorliegen, so kommt für die Differentialdiagnose alles in Frage, was in der betreffenden Gegend Schmerz hervorrufen kann, so rechts Appendicitis und Cholelithiasis, sonst gynäkologische Affektionen, Muskelschmerzen, Thoraxaffektionen usw. Sehr groß und manchmal unüberwindsich sind die Schwierigkeiten, wenn neben der Pyelitis noch eine zweite Affektion entzündlicher Art besteht, wie Cholecystitis usw. Da kann man höchstens zu einem Verdacht oder einer Wahrscheinlichkeitsdiagnose gelangen.

Die aszendierende Pyelitis und Pyelonephritis ist der weit häufigere Prozeß. Sie verlaufen, von der anderen Art der Entstehung und den schwereren Blasenbefunden abgesehen, weitgehend unter dem gleichen Bilde, doch sollen sie erst im Zusammenhang mit den Blasenerkrankungen zur Erörterung kommen.

Bakteriurien.

Bakteriurien sind entweder spärlich und stellen nur ein Zeichen dar, daß im Organismus ein Herd besteht, von dem aus Erreger ins Blut gelangen, wie Streptokokken bei Endocarditis lenta oder Typhusbazillen bei deren Ansiedlung in der Niere. Die massenhaften Bakteriurien sind im Alter meist durch Bacterium coli bedingt und ziemlich häufig. Wenn sie ohne erheblichen Zellgehalt im ganz frischen Harne nachweisbar sind, mit einer positiven Weltmannschen Nitritreaktion verbunden, so bedeuten sie eine Infektion des Harns ohne erheblichen Grad einer entzündlichen Gewebsreaktion. Meist machen die trübe opaleszierende Beschaffenheit des frisch entleerten Harns und leichte Blasenbeschwerden darauf aufmerksam. In schwereren Fällen zeigt schon der frische Harn jenen unangenehmen Geruch, den er beim Stehen so leicht annimmt. Bakteriurien prädisponieren für Pyelitis und Cystitis.

Anhangsweise sei bemerkt, daß Atrophien, parenchymatöse Degeneration, Stauung und Anämie der Niere sowie die typische Diabetesniere klinisch keine Erscheinungen verursachen und nur im Zusammenhang mit dem Grundleiden angenommen werden können.

Therapie der entzündlichen Nieren- und Nierenbeckenaffektionen. Die eitrige Nephritis, Pyelonephritis und primäre Pyelitis ist mit der Therapie des Grundleidens und jenen Methoden zu behandeln, welche bei der Cystopyelitis erörtert werden sollen. Größere einseitige Nierenabszesse indizieren die Operation, falls der Allgemeinzustand es zuläßt, besonders wenn Schüttelfröste auftreten. Das gleiche gilt noch bindender für den ausgedehnten oder mit schweren Allgemeinerscheinungen verbundenen paranephritischen Abszeß. Bei Bakteriurie werden die gleichen Mittel oral und intravenös verwendet, welche zur Blasendesinfektion üblich sind (siehe diese). Die Erfolge sind ungleichmäßig.

Nierentuberkulose.

Diese tritt in zwei Formen auf. Relativ am häufigsten ist die Niere an hämatogenen miliaren Aussaaten beteiligt. Man findet zerstreute miliare oder größere Herde. Der Verlauf ist klinisch latent, bzw. von der Grundkrankheit überschattet und ist kaum Gegenstand von Diagnose und Therapie. Weit seltener ist die mit der typischen Nierentuberkulose früherer Zeiten übereinstimmende Erkrankung, bei der es zur Zerstörung von Nierengewebe im Mark, besonders aber an den Papillen und damit zu einer Beteiligung des Nierenbeckens, oft auch der Blase kommt. Nur in Ausnahmefällen führt eine weitgehende, auch mit Kavernenbildung verbundene Zerstörung als Hauptursache zum Tode. Meist ist aber der Prozeß nicht extrem, schreitet langsam fort und im allgemeinen sind das Bild und die Beschwerden im Alter mitigiert. Eine Ausnahme machte ein Fall, wo einer sehr geringen Nierentuberkulose eine schwerste quälende Blasentuberkulose gegenüberstand. Die Beteiligung der Blase ist besonders häufig an der Stelle der Ureterenmündung der betroffenen Niere. Fieber fehlt oft, Schmerzen in der Regel. Ist die Blase ergriffen, so stellen sich Blasenbeschwerden vom Typus der Cystitis ein.

Die Diagnose beruht auf dem Nachweis des Erregers im Harn, bei chronischer Niereneiterung durch Färbung, meist nach Anreicherung, jedoch ist zum Ausschluß apathogener säurefester Bazillen auch der Tierversuch heranzuziehen. Die Befunde der Cystoskopie sichern die Diagnose und erlauben oft die Bestimmung der Seite.

Therapeutisch wird man auch im Alter bei einseitigen Prozessen und entsprechendem Allgemeinbefinden die Entfernung der Niere erstreben müssen. Jedoch wird man bei geringem Befunde und mäßigen Beschwerden im hohen Alter dem Widerstreben der Patienten, sich operieren zu lassen, nicht allzu intensiven Widerstand leisten müssen, da langsame Progredienz erwartet werden kann. Die sonstige Therapie ist auf die Hebung des Allgemeinzustandes gerichtet und symptomatisch. Spezifische Therapie, insbesondere Alttuberkulin ist bei der Unsicherheit der Erfolge und den Gefahren von Herdreaktionen im Alter nicht indiziert.

Nierensteine.

Bei wenigen Erkrankungen scheinen die örtlichen Differenzen eine solche Rolle zu spielen wie bei der Nephrolithiasis. Wenn also nach meinen Erfahrungen die Nephrolithiasis im Alter nach Zahl und Schwere der Erscheinungen sehr zurücktritt, so ist diese Feststellung nur mit größter Vorsicht zu verallgemeinern. Wien war nie der Ort massenhafter Steinkrankheiten der Harnwege. In den letzten Jahren haben die Urologen auf die Frequenzzunahme auch in dieser Stadt aufmerksam gemacht, aber in dem Altersmaterial kommt sie nicht zur Geltung. Nicht, daß gelegentliche Nierenkoliken, das Abgehen von Konkrementen, der Nebenbefund von Steinen bei Obduktionen fehlen würden, aber dies sind verhältnismäßig seltene Vorkommnisse. Daher sind auch meine Kenntnisse über die Unterschiede der Erkrankung im Alter und in früheren Perioden der Zahl nach nicht ausreichend gestützt.

Alle Arten von Steinen, alle Variationen der Größe kommen vor, unter den primären Steinen wiegen die Uratsteine weitaus vor, aber auch Oxalatsteine und die sehr seltenen Cystinsteine wurden beschrieben. Im Verlaufe von Entzündungen entstehen sekundär aus alkalischem Harne Phosphat- und Karbonatsteine.

Die klinischen Symptome sind mitigiert. Eine große Anzahl von Steinen werden ohne oder mit minimalen klinischen Erscheinungen getragen, sie stellen Zufallsbefunde bei Obduktionen dar oder werden bei urologischen oder röntgenologischen Untersuchungen entdeckt, welche aus anderen Gründen vorgenommen werden, besonders wenn es gilt, die Ursache einer Hämaturie zu finden. Harngrieß und kleinere Steine gehen vielfach schmerzfrei ab, aber auch wenn es zur Kolik mit ihren typischen Erscheinungen und Ausstrahlungen kommt, ist die Intensität meist geringer als in früheren Jahren. Das Rücktreten der subjektiven Erscheinungen erschwert auch die Diagnose.

Die Therapie ist die gleiche wie früher. Im Anfall wird man seltener zum Morphium greifen und meist mit schwächeren Antispasmodicis und schmerzstillenden Mitteln auslangen. Die Dauertherapie hat einerseits die Zufuhr erhöhter Flüssigkeitsmengen zur Grundlage, und anderseits die Anpassung an die Art der Steine — wenn diese bekannt sind —, z. B. die Bevorzugung alkalischer oder saurer Nahrung. Manche Schwierigkeiten ergeben sich, wenn die Forderung nach erhöhter Flüssigkeitszufuhr in Widerspruch mit den Bedürfnissen nach deren Einschränkung aus anderen Gründen, wie Herzinsuffizienz gerät oder die Verordnung von Fleischkost bei Oxalaten einer sonst gebotenen Nierenschonung zuwiderläuft. Hier gilt es mit Erfassung des zur Zeit wichtigeren die notwendigen Kompromisse zu schließen. Indikationen zu operativen Eingriffen müssen bei dem leichteren Verlauf der Erkrankungen und der erhöhten Operationsgefahr zurückhaltend gestellt werden. Sehr selten ist die Nephrolithiasis als solche durch unerträgliche Schmerzen oder unstillbare Blutung die Indikation, meist ist es die Infektion der Steinniere. Die verwendeten Methoden, Medikamente, Eingriffe sollen unter Berufung auf die sonst übliche Behandlung nicht dargestellt werden, sie sind kein Problem der Alterspathologie.

Mißbildungen und Lageanomalien der Niere.

Aplasie oder Hypoplasie der Niere, Mißbildungen der Ureteren, Verschmelzung der beiden Nieren, besonders als Hufeisenniere, verursachen nur in seltenen Einzelfällen klinische Erscheinungen, sie sind Überraschungsbefunde bei Leichenöffnungen oder bei uroröntgenologischen Analysen.

Die Cystenniere, welche zu den angeborenen oder doch in der Anlage vorgebildeten Anomalien gehört, erreicht selten ein hohes Alter. Sie wird diagnostiziert, wenn sich ein beiderseitiger Nierentumor mit dem Bilde der Schrumpfniere verbindet. Sie führt zur Niereninsuffizienz und Herzinsuffizienz, kann aber auch zur Quelle von Blutungen und Koliken werden und neigt zur Infektion. Nur Palpation und urologische Untersuchungen werden sie von den nach den Symptomen naheliegenden, häufigeren Schrumpfnieren unterscheiden lassen. Die Therapie ist die der chronischen Nephritis. Ich habe nur einen Fall dieser Art gesehen.

Wanderniere. Wandernieren sind besonders bei Frauen häufig, mit Bevorzugung der rechten Niere. Prädisponierend wirken Habitus asthenicus und Veränderungen der Wirbelsäule wie Kyphoskoliosen. Auch Tumoren und Traumen dislozieren zuweilen das Organ. Wandernieren sind nur bei schlaffen und mageren Bauchdecken leicht nachweisbar und machen in der Regel im Alter keine oder nur unbestimmte Erscheinungen, Stieldrehung und Knickung des Ureters können zu Nierenkoliken und zur Bildung von Hydronephrosen führen. Wenn sich solche Nierensymptome bei deutlich nachweisbarer Wanderniere bei dem gleichen Patienten wiederholen und die Niere sich vergrößert, so ist der Zustand leicht zu diagnostizieren, sonst nur der urologischen Analyse zugänglich.

Die beste Therapie der Wanderniere bei Abmagerung ist Gewichtszunahme. Die Verordnung einer Bauchbinde gibt mehr dem schlaffen Bauch eine Stütze, als daß trotz Pelotten eine Fixierung des Organs zu erreichen wäre. Nur seltene Sonderumstände, wie intermittierende Hydronephrosen mit schweren Koliken oder Infektion könnten im Alter den Versuch einer Nephropexie oder einer Entfernung einer Niere rechtfertigen.

Hydro- und Pyonephrosen, Abflußhindernisse. Hydro- und Pyonephrosen wurden bereits öfters erwähnt. Überall, wo der Entleerung des Harns ein Hindernis im Wege steht, kommt es zunächst zu einer Erweiterung des Nierenbeckens, welche bei Andauern zu einer sackartigen Hydronephrose und bei Infektion zur Pyonephrose wird. Doppelseitige Hindernisse sind im Alter bei Männern meist durch Prostatahypertrophie, bei Frauen durch Uterusprolaps verursacht. Auch Strikturen der Harnröhre können sie bedingen. Es hat keinen

Sinn, auf alle Momente einzugehen, durch die ein Ureter verengt (Stenose), verlegt (Steine), komprimiert (Tumoren) oder geknickt (Wanderniere) werden kann. Spezifisch für das Alter ist nur, daß es die möglichste Zurückhaltung in der Indikationsstellung zu chirurgischen Eingriffen auferlegt. Wo sonst Operationsindikation gegeben ist, müssen Dringlichkeit, Beschwerden, Allgemeinsymptome und die Gefahren des Eingriffs noch besonders abgewogen werden.

Nierengeschwülste. Mit Ausnahme des Hypernephroms sind alle bös- und gutartigen Geschwülste der Niere und der oberen Harnwege im Alter nicht häufig, auch nicht das echte Nieren- oder Nierenbeckenkarzinom. Die Nierenkarzinome führen oft zu entzündlichen Komplikationen, welche das klinische Bild beherrschen. Beispiel: Kleinfaustgroßes, anscheinend vom Nierenbecken ausgehendes Karzinom l. mit infiltrativem Einwachsen in das Parenchym und Übergreifen auf den Ureter mit konsekutiver Hydronephrose und zahlreichen alten bis haselnußgroßen pyelonephritischen Abszessen. Das Hypernephrom wächst sehr langsam, oft durch viele Jahre und macht erst klinische Erscheinungen, wenn es palpabel wird oder zu Blutungen oder Metastasen führt. Blutbeimengung ist meist relativ früh als Erythrocytensediment festzustellen, später kommt es sehr häufig auch zu schwerer Hämaturie. Einbrüche in die Venen führen zu reichlicher Metastasenbildung, wobei jene in Lungen und Knochen klinisch besonders wichtig sind, aber auch solche in Lymphdrüsen, Leber, Niere, Gehirn usw. werden beobachtet. Der Einbruch in die großen Venen führt zu Thrombosen der Nierenvenen, oft bis zur Vena cava.

Jeder harte palpable Nierentumor ist auf Hypernephrom verdächtig. Die Kombination mit Blutung verstärkt den Verdacht. Bei kleineren Tumoren muß die uro-röntgenologische Analyse den Geschwulstcharakter feststellen. Die Annahme, daß es sich dann um ein Hypernephrom handelt, erfolgt nach der Wahrscheinlichkeit.

Die Diagnose jeder Nierengeschwulst ohne nachweisbare Metastasen stellt eine Operationsindikation dar, wenn der Eingriff dem Patienten zugemutet werden kann. Wird er vom Arzte oder dem Patienten abgelehnt, so kann trotzdem ein relativ befriedigendes Stadium mit geringen Erscheinungen lange andauern. Es wird dann meist von einer Periode rascher Propagation und Zerfalls abgelöst, wenn Gefäßeinbruch und Metastasierung erfolgt. Metastasen in Lunge oder Knochen können aber auch die ersten Zeichen sein, welche auf einen Tumor aufmerksam machen.

Sonstige Nierenerkrankungen.

Syphilis, Aktinomykose, Echinokokkus der Niere, die Gefäßerkrankungen, wie arterielle und venöse Thrombose, arterielle Embolie,

Massenblutungen ins Nierenlager sind so seltene Erkrankungen, daß sie wohl nicht unter dem differenzierenden Gesichtspunkt der Alterspathologie diskutiert zu werden brauchen. Auch die Quelle mancher Blutungen, wie Polypen, die Frage der essentiellen Hämaturie, wird sich im Alter nicht anders und nicht leichter erfassen lassen als früher.

16. Die Erkrankungen der Blase und Prostata.

Die Erkrankungen der Blase und Prostata bilden ein Grenzgebiet zwischen Urologen und Internisten. Die Urologie hat dabei vielfach diagnostisch und therapeutisch die Führung gewonnen. Dieser Tatsache der Spezialisierung soll auch insofern Rechnung getragen werden, als die Methoden des Urologen nur in ihren Indikationen und Leistungen gestreift, nicht aber ausführlich dargestellt werden, während die Fragestellungen und der Bereich des Internisten und Praktikers in den Vordergrund treten.

Diagnostische Vorbemerkung über das Verhalten der Temperatur. Die träge und geringe Reaktion des Temperaturverlaufs im Alter gegenüber Infekten wurde schon oft hervorgehoben. Sie bildet eine bedeutende Hemmung in der rechtzeitigen Erkennung von entzündlichen Erkrankungen auch schwerer Natur. Aber das Verhalten des Fiebers ihnen gegenüber ist ungleichmäßig, nicht nur beim Einzelindividuum, sondern auch bei den verschiedenen Fieberursachen. Für die Infektionen des Harntrakts ist nun im Alter eine stärkere Reaktion mit höheren Temperaturen sehr häufig, und insbesondere ein Typus ist diagnostisch sehr wichtig. Wenn bei einem alten Individuum die Temperatur plötzlich hoch ansteigt und dabei das Allgemeinbefinden relativ wenig beeinträchtigt ist, so kommt als Fieberursache in erster Linie eine von der Blase oder dem oberen Harntrakt ausgehende Infektion, insbesondere eine akute Exazerbation in Frage. Sehr häufig klärt ein Blick auf den frisch gelassenen Urin die Sachlage, während der Ungeübte die Quelle des Fiebers in einer gleichzeitig bestehenden Bronchitis vermutet. Gewiß verlaufen auch andere Affektionen, wie Grippen, Gallenblasenerkrankungen, Erysipel zuweilen mit raschem Fieberanstieg und geringen Beschwerden, aber sie treten doch an Zahl zurück. Man erspart sich sehr viele diagnostische Irrwege, wenn man bei der geschilderten Sachlage die Aufmerksamkeit ungesäumt dem Harntrakt zuwendet, ohne die anderen Möglichkeiten zu vernachlässigen.

Akute und chronische Cystitis. Die Cystitis ist im Greisenalter eine ungemein häufige Affektion, bei der Frau noch mehrfach häufiger als beim Manne. Die vorwiegende Form ist die chronische Cystitis. Was als akute Blasenerkrankung erscheint, ist meist nur Exazerbation einer leichten beschwerdearmen, chronischen Blasenerkrankung. Doch kommen zweifellos auch akute Cystitiden vor, die durch vorher einwandfrei normalen Harn sichergestellt sind. Nur im allgemeinen muß man damit rechnen, daß jene Alten, welche anatomisch oder funktionell zu Blasenentzündungen disponiert sind, schon Gelegenheit hatten, sich zu infizieren. Diese Infektionen haben nun die Neigung zu verharren, besonders wenn sie im Anfang, mit leichten Erscheinungen auftretend, nicht entsprechend behandelt werden. Die lokale Prädisposition liegt bei den alten Frauen in der Unvollkommenheit des Blasenverschlusses, welcher durch die Involutionsvorgänge der Organe und die Erschlaffung und Atrophie des Beckenbodens verstärkt, den Bakterien von Darm und Scheide den Weg öffnet. Beim Manne erleichtert eine Prostatahypertrophie durch Harnstauung die Infektion, aber deren Weg ist minder klar. Hämatogene und lymphogene Invasionen dürften beim Manne gegenüber den urethralen prävalieren. Es hat wenig Sinn, alle in Betracht kommenden Bakterien aufzuzählen, es überwiegt die Zahl der Coliinfektionen, wobei auch die Obstipation und deren Komplikationen begünstigende Faktoren sind. In schweren chronischen Fällen kommt es zu einer Mischflora, welche auch zu einer alkalischen Reaktion bis zu einer ammoniakalischen Zersetzung führen kann.

Das anatomische Bild der Blasenschleimhaut variiert stark. Wo eine Cystoskopie indiziert ist, kann es mit großer Genauigkeit festgestellt werden. Bei der akuten Cystitis schwanken die Befunde von leichter Rötung und Gefäßinjektion bis zu den schweren hämorrhagischen oder diphtherischen Entzündungen, die geeignet sind, in wenigen Tagen zum Tode zu führen. Die chronische Entzündung kann wie die bei den Frauen häufige Trigonumcystitis, nur eine Angelegenheit einer kleinen Blasenpartie, sein, sie kann das Blaseninnere mit einem schleimbildenden Katarrh überziehen, sie kann die Schleimhaut körnig oder zystisch oder geschwürig umwandeln, sie verdicken und verwulsten oder verhornen. Die schwersten Formen bilden tiefgreifende Geschwüre oder sind nekrotisierend. Bei Übergreifen auf die tieferen Schichten kommt es zu Entzündungen im Bereich der Muskulatur, zur Pericystitis und eventuell zur Phlegmone. Muskelhypertrophie äußert sich in der Trabekelblase, vielfach bilden sich Divertikel, Narbenbildung führt zur Schrumpfblase usw. Dazu kommen noch die akuten Exazerbationen.

Auf den Harnbefund der Cystitis braucht als allgemein bekannt nicht eingegangen zu werden. Die Trübung des Harns, die Beimengung von Leukocyten bis zum Eiterharn, oft auch von roten Blutkörperchen bis zur schweren Blutung, von Schleim und Eiweiß, der Nachweis der Bakterien, die saure oder alkalische Reaktion, der Geruch bis zur ammoniakalischen Zersetzung geben ein Bild von dem Stand der Erkrankung.

Ebenso bekannt sind die Beschwerden der Miktion, die Schmerzen und Temperaturen, die Neigung alter Frauen zur Inkontinenz, die der Greise zur Retention. Wichtig ist aber die Betonung der Tatsache, daß Beschwerden im Alter völlig fehlen können, daß auch ohne anamnestischen Anhalt die Untersuchung des Harns in jedem Falle, insbesondere aber bei jeder Temperatursteigerung immer von neuem eine Notwendigkeit ist.

Die Cystitis ist in ihren schweren, oft tödlichen Formen im Alter eine gefährliche Erkrankung, sie ist auch in den leichteren viel mehr als die harmlose Belästigung, als die sie vielfach aufgefaßt wird. Nicht nur, weil sie plötzlich zur schweren Blasenentzündung werden kann, sondern weil sie so oft zur Cystopyelitis und Cystopyelonephritis wird. Die Miktionsstörungen der Cystitis bedingen nämlich öfters ein Undichtwerden des Ureterenverschlusses und ein Eindringen der Infektion in die oberen Harnwege. Es kombinieren sich dann die Blasenerscheinungen mit den schon geschilderten des Nierenbeckens und der Niereneiterung.

Die Diagnose der Blasenentzündung nach Form und Grad ist bei der Frau fast immer leicht, da die cystoskopische Untersuchung, mit wenig Beschwerden verbunden, das anatomische Bild bioptisch klärt. Bei dem alten Manne stellen sich durch die Veränderung von Harnröhre und Prostata der Cystoskopie weit häufiger Schwierigkeiten in den Weg, der Eingriff ist lästig und schmerzhaft, auch folgen darnach nicht selten Temperatursteigerungen, Blutungen und Schmerzen, so daß er in der Regel nur unternommen werden soll, wenn ein beträchtliches praktisches Interesse damit verbunden ist. Was die Aufklärung der höher gelegenen Veränderungen betrifft, so gestattet die Cystoskopie nicht nur die Blasenuntersuchung, sondern gewährt in der Beobachtung der Ureterenmündungen und in der Harnabsonderung der beiden Nieren nach Farbstoffinjektion wichtige Schlüsse auf Nierenveränderungen. Aber bei der Ureterensondierung wird man sich die Frage vorzulegen haben, ob sie nicht durch infiziertes Gebiet in keimfreies führen kann, und sie dann nur in dringenden Fällen anwenden. Dieser Standpunkt bedingt auch die Bevorzugung der intravenösen Nierenbeckenfüllung vor der instrumentellen, wo dies möglich ist. Freilich muß zugestanden werden, daß die zweite Methode mehr leistet. Die Wahl der Technik ist jedoch Sache des Urologen.

Wenn die Pyelitis und Pyelonephritis nicht durch Lokalsymptome von seiten der Niere oder durch den Harnbefund, insbesondere nach Eiweißmenge und Zylindern sichergestellt ist — der Befund von

Nierenepithelien ist meist fraglich — hängt deren sichere Diagnose von der urologischen Analyse ab, welche auch die in Konkurrenz stehenden Affektionen, wie Stein, Tumor, Tuberkulose festzustellen oder auszuschließen trachtet.

Therapie der Cystitis. Akute Cystitis. Es herrscht fast allgemein Übereinstimmung darin, daß die initiale Therapie der akuten Cystitis die der Schonung ist. Ruhe, in allen schwereren Fällen Bettruhe, Vermeidung instrumenteller Eingriffe sind am Platze. Reichliche Flüssigkeitszufuhr wirkt als Spülung und setzt die Reizwirkung des konzentrierten Harns herab. Dabei werden herkömmlicherweise leicht desinfizierende Tees, wie Folia uvae ursae, und bei stark saurer Konzentration alkalische Wässer verordnet. Die Linderung der Krampfbeschwerden geschieht durch Stoffe vom Typus der Belladonna und des Papaverin, oral oder mit Vorteil rektal gegeben, Schmerzen werden durch die Antineuralgika und Salicylpräparate (Pyramidon, Aspirin, Salol usw.) gelindert. Erst wenn in einigen Tagen keine ausgiebige Besserung eintritt, treten die stärkeren Harnantiseptika in Aktion, welche in einem früheren Zeitpunkt oft Beschwerden auslösen, in erster Linie das Hexamethylentetramin, Urotropin und viele Modifikationen desselben, in zweiter Linie, besonders bei nicht saurer Reaktion des Harns Salol. Die Mittel werden unter diesen Umständen meist oral gegeben, aber die promptere und stärkere Wirkung läßt mich auch bei akuter Cystitis die intravenöse Injektion von $10^0/_0$ Hexamethylentetramin, 10 ccm, bzw. Cylotropin, Amphotropin usw. bevorzugen.

Führen diese Maßnahmen nicht zum vollen Erfolg, so wird die Spülung der Blase vorgenommen, mit milden Antisepticis, wie Borsäure oder Rotkali, mit Argentum nitricum $(1—2^0/_{00})$, mit anderen Silberpräparaten, wie Agoleum oder Silberchloridmetem oder Oxycyanat.

Die gleichen Maßnahmen wie bei der akuten Cystitis sind bei den akuten Nachschüben der chronischen anzuwenden, insbesondere bewährt sich das intravenöse Urotropin u. dgl. immer wieder bei den geschilderten, oft bedrohlich einsetzenden Fieberattacken. Es ist hier wichtiger als die Lokaltherapie.

Die Behandlung der chronischen Cystitis im Alter erfordert genau das gleiche Vorgehen wie in früheren Jahren, eine volle Ausheilung ist meist nicht zu erreichen, aber doch anzustreben. Die Anzahl der Fälle, wo dies bei konsequenter Therapie gelingt, ist nicht gering, häufiger sind allerdings jene, wo jedes Bemühen umsonst ist und der Erfolg höchstens in der Aufrechterhaltung eines wenig erfreulichen status quo und Rückdrängung besonderer Verschlechterung, Herstellung saurer Reaktion und Erhaltung normaler Temperatur besteht. In solchen Fällen kommt es oft zu einer Infektion des Nierenbeckens, zuweilen der Niere, und die Obduktion zeigt dann Veränderungen von einer Schwere, besonders in diesen oberen Partien der Harnwege, welche die Erfolglosigkeit der Bemühungen aufklärt. Auf Wärme und Vermeidung von Kälteschäden ist im Alter viel Gewicht zu legen. Die reichliche Flüssigkeitszufuhr ist gegen eventuelle Indikationen zu deren Beschränkung abzuwägen, die reizarme Kost mit der Appetenz in Übereinstimmung zu bringen. Auf das normale Rüstzeug des Urologen an Medikamenten und Spülungen ist es wohl überflüssig einzugehen, ich möchte nur hervorheben, daß mir im Alter die intravenöse vor der instrumentellen Therapie in den Vordergrund zu treten scheint, in schweren Fällen auch mit sehr großen Dosen, bis 40 ccm, Amphotropin, das gut vertragen wird, besser als forzierte Mengen von Urotropin. Insbesondere bei Kokken und Mischflora soll ein Versuch mit intravenösem Neosalvarsan gemacht werden, wobei man bei luesfreien Individuen, aber nur bei diesen, auch mit großen Anfangsdosen (0,3 bis 0,45) einsetzen kann. Es wird allgemein angenommen, daß die Urotropinpräparate nur bei saurem Harn wirksam sind und bei alkalischem durch Salol usw. ersetzt werden müssen, doch gilt dies für die intravenöse Therapie nicht in vollem Umfang, so daß man nicht warten muß, bis eine saure Reaktion erreicht ist. Bei Streptokokkenaffekten kommt Prontosil sehr in Betracht. Mit Pyridium habe ich keine ausreichenden Erfahrungen.

Die Beseitigung einer alkalischen Reaktion geschieht durch die Bekämpfung der Infektion und durch Zufuhr saurer Valenzen, also Kost von saurem Charakter, Fleisch, Zerealien, Hülsenfrüchte, durch Zufuhr von Säuren (Phosphorsäure, Salzsäure oder Salzsäurebildnern, wie Azidolpepsin, Paraktol in Lösungen), durch Chlorammonium (Gelamon usw.).

Aber auch eine sehr saure Reaktion des Harns, besonders bei hoher Konzentration, begünstigt die Reizerscheinungen. Sie wird durch Verdünnung des Harns und Alkalienzufuhr abgestumpft, wie sie insbesondere dem Gebrauch alkalischer und erdiger Wässer in Mineralwässern und in den Kurorten zugrunde liegt.

Ein auch im Alter oft bewährtes Verfahren ist die Wechselkost, wobei in Intervallen von meist 8 Tagen einerseits eine Alkalisierung und Verdünnung des Harns durch die genannten Mittel und alkalische Kost (die meisten Gemüse, Obstarten, Milch, Kartoffel usw.), häufig bei gleichzeitiger Verordnung von Salol und Verringerung des Kochsalzes durchgeführt wird, um die Entzündung der Schleimhaut durch entzündungswidrige Diät zu beeinflussen und die Bakterien zu schädigen, welche alkaliempfindlich sind. Darnach kommt das entgegengesetzte Extrem an die Reihe. Saure Kost bei Flüssigkeitseinschränkung und gleichzeitiger Urotropindarreichung, um die säureempfindlichen Bakterien unter möglichst ungünstige Bedingungen zu bringen. Mehrmalige Wiederholungen dieses Turnus führen oft zu einer Besserung.

Die akute und die chronische Cystopyelitis werden nach den gleichen Indikationen und Methoden behandelt. Die therapeutischen Erwägungen erweitern sich nur dahin, ob eine Nierenbeckenbehandlung am Platze ist. Diese besteht in ein- oder mehrmaliger Entrierung und, je nach der Sachlage, Spülung mit Belassung eines kleinen Quantums einer wirksamen Flüssigkeit. Als solche kommt meist Argent. nitr., aber auch die sonst verwendeten Desinfizientia in Frage. Die wichtigste Indikation ist Retention im Nierenbecken und dessen Erweiterung. Im Alter spielt der Allgemeinzustand und die Art, wie die vorhergehende diagnostische Nierenuntersuchung vertragen wurde, eine wichtige Rolle. Die Entscheidung liegt in der Hand des Urologen.

Bei der Cystopyelonephritis kommen noch die sich aus der Störung der Nierenfunktion und aus der Allgemeininfektion ergebenden Maßnahmen dazu, die Aussichten der Therapie sind in vorgeschrittenen Fällen sehr gering.

Blasentuberkulose wird am besten durch die Entfernung der befallenen Niere beeinflußt, die übrige schmerzstillende und heilende Therapie ist über die Allgemeintherapie hinaus, urologisches Spezialgebiet.

Sonstige organische Blasenerkrankungen.

Gleiches gilt von der Steinkrankheit der Blase, welche — neben der diätetischen, dem Charakter der Steine angepaßten Lebensweise — deren Entfernung durch mechanische Mittel, Spülung, Verkleinerung innerhalb der Blase bis zur operativen Entfernung durch Sectio alta, umfaßt. Es gilt auch von den Geschwülsten, von denen auch die gutartigen, wie Papillome, oft durch ihre Beschwerden und durch Blutungen therapeutisches Eingreifen durch endovesikale Behandlung und Operation verlangen und von dem recht ungünstig verlaufenden Blasenkarzinom, das nur in Ausnahmefällen radikal und mit Dauerheilung operiert werden kann, sonst mit palliativen Eingriffen, wie Elektrokoagulation, behandelt wird.

Inkontinenz und Retention. Bei den alten Frauen mit ihrem schlechten Blasenschluß und den Veränderungen der Beckenorgane nach Lage und Qualität kommt es ungemein häufig zur Blasenschwäche, die Frauen verlieren zunächst bei Pressen oder bei Erregung einige Tropfen Harn, später tritt, besonders bei Nacht oder bei Anstrengung, bei Lachen und Husten, ein größerer Harnverlust auf. Diese Initialsymptome können bis zur dauernden Inkontinenz führen. Der Zustand der Unsicherheit oder des Harnverlusts ist an sich harmlos, aber quälend, lästig und deprimierend. Er vermehrt die Neigung zur Infektion und wird wieder durch diese verschlechtert.

Daß organische Nervenerkrankungen, wie Tabes, Paralyse, Rükkenmarkerkrankungen, bei beiden Geschlechtern Harnverhaltung bedingen können, bildet keinen Unterschied gegen frühere Lebensperioden, nur muß die Häufigkeit der Trabekelblase hervorgehoben werden. Für das Alter charakteristisch ist aber die besondere Neigung, mit der sich Störungen des Bewußtseins, des Geisteszustands und des Allgemeinbefindens in Blasenerscheinungen ausdrücken. Ob es sich nun um ein Hirnödem, einen leichteren Schlaganfall, senile Demenz oder eine fieberhafte Erkrankung oder eine schwere Kachexie handelt, immer kann es zu den beiden Typen der Blasenstörung kommen, der Retention und der Inkontinenz. Ein Griff und ein paar Perkussionsschläge in die Blasengegend gehören daher zu jeder Untersuchung im Greisenalter, und oft wird man die Ursache von abdominalen Beschwerden, von Unruhe in einer hoch gefüllten Harnblase finden und mit dem Katheter prompt Abhilfe schaffen. Aufmerksam machen möchte ich, daß in Ausnahmsfällen die gefüllte Harnblase nicht als ein mit Flüssigkeit gefüllter Sack, sondern als ein solider, harter Tumor imponieren kann, der etwa einem Myom gleicht. Es ist erstaunlich, zu welchem falschen Eindruck der Krampf der Muskulatur führen kann. Ohne entsprechende Erfahrung zweifelt man überhaupt nicht an der Solidität des Gebildes und ruft — ich bin durch Schaden klug geworden — den Chirurgen. Man soll also einen suprapubischen Tumor immer erst nach Katheterismus als sicher annehmen.

Ischiuria paradoxa, die partielle Entleerung der überfüllten Blase und das Phänomen der ausdrückbaren Blase, welches den Katheterismus überflüssig macht, kommt im Alter nicht nur bei organischen Nervenerkrankungen, sondern auch ausnahmsweise bei den anderen Ursachen der Retention zur Beobachtung.

Therapeutisch kommt bei Retention und Inkontinenz in erster Linie die Behandlung des Grundleidens und des so häufig begleitenden Blasenkatarrhs zur Anwendung. Ferner ist es wichtig, bei Grenzfällen mit vorwiegend nächtlicher Inkontinenz die Harnmenge der Nacht durch Beschränkung der abendlichen Flüssigkeitsaufnahme zu verkleinern. In vielen Fällen ist, wie bei Kindern, die Inkontinenz ein Zwischenzustand zwischen Muskelschwäche und schlechter Gewohnheit sowie Nachlässigkeit, zuweilen auch Bosheit. In diesen Fällen ist durch Zureden, Aufmunterung, Anspornung des Ehrgeizes oder Ermahnung viel zu erreichen. Es gelingt bei Besserung des Allgemeinzustandes viele solche Fälle ins Gleichgewicht zu bringen. Als einziges Mittel, welches anscheinend direkt auf die Blasenmuskulatur einwirkt, hat sich Strychnin in sehr großen Dosen bewährt. Es ist nur eine kleine Minderzahl von Fällen, aber es waren doch im Laufe der Zeit eine ganze Reihe von Beobachtungen, wo Serien von Strychnininjektionen, von 2—15 mg, zweimal täglich gegeben, die Kontinenz herbeiführten und lange nachwirkten. Man erschrecke nicht vor den Dosen, welche die Maximaldosen weitaus überschreiten. Sie werden bei allmählicher Steigerung im Alter anstandslos vertragen; wir haben nur einmal Andeutung von Muskelkrämpfen gesehen, die nach Aussetzen schwanden, sonst keinerlei Nebenerscheinungen.

Erkrankungen der Prostata.

Die Erkrankungen der Prostata gehören diagnostisch und therapeutisch in das Arbeitsgebiet des Urologen und Chirurgen. Dies gilt von den akuten und chronischen Prostatitiden, unter deren Ursachen Gonorrhöe und Tuberkulose voranstehen, aber durchaus nicht die einzigen sind. Das Vorkommen von Prostatainfektion und -abszessen bei allen Infektionsprozessen, wie Pyämie, Typhus, Grippe, nach Anginen und Furunkeln, verdient auch im Alter beachtet zu werden, da es sich meist unter uncharakteristischen Stuhlbeschwerden verbirgt, die auf Hämorrhoiden usw. bezogen zu werden pflegen. Solche Zustände können durch die gewohnheitsmäßige Rectumuntersuchung aufgedeckt werden. Es ist nicht angenehm, bei der Obduktion von einem durchgebrochenen Prostataabszeß mit phlegmonöser Entzündung in der Umgebung überrascht zu werden und nur etwas von Verstopfung oder Hämorrhoiden zu wissen.

Prostatahypertrophie. Auch für Prostatahypertrophie und -krebs steht die urologische Diagnose und Therapie weitaus im Vordergrund, aber die Folgeerscheinungen müssen auch vom Standpunkt des Internisten und Praktikers behandelt werden. Zudem handelt es sich bei der Prostatahypertrophie um eine ausgesprochene Alterserkrankung von sehr großer Häufigkeit.

Der Name Prostatahypertrophie ist irreführend. Es handelt sich nicht um eine Hypertrophie der Drüse, im Gegenteil, diese pflegt mit dem Eintreten der Seneszenz und dem Nachlassen der Geschlechtstätigkeit zu atrophieren. Dagegen bildet sich — wahrscheinlich unter dem Einfluß innersekretorischer Faktoren, Verminderung der Hodensekretion bei Aufrechterhaltung der Hypophysenvorderlappentätigkeit — ein Adenom des periurethralen Anteils, welches den Schlußapparat der Blase anatomisch und funktionell in Mitleidenschaft zieht. Die ersten Erscheinungen sind Reizzustände, welche sich in einem erhöhten und häufigen Harndrang bei verzögerter und zuweilen unterbrochener Entleerung äußern. Das Hindernis führt zu einer Hypertrophie der

Blasenmuskulatur mit Bildung einer Trabekelblase. Es sind zunächst nur lästige Zustände, welche durch eine gelegentliche Retention verstärkt werden können. Das zweite Stadium tritt dann ein, wenn die Blase nicht mehr völlig entleert wird, wenn es zur Bildung von Restharn kommt. Es soll hier nicht erörtert werden, inwieweit diese Restharnbildung als Symptom einer Insuffizienz der Entleerung und wieweit die Erweiterung der Blase als zweckmäßige Kompensationsstellung für die Tätigkeit des Detrusors aufzufassen ist. Jedenfalls hat die Erscheinung die Tendenz fortzuschreiten, von kleinen Retentionsmengen bis zu größeren, die mehrere 100 ccm zählen können, bis zu totaler Retention, zuweilen mit Ischuria paradoxa. Aus der Bildung des Restharns erwachsen nun zwei Gefahren, die der Harninfektion und der Niereninsuffizienz. Die Infektion wird häufig, trotz aller Vorsicht durch die Notwendigkeit öfteren oder regelmäßigen Katheterisierens herbeigeführt, sie erfolgt aber auch von innen, da der stagnierende Harn der Vermehrung von Keimen aus dem Blute, der Lymphe oder den Harnwegen, z. B. aus einer begleitenden Prostatitis oder Urethritis, Vorschub leistet. Es kommt zur Bildung einer Cystitis und eventuell Pyelitis, wobei die schon erwähnten plötzlichen und vorübergehenden Fieberattacken oft das Einsetzen und den Verlauf der Nachschübe markieren.

Durch die Bildung des Restharns, durch die Ausbildung der Detrusorhypertrophie kommt es auch zu einer Veränderung an den Ureterenmündungen, der Harn wird auch im Harnleiter und im Nierenbecken gestaut. Diese Stauung im Nierenbecken wirkt aber, wenn sie höhere Grade erreicht und längere Zeit andauert, auf die Funktion der Nieren zurück und erzeugt letzten Endes eine hydronephrotische Schrumpfniere. Bevor es aber zu diesem irreversiblen und unheilbaren Folgezustand kommt, geht längere Zeit ein Stadium einer funktionellen und rückbildungsfähigen Niereninsuffizienz voraus, welches von großer Wichtigkeit ist. Die klinischen Erscheinungen sind Zwangspolyurie, also die Bildung eines reichlichen, blassen Harnes von wenig veränderlichem spezifischem Gewicht, um 1010—1012. Bei der Funktionsprüfung erweist sich die Konzentrations- und Verdünnungsfähigkeit mehr oder weniger, meist beträchtlich geschädigt, der Reststickstoff ist oft erhöht. Der Funktionsstörung entsprechen Allgemeinbeschwerden. Müdigkeit, Kopfschmerzen, Appetitmangel, Abmagerung, Durstgefühl bei trockener Haut und Zunge, öfters urinöser Geruch, Obstipation. Das Ende ist die Bildung einer Schrumpfniere und oft schon vorher Urämie, wenn nicht die geeignete Behandlung einsetzt.

Eine weitere Komplikation der Prostatahypertrophie sind Blutungen, die spontan auftreten oder sich an den Katheterismus anschließen.

Die Diagnose der Prostatahypertrophie ist im allgemeinen sehr leicht, wenn die Beschwerden und der Rektalbefund deutlich sind. Läßt dieser bei beginnenden und ausschließlich an der Harnröhre wirkenden Prozessen im Stich, so ermöglichen es Cystoskopie, welche die vorquellenden, die Harnröhre beengenden Vorwölbungen feststellt, oder eine Röntgenuntersuchung Klarheit zu schaffen. Diese stellt Hebung des Blasenbodens und die schon genannten Vorwölbungen ins Blaseninnere fest. Wenn keine typischen Miktionsbeschwerden vorliegen, können unter Umständen erst die Allgemeinerscheinungen der Niereninsuffizienz die Frage nach deren Ursache anregen und zur Prostata als Quelle hinleiten.

Therapie. Die Behandlung der Prostatahypertrophie ist in so hohem Maße in den Händen der Urologen, daß nur eine kurze Darstellung der leitenden Gesichtspunkte am Platze ist. Zunächst besteht wohl Übereinstimmung darüber, daß das erste Stadium, wo es noch nicht zur Bildung von Restharn gekommen ist, im Alter konservativ behandelt werden soll. Schon einfache Regelung der Wasseraufnahme und der Obstipation wirkt günstig, andere Maßnahmen suchen die häufig begleitende entzündliche Reizung zu beeinflussen, so Sitzbäder. Als Mittel zur Linderung der Beschwerden werden auch lokale Instillationen, wie Argentum nitricum, kühle Mastdarmspülungen (Arzbergerscher Apparat) oder Diathermie empfohlen, von den verschiedenen Autoren mit sehr wechselndem Nachdruck. Auch Röntgentherapie kann zu einer gewissen Verkleinerung der Geschwulst und subjektiver Besserung führen. Der Zusammenhang zwischen der Entwicklung von Prostataerkrankung und den Keimdrüsen hat auch schon lange zu Versuchen mit Hodenpräparaten veranlaßt. Erst die neuen reinen konzentrierten Standardpräparate, wie Androsteron, Hombreol usw., haben es sichergestellt, daß symptomatische Erfolge in einer nicht geringen Anzahl beginnender Fälle zu beobachten sind. Davon haben wir uns auch selber, in einer allerdings unzureichenden Anzahl von Fällen, überzeugen können. Viele Prostatavergrößerungen verlaufen mit nur geringen Beschwerden und können dauernd in diesem ersten günstigen Stadium verharren.

Kommt es aber zur Bildung von Restharn in irgend erheblicher Menge, so steht Patient und Arzt vor der Frage des dauernden Katheterismus mit seinen Unbequemlichkeiten und Gefahren oder der Operation. Dazwischen kann aber zunächst noch der Versuch der Durchtrennung der Samenstränge, die Vasotomie, eingeschaltet werden. Dieser einfache Eingriff, zunächst lange vor Steinach von den Urologen zur Verhütung des Übergreifens einer eventuellen Prostataentzündung auf Hoden und Nebenhoden durchgeführt, beeinflußt — wahrscheinlich über die Hodenfunktion — manchmal das Prostataadenom in günstiger Weise. Reicht er nicht aus, so muß das eingreifendere Verfahren herangezogen werden. Die klassische und bewährte Methode ist die Prostatektomie — eine irreführende Bezeichnung der Operation —, welche in der Ausschälung und Entfernung nicht der ganzen Prostata, wohl aber des ganzen Adenoms besteht. Sie ist bei gutem Allgemeinbefinden auch in hohem Alter indiziert. Die Vorbereitung besteht in der sorgfältigen Behandlung einer Infektion und vorheriger Beseitigung der Niereninsuffizienz. Ihre früher sehr hohe Mortalität ist bei geeigneter Auswahl der Fälle in der Hand der besten Operateure auf zirka 4% gesunken, in der allgemeinen Praxis aber wohl noch beträchtlich höher. Die Gefahren bestehen in der Infektion des Wundbettes und der Umgebung, in Blutungen; auch droht bei alten Leuten neben den allgemeinen Operationsfolgen die Bildung von Venenthrombosen in den Beckenvenen, die von Lungenembolien gefolgt sein können.

In neuerer Zeit tritt mit wachsender Intensität die partielle, mit Hilfe des elektrischen Stromes erfolgende Prostatotomie in Konkurrenz. Dabei werden nur die stenosierenden Teile um den Blasenhals mit dem elektrischen Messer oft in mehreren Sitzungen beseitigt. Das Verfahren ist schonend, aber weniger radikal. Die Abgrenzung der Indikationen ist im Gange und wird sehr verschieden gehandhabt. Während es Schulen gibt, welche in der Prostatotomie nur eine Notoperation sehen, die herangezogen wird, wenn die größere Operation als zu gefährlich erscheint, ist sie bei anderen die Operation der Wahl, welche nur bei Rezidiven oder sonstigem Mißerfolg durch die Ektomie zu ersetzen ist. Der Internist und Praktiker wird die Klärung abwarten müssen und einstweilen seine eigenen Erfahrungen vorwiegend in der Auswahl des Urologen mitsprechen lassen.

Stößt der Katheterismus auf technische Schwierigkeiten oder stellen sich Komplikationen ein, ist die Infektion nicht zu beherrschen, sind insbesondere aber Erscheinungen von Niereninsuffizienz vorhanden, so ist für eine zeitweilige Ableitung des Harns nach außen durch Verweilkatheter oder Blasenfistel zu sorgen. Durch dieses, durch intensive Behandlung der Entzündung und durch gleichzeitige diätetische Behandlung der Niereninsuffizienz gelingt es oft, den Zustand so zu bessern, daß eine vorher abzulehnende Operation zu einer aussichtsreichen wird. Besonders von der Niereninsuffizienz der Prostatiker muß betont werden, daß auch schwere, mit Urämiesymptomen verbundene Zustände bei Entlastung des Drucks auf das Nierenparenchym zurückgehen können, natürlich nicht mehr im Stadium der hydronephrotischen Schrumpfniere.

Das Prostatakarzinom. Das Prostatakarzinom, oft mit Prostatahypertrophie vergesellschaftet, entsteht aber nur selten aus den periurethralen Anteilen, sondern meist aus dem eigentlichen Gewebe. Kommt es der Oberfläche nahe, so bildet es harte, höckerige Knoten, welche auf die Nachbarorgane übergreifen. Sehr oft bleibt es aber klein, und selbst der pathologische Anatom kann Mühe haben, es festzustellen, selbst wenn ausgedehnte Metastasierungen vorliegen, unter denen, von den Zerstörungen und Symptomen an den Nachbarorganen abgesehen, die am Knochensystem klinisch die weitaus wichtigsten sind. Übergreifen auf Blase und Mastdarm, Druck auf die Beckennerven, Sekundärinfektionen im Bereiche des Beckens und Perineums kennzeichnen den Befund bei jenen Geschwülsten, welche an die Oberfläche gelangen.

Die Beschwerden sind in diesen Fällen denen der Prostatahypertrophie analog, nur treten meist Schmerzen, oft in den Mastdarm verlegt, in den Vordergrund, auch ausstrahlende Schmerzen, häufig vom Charakter der Wurzelischias oder der echten Ischias, vielfach doppelseitig; sie werden durch die Art der Tumorbildung hervorgerufen. Jede Ischias im Alter, nicht nur die doppelseitige, erfordert Rektaluntersuchung. Diese ist auch die wichtigste diagnostische Untersuchung; der Finger des Geübten erkennt das Prostatakarzinom an seiner Härte und Ungleichmäßigkeit, wo es nach außen grenzt. In zweifelhaften Fällen bringt auch die spezielle cystoskopische und die Röntgenuntersuchung Material zur Diagnose.

Sobald man das Karzinom einmal diagnostizieren kann, sind die Aussichten für einen Erfolg der Operation schlecht. Dauerheilungen sind selten. Gering sind auch die Erfolge der Röntgen- und Radiumtherapie, aber durch Kombination einer Operation mit diesen Verfahren werden doch Lebensverlängerungen erzielt. Oft muß eine Blasenfistel angelegt werden. Die Schmerzen sind vielfach sehr groß und erfordern alle bekannten Mittel.

17. Erkrankungen der Geschlechtsorgane.

Diese sind Arbeits- und Erfahrungsgebiet des Chirurgen, Urologen, Gynäkologen und sollen daher in dieser Darstellung nur in flüchtigster Weise unter dem Aspekt des Internisten gestreift werden.

Männliches Genitale und seine Hüllen. Am Hoden ist neben den häufigen Veränderungen seiner Hüllen (Hydrokele, Varikokele) vor allem auf die Tatsache der Atrophie hinzuweisen. Wenn auch in Ausnahmefällen die Zeugungsfähigkeit und die Produktion der Spermatozoen bis ins hohe Greisenalter erhalten bleibt, wird das Organ doch kleiner und weicher, manchmal aber atrophiert es in ungewöhnlicher Weise — sicher unter dem Einfluß übergeordneter Zentren — auch bei Patienten, die angeben, früher Geschlechtsorgane von normaler Größe besessen zu haben. Von den Erkrankungen stehen an Wichtigkeit Krebs und Tuberkulose des Hodens und Nebenhodens obenan. Beim ersteren bedingt die Diagnose schon die Indikation zur Therapie. Die Tuberkulose des Hodens oder Nebenhodens oder der Samenbläschen, isoliert oder meist kombiniert, kann die einzige nachweisbare Lokalisation einer aktiven Tuberkulose sein. Es können auch von da — etwa von den Samenbläschen — Ausbreitungen auf die Lymphdrüsen oder das Peritoneum erfolgen. Einige Fälle einer Kachexie unbekannter Ursache haben so ihre Aufklärung gefunden.

Weiblicher Geschlechtsapparat. Es ist bekannt, daß die durch die Menopause eingeleitete Atrophie des weiblichen Genitales in den nächsten Jahrzehnten fortschreitend zu einem Umbau und einer hochgradigen Verkleinerung des Ovars mit Schwund, Verkümmerung der Tuben, des Uterus und der Scheide führt. Die Erscheinungen sind von den Gynäkologen genau studiert, so daß hier nur auf die Darstellungen in der Frauenheilkunde verwiesen werden soll. Ich gehe daher auch nicht auf die Alterserkrankungen des weiblichen Genitales durch Entzündung und Geschwülste ein, möchte nur als weniger bekannt anmerken, daß als Quelle genitaler Blutung, besonders bei marantischen Individuen die Apoplexia uteri, die Blutung in die Höhle der atrophischen Gebärmutter, häufig ist.

Die sogenannten Verjüngungsoperationen.

In einem Buche über Alterserkrankungen darf eine Stellungnahme zu den sogenannten Verjüngungsoperationen nicht fehlen, aber ich schreibe diesen Abschnitt nur mit Widerstreben, da meine eigenen Erfahrungen auf diesem Gebiete zahlenmäßig unzureichend sind und eine referierende Darstellung dem Charakter dieses Buches nicht entspricht. Meine Erfahrungen im Senium — präsenile Fälle abgerechnet — beziehen sich nur auf neun verwertbare Fälle, von denen vier nach Steinach, zwei nach Doppler und drei nach Voronoff operiert worden sind. Es handelte sich um Männer um die Siebziger- (68—72)jahre ohne schwere Organerkrankung, ohne hochgradige nachweisbare Arteriosklerose oder Hypertonie, ohne Zeichen von Dekompensation oder Demenz. Ein nachhaltiger Erfolg in bezug auf Leistungsfähigkeit und Potenz war nicht darunter, wohl wurden vorübergehend positive Angaben über ein Gefühl von Kraft und Steigerung bzw. Wiederkehr von Libido und Potenz in den ersten Monaten gemacht. Ein Greis geriet sogar wegen sexueller Aggressivität in Konflikt mit der Polizei, jedoch hielt dieser Erregungszustand bei ihm nicht an; es entwickelte sich dann eine rasch fortschreitende Demenz. Bei den übrigen war keine nachhaltige Änderung eingetreten. Aber selbstverständlich reichen diese vorwiegend negativen Erfahrungen nicht aus.

Bemüht man sich aber, ein Urteil aus der Literatur zu gewinnen, so stehen den ausführlichen, experimentell gestützten und auf größeren Zahlen beruhenden Veröffentlichungen der Initiatoren und ihres Kreises doch auch viele zurückhaltende und ablehnende Meinungen gegenüber. Am eindrucksvollsten ist aber für mich die Tatsache, daß sich die Verfahren, welche mit Ausnahme des Voronoffschen, chirurgisch doch so einfach und billig sind, in der allgemeinen Übung nicht mehr durchgesetzt haben. Ergibt eine Methode unbestreitbare Erfolge wie das Insulin oder die moderne Frakturenbehandlung oder die Lebertherapie, so gewinnt sie in wenigen Jahren die ganze Welt. Daß diese Operationen nicht in jeder chirurgischen Abteilung dauernd geübt werden, spricht gegen sie.

Bei dieser Sachlage ist es vielleicht zweckmäßig abzugrenzen, was den Vertretern dieser Methoden unbedingt als richtig zugestanden werden muß. Es gibt Eingriffe am Hoden, welche ein alterndes Individuum vorübergehend unter einen Zustrom von Genitalhormonen setzen und auf diese Weise, zumindest für eine gewisse Zeit, einen starken Einfluß auf Allgemeinbefinden und sexuelle Aktivität haben können. Den Anfang machte die Unterbindung eines oder beider Samenstränge, die Steinach-Operation mit dem Zweck, die innersekretorischen Elemente des Hodens, die Pubertätsdrüse zu einer stärkeren Tätigkeit zu bringen, während die generatorischen atrophieren. Die Theorie der Operation ist gut fundiert, aber nicht unbestritten. Doppler versucht, durch Entnervung mittels Pinselung der freigelegten Hodenarterien mit Phenol eine dauernde Hyperämie des Organs herbeizuführen, Voronoff überträgt Scheiben von Affenhoden (Schimpansen oder Paviane) in den Hoden des Menschen. Auch andere Modifikationen existieren. Sicher ist, daß das Transplantat nicht dauernd funktioniert, daß es als artfremd resorbiert und abgekapselt wird, daß sich der Steinach-Effekt mit der Zeit erschöpft. Über die Häufigkeit, den Grad und die Dauer der Erfolge aber gibt es Verschiedenheiten der Meinung. Theoretisch könnte man eine „Verjüngung“ nur erwarten, wenn man die eigentliche Ursache des Alterns in einem Nachlassen der Tätigkeit des Hodens oder eines von diesem abhängigen Organs sehen würde. Dies wurde aber im physiologischen Teile abgelehnt. Es ist auch die Meinung vorherrschend, daß es sich nicht um eine echte Verjüngung, sondern nur um eine Reaktivierung handeln kann. Wenn auch die Schule Steinachs gezeigt hat, daß experimentell selbst Altersveränderungen an den Ganglienzellen nach dem Eingriff zurückgehen, so ist dieser Befund doch nicht allgemein anerkannt und, selbst wenn man ihn gelten läßt, nicht zu verallge-

meinern. Es handelt sich um einen einseitigen Eingriff in den Ge-
samtprozeß des Alterns. Dies kann seine großen Vorteile haben, kann
aber auch störend wirken, wenn andere Organe, wie das Gehirn, oder
bestimmte Gefäßabschnitte den erhöhten Ansprüchen nicht gewachsen
sind. Es ist auch kein Zweifel, daß die Reaktivierung durch den Ge-
nitaleingriff nur ausgelöst wird, aber in letzter Linie vom Gesamtorganismus zu leisten ist. Dies setzt seine Fähigkeit dazu voraus.
Während man nun bei vorzeitigem Altern mit einer gewissen Wahrscheinlichkeit damit rechnen kann, ist dies im echten Senium viel
weniger zu erwarten. Es dürfte auch den allgemeinen Erfahrungen
entsprechen, daß die Erfolge in früheren Jahren besser und dauernder
sind, besonders die Effekte auf sexuellem Gebiete scheinen im Alter
nicht sehr häufig dauernd zu sein. Und das hat seine guten Seiten.
Wenn es sich nicht um einen Goethe handelt, hat Hypererotisierung
im Greisenalter einen recht unangenehmen Geschmack. Der lüsterne
Greis ist tragikomisch.

Persönlich glaube ich, daß die Hauptindikation für die Genital-
eingriffe bei vorzeitigen Störungen der Potenz und beim vorzeitigen Altern liegen, nicht im Greisenalter. Ihre Erörterung gehört
nicht in dieses Buch. Vielleicht verallgemeinere ich meine eingestan-
denermaßen unzureichenden Erfahrungen allzu sehr, wenn ich den
Standpunkt vertrete, daß es keine Unterlassung bedeutet, im Greisenalter diese Eingriffe nicht vorzuschlagen, wenn der Wunsch nach
Jungbleiben besteht. Dagegen braucht man sie aber nicht ablehnen,
wenn sie vom Patienten gewünscht werden und wenn man ihn auf die
Möglichkeiten einer Überlastung gewisser Organe und von Schädigungen aufmerksam gemacht hat. Es darf noch hinzugefügt werden, daß
Ausnahmsmenschen auch Ausnahmsvorgehen rechtfertigen.

Von den früher üblichen Hodenpräparaten habe ich im Greisenalter keine wesentlichen Erfolge in dieser Richtung gesehen, insbesondere keine Beeinflussung der sexuellen Sphäre, wohl aber zuweilen eine Hebung des Allgemeinbefindens, die sich in subjektivem
Kräftegefühl, besserem peripheren Tonus und Durchblutung äußerte.
Sie ging nicht über das hinaus, was auch mit anderen roborierenden
Verfahren zu erreichen ist. Über die neuen reinen Präparate habe ich,
von der günstigen Beeinflussung von Prostatabeschwerden abgesehen,
keine zureichende Erfahrung. Sie müßten eigentlich der Prüfstein
dessen sein, was mit Hormontherapie der Sexualdrüsen zu erzielen ist.

Die Verjüngungs- und Reaktivierungsverfahren bei der Frau sind
durchaus noch im Stadium des Experiments.

Erkrankungen des Verdauungsapparates.

18. Der obere Verdauungstrakt.

Die Mundhöhle. Gebiß. Das Gebiß der meisten Menschen gelangt nicht in intaktem Zustand in den Beginn des Greisenalters. Meist hat schon die Karies ihre Opfer gefordert, vielfach sind die Zahntaschen verändert und infiziert. Je nach dem Umfang der Zerstörungen und dem Grade der Pflege und des Ersatzes wechselt das Bild ungemein. Es gibt übelriechende Münder mit Zahnruinen, Wurzelresten, einzelnen, noch brauchbaren Zähnen mit entzündeten Alveolen und schlechtem Zahnfleisch. Es gibt wohlgepflegte, mit allen Künsten der modernen Zahnheilkunde zu bester Funktion gebrachte Gebisse, es gibt Zahnlose mit und ohne Prothesen. Die erhaltenen Zähne sind fest und kautüchtig oder locker und abgebraucht. Der Zustand des Zahnfleisches ist gut oder es tritt zurück und entblößt die Zähne, die Zahntaschen schließen an oder bilden eiternde Buchten. All dies gehört noch nicht in die eigentliche Alterspathologie, so wichtig der Zustand des Gebisses für das Kauen, die Verdauung und daher auch für die Erkrankungen des Magens und Darms im Alter auch ist.

Dem hohen Alter spezifisch ist die Atrophie des Kiefers mit Schwund der Zahnalveolen, welche zum generellen Verlust der locker werdenden Zähne führt und die charakteristische Umwandlung der Mundpartie im Greisenalter bedingt.

Inwieweit entzündliche Zahnerkrankungen im Greisenalter die Ätiologie für andere Erkrankungen als die Verdauungsbeschwerden, darstellen, etwa für rheumatische Beschwerden, ist nicht klargestellt. Der Umstand, daß z. B. rheumatische und arthritische Beschwerden auch bei völlig Zahnlosen sehr häufig sind, schließt nicht aus, daß längstvergangene Herde ätiologisch beteiligt waren. Er gibt nur einen Hinweis dafür, daß in diesem Alter durch eine Sanierung des Gebisses ein weittragender Erfolg nach dieser Richtung nicht mehr zu erwarten ist.

Zunge. Daß die Beschaffenheit der Zungenoberfläche vielfach vom Zustand des Gebisses und von Erkrankungen anderer Organe abhängig ist, daß sie auch individuell sehr variiert, ist allbekannt, die betreffenden Veränderungen sollen bei der Behandlung dieser Erkrankungen, wie Anämien, Infektions- und Magenkrankheiten usw. zur Erörterung gelangen. An und für sich harmlose, aber im Alter relativ häufigere Veränderungen sind die schwarze Haarzunge, hornige und pigmentierte Flecken am Zungenrücken und die Leukoplakia buccalis et lingualis, weiße, glatte oder rissige Stellen an Zunge und Mundschleimhaut, beides unbekannter Ätiologie und nur symptomatischer Behandlung bedürftig. Einseitigen Zungen-belag habe ich nach Alkoholbehandlung einer Trigeminusneuralgie und einmal bei einer Hemiplegie gesehen, einseitige Zungenatrophie bei Tabes. Krebs der Zunge und Lippe, Mundschleimhaut und Kiefer, mit ihrer Indikation zu Operation oder Bestrahlung sollen als chirurgische Affektionen nur erwähnt werden.

Mundschleimhaut. Die Leukoplakie wurde bereits erwähnt. Ulzera bilden sich in der Regel nach Läsionen durch schadhafte Zähne oder Prothesendruck. Die Stomatitis aphthosa hat nichts für das Alter Spezifisches. Die schweren Affektionen, wie Skorbut, Agranulocytosen usw., sollen bei diesen erörtert werden. Im Gegen-satz zu Angaben der Literatur ist Soor bei meinem Material, das sehr reichlich schwere Kachexien enthält, eine sehr seltene Er-scheinung. Dies ist entweder lokal begründet oder vielleicht auch in der Tatsache, daß schon ein Minimum von regelmäßiger Mundpflege ihn zu verhindern scheint. Die Diagnose erfolgt durch mikroskopische Untersuchungen jedes weißen Belages. Die Therapie besteht in Spülun-gen mit Bor, Pinselung mit Borglyzerin oder silberhaltigen Lösungen wie Arg. nitr., Argochrom, Protargol usw.

Die Speicheldrüsen. Eine symmetrische mäßige Vergröße-rung der Parotisdrüse ist im Alter nicht selten, besonders bei Fett-sucht und Diabetes, aber auch ohne andere Anomalien, vorwiegend bei pyknischem Habitus. Das Untergesicht wird dadurch verbrei-tert, erinnert ein wenig an Mumps. Weder Beschwerden noch thera-peutische Indikationen sind mit dieser Veränderung verbunden. An-hangsweise sei vermerkt, daß auch ein beträchtlicher Teil der Fälle von Mikuliczscher Erkrankung, symmetrische Schwellung der Speichel- und Tränendrüsen von unbekannter Ätiologie der Alters-periode angehört.

Die akute Parotitis ist im Alter nicht selten, sie ist nicht oft die Folge von Speichelsteinen, meist eine Komplikation schwerer ent-zündlicher und kachektisierender Erkrankungen. Ihr Auftreten ist gewöhnlich ein Zeichen darniederliegender Abwehrkraft und von übler Prognose. Doch gilt dies nicht durchgehend, wir haben eine ganze Anzahl wieder zurückgehen gesehen. Der Befund ist ein-fach: schmerzhafte, zuweilen fieberhafte Schwellung einer Parotis, die Therapie symptomatisch: heiße Umschläge und Schmerzstillung, eventuell Spaltung der Abszesse.

Es kommen auch akute und chronische Schwellung der anderen Speicheldrüsen vor, meist gutartiger Form, aber doch in einem Fall meiner Beobachtung — ohne Speichelstein — zu einer tödlichen Halsphlegmone führend.

Verminderung der Speichelmenge, mit dem Gefühl der Trockenheit und des Durstes verbunden, ist meist eine sekundäre Erscheinung, so bei Diabetes mellitus und insipidus, bei Nephritis und Urämie, bei Fieber und Kachexien, bei Flüssigkeitsbeschränkung, aber es kann auch als ein mehr selbständiges Symptom bei unklaren Abmagerungen, cerebraler Arteriosklerose, organischen Nervenerkrankungen vorkommen. Wo keine Kontraindikation vorliegt, kann man reichlich trinken lassen, oft ohne Erfolg. Die Medikamente, welche die Speichelsekretion direkt befördern, wie Pilokarpin oder Neucesol sind wegen ihrer Nebenwirkungen praktisch von geringer Bedeutung. Wichtiger ist es, die Mundhöhle feucht zu halten oder die Speichelsekretion reflektorisch anzuregen. Dem ersten Zweck dienen Auswischen des Mundes mit Wasser, Tee, Borglyzerin, Spülungen mit Sodawasser und säuerlichen oder mentholhaltigen Mischungen, dem zweiten Kauen an einer trockenen Pflaume, an Zitronenstückchen oder Kaugummi.

Speichelfluß begegnen wir in einer für das Alter charakteristischen Weise — von den Erkrankungen der Mundhöhle, des oberen Verdauungstraktes und als Nebenwirkung von Medikamenten abgesehen —, beim senilen Parkinsonismus, bei cerebraler Arteriosklerose, seniler Demenz und nach schweren Hirnläsionen wie Hemiplegien. Dabei handelt es sich in vielen Fällen nicht nur um eine Schluckstörung, sondern auch um eine Vermehrung der Speichelmenge. Günstige therapeutische Reaktion auf Atropin oder Skopolamin kommt vor, ist aber nicht die Regel. Die Dosen, die ohne Nebenerscheinungen vertragen werden, sind meist zu einer ausreichenden Wirkung nicht genügend. Die täglich abgesonderte Speichelmenge kann sehr groß sein, einen Liter und mehr betragen. Wenn nach der Gesamtlage eine energische Flüssigkeitseinschränkung durchführbar und vertretbar ist, so hat sie noch die meiste Aussicht auf Erfolg, wenn man von der wirksamen Herabsetzung der Speichelsekretion durch Röntgenbestrahlung der Drüsen absieht. Beides kommt dann in Betracht, wenn der Allgemeinzustand und die geistige Verfassung befriedigend sind, und das Symptom hervortritt und den Patienten quält.

Krankheiten der Speiseröhre. Ösophaguskrebs. Unter jenen Erkrankungen der Speiseröhre, welche manifeste Symptome verursachen, steht der Krebs des Ösophagus an Wichtigkeit weitaus an erster Stelle. Er ist auch eine Alterserkrankung in dem Sinne, daß die übergroße Zahl der Fälle jenseits des 55. Lebensjahres liegen. Bei Männern ist er auch eine absolut sehr häufige Krebsform, bei Frauen eine sehr seltene, das Verhältnis wird eins zu sechs bis eins zu zehn angegeben, bei unserem Material ist das Mißverhältnis noch größer. Wenn man von dem Übergreifen eines Cardiakarzinoms, seltener eines Pharynxkarzinoms auf den Ösophagus absieht und die seltenen Metastasen von Magentumoren in den Ösophagus nicht berücksichtigt, so handelt es sich um ein primäres Plattenepithelkarzinom. Im Alter zeigt der Krebs verhältnismäßig geringe Neigung, den Bereich der Speiseröhre zu verlassen und Metastasen zu setzen. Es ist ein eindrucksvolles Bild, wenn man bei jemandem, der die Palliativoperation abgelehnt hat und elend zugrunde gegangen ist, als einzige Ursache nur einen daumennagelgroßen, stenosierenden Krebs findet. Dies gilt in erster Linie von den harten skirrhösen Formen, aber es gibt auch weiche, die längere Strecken des Ösophagus infiltrierend durchwachsen und zu Exulzeration und Zerfall neigen. Die unteren Abschnitte des Ösophagus und die physiologischen Engen sind die bevorzugten Lokalisationen.

Der Verlauf eines Ösophaguskarzinoms wird durch den Grad der Stenose, der Behinderung der Nahrungsaufnahme, der Neigung zu Exulzeration und Jauchung und das Übergreifen von Geschwulst und Entzündung auf die Nachbarorgane bestimmt. Blutungen erfolgen aus dem Tumor selbst, aber die tödlichen gehen auf die Arrosion der benachbarten großen Gefäße, in erster Linie der Brustaorta zurück. Die Geschwulst oder die Entzündung kann das Mediastinum erreichen und zur eitrigen Mediastinitis führen, deren markantestes, aber nicht häufigstes Symptom das Hautemphysem ist. Pleura, Perikard, Trachea und Bronchien können ergriffen werden, die Folgeerscheinungen wie Pleuritis, Perikarditis, Bronchialfistel, Lungenentzündung bis zur Gangrän liegen auf der Hand. Bei hochsitzenden Krebsen ist Rekurrenslähmung nicht selten. Außer diesen Lokalsymptomen steht noch Abmagerung und Kachexie im Vordergrund.

Die subjektiven Symptome können langsam oder scheinbar abrupt einsetzen. Sie bestehen in Schluckbeschwerden, die in der Regel fortschreiten, in anderen Fällen aber, je nach der Beteiligung von Spasmen und Exulzeration wechseln. Bekannt ist die scheinbare Besserung des Schluckhindernisses, die mit Exulzeration einhergehen kann. In den stetig fortschreitenden Fällen nimmt die Behinderung bei großen Bissen, über die gekaute feste Nahrung bis zur breiigen und flüssigen Nahrung zu. Es braucht zunächst nur das Gefühl des Stockens, des Stehenbleibens zu sein, bis dann die Speisen nicht weitergehen und zurückgegeben werden. Schmerzen können dauernd fehlen oder recht heftig und ausstrahlend sein. Wird die Nahrungsaufnahme ungenügend, so kommt es zur skelettartigen Abmagerung. Jauchung äußert sich in üblem Geruch und in der Beimengung blutender und stinkender verfärbter Massen zum Erbrochenen. Die Symptome der Komplikationen brauchen nicht erörtert zu werden.

Diagnose. Alle Schluckbeschwerden, die etwas tiefer im Schlund lokalisiert werden, sind im Alter karzinomverdächtig und fordern genaue Suche darnach. Die Führung in der Diagnose hat die Röntgenologie übernommen, der Nachweis der Stenose, deren unregelmäßige Begrenzungslinie und die meist mäßige Dilatation darüber, ermöglichen die Diagnose. Ist die Begrenzung ausnahmsweise glatt, so kann Zuwarten und Beobachtung sowie Heranziehung anderer Untersuchungsmethoden notwendig werden. Nun ist aber die zureichende Ergänzungsmaßnahme, die Ösophagoskopie und eventuelle Probeexzision im Alter kein leichter, sondern wegen der erweiterten Aorta, der oft gekrümmten Wirbelsäule ein auch technisch schwieriger oder unmöglicher Eingriff, so daß man ihn ohne jedes Forcieren nur bei höherem Sitz der Geschwulst und entsprechenden Vorbedingungen punkto Allgemeinzustand, Aorta und Wirbelsäule heranziehen wird. Die Sonderuntersuchung fördert in der Regel die Diagnose nicht wesentlich, gibt aber wichtige Anhaltspunkte für den Grad der Durchgängigkeit und den Zeitpunkt für Palliativoperationen. Die Untersuchung von Gewebspartikeln, welche spontan entleert oder vorsichtig mit einer Duodenalsonde gewonnen werden, kann bei exulzerierten Krebsen die Diagnose oder zumindest den Bestand eines geschwürigen Prozesses feststellen.

Therapie. Das Ösophaguskarzinom ist nur in den seltensten Fällen bei hohem Sitz operabel; die Mortalität der Operation ist sehr hoch, die Dauerresultate sind schlecht. Aus der Radiumtherapie werden vielfach symptomatische Erfolge erzielt, Rückgang der Stenosenerscheinungen mit ihren guten Folgen, aber kaum Dauerheilungen; dagegen auch Verschlechterungen, wenn nach partieller Zerstörung des Tumors den sekundären Entzündungen der Weg in die Nachbarorgane gebahnt wird. Noch schlechter werden im allgemeinen die Resultate der Röntgentherapie beurteilt. Dennoch verfüge ich neben allen sonstigen Versagern über einen Fall, der als ein ganz typisches, ausgedehntes, stenosierendes Ösophaguskarzinom zu bezeichnen war und der unter Röntgentherapie langsam alle subjektiven Beschwerden verlor, die ausgedehnte zackige Defektlinie im Röntgenbilde glich sich aus und der Patient ist drei Jahre nach der Therapie bei völligem Wohlbefinden. Es steht allerdings eine mikroskopische Sicherung der Diagnose durch Probeexzision aus, aber davon abgesehen, war es ein so typischer Fall von Speiseröhrenkrebs, wie dies nur möglich ist. Man wird also auf den Versuch von Radium- und Röntgentherapie trotz geringer Aussichten nicht verzichten dürfen.

Bei nicht exulzerierenden Tumoren kann und soll der Versuch einer Erweiterung der Stenose mit systematischer Bougierung gemacht werden. Es gelingt dadurch oft, den Ernährungszustand zu bessern. Ist die Stenose zu hochgradig, die Nahrungsaufnahme ungenügend, so ist die Gastrostomie am Platze, der zuweilen ein Aufblühen des Patienten folgt, meist nicht für lange Zeit, denn das Ösophaguskarzinom des gut Ernährten neigt dann zu rascherem Fortschreiten und den lokalen Komplikationen. Daß die Ernährung durch feine Verteilung, eventuell flüssige und breiige Form, der Stenose angepaßt werden muß und daß bei der beschränkten Menge die kalorienreichen Nahrungsmittel bevorzugt werden müssen, ist selbstverständlich. Verweigern die Patienten, wie dies im Alter oft vorkommt, die Zustimmung zu einer Operation, so tritt ein Tod an langsamer Inanition ein, der durch rektale Flüssigkeitszufuhr und Ernährung nur hinausgeschoben werden kann.

Die symptomatische Therapie der Spasmen und der Schmerzen ist die gleiche wie bei den Magenerkrankungen (s. diese). Rückstände, die durch Pressen oder Brechen nicht herausbefördert werden können, machen Spülungen nötig, welche mit milden antiseptischen Lösungen wie Borsäure oder desodorierenden Flüssigkeiten wie Rotkalilösungen vorgenommen werden. Lokale Schmerzstillung bei Geschwür und Spasmus wird meist in unvollkommener Weise durch Anästhesinaufschwemmung, Chloroformwasser oder Kokain-, bzw. Novokain- oder Perkainlösung erzielt.

Sonstige Ösophaguserkrankungen. Da die übrigen Ösophaguserkrankungen fast durchwegs ein oder mehrere Symptome mit dem Krebs teilen und jede Ösophagusbeschwerde im Alter krebsverdächtig ist, können sie am kürzesten nach ihrer differentialdiagnostischen Abgrenzung mit therapeutischen Bemerkungen erörtert werden.

Organisches Schluckhindernis. Ösophagusstenosen narbiger Natur, meist durch Verätzung, selten nach Geschwürbildung entstanden, können durch Vorgeschichte, Verlauf und insbesondere durch die glatte Wandbeschaffenheit bei Röntgenuntersuchung erkannt werden. Ähnliches gilt auch von den sehr seltenen gutartigen Tumoren. Wo die Ösophagoskopie herangezogen werden darf und kann, wird sie wertvolle Dienste leisten. Kompressionen des Ösophagus oder hochgradige Verlagerungen durch Tumoren, Drüsengeschwülste des Thorax, durch Aneurysmen, extreme Dilatation von Herzteilen oder Kyphoskoliosen ergeben sich durch das Gesamtbild und die Röntgenuntersuchung.

Die Pulsionsdivertikel scheiden sich in zwei Formen. Relativ häufiger und klinisch wichtig sind die hochgelegenen, an der Grenze zwischen Pharynx und Ösophagus entstehenden, sich nach hinten öffnenden sogenannten Zenkerschen Divertikel. Selten und meist symptomarm, nur röntgenologisch faßbar sind die tiefer gelegenen Gebilde. Die erstgenannten Divertikel, in ihrer Entstehung unklar, sind Schleimhautausstülpungen, welche sehr beträchtliche Größe erreichen, einen halben Liter und mehr fassen können. Es ist eine Erkrankung, die meist erst in der zweiten Lebensperiode auftritt oder zumindest Beschwerden auslöst und so bei ihrem langen Verlauf zu den Alterserkrankungen gerechnet werden kann. Die Erscheinungen hängen von der Größe, der Entleerbarkeit, der Lagerung des Sackes und von dem Umstand ab, ob dessen Füllung den Ösophagus relativ wenig beeinträchtigt oder ihn ventilartig verschließt. Ein größerer Sack kann am Halse als sichtbare, weiche, wechselnde Geschwulst hervortreten, welche auf Druck, oft unter hörbaren Geräuschen, Nahrungsreste und Luft entleert und in den Schlund bringt. Er macht Dämpfungen, welche eine Erweiterung der Aorta, eine Affektion des Mediastinums oder der Lunge vermuten lassen. Die kleineren Gebilde sind physikalisch nicht nachweisbar, aber der Patient fühlt zuweilen ganz deutlich, daß er auf zwei verschiedene Arten schluckt, daß ein Bissen, ein Schluck nicht weitergeht und sich später der Inhalt bei Pressen oder Würgen teilweise, für den Patienten fühlbar oder auch hörbar entleert. Die Belästigung durch die Affektion kann ganz gering sein, sich auf ein gelegentliches Spüren eines Hindernisses, ein vorübergehendes Steckenbleiben eines größeren Bissens beschränken, aber es kann die Geschwulst auch den Weg zum Magen verlegen und zu den ernstesten Hindernissen der Ernährung führen. Wenn die Entleerbarkeit gut ist, durch bestimmte Körperlagen oder Pressen leicht erfolgt, so gelangen auch bei größeren Dimensionen des Divertikels die Speisen fast unverändert, wie bei Rumination wieder zurück. Das Ganze ist nur eine lästige Angelegenheit. Kommt es aber zur Stagnation, so kann der Inhalt in Fäulnis und Gärung geraten, welche ekelerregend den Appetit und den Allgemeinzustand beeinträchtigt und in seltenen Fällen auch zu einer Entzündung, selbst einem Durchbruch ins Mediastinum führt. Auch Schluckpneumonien und Lungengangrän können ausgelöst werden.

Die Sicherung, oft auch die Stellung der Diagnose erfolgt durch die Röntgenuntersuchung, welche auch die Ausdehnung und Lagerung des Sackes feststellt. Die Sondenuntersuchung, besonders die mit zwei Sonden, eine für das Divertikel, die andere für den Ösophagus bestimmt, ist in den Hintergrund getreten. Die Ösophagoskopie, die bei dem hohen Sitz auf weniger Hindernisse stößt, kann wertvolle Anhaltspunkte für Sitz und Größe der Öffnung bringen.

Therapeutisch wird man in allen Fällen, wo der Sack durch Größe, Behinderung der Ernährung oder Retention ernste Erscheinungen macht, die Exstirpation mit Ösophagusnaht ins Auge fassen müssen, welche die anderen weniger radikalen Operationen verdrängt hat und gute Resultate gibt, freilich nicht ungefährlich ist. Sonst kommt noch Spülung in Betracht, welche bei Retention unter Umständen durch eine Erweiterung des Eingangs zum Divertikel vorbereitet werden muß. Die Anpassung der Nahrung an die Passagestörung ist immer Voraussetzung jeder Behandlung.

Die weit selteneren Pulsionsdivertikel im tieferen Verlauf und in der Gegend der Cardia können, wenn sie klein sind, ohne oder mit unbestimmten Erscheinungen einhergehen und werden nur röntgenologisch entdeckt. Diese Methode klärt auch den Sachverhalt bei durch sie veranlaßte Stenosenerscheinungen oder bei unklaren Schmerzen im Thorax, welche an eine Angina pectoris gemahnen.

Die Traktionsdivertikel, in der Regel durch schrumpfende, mit der Speiseröhre verwachsene Lymphdrüsen hervorgerufen, sind klinisch symptomlos, nur Zufallsbefunde der Röntgenuntersuchung oder bei der Obduktion. Erst die Erscheinungen eines Durchbruchs, wie sie bei der Besprechung der Drüsentuberkulose erwähnt wurden, lassen sie an Bedeutung gewinnen (Blutung, Mediastinitis, Pneumonie, Gangrän usw.).

Cardiospasmus. An der Grenze zwischen anatomischer und funktioneller Schluckbehinderung steht der Cardiospasmus, da er einerseits eine funktionelle Stenose ist, anderseits häufig mit Anomalien der Speiseröhre (Dilatation und Muskelhypertrophie) verbunden ist, öfters durch eine anatomische Vaguserkrankung (Drüsen) verursacht wird und in anderen Fällen von anatomischen Veränderungen an dem Endteil, wie Geschwüren, Fissuren, Verletzungen, ausgelöst werden dürfte. Er ist keine Alterserkrankung, kommt aber im Alter vor, und ist nosologisch und diagnostisch nach den gleichen Gesichtspunkten zu beurteilen wie in früheren Perioden. Therapeutisch erweisen sich die Antispasmodika usw. nur in leichteren Fällen als nützlich, die wichtigste Behandlungsmethode ist systematische Dehnung mit Bougie oder luftgefüllter, aufblasbarer Sonde (Gottstein). Als besonders wirksam hat sich in jüngster Zeit die Kombination dieser Behandlung mit lokaler Diathermie erwiesen (Brünner-Ornstein).

Spasmen des Ösophagus an anderer Stelle verraten sich durch intermittierende Schmerzen und Schluckhindernisse, sie können durch entzündliche Erkrankungen (Ösophagitis, Geschwüre) ausgelöst sein, kommen auch als Fernsymptom bei Ulcus duodeni und Magenkarzinom vor (H. Schlesinger) und können bei anatomischen Vaguserkrankungen und sonstigen Nervenerkrankungen beobachtet werden. Die Diagnose wird röntgenologisch gesichert. Die Therapie macht symptomatisch, mit besseren Aussichten, von den krampflösenden und anästhesierenden Mitteln Gebrauch.

Die Schluckstörungen bei Dilatation des Ösophagus sind meist mit Cardiospasmus verbunden. Fälle ohne solchen habe ich nicht beobachtet, sie würden für das Alter nicht charakteristisch sein.

Schmerzen wurden bereits unter dem Gesichtspunkt des Krebses und der Spasmen erörtert, aber sie kommen auch bei den eigentlich entzündlichen und geschwürigen Prozessen zur Beobachtung, meist beim Schluckakt und beim Passieren des Bissens mechanisch ausgelöst. Vorübergehend und plötzlich, besonders im Verlauf einer fieberhaften Erkrankung oder einer Magenerkrankung auftretend, wird man sie als Ausdruck einer Ösophagitis anzusehen haben, welche wir zweimal auch bei der Obduktion als Schwellung und Rötung der Schleimhaut gefunden haben, so bei einer 80jährigen Frau, wo das Deckepithel des ganzen Ösophagus verdickt, milchig getrübt und in Fetzen abstreifbar war. In einem anderen Fall war es im Gefolge eines cholangitischen Leberabszesses zu einer subphrenischen Eiterung mit Zerstörung von Gefäßen, mehrfacher Geschwürsbildung im Magen und Ösophagus und zu einem Durchbruch des letzteren mit eitriger Mediastinitis und Periösophagitis gekommen. Die moderne Röntgenuntersuchung der Schleimhaut des Ösophagus mit geringer Füllung wird solche Geschwüre zuweilen sicherstellen können. Sie sind selten. Persönlich habe ich zweimal tuberkulöse Geschwüre und ebensooft ein Ösophagusulkus vom Typus des Magengeschwürs gesehen, aber alle diese Formen, wie die noch selteneren durch Lues und Aktinomykose verursachten gehören wohl nicht in den Bereich der Alterspathologie, ebensowenig wie Phlegmone und Abszesse. Sie machen Schluckbeschwerden oder bleiben latent.

Blutung. Blutungen geringer Menge finden sich bei exulzerierendem Karzinom und bei schweren entzündlichen Prozessen und Geschwüren. Sie können nur nachgewiesen werden, wenn Ösophagusinhalt spontan oder mit Sonde oder Spülung nach außen gelangt, was in der Regel nicht der Fall ist. Die massiven Blutungen treten bei den schon erwähnten Gefäßarrosionen bei Krebs und erkrankten Lymphdrüsen auf, haben aber noch eine andere sehr wichtige Ursache im Alter, das sind die Ösophagusvarizen. Diese bilden sich meist bei Cirrhosen der Leber oder bei Thrombosen und anderen Störungen der Pfortader, sind aber auch manchmal bei Herzinsuffizienz und ohne greifbare Ursache zu finden. Sie können sehr große Blutungen bedingen. Das Blut wird erbrochen oder erfüllt den ganzen Magen oder geht als Teerstühle ab. Die Blutungen sind mit den üblichen Maßnahmen schwer zu stillen, öfters tödlich. Ösophagusvarizen können in Ausnahmsfällen, bei genauer Untersuchung mit geringer Bariumfüllung, auch radiologisch als Aussparungen wahrscheinlich gemacht werden. Es ist nicht schwer, bei manifester Lebercirrhose oder Pfortadererscheinungen und Blutung an Varizen zu denken, aber zweierlei erschwert die Diagnose: Erstens der Umstand, daß auch dieser Symptomenkomplex zu einer sicheren Diagnose nicht ausreicht. Ich habe es zweimal erlebt, daß alle diese Vorbedingungen zutrafen, in einem Fall auch ausgedehnte Varizen vorhanden waren, aber dennoch stammte die Blutung nicht aus ihnen, sondern in dem einen Male aus einem ganz kleinen latenten Ulkus des Magens und in einem andern Fall aus dem Magenparenchym.

Sonstige Schluckstörungen. Für das Alter charakteristisch sind Schluckstörungen des obersten Abschnittes, die eigentlich mehr der Mundhöhle und dem Pharynx angehören als dem Ösophagus. Die Speisen werden schlecht geschluckt, abnorm langsam und unvollkommen, was sich auch röntgenologisch verfolgen läßt. Sie kleben förmlich im Schlunde und bleiben dort liegen, was die Gefahr des Verschluckens in die Luftwege mit sich bringt. Der Zustand kommt meist bei seniler oder arteriosklerotischer Demenz oder bei Kachexien zur Beobachtung. Er hat mit echter Lähmung wie bei Diphtherie nichts zu tun, der Gaumenbogen wird gleichmäßig, aber wenig ausgiebig gehoben.

19. Magenerkrankungen und Duodenalaffektionen.

Allgemeine Vorbemerkungen. Das Bild der Magenerkrankungen im Alter wird von drei anatomischen Erkrankungen, dem Magenkrebs, dem Magenulkus und der chronischen Gastritis und dazu noch einem Symptom, der Magenblutung, beherrscht. Es gilt nun, diese Erkrankungen zu erkennen und ihr Bild herauszuarbeiten und sie einerseits von den andern, selteneren Erkrankungen des Magens abzutrennen, sie anderseits von dem Heer der symptomatischen Magenbeschwerden bei anderen Erkrankungen zu scheiden. Diese Aufgabe ist aber ungemein erschwert, weil viele der wirklichen Magenkrankheiten im Alter lange symptomlos oder uncharakteristisch verlaufen und weil die Beschwerden ohne lokale Erkrankungen so vielgestaltig, vieldeutig und täuschend auftreten können. Es muß daher das Bestreben darauf gerichtet sein, die Diagnose soweit wie irgend möglich zu objektivieren und nach Symptomen zu suchen, wo diese sich nicht leicht darbieten. Es ist z. B. an meiner Abteilung üblich, jeden eintretenden Fall auf okkulte Blutung zu untersuchen. Nur so gelingt es in einer Reihe von Fällen, die Frühdiagnose des Krebses und mancher Geschwüre zu stellen. Aber es könnte auch ebensogut die Forderung vertreten werden, in jedem Fall, gleichgültig ob Beschwerden bestehen, den Magen röntgenologisch zu prüfen, eine Forderung, welche ich aus äußeren Gründen nicht erfüllen kann. Ich brauche nicht auszuführen, wie sehr in der allgemeinen Praxis gerade bei alten Leuten gegen das Prinzip der ausreichenden Untersuchung mit den Laboratoriumsmethoden gefehlt wird. Es sind daran zum Teil die Ärzte, noch weit mehr aber der Widerstand der alten Patienten und ihrer Umgebung schuld. Aber selbst wenn man zumindest bei allen Patienten mit Magenbeschwerden die Forderung nach einer allseitigen Untersuchung zu erfüllen trachtet, sind doch die Hindernisse im Senium größer als in früheren Jahren.

Die Morphologie des Magens ändert sich zwar im Alter nicht grundlegend, was Magenform und Peristaltik und Entleerung anlangt. Die Röntgenuntersuchung, unser wichtigstes Mittel zu deren Darstellung, stößt öfters auf Schwierigkeiten. Es kommt viel öfter vor, daß die Kranken, welche sich vielfach in reduziertem Allgemeinzustand befinden, die Füllungsmasse nicht oder nicht ausreichend zu sich nehmen, daß sie erbrechen, daß die Untersuchung infolge ihrer Ermüdung und Unwillens verkürzt werden muß, daß nicht alle Untersuchungslagen durchgeführt werden können und daß insbesondere die Gegend des Fundus und der Cardia zu kurz kommen. Auch der beste Radiologe kann bei unvollständiger Untersuchung keinen vollkommenen Befund liefern, aber er soll dann auch keinen negativen abgeben, wie das häufig geschieht, sondern die Lücken der Untersuchung betonen. Wir haben es jedenfalls oft erlebt, daß große Karzinome, insbesondere an atypischen Stellen, röntgenologisch nicht aufgefunden wurden, und es ist der Rat zu geben, in solchen Fällen begründeten Verdachtes die Diagnose nach einer negativen Untersuchung nicht aufzugeben. Das Magengeschwür wiederum kann so klein sein, daß es nicht zu erkennen ist.

Auch die Untersuchung des Mageninhalts hat mit Schwierigkeiten zu rechnen, kaum mit technischen. Wenn man bei geschwächten Individuen statt des üblichen Probefrühstücks einen Alkohol- oder Coffeïntrunk benützt und mit dünner Sonde aushebert, so stößt man selten auf Schwierigkeiten, und unter Tausenden Ausheberungen haben wir nur einmal Bedrohliches wie einen ernsten Kollaps gesehen, wohl aber oft psychischen Widerstand, zweckwidriges Gehaben und dementsprechend nach der Prozedur Ermüdung gefunden. Eine weitere Schwierigkeit ergibt die Verschiebung der Normalwerte. Es ist nicht so, daß normale und erhöhte Azidität im Alter fehlen würde, aber etwa ein Drittel der anscheinend Magengesunden weist Achylie auf, welche sich auch bei der Histaminprobe, dem stärksten Säurereiz, als persistent erweist (Lasch). Dieser Befund verringert die diagnostische Bedeutung der Achylie und Anazidität sowohl für die Annahme eines Karzinoms als für den Ausschluß eines Ulkus sehr beträchtlich. Es steht dahin, wie diese Erscheinung zu erklären ist. Man kann darin ein Alterszeichen in dem Sinne einer Abnahme der Tätigkeit der Drüsenzellen sehen oder alle diese Anaziditäten als symptomlose chronische Katarrhe ansprechen, welche zur Atrophie der Schleimhaut geführt haben. Es wird ja kaum ein Organ so oft von Schädigungen getroffen wie der Magen. So lange nicht ausreichende anatomische Untersuchungen an der Schleimhaut von anaziden Greisenmägen vorliegen, wird sich die Frage nicht entscheiden lassen.

Die Bedeutung des Blutbefunds im Stuhl leidet unter der Fülle der möglichen Blutungsquellen. In welchem Maße Symptome wie Appetitlosigkeit, Schmerzen und Empfindlichkeit in der Magengegend bei Zuständen auftreten, die ihren Ausgangspunkt nicht im Magen haben, braucht nicht ausgeführt zu werden.

Das Magenkarzinom. Der Magenkrebs ist die häufigste Krebsform überhaupt. Die Statistiken variieren; in manchen Aufstellungen gehören über die Hälfte der Krebsfälle bei Männern, zirka ein Drittel bei Frauen dem Magen an. Wenngleich Krebsfälle schon im jugendlichen Alter vorkommen, der Höhepunkt der Häufigkeit liegt zwischen dem 60. und 70. Jahr. Diagnostiziert werden sie am häufigsten zwischen 50 und 60, aber sie verschwinden auch nicht in den höchsten Altersstufen.

Pathologisch-anatomisch kommen im Alter alle Formen zur Beobachtung: die in das Magenlumen vorspringenden Formen von polypös-papillärem Bau (Blumenkohlgewächse), die weichen prominenten Gallertkrebse und Medullarkarzinome und dann die Skirrhen mit ihrem infiltrativen Wachstum und der Neigung zur Schrumpfung. Es gibt Karzinome, die sehr lange isoliert bleiben, und solche, die sehr früh und ausgedehnt Metastasen setzen. Pylorusgegend, kleine Kurvatur sind die bevorzugten Lokalisationen, aber auch das Funduskarzinom ist nicht selten, und atypische Lokalisationen an der Vorder- und Hinterwand des Magens sind relativ häufiger als in jüngeren Jahren. Von den Metastasen sind, von den regionären Lymphdrüsen abgesehen, die in der Leber am wichtigsten, aber auch in die Ovarien, das Peritoneum, in Lunge und Pleura, auch in die Knochen kann die Ausbreitung erfolgen. Wichtig für die Beurteilung der Operabilität ist das Aufsuchen der Virchowschen Drüsen im Raum über dem linken Schlüsselbein und der Schnitzlerschen Metastasen im Douglas. Rapider Verlauf und eine sehr protrahierte, über Jahre sich erstreckende Dauer, die immer wieder an der Richtigkeit einer selbst durch eine Laparotomie erhärteten Diagnose zweifeln läßt, kommen im Alter zur Beobachtung.

Um nicht allzu Bekanntes breit wiederholen zu müssen, ist es vielleicht zweckmäßig, klinische Typen zu unterscheiden, wobei der Schematismus durch die Hervorhebung der Übergänge abgeschwächt werden muß. Da gibt es zunächst Karzinome, die ganz dem gewohnten Bilde entsprechen, mit Abmagerung, Appetitlosigkeit, Erbrechen, mit palpablem Tumor und deutlichem Röntgenbefund, anazidem Mageninhalt, oft mit Blut und kleinen Rückständen und mit Milchsäurenachweis usw. Sie bieten der Diagnose keine Schwierigkeit; ihnen stehen die Fälle nahe, wo eine Reihe von Symptomen, insbesondere der palpable Tumor, fehlen können, die Untersuchungsbefunde aber ein klares Resultat ergeben. Wieder in anderen Fällen ist das Allgemeinbefinden wenig beeinträchtigt, die subjektiven Symptome treten zurück oder sind vieldeutig, aber die Palpation zeigt einen Tumor, der sich von vornherein oder bei der klinischen Analyse als Magentumor erweist. Der Patient ist aus anderen Gründen zum Arzt gekommen und die positiven Befunde ergeben sich bei der physikalischen Untersuchung. Fehlt auch der palpable Tumor, so ist die Diagnose nur als Zufallsbefund oder durch systematisches Suchen etwa nach okkultem Blut zu stellen. Sie wird erleichtert, wenn wenigstens irgendwelche subjektive Symptome unbestimmter Art auf Magen oder Verschlechterung des Allgemeinbefindens deuten, aber diese können vollkommen fehlen. Zuweilen ist irgendeine aus scheinbar voller Gesundheit auftretende Komplikation, wie eine Magenblutung, ein Teerstuhl, ein Erbrechen wie bei einer ganz akuten Magenindisposition, oder ein Krampfschmerz das Alarmsignal. Es ist bekannt, daß der Krebs sich häufig bei Leuten entwickelt, die früher „einen besonders guten Magen" hatten. So ist jedes Auftreten von Verdauungsbeschwerden bei Leuten dieses Schlags ein Verdachtssymptom. Den Typen mit wenig gestörtem Allgemeinbefinden stehen diejenigen gegenüber, wo die Lokalerscheinungen zurück und die Allgemeinerscheinungen in den Vordergrund treten. Es sind Leute, die abmagern, schlecht aussehen, matt sind, aber bis auf geringe Appetenz über den Magen nicht klagen. Für den Erfahrenen sind sie von vorneherein karzinomverdächtig, aber es gelingt schwer, die Diagnose zu sichern. In der Praxis wird oft von Älterwerden, von Arteriosklerose, von Altersschwäche gesprochen und die eingehende Untersuchung versäumt. Gelingt es, die Diagnose durch die Untersuchungsmethoden zu erhärten, so ist es gut. Läßt aber das Röntgenverfahren im Stich, sei es auch nur, weil der Patient zu einer eingehenden Untersuchung nicht mehr geeignet ist, ergibt der Mageninhalt nur eine banale Anazidität und ist der Stuhl blutfrei oder ist nur eine gelegentliche Benzidinreaktion bei negativer Guajakreaktion positiv, so ist die Abgrenzung von anderen kachektisierenden Zuständen oft unmöglich. Da kann es sich um ein anderes stummes Karzinom, etwa des Pankreaskörpers, handeln oder um eine Tuberkulose oder eine entzündliche Krankheit, welche latent, wie eine Cholecystitis oder Endokarditis, oder in ihrer Schwere nicht zu beurteilen ist, wie eine Cystopyelitis oder Prostatahypertrophie. Ein letzter Typus verläuft unter dem Bilde der schweren Anämie. Das Blutbild kann dabei ganz dem der perniziösen Anämie im Alter gleichen (s. d. S. 286).

Im Verlauf kann man zwei Gruppen unterscheiden, einerseits die rasch und bösartig verlaufenden, sei es mit manifesten Symptomen, mit reichlichen Metastasen besonders der Leber oder in stiller Abzehrung und anderseits die „gutartigen" Krebse, darunter Fälle mit großen Tumoren, welche im Alter bei leidlichem Allgemeinbefinden und guter Nahrungsaufnahme, auch mit beträchtlichem Gewinn an Körpergewicht sich durch Jahre hinziehen können. Wir haben 12 kg Gewichtszunahme bei einem autoptisch sichergestellten Falle gesehen. Ein Fall, der nach Laparatomie als inoperables Magenkarzinom eingeliefert wurde und 20 kg zunahm, erwies sich allerdings als Ulkustumor. Dieser wie eine Reihe analoger Fälle sind ein Zeichen dafür, daß auch der erfahrene Chirurg bei offenem Bauch die Diagnose verfehlen kann.

Die Differentialdiagnose des palpablen Tumors vollzieht sich gegen alle Magentumoren, die seltenen gutartigen und entzündlichen Tumoren, wie das kallöse Ulkus sowie gegen alle extraventrikulären Tumoren der Nachbarschaft von Pankreas, Leber, Gallensystem und Darm ausgehend, aber auch Lymphdrüsen, Netz, Niere und Milz kommen in Betracht. Röntgenbefund und Mageninhaltsuntersuchung liefern die wichtigsten Unterscheidungsmerkmale, lösen aber nicht alle Schwierigkeiten, insbesondere was die Unterscheidung von Ulkus und Karzinom und die den Magen von außen eindellenden Tumoren anlangt, welche im Röntgenbild eine Aussparung vortäuschen können. Wir haben lange geglaubt, daß ein positiver Salzsäurebefund im Alter ein Magenkarzinom ausschließt, in den letzten Jahren aber doch mehrere Fälle mit freier HCl gesehen. Dabei handelte es sich nicht einmal immer um Ulkuskarzinome oder doch Karzinome, bei denen eine Entstehung aus einem Ulkus nicht auszuschließen wäre, sondern einmal verlief auch ein papilläres Karzinom ohne gleichzeitiges Ulkus mit dem Befund der Hyperazidität. Ist der Krebs nicht zu palpieren, so sind bei nicht anämischen Patienten mit nicht entscheidenden Lokalbefunden alle stummen Karzinome und alle kachektisierenden Prozesse in Betracht zu ziehen. Eine Prostatahypertrophie im Stadium der Restharnbildung ohne Miktionsbeschwerden kann eine reine Magenanamnese der Abmagerung, Appetitlosigkeit, des Erbrechens aufweisen. Kommt der Patient zum Magenspezialisten, so wird sein Leiden häufig verkannt. Kommt ein Fall von Prostatahypertrophie, der gleichzeitig ein Magenkarzinom hat, zum Urologen, so wird dieses in der Regel übersehen. Eine Bauchfelltuberkulose ohne Exsudat, vielleicht mit Neigung zu Diarrhöen, kann wie ein typisches Karzinom aussehen. Bei Anämie ist gegen die primäre Altersanämie (s. d.) und gegen die sekundären Anämien abzugrenzen. Die größten Schwierigkeiten aber bieten die Fälle, wo eine Krankheit vorliegt, welche zur Not die Kachexie erklären kann, wie eine schwerere Cystitis, eine Cholecystitis, wo aber deren Bestehen nicht das Karzinom daneben ausschließt. Ich könnte eine endlose Kasuistik solcher Fälle anschließen, wo es nicht gelingt, Karzinom und Nichtkarzinom zu scheiden, aber es hat wenig Sinn, da aus dem Einzelfall wenig für den nächsten zu lernen ist, der bei dem gleichen Bild eine andere Lösung findet. Nur zweierlei ist zu lernen: Die Forderung nach weitgehender Durchuntersuchung gerade im Alter und die Zurückhaltung in der Diagnose, welche das Wahrscheinliche vom Sicheren abtrennt. Das gilt auch von der Verwertung des Nachweises von Blut im Stuhl (s. Blutung).

Mit den letzten Stadien der serologischen Karzinomreaktionen habe ich keine Erfahrungen, wie mit der Kleinschen Fortentwicklung der Freund-Kaminerschen Reaktion. Versuche früherer Jahre, einige der Karzinomreaktionen heranzuziehen, haben sich als nicht ausreichend erwiesen. Bei den Besonderheiten des Alters wird wohl abzuwarten sein, ob sich eine Methode allgemein durchsetzt, um sie dann in die Alterspathologie zu übertragen. Von der diagnostischen Bedeutung der Schridde-Haare an der Schläfengrenze Krebskranker (dicke, schwarze, glanzlose Haare) haben wir uns nicht überzeugen können.

Therapie des Magenkarzinoms. Wo immer der Allgemeinzustand es zuläßt, ist eine Operation zu versuchen, wenn nicht die Art des palpablen Tumors, der Röntgenbefund und der Nachweis von Metastasen die Radikaloperation von vorneherein ausschließt oder wenn die Zustimmung des Patienten nicht zu erlangen ist. Der allgemeinen Erfahrung von den geringen Daueraussichten und der erhöhten Operationsmortalität steht jedoch die Tatsache gegenüber, daß gerade im Alter die Metastasenbildung oft ausbleibt und daß der Fortschritt der Anästhesierungsmethoden (Lokalanästhesie, Lachgas usw.) und der Nachbehandlung die Gefahren verringert hat. Röntgen- und Radiumbestrahlung weisen beim Magenkrebs keine Erfolge auf. So ist jeder Operationserfolg — und sie sind nicht allzu gering — voll zu buchen. Pylorusstenose und Gastrektasie sind beim Alterskarzinom selten, sie erfordern Gastroenterostomose, zu-

weilen Anlegung einer Fistel zur Schlauchernährung. Die übrige
Behandlung ist symptomatisch: Anpassung der Diät an Appetit und
Funktion, Salzsäure, die oft nicht vertragen wird, Mittel gegen
Schmerz, Krampf, Erbrechen, Blutung, die Morphiumpräparate nicht
zu vergessen. Es ist aber immerhin nicht zu übersehen, daß der trost-
lose Verlauf eines Magenkarzinoms in mittleren Lebensperioden im
Alter vielfach mitigiert und in die Länge gezogen ist.

Ulcus ventriculi und duodeni. Es ist nicht Sache eines Buches
über Alterspathologie, die Fragen der Ulkusentstehung zu erörtern
oder dessen allgemein bekannte anatomische Grundlage zu beschreiben, wie das akute Magengeschwür und das chronische, das
kallöse und das penetrierende Ulkus sowie die Ulkusnarben. Auch
die Lokalisation mit Bevorzugung der Magenstraße ist bekannt. Es
braucht auch nicht begründet zu werden, warum das pylorusnahe
Ulkus des Duodenums mit dem des Magens zusammen als juxta-
pylorisches Ulkus behandelt werden. Die Ulkuskrankheit ist im Alter
sehr häufig, viel häufiger als ihre klinischen Erscheinungen, wenn
man nach den pathologisch-anatomischen Befunden, insbesondere der
Zahl der Ulkusnarben urteilt. Die Unterscheidungsmerkmale zwischen
Ulcus ventriculi und duodeni bleiben auch im Alter bestehen, doch
sind sie abgeschwächt. Dies gilt sowohl vom Hungerschmerz, der besonderen Hyperazidität beim Ulcus duodeni, wie von den Ausstrahlungen der Schmerzen, Druckpunkten und Hyperästhesie. Der wichtigste objektive Befund ist die Röntgenuntersuchung.

Pathologisch-anatomisch kann man im Alter den Gegensatz zwischen ganz kleinen Ulzera oft mit Blutung feststellen, welche der
Anatom nur mit Mühe findet, und ungewöhnlich großen, oft mehrfachen Geschwüren, die trotzdem latent verlaufen konnen; das Pene-
trieren ist seltener und die Bildung des kallösen Gewebes spärlicher,
aber selbst Übergreifen mit Arrosion der Aorta haben wir beobachtet.

Nach dem klinischen Verlauf lassen sich die Ulkuserscheinungen
im Alter trennen in solche, wo Beschwerden und Befund von vorneherein den Verdacht der Ulkuskrankheit nahelegen, in solche, in
denen Magensymptome bestehen, in solche, in denen schwere, ganz
unerwartete Symptome auftreten und in solche, welche klinisch
dauernd latent bleiben.

Die typischen Ulkussymptome der ersten Gruppe — Magenschmerzen in Abhängigkeit von der Nahrungsaufnahme nach Zeit
und Qualität, Hungerschmerz, Druckempfindlichkeit, Klopfempfindlichkeit, Hyperästhesie und Druckpunkte, die Röntgenbefunde, das
periodische Auftreten der Beschwerden und deren Auslösung —
brauchen nicht näher erörtert zu werden. Nur die Frage der Azidi-
tätsverhältnisse weist wichtige Abweichungen vom gewohnten Bilde

auf. Das dauernd, auch nach Lockmahlzeit und selbst nach Hisaminprüfung anazide Ulkus ist in früheren Lebensjahren eine Ausnahme, im Alter ist es häufig. Es soll gewiß nicht das Vorkommen, sogar das relative Prävalieren von Hyperazidität und -sekretion, insbesondere beim Duodenalulkus in Abrede gestellt werden, aber kein Säurewert schließt das Ulkus aus oder macht es unwahrscheinlich. Der Nachweis von Blut im Mageninhalt und Stuhl ist unzuverlässig, es fehlt sehr häufig.

Die Zunge ist beim Ulkus wie beim Karzinom nicht charakteristisch, das Fehlen des Belags ist viel seltener festzustellen als in früheren Jahren.

Eine zweite Gruppe der Ulkuserkrankungen weist Magenbeschwerden auf, welche uncharakteristisch sind und in der Regel an eine Gastritis, zum Teil aber auch an ein Karzinom oder an die symptomatischen Magenbeschwerden bei Cholelithiasis, Herzinsuffizienz, Pankreasaffektionen usw. denken lassen. Es sind Klagen über Störungen des Appetits, seinen Mangel oder Heißhunger, Schmerzen, welche keine klare Abhängigkeit von der Nahrung erkennen lassen, Druckempfindlichkeit — diagnostisch schwer verwertbar — sei es in der Magengrube oder diffus, gelegentlicher Krampfschmerz oder Erbrechen. Die physikalische Untersuchung der Klopfempfindlichkeit, der Druckpunkte usw. gestattet keine Entscheidung. Diese bleibt den besonderen Methoden der Röntgenologie und des Blutnachweises vorbehalten. Lassen auch diese im Stich, so werden in vielen Fällen nur die längere Beobachtung und wiederholte Untersuchungen die Sachlage klären müssen.

Nicht selten treten im Alter plötzlich schwere Ulkuskomplikationen auf, wie profuse Blutungen oder peritoneale Erscheinungen, lokal bei gedeckter Perforation, diffus bei freier; das ist die dritte Gruppe.

Ihr Vorkommen nimmt nicht Wunder, wenn man bedenkt, daß bei Obduktionen oft sehr große Ulzera aufgefunden werden, welche sich im Leben durch kein Anzeichen subjektiver oder objektiver Art verraten haben. Es ist ein eigenartiges und immer irgendwie beschämendes Bild, wenn sich bei der Autopsie ein Ulkus von ungeheuerlichen Dimensionen findet und man hat nichts davon gewußt. Zufallsbefund ist es auch, wenn ein solches bei einer zu anderen Zwecken unternommenen Röntgenuntersuchung oder gelegentlich einer positiven Stuhlreaktion entdeckt wird. Nimmt man noch dazu den ungemein häufigen Befund an Ulkusnarben im Magen, denen keine entsprechende Vorgeschichte entsprach, so kommt man zu der Ansicht, daß der größte Teil der Ulzera im Alter symptomlos entsteht und heilt und nur wenige ein chronisches Ulkus erwerben, von denen wieder nur ein Teil subjektive Krankheitssymptome aufweist.

Es hat wohl keinen Sinn, die Details der Röntgendiagnose oder der Differentialdiagnose des Ulkus darzustellen, da beides sich nicht von dem üblichen Vorgehen unterscheidet; zu unterstreichen ist nur das häufige Vorkommen von Anazidität, die Tatsache, daß die Symptome weit weniger akzentuiert sind und daß eine mögliche anderweitige Erklärung ulkusverdächtiger Symptome, z. B. durch das Bestehen einer Cholelithiasis, mit weit geringerer Sicherheit ein Ulkus ausschließt als in früheren Jahren.

Die wichtigsten Komplikationen der Ulkuskrankheit, Stenosenbildung, Blutung, Perforation und deren Therapie werden an anderer Stelle erörtert werden.

Therapie. Die Therapie des Ulkus im Alter folgt den gewohnten und bewährten Richtlinien. Ihre Grundlage ist die Magenschonkost, also die Bevorzugung kleiner, häufiger Mahlzeiten, welche nach ihrer Beschaffenheit keine starken Säurelocker sind und den Magen rasch verlassen. Das letztere wird zunächst durch feine Verteilung, später durch gründliches Kauen gewährleistet. Man unterscheidet strenge Kuren, welche bei Fällen mit starken Beschwerden und nach Blutungen in Verbindung mit Bettruhe und möglichst langdauernder Anwendung von Wärme durchgeführt werden, von weniger strengen, für längere Dauer und leichte Fälle bestimmten Kostformen. Vorschriften und Schemata auf der Basis von Leube und Lenhartz sind in allen Lehrbüchern zu finden. Wir bevorzugen den Aufbau nach Noorden, von fettreicher Milch (Rahm) ausgehend. Bei nachgewiesener Anazidität wird man mehr auf feine Verteilung als auf den Charakter der Kost als Säurereiz zu sehen haben.

Von Medikamenten wirken häufig Atropin-Papaverin prompt schmerzstillend, sie werden von uns regelmäßig durch eine Zeit gegeben. Bei vorhandener Salzsäure wird man auf Alkalien, z. B. auf eine Mischung von Magnesia usta und Calcium carbonicum, welche individuell nach der Stuhlbeschaffenheit geregelt wird, nicht verzichten. Man stellt bei Neigung zu Obstipation die Magnesiakomponente, bei solchen zu Diarrhöe das Calciumpräparat in den Vordergrund. Diejenigen Präparate, welche, ohne Alkalien zu sein, Säure binden und die Neigung haben, auf dem Ulkus als Schutzdecke sich niederzuschlagen, wie Neutralon, Alukol, Bism. subnitricum, werden mit Vorteil verwendet.

Symptomatisch führen diese Ulkustherapien gerade im Alter fast immer zum Erfolg. Er wird, was Befreiung von Schmerzen und Beseitigung kleiner Blutmengen anlangt, leichter und sicherer erreicht als in früheren Lebensperioden. Man hat nach dieser Richtung sehr selten Grund, zu anderen Maßnahmen, wie Röntgenbestrahlungen oder

Reiztherapie, zu greifen. Was die Behandlung aber nicht sicherstellen, ist die Heilung des Ulkus. Nach dieser Richtung scheint, insbesondere wenn man das Verschwinden von Ulkusnischen als Kennzeichen heranzieht, die Verwendung von Histidininjektionen (Larostidin) ein bedeutender Fortschritt zu sein, aber meine Erfahrungen im Alter damit sind derzeit noch unzureichend. Als unangenehme Überraschung begegnet einem oft, daß bei aller Beschwerdefreiheit plötzlich wieder eine Blutung auftreten kann, auch eine sehr schwere Blutung, weit seltener eine Perforation. Damit ergibt sich die Frage nach den Indikationen der Operation.

Es kann gar keine Rede davon sein, jedes sichergestellte Ulkus im Alter operieren zu wollen. Das würde sicher zu einer Steigerung der Mortalität führen, ganz abgesehen davon, daß die Operationen ja nicht einen gesunden Magen, sondern einen bei großen Resektionen hochgradig verstümmelten schaffen, bei anderen Eingriffen einen rezidivgefährdeten — vom postoperativen Jejunalulkus zu schweigen — und daß in jedem Fall die Gefahr besteht, daß die Patienten ihre Ulkusbeschwerden gegen die der postoperativen Periode mit ihren Darmstörungen eintauschen. Die Indikation muß eng gezogen werden. Daß ein Ulkus im Alter zu so unerträglichen, durch interne Therapie nicht zu behebenden Beschwerden führt, daß sie die Operation verlangen, mag vorkommen, ist bei geeignetem Vorgehen ungemein selten, ich habe es noch nicht gesehen. Die Notoperationen bei Perforation, die notwendigen oder wünschenswerten Eingriffe bei Stenosenbildung werden an anderer Stelle zu erörtern sein. Es bleibt die Frage der Blutungen zu besprechen. Wiederholte große Blutungen bei sichergestelltem Ulkus berechtigen bei gutem Allgemeinbefinden zur Operation, die letzte Entscheidung fällt dem Patienten zu. Dauerblutung okkulter Art, welche auf interne Therapie nicht zum Stehen kommt, oder ein Ulkusbefund, welchen der erfahrene Radiolog als krebsverdächtig bezeichnet, zeitigen den Verdacht des Ulkuskarzinoms und geben damit die Indikation. Meinungsverschiedenheiten bestehen bei erstmaliger schwerer Blutung. Erfolgt diese aus einem sichergestellten Ulkus, womöglich mit Nische oder Anzeichen kallöser Beschaffenheit, so ist die Entscheidung nicht leicht. Das Erlebnis eines Verblutungstodes aus einem arrodierten größeren arteriellen Gefäß, trotz aller internen Therapie inklusive Transfusion, ist ein gewichtiges Argument für die Operation, wie ein Todesfall nach dem Eingriff die Einstellung gegen diese beeinflußt. Die Entscheidung müßte die Statistik bringen, aber diese liegt in verwertbarer Form für diese Spezialfrage im Alter nicht vor. Überhaupt sind in der Frage der Ulkusblutung die Angaben von Internisten und Chirurgen zum Teil in unvereinbarem Gegensatz, wobei auch sicher Verschiedenheiten des Materials eine Rolle spielen. Jedenfalls habe ich mich bis jetzt zum prinzipiellen Operieren nicht entschließen können, sondern warte den Erfolg der Therapie ab, bis der Hämoglobingehalt unter 40 sinkt. Man setzt sich dabei freilich bei einem Mißerfolg dem Vorwurf des Chirurgen aus, daß er bessere Erfolge gehabt hätte, wenn der Fall weniger ausgeblutet, etwa mit 60% Hämoglobin in seine Hände gekommen wäre. Aber ich glaube nicht, daß dies bei der Operationsgefahr entscheidend ist. Man sieht doch allzuviel Fälle mit schlechter Prognose durchkommen, welche die Operation verweigern, wie dies häufig geschieht. Noch zurückhaltender wird man in den Fällen sein müssen, wenn eine Blutung nicht auf ein Ulkus bezogen werden muß, vielleicht überhaupt nicht als Magenblutung lokalisiert werden kann.

Blutungen aus dem Magen und dem oberen Darmabschnitt. Wenn große Mengen Blut durch Erbrechen oder als Teerstühle entleert werden, so ist die erste Frage die, ob sie aus dem Verdauungskanal stammen. Dies ist im Alter nicht immer leicht zu beantworten. Wenn ein heftiger Blutsturz nicht nach außen gelangt, den plötzlichen Tod herbeiführt oder den Kranken in einen Zustand bringt, welche jede Untersuchung erschwert, oder wenn Blut aus einer Hämoptoe oder einer Nasenblutung zuerst geschluckt und erst dann erbrochen wird, wie dies im Alter vorkommt, so ist die Unterscheidung schwierig. Steht die Herkunft aus dem Verdauungstrakt fest, so sind in früheren Jahren eigentlich nur die Blutungen bei Ulkus, Krebs oder Ösophagusvaricen so häufig, daß sie ernstlich in Betracht kommen. Beim Alter ist es anders, obwohl auch hier die genannten Möglichkeiten prävalieren. Es wurde schon auf die Durchbrüche in den Ösophagus, von Gefäßaffektionen und Bronchialdrüsen ausgehend, hingewiesen, schon betont, daß Varicenblutung ohne Hinweis auf eine manifeste Erkrankung der Leber oder der Pfortader in Betracht kommt. Wie kompliziert die Dinge liegen können, zeigt die Obduktion eines 63jährigen Mannes, bei dem aus einem blutenden Varix im unteren Drittel des Ösophagus ohne Lebercirrhose das Blut im Pharynx, Ösophagus und Magen nachweisbar und der Dickdarminhalt teerartig war. Gleichzeitig aber bestand ein Ulkus an der Kardia. Es sind im Magen und im Darme weit mehr Blutungsquellen als in früheren Lebensabschnitten vorhanden. Bevor aber auf diese eingegangen werden soll, muß noch die Möglichkeit der stummen, aber doch tödlichen Blutung erwähnt werden. Patienten sterben unter unklaren Erscheinungen der Schwäche und Hinfälligkeit, meist des Nachts. Bei der Obduktion wird der Verdauungstrakt vom Ausgangspunkt der Blutung im Magen oder Dünndarm abwärts mit Blut gefüllt gefunden; dieses ist aber nirgendwo nach außen gelangt, wie dies auch der noch im Rectum liegende normale Stuhl beweist. Es bilden sich zuweilen förmliche Ausgüsse des Magens, ja selbst des Dünndarms mit den Kerkringschen Falten. Die Möglichkeit der Diagnose hängt mangels aller anderen Symptome davon ab, daß das Blässerwerden des Patienten mit genügender Aufmerksamkeit bemerkt und beachtet wird, und daß die Abnahme des Hämoglobingehaltes messend verfolgt wird. Bei den nicht alltäglichen Quellen der massiven Blutung im Alter sollen zunächst die Fälle nicht berücksichtigt werden, wo die Blutung als Teilerscheinung einer anderen schweren, nicht dem Verdauungstrakt angehörenden Krankheit auftritt, als septische, infektiöse, traumatische, ikterische Blutung, als Blutung nach Operationen oder Verbrennungen, es sollen nur Fälle besprochen werden, die wir auf dem Obduktionstisch gesehen haben. Vom Krebs braucht nicht mehr gesprochen werden, beim Ulkus muß hervorgehoben werden, daß tödliche Blutungen aus ganz winzigen, schwer zu findenden Geschwüren erfolgen können. Im Magen werden Blutungen aus arteriosklerotischen Gefäßen, aus Magenpolypen, die exulzeriert sind, beobachtet. Schwere parenchymatöse Blutungen kommen nicht nur bei hämorrhagischen Diathesen, bei schwerem Ikterus und Blutkrankheiten vor, sondern auch ohne jede erkennbare Ursache, wie bei einer 75jährigen Frau mit Herzinsuffizienz, bei der im Obduktionsbefund blutige Beschaffenheit des Darminhalts vom Jejunum bis zum Dickdarm bemerkt wurde, aber weder ein Tumor noch ein Ulkus oder eine Gefäßveränderung nachweisbar war.

Im Duodenum steht die Ulkusblutung an erster Stelle, aber auch Karzinome des Pankreas oder der Papillengegend, tiefer unten Polypen und hämorrhagische Enteritiden können Ursprung einer Blutung sein. Ein Beispiel wurde bereits Seite 48 gegeben, ein zweites stellt ein 82jähriger Mann dar, bei dem eine schwerste nekrotisierende, hämorrhagische Entzündung des Jejunums und oberen Ileums den ganzen Darm bis ins Colon ascendens bei normalem Stuhl mit Blut füllte.

Im Anfangsteil des Dickdarms kommt Krebs, Tuberkulose und Polyposis in Betracht, auch eine Typhusblutung kann bei fieberlosem Verlauf der erste diagnostische Hinweis für das Bestehen dieser Infektion sein. Beschaffenheit des Blutes und des Stuhles machen die Abgrenzung jener entzündlichen und tumorösen Blutungen leicht, welche wie Dysenterie, ulzeröse Colitis, Krebs mit tiefem Sitz den Charakter der Dickdarmentstehung tragen, von den Rektalblutungen zu schweigen.

Therapie der großen Blutungen im allgemeinen, der Magen-Darm-Blutungen im besonderen. Bei der Allgemeintherapie zur Beeinflussung von Gerinnung und der blutenden Gefäße stehen die intravenösen Hämostyplica im Vordergrund. Eine Reihung der Mittel nach ihrer Wertung könnte ich nicht geben. Wir bevorzugen zunächst Calcium chloratum 10 ccm 10%, dann Coagulen oder 1%-Kongorot, aber auch 10% Kochsalzlösung und Clauden werden empfohlen. Zwischen den Injektionen, die in Abständen von einigen Stunden erfolgen sollen, bis Beobachtung des Pulses und des Hämoglobingehaltes ein Sistieren der Blutung wahrscheinlich machen, kann man Normalserum oder Menschenserum subkutan injizieren, auch die Anlegung eines subkutanen Campherdepots von 5 ccm kommt in Frage, insbesondere bei Lungenblutungen. Bleibt der Erfolg aus und sinkt der Hämoglobingehalt weiter, so muß man eine Bluttransfusion durchführen und in Ausnahmefällen die Operationsindikation erwägen.

Liegt die Blutungsquelle voraussichtlich in den obersten Abschnitten des Verdauungstraktes, so kann man durch interne Verabreichung von Stryphnon (einige Kubikzentimeter in Wasser) oder, mit sehr zweifelhafter Wirkung, sehr großer Adrenalindosen Gefäßkontraktionen zu erreichen trachten.

Es war bis jetzt Dogma, daß bei und nach einer schweren Blutung aus dem Verdauungstrakt absolute Ruhe und Karenz jeder Nahrungszufuhr, eventuell bei rektaler Flüssigkeitszufuhr geboten sei. Dagegen hat in jüngster Zeit Meulengracht Stellung genommen und bei schweren Magenblutungen von Beginn an ausgiebige Nahrung, insbesondere auch Fleisch vorgeschlagen. Er stützt sich dabei auf eine ausgezeichnete Statistik, hebt hervor, daß der leere Magen nicht stillgestellt, sondern durch Hungerperistaltik beunruhigt sei. Es kann vielleicht auch eine lokale Wirkung des Fleisches in Betracht kommen, aber ohne ausgedehnte Nachprüfungen kann ich mich derzeit nicht entschließen, bei alten Leuten diese Therapie durchzuführen.

Gastritis. Die akute Gastritis. Ununterscheidbar — ununterscheidbar wohl auch im pathologisch-anatomischen Sinne — geht die akute Schädigung des Magens durch Überlastung oder exogene Gifte in die frische Gastritis im engeren Sinne über, worunter eine akute Entzündung der Magenschleimhaut durch Bakterien oder Nahrungsgifte zu verstehen ist. Auch Allergien mögen zuweilen eine Rolle spielen. Das klinische Bild mit Appetitlosigkeit, Schmerzen, Krämpfen und Druckempfindlichkeit, mit belegter Zunge und Erbrechen von Speisen oder eines schleimigen, öfters blutdurchzogenen Magensekretes weicht nicht von dem gewohnten Bilde ab. Es ist nur darauf hinzuweisen, daß die Trennung von symptomatischen Magenstörungen von der Nachbarschaft ausgehend, wie bei Cholelithiasis, oder bei Allgemeinerkrankungen, wie Infektionen, infolge des Rücktretens der Lokalzeichen oder des Fiebers im Alter schwerer durchzuführen ist. Die akute Gastritis wird, wenn eine sinnfällige Auslösung fehlt, im Senium eigentlich nur ex post nach Heilung als solche sicher festgestellt, während im Beginn auch bei typischen Erscheinungen immer noch die Frage: Symptom einer anderen Erkrankung? im Hintergrunde steht. Das Erbrechen als solches hat meist heftige Schmerzen in der Stammuskulatur, insbesondere deren Ansatzstellen am Brustkorb zur Folge, welche als Spontanschmerzen und Druckempfindlichkeit ihren Anlaß geraume Zeit überdauern und zu Beschwerden bei Atmung und Bewegung führen können. Auch die Rückwirkung der Magenstörung, ihres toxischen und vaskulären Anteils auf die Zirkulation kann sehr stark sein, so daß kollapsartige Zustände auftreten und Exzitantia verwendet werden müssen.

Therapie. Schon aus diesem Grunde muß die selbstverständliche Therapie der absoluten Magenschonung durch Hunger in solchen Fällen durch rektale Flüssigkeitszufuhr (Traubenzuckerlösung, eventuell mit medikamentösen Zusätzen) ergänzt werden. Gegen das Erbrechen können zentral wirkende Gegenmittel, wie Nautisansuppositorien oder Inalgoninjektionen angewendet werden. Sie wirken besser als Mittel per os. Die Flüssigkeitszufuhr geschieht als dünner Tee, Schleimsuppe, bis eine Diät aufgebaut werden kann.

Die chronische Gastritis. Das Krankheitsbild der chronischen Gastritis ist in der inneren Medizin nach langer Vernachlässigung wieder als ein häufiges in den Vordergrund getreten; aber es bleibt schwer faßbar und die Schwierigkeiten, seine Grenzen zu ziehen, sind im Alter erhöht. Es wurde bereits berichtet, daß derzeit nicht zu entscheiden ist, ob Anazidität und Achylie im Alter zur chronischen Gastritis gehören oder nicht. Eine weitere, sehr häufige sekundäre Form ist die Stauungsgastritis. Nach der Meinung vieler ist eine chronische Gastritis die Voraussetzung für die Entstehung von Ulkus und Krebs. Bei dieser Sachlage wird man sich häufig kaum anders zu behelfen wissen, als daß man zunächst nach objektiven Kriterien für die Diagnose sucht und die Magen mit solchen positivem Befund als Gastritismagen ansieht, mögen sie nun Beschwerden aufweisen oder nicht. Wo der objektive Befund fehlt, aber Beschwerden nach dieser Richtung vorliegen, wird man das Recht haben, Patienten dieser Art so lange als Fälle von Gastritis aufzufassen und zu behandeln, als nicht eine Aufklärung nach einer anderen Seite erfolgt — was aber meist der Fall ist.

Die pathologisch-anatomische Scheidung der chronischen Gastritis in eine hypertrophische und atrophische Form und in die Stauungsgastritis kann (mit Übergehung von Einzelformen) heute auch durch die Gastroskopie zur Anschauung gebracht werden. Diese ist sicher eine ungemein wichtige Methode der Diagnose, findet sich aber noch in den Händen einer kleineren Anzahl erfahrener Spezialisten und ist im Alter immerhin nur schwerer anwendbar. Persönlich stehen mir keine Erfahrungen zur Verfügung. Klinisch ist die Scheidung in hyperazide und anazide Katarrhe mit allen Übergängen (normazid, hypazid) wichtig und ferner in die Prozesse mit starker und mit geringer Schleimproduktion. Von den objektiven Symptomen besteht das eine in dem Nachweis von vermehrtem Schleim im Mageninhalt, auch mit reichlicherem Zellgehalt, das zweite ist ein abnormes Röntgenbild der Magenschleimhaut mit Verdickung und Versteifung der Falten, Anomalien des Oberflächenbildes, auf die im einzelnen nicht eingegangen werden soll. Ihre Konstatierung und Verwertung ist Sache des erfahrenen Röntgenologen. Die beiden Symptome gehen aber durchaus nicht parallel, normaler Röntgenbefund bei reichlichem Schleim und deutliche radiologische Veränderungen bei normalem Schleimgehalt des Magens sind häufig. Diese Gegenüberstellung macht es auch sehr wahrscheinlich, daß eine dritte Gruppe ohne faßbare Symptome besteht, diese ist auch bereits durch Gastroskop und anatomischen Befund sichergestellt.

Von der Verwertbarkeit von Druckpunkten in der Mittellinie, in der Magengrube, habe ich mich nicht überzeugen können; sie sind im Alter zu häufig und zu vieldeutig.

Subjektiv verlaufen viele Gastritiden im Alter ohne oder mit uncharakteristischen und wechselnden Beschwerden. Die häufigen Beschwerden der Gastritis sind bereits bei der Besprechung des Ulkus (Gruppe 2) gekennzeichnet worden. Fügt man noch hinzu, daß die bekannten subjektiven und objektiven Symptome der eventuellen Sekretionsanomalie sich dazu gesellen und daß Sodbrennen auch bei Anazidität vorkommt, daß Stuhlanomalien häufig sind, so ist unter Berufung auf das Bild im früheren Lebensalter das Wesentliche gesagt. Der Zustand ist als chronisch anzusehen. Freiheit von Beschwerden, aber nicht Heilung ist zu erreichen.

Therapie. Schonung und Anpassung an die Funktion sind ihre Grundlagen. Das setzt Vermeidung der Schädigungen voraus, Alkohol und Nikotin werden oft schlecht vertragen und müssen unter Berücksichtigung der individuellen Bekömmlichkeit und des therapeutischen Effektes ausgeschaltet oder reduziert werden. Alles, was subjektiv nicht vertragen wird, ist als suspekt anzusehen, auch wenn es im allgemeinen als leicht gilt. Wenn für andere Erkrankungen Medikamente indiziert sind, so soll womöglich der Weg per os vermieden werden. Eine wichtige Aufgabe fällt dem Kauen zu. Es müssen daher die Voraussetzungen in einer Wiederherstellung des Gebisses geschaffen werden. Die Prinzipien der Schonkost sind die gleichen wie sonst. Anazidität und Hyperazidität sind zu berücksichtigen. Dies prägt sich auch bei der oft und nicht ohne Erfolg versuchten Verordnung von Mineralwässern aus. Die alte Regel, den Typus der Karlsbader Wässer für Hyperazide und den der Salzbrunnen für Anazide zu verwenden, gilt auch im Alter, ebenso die symptomatische Behandlung dieser Sekretanomalien durch Alkalien und Säure. Doch ist die einschränkende Bemerkung zu machen, daß jene großen Dosen von Salzsäure, welche für eine auch nur annähernde Substitutionstherapie erforderlich wären, im allgemeinen nicht vertragen werden. Sie lösen oft Brennen im Magen, Sodbrennen und Schmerzen aus. Man muß sich, wenn dies eintritt, mit weit geringeren Mengen, etwa 20 bis 30 Tropfen der verdünnten Salzsäure in reichlich Wasser oder den Ersatzpräparaten, wie Acidolpepsin oder Paraktol begnügen. Bei reichlichem Schleim wird man auch die Mittel anwenden können, welche an der Schleimhaut adhärieren, wie Bismut. subnitricum oder bei stark azider Reaktion auch Alukol, Neutralon usw. Nur bei besonders hartnäckigen Beschwerden oder ungewöhnlich starker Schleimabsonderung wird man auch im Alter zu Magenspülungen, dann am besten mit stark verdünnter Argent.-nitric.-Lösung (1 bis 2$^0/_{00}$) seine Zuflucht nehmen müssen.

Die sonstigen Magenerkrankungen im Alter. Formanomalien und Stenosen. Im Alter kommen, wie auch früher, gedrungene und gestreckte, hyper- und hypotonische Magen, solche mit lebhafter oder mit spärlicher und träger Peristaltik, mit rascher und verlangsamter Austreibungszeit zur Beobachtung. Es ist verständlich, daß sich die Häufigkeitsskala überall nach der Minusseite verschiebt. Besonders verstärken Abmagerung und Erschlaffung der Bauchdecken, wie sie bei Frauen nach Grad und Zahl vorwiegen, die konstitutionelle Neigung zu Hypotonie und Dehnung oder lassen solche Zustände neu entstehen. Der tiefstehende, oft bis zur Symphyse reichende, plätschernde Magen wird oft ohne Beschwerden getragen, löst zuweilen die bekannten Erscheinungen des Druckes, der Völle und der Unbehaglichkeit aus, führt aber nur in seltenen Fällen zu gröberen Rückständen. Ich habe allerdings auch Fälle von autoptisch kontrollierten hochgradigen Atonien gesehen, die regelmäßige Spülungen erforderten. Immerhin muß man annehmen, daß die Austreibungsschwäche der Atonie im Alter öfters durch die Anazidität kompensiert wird, die den Pylorusdurchgang erleichtert. Therapeutisch bedeutet die Stützung der erschlafften Bauchwand durch Bauchmieder oder Binde bei Hängebauch eine Erleichterung, sonst ist nur Gewichtszunahme von Erfolg, welche nur teilweise durch Hebung des Magens, teilweise aber durch Beeinflussung seines Tonus und des Allgemeinbefindens wirkt. Richtige Verteilung der Mahlzeiten, Einschränkung der Flüssigkeit, Liegen nach dem Essen und Ausprobung der geeigneten Lage ist wichtig.

Der hochstehende, insbesondere durch Fettleibigkeit oder Meteorismus hochgedrängte Magen verursacht, insbesondere wenn er durch Aerophagie oder unbekannte Ursachen eine große Gasblase aufweist, im Alter Beschwerden. Der Zwerchfellhochstand beeinflußt mechanisch und reflektorisch die Herztätigkeit, verursacht Kurzatmigkeit, Schmerzgefühle, die an Angina pectoris erinnern, Herzklopfen, Extrasystolen usw. Römheld hat solche Beobachtungen zum Ausgangspunkt genommen, um vom gastro-kardialen Symptomenkomplex zu sprechen. So sehr man den Einfluß von Magen- und Darmblähung auf kardiale Beschwerden zugeben muß und so sehr man ihn therapeutisch ausnützen kann, es ist im Alter kaum möglich, die Kreislaufbeschwerden, welche primär vom Verdauungstrakt ausgehen, von denen zu trennen, welche durch dessen Anomalien nur verstärkt werden.

Auch die Pseudoangina, welche nach Bergmann vom Anfangsteil des Magens reflektorisch ausgeht, wenn dieser durch einen erweiterten Ösophagushiatus als kleine epidiaphragmatische Hernie in den Brustraum hineinreicht, habe ich bis jetzt nur in einem einzigen Falle im Alter beobachten können. Sonst war sie zumindest diagnostisch nicht abgrenzbar.

Stenosen. Die organischen Stenosen, welche am Pylorus durch Ulkusnarben oder stenosierende Karzinome oder höher oben durch analoge Prozesse als Sanduhrmagen entstehen, unterscheiden sich in ihren Folgen (Ektasie, Muskelhypertrophie, Steifungen, Bildung von Rückständen) und in ihrer Behandlung (chirurgischer Eingriff, Spülungen) nicht von den analogen Prozessen in früheren Jahren. Schrumpfmagen bei cirrhösen Prozessen sind im Alter relativ häufig und führen bei offenem Pylorus zu sehr raschen Entleerungen des Mageninhalts.

Die akute Magendilatation ist eine im Alter sehr seltene Erkrankung. Ich habe nur einen Fall nach einer Gallensteinoperation gesehen. Größeres Gewicht kommt der passiven Dehnung durch übergroße Mahlzeiten zu. Der Prosektor des Spitals, Prof.

J. Erdheim, hat mich öfters auf die Tatsache aufmerksam gemacht, daß bei plötzlichen Todesfällen der Magen relativ oft sehr stark gefüllt gefunden wird. Eine sehr große Mahlzeit setzt schon physiologischerweise die Leistungsfähigkeit des Zirkulationsapparates herab und steigert die Beschwerden von Herz- und Gefäßkrankheiten. Dies kann bis zu einer Auslösung bedrohlicher Komplikationen führen. Die allgemeine Forderung nach Mäßigkeit im Essen bei Greisen erfährt dadurch eine besondere Betonung.

Sekretanomalien. Die früher vorherrschende Auffassung der Sekretanomalien als häufiger funktioneller Krankheitseinheiten ist in der neueren Zeit unter dem Einfluß der Gastritislehre, der Erkenntnis von der Häufigkeit latenter Ulzera und der Anschauungen über vegetative Störungen zurückgedrängt worden. Man kann diese Einschränkung auch für das Alter vertreten, wenn man die Altersachylie nicht dazu rechnen will, wofür Gründe angeführt werden können. Hyperazidität und Hypersekretion als Symptom ist im Alter seltener geworden. Das gleiche gilt auch von jener Hyperazidität, welche als konstitutionelle oder nervöse Störung aufzufassen ist. Man wird sie im Alter nur dort annehmen dürfen, wo sie schon früher durch lange Jahre bestanden hat, insbesondere wo sie familiär ist. Sonst liegt immer der Verdacht der Gastritis, des Ulkus oder der reflektorischen Auslösung, etwa von der Gallenblase näher. Aber auch Leute mit einer sehr langen Vorgeschichte von Superazidität verlieren die Beschwerden und Erscheinungen oft im Greisenalter. Hyperazidität und allgemeine Arteriosklerose werden im Alter öfters gemeinsam gefunden, doch ist eine ursächliche Verknüpfung nicht sehr wahrscheinlich. Die Therapie der Sekretionsanomalien ist die in früheren Jahren übliche.

Tumoren des Magens außer Karzinom. Die Polyposis des Magens ist im Alter kein seltener Zustand. Die Polypen sind meist multipel, können — wenn sie eine besondere Größe erreichen — röntgenologisch erkannt werden. Sie verlaufen klinisch meist latent, können aber, wenn sie exulzerieren, der Ausgangspunkt dauernder kleiner Blutungen und damit eines Karzinomverdachtes werden, in seltenen Fällen auch die Quelle großer Blutungen. Auch der Übergang von Polypen in Karzinom ist häufig. Magensarkome sind vom Karzinom diagnostisch nicht zu unterscheiden. Myome, Lipome, Fibrome sind Ausnahmen. Alle Tumoren können als krebsverdächtig zur Stellung der Operationsindikation führen.

Atypische Geschwüre. Tuberkulöse Geschwüre werden autoptisch nicht extrem selten beobachtet, sie bleiben meist unerkannt, können aber auch zu den Erscheinungen und dem Röntgenbefund einer Pylorusstenose, eines Magengeschwüres oder eines

Karzinomverdachtes führen. Sie sind klinisch nie mit Sicherheit zu erkennen, bei manifester Tuberkulose mag der Verdacht entstehen. Aber selbst ein positiver Röntgenbefund im Sinne eines Magenulkus plus einem positiven Bazillenbefund sichert ihn nicht, da immer auch verschlucktes Sputum von Lunge und Kehlkopf in Frage kommt. Aktinomykose und Syphilis des Magens habe ich im Alter nie gesehen. Die Magenlues verläuft in ihren Formen (gastritischer Typ, ulzerativer, schrumpfender Typ) uncharakteristisch; sie könnte nur aus dem Erfolge einer antiluetischen Behandlung diagnostiziert werden, da das Merkmal Hausmanns (Neigung zu Anazidität) im Alter und bei Krebsverdacht nicht in Betracht kommt. Die Häufigkeit von oft sehr großen, meist beschwerdelosen Ulcera rotunda bei Tabes ist bekannt, sie gilt auch im Alter.

Selten und diagnostisch kaum zu erkennen sind die eitrigen Erkrankungen der Magenwand. Wir haben eine solche bei einer 69jährigen Frau nach einer akuten Tonsillitis beobachtet, ganz ohne besondere klinische Erscheinungen, in einem Bild, das durch Herzinsuffizienz beherrscht war. Fieber bestand nicht. Auch die urämischen Geschwüre verschwinden im Gesamtbild.

Magenneurosen. Die Frage, ob es im Senium Magenneurosen gibt, ist zu bejahen. Es ist freilich praktisch unmöglich, diese Diagnose als Ausschlußdiagnose zu stellen, da man im Alter niemals das Bestehen von latenten Affektionen negieren kann, welche sekundär die Magentätigkeit beeinflussen oder deren Symptome in die Magengegend projiziert werden. Man muß die Diagnose positiv begründen und selbst dabei im Auge behalten, daß organische Erkrankungen neurotisch überlagert sein können. Immerhin wird die Neurose wahrscheinlich sein, wenn sie eine sehr lange, in frühere Perioden zurückreichende Vorgeschichte hat, wenn die Beschwerden neurotischen Charakter tragen, von psychischen Eindrücken und Erlebnissen abhängen, deutlich Befürchtungen oder Bestrebungen widerspiegeln und leicht ablenkbar und subjektiv beeinflußbar sind, wenn sie z. B. auf ein in meiner Abteilung beliebtes Suggestivum, Wasser mit Methylenblau gefärbt, gut reagieren oder beim Auftreten einer neuen, organischen Krankheit verschwinden. Im Alter sind, besonders unter Frauen, die Leute nicht selten, deren einziger oder vorwiegender Lebensinhalt ein Kranksein ist. Daß dabei nach dem Herzen der Magen und der Darm die bevorzugten Organe sind, muß hervorgehoben werden.

Als Kuriosum sei ein Fall mitgeteilt, welchen ich im Beginn meiner ärztlichen Tätigkeit erlebte. Es war eine sehr alte Dame, welche immer wieder die Ausheberung stürmisch verlangte. Ich bin kein Psychoanalytiker und es wurde mir erst viel später klar, heute ist es mir nach meiner Erinnerung aber kein Zweifel, daß die Patientin den Schlauch unter allen Zeichen sexueller Erregung und Entspannung symbolisch empfing. An der Grenze der Neurose stehen jene hartnäckigen Formen der neurasthenischen und hypochondrischen Magenbeschwerden bei cerebralen Arteriosklerosen und senilen Demenzen, welche ein Teilbild jener Pseudoneurasthenie sein können, welche bereits besprochen wurde.

Duodenalerkrankungen, Ergänzung. Die weitaus wichtigste Duodenalerkrankung, das Ulcus duodeni, wurde bereits im Zusammenhang mit dem Magengeschwür dargestellt. Das Duodenalkarzinom ist ungemein selten.

Duodenalstenosen. Duodenalstenosen oberhalb der Papille führen zu den gleichen Erscheinungen wie Pylorusstenosen; sitzen sie tiefer, durch Kompression, durch Tumoren oder Drüsen oder durch Abschnürung durch Stränge oder durch Narbenschrumpfung entstanden, so sind nur unbestimmte Erscheinungen vorhanden; so lange der Magen nicht in Mitleidenschaft gezogen ist, ist die Affektion nur radiologisch erkennbar. Im anderen Falle entsteht das Bild einer akuten oder chronischen Pylorusstenose, aber mit Anwesenheit von Galle im Mageninhalt, wie wir das einmal beobachtet haben. Eine nähere Schilderung der sonstigen Duodenalstenosen, insbesondere des arterio-mesenterialen Duodenalverschlusses soll unterbleiben, er ist jedenfalls im Alter höchst selten.

Divertikel. Duodenaldivertikel werden im Alter häufiger. Dies gilt auch, wie nachgetragen werden soll, von den weit selteneren, klinisch bedeutungslosen Magendivertikeln. Die Duodenaldivertikel verlaufen meist latent, können aber auch zu Beschwerden führen, welche an ein Ulkus, eine Gastritis, eine Cholelithiasis denken lassen, ihre Diagnose ist nur radiologisch möglich.

Duodenitis. Stagnation in Divertikeln kann ihr Ausgangspunkt sein, weit häufiger ist sie aber Fortsetzung einer Gastritis oder Folge einer Cholecystitis oder Pankreaserkrankung. Sie wird im Alter bei derartigen Affektionen nicht so selten gefunden. Sie kann bei Gelegenheit von Duodenalsondierungen oder Röntgenuntersuchung festgestellt werden, ihre Behandlung ist meist die der Grundkrankheit. Doch kann man bei gröberem Befund auch eine Spülbehandlung mit der Duodenalsonde anwenden. Karlsbader Wasser, bezw. -Salz wirkt günstig ein.

20. Krankheiten des Darmes.

Die akuten Diarrhöen und die akute Enteritis. Die meisten Diarrhöen bei alten Leuten, die sonst einen normalen Stuhlgang haben, entstehen ab ingestis, durch das, was in den Darm gelangt. Freilich kann Durchfall auch reflektorisch durch psychische Erregung, durch Durchkältung und Durchnässung ausgelöst werden. Man kann noch die Zustände abtrennen, die aus individueller Unverträglichkeit gegen einzelne Speisen, wie gegen Milch oder Bier vorkommen und die sehr seltenen allergischen Diarrhöen ausnehmen. — Lasch hat z. B. aus meiner Abteilung einen Fall von echter schwerer Allergie gegen Schwämme beschrieben. Jedenfalls stehen der Zahl nach die bakteriellen Einflüsse voran, wobei man noch zwischen Vergiftungen unterscheiden kann, welche bereits in der entsprechenden Nahrung vorgebildet waren, und zwischen den echten Infektionen, wo sich der Erreger im Darmkanal vermehrt.

Pathologisch-anatomisch findet sich eine Rötung der Schleimhaut, meist auch vermehrte Schleimbildung — Veränderungen, welche sich in kürzester Zeit bis zu einer eitrigen oder hämorrhagischen oder diphtherischen, nekrotisierenden Entzündung entwickeln können. Zuweilen ist der Prozeß nur auf den Dünndarm beschränkt, viel öfter ist nur der Dickdarm maßgebend beteiligt, zuweilen beide Darmabschnitte mit Einschluß des Magens.

Die Unterscheidung zwischen funktioneller Diarrhöe und Enteritis ist durch den Stuhlbefund nur unvollkommen möglich. Der Nachweis von feinverteiltem Schleim, von Eiterkörperchen, Erythrocyten und sonstigen Zellen stellt den entzündlichen Charakter sicher, aber das Fehlen gestattet nicht, ihn auszuschließen. Auch schwerentzündliche Prozesse können einfache wässerige Stühle ohne morphologische Zellelemente produzieren. Massenhafter, vorwiegend ungemischter, insbesondere an eosinophilen Zellen reicher Schleim kommt unter dem Bilde der Colica mucosa bei nervösen und allergischen Diarrhöen vor. Zahl und Aussehen der Stühle kann ungemein variieren, sie können je nach der Art des Prozesses aashaft stinken oder sauer riechen oder wenig auffallen. Die Affektion kann schmerzlos oder von heftigen Koliken und Tenesmen begleitet sein. Das Allgemeinbefinden kann zunächst ungestört bleiben oder es kann bald ein ungewöhnliches Schwächegefühl mit verfallenem Aussehen und kleinem, raschem Puls einsetzen. Temperatursteigerung ist selten. Gewiß verläuft auch im Alter die große Mehrzahl der akuten Diarrhöen als harmlose Intermezzi, aber sie sind trotzdem als ernste Krankheiten zu beurteilen, weil auch geringe Symptome beim Beginn den gutartigen Verlauf nicht verbürgen und — insbesondere bei unzweckmäßigem Verhalten — die Entwicklung zum Schlechteren ungemein rapid sein kann. Im Alter kann eine akute Enteritis in kürzester Zeit zum Tode führen, und bei der Obduktion die einzig greifbare Todesursache darstellen, und zwar nicht nur bei besonders kachektischen Individuen, sondern auch bei kräftigen Leuten.

Vor allem möchte ich auf einen Typus aufmerksam machen, der dem Greisenalter spezifisch ist, die tödliche Dünndarmenteritis ohne Diarrhöen. Der Obduktionsbefund eines solchen Falles ist Seite 48 wiedergegeben. Ich habe im Laufe der Jahre vielleicht 30 Fälle gesehen, wo Greise unter ganz unbestimmten Erscheinungen oft ohne jede abdominale Klage, plötzlich verfielen, mit hohen Pulszahlen und ohne auf Cardiaca anzusprechen, in 1—2 Tagen ad exitum kamen. Die Obduktion ergab nichts anderes als eine akute, auf den Dünndarm beschränkte Enteritis, oft war nur die Schleimhaut gerötet und geschwollen, zuweilen mit hämorrhagischem oder eitrigem Inhalt. Der abnorme Stuhl war überhaupt nicht nach außen gelangt, was in vielen Fällen durch den Befund von ganz normalem, geformtem Stuhl im Rectum erhärtet wurde. Ich muß leider gestehen, daß die Diagnose dieser Affektion, über den vagen Verdacht hinaus, noch nie gelungen ist und daß ich auch nicht weiß, wie man die Diagnose stellen könnte, die möglicherweise lebensrettend wäre. Um ein Bild von den Veränderungen bei schweren akuten Enteritiden zu geben, führe ich einige Stellen aus Obduktionsbefunden an.

82jähriger Mann. Blutige Stühle: schwerste nekrotisierende hämorrhagische Entzündung des unteren Jejenums und oberen Ileums mit Erfüllung des ganzen Darms bis ins Colon ascendens mit Blut.

61jährige Frau verfällt und stirbt mit Schmerzen im Bauch und geringen Diarrhöen in drei Tagen. Akute hämorrhagische Gastritis und nekrotische hämorrhagische Enteritis des ganzen Dünn- und Dickdarms.

66jährige Frau. Schwere akute hämorrhagische nekrotisierende Colitis mit flüssigem Stuhl von Cöcum bis in Colon descendens. Im Sigmoid und Rectum geformter Stuhl, aber nekrotisierende Proktitis.

Therapie. Meine Erfahrungen gehen dahin, bei jeder Greisenenteritis zunächst unter Beschränkung der Nahrungszufuhr auf Tee und Schleimsuppe eine Darmentleerung mit Rizinusöl herbeizuführen. Meist sistieren darnach die Diarrhöen oder ändern ihren Charakter. Die Beschwerden treten zurück und rasche Heilung folgt. Erst nach der Wirkung des Rizinusöls werden Stopfmittel gegeben, in der Regel die einfachsten, Calcium carbonicum (4mal 2 g), manchmal mit Albumen tannicum kombiniert, bei Aufbau der Kost über Zwieback und Reis zu einer Schonungskost. Von der Apfeldiät habe ich keinen Vorteil gesehen. Ich weiß wohl, daß sehr maßgebende Autoren nur Wert auf Nahrungskarenz legen und ein Abführmittel für entbehrlich, ja für schädlich halten und unter Umständen selbst Opium verwenden, aber ich bin auf Grund von vergleichenden Versuchen von der Nützlichkeit des geschilderten Verfahrens überzeugt, insbesondere für das Senium. Alte Patienten mit Enteritis brauchen ferner die Wärme nicht nur am Bauch, sondern bei Verfall auch in Form von zahlreichen Wärmeflaschen im Bett. Sie sollen das Bett unter keinen Umständen verlassen, auf dem Wege zum Klosett oder auf diesem erfolgen häufig Schwindelanfälle und Kollapse.

Chronische Diarrhöen und Darmkatarrhe mit Ausschluß der ulzerösen Formen. Es seien vorerst alle Diarrhöen ausgeschaltet, deren Ursachen fernab vom Verdauungsapparat liegen, wie Diarrhöen bei Urämie und septischen Erkrankungen, bei schweren Tuberkulosen, bei Hyperthyreosen und Morbus Addison, bei Verbrennungen, Vergiftungen usw.

Es ist weiter zu unterscheiden zwischen Erkrankungen, welche ihren Ausgangspunkt oder zumindest ihren Hauptsitz innerhalb des Darms haben und solchen, welche durch Anomalien des Magens oder der großen Verdauungsdrüsen ausgelöst werden.

Gastrogene Diarrhöen. Es ist aus der allgemeinen Pathologie bekannt, daß rohes Bindegewebe nur durch Salzsäure-Pepsin verdaut wird, daß der Magen in der Vorverdauung der Eiweißnahrung eine wichtige Rolle spielt und daß die Pylorusaktion eine Überschüttung des Dünndarms mit Speisen verhütet.

Es ist daher fast verwunderlich, daß bei der Häufigkeit der Anazidität im Greisenalter gastrogene Diarrhöen nicht weit öfter zu finden sind. Die weitaus größte Zahl der alten Achyliker weist bei nicht besonders gewählter Nahrung normalen Stuhl, selbst Verstopfung auf. Man kann allerdings beobachten, daß viele Greise mit Anazidität instinktiv die Fleischnahrung beschränken und daß sie gröbere Fleischsorten als für sie nicht bekömmlich bezeichnen. Aber man begegnet nicht sehr oft Diarrhöen, welche man nach Stuhlbild und Erfolg der Therapie mit Sicherheit als gastrogen ansehen kann. Ihr äußeres Kriterium sind vermehrte Stühle, welche bei allgemein verschlechterter Ausnützung der Nahrung eine elektive Schädigung der Verdauung von Fleisch und insbesondere des Bindegewebes aus rohem oder geselchtem Fleische aufzeigen. Die subjektiven Beschwerden wechseln, Schmerzen, Koliken und Darmunruhe können vorherrschen oder fehlen.

Die Behandlung besteht zunächst in dem Verbot halbrohen und geselchten Fleisches — wobei sehr zarter Schinken zuweilen ausgenommen werden kann —, aller derben Fleischsorten, sorgfältiger Vorbereitung der Speisen durch Kauen oder feine Verteilung, Berücksichtigung der individuellen Verhältnisse, also absolutes Fleischverbot bei Neigung zu Fäulnis, der gröberen Gemüse bei Blähungen und Neigung zu Gärung und der Anordnung häufiger kleiner Mahlzeiten vom Charakter der Schonungskost.

Medikamentös ist das rationellste Mittel die Verabreichung von

Salzsäure mit Pepsin in großen Dosen. Es wurde bereits erwähnt, daß diese vielfach nicht vertragen werden und durch weit kleinere Mengen von Acidolpepsin oder Paraktol ersetzt werden müssen. Da durch das Ausfallen der Salzsäure wahrscheinlich auch andere Fermente in Mitleidenschaft gezogen werden, kann diese Medikation durch Verabreichung von Pankreaspräparaten (s. Pankreas S. 275) oder durch einige der üblichen Stopfmittel ergänzt werden. Man ist in solchen Fällen aber nicht mehr sicher, daß man es mit rein gastrogenen Diarrhöen zu tun hat.

Die Pankreasdiarrhöen werden im Zusammenhang mit diesem Organ besprochen werden, ebenso die Diarrhöen bei Ikterus bei den Lebererkrankungen. An dieser Stelle sei nur bemerkt, daß auch die eitrige Cholecystitis zu schweren Darminfektionen mit Diarrhöen Anlaß geben kann.

Die chronischen Darmdiarrhöen, Enteritis chronica. Das Bild dieser weicht im Alter nicht sehr wesentlich von dem sonst gewohnten ab. Die Ätiologie ist die gleiche. Die Schleimhaut zeigt in den Fällen, welche an einer anderen Erkrankung sterben, Rötung, Auflockerung, vermehrte Schleimsekretion oder Follikelschwellung. Bei den Fällen, welche der Krankheit meist in einer akuten Exazerbation erliegen, findet sich schwerste eitrige, hämorrhagische, selbst diphtherische Entzündung, oft mit Geschwürsbildung.

Die Stuhlbeschaffenheit ist sehr verschieden. Manche Kranke produzieren ohne eingehende Behandlung dauernd diarrhoische Stühle und andere wechseln zwischen Durchfall und Verstopfung. Dabei können die geformten Stühle mikroskopisch ganz normal sein, selbst den Charakter der spastischen Obstipation tragen. Da aber auch sie aus einem entzündeten Darm stammen, spricht dieser Befund dafür, daß bei langer Verweildauer im Darm auch pathologische Bestandteile, wie Schleim und Zellen verdaut werden und verschwinden. In den Durchfallsstühlen ist feinverteilter Schleim zu finden, die Ausnützung der Nahrung ist verringert, die Flora im Gram-Präparat oft verändert. Der Gehalt an Zellen, an Eiterkörperchen und Erythrocyten ist somit nicht nur von der Schwere und dem Charakter der Entzündung abhängig, sondern auch von der Lokalisation. Beteiligung der peripheren Dickdarmhälfte erhöht die Wahrscheinlichkeit und Quantität dieser Befunde und bringt auch grobe Schleimpartikel in den Stuhl.

Die wertvolle Unterscheidung zwischen Fäulnis- und Gärungsdiarrhoe ist im Alter nur a potiori anwendbar. Reine Fäulnis ist nicht oft, reine Gärung kaum jemals zu sehen, Mischformen überwiegen.

Der physikalische Befund am Bauche weist oft gesteigerte Darmtätigkeit nach, die bei schlaffen Bauchdecken auch sichtbar wird, Gurren und Kollern und Durchspritzgeräusche. Das Abdomen ist zuweilen gebläht, zuweilen eingezogen, sehr oft sind einzelne Dickdarmabschnitte spastisch kontrahiert, andere erweitert, mit Plätschergeräuschen. Druckempfindlichkeit kann diffus oder zirkumskript, besonders an den gekrampften Strecken bestehen. Die Beschwerden sind sehr wechselnd und allbekannt, im Alter kommt noch häufig ein besonderes Gefühl von Mattigkeit und Apathie dazu, auch die Eßlust ist stärker gestört als früher. Jede Erkrankung dieser Art ist als chronisch zu bezeichnen, wenn sie länger als 6 Wochen bestanden hat. Es gelingt dann wohl, die Diarrhoen zu beherrschen, aber der Darm bleibt doch geschädigt und empfindlich und die Neigung zu Rezidiven ist nicht gering.

Therapie. Es ist wohl überflüssig, die Prinzipien der Schonungskost zu entwickeln oder auf die Notwendigkeit ihrer Anpassung an individuelle Verträglichkeit und Wünsche und sonstige Erkrankungen hinzuweisen; es sind die gleichen Methoden anzuwenden wie sonst. Bei Verschlechterungen oder, wenn man bei der Behandlung der Diarrhöe über ein bestimmtes Stadium nicht hinauskommt, empfiehlt es sich, die chronische Diarrhöe vorübergehend als akute zu behandeln, also von Darmreinigung und Karenz ausgehend, die Kost wieder neu aufzubauen. Was die Medikamente anlangt, so kann man meist mit den einfachen, wie Calcium carbonicum und Albumen tannicum beginnen und damit auskommen. Der Wechsel von Diarrhöe und Verstopfung bedingt Anpassung in der Kost, wobei als Träger der Stuhlreize meist feinere Obstsorten, besonders gekocht, und die zarten Gemüse herangezogen werden. Auch Karlsbader Kuren erweisen sich bei Unregelmäßigkeiten des Stuhles im Alter zu dessen Regulierung als nützlich. Bleibt der Erfolg aus, so steht eine ungemeine Anzahl von Mitteln zur Verfügung. Es erübrigt, sie aufzuzählen, weil sie nichts für das Alter Spezifisches haben. Nur die Richtungen des Einflusses sollen bezeichnet werden: Adstringentia, Typus Tannin; Absorbentia, Typus Tierkohle; Desinfizientia (Wismut), milieuändernde (Mutaflor, Milchsäurepräparate), fermenthaltige (Pankreaspräparate usw., Takadiastase). Dazu kommen noch, je mehr die analnahen Partien des Dickdarms beteiligt sind, die Darmspülungen mit ihren Zusätzen reizlindernden, adstringierenden oder antiseptischen Charakters.

Enteritiden mit Geschwüren. Colitis ulcerosa. Die chronische Colitis steht der chronischen Ruhr nahe, der Hauptunterschied ist bekanntlich ein Negativum, das Fehlen eines Erregernachweises. Aber auch das langsamere Einsetzen, der jahrelange Fortbestand der

Geschwürsbildung sprechen für eine selbständige Erkrankung. Ihre schwersten Formen, wo die Geschwürsbildung den ganzen Dickdarm befällt, kommen im Greisenalter nur sehr selten zur Beobachtung, aus dem einfachen Grund, weil dieses einer so schweren Darmkrankheit nicht gewachsen ist. Sie ist überhaupt im Alter nicht häufig, mit Überwiegen der rectumnahen Formen.

Der Nachweis von Schleim, Eiter und Blut im Stuhl neben oder in gröberer Vermischung mit dem fäkalen Anteil sichert erst die Diagnose, wenn andere Prozesse mit demselben Symptomenbild, besonders krebsige und tuberkulöse Tumoren, ausgeschlossen wurden und wenn das Rectoskop die Geschwüre zur Anschauung gebracht hat. Es handelt sich um eine eminent chronische Affektion mit sehr geringer Neigung zu definitiver Heilung, aber oft gutem symptomatischen Ansprechen.

Therapeutisch ist neben Regulierung der Diät, welche nicht allzu streng sein muß, die Lokalbehandlung mittels Spülungen mit indifferenten und reizmildernden (Kochsalzlösung, Kamillenaufguß) oder adstringierenden Lösungen zu empfehlen. Besonders gut bewähren sich kleine Bleibeklistiere von Dermatol (2 g in gummihaltiger Lösung als Mikroklysma nach Darmreinigung). Auch von Yatrenspülungen und Emetininjektionen haben wir mit symptomatischem Erfolg Gebrauch gemacht. Bluttransfusionen heben den Allgemeinzustand und haben auch auf den lokalen Prozeß Einfluß, doch habe ich im Alter den durchschlagenden Erfolg nicht gesehen, der ihnen sonst nachgerühmt wird. Über Verabreichung von C-Vitamin-Injektionen habe ich noch keine ausreichende Erfahrung. Das ultimum refugium der Therapie ist der Anus praeternaturalis. Die Appendikostomie ist im Alter eine halbe, nicht zu empfehlende Maßnahme.

Die sonstigen Formen der Darmgeschwüre sind im Alter selten und nicht zur Alterspathologie gehörig. Wir brauchen uns mit Aktinomykose, mit Syphilis, mit Parasiten und Verbrennungsgeschwüren nicht zu beschäftigen, nicht mit den Geschwüren bei Sepsis und anderen Infektionskrankheiten, bei Urämie und Quecksilbervergiftungen. Die Geschwüre des Typhus und der Dysenterie sollen bei den akuten Infektionskrankheiten erörtert werden. So bleiben, als von einiger Wichtigkeit, nur mehr die tuberkulösen Geschwüre.

Die Darmtuberkulose tritt im Alter in zwei Formen auf: als tuberkulöse Tumoren meist im Colon ascendens, welche differentialdiagnostisch von den Darmkrebsen abzugrenzen sind und auch im Anschluß an diese behandelt werden sollen, und ferner als flache, meist multiple Geschwüre, welche in sehr verschiedener Anzahl die unteren Teile des Dünndarms und des Dickdarms einnehmen können.

Der Stuhlbefund ist mit den normalen Methoden erhoben, wenig charakteristisch verändert. Blut fehlt meist makroskopisch, ist chemisch sehr unregelmäßig nachweisbar, bei ausgedehnten und tiefersitzenden Geschwüren findet man häufig, doch nicht regelmäßig Leukocyten und Schleim. Der Nachweis von Koch-Bazillen beweist nur dann etwas, wenn verschluckte Sputumbazillen ausgeschlossen werden können, wird aber jeden Verdacht sehr bestärken.

Klinisch kann eine geschwürige Darmtuberkulose ganz latent verlaufen. Dies ist im Alter meist der Fall. Zuweilen macht sie Diarrhoen, die durch ihre besondere Hartnäckigkeit auffallen oder der sonstige Befund bringt Anhaltspunkte.

Die Therapie ist einerseits auf Hebung des Allgemeinbefindens, anderseits rein symptomatisch gegen die Diarrhoen gerichtet.

Die Diagnose hängt davon ab, ob anderweitige Manifestationen oder die besondere Art der Diarrhoen die Aufmerksamkeit nach der Richtung der Tuberkulose lenken und ob dann deren Nachweis gelingt. Ich habe mehrfach beobachtet, daß bei Geschwürbildung im Darme, auch bei tuberkulösen Geschwüren, Zeichen von Polyneuritis auftreten. Polyneuritische Symptome können daher auch die Diagnose der Tuberkulose und der Geschwürsbildung überhaupt stützen.

Eitrige lokalisierte Darmentzündungen. Die akute Appendizitis ist im Alter keineswegs selten, allerdings sinkt die relative Häufigkeit sehr beträchtlich im Vergleich mit früheren Jahren. Das läßt sich an den Obduktionsstatistiken nachweisen. Die klinischen Diagnosen spielen dabei eine geringere Rolle, denn die Erkrankung wird im Alter sehr oft nicht erkannt.

Der Blinddarmfortsatz selber ist im Senium häufig durch Residuen alter Prozesse in seiner Lage und seiner Beschaffenheit geändert und verwachsen. Eine spezifische Altersveränderung ist die Neigung zur Obliteration und Verkürzung. Wahrscheinlich hängt damit die bedeutende Abnahme der Frequenz der Entzündung zusammen. Diese zeichnet sich aber durch ihre besondere Neigung zur Vereiterung, Nekrose und zum Durchbruch aus. Die Prozesse der Verklebung und Abkapselung von seiten des Peritoneums sind vermindert.

Die Blinddarmentzündung im Alter entspricht nur selten dem gewohnten Bild mit spontanen Schmerzen, der Druckempfindlichkeit an typischer Stelle und Fieber. Solche Fälle brauchen uns auch nicht weiter zu beschäftigen. Die häufigeren und gerade die schweren und gefährlichen Erkrankungen weisen nur geringe subjektive und objektive Lokalsymptome bei vieldeutigen Allgemeinsymptomen auf. Immerhin werden Spontanschmerzen zuweilen angegeben. Sie sind selten sehr stark, oft muß man darnach fragen. Sind sie vorhanden, so müssen sie von den zahlreichen Schmerzursachen dieser Gegend und weiter von dem aus dem Brustraum irradiierten Schmerzen (Pneumonie, Pleuritis) abgetrennt werden. Fehlen sie, so ist die lokale Druckempfindlichkeit zu beachten. Es kommt vor, daß diese völlig ausbleibt, in der Regel wird sie aber übersehen und nicht verwertet, weil sie so sehr viel geringer ist als in früheren Jahren. Daß Druckempfindlichkeit in der Blinddarmgegend ein vieldeutiges und zu keiner Diagnose berechtigendes Symptom ist, braucht nicht begründet zu werden. Sehr wichtig sind auch geringe Grade der Bauchdeckenspannung, wichtig der Umstand, ob plötzliches Nachlassen des Druckes schmerzt, ob ein Psoasphänomen besteht, ob das Rovsingsche Symptom nachweisbar ist — denn diese Symptome fehlen meist den irradiierten Schmerzen. Sie sind aber nicht regelmäßig zur Unterscheidung von abdominalen Konkurrenzursachen (Niere, Blase, weibliches Genitale, Dickdarm) zu verwerten, zumal man mit unbestimmten und widersprechenden Angaben rechnen muß. Hier ist nun die Beurteilung des Allgemeinzustandes von Bedeutung. Ein von schwerer Appendizitis Befallener liegt anders da als einer, der eine der harmloseren Ursachen der Ileocöcalschmerzen hat, er unterscheidet sich aber auch im Habitus von der einsetzenden Pneumonie mit ihrer erhöhten Atemfrequenz, ihrer Erregung, er ist blasser, verfallener, „peritonealer“. Die Leukocytose ist meist sehr hoch; ihr Fehlen bei ungünstiger Kernverschiebung ist ein sehr schlechtes Zeichen. Die Senkungsgeschwindigkeit ist hochgradig gesteigert, die Temperatur, auch bei rektaler Messung, meist wenig erhöht, oft normal, der Puls ist frequent. So setzt sich die Diagnose Appendizitis im Alter aus der Verwertung verschiedenartiger Momente zu einem oft wenig standfesten Ganzen zusammen. In den ersten Jahren meiner Tätigkeit an der Abteilung blieben die meisten Fälle undiagnostiziert, und dies ist in der allgemeinen Praxis sicher sehr oft der Fall. Heute wird bei uns fast immer mindestens der Verdacht geäußert. Verdacht haben bedeutet gewiß mehr als ahnungslos sein, aber es bedeutet auch Nichtwissen und auch Unsicherheit in der Beurteilung des Grades der Veränderungen. So kann es vorkommen, daß sich der eine Verdachtsfall als eine nekrotisierende Appendizitis erweist und der andere als eine Täuschung.

Der Schwierigkeit der Diagnose entsprechend, ist auch die Therapie unsicher. Die Aufgabe liegt für den Internisten und Praktiker vorwiegend in der Indikationsstellung zur Operation. Bei dem Wert der Frühoperation kann man in früheren Lebensperioden ruhig den Standpunkt vertreten, daß bei Verdacht zu operieren sei. Denn zehn unnütze Operationen wiegen nicht die Gefahren einer versäumten auf. Dies gilt aber vom Alter durchaus nicht, vor allem weil man möglicherweise bei den Zuständen operiert, welche diagnostisch neben einer Appendizitis in Betracht kommen. Die Mortalität solcher Fehloperationen ist hoch, durch Versagen des Herzens, Darmlähmungen, Pneumonien usw. hervorgerufen. So bleibt nichts anderes übrig als zu operieren, wenn der Allgemeinzustand es erlaubt und wenn man die überwiegende Wahrscheinlichkeit einer Appendixaffektion annimmt, und die Operation zu unterlassen, wenn dies nicht der Fall ist. Die Anzahl der Fehlentscheidungen kann man durch Erfahrung herabsetzen, man kann sie aber nicht ausschalten. Der Verlauf unoperierter Fälle und insbesondere solcher, wo die Patienten die Operation verweigern, gibt Einblick in den Verlauf der schweren Altersappendizitis. Sie führt in der Mehrzahl der Fälle zur Nekrose und allgemeiner oder abgesackter Peritonitis, die letztere unter dem Bild eines appendizitischen Tumors, der sich resorbieren, aber auch in den Douglas durchbrechen oder zum retroperitonealen Abszeß werden kann. Leichtere Fälle, welche wegen ihres günstigen Blutbefundes oder wegen ihrer Weigerung nicht operiert werden, bilden sich meist rasch zurück, oft bleibt die Diagnose in solchen Fällen unsicher.

Pericolitis, Perisigmoiditis. Außer der Perityphlitis gibt es noch einen Vorzugssitz der Entzündung, welche sich um den Darm entwickelt. Das ist die Perisigmoiditis. Ihre Ausgangspunkte sind neben den geschwürigen und karzinomatösen Prozessen vorwiegend die Entzündungen der Divertikel. Im Rectum alter obstipierter Leute finden sich sehr häufig, oft massenhaft und in Reihen angeordnet, kleine Schleimhautausstülpungen, die Graserschen Divertikeln. Sie sind mit eingedicktem Darminhalt gefüllt. Von diesen können Entzündungen ausgehen und auf die Umgebung übergreifen, auch zur diffusen Peritonitis führen. Dies kann Abszeßbildung, Phlegmonen und die Entstehung länglicher Tumoren in der linken Darmgrube zur Folge haben, welche sich von Kottumoren durch ihre Schmerzhaftigkeit, durch Fieberbewegungen und Leukocytose unterscheiden. Die Differentialdiagnose gegenüber Sigmatumoren erfolgt durch rektale, rektoskopische und röntgenologische Untersuchung.

Die Therapie erfordert Regelung der Diät, um einen weichen Stuhl zu erzielen, Ruhe, antiphlogistische Maßnahmen, Spaltung reifer Abszesse, die sich im Rectum oder Douglas vorwölben. Bei Bildung chronischer Tumoren können Stenoseerscheinungen auftreten und operative Eingriffe veranlassen, welche die Darmausschaltung bedingen; meist liegt dann Verwechslung mit Karzinom vor.

Die habituelle Obstipation. Ein großer Teil der alten Leute ist obstipiert. Wenn man zunächst alle Verstopfungen aus anatomischen Gründen gröberer Art ausschaltet, wie dies dem Schema der habituellen Obstipation zukommt, so ist die Zahl dennoch enorm groß. Ich möchte sie für Wien auf etwa ein Viertel der Alten schätzen. Ein Hauptgrund ist in den meisten Fällen eine Nahrung, welche nicht genug Schlacken enthält, nicht genug Reiz auslöst, wobei dieses Minus teils nur auf unzweckmäßige Eßgewohnheiten zurückgeht, teils aber zur Schonung des Magens und zur Vermeidung von Blähungen und Belastung des Darms wünschenswert ist. In anderen Fällen führt abnorme Gestaltung oder Funktion einzelner Darmabschnitte zur Verstopfung. Man findet große und sehr geräumige Dickdärme, welche ohne zurHirschsprung-Krankheit, der konstitutionellenDickdarmerweiterung, zu gehören, doch den Stuhlmassen sehr viel Raum geben. Besonders oft ist bei gutem Sphinktertonus die Ampulle stark dilatiert und mit Stuhl erfüllt. Knickstellen bilden Grenzen für die Stuhlansammlung. Bei anderen weist die typische spastische Beschaffenheit des Stuhls und der Nachweis eng kontrahierter Darmstrecken bei der Palpation auf eine spastische Genese hin, wieder in anderen besteht der Stuhl aus harten, trockenen, mittelgroßen Knollen, wie sie in den durch Haustren abgeteilten Darmabschnitten, durch das Spiel von Peristaltik und Antiperistaltik entstehen, förmlich ausgepreßt und ausgetrocknet. Ich habe bis jetzt die rein atonische Form nicht angeführt, die als häufigste gilt. Ich muß mich als Ketzer bekennen und sagen, daß ich nicht an sie glaube. Ich zweifle nicht daran, daß bei der Obstipation viele Darmabschnitte erweitert sind und ein Minus an Peristaltik aufweisen, wohl aber daran, daß dieses Minus die wesentliche Ursache der Obstipation ist. Diese beruht meines Erachtens immer auf einem Mehr an Widerstand, sei dieser nun anatomischer Natur oder gehe er auf Spasmen oder Antiperistaltik zurück. Wenn der Ausfall langer Darmstrecken, etwa bei dem infiltrierenden Lymphosarkom des Darms nicht mit Obstipation verbunden ist, wenn eigene tierexperimentelle Untersuchungen gezeigt haben, daß man sehr große Darmstrecken entmuskeln kann, ohne die Stuhlentleerung zu verhindern, so scheint auch die Atonie einzelner Darmabschnitte nicht geeignet, zur Obstipation zu führen, wenn man von der totalen Darmlähmung absieht. Jede sogenannte atonische Obstipation scheint mir zumindest als atonisch-spastisch entstanden.

Ebenso wie in jüngeren Jahren ist auch im Alter die Reaktion der einzelnen Individuen auf ihre Verstopfung durchaus verschieden. Manche Greise fühlen sich bei Obstipation wie vergiftet, sind deprimiert und unlustig, klagen über Kopfschmerzen und Schwindel, über Angstgefühl und Kurzatmigkeit, und all dies ist nach einer Entleerung verschwunden. Andere weisen nur lokale Beschwerden auf, Blähungen, das Gefühl der Völle, unangenehme Sensationen im Bauch bis zu Schmerzen und Colitis. Und wieder für andere ist eine

Verstopfung eine gleichgültige Sache, die durch eine Reihe von Tagen ganz beschwerdelos ertragen wird. Der Stuhlabgang wird erstrebt, weil man weiß, daß sich das so gehört und weil es gewünscht wird.

Ein Zustand, der bereits früher erörtert worden ist, ist nun noch von einer anderen Seite zu betrachten, ich meine die hypochondrische Überwertung des Stuhls, die Stuhlneurose. Es gibt, auch außerhalb des Gebietes der senilen Demenz, in nicht geringer Anzahl Greise, welche ihrem Stuhl eine ganz übertriebene und groteske Aufmerksamkeit schenken, deren Sinnen und Trachten sich weitgehend um diesen dreht. Es sind wirklich Obstipierte darunter und solche, welche täglich spontan ihren ausreichenden Stuhl haben, nur können sie nie genug Stuhl bekommen, sie denken Stuhl und sprechen Stuhl und leugnen, daß sie Stuhl gehabt haben, auch wenn sie erfolgreich Abführmittel oder Einlauf genommen haben. Sie quälen sich und ihre Umgebung mit dieser Manie, die wenig beeinflußbar ist und infantilistische Züge aufweist.

Komplikationen der habituellen Obstipation im Alter sind insofern zu verzeichnen, als sich durch langes Liegenbleiben harter Knollen Dekubitalgeschwüre bilden können. Ferner kann es zur Entstehung von Divertikeln, insbesondere den Graserschen Divertikeln des Rectums kommen, die bereits als Ausgangspunkt von Entzündungen besprochen wurden. Daß Verstopfung des Rectums mit alten Stuhlmassen auch zu Ileus führen kann, ist bekannt.

Therapie der habituellen Obstipation. Man kann die Obstipation im Greisenalter nicht anstehen lassen, aber es ist die Frage zu stellen, ob man sie immer rationell behandeln muß. Es gibt sehr viele Greise, welche sich mit ihrer Verstopfung in einer Weise abgefunden haben, welche prinzipiell nicht als zweckmäßig anzusehen ist, sich aber individuell bewährt. Alte Frauen trinken seit Jahrzehnten einen Abführtee und andere nehmen täglich einen Einlauf. Man braucht im Alter solche Maßnahmen nicht zu ändern, so lange keine Schäden auftreten. Ich bin nicht doktrinär genug, um in solchen Fällen meine Vorlieben zur Geltung zu bringen.

Als rationellste Therapie der Obstipationsformen muß man die diätetische ansehen, die Vermehrung des Stuhlreizes und der Menge durch die Art der Nahrung. Auf die Auswahl der Grobkost und der peristaltikerregenden Kost gehe ich nicht ein, sie kann überall nachgelesen werden; sie ist auch im Alter meist erfolgreich. Die Schwierigkeit liegt im Senium, neben dem Widerstand gegen Umgewöhnung, oft an Appetitmangel, der die erhöhten Nahrungsmengen zurückweist, und an Blähungen infolge Häufung von Cellulose. Wird ohne diätetisch ausreichende Hilfe Vermehrung der Stuhlmasse er-

strebt, so kommt Paraffin oder Agar-Agar (Regulin) u. dgl. in Frage.
Aber auch die Verordnung von Sulfaten (Bittersalz, Karlsbader Salz
in vielen Mischungen) vermehrt durch Behinderung der Wasser-
resorption die Stuhlmenge. Alle Mittel, welche auf den Dickdarm
wirken, können gelegentlich reizen und zu Koliken und Diarrhöen
führen, sie verlieren oft die Wirkung, stellen aber die Hauptmasse
der üblichen Abführmittel. Es liegt mir ferne, sie in ihren reinen Formen und in ihren Mischungen auch nur anzuführen, die hauptsäch-
lichsten sind die Anthrachinonderivate aus der Pflanze wie aus der
Retorte, so Senna, Aloe, Istizin, ferner Phenolphthaleinkörper,
schwefelhältige Präparate usw.

Immer wieder gibt es aber unter den Greisen Verstopfungs-
formen, welche auf keine Art der diätetischen und Abführtherapie
zu einem entsprechenden Stuhlgang gebracht werden können oder nur
unter Kolikschmerzen und Diarrhöe. In diesen Fällen wird viel zu
selten die Anwendung von Belladonna oder Atropin versucht, also
die Berücksichtigung der spastischen Komponente. Atropinpräpa-
rate sind, zuweilen oft in Kombination, das richtige Mittel auch dort,
wo die spastische Obstipation nicht typisch verläuft.

Einläufe sind mehr ein Mittel zur Behandlung der akuten als der
chronischen Obstipation, weil sich der Darm allzu leicht an sie ge-
wöhnt, dann schwer auf anderes anspricht, ferner weil sie unter Umständen zu Reizerscheinungen bis zu Colitiden und Schleimkoliken
führen können. Aber es wurde schon erwähnt, daß manche Patienten
sie durch Jahre anstandslos vertragen; bei Dickdarmerweiterung ist
von ihnen mindestens intermittierend Gebrauch zu machen, um eine
weitgehende Darmentleerung zu erzielen, die vollkommenste Methode
dafür ist der Enterocleaner.

Die rein rektalen Formen (Dyschezie, Torpor recti) erfordern
auch rektales Eingreifen, das bei harten Stuhlmassen zunächst in
deren Erweichung und Ausräumung bestehen kann, regelmäßig aber
auf Erzielung des Stuhls durch Bemühung des Patienten, eventuell mit Hilfe eines Rectumreizes, wie eines Glyzerinsupposito-
riums oder einer kleinen Spritze, angewiesen ist. Zweckmäßig und
angenehm sind auch die Lecicarbonzäpfchen, welche Kohlensäure
entwickeln (Gläßner) oder die Verwendung von Gallensäure-
präparaten (Singer).

Akute Obstipationen treten im Alter häufig auf, trotz der
üblichen Mittel, sie können durch Tage andauern und den Allgemeinzustand schwer schädigen. Sie werden oft reflektorisch durch
andere Abdominalkrankheiten ausgelöst, so durch Gallen- und
Nierenkoliken, durch alle Arten von fieberhaften Erkrankungen und
Operationen, aber sie treten auch anscheinend spontan oder nach

einem Diätfehler auf. Wenn die üblichen Mittel, unter denen der Einlauf, Rizinus und Mineralsalze voranstehen, versagen, so können bei schweren Zuständen die gleichen Injektionsmittel notwendig werden, welche beim Ileus näher erörtert werden.

Meteorismus. Meteorismus ist nur ein Symptom. An dieser Stelle soll weder von dem akuten Meteorismus die Rede sein, wie er den Darmverschluß kennzeichnet oder wie er reflektorisch bei schweren Erkrankungen im Bauchraum ausgelöst wird, noch seinem Auftreten als Teilerscheinungen von Verstopfung oder Diarrhöe. In allen diesen Fällen ist die Genese klar und die Therapie die des Grundleidens. Es sollen nur die im Alter so häufigen chronischen Blähungszustände erörtert werden, welche isoliert oder innerhalb eines Krankheitsbildes eine mehr selbständige Stellung einnehmen. Meteorismus bedeutet eine abnorme Ansammlung von Gas im Bauch, und Flatulenz heißt Abgang von viel Gas per vias naturalis. Voraussetzung ist, daß entweder zuviel Gas in den Darm gelangt, z. B. durch Luftschlucken, oder daß es durch örtliche Bildung dort entsteht, oder nicht ausreichend resorbiert wird. Es findet dann entweder als Meteorismus keinen Ausweg oder vermehrten Abgang als Winde. Es ist klar, daß Enteritis meist die Bildung der Gase vermehrt und daß Verstopfung ihnen den Weg versperrt, aber auch ohne diese beiden Faktoren führen Anomalien der Verdauung zu vermehrter Gasbildung, durch Gärung aus den cellulosehaltigen blähenden Speisen, besonders bei Abnahme der fermentativen Kräfte. Resorptionsstörungen finden sich bei Herzinsuffizienz, bei Störungen im Pfortaderkreislauf, bei Darmarteriosklerose. Alle diese Vorbedingungen sind im Alter weit häufiger gegeben.

Das Abdomen ist im ganzen oder in einzelnen Teilen erweitert, härter bis zum Trommelbauch, der tympanitische Schall zunächst lauter und tiefer, bei extremer Spannung wieder leiser werdend. Die subjektive Reaktion wechselt. Sie kann fast fehlen. Leute mit sehr hartem Bauch äußern zuweilen keine Beschwerden, andere klagen nur über ein Gefühl von Fülle und Beengtheit, wieder andere leiden schwer, bis zu Atemnot und Koliken.

Die Therapie ist zunächst die des Grundleidens. Je nach der Sachlage können so verschiedene Dinge wie Digitalis oder ein Abführmittel oder Diuretin indiziert sein. Die mehr selbständigen Blähungszustände müssen prophylaktisch vor allem durch die Vermeidung von „blähenden Speisen" verhindert werden, von denen im allgemeinen gewisse Gemüsesorten, wie Kohl, Kraut und Hülsenfrüchte, gröberes Brot, frische Germspeisen, Zutaten, wie Zwiebel, Knoblauch und Rettig, voranstehen. Dadurch wie durch Bekämpfung des Luftschluckens wird die Bildung der Gase verhindert. Ihre Entleerung kann durch Antispasmodika, wie Atropin oder Papaverin, erleichtert werden, doch sind dies in der Regel nicht die Mittel der Wahl, sondern es werden eher die sogenannten Carminativa angewandt, welche mit einer gewissen Förderung der Peristaltik, wahrscheinlich auch eine solche der Resorption vereinigen (Typus Aqua carminativa). Von besonderer Wirkung scheint mir ein einfaches und wenig bekanntes Medikament zu sein, nämlich Spiritus camphoratus, innerlich, mehrmals täglich acht Tropfen in Wasser. Auf die muskelentspannende Wirkung des Camphers hat Wiechowski hingewiesen. Worauf die besonders gute Wirkung bei Blähungen noch weiter zurückzuführen ist, kann ich nicht sagen. Tierkohle bewährt sich höchstens in Verbindung mit Abführmitteln, wie im Eucarbon. Luicymtabletten, welche ein cellulosespaltendes Ferment enthalten und Pankreaspräparate können versucht werden. Bei Hochdruck und Arteriosklerose sieht man auch Erleichterung durch die Purinkörper, wie Theobromin, natr.-salicyl oder Theocamphor, wahrscheinlich durch Verbesserung der Resorption und Durchblutung.

Darmverengerung und Darmverschluß. Beide Zustände sind im Alter relativ häufig und als Todesursache von Bedeutung. Quantitativ ausschlaggebend sind für die Verengerung die stenosierenden Krebse und für den Ileus die Inkarzerationen von Hernien. Es kommen aber auch alle anderen pathologisch-anatomischen Ursachen zur Beobachtung, Stenosen durch entzündliche Geschwülste wie bei Tuberkulose und Lues, durch Kompression von außen, durch Tumoren und Drüsen, durch Obturation, wie durch große Gallensteine oder harte Kotmassen. Relativ häufig sind im Alter der Volvulus durch Achsendrehung eines Dickdarmstückes, aber man findet auch Abschnürungen durch entzündliche Stränge usw., um nur die wichtigsten Ursachen anzuführen.

In den meisten Fällen variiert auch im Alter das Bild in der bekannten Weise, je nachdem es sich um Stenosen handelt, die sich allmählich ausgebildet haben, oder um plötzlich einsetzende Verschlüsse. Eine Vorgeschichte von Verstopfung, Blähung und Koliken, im Anfalle deutlich sichtbare Steifungen der ausgedehnten Schlingen oberhalb der Verengerung als Ausdruck der Muskelhypertrophie kennzeichnen den Zustand der Stenose; plötzlich auftretender Meteorismus, das raschere Einsetzen der Allgemeinsymptome, das Diffusere der Blähung, das Verschwinden der Flatus, das stärkere und oft fäkulente Erbrechen sprechen für Ileus.

Diese Erscheinungen sind jedoch durchaus nicht verläßlich. Ein schwerer Ileus mit höchstgradigem Meteorismus kann das erste klinische Zeichen eines eng stenosierenden Rectumkarzinoms sein und die Inkarzeration einer Hernia, bei welcher die Operation schon schwerste Darmerscheinungen aufzeigt, kann mit sehr geringen Allgemeinerscheinungen einhergehen. Oft steht auch nur der Verfall im Vordergrund und erst die Untersuchung des Abdomens ergibt den Meteorismus und die Bauchdeckenspannung, auf die keine Klagen hinweisen. Die Abtrennung solcher Zustände von dem einfachen akuten Meteorismus kann sehr unsicher sein, zumal auch dieser unter den Erscheinungen eines dynamischen Ileus verlaufen kann. So trat bei einem 75jährigen Greis plötzlich eine so hochgradige Blähung und Verfall auf, daß an dem Bestehen eines anatomischen Hindernisses nicht gezweifelt wurde, nur die Tatsache, daß der Patient die vorgeschlagene Operation strikte ablehnte, gab Gelegenheit, die internen Injektionsmittel konsequent und mit vollem Erfolg anzuwenden. Die genaue Durchuntersuchung nach dem Anfall konnte keine organische Darmveränderung feststellen. Noch ein zweiter analoger Anfall wurde überstanden, dem dritten erlag der Patient einige Monate später. Die Obduktion zeigte den Dickdarm bis zu Schenkeldicke erweitert, aber kein anatomisches Hindernis. Man kann dem allgemeinen Meteorismus den begrenzten gegenüberstellen, der für die Lokalisation des Hindernisses wichtige Aufschlüsse gibt. Grenze ist z. B. die Einmündungsstelle des Darms in eine Hernie bei der Inkarzeration. Der Dickdarm, ein Teil des Dünndarms oberhalb des Hindernisses kann sich als dilatiert erweisen. Man kann ferner den lokalen, nach beiden Seiten abgegrenzten Meteorismus eines Volvulus unterscheiden, Plätschern, Metallphänomene, Dämpfungen über höchstgespannten Partien können diagnostisch verwertet werden.

Soweit es sich um Fälle handelt, bei denen nach den Lokalsymptomen oder dem Allgemeinzustand, z. B. Koterbrechen, die Diagnose sicher zustellen ist, sind weitere Erörterungen überflüssig, da die Analogie zu früheren Perioden gilt. Im Alter sind aber die unklaren Fälle weit häufiger, wo ein hochgradiger Meteorismus mit einer akuten Verstopfung das Bild des Ileus imitiert oder ein echter Verschluß ohne stürmische Erscheinungen verläuft. Wo immer Zeit und Gelegenheit da ist, soll man die Röntgenuntersuchung heranziehen. Ein Röntgeneinlauf ist nicht komplizierter als ein einfacher und oft therapeutisch ebenso nützlich. Er gewährt aber die wichtigsten Aufschlüsse über Bestehen und Lokalisation eines Hindernisses im Dickdarm. Und wenn eine Füllung vom Magen aus überhaupt möglich ist, gibt auch die Art der Gasblähung und die Flüssigkeitsansammlungen im Dünndarm mit ihren Niveaus, ja es gibt selbst die einfache Durchleuchtung ohne Füllung Momente für die Entscheidung. Wenn der allgemeine Meteorismus bei relativ gutem Allgemeinbefinden einsetzt, kann zugewartet werden, aber der Umschlag erfolgt oft plötzlich. Bei schlechtem Allgemeinbefinden ist die Ausdeutung der Lokalzeichen wichtig. Ein wenig Empfindlichkeit an der Bruchpforte, ein leichter Metallklang, Differenzen in der Bauchdeckenspannung können im Zweifelsfall entscheiden. Es kommt in solchen Fällen auch auf Imponderabile an, auf Eindrücke und Erinnerungen — aber sie täuschen. Es wird keinen erfahrenen Arzt geben, der sich in solchen Fällen nicht geirrt hätte, der operiert hätte, wo es besser unterblieben wäre, oder der ein nötiges Eingreifen nicht allzu lange hinausgeschoben hätte. Was immer man noch heranzieht, die Rektaluntersuchung und die Beurteilung der Blähung vom Mastdarm aus, die Menge der Fäulniskörper im Harn, man ist im Alter an der Grenze der internen Diagnostik, und oft entscheidet erst der Befund bei der Probelaparotomie.

Die Therapie ist in allen sichergestellten und nicht von vornherein aussichtslosen Fällen von Stenose und Ileus die Operation, je nach der Sachlage, von der Herstellung eines normalen Weges bis zur Anlegung eines Anus praeternaturalis. Nur wenn die Operation abgelehnt wird und in der Periode. wo die Indikation dazu noch nicht feststeht, kommt die innere Therapie zu ihrem Recht. Sie wird stets mit den üblichen Einläufen — ein Enterocleaner wird selten zur Verfügung stehen — und den reizlosen Abführmitteln, wie Rizinusöl beginnen, aber dann zu den Injektionen greifen. Es gilt, Spasmen zu beseitigen und kräftige Peristaltik auszulösen. Aus früherer Zeit sind zwei Vorgehen überliefert, die scheinbar entgegengesetzt sind, sich aber beide bewährt haben: Physostigmin ($^1/_2$—1 mg subkutan) oder Atropin (am besten intravenös $^1/_2$—1 mg). Der Gegensatz ist nur scheinbar, denn die Peristaltik ist ein Mittel, einen Spasmus zu beseitigen und Atropin ist kein darmlähmendes Mittel. In neuerer Zeit sind andere Injektionen in den Vordergrund getreten, Hypophysin, bzw. Tonephin in großen Dosen, Peristaltin, ebenso Neohormonal und Acetylcholin. Sie müssen unter Berücksichtigung und Behandlung des Zirkulationsapparats in Abständen gegeben werden, bis die Wirkung eintritt oder die Entscheidung zur Operation fällt oder der Fall als aussichtslos durch Alkaloide in seinen Leiden Erleichterung findet. Bei Koterbrechen wirken Magenspülungen wohltätig.

Echte und entzündliche Darmtumoren. Unter den Karzinomen stehen die Dickdarmkrebse, unter den entzündlichen Tumoren die Tuberkulose weitaus im Vordergrund. Wohl gibt es auch Sarkome, Dünndarmkrebse und gutartige Tumoren, Geschwülste auf Basis von Aktinomykose und Lues, aber sie sind doch nur Ausnahmsfälle und haben wenig Beziehungen zur Alterspathologie. Als selbsterlebtes

Kuriosum möchte ich nur eine tödliche Blutung durch den Durchbruch eines nußgroßen Leiomyoms des Jejunums in das Darmlumen bei einer 63jährigen Frau berichten. Relativ häufig sind von gutartigen Geschwülsten nur die Polypen, welche isoliert oder gehäuft, selbst als massenhafte Polyposis, meist im Dickdarm auftreten können, zuweilen Quellen von Blutungen sind oder sich malign umwandeln. Sie können dann auch reichlich Metastasen setzen, ohne lokal in die Muskulatur einzudringen.

Die Dickdarmkrebse sind häufige Tumoren. Über 10% der Krebse gehören dazu, sie sind bei Männern häufiger als bei Frauen. Sie erreichen ihr Maximum der Frequenz im 7. Jahrzehnt, sind aber auch noch zwischen 70 und 80 Jahren häufiger als zwischen 40 und 50. Die Hälfte gehört dem Rectum an, die restlichen verteilen sich in abnehmender Frequenz auf die sonstigen Prälidektionsstellen des Sigmas, des Cöcums, des Colon ascendens und descendens und die Flexuren.

Das Rectumkarzinom ist, wenn es Erscheinungen hervorruft, ein stenosierender, blutender oder geschwüriger Tumor. Abgang von Schleim, Unregelmäßigkeit des Stuhlgangs, Meteorismus, Kreuzschmerzen und Ischiasschmerzen lenken die Aufmerksamkeit auf den Mastdarm. Häufig ist es aber sehr lange latent, und es wurde erwähnt, daß ein plötzlich auftretender Ileus sein erstes Symptom sein kann. Meist sind aber doch irgendwelche Dickdarmsymptome anscheinend harmloser Natur vorangegangen, welche als gewöhnliche Obstipation oder Hämorrhoidalblutungen erschienen. Es hat keinen Sinn, die Differentialdiagnose lange zu erörtern, denn es ist entweder dem tastenden Finger oder einem kurzen Rektoskop erreichbar. Dabei kann es gewiß noch Schwierigkeiten der Unterscheidung, etwa zwischen dem Rectumkarzinom und einer entzündlichen Geschwulst oder einem Proktalgeschwür, oder einem Polypen geben, aber die Diagnose eines Rectumkrebses ist leicht, wenn die Mastdarmuntersuchung nicht unterlassen wird. Es werden dann nur die dem Finger nicht erreichbaren Krebse in ihrem Latenzstadium unerkannt bleiben. In Zweifelsfällen entscheidet die Probeexzision.

Das Rectumkarzinom ist in der Mehrzahl der Fälle ein sehr bösartiges Leiden, welches unter krebsigem oder entzündlichem Übergreifen auf die Nachbarschaft, oft unter Verjauchung, oder unter Ileuserscheinungen, oder durch Kachexie zum Tode führt, wenn es nicht operiert wird. In einer immerhin nicht geringen Minderzahl — ich möchte sie fast auf ein Drittel schätzen — ist der Verlauf im Alter protrahiert und relativ gutartig, die Erscheinungen bleiben stationär und das Karzinom wird, wie es ist oder palliativ operiert, durch lange Zeit, zuweilen durch viele Jahre getragen. In einem durch die Obduktion bestätigten Falle waren seit der Anlegung eines Anus praeternaturalis 14 Jahre verstrichen.

Die übrigen Dickdarmkrebse werden durch die Vereinigung mehrerer der folgenden Symptome wahrscheinlich gemacht: Palpabler Tumor, Abgang von Blut, Schleim, Eiter im Stuhle, Obstipation oder Wechsel von Diarrhöe und Verstopfung, Meteorismus, Stenosenerscheinungen. Die Sicherung der Diagnose, der Zugehörigkeit des Tumors zum Darme und die Lokalisation erfolgt, soweit die Palpation nicht ausreicht, durch den Röntgenbefund, der am Darme Stauung, Stenose und insbesondere Aussparungen zeigt. Am Cöcum und Colon ascendens kann die Unterscheidung von einem tuberkulösen Tumor auf Schwierigkeiten stoßen, aber sie ist bei der gleichen operativen Indikation nicht so wichtig. Diagnostische Probleme bieten die tiefsitzenden Sigmakarzinome, welche zwischen dem Bereiche der Rektoskopie und der Palpation an einer unzugänglichen Stelle gelegen sein können. Ich will dies an einem Falle demonstrieren: Ein 70jähriger Landarzt klagt über Blutabgang aus dem Darm, Kolikschmerzen, die Untersuchung ergibt einen Tumor links oben. Nichts erscheint einfacher als die Annahme: Flexurkarzinom, aber Röntgenuntersuchung und Rektoskopie geben keinen Anhaltspunkt. Der Tumor ließ sich dann einwandfrei als eine Steinniere erkennen, die Blutungen finden in Hämorrhoiden ihre Erklärung. Regelung der Lebensweise, Wohlbefinden durch mehr als ein Jahr. Neuerliche Blutabgänge, Koliken, Schwächegefühl. Wieder Röntgeneinlauf und Rektoskopie ohne Resultat. Aber zunehmende Entkräftung. Erst drei Monate später wird bei einer Röntgenuntersuchung, die eine besondere Autorität auf dem Gebiete der Dickdarmröntgenologie (G. Schwarz) durchführt, der Verdacht eines Tumors geäußert. Die Operation ergibt ein nicht stenosierendes Karzinom, welches sich aus Polypen entwickelt hatte. Radikaloperation ist möglich, doch stirbt der Patient an Komplikationen.

Therapie. Die operablen Fälle müssen der Operation zugeführt werden. In den besten Händen, nicht bei Durchschnittschirurgen, ist die Mortalität sehr gesunken, sind die Dauerresultate verbessert worden. Die Aussichten auf Heilung sind bei Darmkrebsen in höherem Alter insofern besser, als die Neigung zu Metastasierung abnimmt. Die Erfolge sind aber noch weit davon entfernt befriedigend zu sein und werden auch durch Röntgen- und Radiumtherapie nicht entscheidend gebessert. Der zeitlichen Besserung dadurch stehen auch Schädigungen infolge Nekrosen und Durchbrüchen gegenüber. Die übrige Therapie ist symptomatisch.

Die tumorbildende Darmtuberkulose ist fast ausschließlich im Cöcum und Colon ascendens lokalisiert, doch habe ich auch einen Fall im Quercolon gesehen. Vom Karzinom unterscheidet sie, wenn man von dem längeren Verlauf und dem etwas häufigeren Fieber absehen will, in erster Linie der Röntgenbefund, welcher meist statt der Aussparung des Karzinoms den totalen Füllungsdefekt der betreffenden Partie erkennen läßt. Dieses Stierlinsche Zeichen ist keineswegs ein ausnahmsloser Befund. Im Stuhle fehlt in der Regel das Blut, manchmal gelingt der Nachweis von Tuberkelbazillen im Stuhl.

Die Therapie besteht in Exstirpation der Geschwulst und entsprechender, der tuberkulösen Ätiologie angepaßter Allgemeinbehandlung. Falls die Sachlage nicht durch Verwachsungen und andere Lokalisationen von Tuberkulose im Körper kompliziert wird, hat die Operation gute Aussichten.

Gefäßerkrankungen des Darmes. Akute Verschlüsse der Gefäße. Diese treten meist im Gebiete der Arteria mesenterica superior auf, beruhen auf embolischem Verschluß oder Thrombose des Gefäßes oder einzelner Verzweigungen, isolierte Venenthrombosen sind selten. Die Folgen der Verschlüsse sind schwere Störungen der Zirkulation und Motilität des Darms, mit Bluterguß in das Lumen und Ileussymptome. Der Zustand ist selten, aber aus den naheliegenden Gründen der Gefäßveränderungen im Alter relativ gehäuft. Der klinische Verlauf wechselt. Er kann sehr stürmisch sein,, einem akuten Darmverschluß mit gleichzeitigen Kollapserscheinungen gleichen; es ist ein „akutes Abdomen", welches über die Schwere des Zustands keinen Zweifel läßt, aber die Art der Affektion bleibt unsicher. Ileus, akute Pankreatitis, gedeckter Durchbruch eines Geschwürs usw. kommen in Betracht. Eine zweite Gruppe von Fällen vereinigen dieses Krankheitsbild, häufiger in mitigierter Form mit Kolikschmerzen, Blähungen, schlechtem Allgemeinzustand und dem Abgang von Blut aus dem Darm. Diese Kombination legt die Vermutung nahe; die anderen Blutungsursachen müssen unter Berücksichtigung von Art und Lokalisation der Schmerzen und der Motilitätserscheinungen erwogen werden. Die dritte Verlaufsart ist durchaus uncharakteristisch. Es tritt ein Verfall ohne erhebliche Schmerzen, ohne Ileussymptome ein, meist gelangt auch das Blut nicht dazu, den Darm zu verlassen. Diese Verlaufsart ist klinisch nicht zu diagnostizieren.

Im ersten Falle wird wohl unter unbestimmter Diagnose die Operation indiziert sein, es wird aber bei der Probelaparotomie bleiben. In Fällen mit gutem Puls und leichteren Erscheinungen kann man zuwarten. Die Therapie des Grundzustands beschränkt sich auf die symptomatische Behandlung des Allgemeinzustandes und der Blutung. Bei geringeren Veränderungen kann eine Heilung durch kollaterale Ernährung der geschädigten Schlingen erfolgen. Aber der Zustand ist stets sehr gefährlich. Die Prognose unsicher.

Arteriosklerose der Darmarterien (Dyspragia, Angina abdominalis). Schon bei den Blähungszuständen im Alter wurde darauf hingewiesen, daß auch Verschlechterung der Resorption der Gase an ihnen beteiligt sein kann, und Arteriosklerosen an den Gefäßen des Splanchnikusgebiets und des Darms sind häufige Erscheinungen. Unter Dyspragia abdominalis versteht man einen bestimmten, von Ortner aufgestellten Symptomenkomplex, das Auftreten von anfallsweisen Leibschmerzen bei Arteriosklerotikern und Hypertonikern, welche ursächlich durch das Gefäßleiden bedingt sind. Daß derartige Erscheinungen an und für sich nicht ausreichen, die Diagnose zu begründen, liegt auf der Hand, aber sie erfährt eine Stütze, wenn die Anfälle durch ähnliche Momente ausgelöst werden, wie sie bei der Angina pectoris maßgebend sind, wenn sie mit Extradrucksteigerungen und Gefühlen von Beengung und Ängstlichkeit verlaufen, welche an eine echte Angina erinnern. Das bestrittene Krankheitsbild besteht meines Erachtens zu recht, ist aber diagnostisch nicht anders zu sichern als durch das Gelingen des therapeutischen Versuchs. Wenn abdominale Schmerzen dieser Art nach Versagen der üblichen Mittel prompt durch eine Gefäßtherapie, insbesondere durch die Verordnung von Theobrominpräparaten beseitigt, bzw. wesentlich gebessert werden, so hat man das Recht, den geschilderten Zusammenhang anzunehmen. Solche Fälle kommen im Alter vor. Ich erinnere mich nebst einer Reihe anderer an einen 77jährigen Weinhauer, der nach langer Plage mit unerträglichen Abdominalbeschwerden durch Diuretin prompt wieder arbeitsfähig wurde. Es war keine reine Freude, denn sein Hof wurde ausgeraubt, während er wieder im Weinberg arbeitete. Daß man bei solchen Fällen auch Blähungen vermeiden und für den Stuhl sorgen muß, versteht sich von selbst.

Hämorrhoiden. Die ungemeine Verbreitung der Hämorrhoiden im Alter ist bekannt. Lokale und allgemeine Venenstauung, die Verschlechterung der Zirkulation, die sitzende Lebensweise vereinigen sich mit den senilen Veränderungen in der Venenwand, um dieses Leiden herbeizuführen. Dazu kommen noch die Hämorrhoiden, welche als Symptom anderer Krankheiten auftreten, wie bei Lebercirrhosen, Pfortaderthrombosen, Rectumkarzinomen u. a. Jedoch unterscheiden sich die Erscheinungsformen nicht von dem gewohnten Bilde, weder die Diagnosenstellung noch die Komplikationen (Blutung, Entzündung, Einklemmung, Proktitis) sind verändert. Es handelt sich zudem um ein Grenzgebiet der Chirurgie. Ein näheres Eingehen kann als unnötig unterlassen werden. Es soll nur hervorgehoben werden, daß von dem großen therapeutischen Fortschritt der Verödungstherapie der Knoten anstatt der Operation das Alter einen besonderen Gewinn hat, da dieser Eingriff weit leichter durchgeführt werden kann. Die übrige Therapie ist die gleiche wie sonst.

Sonstige Erkrankungen des Enddarms und Afters. Aus den gleichen Gründen wie bei den Hämorrhoiden sollen auch die anderen Erkrankungen der Analregion nicht eingehend erörtert werden. Es bestehen keine besonderen Differenzen gegenüber früheren Perioden. In Betracht kommen Proktitis und Periproktitis und Abszesse, ferner Fistelbildungen, Fissuren und Pruritus, Polypen, Kondylome und Strikturen usw. Der Mastdarmvorfall wird mit der Erschlaffung des Beckenbodens im Alter häufiger.

Erkrankungen der Gallenwege und der Leber.

21. Erkrankungen der Gallenblase.

Cholelithiasis und Cholecystitis. Häufigkeit und Vorkommen. Es ist allgemein bekannt, daß Gallensteine und Affektionen der Gallenblase im Alter sehr häufig sind und daß sie oft keine klinischen Erscheinungen machen. Dennoch ist der ganze Umfang der Morbidität und ihre Beziehungen zu den Altersstufen nicht genügend gewürdigt und die notwendigen Schlüsse werden nicht gezogen. In einer Reihe von Statistiken wird die Anzahl der Gallensteinträger unter den Erwachsenen auf 20—25% festgelegt. Wenn man den Zahlen folgt, welche Curtis Crump an 1000 aufeinanderfolgenden Obduktionen unseres Spitals gewonnen hat, in dem die höheren Altersstufen überwiegen, so zeigt es sich, daß die Zahlen von 9% zwischen 30 und 40 Jahren auf über 50% nach dem 70. Lebensjahre ansteigen und daß das mehrfache Überwiegen der Frauen in den frühen Perioden mit zunehmendem Alter fast völlig ausgeglichen wird. Noch imponierender sind die Zahlen der Gallenblasenaffektionen. Weit über die Hälfte der Obduzierten hatten keine normale Gallenblase. Der Prozentsatz steigt von 20% in den unteren Altersstufen bis auf über 70% in den hohen an. Allerdings handelt es sich dabei um latente oder abgelaufene Prozesse. So hatte die Hälfte der nicht normalen Fälle eine chronische Gallenblasenentzündung, vier Fünftel Verwachsungen an der Gallenblase im Sinne der chronischen Pericholecystitis, während akute Cholecystitis nur in 8% vertreten war und Karzinom — um dies vorwegzunehmen — nur in 4%. Pathologische Befunde aller Art an den Gallengängen wurden in einer von 20—70% ansteigenden Zahl erhoben, in der Hälfte dieser Fälle findet sich sowohl Erweiterung der Gänge als eine lazerierte Papille als Ausdruck eines ehemaligen Hindernisses und des Abgangs von Steinen. Bei ungefähr einem Viertel der Steinträger sind Steine in den Gallenwegen gelagert, unabhängig von der Altersgliederung, meist an der Papille (60%) und nur wenig seltener im Cysticus (49%). Die absoluten Zahlen mögen durch die besondere Beteiligung der Alten im Sektionsmaterial und durch die lokale Häufigkeit beeinflußt sein, aber sie sind von großer Anschaulichkeit, und es ist unwahrscheinlich, daß ein ähnliches Anwachsen im Alter sich an anderen Orten nicht bestätigen sollte.

Der wichtigste Schluß, den man aus diesen Zahlen ziehen kann, ist, daß die Mehrzahl der Gallenerkrankungen erst in der zweiten Lebensperiode, nach dem 40. Jahre, entsteht. Denn der einzige andere Erklärungsgrund für den progressiven Anstieg der Prozentzahlen wäre, daß die Leute mit Gallenkrankheiten ein weit höheres Lebensalter erreichen als die davon freien, daß die letzteren wegsterben. Diese absurde Hypothese wird aber von niemandem vertreten werden.

Es ist hier nicht der Ort, die Ätiologie der Gallensteinkrankheit zu erörtern, meist wird Gallenstauung als Vorbedingung angenommen, die reinen Cholesterinsteine werden als nicht entzündlich angesehen und auf Anomalien des Cholesterinstoffwechsels endogener Natur, insbesondere durch die Schwangerschaft, oder alimentärer Art zurückgeführt. Die weitaus überwiegende Anzahl der Steine, weit über vier Fünftel, entsteht durch Entzündung, zuweilen um einen Kern aus reinem Cholesterin oder reinem Bilirubinkalk. Nur 7% der Fälle tragen solitäre Cholesterinsteine. Wenn auch ihr Vorkommen in den höchsten Altersstufen, insbesondere bei Männern, ein Argument dafür ist, daß sie auch in dieser Periode entstehen können, so tritt jedenfalls die entzündliche Ätiologie im Alter weitaus in den Vordergrund. Darin ist auch der wesentliche Faktor zu suchen, der im Sinne des zahlenmäßigen Ausgleiches der Erkrankungsziffer bei den beiden Geschlechtern wirkt, ohne daß man dieses Problem als gelöst ansehen kann. Ob die zunehmende Anzahl der Magen-Darmaffektionen im Alter, ob eine stärkere Anfälligkeit des Organs oder eine häufigere Insuffizienz des Verschlußmechanismus gegen aszendierende Infektionen zu den hohen Zahlen führt, ist nicht geklärt.

Erscheinungen und Verlauf. Die Gallenstein- und die Gallenblasenerkrankungen verlaufen im Alter wesentlich anders als früher. Dies gilt nicht nur von der schon erwähnten Tatsache ihrer oft dauernden Latenz, auch ihre klinischen Manifestationen, die akuten Erscheinungen und die schweren Komplikationen gehen meist mit viel unscheinbareren Symptomen einher und sind weit unsicherer erfaßbar und zu deuten — das Krankheitsbild ist verwischt. Von den schweren entzündlichen Folgeerscheinungen sind das Empyem der Gallenblase, Geschwürsbildung an ihrer Innenwand, sowie Abszeßbildung und Phlegmonen in ihrem Bereich anzuführen. Vom Übergreifen auf die Umgebung und die Leber wird dabei noch abgesehen.

Es ist zweckmäßig, zur Erleichterung Typen aufzustellen.

Der erste und zahlenmäßig wohl häufigste Typus ist der der Latenz. Ohne verwertbare Vorgeschichte, ohne Beschwerden werden bei den Obduktionen in einer großen Zahl Steine und Folgeerscheinungen gefunden, wie sie den oben gegebenen statistischen Angaben entsprechen. Man darf aber dabei nicht annehmen, daß es sich dabei nur um Steine handelt, die in der wenig veränderten Blase vorgefunden werden, welche in Form von Verdickungen, Narben und Verwachsungen nur die Zeichen der abgelaufenen Cholecystitis und Pericholecystitis trägt. Es finden sich unter dieser Gruppe auch schwerste Veränderungen. Die Gallenblase kann bis zur Unkenntlichkeit geschrumpft sein, wobei ihr Rest noch einen oder mehrere Steine umklammert. Andere Gallenblasen enthalten kleine oder große Steine, sie sind durch einen Cysticusstein verschlossen, ihr sonstiger Inhalt ist eine farblose, schleimhaltige Flüssigkeit (Hydrops), oder er ist eitrig, in allen Stadien der Eindickung. Man sieht die Zeichen gedeckter Perforationen, die selbst Steine außerhalb der Blase ins Peritoneum gebracht und dort fixiert haben. Man sieht Fistelbildungen ins Duodenum und in den Magen und all dies ohne irgendwelche klinische Erscheinungen. Ein Beispiel: Ein 73jähriger Mann starb an einer Apoplexie, ohne jede klinische Abdominalsymptome. Es findet sich als Nebenbefund eine eitrige Cholecystitis, eine Perforation der Gallenblase in einen zirka taubeneigroßen pericholecystitischen Abszeß, der durch Netz und Colon transversum gedeckt ist. Cholelithiasis. Einige Steine auch im Abszeß. Gallenwege erweitert.

Die Veränderungen lassen sich während der Latenz klinisch nur in den Fällen erkennen, wo eine große, steingefüllte Gallenblase als indolenter Tumor palpabel ist, oder wo wenigstens eine Formveränderung der Leber, ein Riedelscher Lappen an ihrer Stelle heruntergezogen ist, dies vermuten läßt. Die große Mehrzahl der chronisch veränderten Gallenblasen ist aber, weil verkleinert und bindegewebig fixiert, nicht palpabel. Legt man Wert darauf, auch in diesen Fällen die Diagnose zu stellen, so können nur systematische Röntgenuntersuchung der Gallenblase aller alten Leute im kontrastfreien und kontrastgefüllten Zustand und ebensolche systematische Prüfungen des Duodenalinhalts und des Gallenblasenreflexes nach Eingießen von Magnesiumsulfat oder Mayonnaise oder Eidotter durchgeführt werden, um Anomalien aufzufinden. Doch sind solche Untersuchungen als Routinemethode aus äußeren Gründen kaum durchführbar.

Diesen Latenzfällen kann man sozusagen als Normalfälle jene gegenüberstellen, welche in ihren Erscheinungen dem gewohnten Bilde der früheren Lebensperioden entsprechen, welche richtige Anfälle von Gallenkoliken aufweisen, mit Schmerz, Ausstrahlung und Begleiterscheinungen, eine richtige Cholecystitis mit vergrößerter und empfindlicher Blase, mit Temperatursteigerungen und Hyperästhesie. Wenn sich bei ihnen ein Choledochusverschluß bildet, so gehen Schmerzen voraus, Ikterus tritt ein und die Leber wird groß. Kommt es zu einer Cholangitis, so wird die Leber empfindlich, die Temperatur geht in die Höhe, zuweilen gibt es Schüttelfröste und der Allgemeinzustand ist der des Infekts. Kurz, die Krankheit benimmt sich, wie sie sich benehmen soll, um dem Arzt die Diagnose zu ermöglichen. Aber auch dann sind die Erscheinungen meist abgeschwächt, der Kolikschmerz weniger heftig, die Temperatur geringer, das Allgemeinbefinden wechselnd, oft auffallend wenig, oft intensiv gestört, fast immer aber ist die Zahl der Leukocyten hoch, die Blutsenkung sehr beschleunigt.

Der dritte Typus ist jene Alterscholelithiasis, wo klinische Symptome geringer Intensität und vieldeutigen Charakters bestehen, wo der in der Beobachtung und Behandlung von Alterskrankheiten Ungeschulte kaum an die Möglichkeit der Affektion denkt, während der Erfahrene doch in der Lage ist, die Diagnose zu machen oder doch zu vermuten. Es kommt darauf an, die Spur eines Ikterus, einer Druckempfindlichkeit, einer Spannung zu beobachten und zu verwerten, die sehr geringen Schmerzen, die nicht spontan geäußert werden, zu erfragen. Wesentlich erleichtert ist die Sache, wenn irgendein sicheres Lokalzeichen besteht, wie bei dem schmerzlosen Choledochusverschluß. Der ist zunächst von einem Icterus simplex und einem Krebsverschluß nicht zu unterscheiden, um nur die häufigsten in Betracht kommenden Affektionen zu nennen. Aber man kann den Icterus simplex durch Galaktoseprobe, Milzschwellung und Harnuntersuchung abtrennen, das Karzinom allerdings zunächst nicht. Wir werden hören, daß bei langdauerndem Verschluß oft nur die Probelaparotomie die Entscheidung bringt. Besonders schwierig, ja unmöglich ist es, den Verlauf zu beurteilen, selbst wenn die Diagnose vorliegt. Mit den gleichen Erscheinungen hat der eine Greis am nächsten Tag alles überwunden und fühlt sich gesund, der andere liegt darnieder und weist die schwersten Komplikationen auf. So ermöglichten z. B. Temperatursteigerung, Druckempfindlichkeit der Gallenblase und leichte Bauchdeckenspannung bei einem 74jährigen Manne die Diagnose der Cholecystitis, aber das gute Allgemeinbefinden gibt keinen Anhaltspunkt für einen schweren Prozeß. Plötzlicher Exitus an einer Pulmonalembolie aus einer Femoralvene. Cholelithiasis,

Cholecystitis, aber auch bereits gedeckte Perforation in die Bauchhöhle. Wahrscheinlich hätte der Patient ohne diesen aus anderen Gründen erfolgten Tod die Attacke ebenso überstanden wie die vielen analogen Prozesse, die erst am Obduktionstisch durch die Narben offenbar wurden. Die Beispiele von Geringfügigkeit der klinischen Befunde und ihrer Diskrepanz mit den anatomischen ließen sich beliebig häufen.

Leider gibt es aber noch eine wichtige Gruppe, wo schwerste Erkrankungen ohne faßbare Erscheinungen verlaufen oder nur mit solchen, wo höchstens die Lokalisation in das Abdomen möglich ist. Zwei Beispiele für viele. Eine 81jährige hemiplegische Patientin mit Mitralinsuffizienz, stets bei gutem Allgemeinbefinden, wird plötzlich appetitlos, kachektisch, weist erhöhte Temperaturen auf und ist hinfällig. Es ist nur eine Bronchitis nachweisbar. Keine Klage über Abdominalbeschwerden, keine Druckempfindlichkeit des Bauches oder der Gallenblase. Die Obduktion ergab zwar eine eitrige Bronchitis, aber auch eine eitrige schwere Cholecystitis und Pericholecystitis. Bei einem jüngeren Individuum wäre es völlig unmöglich gewesen, sie zu übersehen.

Ein 73jähriger Mann, der ein geringes Emphysem und eine schwere Arthritis eines Knöchelgelenks hatte, erkrankt an einem Abend unter höherem Fieber, Magenschmerzen und Erbrechen. Am nächsten Morgen ist er hinfällig, aber ohne jede Druckempfindlichkeit oder Spannung der Bauchdecke. Der ganze Prozeß dauerte nur 24 Stunden. Die Obduktion zeigte eine große, mit Eiter gefüllte Gallenblase und zirkumskripte Peritonitis.

Auf die Schwierigkeit der Unterscheidung von Karzinomverschluß und Steinverschluß wurde schon hingewiesen. Die üblichen Kriterien (Abmagerung und Kachexie, kompletter Verschluß beim Karzinom, inkompletter Verschluß und die Schmerzphänomene beim Stein) lassen im Stich. Beim Choledochusstein kann es zu sehr rapider Abmagerung kommen, die bei einem „benignen“ Karzinom nicht auftreten. Wo nicht die Form der Lebervergrößerung, ihre Höcker, der Nachweis von Metastasen die Sachlage klärt, ist häufig die Probelaparotomie am Platze. Dies hat uns vor vielen Jahren ein Fall mit starker Kachexie, komplettem Verschluß und fehlenden Schmerzphänomenen gelehrt, den wir als Karzinom ansahen, während die Obduktion einen Stein im Choledochus ergab, der operativ hätte entfernt werden können, bevor eine Pfortaderthrombose den Anlaß zum Exitus gab. Seitdem haben eine Reihe von Probelaparotomien in geeigneten Fällen mehrfach Steine ergeben, allerdings auch Karzinome.

Es ist bekannt, daß die Differentialdiagnose der Cholelithiasis nach sehr vielen Richtungen erfolgt, es ist aber überflüssig, dies im einzelnen auszuführen. In jenen Fällen, welche dem üblichen Bilde entsprechen, sind die gleichen Gedankengänge wie sonst maßgebend. In den verwischten und mit minimalen Zeichen verlaufenden Erkrankungen kommt es im Alter nicht auf komplizierte Erwägungen, sondern auf das Erfassen und Werten der Symptome nach der Erfahrung und Häufigkeit an. In den Fällen mit Latenz oder uncharakteristischen Symptomen fehlen die nötigen Anhaltspunkte. Was die Temperaturen anlangt, so ist zu bemerken, daß die eitrigen Komplikationen des Gallensystems im Alter häufiger, als es sonst bei Entzündungen der Fall ist, erhöhte Temperaturen bedingen, daß auch höhere Fiebergrade mit Schüttelfrösten zur Beobachtung kommen, so daß im Zweifelsfalle eine fürs Alter besondere Fieberhöhe für eine Gallenaffektion spricht. Sind solche Temperaturen mit einer empfindlichen und vergrößerten Leber verbunden, meist auch mit einem inkompletten Ikterus, so liegt der Verdacht der Cholangitis nahe, welche oft mit Leberabszessen verbunden ist. Vorweggenommen sei, daß Peritonitiden mit langsamem Einsetzen der Symptome nicht so selten von dem Einreißen eines cholangitisch infizierten Gallengangs in der Nähe der Leberoberfläche ausgehen, welcher auch die Quelle eines subphrenischen Abszesses werden kann. Bei dieser Gelegenheit sei auch bemerkt, daß die Prognose der Gallensteinperitonitis im Alter nicht absolut infaust ist. Ich habe drei Fälle durchkommen sehen, bei welchen wegen der Weigerung des Patienten oder wegen des schlechten Allgemeinbefindens die Operation unterblieb, während von ebensoviel operierten Fällen nur einer überlebte.

Therapie der Cholelithiasis und Cholecystitis. Die Therapie dieser beiden Erkrankungen ist im Alter kaum zu trennen, da man nicht darauf rechnen kann, die eine ohne die andere zu finden. Es gibt aber wohl keine andere Erkrankung der inneren Medizin, wo meine Anschauungen über die Wirksamkeit der üblichen und von mir befolgten Therapie so wenig gefestigt, von Überzeugung getragen sind wie bei der Cholelithiasis und Cholecystitis. Dies hat in dem so unendlich wechselnden und unvorhersehbaren Verlauf des Einzelfalles seinen Grund, in der Tatsache, daß viele schwere Komplikationen spontan ausheilen und verschwinden. Nirgends ist das post hoc von dem propter hoc schwerer zu unterscheiden. Wenn ich mich frage, was ich in der konservativen Therapie für gesichert halte, so ist es die Forderung nach Bettruhe, Wärme und strenger Diät bei den akuten Erscheinungen, die Bekämpfung der Schmerzen durch Atropin, meist in Kombination mit Papaverin, wenn sie nicht durch ihre Intensität Morphium oder dessen Ersatzprodukte erfordern. Notwendig ist die Anpassung der Diät an die Leistungen des Verdauungsapparats. Ich glaube ferner, daß bei den eitrigen Prozessen die intravenöse Injektion von Choleval (G. Singer) und in Abstand davon Urotropin gute Dienste leistet. Es gibt auch noch andere Maßnahmen, die wahrscheinlich nützlich sind und die ich durchführe, aber ich wäre nicht erschüttert, wenn mir ihre Wirkungslosigkeit bewiesen würde.

Zunächst die Diät. Man kann es als eine rationelle Therapie bezeichnen, in den Frühstadien der Gallensteinkrankheit, so nach den ersten Anfällen, im Anschluß an die Schwangerschaft, eine cholesterinarme Kost zu verordnen, um das Material für die Gallensteinbildung zu verringern. Es ist aber durchaus zweifelhaft, ob dies auch bei entzündlichen Erscheinungen etwas nützt, mit denen im Alter vorwiegend zu rechnen ist. Meist wird auch das Fett eingeschränkt, aber bei mageren Personen kann man dagegen einwenden, daß es auf Beförderung des Gallenflusses mehr ankommt und daß eine gemischte Mahlzeit das kräftigste Cholagogum ist. So bleibt, wenn man von der Schonung während und nach akuten Zuständen absieht, als sichere Indikation nur übrig, die Mahlzeiten den individuellen Verhältnissen anzupassen, d. h. Gastritis, Hyper- und Anazidität, Verstopfungen, Blähungen und Diarrhöen zu berücksichtigen, also unter Umständen Entgegengesetztes, von strenger Diät bis zur Grobkost zu verordnen.

Beförderung des Gallenflusses und Beseitigung der Stauung sind wichtige Indikationen. Neben der schon erörterten Diät bewährt sich empirisch die Verordnung von Mineralwässern und Kuren vom Typus Karlsbad, Mergentheim, Vichy usw. und das Magnesium sulfuricum. Daneben stehen im Vordergrund die Gallensäuren, die als reine Präparate, etwa Degalol, Decholin, oder als Bestandteil vieler Mittel, in Kombination mit gleichgerichteten oder angeblich desinfizierenden Substanzen, wie Salicylsäure, Urotropin u. a., die üblichen Präparate der Industrie darstellen, wie Agobilin, Felamin u. v. a. Auch aromatische Drogen, wie Oleum menth. pip., werden verwendet, meist wie auch in den vielen Tees, in Kombination mit Abführmitteln. Von ihrem klinischen Einfluß bin ich weder im positiven, noch im negativen Sinne überzeugt, ebensowenig wie von Kuren mit Ölen, Rettig usw.

Bei Verschlußsteinen kann man von Duodenalspülungen mit 20%igem Magnesiumsulfat, oder intravenösem Decholin Gebrauch machen. Die Verwendung von Hypophysin zur Erregung von Kontraktionen würde ich bei alten Leuten nicht für ratsam halten, bei denen immer Perforationsgefahr besteht. Ebensowenig kann das choleretisch wirkende Atophan intravenös empfohlen werden, das in seltenen, aber dann schwer gefährdeten Fällen eine toxische Leberschädigung hervorruft.

Als Gallendesinfizientia gelten, weil in die Galle ausgeschieden, Salicylsäure, Salol, Urotropin, welche auch Bestandteil vieler Mischungen sind. Ich persönlich bin von der guten Wirkung des intravenös verabreichen Cholevals überzeugt (Silber an Gallensäure gebunden), welches uns in fieberhaften Fällen und bei Cholangitis oft Abfall des Fiebers und Besserung gebracht hat, wobei der ursächliche Zusammenhang nicht nur durch die zeitlichen Aufeinanderfolgen, sondern auch durch mehrfache Wiederholungen am gleichen Falle nahegelegt wird. Auch intravenöse Hexamethylentetraminpräparate werden empfohlen.

Unklar ist die Wirkung des Kalomels bei chronischen Fällen. Es bildet einen Bestandteil mancher Mittel, so des Chologens. Seitdem ich in meiner frühesten Ausbildungszeit einzelne Erfolge der sogenannten Sacharjinschen Kur bei Leberleiden kennengelernt habe, wo z. B. bei Cirrhosen kleine Mengen Kalomel (dreimal 0,05) in mehrtägigen Perioden, durch etwas kürzere Pausen getrennt, verabreicht werden, scheint mir dessen Wirkung auf die Leber über eine reine Abführwirkung hinauszugehen. Dafür spricht auch sein, allerdings unzuverlässiger Effekt bei ikterischem Hautjucken.

An der Grenze der chirurgischen Eingriffe steht die paravertebrale Anästhesierung im Segmentbereich der Gallenblase, wenn die üblichen Mittel bei Schmerzattacken versagen oder nicht vertragen werden.

Chirurgische Therapie. Die Indikationsstellung zu chirurgischen Eingriffen an Gallenblase und Gallenwegen ist im Alter eine prinzipiell andere als in den früheren Lebensperioden, etwa vor dem 40. Jahr, wobei die folgenden Jahrzehnte den Übergang bilden. Ohne für den ersten Altersabschnitt ein Anhänger der absoluten Frühoperation zu sein, trete ich doch für ein relativ rasches Eingreifen nach wenigen Attacken oder wiederholten Krankheitserscheinungen ein. Im Alter ist aber eine zurückhaltende und konservative Therapie zu bevorzugen, die sich zum Eingriffe zwingen läßt. Der Grund für diese veränderte Einstellung ist, daß bei der ungeheuren Verbreitung der Gallenblasenaffektionen im Alter die Zahl der Todesfälle doch relativ gering ist, daß auch die schwersten Komplikationen spontan ausheilen können, während die Mortalität nach Eingriffen in vorgeschrittenen Jahren trotz aller Fortschritte der Chirurgie doch recht beträchtlich ist. Würde man bei den gleichen Indikationen operieren wie sonst, so würde man zwar manchen Fall retten, es würde seine tödliche Komplikation vermieden werden, aber man würde im Ganzen doch weit mehr Kranke verlieren. Die innere Haltung der meisten Chirurgen geht dahin, daß jeder Fall, den sie in vorgerückten Jahren zur Operation zugewiesen erhalten, früher hätte operiert werden sollen. Dieser Vorwurf ist auch berechtigt, wenn eine jahrzehntelange Vorgeschichte von Gallensteinkrankheit vorliegt. Aber sie wissen und berücksichtigen nicht, daß die große Mehrzahl der Gallenblasenerkrankungen erst nach dem 40. Jahre entsteht und daß man nicht operieren kann, was nicht vorhanden war. Wenn sie sich auch mit Recht über die Schwere der Altersfälle beklagen und dies zu einem stummen oder lauten Vorwurf gegen Internisten und Praktiker gestalten, so ist ihnen nicht gegenwärtig, wie oft die schweren Komplikationen im Alter ganz plötzlich und ohne Vorgeschichte auf einmal da sind. Es ist richtig, daß Gallenblasenkrebse fast immer auf dem Boden der Cholelithiasis entstehen, aber sie sind nicht so häufig, um ein prinzipielles Operieren bei den gegenwärtigen Mortalitätsziffern im Alter zu rechtfertigen.

Indikationen zur Operation in einem nicht akuten Stadium ergeben sich im Alter relativ selten, nur wenn unerträgliche Beschwerden vorliegen. Da aber die Beschwerden im Alter nur selten die Intensität früherer Jahre erreichen, ist dies nicht oft der Fall. Weit häufiger lassen bei Cholecystitis und Cholangitis rezidivierende Fiebererscheinungen die Vornahme einer Operation bei gutem Allgemeinbefinden als weniger gefährlich erscheinen als ein Zuwarten. Es ist der individuelle Charakter des Leidens, der Allgemeinzustand und der Wille der Patienten, welche entscheiden. Daß langdauernder Verschluß mit einem Ikterus, der therapeutischen Eingriffen, insbesondere Duodenalsondierungen mehr als 6 Wochen trotzt, die Indikation für eine Probelaparotomie darstellt, wurde bereits erwähnt. Ein weiterer Grund sind bedrohliche entzündliche Erscheinungen, welche auf die interne Therapie (Choleval usw.) nicht reagiert haben, und der Verdacht auf Perforation, beides, wenn der Allgemeinzustand noch gut genug ist oder der Zustand durch Herzmittel und Transfusionen so gebessert werden kann, daß eine Operation gewagt werden darf.

Die typische Operation ist Entfernung der Gallenblase und Revision der Gallengänge nach Steinen. Aber der Befund und der Allgemeinzustand bei der Operation entscheiden, ob man sich nicht mit der Eröffnung und Entleerung der Blase begnügen müsse, ob ihre Anastomose mit dem Duodenum am Platze ist, ob eine Drainage indiziert ist, oder ob zur Entfernung eines Choledochussteines eine transduodenale Choledochostomie gewagt werden darf. Bei den Patienten, welche ikterisch zur Operation kommen, ist wegen der Neigung zu Nachblutungen Vorbereitung mit Kalk, mit Vitamin-C oder anderen ähnlichen Mitteln anzuraten.

In jedem Fall sind wir von einer rationellen Therapie der Gallenblasenerkrankungen noch weit entfernt; sie müßte in einer Prophylaxe der Steinbildung, in einer Auflösung bereits gebildeter Steine, in einer Beherrschung der Entzündungsvorgänge bestehen.

Krebs der Gallenblase und der Gallenwege. Die Karzinome der Gallenblase und Gallenwege sind ein geeignetes Beispiel für die Begünstigung der Krebsbildung durch chronische Reize, denn sie entstehen fast durchwegs nur bei verändertem Organ, bei Anwesenheit von Steinen oder Entzündung. Mit der Zunahme dieser Vorbedingungen werden sie im Alter relativ häufig, betreffen aber doch nur 3—4% der Steinträger.

Die verschiedenen Formen des Gallenblasenkrebses, meist Skirrhus und Medullarkarzinome, sind recht bösartige Geschwülste mit einer starken Neigung, von dem kleinen Ursprungsgebilde aus in die Leber hineinzuwachsen und dann Metastasen in dieses Organ und anderwärts zu setzen. Deren Ausdehnung ist oft ungemein groß, und sie führen meist auch durch Kompression oder Einbeziehung der großen Gallengänge zu Ikterus, wobei der Verschluß wieder Infektion und Abszedierung herbeigeführt. Bei Krebsleber mit und ohne Ikterus, ohne nachweisbaren Primärtumor liegt immer der Verdacht des Gallenblasenkrebses als der wahrscheinlichsten Möglichkeit nahe, besonders wenn die Tumorbildung, in der Gegend der Gallenblase ihr Zentrum hat, doch können die anderen Möglichkeiten, wie Ausgang vom Pankreas und von den Gallenwegen, nicht ausgeschlossen werden.

Die Krebse der Gallenwege haben ihre Prädilektionsstellen im Choledochus, an der Konfluenz der großen intrahepatischen Gänge und an der Papille. Die erste Position und die dritte führen fast immer, die zweite in der Regel zu einem Ikterus, der meist komplett ist. Papillenkarzinome verhindern öfters auch den Ausfluß des Pankreassekrets und weisen dann auch das Bild des Pankreasverschlusses auf. Der Pankreaskrebs (s. Pankreas) kommt aber differentialdiagnostisch auch in Betracht, wenn die speziellen Pankreassymptome fehlen. Die Papillenkarzinome sind auch zuweilen die Quelle von Darmblutungen. Solange die Leber bei diesen Ikterusformen nicht die Eigenschaften der Krebsleber mit ihrem höckerigen und unregelmäßigen Charakter aufweist, sondern nur einfach vergrößert ist, läßt sich die wichtige Unterscheidung von einem Choledochusstein oft nur durch Probelaparotomie machen, wie bereits hervorgehoben wurde. In seltenen Fällen können auch Polypen der Gallengänge zu Täuschungen Anlaß geben, wie wir dies bei einer 73jährigen Frau durch einen wallnußgroßen Polypen des Ductus hepaticus an seiner Teilungsstelle gesehen haben.

Therapeutisch ist bei den Karzinomen dieser Gegend Diät und Linderung der Symptome am Platze, sonst ist nicht viel zu machen. Wenn sich bei der Laparotomie eines Ikteruskranken der Krebscharakter des Hindernisses herausstellt, aber doch die Passage der Lebergalle zur Gallenblase frei ist, so kann eine Verbindung dieser oder des erweiterten Choledochus mit dem Darm wenigstens das Symptom des Ikterus mit seinen Folgen beseitigen.

Alle anderen Erkrankungen der Gallenblase und der Gallenwege sind, mit Ausnahme der bereits erwähnten Cholangitis, praktisch bedeutungslose Seltenheiten ohne besondere Beziehungen zur Alterspathologie. Dies gilt von Lues, Tuberkulose, gutartigen Tumoren usw.

22. Erkrankungen der Leber.

Vorbemerkungen. Bei einem Organ, das so sehr im Mittelpunkt des Stoffwechsels und des Wasserhaushaltes und unter den Sonderbedingungen der Pfortaderzirkulation steht, müssen sich oft Veränderungen der Größe und Beschaffenheit feststellen lassen, welche nicht in den Erkrankungen des Organs selber ihre Ursache haben. Dieser allgemeine Satz gilt im Alter in erhöhtem Grade.

Bei Kachexien aller Art nehmen Gewicht und Volumen der Leber hochgradig ab, bis zu den Zuständen brauner Atrophie mit einem Gewicht von 500—600 g. Anderseits ist die Leber von Fettleibigen beträchtlich vergrößert und verfettet. Die Stauungsleber muß nur genannt werden, die sogenannten Pseudocirrhosen werden noch zu erörtern sein. Parenchymatöse und fettige Degeneration der Leber ist ein häufiger Befund.

An die Leberinfiltrationen bei Leukämie und Lymphosarkomatose soll nur erinnert werden, ebenso wie an die Vergrößerungen durch Amyloidose und Speicherkrankheiten. Besonders aber möchte ich hervorheben, daß im Alter mäßige idiopathische Vergrößerungen von Leber und Milz vorkommen, wo die klinische Untersuchung weder einen primären Leberprozeß noch eine sekundäre Beeinflussung zeigt, wo alle Funktionsproben normal ausfallen, noch der pathologische Anatom etwas findet außer der Organvergrößerung bei erhaltener Struktur und etwas vermehrtem Bindegewebe. Es steht dahin, ob solche Zustände als pathologisch anzusehen sind und ob sie Beziehungen zu dem haben, was man als hypertrophische oder hepatolienale Cirrhosen zu bezeichnen pflegt. Cirrhosen im üblichen Sinne sind sie nicht. Wo dauernd Blutfarbstoff zugrunde geht, findet man Hämatochromatose der Leber, welche aber nur in Ausnahmefällen klinische Bedeutung gewinnt (vgl. S. 268).

Über den Ikterus als Symptom leberferner Erkrankungen soll nicht eingehend gesprochen werden. Es sei nur an den hämolytischen Ikterus erinnert, an den Ikterus bei septischen Erkrankungen, bei Pneumonien, bei Lungeninfarkten, Blutungen usw.

Icterus simplex (Icterus catarrhalis, akute Hepatitis). Der Icterus simplex ist im Alter keine seltene Erkrankung, relativ kaum weniger oft auftretend als früher. Er stellt die Reaktion der Leber auf eine Schädigung dar, welche meist vom Verdauungskanal ausgeht und die Leber auf dem Wege der Pfortader trifft. Dementsprechend ist

sein Auftreten auch häufig unmittelbar oder nach einem Intervall durch
Symptome von seiten des Magen-Darmtraktes eingeleitet, aber auch ein
plötzliches, unvorbereitetes Einsetzen kommt vor. Die klinischen Symptome entsprechen dem gewohnten Bild, Ikterus von größerer oder geringerer Intensität, Vergrößerung der Leber, wobei das Organ empfindlich zu sein pflegt. Die Milzvergrößerung ist meist, aber durchaus
nicht immer nachweisbar, die Zunge belegt. Auch die subjektiven Beschwerden, die Appetitlosigkeit, Müdigkeit, Mattigkeit, der schlechte
Geschmack und das Hautjucken, sind die gleichen. Der Verlauf ist
gutartig, ein Hinziehen auf viele Wochen selten, einen Übergang in
Leberatrophie oder das Auftreten von Leberkoma habe ich im Alter
nicht gesehen, auch den Übergang in chronische Hepatitis (s. diese)
nicht selbst beobachtet. Es ist bekannt, daß die positive Galaktosereaktion und die direkte Bilirubinreaktion im Serum eine Stütze für
die Diagnose darstellen und daß der Verschluß der Gallenwege höchstens im Beginn komplett, später inkomplett ist, so daß also Urobilin
im Stuhl auf Harn zu finden ist, auch die Stuhlbeschaffenheit muß
nur erwähnt werden.

Therapie. Schonungstherapie mit Häufung von Kohlehydraten
nach einigen Tagen strengster Diät, Reduktion von Fett, Verbot von
Fleisch bis in die Rekonvaleszenz, sind die üblichen Maßnahmen.
Heißes Karlsbader Wasser oder dessen Ersätze sind ein durch
den Usus geheiligtes, scheinbar auch nützliches Adjuvans. Die früher
in schwereren Fällen angewandten stärker galletreibenden Mittel, wie
die Decholininjektionen, nach denen ich öfters rasches Rückgehen gesehen habe, sind gegenwärtig durch die Insulintherapie zurückgedrängt, von der man sich eine Anreicherung der Leber mit Glykogen
und damit auch eine günstige Beeinflussung der funktionellen Störung
verspricht, der Erfolg scheint dem Verfahren Recht zu geben.

Akute und subakute gelbe Leberatrophie habe ich im
Alter nicht gesehen, sie sind jedenfalls sehr selten, aber beschrieben.
Manche Cirrhoseformen unklarer Ätiologie dürften ihren Ursprung
in ausgeheilten, in früheren Lebensperioden überstandenen Attacken
dieser Art haben. Die Therapie ist die des schwersten Icterus simplex
und der Leberinsuffizienz.

Chronische Hepatitis kommt im Alter nicht häufig vor. Wir
haben nur drei Fälle beobachtet, welche zum Teil als Cirrhosen mit
Ikterus, zum Teil als Steinverschluß gedeutet wurden. Die Diagnose
ist kaum anders als durch den Anatomen zu stellen; worauf es ankommt ist, die Leberfunktion richtig zu erfassen. Die anatomischen
Formen waren ganz verschieden. So war in einem Falle die Leber
sehr groß, 3000 g schwer, hochgradig fettinfiltriert, mit Ikterus im
Zentrum der Läppchen und allgemeinem Ikterus bei freien Gallen-

wegen. In einem anderen Falle war nach fünfjährigem Ikterus die Leber bei freien Gallenwegen klein, zähe, grasgrün, bei erhaltener Zeichnung ohne Umbau. Ein dritter Fall wies ganz unregelmäßige Verteilung des Ikterus innerhalb der Leber auf, wobei auch die Struktur sehr wechselte. Die Therapie kann nur symptomatisch sein, dem Ikterus, bzw. der gestörten Leberfunktion angepaßt.

Cirrhosen der Leber. Es ist gegenwärtig sehr schwer, über Cirrhosen im Alter zu schreiben, zunächst weil die Vergleichsbasis unsicher ist. Die Lehre von den Lebercirrhosen ist derzeit im Fluß. Es existiert heute kein anerkanntes System der Cirrhosen, keine sicheren Theorien über ihre Ätiologie und Pathogenese. Was feststeht, sind einzelne pathologisch-anatomische Typen, verbunden durch Übergänge und kompliziert durch Befunde, die sich nur schwer und gezwungen einreihen lassen. Diese Unsicherheit ist im Alter erhöht. Cirrhosen sind im Senium relativ seltener als in den Jahren zwischen 40 und 60. Wir werden sehen, wie sehr im Alter die Fälle mit atypischem klinischen Bild vorwiegen.

Statistische Übersicht über die Formen der Cirrhosen im Alter. Im Laufe von 12 Jahren kamen an der Abteilung 52 Fälle zur Obduktion, bei welchen Cirrhosen oder cirrhoseähnliche Erkrankungen festgestellt wurden. Die Verteilung der Formen weicht sehr von der gewohnten Häufigkeitsskala ab. Die Laennecsche Cirrhose ist mit 22 (2 Fällen) zwar noch immer die häufigste Form, aber von diesen zeigten nur 13 (1) ein einigermaßen typisches klinisches Bild, bei 8 (2) fehlte der Aszites völlig oder war nur in geringsten Mengen vorhanden. 5 (3) waren als biliäre Cirrhosen zu bezeichnen, 4 (1) als multilobuläre, 2 (2) als cholangitische, 1 wies die typische Form bei Bronzediabetes mit Hämosiderose auf, Leberlues mit starker Bindegewebsvermehrung war 6mal vertreten (1), davon 3mal unter dem Bilde der Laennecschen Cirrhose, 3mal als Hepar lobatum syphiliticum, die Lappenatrophien auf luetischer Grundlage sind nicht eingerechnet. Splenomegale Cirrhosen ohne Umbau, aber mit Bindegewebsvermehrung der Leber wurden 3mal (1) verzeichnet. 5 Fälle (2) sind atypische Cirrhosen, die nicht sicher einzureihen sind. Den Übergang zu den Pseudocirrhosen bilden 4 (2) Fälle von Cirrhose cardiaque, Zuckergußlebern mit Schrumpfungserscheinungen gab es 2mal (1). Die Zahlen in Klammern bedeuten überall den Anteil der Frauen.

Es geht daraus hervor, daß die Männer an Zahl weitaus überwiegen, doch durchaus nicht in allen Formen gleichmäßig; bezeichnenderweise sind unter den biliären und cholangitischen Cirrhosen mehr Frauen als Männer. Mit wenig Ausnahmen wurden nur Fälle über 60 Jahre berücksichtigt. Unter den 13 typischen Laennecschen Cirrhosen haben 6 das Alter von 70 überschritten, mit einem Höchstalter von 82 und einem Durchschnitt von über 67 Jahren. Bei den Laennecschen Cirrhosen ohne Aszites ist das Durchschnittsalter sogar 72 Jahre; bei den anderen Formen, mit Ausnahme der Lues und Pseudocirrhosen, mit 62 Jahren Durchschnittsalter, steht es ähnlich, eine multilobuläre Cirrhose erreichte sogar das Alter von 97 Jahren. Eine auffallend große Zahl (10) wies gleichzeitig ein Karzinom auf, davon waren 3 primäre Leberkarzinome, 2 gingen von den peripheren Gallenwegen aus, aber auch Magen, Darm, Prostata, Ovarien und Pleura waren vertreten, 5 der Karzinome gehörten den Fällen von Laennecscher Cirrhose an. Die Kombination mit Peritonitis wurde 5mal beobachtet, 2mal handelte es sich um Tuberkulose, 2mal um Eitererreger (Diplokokken und Streptococcus mucosus), einmal blieb die Ätiologie einer chronischen Peritonitis ungeklärt. Erkrankungen der Gallenblase und Gallensteine traten nur bei den biliären Cirrhosen — mit einer Ausnahme, wo die Gallenwege frei gefunden wurden — und bei den beiden cholangitischen Cirrhosen als maßgebend hervor, bei den Laennecschen Cirrhosen war ihr Vorkommen auffallend gering. Bei den typischen Formen ist nur zweimal eine wesentliche Affektion der Gallenblase verzeichnet, darunter bei der einzigen Frau; bei den Fällen ohne Aszitis dreimal, auch bei den sonstigen Cirrhoseformen wird die sonst im Alter durchschnittliche Häufigkeit nirgends überstiegen.

Die Laennecsche Cirrhose. Man kann das anatomische Bild der vollentwickelten Laennecschen Cirrhose als bekannt voraussetzen. Die Leber geschrumpft, hart, meist feinhöckerig, mit stark vermehrtem Bindegewebe und unregelmäßiger Struktur, wobei den innerhalb der Bindegewebswucherung zugrunde gegangenen Parenchymläppchen andere, in atypischer Form neugebildete Leberzellinseln gegenüberstehen. Untergang und abnorme Regeneration, Abbau und Umbau, Zirkulationshemmung und Abschnürung und damit Störung der Wege des Pfortaderkreislaufs. Das Ganze ist verbunden mit mäßigem Milztumor, Entwicklung von Aszites, Bildung von Kollateralen und Varicen, insbesondere auch an Ösophagus und Rectum, zuweilen Subikterus, verringerte Behaarung, oft Schwäche und Abmagerung bis zur extremen Kachexie. Fast allgemein wird auch ein Vorstadium des sich lange hinziehenden Prozesses angenommen, wo die Leber zwar die charakteristischen Zeichen der Veränderung zeigt, aber noch vergrößert ist und die Rückwirkungen auf die Zirkulation noch nicht zur Auswirkung gekommen sind.

Der Aszites der Lebercirrhose — dies gilt von allen ihren Formen — ist Transsudat und weist dessen Charakter auf, falls keine Peritonitis als Komplikation besteht. In Analogie aber zu dem, was bei der Pleuritis gesagt wurde und unter Berufung auf den folgenden

Abschnitt über Peritonitiden, muß hervorgehoben werden, daß im Senium Befunde, welche sonst für Transsudation charakteristisch gelten, die Peritonitis nicht ausschließen und daß anderseits Beimengung von Blut nicht die Entzündung sicherstellt. Abnorme Gefäßdurchlässigkeit, Stauung, Blutungen in das Peritoneum oder die Bauchhöhle sind relativ häufige Vorkommnisse.

Die Ätiologie und die konstitutionelle Basis der Cirrhosen ist unklar, doch stehen wohl ein Überwiegen des männlichen Geschlechts und Beziehungen zum Alkoholabusus fest. Bei den Cirrhosen des Alters tritt der letzte Umstand weit weniger hervor als in früheren Jahren, in den Vorgeschichten wird höchstens in einem Drittel der Fälle von Alkoholmengen berichtet, wie sie sonst bei diesen Cirrhosen angegeben werden.

Nach dem klinischen Bild kann man im Alter vier Typen unterscheiden: 1. solche mit einem typischen klinischen Bild (verkleinerter Leber, Aszites von der Beschaffenheit eines Transsudats, sichtbaren Kollateralen); diese brauchen uns, als dem gewohnten Bilde entsprechend, nicht weiter zu beschäftigen. 2. Fälle ähnlicher Art, bei denen die Situation durch komplizierende Erkrankungen verändert ist, insbesondere durch Herzinsuffizienz oder chronische Peritonitis oder Karzinom, um nur die häufigsten zu nennen. 3. Fälle ohne Aszites, aber mit Leber-Milzveränderungen (vergrößerter oder kleiner, harter, oft unregelmäßiger Leber, Ikterus). Diese Fälle sind oft schwer, zuweilen überhaupt nicht von anderen Arten der Cirrhose zu unterscheiden, aber auch Gallensteinleiden, Krebs, Stauung kommen diagnostisch in Frage. 4. Latente Cirrhosen, bei denen kein klinisches Symptom auf die Cirrhose hinwies, die als Zufallsbefund bei den Obduktionen gefunden wurden.

Bei dieser Sachlage ist es klar, daß man für die Diagnose nicht nur fernabliegende Symptome, wie Haarausfall, kleine Hoden heranziehen muß, sondern auch die funktionellen Proben. Von den in der Klinik üblichen haben die Kohlehydratproben der alimentären Lävulosurie und besonders der Galaktosurie nur bei positivem Ausfall eine Bedeutung, in der Mehrzahl sind ihre Ergebnisse im Alter uncharakteristisch oder negativ. Wertvoll ist die Takata-Reaktion, die oft positiv ausfällt.

Uncharakteristische Magen-Darmsymptome, wie Störungen des Appetits, Gefühl von Druck und Völle und Aufstoßen sind bei den meisten Fällen vorhanden, nur wenige sind beschwerdefrei. Bei großer Leber kommt es zu lokalem Druckgefühl, zuweilen treten Kolikschmerzen auf, welche den Verdacht von Gallenkoliken nahelegen und von diesen mit Sicherheit kaum zu unterscheiden sind. Im Stadium des Aszites überwiegen dessen Erscheinungen, im weiteren

Verlauf kann es zu großer Schwäche und Kachexie kommen, nur wenige Cirrhosen gelangen im Alter zu ihrem natürlichen Ende, dem Tod im Coma hepaticum, manche erliegen schweren Blutungen aus den Varicen, viele einer begleitenden Herzinsuffizienz oder Peritonitis, noch mehr interkurrenten Erkrankungen wie Pneumonie.

Die sonstigen Cirrhosetypen. Biliäre Cirrhosen. Zuweilen besteht im Alter ein chronischer Stauungsikterus hohen Grades, doch inkomplett durch Jahr und Tag, wir haben eine Dauer bis zu fünf Jahren beobachtet. Ist in einem solchen Falle die Leber besonders hart, die Milz vergrößert, sind zudem noch die Proben auf diffuse Leberschädigung positiv oder entwickelt sich ein Aszites oder kommen Varicenblutungen vor, so kann eine biliäre Cirrhose angenommen werden. Es finden sich sehr beträchtliche Bindegewebsbildungen, dem Gallensystem folgend, mit enorm erweiterten Gallengängen. Dies nennt der Anatom biliäre oder Gallenstauungscirrhosen.

Cholangitische Cirrhosen. Analog, aber entzündlich ist eine vom Gallengangsystem ausgehende Bindegewebsneubildung im Gefolge von Cholangitis. Sie unterscheidet sich von der biliären Cirrhose durch die eitrige Beschaffenheit der Lebergalle und ist oft mit Abszeßbildung verbunden. Ihre Abtrennung von chronischer Cholangitis ist nur möglich, wenn im Verlauf der Erkrankungen Schrumpfungserscheinungen der Leber auftreten, oder diffuse Leberschädigung durch die diagnostischen Proben nachgewiesen wurde. Das Stadium der Aszitesbildung wird im Alter kaum erreicht.

Multilobuläre Cirrhosen. Bei diesen ist die Leber groß, unregelmäßig geformt, mit Knoten in der Oberfläche und grobgelapptem Rand, die Milz vergrößert. Die Lappung ist durch mächtige Bindegewebszüge bedingt. Ein großer Teil der Leber ist zugrunde gegangen, aber die Regeneration erfolgt nicht überall unter Umbau, sondern in sehr großen, adenomartigen Zentren, welche den Inhalt der Knoten und Lappen bilden. Eine schwere Schädigung der Leber durch Hepatitis, durch ausgeheilte subakute oder chronische Leberatrophie oder durch Infektionskrankheiten muß vorangegangen sein, und manchmal ergibt auch die Vorgeschichte Angaben über wiederholten Ikterus oder sonstige Lebererkrankungen. Die Differentialdiagnose ist schwierig, sie kann gegen Krebsmetastasen in der Leber, gegen Leberlues, gegen Formveränderungen der Leber infolge Gallenblasenerkrankungen (Riedel-Lappen) und gegen Echinokokkus erfolgen. Die Überlegung muß auf Kachexie und Verlauf, auf die Luesreaktionen, auf Form und Lage der Gallenblase, die Härte des Organs usw. Bedacht nehmen.

Splenomegale Cirrhoseformen kommen im Alter vor. Große Leber mit vermehrtem Bindegewebe aber erhaltener Struktur sind mit einer sehr großen Milz vergesellschaftet, ohne daß Ikterus oder Anhaltspunkte für Hämolyse oder eine Bluterkrankung oder etwa eine Milzvenenthrombose bestehen. Die Leberfunktion ist nicht schwer gestört, die Pathogenese dieser Fälle ist ungeklärt.

Ich habe im Senium weder eine echte Hanotsche Cirrhose noch die Wilsonsche Krankheit, noch eine sicher auf chronische Hämolyse zurückführbare Leber-Milzvergrößerung mit Ikterus gesehen. Doch können solche dem familiären oder erworbenen hämolytischen Ikterus zugehörige Formen bei der sehr langen Dauer des Prozesses sicher auch in die Altersjahre hinübergenommen werden.

Hämochromatose der Leber. Hämochromatose oder Siderose der Leber ist im Alter nur in Form jener Cirrhose klinisch von Bedeutung, welche mit Diabetes und Bronzeverfärbung der Haut vergesellschaftet ist. Ich habe nur einen Fall dieser Art im Alter gesehen.

Pseudocirrhosen. Unter dem Bilde der Laennecschen Cirrhose mit vorwaltendem Aszites tritt auch zuweilen die Stauungscirrhose im Alter auf. Sie entsteht als Cirrhose cardiaque, wenn sich eine Stauungsleber über das Bild der Muskatnußleber hinaus durch Atrophie der Leberzellen und Vermehrung des Bindegewebes verkleinert, Regenerationsherde und Umbau aufweist und Pfortaderstauung verursacht.

Die zweite Form ist die sogenannte perikarditische Pseudolebercirrhose. Ein Fall dieser Art ist mir im Alter auffallenderweise noch nicht begegnet, dagegen erzeugt die Zuckergußleber, bei der die Leber meist als Resterscheinung einer Polyserositis mit einem weißen, dichten Überzug bekleidet ist, zuweilen eine Schrumpfung, welche die Leber zur Atrophie bringt und zur Pfortaderstauung führt. Das klinische Bild gleicht weitgehend der Laennecschen Cirrhose, eventuell kombiniert mit den Zeichen der Concretio cordis und Herzinsuffizienz.

Es ist aber noch nicht genug mit allen diesen Formen; es muß noch einmal darauf hingewiesen werden, daß es im Alter Fälle gibt, die derzeit noch nicht einzureihen sind, wo der pathologische Anatom eine mehr minder schwere chronische Parenchymschädigung und Bindegewebsneubildung feststellt, ohne daß etwas über die Art der Schädigung ausgesagt werden kann. Dabei gibt es große und nicht vergrößerte Lebern und Milzen. Ikterus und nachweisbare funktionelle Schädigungen sind vorhanden oder fehlen. Derartige Fälle werden erst nach dem allgemeinen Aufbau der Leberpathologie auch im Alter faßbar werden.

Der Endausgang aller dieser Lebererkrankungen mit Ausnahme der Laennecschen Cirrhose ist nicht einheitlich. Biliäre, cholangitische Cirrhosen und auch einzelne andere können an Leberinsuffizienz zugrunde gehen. Varicenblutungen, die tödlich sind, kommen vor. Karzinom, Peritonitis spielen eine Rolle, die Pseudocirrhosen sterben meist an Herzinsuffizienz, viele Fälle an Pneumonien oder an ganz anderen Begleiterkrankungen.

Bei der Vielfalt der Formen, ihrer schweren Abgrenzbarkeit und der häufigen Latenz gelingt es sehr oft nicht, das Bestehen einer Cirrhose und deren Unterform zu erfassen, besonders wenn das Bild durch Herzinsuffizienz, Thrombosen oder Gallenwegserkrankungen überlagert ist. Dazu kommt noch, daß Kreislaufinsuffizienz von portalem Typus oder die Kombination von Milztumoren mit anderen Leberaffektionen oder Gallensteinerkrankungen Cirrhosebilder vortäuschen können. Für den Arzt und Praktiker allerdings sind diese Unterscheidungen nicht allzu wichtig. Für ihn kommt es darauf an, zu wissen, ob ein Karzinom oder ein Steinleiden besteht, für ihn ist die Ursache des Ikterus, das Bestehen von Leberinsuffizienz und der Grad und Charakter eines Aszites von Bedeutung. Diese Fragen und die von den Antworten abhängigen Besonderheiten der Behandlung sind aber weitgehend von der pathologisch-anatomischen Diagnose unabhängig.

Therapie der Cirrhosen. Diese hat nur einen gemeinsamen Kern: Schonung der Leber. Diesem Zwecke dient Enthaltung oder Rückdrängung von exogenen Giften, wie Alkohol und Nikotin, ferner Vermeidung der im Magen-Darmtrakt entstehenden Schädigungen, daher sorgfältige Behandlung der Affektionen und Infektionen dieser Region und der Gallenwege sowie Entlastung der Leber in ihrer Stoffwechselarbeit, da sie die im Pfortaderblut zugeführten Substanzen zu verarbeiten und zu entgiften hat. Nach dieser Richtung wirken die Kohlehydrate nicht nur wenig belastend, sondern günstig, da Glykogenreichtum die Leberzelle schützt; Eiweißprodukte, besonders die des Fleisches, stellen die höchsten Anforderungen, aber auch die Fette, insbesondere die Fettsäuren sind im Übermaß nicht von Vorteil, es resultiert also als allgemeine Grundlage eine den individuellen Verhältnissen angepaßte Schonungskost mit Verringerung von Fleisch und Eiweiß, Verminderung des Fettes, besonders in seinen schwerer verdaulichen Formen, wie fettem Fleisch, überfetteten Speisen und Verbot der scharfen Gewürze. Bei der langen Dauer der Prozesse und der ungemeinen Leistungsfähigkeit und Regenerationsfähigkeit der Leberzellen braucht man aber nach dieser Richtung im Alter nicht allzu streng zu sein, solange die Funktion gut ist. Karlsbader Kuren wirken oft günstig und können ein- bis zweimal im Jahr wiederholt werden.

Die Kostverordnung ändert sich aber beim Auftreten von Leberinsuffizienz oder deren Gefahr. Hier ist strenges Verbot von Fleisch, starke Reduktion alles sonstigen Eiweiß und der Fette und eine vorwiegende Kohlehydratnahrung am Platze, unterstützt durch intravenöse Traubenzuckerinjektionen mit Insulin.

Die ikterischen oder mit Pleiochromie, der Produktion sehr konzentrierter Galle, einhergehenden Formen legen Erleichterung des Gallenabflusses nahe. Dies kann in den Verschlußfällen oder bei Cholangitis im Alter nur operativ durch Beseitigung des Hindernisses und eventuelle Ableitung der Galle durch eine Anastomose nach innen oder durch Drainage nach außen geschehen, sonst kommen die Cholagoga in Anwendung, Karlsbader Wasser, Magnesiumsulfat innerlich oder duodenal, die Gallensäurepräparate und die pflanzlichen Drogen (s. Cholelithiasis).

Die Portalstauung wird zunächst durch Flüssigkeits- und Salzbeschränkung bekämpft, ferner durch die Diuretika, wobei sich neben den sonst angewandten bei der Cirrhose noch der Tartarus depuratus in Mengen von 10—20 g eines gewisses Rufes erfreut, doch ist die Wirkung dieser Mittel oft unzureichend. Wenn dann auch das Salyrgan oder Novurit, oft mit Vorteil intraperitoneal gegeben in Mengen bis zu 4 ccm nicht ausreicht, so bleibt nur die Punktion übrig. Diese muß allerdings meist immer und immer wiederholt werden, kann aber das Leben um Jahre verlängern.

Die symptomatische Behandlung variiert sehr. Verstopfung rechtfertigt, wenn die Tendenz zu Blähungen und Meteorismus nicht allzu groß ist, eine gröbere zellulosereiche Diät, selbst Perioden von vegetarischer und Rohkost kann man mit Vorteil einschalten, wie anderseits Rücksichten auf Appetit und Kachexie auch weitgehende Konzessionen in bezug auf Genußmittel und Alkohol erfordern. Im Stadium der Leberinsuffizienz ist das Erbrechen, in diesem und bei schwererem Ikterus das Hautjucken zu bekämpfen.

Tuberkulose der Leber. Sie tritt fast durchwegs als Teilerscheinung einer miliaren Aussaat auf, wobei meist die Leber weniger dicht befallen ist als andere Organe; die Herde können bei leichteren Fällen zu größeren Massen heranwachsen. Der Zustand ist meist klinisch latent, doch habe ich es einmal gesehen, daß ein großer tuberkulöser Herd der Ausgangspunkt einer Peritonitis tuberculosa wurde.

Leberlues. Die Leberlues tritt im Alter in zwei Formen auf. Die eine und wichtigere ist die der Lebergummen, wobei die Leber gelappt und höckerig wird. Da die Palpation es nicht gestattet, eine solche Leber von Krebslebern, multilobulären Cirrhosen, Echinokokkus zu unterscheiden, so ist das führende, aber bei der Häufigkeit latenter Lues nicht entscheidende Symptom die Wassermannsche Reaktion. Fieber fehlt im Alter meist, das bessere Allgemeinbefinden, die Luotest-Probe und der Verlauf lassen gegen den Krebs abgrenzen.

Bei positiven Luesreaktionen wird man unter allen Umständen die Pflicht haben, eine antiluetische Kur einzuleiten, aber auch bei negativem Ausfall wird bei unklarer Sachlage ein Versuch mit Jod am Platze sein. Die zweite Form sind zirkumskripte Leberatrophien, insbesondere die Verödung des linken Lappens, welche die Anatomen als luetisch bezeichnen. In zwei solchen Fällen war die Wassermann-Reaktion negativ, was bei einer ausgeheilten Lues nie Wunder nehmen wird.

Leberabszesse. Diese treten fast durchwegs multipel infolge einer eitrigen Cholangitis auf, auch die Vereiterungen von Krebsmetastasen und Echinokokken sind sekundär. Isolierte Leberabszesse, welche ein Krankheitsbild beherrschen, sind sehr selten, sie kommen nach Appendizitis vor; nach Darmkrankheiten sollen sie in den Tropen auch im Alter relativ häufig sein.

Über Echinokokkus und Aktinomykose ist nichts für das Alter Spezifisches zu sagen; alten und abgestorbenen Echinokokkenzysten begegnet man zuweilen als Zufallsbefund.

Lebergeschwülste. Von diesen hat nur der Krebs eine wichtige Bedeutung im Alter, die gutartigen Geschwülste sind selten, klinisch meist latent.

Leberkrebs. Die Leber ist wohl das von Metastasen insbesondere der abdominalen Karzinome am häufigsten befallene Organ. Vergrößerung der Leber, harte, unregelmäßige Beschaffenheit, Kachexie kennzeichnen den Verlauf, der Nachweis eines Primärtumors wird immer erstrebt werden müssen. Es ist aber durchwegs abwegig, einen primären Leberkrebs diagnostizieren zu wollen, wenn ein solcher Nachweis nicht gelingt. In einem solchen Fall ist es weit wahrscheinlicher, daß der Primärtumor einer stummen Region des Pankreas oder bei Ikterus dem Gallengangssystem entspringt, um nur zwei der zahlreichen Möglichkeiten zu nennen.

Der primäre Leberkrebs ist in allen Altersstufen eine seltene Erkrankung. Immerhin haben wir acht Fälle dieser Art, darunter 2 Frauen, beobachtet und können feststellen, daß das Bild im Alter abweicht. Das Durchschnittsalter war 68 Jahre, zwei waren über 80 Jahre alt, sechs der Krebse waren unizentral, große, zum Teil mächtige Tumoren, von einer Stelle ausgehend mit regionärer, meist reichlicher Metastasierung, zwei waren multizentrisch, das Bild der krebsigen Cirrhose oder des diffusen Wachstums weicher Tumoren bietend. Ein Ikterus kommt sekundär infolge Kompression der Gallengänge durch den Krebs oder durch dessen Einwachsen in diese zustande, er ist bei unserem Material zweimal verzeichnet. Ungemein häufig ist der Einbruch in das Gebiet der Venen, in die Äste der Pfortader. Wie Chvostek aufmerksam gemacht hat, ermöglicht die

Kombination einer Krebsleber mit dem Einsetzen eines ungemein rasch sich füllenden Aszites (infolge Pfortaderthrombose) die Wahrscheinlichkeitsdiagnose eines primären Leberkrebses. Aber wir haben im Alter einen derartigen Verlauf nicht gesehen, obwohl viermal die Pfortader ganz oder partiell befallen war. Bei zweien dieser Fälle fehlte der Aszites völlig, obwohl in einem die Geschwulstthromben beider Hauptäste sich bis zur Art. mesenterica und lienalis fortsetzen, in einem war er gering, in dem letzten mit einer multilobulären Cirrhose vergesellschafteten Fall nicht über das bei Cirrhose gewöhnliche Maß hinausgehend, der Erguß war sanguinolent. Die Verbindung mit Cirrhose (Laennec) wurde noch ein zweitesmal beobachtet. Von Komplikationen sind eine akute Peritonitis und eine schwere Blutung aus einem Knoten in die Bauchöhle zu erwähnen.

Pfortaderthrombose. Die Pfortaderthrombose ist im Alter, wie auch sonst, zumeist eine zweite Krankheit. Als eine der Ursachen wurde schon der Leberkrebs genannt, aber auch bei Stauung infolge Lebercirrhose und bei allen Zuständen entzündlicher Art, welche sich in dieser Gegend abspielen sowie bei Geschwülsten kann es zu dieser Affektion kommen. Karzinome der Gallenwege oder des Pankreas und insbesondere Metastasen von allen diesen Krebsen, wie denen des Magens und der drüsigen Organe können zur Einscheidung, zur Kompression und zum Übergreifen auf die Pfortader führen. Seltenere Ursachen sind entzündliche Erkrankungen der Umgebung und der Lymphdrüsen um die Leberpforte. In allen diesen Fällen ist die Pfortadererkrankung nur eine Komplikation, oft eine solche des letzten Stadiums und ihr klinisches Bild verschwindet häufig und wird nicht voll ausgebildet. Insbesondere fehlt im Alter oft die Kollateralbildung und der rasch rezidivierende Aszites hat keine Zeit sich auszubilden. Anders steht es in den selteneren Fällen, wo die Pfortaderthrombose, durch einen gutartigen oder rückgebildeten Prozeß verursacht, einen mehr selbständigen Charakter angenommen hat. Hier kommt es zur Bildung typischer Kollateralen und gewaltiger Transsudate, welche in Ermangelung einer anderen Erklärung (Cirrhose, Concretio, Mediastinitis chron.) an die Thrombose denken lassen.

23. Erkrankungen des Pankreas.

Das Pankreas weist im Alter oft ohne Krankheitserscheinungen Veränderungen auf, die in Atrophie oder Verfettung, Sklerosierung des Gewebes und Arteriosklerose der Gefäße bestehen. Über die Befunde beim Altersdiabetes wird an anderer Stelle berichtet werden. Funktionelle Veränderungen des Pankreas mögen im Alter häufiger sein, als man dies weiß, sie sind aber gegenwärtig kaum zu fassen. Im Vordergrunde stehen die anatomischen Erkrankungen.

Pankreaskrebs und -verschluß. Das Pankreaskarzinom ist meist ein Skirrhus, es verläuft, je nach seinem Sitz, unter den verschiedensten Bildern, denen nur die allgemeinen Krebssymptome und wechselnden Verdauungsbeschwerden gemeinsam sind.

Das Pankreaskarzinom ist nicht selten, etwa 5% aller Karzinome, und weist zum Alter insofern Beziehungen auf, als die Hälfte der Erkrankungsfälle nach dem 50., über ein Viertel nach dem 60. Jahr entstehen. Metastasierung ins Pankreas erfolgt im Alter seltener und spielt nur ausnahmsweise eine diagnostisch erfaßbare Rolle im Krankheitsbild.

Verlauf. Dieser hängt davon ab, ob das Karzinom im Körper, bzw. Schwanz sitzt, oder ob es den Kopf miteinbezieht. Im letzteren Fall wechseln die Erscheinungen, je nachdem die Ausführungsgänge der Drüse zur Gänze verschlossen werden oder teilweise offen bleiben, je nachdem der Weg für die Galle frei bleibt oder deren Abfluß verhindert wird. Es gibt also Karzinome mit und ohne Pankreasverschluß, mit und ohne Ikterus.

Der Krebs im Schwanz und Körper läßt die äußere Sekretion des Pankreas ungestört und läßt in der Regel jedes Lokalsymptom vermissen. Er wird nur an seinen Metastasen erkannt. Wenn eine Krebsleber entsteht, ohne Ikterus und ohne nachweisbaren Primärtumor, so ist stets ernstlich an das Pankreas zu denken. Gestützt wird diese Diagnose, wenn Glykosurie als Pankreassymptom besteht, aber dies ist die Ausnahme.

Werden alle Ausführungsgänge des Pankreas zur Gänze unwegsam, so entsteht das Bild des Pankreasverschlusses. Sein Hauptsymptom sind Fettstühle, meist mit Diarrhöen und entsprechenden Beschwerden verbunden, wobei das Neutralfett überwiegt. Diese Störung kann durch Überlastung des Darms mit Fett, etwa durch fettreiche Hafergrütze sinnfällig gemacht werden, wobei sich das Fett als getrennte, sichtbare Masse abscheidet. Grobe Störungen auch der Fleischverdauung, der Verdauung der Zellkerne, das Fehlen der Pankreasfermente in Stuhl und Duodenalinhalt ergänzen den Befund. Nur in einem Teil der Fälle finden sich auch Unregelmäßigkeiten der Fermentausscheidung in Harn und Blut. Solange die Drüse noch ihr Ferment produziert und staut, wird es in vermehrtem Maße ans Blut abgegeben und im Harn nachgewiesen; stellt sie die Produktion ein, so fehlt es. Alle diese Symptome sind aber nicht dem Pankreaskrebs eigentümlich, sondern gehören zum Pankreasverschluß, bzw. zur Schädigung der Bauchspeicheldrüse jeder Ätiologie. Auch ein in der Pankreasgegend palpabler Tumor, der allerdings sehr oft fehlt, vermag die Diagnose zu stützen, wenn er tiefliegend und unverschieblich ist. Aber abgesehen von den Schwierigkeiten der Organbestimmung können chronische Pankreasverhärtungen entzündlicher Natur und Cysten den gleichen Befund ergeben. Es ist also der Verlauf, die Kachexie, ein eventuelles Auftreten von Pigmentationen oder der Nachweis der Metastasenbildung zur Krebsdiagnose erforderlich. Schmerzen, besonders mit Ausstrahlung nach links und hinten können die Diagnose erleichtern, sie fehlen aber oft.

Das Pankreaskopfkarzinom ruft in der Regel durch Einbeziehung oder Kompression des Choledochus auch Ikterus hervor. Pankreassymptome, Ikterus und Krebszeichen treffen zusammen. Aber auch ein Papillenkarzinom oder Metastasen können die gleichen Erscheinungen hervorrufen. Bleibt aber einer der Ausführungsgänge des Pankreas frei, ist also die äußere Sekretion nicht aufgehoben, der Gallenabfluß aber gestört, so entsteht das Bild des Choledochusverschlusses, das bereits geschildert wurde.

Von Komplikationen kommen Blutungen ins Duodenum oder in das Organ selbst vor, ferner Übergreifen auf Magen, Duodenum, Dickdarm. Röntgenologische Symptome in der Nachbarschaft erleichtern auch in den Vorstadien als Eindellung und Kompression im Bereiche von Magen und Darm die Diagnose. Ferner kann es sekundär zu jenen Zuständen von Entzündung und Organzerstörung kommen, welche als akute Pankreatitis und Pankreasnekrose weiter unten als selbständige Erkrankungen zu behandeln sind.

Die therapeutische Aufgabe beim Pankreaskrebs besteht in nichts anderem als in der Behandlung der Verdauungsstörung und sonstiger symptomatischer Therapie. Der Verschluß des Pankreasausgangs bietet besondere Verhältnisse, welche nicht nur für das Karzinom, sondern für jede schwere Störung der äußeren Sekretion gelten. Es sind sowohl die Fettverdauung als die Eiweißverdauung schwer geschädigt. Dazu kommt noch eine sekundäre Enteritis, welche den Darm auch gegen Zellulose und jede gröbere und gärungsbereite Nahrung hochgradig empfindlich macht. Am besten vertragen werden noch Kohlehydrate in Form von feinen Mehlen, Reis, feinem Gebäck und Zucker, aber damit ist eine qualitativ und quantitativ ausreichende Ernährung kaum durchzuführen und in der Tat magern auch die Patienten meist hochgradig ab. Wesentlich verbessert wird aber die Ernährung durch Substitutionstherapie mit großen Mengen von Pankreaspräparaten, welche mit reichlich Alkali, am besten mit dem stopfend wirkenden Calcium carbonicum (4mal 2 g und mehr) gegeben werden. Pankreon, Festal, besonders aber Pankreatin bewähren sich. Die Stühle werden nicht normal, aber ihre Zahl, ihr Volumen, der Ausnützungsquotient der Nahrung steigt, so daß mit sorgfältiger Auswahl nach Qualität und Bekömmlichkeit eine ausreichende, wenn auch knappe Ernährung gesichert werden kann.

Wenn ich in der Aufzählung der Präparate Pankreatin hervorgehoben
habe, so geschieht dies unter dem Eindrucke, daß in schweren Fällen
von Pankreasinsuffizienz die Verdauung nicht einmal das wirksame
Ferment aus seiner Bindung an gerbsaures Eiweiß, wie beim Pankreon,
freisetzen kann und daß auch Kapseln nicht sicher gelöst werden.

Chronische Pankreatitis und Pankreassteine. Wenn der Chirurg
eine Gallensteinoperation, besonders nach einer längeren Vorgeschichte
des Leidens oder bei einem Ikterischen durchführt, so findet er oft den
Pankreaskopf vergrößert und verhärtet, er konstatiert eine chronische
Pankreatitis und hat oft Mühe, sie von einem Karzinom zu unterscheiden. Diese Affektion findet sich meist bei Gallensteinkranken oder
bei chronischem Ikterus aus anderen Ursachen, aber es können auch
andere Prozesse aus der Umgebung das Pankreas beeinflussen, wie
Ulcera des Magens und Duodenums, besonders die in das Pankreas
penetrierenden oder Entzündungen, die vom Duodenum aszendieren
oder hämatogen das Organ treffen. Alle diese Vorbedingungen finden
sich im Alter relativ häufig und darum ist die Verhärtung auch nicht
selten, sie ist aber klinisch nur in Ausnahmefällen faßbar, weil sie
als zweite Krankheit meist im Hintergrund bleibt.

Schmerzen, auch Kolikschmerzen in der Mitte des Oberbauchs,
aber nach links und hinten oder ins Kreuz ausstrahlend, können den
Verdacht wecken; er wird gestützt, wenn andere der schon erwähnten
Lokalzeichen des Pankreas anwesend sind, wie Glykosurie, Fettstühle,
Fermentanomalien. Fehlen diese, so wird man über Vermutungen
nicht hinauskommen, zumal auch bei einfacher Cholelithiasis Ausstrahlungen nach abnormen Richtungen anzutreffen sind.

Pankreassteine sind ein seltenes Vorkommen, ich habe sie nur einmal im Alter autoptisch bestätigt gesehen. Das klinische Bild besteht
aus den Symptomen des Pankreasverschlusses, wenn der Stein einen
solchen bedingt, kombiniert mit Koliken mit den oben erwähnten Ausstrahlungen, welche bei fehlendem Verschluß das ganze Bild beherrschen. Fälle der letzten Art oder klinisch latente sind nicht zu diagnostizieren, es sei denn, daß der Stein besonders groß und radiologisch sichtbar ist.

Die Therapie der chronischen Pankreatitis ist die des Primär-
leidens, nach dessen Behebung, etwa durch eine Gallenblasenoperation
oder durch Beseitigung eines Hindernisses, sie ausheilt. Auch der
Pankreasstein kann in Ausnahmefällen operativ entfernt werden, sonst
ist die Behandlung symptomatisch, erstrebt Behebung der Darmerscheinungen und der Schmerzen.

Pankreaszysten. Bei der Seltenheit der Erkrankung soll nicht
ausführlich auseinandergesetzt werden, daß es verschiedene Arten
der Zysten gibt, echte Zysten, d. h. Hohlräume innerhalb des Pankreas,

differenter Lokalisation und Entstehung und die häufigeren Pseudo-
zysten, welche abgekapselte Durchbrüche in die Bursa omentalis mit
Flüssigkeitsansammlung sind. Die Zysten sind Tumoren von glatter
Oberfläche, oft von mächtiger Ausdehnung, bei denen auch Fluktua-
tion nachweisbar sein kann. Ihre Lagebestimmung wird durch die
Verdrängungs- und Kompressionserscheinungen jener Teile des Ma-
gendarmtraktes erleichtert, welche radiologisch sichtbar gemacht werden können. Funktionelle Pankreassymptome können vorhanden sein
oder fehlen, je nach Lage der Zyste, Verdauungsbeschwerden unbestimmter Art werden bei Wachsen der Zyste durch die subjektiven
und objektiven Spannungs- und Verdrängungserscheinungen eines
Bauchtumors abgelöst. Das wichtigste Symptom ist der palpable
Tumor. Es kommen gutartige Durchbrüche in Magen und Darm mit
anscheinender Heilung vor und bösartige ins Peritoneum. Die oft
wechselnde Zystengröße ist wohl auf Vorgänge der ersten Art zurückzuführen.

Große oder wachsende oder akut entstandene Zysten wird man
auch im Alter operieren, d. h. nach der Sachlage entweder exstirpieren
oder spalten und drainieren, wenn der Allgemeinzustand dies gestattet.
Kleinere Zysten können trotz der Gefahr schwerer Komplikationen
(Durchbruch, Pankreasnekrose) zuwartend behandelt werden, da auch
die im Alter nicht geringe Operationsgefahr in Rechnung zu stellen ist.
Maßgebend ist vielfach der Wille des Patienten. Auch nach der
Operation bleiben oft Zeichen der Pankreasinsuffizienz oder -störung
aus begreiflichen Gründen bestehen. Sie müssen symptomatisch berücksichtigt werden. So hatte auf der Abteilung ein im übrigen mit
Erfolg operierter Patient schwer beeinflußbare Diarrhöen ohne typische Pankreassymptome.

Akute Pankreaserkrankungen: Pankreatitis und Fettge-
websnekrose.

Die akute Pankreatitis, die eitrige oder hämorrhagische Entzündung des Organs, oft mit Abszeßbildung oder Phlegmone ein-
hergehend, verläuft meist ganz latent oder mit unbestimmten abdominalen Symptomen und Beeinträchtigung des Allgemeinbefindens. Die
Schmerzen sind im Oberbauch lokalisiert. Temperatursteigerung und
Leukocytose können den entzündlichen Prozeß sicherstellen und das
Fahnden nach funktionellen Pankreassymptomen kann Erfolg haben.
Die Affektion ist aber auch dann nicht von den leichteren Formen
der zweiten zur Diskussion stehenden Krankheit, der akuten Pan-
kreasfettgewebsnekrose, zu unterscheiden, wenn auch die ätiologischen Faktoren verschieden sind, bakteriell bei der akuten Pankreatitis, fermentativ-toxisch bei der Nekrose.

Auch ein Teil der anatomischen Vorbedingungen ist gemeinsam, die Vergesellschaftung mit Erkrankungen der Gallenblase und den Steinen und sonstigen Affektionen des Choledochus und des Pankreasausführungsganges. Die gleichen Umstände bedingen auch eine Prädisposition des Alters. Über die Hälfte der Nekrosefälle entstehen nach dem 50. Lebensjahr, über ein Viertel nach dem 60.

Nach der allgemeinen Auffassung ist das schädliche Agens der Nekrose das aktivierte Pankreassekret. Es handelt sich also um eine Andauung und Selbstzerstörung des Organs und ein Weitergreifen des Prozesses auf das benachbarte Fettgewebe am Netz und Peritoneum, an den Darmschlingen usw. Der Umfang des Prozesses kann von einigen fleckförmigen Herden am Organ und in der Umgebung bis zu einer fast völligen Nekrose der Drüse gehen, die eventuell mit Eiterung und Blutung verbunden ist. In welcher Weise das normalerweise erst im Darm aktivierte Sekret innerhalb der Organe zur Wirkung kommt und an weit abliegende Stellen gerät, ist nicht sehr klar. Die früher herrschende Anschauung, daß dies durch Eindringen von Galle in den Ausführungsgang des Pankreas geschieht, ist zum mindesten quantitativ in den Hintergrund gedrängt.

Das Krankheitsbild der schweren Pankreasnekrose ist sehr markant, aber nicht eindeutig. Es beruht auf der Verbindung von Erscheinungen wie bei hochsitzendem Ileus mit solchen von lokaler Oberbauchperitonitis und Kollaps. Manchmal nach Prodromalerscheinungen, häufig ganz unvermittelt, mit Vorliebe auf der Höhe der Verdauung, setzt ein heftigster Schmerz im Oberbauch ein, die Muskeln über dieser Partie sind bretthart, häufig kommt es zu Erbrechen. Der Puls wird bald frequent und klein, die Temperatur ist niedrig, der Patient macht einen ängstlichen und verfallenen Eindruck. Während in diesen Fällen, wie bereits angedeutet, die Differentialdiagnose in die Richtung eines Ileus oder einer Perforationsperitonitis, vom Magen oder Gallenblase stammend, geht, ist in leichteren Fällen das Bild so, daß man an Gallen- oder Pankreaskolik oder Nephrolithiasis denken kann. Zuweilen entsteht sehr rasch ein Exsudat in der Bauchhöhle, welches als Aszites nachweisbar wird.

Der ausgeprägte Zustand wird aber im Alter nur bei einer Minderzahl gefunden, leichtere Fälle zeigen nur mäßige, wenig charakteristische, sehr an Gallensteinanfälle gemahnende Schmerzen, geringe oder fehlende Spannung, meist Meteorismus oder überhaupt gar keine Erscheinungen; schwere können bei Abwesenheit von Spannung und Schmerzen nur durch Schwäche, Apathie und Kollaps auffallen, Erscheinungen, welche im Alter vielen Zuständen zukommen, von denen etwa die diffuse Peritonitis und sämtliche schwereren entzündlichen Zustände, nicht nur im Bauch bis zur Cystitis und Enteritis hinunter, sondern auch die allgemeinen und pulmonalen Infektionen angeführt werden sollen. Daß vielfach, ja in der Regel, keine sichere Diagnose gestellt werden kann, ist klar. Diagnostische Hilfe bietet die Kenntnis von einem Gallensteinleiden oder das Bestehen eines anderen prädisponierenden Zustands, der Nachweis einer oft sehr hohen Leukocytose und von Pankreasfermentanomalien.

Die Mortalität der schweren Formen ist sehr hoch, die leichteren, früher unbekannten Formen heilen, wie Narben an den Organen bei Obduktionen und die Verfolgung klinisch sehr wahrscheinlich diesem Zustand zugehöriger Fälle beweisen, in der Regel spontan.

Die symptomatischen therapeutischen Indikationen sind in der energischen Bekämpfung der Herz- und Kollapserscheinungen mit allen geeigneten Mitteln und in der Schmerzstillung gegeben. Was zu besprechen bleibt, ist die Frage der Operation. Noch vor wenigen Jahren galt es als Kunstfehler, eine Pankreasnekrose nicht zu operieren. Die hohe Mortalität der operierten Fälle aber und die Kenntnis des spontanen Ausheilens nicht operierter haben sehr viele Chirurgen zu einer viel konservativeren Einstellung veranlaßt. Für das Alter bedeutet dies, daß alle leicht erscheinenden Fälle und selbstverständlich alle jene, wo die Diagnose nicht oder mit geringer Sicherheit gestellt werden kann, nicht operiert werden, mit einer Ausnahme. Wo eine Perforationsperitonitis oder eine sonst dringend operationsbedürftige Affektion, wie Ileus, eitrige Cholecystitis, nicht ausgeschlossen werden kann, soll operiert werden, und der Chirurg wird dann nach allgemein chirurgischen Prinzipien das Organ versorgen, das heißt Eiter ableiten, freiliegende Sequester entfernen, sich aber auf das Minimum der Eingriffe beschränken. Die Mortalität ist sehr hoch, über 50%. Wo keine Diagnose gestellt werden kann, wie so oft im Alter, erledigt sich die Frage jedes aktiven Eingreifens von selbst. Die Zurückhaltung von Eingriffen ist von den Chirurgen ausgegangen.

Von den übrigen anatomischen Pankreaserkrankungen soll wegen ihrer Seltenheit nicht die Rede sein, mit Ausnahme der Lues, weil sie therapeutisch beeinflußbar ist. Man soll, wenn Pankreassymptome und Anhaltspunkte für Lues zusammentreffen, stets eine antiluetische Behandlung einleiten. In geeigneten Fällen tritt völlige Heilung ein, wie ich es auch bei einem 74jährigen Mann erlebt habe.

Funktionelle Pankreaserkrankungen. Es besteht heute mit der Verfeinerung der Untersuchungsmethoden die Neigung, funktionelle Störungen der Pankreassekretion häufiger anzunehmen. Zweifellos kommen solche vor. Pankreasstühle bei Morbus Basedow sollen als Beispiel dienen. Es ist durchaus möglich, daß solche Abweichungen auch im Alter eine größere Rolle spielen, aber faßbar sind sie bis jetzt nicht. Man findet öfters Diarrhöen mit vermehrtem Neutralfett und verschlechterter Fleischverdauung ohne sonstige Zeichen der

Enteritis, welche diesen Verdacht nahelegen, aber das Suchen nach sonstigen Pankreassymptomen ist ohne Ergebnis. Auch die unleugbare günstige Beeinflussung solcher Diarrhöen durch pankreasfermenthaltige Präparate, ich nenne neben den schon erwähnten noch Intestinol, Enzypan, ist kein Beweis für die Entstehung, da es sich dabei nicht um eine Substitutionstherapie handeln muß, sondern diese Körper als ein Adjuvans der Verdauung wirken können. Zudem braucht eine eventuell unzureichende Aktivierung des Pankreassekrets nicht in diesem Organ ihren Ursprung haben. Ein Fortschritt der Diagnostik ist nur von der Verfeinerung der Methodik zu erwarten.

24. Erkrankungen des Peritoneums.

Das klinische Bild der Peritonealerkrankungen weicht wesentlich von dem früher Lebensperioden ab. Dies gilt sowohl von der akuten wie den chronischen Peritonitiden.

Die akute Peritonitis. Diese ist im Alter relativ häufiger, Schlesinger findet sie bei seinem Greisenmaterial in neun Prozent der Todesfälle, wobei allerdings die größere Hälfte auf postoperative Peritonitiden entfällt. Diese große Zahl ist aus der Notwendigkeit dringender Operationen bei schlechtem Allgemeinzustand und geringer Widerstandsfähigkeit und der Häufung solcher Fälle in einem Spitalsmaterial zu erklären. Karzinomoperationen und insbesondere die Notoperationen, an erster Stelle die Operation der inkarzerierten Hernie, sind die häufigsten Ursachen. Dem Plane dieses Buches gemäß soll aber auf diese chirurgischen Peritonitiden nicht näher eingegangen werden, sondern es werden nur die „internen" näher berücksichtigt.

Auch bei diesen ergibt sich eine Verschiebung in der relativen Häufigkeit der Ausgangspunkte. Der akuten Appendizitis kommt, dem Frequenzrückgang der Erkrankung im Alter entsprechend, ein geringerer Anteil zu, bei den Durchbruchsperitonitiden überwiegt Magen, Duodenum und insbesondere Gallenblase als Quelle, die Durchwanderungsperitonitis nimmt einen weit größeren Raum ein. Wenn man alle Quellen der Durchbruchsperitonitis angeben wollte, müßte man sämtliche Organe der Bauchhöhle und die retroperitonealen Teile der Harnorgane und des Genitales dazu aufzählen. Es soll nur auf einige Quellen aufmerksam gemacht werden, welche eher dem Alter eigentümlich sind. Das ist u. a. der Durchbruch aus der Leber selbst, einem geplatzten cholangitischen Lebergang oder einem kleinen oberflächennahen Abszeßchen, dessen Auffindung auch dem Obduzenten die größten Schwierigkeiten machen kann. In die gleiche Kategorie gehört der Durchbruch einer Perisigmoiditis, meist von der Entzündung eines Graserschen Divertikels ausgehend, auch das Meckelsche

Divertikel kann genannt werden. Als Quellen von Durchwanderungs-peritonitis stehen Gallenblase und Darm im Vordergrund. Beim Darm bedarf es dazu nicht einmal der Geschwürsbildung oder der schweren Passagehemmung durch Ileus oder Volvulus, auch bei einfachen, schwereren Enteritiden kommt dies zur Beobachtung. Als ein Beispiel für viele möchte ich eine Beobachtung bei einer Salyrganenteritis anführen. Selten erfolgt Durchwanderung von Blase und weiblichem Genitale, relativ häufiger aus dem Brustraum, bei Pleuritis, Pneumonie und Perikarditis.

Viele Greise erliegen einer Peritonitis so rasch, oft in wenigen Stunden, daß bei der Obduktion nichts anderes zu sehen ist als streifige Rötung des Darms und eine Abnahme des Spiegelglanzes der Serosa, die weitere Entwicklung zeigt spärliches, abstreifbares Fibrin, dann kommt es zur Eiterbildung — entweder ohne beträchtliche Exsudation — als gelber Belag, am dichtesten in der Nähe des Ausgangspunktes, oder es erfolgt Abscheidung von Flüssigkeit in sehr verschiedenem Umfang. Jedenfalls sind die großen Exsudate seltener. Der Darm ist zuweilen enge und leer, meist mäßig, nicht sehr oft mächtig gebläht. Bei zirkumskripter Peritonitis ist der Hauptherd durch Verklebungen und das Netz abgedeckt.

Klinisch unterscheidet man bekanntlich zwischen diffuser und lokaler, zwischen trockener Peritonitis und einer solchen mit Aszites. Sehr brauchbar für das Alter ist auch die Scheidung zwischen sthenischer und asthenischer Form.

Was die sthenischen Peritonitiden anlangt, seien sie lokal oder diffus, so läßt sich kurz sagen, daß ihr Bild sich von dem gewohnten früherer Jahre höchstens durch eine gewisse Abschwächung der Symptome abhebt. Heftige Schmerzen, Ängstlichkeit und Schwäche, allgemeiner Verfall, Erbrechen, trockene belegte Zunge, rascher und kleiner Puls, Abkühlung der Peripherie verbinden sich mit Bauchdeckenspannung, eingezogenem oder geblähtem Bauch und Darmlähmung zu dem bekannten Bilde. Die Temperatursteigerung ist meist nur gering, sie kann fehlen, der Blutbefund weist Leukocytose oder, wenn diese fehlt, schwere qualitative Änderungen im Kernbild auf. Die Diagnose ist nicht schwierig.

Leider aber ist die schwer faßbare asthenische Form häufiger. Der Patient liegt apathisch da, mit trockener Zunge und den Erscheinungen schlechten Pulses und ungenügender Versorgung der Peripherie, ohne pulmonale Dyspnoe, ohne Klagen, äußert auch auf Befragen keine Schmerzen, ist sehr wortarm und stimmschwach, will in Ruhe gelassen werden. Auch passiver Lagewechsel bereitet ihm keine Schmerzen, er nimmt fast nichts zu sich, ist selten auch nur durstig. Alle lokalen Zeichen können fehlen, das Abdomen ist meist eingezogen, im ganzen Verlauf der Erkrankung kann bis zum Tode jede Muskelspannung und jede Druckempfindlichkeit fehlen. Es ist schon eine große Erleichterung der Diagnose, wenn die Symptome in so minimaler Weise angedeutet sind, daß man sie unter anderen Umständen überhaupt nicht beachten würde.

Es ist schon an mehreren Stellen dieses Buches ausgeführt worden, daß ein ganz ähnliches Zustandsbild aus den verschiedensten Ursachen resultieren kann, sie brauchen nicht noch einmal angeführt werden, um die Tatsache zu begründen, daß die Diagnose der asthenischen Peritonitis im Alter oft nicht zu stellen ist, daß schon eine Kenntnis möglicher Ursachen dazu gehören muß, um unter Umständen auch nur den Verdacht zu fassen, wenn andere Erklärungen näherliegen.

Peritonitis im Alter ist immer eine höchst gefährliche Erkrankung, aber sie ist nicht immer tödlich. Dies gilt in erster Linie von den lokalen Peritonitiden, die häufig ganz latent verlaufen können oder deren Erscheinungen rasch zurückgehen, wenn das Glück es will.

Aber auch die infauste Prognose des Spontanverlaufes der diffusen Peritonitis ist nicht ausnahmslos, ich habe im Laufe der Jahre fünf, auch durch Probepunktion sichergestellte Peritonitiden gesehen, die überlebten, obwohl oder weil sie die Operation verweigerten, drei davon waren gallig. Da alle operierten, nicht lokalen galligen Peritonitiden bis auf eine starben, so wäre bei Bestätigung dieser an Zahl allerdings unzureichenden Beobachtungen vielleicht bei dieser Form ein Zuwarten gerechtfertigt. Ob auch asthenische diffuse Peritonitiden abheilen können, ist aus der klinischen Beobachtung schwer zu sagen, da es sich bei den Überlebenden immer um Irrtümer der Diagnose handeln kann. Aber auch dieses Überleben ist nicht unwahrscheinlich, zumal man zuweilen bei Obduktionen Zeichen einer überstandenen diffusen Peritonitis begegnet, ohne daß ein anamnestischer Anhaltspunkt, auch nicht bei intelligenten Patienten vorgelegen wäre.

Die innere Behandlung der Peritonitis beschränkt sich auf eine energische Therapie des Kollapses mit allen Mitteln, unter denen die intravenöse Zufuhr von Traubenzucker und hypertonischer Kochsalzlösung mit den entsprechenden Zusätzen (Digitalis, Analeptika, Sympatol, Adrenalin usw.) voransteht. Äußere Zufuhr von Wärme ist wohltätig, über Schmerzstillung braucht nicht im einzelnen gesprochen zu werden. Wo der Allgemeinzustand dies erlaubt, wird man chirurgisch eingreifen und insbesondere bei Perforationen die Quelle auszuschalten trachten. Daß die Resultate solcher Eingriffe nicht sehr gut sein können, ist klar. Mit einer Mortalität von zwei Drittel bis drei Viertel wird man bei diffusen, diagnostizierbaren Peritonitiden zu rechnen haben, bei lokalen mit einer viel geringeren.

Subphrenische Abszesse. Sie sind bekanntlich sehr oft schwierig festzustellen. Diese Schwierigkeiten wachsen im Alter noch, weil die führenden Symptome des Fiebers und der lokalen Schmerzen öfter fehlen oder sich weniger ausprägen. Hochstand und Bewegungseinschränkung einer Zwerchfellhälfte fordern eine Analyse der Ursache. Ein seröses pleurales Exsudat kann auf einen subphrenischen Prozeß hinweisen, überdeckt ihn aber häufiger. Ist der Abszeß gashaltig, so ist die röntgenologische Diagnose leicht. Im anderen Fall muß rechts die Frage der Lebervergrößerung oder eines Abszesses unter Umständen durch Punktion geklärt werden, während links eine von der Milz oder Niere ausgehende Hochdrängung ausgeschlossen werden muß. Fieber und Leukocytose können diagnostisch helfen. Am wichtigsten ist die Kenntnis vorangegangener prädisponierender Prozesse. In dieser Hinsicht stehen schwere, auf Durchbruch verdächtige Erscheinungen bei Gallenblasenentzündungen und Magen- und Duodenalulkus voran, es folgen die Appendizitis und die Pankreasaffektionen. Aber erfahrungsgemäß muß gesagt werden, daß die Diagnose des subphrenischen Abszesses und damit die Möglichkeit des rettenden chirurgischen Eingriffs im Alter öfter verfehlt wird, als sie gemacht werden kann.

Chronische Peritonitiden. Ätiologisch stehen die tuberkulösen weitaus im Vordergrund, aber auch Diplokokkenperitonitiden chronischer Natur kommen zur Beobachtung. In einer Anzahl ist kein Erreger nachweisbar, und es kann auch bezweifelt werden, ob ein belebtes Agens beteiligt ist. Dazu gehören Peritonitiden nach wiederholten Punktionen, nach Blutungen in die Bauchhöhle oder die Bauchorgane, bei Lymphogranulomatose, aber sie kommen auch ohne greifbare Ursache vor.

Klinisch unterscheidet man solche mit Aszites und trockene Formen.

Peritonitis mit Erguß: Die subjektiven Beschwerden in Form von Spannung und Koliken und dumpfen Schmerzen, die Unregelmäßigkeiten des Stuhls und des Gasabgangs sind sehr wechselnde und wenig charakteristische Zeichen, die Temperatur ist normal oder wenig erhöht, zuweilen mit höheren Zacken oder Perioden. Das führende Symptom ist der Aszites. Aber damit hat es im Alter eine besondere Schwierigkeit. Wenn das Probepunktat die Zeichen des Exsudats aufweist, so ist die Sache in Ordnung und nur die Frage der Ätiologie ist zu lösen, wobei der Häufigkeit nach Fehlen von Erregern, Lymphocytose, hämorrhagischer Charakter für Tuberkulose verwertet werden kann, wenn ein Krebs nicht in Frage kommt. Aber analog wie bei der Pleuritis ist die Trennung von Exsudat und Transsudat unzuverlässig. Flüssigkeiten mit einem spezifischen Gewicht unter 1015, einem Eiweißgehalt unter 2% und einer negativen oder zweifelhaften Rivaltaschen Probe, welche in anderen Lebensperioden als Transsudate anzusprechen wären, werden bei autoptisch sichergestellten Entzündungen in nicht geringer Anzahl gefunden. Auch der Zellgehalt ist nicht entscheidend, wenn er spärlich ist, weil bei Punktionen der Stichstelle häufig Proben entnommen werden, die infolge der Sedimentierung der Zellen in die tiefen Abschnitte wenig geformte Bestandteile enthalten. Infolge erhöhter Durchlässigkeit der Gefäße und Blutungsbereitschaft schließt der Befund von roten Blutkörperchen, auch in sehr erheblicher Zahl, nicht das Bestehen von Transsudation aus. Tuberkulinreaktion, Senkungsgeschwindigkeit, Urochromogen- und Diazoreaktion können bei aller Vieldeutigkeit im Alter weitere Anhaltspunkte geben. Festzuhalten ist aber, daß ein in den Werten nicht extremer Transsudatbefund im Alter nicht gestattet, Exsudation und entzündliche Genese auszuschließen.

Die trockene Bauchfellentzündung, auch diese meist tuberkulöser Natur, bietet der Diagnose weit größere Schwierigkeiten. Es ist damit nicht die unerkennbare, geringe Aussaat von Knötchen am Bauchfell gemeint, noch die Beteiligung des Bauchfells an chronischer Tuberkulose des Darms oder der Lungen, sondern die schweren Fälle, die ein selbständiges Krankheitsbild abgeben und Todesursache sein können. Die Allgemeinsymptome und Beschwerden gleichen denen bei der exsudativen Form, im Vordergrund steht Abmagerung und Kachexie, welche einer Krebskachexie gleichen kann, zuweilen ist der Appetit trotzdem erhalten. Der Bauch ist meist eingezogen, oft auffallend schallarm, vor allem infolge Retraktion des Netzes und des Mesenteriums links und oben, seltener besteht Meteorismus. Wenn Tumoren zu fühlen sind, meist dem Netz oder verbackenen Darmschlingen zuzuschreiben, so kann die Unterscheidung von Karzinommetastasen schwierig sein und erst bei der Probelaparotomie gelingen, wenn zu dem Eingriff ein Anlaß ist.

Therapeutisch ist bei der chronischen, d. h. meist tuberkulösen Peritonitis neben roborierender Allgemeintherapie die Behandlung mit Schmierseife ein altes und auch meiner Meinung nach nützliches Verfahren. Bestrahlungen mit Quarzlicht und kleinen Röntgendosen können herangezogen werden. Auf die Laparotomie als Heilmittel, die in früherer Zeit oft gemacht wurde, wird man im Alter wohl nur in Ausnahmefällen, und wenn sie auch diagnostisch indiziert ist, zurückgreifen. Ihr Erfolg ist wohl als Reiztherapie zu werten, ebenso wie der durch die oben erwähnten Maßnahmen.

Adhäsive Peritonitis. Als Folgeerscheinung einer ausgeheilten lokalen oder allgemeinen Peritonitis, durch chronische Reizung des Peritoneums, ausgelöst durch irgendwelche abdominale Prozesse — ich nenne als Beispiel die Adhäsionen um die Pforte von Hernien, in der Umgebung gutartiger Tumoren wie von Myomen und Ovarialgeschwülsten usw. —, besonders häufig im Anschluß an Operationen, kommt es zur Bildung von bindegewebigen Verbindungen zwischen Bauchorganen untereinander und mit der Serosa parietalis. Sie sind symptomlos oder verursachen je nach ihrer Ausdehnung und Lokalisation Beschwerden, Schmerzen und Koliken, Blähungen und Verstopfung. Sie können aber auch durch Abknickung und Kompression zur Ursache eines Ileus werden. Ihre Diagnostik wird durch die Röntgenuntersuchung gefördert. Sie sind im Alter häufiger als sonst, da die Summe der sie verursachenden Prozesse mit den Jahren zunimmt, die Therapie ist symptomatisch und konservativ, nur in dringenden Fällen chirurgisch.

Peritonitis carcinomatosa. Darunter wird nicht die Etablierung einzelner oder mehrerer Metastasen im Bereich des Peritoneums und Netzes verstanden, sondern die massenhafte Aussaat solcher. Sie kann so dicht und fein sein, daß die makroskopische Unterscheidung von tuberkulösen Knötchen Schwierigkeiten macht. Wie bei der Tuberkulose läßt sich eine trockene Form und eine mit reichlicher Exsudation unterscheiden. Der Aszites bei dieser weist öfters hämorrhagischen, selten chylösen oder chyliformen Charakter auf, ohne daß dies irgendwie spezifisch wäre. Auch die Diagnose aus dem Zellinhalt läßt meist im Stich, da Zellverbände, welche die Krebsgenese sicherstellen, nur ausnahmsweise zu finden sind. Maßgebend sind die Kenntnis eines Primärtumors, anderer Metastasen und der klinische Verlauf. Primäre Peritonealkrebse sind zwar beschrieben, aber ungemein selten. Immerhin haben auch wir im Alter zwei Fälle gesehen, wo zumindest trotz sorgfältigen Suchens ein Primärtumor nicht nachweisbar war und die histologische Untersuchung einen solchen nicht ausschloß. Im ersten Fall (68jähriger Mann) bestand eine Ausmauerung der Bauchhöhle mit enormer flächenhafter Verdickung insbesondere des visceralen Anteils des Bauchfells. Der Tumor lag unter der deutlich abgrenzbaren Serosa an Stelle der Tela subserosa in der durchschnittlichen Breite von über $^1/_2$ cm, mit mehrfachem Übergreifen auf die Wände von Darm usw. Der zweite Fall wies eine vorwiegende kleinknotige, stellenförmig aber auch plattenförmige Aussaat auf.

Retroperitoneale Prozesse. Am imponierendsten sind die großen retroperitonealen Geschwülste, vom Bindegewebe, dem Fett, dem Knochen ausgehend. Große diagnostische Schwierigkeiten bereiten die Drüsentumoren, besonders, wenn sie nicht von hautnahen Lokalisationen begleitet sind, wie Lymphogranulomatose und leukämische

Drüsen und die tuberkulösen Senkungsabszesse. Sehr selten ist das echte Aneurysma der Bauchaorta, etwas häufiger ein Aneurysma dissecans, das sich von oben aus einer Ruptur fortwühlt, sehr häufig die Verlockung, bei einer dilatierten und verlagerten Bauchaorta fälschlich eine Affektion dieser Art anzunehmen.

25. Blutkrankheiten und Pseudoleukämien.

Physiologische Vorbemerkungen. Das Blutbild im Alter unterscheidet sich von dem gewohnten im wesentlichen durch eine Eigentümlichkeit, die Neigung zu erhöhtem Färbeindex. Bei den laufenden hämatologischen Untersuchungen fiel es mir auf, wie oft ein erhöhter Färbeindex vorhanden war, ohne daß Anhaltspunkte für eine perniziöse Anämie bestanden hätten. Mein Assistent Lasch hat diese Beobachtung verfolgt und gesichert. Die Zahl der Erythrocyten weicht nicht wesentlich ab, 5 Millionen bei Männern, 4,5 Millionen bei Frauen können als Normalzahlen betrachtet werden, mit einem Spielraum von $\pm 10\%$. Höhere Zahlen kommen dauernd, von Polyglobulien abgesehen, nur den dekompensierten Herzkranken zu, niedere als 4 Millionen nur den Anämien. Bei den erstgenannten Prozessen kommt es auch zu einer Erhöhung des Gesamthämoglobins. Der Hämoglobingehalt bleibt aber bei geringer Verminderung der Erythrocytenzahlen normal, er bleibt bei stärkeren Anämien relativ höher, ohne daß es sich um eine der Krankheiten mit regelmäßig erhöhtem Färbeindex handeln würde (Perniziosa, Knochenmarksmetastasen, Cirrhosen). Diese Tatsache ist vielfach autoptisch kontrolliert. Als erhöht wurde ein Färbeindex über 1,05 aufgefaßt, doch ging die Erhöhung meist darüber hinaus, auf 1,1 bis 1,2. Dieser Befund ist bei normalen Kontrollfällen keineswegs selten, so daß ein erhöhter Färbeindex allein nicht für die Diagnose der perniziösen Anämie oder bei bestehender Anämie, nicht zum Ausschluß sekundärer Formen verwendet werden kann. Die Größenverhältnisse der Erythrocyten sind normal. Es muß betont werden, daß diese Feststellungen von den Angaben der Literatur, insbesondere H. Schlesingers, abweichen, der das Umgekehrte, eine Neigung zu hohen Erythrocytenzahlen bei niederem Färbeindex, behauptet. Ich kann die Differenz nicht aufklären, wahrscheinlich beruht sie auf einer Verschiedenheit des Materials, dem Überwiegen Schwerkranker unter den Greisen in einer normalen Spitalsabteilung, aber unsere Angaben basieren auf einer sehr großen Anzahl von Untersuchungen vieler Jahre. Der Befund dieser „Hyperchromie im Greisenalter" beweist, daß die roten Blutkörperchen oft mit einem erhöhten Hämoglobingehalt vom Knochenmark ans Blut abgegeben werden, während sehr zahlreiche Autopsiebefunde zeigen, daß es sich dabei — nach dem gelben oder (bei Anämien) nur fleckweise rotem Knochenmark zu schließen — nicht um beginnenden Morbus Biermer gehandelt hat. Zum Verständnis dieser Erscheinung liegt es nahe, Brücken zur perniziösen Anämie zu schlagen, deren Häufigkeit im Alter wir betonen werden, an die Altersachylie als vermittelndes Glied zu denken und eine Verringerung des im Magen produzierten Antiperniziosaprinzips, des intrinsic factors, anzunehmen. Aber dagegen spricht — nicht unbedingt — die Tatsache, daß sich die Hyperchromie des Greisenalters zuweilen auch bei azidem Magen findet. Die Hypothese ist unbewiesen, solange wir über das Quantitative der Produktion dieses Faktors im Alter nichts wissen.

Das Bild der Leukocyten und der Blutplättchen weist im Alter keine wesentliche Abweichung von der Norm auf, vielleicht sind unter den reifen Leukocyten die Anzahl der vielfach segmentierten Zellen etwas höher. Die Reaktion des Apparates ist in der Regel bei Infekten u. dgl. erhalten. Leukocytosen bis 30.000 und darüber kommen vor. Auf die Neigung zu rascher und ausgiebiger Eiterbildung wurde mehrfach hingewiesen.

Anämien. Die perniziöse Anämie. Ihr Vorkommen im Alter ist bekannt (Nägeli, Schlesinger), aber kaum der Grad ihrer Häufigkeit, der im Greisenalter ansteigt. Wir haben immer eine ganze Anzahl von Fällen auf der Abteilung liegen. Mein Assistent Lasch berichtete über 64 Fälle aus wenigen Jahren, die Anzahl der von uns beobachteten Fälle dürfte weit über 100 sein.

Das Krankheitsbild der perniziösen Anämie ist so bekannt und scharf umrissen, daß es genügen dürfte, die Unterschiede des Verlaufs im Alter hervorzuheben. Im Blutbilde zeigen sie sich darin, daß bei Anämie mit erhöhtem Färbeindex Megalocytose und Poikilocytose, die Polychromasie und insbesondere die Anzahl der kernhaltigen roten Blutkörperchen sehr zurücktritt, meist sind überhaupt keine kernhaltigen Elemente zu finden. Das Blutbild der Perniziosa im Alter ist aplastisch, aber die Krankheit ist es nicht, die Blutbildung hat nicht aufgehört, wie der Befund des ausgesprochen roten Knochenmarks bei den Obduktionen beweist. Das weiße Blutbild entspricht dem gewohnten, in der Regel mäßige Leukopenie und Neutropenie, Kernübersegmentierung und Lymphocytose. Nur in einer geringen Minderzahl besteht Leukocytose ohne sonstige entzündliche greifbare Komplikation. Die Remissionen gehen wie sonst unter Anstieg der Retikulocyten und Leukocyten einher. Das Serum ist stärker gelb, es weist als Zeichen der gesteigerten Hämolyse vermehrten Bilirubingehalt (indirekt) auf, welchem auch die regelmäßige Vermehrung des Urobilins im Harn entspricht.

Das Aussehen der Patienten mit ihrer gelblichen Blässe, der leichten Neigung zur Gedunsenheit, ist das gleiche wie bei jüngeren Kranken auch das Überwiegen des weiblichen Geschlechts besteht. Dagegen treten die diagnostisch und als Früherscheinung so wichtigen Zungensymptome sehr zurück. Manchmal ist gar nichts Pathologisches im Munde zu sehen, in der überwiegenden Mehrzahl besteht Atrophie der Zungenschleimhaut, die allerdings auch bei Kontrollfällen häufig ist. Die hochgradige Atrophie aber und die kennzeichnende Glossitis, die Huntersche Zunge mit ihrer Rötung an Spitze und Seite, mit der Bildung von kleinen Geschwüren an ihr und der benachbarten Mundschleimhaut, ist sehr selten. Auch subjektive Beschwerden, das Brennen und die Schmerzhaftigkeit sind kein Frühsymptom und werden nur selten ausgesprochen. Sie werden zuweilen auf Befragen zugegeben, aber sind nicht stark genug, um spontan geäußert zu werden. Auch Knochenschmerzen und die Klopfempfindlichkeit der Knochen fehlen meist.

Der Herz ist oft vergrößert, stets sind systolische Geräusche zu hören. Die Milz ist in ihrer Größe sehr wechselnd, oft nicht palpabel, oft mäßig vergrößert, zuweilen auch sehr groß. Das Fettpolster kann lange gut erhalten sein.

Im Gegensatz zu früheren Lebensperioden ist die Temperatur im Alter meist normal, auch eine bestehende Erhöhung ist geringer als sonst, überschreitet nur selten die Grenzen der Subfebrilität.

Subjektiv überwiegen die allgemeinen unspezifischen Anämiesymptome, wie Schwäche, Kurzatmigkeit, Schwindel, Kopfschmerzen, Ohrensausen, Herzklopfen, solange nicht Zeichen der im Alter häufigen funikulären Myelose, meist nur an den unteren Extremitäten auftreten. Eingeleitet durch Parästhesien und Schmerzen, welche, solange die Diagnose nicht gestellt ist, meist als rheumatische aufgefaßt werden, führen die Beschwerden zu einer Behinderung des Gehens durch Ataxie und Schwäche, zu Reflexverlust und fesseln, häufig unter Schmerzen, den Kranken ans Bett.

Fast immer besteht Mangel an Appetit, stets Achylie, oft Neigung zu Diarrhoen. Sehstörungen, auf der schlechten Blutversorgung und auf Hämorrhagien der Retina beruhend, kommen vor.

Der Spontanverlauf ist progressiv, er war vor der Leberperiode durch therapeutische Maßnahmen verlangsamt, doch hatten diese nur einen quantitativ geringeren Effekt als bei Jugendlichen. Der Tod erfolgte unter zunehmender Schwäche, allmählichem Versagen der geistigen Tätigkeit in Schläfrigkeit, in einer Art Koma. wenn nicht durch Komplikationen.

Behandlung: Die Therapie der perniziösen Anämie im Alter ist seit der Einführung der Leberbehandlung in ihren Erfolgen und in ihren Methoden ganz anders geworden. Arsen, Bluttransfusionen und Milzexstirpation sind ganz in den Hintergrund getreten. Leber- und in zweiter Linie Magenpräparate beherrschen die Behandlung. Während ursprünglich die Darreichung sehr großer Dosen Frischleber notwendig war, welche auf die Dauer sehr häufig Widerstand begegnete, diese dann durch peroral wirksame Exraktpräparate aus Leber- und Magenschleimhaut ergänzt oder abgelöst wurde, setzt sich gegenwärtig die Injektionsbehandlung mit Leberkonzentration verschiedenster Provenienz immer mehr durch. Sie ist einfacher und billiger und stellt an den Magen des Patienten keine Anforderungen. Darreichung von Salzsäure-Pepsingemischen oder von Salzsäure allein ist eine zweckmäßige Ergänzung jeder Therapie, zum Ausgleich der Achylie. Prinzipiell ist es im Alter wie auch früher gleichgültig, in welcher Weise diese wirksamen Stoffe zugeführt werden, sie müssen nur in ausreichender Menge gegeben und in ihrer Wirkung kontrolliert werden.

Aber es bestehen im Alter doch zwei wichtige Unterschiede. Der erste geht dahin, daß in der Regel größere Dosen zur Aufrechterhaltung eines guten Blutstatus nötig sind und daß sie kontinuierlicher gegeben werden müssen. Bei jüngeren Leuten kommt es oft vor, daß eine Remission ohne weitere Therapie durch viele Monate andauert, beim Alter in der Regel nur durch Wochen. Während wir von einem bestimmten Präparat bei jüngeren Leuten im Durchschnitt eine Injektion von 2 ccm alle zwei Wochen brauchen, steigt beispielsweise bei unseren Fällen die Menge auf eine Injektion wöchentlich und darüber. Der zweite Unterschied ist, daß es im Alter Fälle von dem typischen Blutbefund und Verlauf der Perniziosa gibt, welche nur mit der kombinierten Verabreichung von Leber und Eisen zu kompensieren sind. Es ist mir wohlbekannt, daß eine Autorität wie Nägeli dieses Verhalten für die echte Perniziosa ablehnt, aber das Alter zeigt nicht selten Ausnahmen von dieser sonst sicher gültigen Regel.

Transfusionen führen wir nur durch, wenn die Patienten in sehr schlechtem Zustand mit nicht mehr als einer Million roter Blutkörperchen eingeliefert werden und Gefahr im Verzug ist.

Es kann gewiß nicht in Abrede gestellt werden, daß einzelne Fälle von funikulärer Myelose durch Leber- und Magentherapie gebessert werden können und daß dies auch im Alter der Fall sein kann. Aber in der Regel ist die Reaktion der nervösen Symptome nur unvollkommen oder fehlend und Restitution des Blutbildes bleibt ohne wesentlichen Einfluß auf die Nervenerscheinungen. Es scheint einen bedeutenden therapeutischen Fortschritt zu bedeuten, daß solche Versager, zumindest in einer Reihe von Fällen, auch eigener Erfahrung auf Vitamin B_1 ansprechen (Betaxin, Betabion), es wurden Serien von Injektionen verwendet und unter anderem ein Mann zur Gehfähigkeit (allerdings nur mit Unterstützung) gebracht, der fünf Jahre das Bett nicht verlassen konnte. Daß die frühere Behandlung der perniziösen Anämie mit Milzexstirpation auch sehr Gutes leistete, ja Dauererfolge aufwies, zeigt eine 71jährige Frau mit normalem Blutbefund und Knochenmark, welche zehn Jahre nach Splenektomie wegen Anaemia haemolytica an einer anderen Krankheit starb.

Primäre Anämien mit chlorotischem Blutbild. Achylische Eisenmangelanämie. Es gibt auch im Alter bei Magenachylien Anämien mit verringertem Färbeindex und Farbstoffgehalt der Erythrocyten, wo der Sahli stärker sinkt als die Zahl der roten Blutkörperchen. Es fehlen die Zeichen der Blutzerstörung wie die Urobilinurie und Bilirubinämie. Diese Fälle sprechen ausgezeichnet auf Eisen in großen Mengen an, 3 g Ferrum reductum und darüber sind zuweilen erforderlich. Wo dieses vom Magen und Darm nicht vertragen wird, kommt Ferrostabil (gegen Oxydation geschütztes Ferrochlorid) zur Anwendung. In früheren Zeiten hatten wir auch gute Erfolge mit Sideroplen, einem injizierbaren Eisenpräparat, das meines Wissens inzwischen vom Markt verschwunden ist.

Sekundäre Anämien. Ein Typus ist die Anämie nach Blutverlust, sei es nach den großen Blutungen wie bei Ulcus oder nach wiederholten kleinen wie bei Hämorrhoiden oder Darmparasiten. Die Genese ist klar: Blutverluste, bei denen die Regeneration nicht oder noch nicht nachgekommen ist. Der zweite Typus umschließt die vielfältigen Schädigungen des Blutbildes durch zehrende Krankheiten wie Tuberkulose und Karzinom, Nephritis, chronische Infektionen usw.

Das Blutbild ist in der Regel chlorotisch, doch schlägt die Neigung des Alters zur Hyperchromie vielfach durch, so daß Fälle mit normalem und erhöhtem Färbeindex in einer sehr erheblichen Anzahl zur Beobachtung kommen und dieser seine diagnostische Wertigkeit einbüßt, die in früheren Lebensperioden groß ist. In diesen Fällen ist zur Abgrenzung gegen die Perniziosa das Fehlen von Urobilin im Harn und Bilirubin im Blute heranzuziehen und das Leukocytenbild zu verwerten, das oft Leukocytose aufweist oder mindestens die bei der Perniziosa angeführten Besonderheiten vermissen läßt.

Therapeutisch steht die Behandlung der Grundkrankheit obenan. Symptomatisch werden in erster Linie Eisen und Arsenpräparate angewendet. Aber sehr oft erzielt man durch Zufügung von Leberpräparaten eine Beschleunigung der Regeneration. Für die sehr schweren, gefahrdrohenden und für die auf alle sonstige Therapie nicht befriedigend reagierenden Fälle ist die Bluttransfusion angezeigt, oft in mehrfacher Wiederholung.

Aplastische Anämien. Man kann die letztgenannten Fälle, welche durch ihre geringe Reaktionsfähigkeit gekennzeichnet sind, schon zu den aplastischen Anämien zählen. Aplastische Anämien werden durch die mangelnde Tätigkeit des Knochenmarkes charakterisiert, deren anatomischer Ausdruck gelbes Knochenmark trotz Anämie ist. Es wurde schon betont, daß das rote Blutbild im Alter mit seinem geringen Gehalt an kernhaltigen Erythrocyten auch bei Perniziosa die Unterscheidung schwer macht. Sie geschieht bei der aplastischen Anämie durch das bereits schon gekennzeichnete Fehlen der Symptome der Blutzerstörung und Regeneration im morphologischen Blutbild, in der Urobilinausscheidung und im Bilirubingehalt des Serums. Das Krankheitsbild ist meist kombiniert mit starker Leukopenie, insbesondere Verminderung der Granulocyten und der fehlenden therapeutischen Reaktion. Die Prognose ist ungünstig, Eisen, Leber und Arsen versagen auch kombiniert, und Transfusionen sind nicht dauernder Ersatz. Meist ist auch die Zahl der Blutplättchen herabgesetzt, was zur Neigung dieser Fälle zu Blutungen an Haut und Netzhaut beiträgt.

Atypische Anämien: Der höchste Grad der aplastischen Anämie ist die Panmyelophthise, wo auch die Produktion der weißen Blutkörperchen schwer geschädigt ist. Sie kommt auch im Alter vor. Die Prognose ist ungünstig. Alle Therapie versagt.

Es ist weiter bekannt, daß Anämien bei Magenkarzinom weitgehend den Blutbefund der Perniziosa nachahmen können. Die Diagnose der Grundkrankheit ist zur Unterscheidung nötig, da die feineren Differenzen an den kernhaltigen Zellen, die sonst diagnostisch verwertbar sind, nicht herangezogen werden können, da sie im Alter fehlen.

Die Anämien bei ausgedehnten Tumoren und Metastasierungen im Knochenmark werden meist durch das Auftreten unreifer Zellen der Leukocytenreihe, Myelocyten und Myeloblasten neben kernhaltigen roten Blutkörperchen gekennzeichnet. Die sklerosierenden Knochenprozesse großen Umfangs verlaufen unter dem Bilde der aplastischen Anämie. Das Knochenmark wird verdrängt.

Anämien von chlorotischem Typus kommen auch bei Störungen der inneren Sekretion im Alter vor, so beim Hypothyreoidismus, den meist eine mäßige Anämie begleitet, die auf die gewöhnlichen Mittel nur unzureichend, aber doch deutlich reagiert und auf Schilddrüsenmedikation gut anspricht. Eine sehr schwere Anämie dieser Art sahen wir bei einem Mann, der nur durch die dauernde Kombination von großen Mengen Eisen und Leber in einem erträglichen Zustand gehalten werden konnte. Als aber der Hypothyreoidismus diagnostiziert war, sprach seine Blutregeneration auf Thyreoideapräparate sehr gut an. Die Obduktion — der Patient starb an Pneumonie und Herzinsuffizienz — ergab nicht nur eine hochgradige Atrophie der Schilddrüse, sondern auch der Nebennieren und des Pankreas.

Als atypische Anämien sind auch solche von dem Blutbild der Perniziosa, aber mit azidem Magensekret zu bezeichnen. Sie reagieren nur auf die Kombination von Leber und Eisen.

Perniziosaähnliche Anämien bei Parasiten(Bothriocephalus) oder schwere hypochrome bei Ankylostomiasis sind auch im Alter beschrieben. Ich habe keine Fälle dieser Art gesehen.

Es kommen im Alter noch andere Formen atypischer Anämien vor, bei denen die Einreihung nicht gelingt; auf einige Beobachtungen wird bei den folgenden Blut- und Milzkrankheiten noch zurückzukommen sein, doch haben derartige Fälle mehr ein kasuistisches Interesse.

Erythrocytosen und Polycythämien. Symptomatische Vermehrung der roten Blutkörperchen kommt im Alter vorwiegend bei Herzkranken und Leberkranken vor, wo die Werte zuweilen bis sechs Millionen, selten darüber ansteigen. Auch beim plethorischen Habitus, besonders wenn er von reichlicher eiweißreicher Ernährung Gebrauch macht, wird die Norm überschritten. Derartige Fälle bilden den fließenden Übergang zu einem Typus der Polycythämie; es ist das der hypertonische Typus von Gaißböck, der wieder durch Übergänge mit der erstbeschriebenen Form, Typus Vaquez, verbunden ist.

Die Krankheit ist nicht häufig und keine eigentliche Alterskrankheit. Zwar wird das Maximum der Häufigkeit um die Fünfzigerjahre erreicht, aber der Beginn liegt meist zurück, und wenige der Befallenen werden älter als 60 Jahre. Ich habe an der Abteilung nur einen Fall beobachtet, der älter als 60 Jahre war. Das Krankheitsbild ist klinisch, wie schon erwähnt, durch die kirschrote Verfärbung, die hohe Zahl der Erythrocyten, durch Zeichen von gesteigerter Knochenmarkstätigkeit im roten und weißen Blutbild und durch den Milztumor gekennzeichnet. Die Beschwerden sind Kopfschmerzen, Schwindel, Ohrensausen, Mattigkeit. Oft bestehen abdominale Schmerzen in der Milzgegend, vasomotorische Störungen an den Extremitäten, im Harn wird Eiweiß gefunden. An Komplikationen treten Blutungen aller Art auf, Thrombosen, Herzinsuffizienz und Schlaganfälle. Die Therapie erstrebt Verminderung der Blutmenge und ihres gesteigerten Erythrocytengehalts durch Aderlässe, die von vorübergehender Wirkung sind, und insbesondere durch Röntgenbestrahlung der Knochen. Die Verwendung von Blutgiften, wie Benzol und Phenylhydrazin, wird empfohlen, die Gefahren der Überdosierung liegen auf der Hand. Milzpräparate werden verwendet. Ein übereinstimmendes Urteil über ihre Wirkung ist aus der Literatur nicht zu entnehmen, meine eigenen spärlichen Erfahrungen sind negativ. Hitzenberger betont den Gegensatz zur perniziösen Anämie und sieht den Grund der Krankheit in einer Überproduktion des „intrinsic factor". Auf die therapeutischen Konsequenzen dieser Vorstellung möchte ich nicht eingehen.

Hämorrhagische Diathesen. Die Zahl der Krankheiten, bei denen es symptomatisch zu multiplen Blutungen kommen kann, ist sehr groß. Für das Alter nenne ich an Beispielen: Infektionskrankheiten, wie Fleckfieber, Sepsis usw., Organkrankheiten, wie solche der Niere und Leber, Vergiftungen, diverse Blutkrankheiten, Avitaminosen. Für die Darstellung an dieser Stelle kommen aber nur jene in Frage, die ein mehr oder minder selbständiges Krankheitsbild bieten.

Purpura senilis. Bei alten Leuten, bei Frauen mehr als bei Männern und meist bei abgemagerten Individuen und atrophischer Haut kommen flächenhafte, schmerzlose Blutungen an der Oberseite der Hände und an den Vorderarmen vor. Die Affektion ist harmlos, eine Therapie überflüssig. Blutbefund und Gerinnungszeit ist normal. Es handelt sich um eine lokale Gefäßschädigung. Diese zeigt sich bei manchen dieser Fälle auch in einem Auftreten von Blutungen bei Stauung, etwa bei der Ausführung der Blutdruckmessung an der Stelle der Binde oder bei Ausführung des Rumpel-Leedeschen Versuchs. Bei anderen fehlt dieses Symptom.

Subkutane Gefäßzerreißlichkeit: Eine weitere harmlose Affektion bei alten fettleibigen Frauen besteht in dem Auftreten von tieferen Blutungen, richtiger gesagt blauen Flecken im Unterhautgewebe bei den kleinsten Traumen.

Purpura vom Typus Henoch-Schönlein (rheumatische P., anaphylaktoide P.). Diese Affektion ist im Greisenalter nicht selten. An den unteren Extremitäten treten in einmaligen oder wiederholten Schüben eine Anzahl von kleinen Hautblutungen auf, wie auf die Haut gespritzt. Die einzelnen Flecken sind von Stecknadelkopf- bis zu Erbsengröße, unregelmäßig verteilt, oft annähernd symmetrisch. Auslösungsbedingung ist manchmal Bewegung, manchmal eine Steigerung eventueller rheumatischer Beschwerden. Beim Auftreten ist das Allgemeinbefinden häufig ganz ungestört, manchmal sind ziehende Schmerzen oder geringe Temperatursteigerungen zu beobachten. Der Blutbefund ist in jeder Beziehung, auch was die Plättchenzahl betrifft, ganz normal, die Symptome von Gefäßzerreißlichkeit können vorhanden sein, fehlen aber meist.

Die Ursache der Affektion ist dunkel und wahrscheinlich nicht einheitlich. Man hat sie früher als rheumatisch aufgefaßt, doch ist bei der heutigen Auflösung des Rheumabegriffs nicht viel damit anzufangen, obwohl ihr Auftreten bei „Rheumatikern" häufig ist. In vielen Fällen dürften Reaktionen auf infektiöse oder toxische Prozesse zugrunde liegen und ihre allergische Natur ist nicht unwahrscheinlich. Im Einzelfall ist das Suchen nach Ursachen meist vergeblich.

Behandlung: Die meisten Affektionen dieser Art klingen unter Ruhe und der traditionellen Verabreichung von Aspirin u. dgl. rasch ab. Wenn aber die Affektion hartnäckig ist, so ist es recht schwer, ein Urteil über den Einfluß der Therapie zu gewinnen. Man kann neben Salicyl und Pyramidon alle Mittel verwenden, welche bei Blutungen verwendet werden: Zufuhr von Kalk in allen Formen und der anderen gerinnungsfördernden Mittel, Seruminjektionen, Umstellung der Diät, Vitamin C u. D. Tritt ein Sistieren der Blutungen ein, so ist es schwer, post hoc und propter hoc zu unterscheiden. Ich hatte Gelegenheit, einen Fall mit leichten, aber sehr hartnäckigen Erscheinungen durch Jahre zu verfolgen. Neben allen symptomatischen Mitteln wurde versucht, Herde an den Zähnen auszuschalten, die Diät wurde in allen Arten umgestaltet, eiweißfreie Kost gegeben, er wurde mit Vitaminen überhäuft, auch mit Injektionen von Cebion, das spanische, angeblich bei Hämophilie wirksame Präparat Nateina wurde gegeben, Normalserum, Argochrom und anderes verabreicht, alles ohne Dauererfolg. Es trat dann eine sehr schwere Magenblutung auf, die erst durch Bluttransfusion zum Stillstand kam, nachdem vorher alle üblichen Mittel erschöpft waren. Trotz des Fehlens aller Beschwerden und allen negativen Untersuchungen vor und nach der Blutung kann natürlich nicht entschieden werden, ob diese Blutung zur hämorrhagischen Diathese gehörte oder etwa einem sehr kleinen Ulkus entstammte. Die Hautblutungen gehen sehr spärlich weiter.

Thrombopenische Purpura. Morbus Werlhof. Hämorrhagische Diathesen meist schwerer Art mit Blutungen nach außen aus Nase, Magen, Schleimhäuten, mit Hautblutungen meist massiverer Art, mit Blutungen in die inneren Organe können auf den als essentielle oder symptomatische Thrombopenie bezeichneten Veränderungen beruhen. Es ist zweifelhaft, ob sich hinter der essentiellen Thrombopenie eine einheitliche Krankheitsursache verbirgt; jedenfalls ist sie unbekannt, Veränderungen an den plättchenbildenden Riesenzellen, in den höchsten Graden ihr Verschwinden, Anomalien an den Plättchen selbst sind zu finden. Schon Plättchenverminderungen auf 30.000 bis 50.000 sind kritisch, solche unter 10.000 stets mit manifesten Erscheinungen verbunden. Vereinzelte Fälle dieser Art kommen auch im Alter vor, sie verlaufen akut oder mehr chronisch. Ein tödlicher Fall dieser Art wurde an der Abteilung bei einem 68jährigen Mann beobachtet. Es bestand als Ausgangspunkt oder als Folge eine rasch verlaufende Sepsis mit schwerster hämorrhagischer Diathese, insbesondere Nasenbluten, welche Bellocqsche Tamponade erforderte. In jedem Falle von hämorrhagischer Diathese ist die Plättchenzahl festzustellen, ihre hochgradige Verringerung ist oft diagnostisch entscheidend. Der Blutbefund in den Fällen von essentieller Thrombopenie ist sonst nicht charakteristisch, die sekundäre Anämie ist ein Folgesymptom des Blutverlustes, die Gerinnungszeit ist normal, die Blutungszeit erhöht, die Retraktion des Blutkuchens herabgesetzt.

Die Therapie hat — außer den allgemeinen Maßnahmen wie bei der Purpura — als besondere Aufgabe noch die der lokalen Blutstillung und des Ersatzes der Blutplättchen. Die erste Indikation fordert neben Kompression und der Anwendung von gefäßkontrahierenden Substanzen, wie Adrenalin und Stryphnon, noch lokal wirkende Gerinnungsmittel, wie Koagulen, Clauden und frische Körpersäfte (Auflegen von frischem Fleisch oder Frischmilch, besonders Frauenmilch). Der Ersatz kann in chronischen Fällen durch Zufuhr von Serum, Eigenblut sowie Proteinkörpertherapie angeregt werden, in akuten und schwereren Fällen werden durch die Bluttransfusion fremde Blutplättchen als Ersatz und Reizmittel zugeführt. In jenen Fällen, wo der Allgemeinzustand es erlaubt, ist Milzexstirpation das Ultimum refugium. Sie wirkt nicht nur durch Ausschaltung der Plättchenzerstörung in diesem Organ. Die Blutungen hören meist auch auf, wenn die Plättchenzahl nicht über die kritische Zahl steigt, rapider Anstieg ist jedoch die Regel.

Skorbut. Skorbut kommt im Greisenalter nicht selten zur Beobachtung, ja die sporadischen Fälle dieser Krankheit gehören fast ausschließlich dieser Lebensperiode an. Er gilt als eine Avitaminose infolge des Mangels an Vitamin C.

Geht man der Vorgeschichte solcher Fälle nach, so ist meist eine unzureichende Ernährung durch Not oder Appetitmangel bedingt, oder eine einseitige Zusammensetzung der Kost mit sehr starker Rückdrängung der Frischkost, insbesondere aus dem Pflanzenreich, von Gemüse und Obst zu konstatieren. In anderen Fällen wird aber über eine Kost berichtet, welche in jeder Beziehung als zureichend erscheint. Man muß in diesen Fällen annehmen, daß das zugeführte Vitamin entweder nicht resorbiert oder zerstört wird oder daß ein erhöhter Vitaminbedarf besteht, analog wie wir dies für manche Fälle von Osteomalazie ausführen werden, bei der aber andere Vitamine in Betracht kommen.

Die klinischen Erscheinungen des Skorbuts bestehen in flächenhaften Hautblutungen, meist an den unteren Extremitäten, in Muskelblutungen, wobei insbesondere die Wadenmuskulatur bevorzugt ist, und in schweren Entzündungen des Zahnfleisches mit Neigung zu Blutungen. Diese entstehen aber nur dort, wo noch Zähne vorhanden sind, und können daher in einem zahnlosen Greisenkiefer vollständig fehlen, was die Diagnose leichterer Fälle erschweren kann. Muskelschmerzen treten auf und hindern die Beweglichkeit. Der Blutbefund ist bis auf häufige Anämie und Leukocytose normal, wenig charakteristisch. Die Resistenz ist herabgesetzt und die Neigung zu Sekundärinfektionen wie Pneumonien und Sepsis ist erhöht.

Die Therapie ist einfach, sie besteht, über die symptomatische Stillung der Blutungen und Behandlung der Gingivitis hinaus, in Zufuhr von Vitamin C. Die Anreicherung der Kost damit, insbesondere die Zufuhr von Zitronen- und Orangensaft, in neuerer Zeit auch von Paprika, der besonders reich an Vitamin C ist, hat auch im Alter einen sehr deutlichen Effekt, der aber Zeit beansprucht und oft — vielleicht wegen Störungen der Resorption — nicht ausreicht. In diesen Fällen ist die Zufuhr der reinen Vitaminpräparate, der Askorbinsäure, unter verschiedenen Namen im Handel, ein großer therapeutischer Fortschritt, sowohl innerlich als auch, weit rascher, oft schlagartig wirkend, durch Injektion. Es werden z. B. von Cebion 150 mg pro die wiederholt bei schweren Fällen intravenös injiziert. Allgemeinerscheinungen, Blutungen gehen sehr rasch zurück und auch die Resorption der vorhandenen Blutdepots wird beschleunigt. Vitamin-C-reiche Kost und eventuell orale Verabreichung von Vitamin C verhüten die Wiederkehr.

Purpura durch Sedormid. In neuester Zeit sind durch Vogl u. a. hämorrhagische Diathesen nach Art einer schweren Purpura nach dem Gebrauch von Sedormid beschrieben worden. Sie heilen nach Aussetzen des Mittels, erfordern sonst die erwähnte symptomatische Therapie.

Einige Sonderfälle von Spontanblutungen, welche sich schwer einreihen lassen und zum Teil auch ätiologisch unklar sind, seien kurz mitgeteilt. So eine schwerste hämorrhagische Diathese und allgemeine Anämie bei einer 82jährigen Frau mit großen Haut- und Muskelblutungen und der Bildung eines großen retroperitonealen Hämatoms, das als maligner Tumor imponierte. Im Femur nur Herde roten Knochenmarkes. Zwei Männer, 82 und 84 Jahre alt, wiesen isolierte Bauchdeckentumoren auf, der eine als frische Blutung, der andere als altes, vor einem halben Jahre unter unseren Augen entstandenes Bauchdeckenhämatom. Es ist also nötig, bei oberflächlichen und tiefen Bauchtumoren auch an diese Möglichkeiten zu denken. Mit Ausnahme des ersten Falles wurden sie auch diagnostisch erfaßt.

Hämophilie. Die echte Hämophilie ist keine Alterskrankheit.

Agranulocytose. Durch Schulz wurde das Krankheitsbild der Agranulocytose als selbständige Erkrankung aufgestellt. Das eine Hauptsymptom besteht in dem Auftreten einer Angina mit Belag, mit ungemeiner Neigung zu tiefgehender Nekrose und septischem Verlauf. Das zweite bringt der Blutbefund, der eine hochgradige Leukopenie feststellt, bei der in erster Linie die Granulocyten bis zu einem fast völligen Verschwinden betroffen sind, die Zahl der weißen Blutkörperchen geht bis unter 1000 zurück, wir haben 600 beobachtet. Die Erkrankung ist nicht häufig, scheint aber vom Lebensalter unabhängig zu sein. Wir haben im Greisenalter eine ganze Anzahl von Fällen gesehen.

Die Diskussion, ob diese Erkrankung ein Morbus sui generis oder eine Angina mit Sepsis und besonderer leukotoxischer Reaktion sei, wurde durch die Feststellung der Amerikaner kompliziert, daß der überwiegende Teil der Kranken vorher Amidopyrinpräparate, häufig in Kombination mit Schlafmitteln der Barbitursäurereihe, Typus Veramon, genommen habe. Diese Feststellung ist besonders im Hinblick auf die sehr große Verbreitung und den therapeutischen Nutzen dieser Stoffe von Wert. Es erhob sich Widerspruch, der insbesondere die reine Pyramidonbehandlung als Ursache ausschließen wollte.

Die Ätiologie scheint nicht einheitlich zu sein. Wir kennen aus eigener Anschauung zumindest einen Fall, der einen reinen Pyramidonschaden mit der Sicherheit eines Experimentes nachweist, und wieder andere, wo Stoffe dieser Gruppe überhaupt nicht verabfolgt wurden und die sich als Angina mit autoptisch nachgewiesener Streptokokkensepsis darstellten. Der Pyramidonfall ist prinzipiell so wichtig, daß ich ihn mitteile. Eine 68jährige Patientin mit schwerer deformierender Arthritis hatte wegen ihrer Gelenkbeschwerden durch längere Zeit größere Dosen von Dimapyran (Pyramidon) erhalten. Sie erkrankte an einer schweren Angina mit Belag, der Blutbefund stellte Agranulocytose fest. Durch Verabreichung von Nukleotrat (Pentosennukleotid, ein Körper, der Leukocytose hervorruft) und Röntgenreizbestrahlung des Knochenmarks gelang es, eine Heilung der Lokalaffektion und eine Besserung des Blutbefundes zu erreichen, doch blieb noch lange Zeit eine Leukopenie bestehen, welche unter Injektionen von nukleinsaurem Natrium allmählich von 2500 Leukocyten nach Abschluß der akuten Erscheinungen auf 4000 stieg. Nach einer Reihe von Monaten wechselte die Frau den behandelnden Arzt, erhielt durch dessen Unkenntnis wieder durch mehrere Wochen Dimapyran in kleineren Dosen und erkrankte neuerlich an einer schweren Angina, der sie aber diesmal trotz aller Gegenmittel erlag. In diesem Fall ist der ätiologische Faktor klargestellt. So wenig solche Fälle verallgemeinert werden dürfen, so wenig ihretwegen auf so wichtige Präparate und Kombinationen erzielt werden kann, mahnen sie doch bei längerem Gebrauch zur Vorsicht und fordern Kontrolle des Blutbefundes.

Zum Krankheitsbild ist noch hinzuzufügen, daß die Angina mit Fieber und schwerer Beeinträchtigung des Allgemeinbefindens, oft mit lokalen Drüsenschwellungen verläuft, daß Blutungen und Verfall das Bild der Sepsis vervollständigen und Versagen des Herzens und die Bildung von Lungenherden das Ende einleiten, wo die Therapie nicht durchgreift oder der Fall nicht von vornherein leichter verläuft.

Die Grundzüge der Therapie wurden bereits angedeutet. Neben symptomatischer Behandlung und Aussetzen von Amidopyrin- und Barbitursäurepräparaten kommt die Anregung der Leukocytenbildung durch die oben genannten Mittel zur Anwendung, auch Transfusionen sind heranzuziehen.

Die Leukämien. Die chronischen Leukämien. Chronische Leukämien werden im Alter beobachtet, aber es tritt eine wichtige Verschiebung im Verhältnis der Häufigkeit auf. Während in früheren Perioden die myeloische Leukämie vorwiegt, mit dem Maximum der Häufigkeit in den Dreißigerjahren, ist sie im Alter recht selten, obwohl sie bis in die Achtzigerjahre vorkommt. Dagegen ist eine Abnahme der lymphatischen Leukämie im Alter nicht anzunehmen. Berücksichtigt man in den von Nägeli angegebenen, auf amerikanischer Statistik beruhenden Angaben, daß 35% der chronischen lymphatischen Leukämien auf die Jahre von 45 bis 55, 21% auf das nächste Dezennium entfallen, den Zeitpunkt des Todes, so läßt sich die obige Behauptung fundieren. Jedenfalls überwiegt im Alter die lymphatische Leukämie bedeutend. Männer werden viel öfter davon befallen als Frauen. Bei myeloischer Leukämie haben wir ein Alter bis zu 80 Jahren, bei lymphatischer selbst von 90 Jahren gesehen.

Chronische myeloische Leukämie. Es ist überflüssig, auf die typischen Fälle im Alter einzugehen, sie gleichen völlig dem gewohnten Bilde mit dem sehr großen Milztumor, der enormen Vermehrung der weißen Blutzellen mit Auftreten unreifer Formen, der Myelocyten und Myeloblasten, mit den Allgemeinsymptomen von Mattigkeit und mit dem gelegentlichen Auftreten von Lymphdrüsenschwellungen, von Lebervergrößerung, Hautsymptomen, von Anämie und hämorrhagischer Diathese, mit Schmerzen in der Milzgegend, Störung des Appetits, Schwindel usw. Es ist nur notwendig hervorzuheben, daß die atypischen Fälle relativ häufiger sind, ja überwiegen. Solche Atypien beziehen sich erstens auf den Blutbefund, der öfters nicht die gewohnte in die Hunderttausende gehende Vermehrung der Leukocyten aufweist, sondern niedere Werte zwischen 30.000 und 100.000 und darunter zeigt, wobei aber die Diagnose durch das reichliche Vorkommen der unreifen Zellen gesichert ist. Die qualitative Analyse erlaubt auch die Diagnose der Formen mit normaler, wenig vermehrter und verminderter Leukocytenzahl, der Leukämien mit aleukämischem Blutbild, wobei das „aleukämisch" nur der Zahl, nicht der Art der Zellen gilt. Die zweite abnorme Form ist die, bei welcher der Milztumor wenig auffallend ist oder sogar fehlt. Ist er vorhanden, so wird die Diagnose gestellt werden müssen, wenn man die kardinale Forderung erfüllt, in jedem Fall von Milzvergrößerung einen Blutbefund zu erheben. Fehlt sie — und das Fehlen der Milzvergrößerung ist im Alter nicht selten —, so wird nur der zufällig aus anderen Indikationen oder zur Vollständigkeit der Untersuchung erhobene Blutbefund den Fall klären, es sei denn, daß der Dermatolog oder der Augenarzt aus der Art der Veränderungen Verdacht schöpft und den Blutbefund fordert. Auch Anämie, hämorrhagische Diathese, gichtartige Erscheinungen, Knochenschmerzen, Lebervergrößerung können erstes Symptom sein.

Die chronische lymphatische Leukämie hat in ihren typischen Fällen die Trias multipler Schwellung von Lymphdrüsen, Milztumor — der oft nicht so enorm ist wie bei den myeloischen Formen — und sehr starke Vermehrung der Lymphocyten im Blutbild, bis 100.000 und mehr, mit Vorkommen abnormer Zellen zur Grundlage. Die Komplikationen und das Verlaufsbild gleichen in vielem den myeloischen Formen, aber es ist meist gutartiger, die Progression weniger rasch, die atypischen Befunde sind im Alter relativ gehäuft. Sie beziehen sich auf den Blutbefund, der in der Hälfte der Fälle um 30.000 Lymphocyten erzielt und zuweilen nur eine geringe Vermehrung, ja manchmal normale Zahlen der Zellen erkennen läßt (sublymphämische oder aleukämische Lymphadenose), wobei jedoch das relative Vorwiegen der Lymphocyten die Zugehörigkeit zur lymphatischen Leukämie erkennen läßt. In sehr vielen Fällen ist die Milz nur mäßig oder in nicht nachweisbarer Weise vergrößert, in anderen ist — keineswegs selten — die Zahl der palpablen Lymphdrüsen gering, oder sie fehlen gänzlich. Wir haben einen Fall mit hochgradig lymphatischem Blutbefund und kaum vergrößerter Milz beobachtet, bei dem die ersten sichtbaren Drüsen erst wenige Tage vor dem Tode beobachtet wurden, die Obduktion aber eine sehr beträchtliche Vergrößerung der abdominalen und retroperitonealen Drüsen ergab. Wenn —

wie dies in einigen Fällen der Literatur und der eigenen Beobachtung vorkommt — sowohl die Milz als die Drüsen nicht nachweisbar vergrößert sind, so können nur der Zufall oder die Komplikationen, wie Hautaffektionen, einen Anhaltspunkt geben. Die Hautveränderungen bei den Leukämien sind teilweise unspezifisch (Pruritus, Urtikaria, Erythrodermie), teils bestehen sie in spezifischer Infiltration der Haut und Schleimhäute bis zur Bildung von Tumoren.

Die Therapie der Leukämien. Obenan stehen Röntgentherapie und Arsen, letzteres in der Form wirksamer hoher Dosen anorganischen Arsens (Injektionen von Natr. arsenicosum) in steigenden und fallenden Mengen, sowie von organischen Arsenverbindungen (Arsacetyl, Arsylen usw.); Röntgentherapie unter genauer Berücksichtigung des Allgemeinbefindens und des roten Blutbildes, nicht mit dem Ziel, das Blutbild und die Milz normal zu machen, sondern bei Einschränkung allzu hoher Leukocytenwerte das Allgemeinbefinden möglichst lange günstig zu erhalten; Hilfsmittel nach dieser Richtung sind Höhenaufenthalt, Sonne und Quarzlicht. Die Verwendung von Benzol zur Zerstörung der weißen Blutkörperchen wird man im Alter wegen der Gefahr der Rückwirkung auf das rote Blutbild zu vermeiden haben. Die Behandlung bringt schöne Interimserfolge und wohl auch Verlängerung des Lebens, aber keine Heilungen. Die Mittel versagen im Laufe der Zeit oder werden nicht mehr vertragen.

Die akuten Leukämien. Das Krankheitsbild der akuten Leukämie wird von autoritativer Seite verschieden aufgefaßt, einerseits als echte, perakut verlaufende Leukämie, anderseits als Sepsis mit besonderer Reaktion. Es soll weder auf diese Frage noch auf die zweite eingegangen werden, ob es noch andere Formen akuter Leukämie als die Myeloblastenleukämie gibt. Die Krankheiten mit dem Bilde der akuten Leukämie verlaufen unter schweren septischen Allgemeinerscheinungen und hämorrhagischer Diathese; sie führen meist zum Tode. Es wurden solche Fälle auch im Alter beschrieben, doch sehr selten. Ich habe nur einen Fall bei einer Osteomyelitis des Unterkiefers bei einer 65jährigen Frau gesehen: über 70.000 Leukocyten, 91% Myeloblasten, leukämische Umwandlung des Knochenmarks und der Leber. Im Magen ein größeres Ulkus, aus einem leukämischen Infiltrat entstanden. Soweit von einer Therapie die Rede sein kann, wird man zu C-Vitamin, Kalk, Bluttransfusion und Röntgenbestrahlung greifen, sonst symptomatisch vorgehen und bei nicht allzu stürmischen Erscheinungen auch Arsen versuchen.

Pseudoleukämien. Der Ausdruck Pseudoleukämie ist ein Negativum. Er umfaßt eine Reihe ganz verschiedenartiger Krankheitszustände, die den Leukämien klinisch ähneln, Zustände also, wo man an Leukämie denken kann, die genauere Untersuchung aber, insbesondere der Blutbefund, die Leukämie ausschließt. Es zählen jene Krankheiten nicht dazu, welche nur Symptome gemeinsam haben, aber nach dem klinischen Gesamtbild von vornherein zu anderen Krankheitsbildern gehören. Niemand wird etwa eine Skrofulose mit multiplen Drüsenschwellungen oder eine Malariamilz zur Pseudoleukämie rechnen. Sieht man vom Blutbefund ab, so sind Drüsenschwellung und Milztumor die vorstechendsten Merkzeichen der beiden Leukämien, auf denen die Ähnlichkeit aufgebaut sein kann. Wir können also Pseudoleukämien mit vorwiegenden Drüsenerscheinungen und solche mit Milztumoren unterscheiden.

Pseudoleukämien mit Drüsenerscheinungen. Wenn man die Leukämien mit aleukämischem oder subleukämischem Blutbefund logischerweise den echten Leukämien zurechnet, so steht an Wichtigkeit obenan die

Lymphogranulomatose. Diese bösartige, von Paltauf-Sternberg beschriebene, tödliche Erkrankung ist in ihrer Genese unklar, aber pathologisch-anatomisch gut charakterisiert. Es sind entzündliche Geschwülste, multiple, von den Drüsen ausgehende Granulome, welche histologisch ein buntes, durch Riesenzellen und Eosinophilie ausgezeichnetes Bild der Entzündung liefern und dabei vielfach ein aggressives Wachstum zeigen. Die Erkrankung ist nicht selten, hat ihr Frequenzmaximum in den Dreißigerjahren, kommt aber auch im Alter zur Beobachtung, wir haben zehn Fälle zwischen 60 und 83 Jahren beobachtet.

Das klinische Bild gleicht im wesentlichen dem früherer Jahre und zeichnet sich durch seine Vielgestaltigkeit aus. Typische Fälle sind leicht zu erkennen, atypische bieten die größten, oft unüberwindliche Schwierigkeiten. Dies hängt zunächst vom Sitze der Drüsen ab. Treten sie an der Prädilektionsstelle auf, zunächst am Halse als mächtige Tumoren aus anfangs weichen, im weiteren Verlaufe hart werdenden, untereinander, aber nicht mit der Umgebung verbackener Drüsen, die zumeist etwas empfindlich sind, oder finden sich überhaupt multiple, tastbare Drüsen, so ist die Aufgabe leicht — schon durch die Möglichkeit der histologischen Unterscheidung nach Probeexzision, eventuell auch Punktion. Auch die mediastinale Lokalisation bietet mit den anderen Symptomen noch meist genügend Anhaltspunkte. Anders ist aber die Situation, wenn nur abdominale oder retroperitoneale Drüsen beteiligt sind, wenn sich die Affektion etwa im Magendarmtrakt selbst oder in der Milz oder in den Knochen als vorwiegendem Sitz ausbreitet, kurz, wenn es nicht deutlich ist, daß es sich überhaupt um eine Drüsenerkrankung handelt. Das zweite Hauptsymptom sind die Allgemeinerscheinungen, welche einer chronischen zehrenden Infektionskrankheit gleichen: unregelmäßiges, intermittierendes Fieber, Abmagerung, später Kachexie. Die Temperatur kann aber im Alter fehlen oder unbedeutend sein, und die Kachexiesymptome sind vieldeutig. Es gibt einen Blutbefund, der immer an Lymphogranulomatose denken läßt, ohne sie zu beweisen: Leukocytose — mäßig oder hochgradig — mit Vermehrung der eosinophilen Zellen; aber sehr oft fehlt die Eosinophilie und häufig die Leukocytose, es kann sogar Leukopenie auftreten, aber sie ist fast regelmäßig nicht mit relativer Lymphocytose verbunden. Eine positive Diazoreaktion ist im Alter seltener als sonst. Die Milz ist meist, nicht immer vergrößert, zuweilen sehr groß. Ist sie von der Erkrankung befallen, so ergibt sie das Bild der bunten Porphyrmilz. Die Krankheit führt rascher oder langsamer, meist in einigen Jahren zum Tode. Unsere Fälle verliefen als Drüsenerkrankungen mit mäßiger bis abnormer Vergrößerung, ein Fall wies bei geringer Beteiligung der Drüsen aggressives Wachstum in Leber, Knochen und Darm unter Geschwürsbildung auf.

Diagnostisch läßt sich zusammenfassen, daß im Alter die Diagnose in der Regel gestellt werden kann, wenn die Beteiligung von Drüsen überhaupt nachzuweisen ist, und daß sie meist verfehlt wird, wenn dies nicht der Fall ist, da dann die Merkmale nicht ausreichen, um die Erkrankung von den vielen entzündlichen und zehrenden Prozessen des Alters abzugrenzen.

Die Therapie besteht in Röntgenbestrahlungen, Arsen, Allgemeintherapie; sie weist im Beginn der Erkrankung oft verblüffende Erfolge auf, ein Verschwinden aller Erscheinungen und ein Aufblühen; aber dies ist nur vorübergehend. Der tödliche Verlauf der unheimlichen Erkrankung wird nur gehemmt.

Drüsentuberkulose. Jene Form der Drüsentuberkulose, welche mit dem Begriff der Pseudoleukämie in Zusammenhang gebracht werden kann, schließt die mannigfachen verkäsenden, abszeßbildenden, fistelnden und auf die Haut übergreifenden sowie die unizentralen Formen aus. Es handelt sich um multiple Schwellungen von oft kleinen und harten, oft massigen und weichen Drüsen. Das klinische Bild ähnelt dem der Lymphogranulomatose, nur ist der Verlauf weit günstiger, die Allgemeinerscheinungen sehr gemildert. Der Blutbefund ist uncharakteristisch, Leukocytosen wie Leukopenien kommen vor, meist ohne Vermehrung der Eosinophilen. Milztumor und Temperatursteigerung können vorhanden sein oder fehlen.

Bei dieser Sachlage ist das einfachste und sicherste Mittel der Diagnose die Probeexzision. Wird diese verweigert, so entscheidet der sonstige Befund und insbesondere der Verlauf.

Die sehr seltenen generalisierten Drüsenschwellungen bei Lepra und Lues zu sehen, habe ich nicht Gelegenheit gehabt, sie haben jedenfalls nichts mit dem Alter zu tun.

Dagegen kommen im Alter auch generalisierte Drüsenschwellungen weicher, größerer Drüsen mit mäßiger Lymphopenie und ohne wesentliche Beschwerden sowie Allgemeinerscheinungen vor. Wir haben zwei derartige Fälle beobachtet, welche an interkurrenten Erkrankungen starben. Die sichtbaren Drüsen reagierten auf Röntgentherapie, waren aber nur ein Teil der vorhandenen. Die Obduktion ergab eine einfache Hyperplasie des lymphatischen Apparates und einen chronischen Milztumor.

Die Lymphosarkomatose Kundrats ist — wie der Name richtig sagt — ein bösartiger Tumor. Wenn er unilateral an sichtbaren Drüsen mit allen Zeichen des Tumorwachstums auftritt oder wenn er innere Organe, besonders den Darm, befällt, so besteht keine Ähnlichkeit mit Leukämien. Aber schon seine mediastinale Form kann sehr schwer von Lymphogranulomatose und anderen Mediastinaltumoren zu unterscheiden sein. Einen Behelf bildet die besonders hohe Röntgenempfindlichkeit der frischen Fälle, die aber kaum je zur Heilung führt. Die ossäre Form kommt mit den anderen knochenzerstörenden Prozessen zur Differentialdiagnose. Leukämieähnlich sind die selteneren generalisierten oder doch multiplen Lymphdrüsenschwellungen auf dieser Basis. Der Blutbefund ist wenig charakteristisch, Verminderung der Lymphocyten häufig. Malignität kommt in der Art des Wachstums und im Verlauf zum Ausdruck. Im Beginn ist die Probeexzision zur Stellung der Diagnose erforderlich. Ein Fall eines Lymphosarkoms der mesenterialen Lymphdrüsen führte zur Bildung eines handtellergroßen Magenulkus mit Blutungen.

Splenomegalien als Pseudoleukämien. Milztumoren. Keine der als solche in Betracht kommenden Erkrankungen ist im Alter häufig oder gehäufter als früher. Es kann daher eine mehr summarische Darstellung genügen. Jeder große Milztumor ist im Alter zunächst leukämieverdächtig und darum auch unter dem Gesichtspunkte der Pseudoleukämien zu betrachten. Aber es fallen zunächst alle echten Blutkrankheiten weg, die schon behandelt wurden, die echten Leukämien, die Hyperglobulie, die seltenen großen Milztumoren bei perniziöser Anämie und chronischen Thrombopenien, dagegen ist auf jene konstitutionellen oder erworbenen hämolytischen Anämien aufmerksam zu machen, welche durch eine herabgesezte Resistenz der roten Blutkörperchen und Blutkrisen charakterisiert sind. Sie sind im Alter sehr selten, doch haben wir einen Fall dieser Art beobachtet.

Nicht zur Pseudoleukämie im engeren Sinne gehören jene Milztumoren, welche Folge einer anderen zirkumskripten Erkrankung sind, wie die Amyloidose der Milz, die schon erwähnten Milztumoren bei Pseudolebercirrhose, bei Concretio cordis und durch adhäsive Perisplenitis (Zuckergußmilz). Ferner sind hier nicht einzureihen Stauungsmilzen besonderer Größe, die Milztumoren bei Malaria, sonstigen Tropenkrankheiten, wie Leishmaniosen, bei Endocarditis lenta und anderen Infektionen, ferner die splenomegalen Cirrhosen. Schließt man aber all dies aus, so bleiben noch immer eine Anzahl von Affektionen sehr verschiedener Ätiologie, bei denen die große Milz als Hauptsymptom im Vordergrund steht und die daher den Pseudoleukämien zugerechnet werden können.

Da ist zunächst der sogenannte Bantische Symptomenkomplex. Er wird meist nicht als Krankheit sui generis aufgefaßt, sondern als ein Stadium der splenomegalen Cirrhose. So lange aber die Lebererscheinungen fehlen oder unzureichend sind, ist nichts festzustellen als ein Milztumor, meist mit Leukopenie und relativer Lymphocytose, und dieser ist nicht zu unterscheiden von jenen großen, ätiologisch ungeklärten Milzen, bei welchen der pathologische Anatom nur einen chronischen fibrösen Milztumor ohne weitere Qualifikation feststellt.

Sehr selten, aber im Alter beschrieben, an der Abteilung jedoch nicht beobachtet, ist der Morbus Gaucher, mit einer enorm großen Milz, vergrößerter Leber, ohne Ikterus, aber mit braungelber Verfärbung der Haut; es handelt sich um eine Retikulose, eine Speicherungskrankheit der Milz und anderer Zellen mit Lipoiden (dem Cerebrosid Cerasin).

Sehr große Milzen kommen auch bei Altersanämien vor. So beobachtete ich eine 76jährige Frau mit dem typischen Aussehen und dem Blutbefund — auch was die weißen Blutkörperchen anlangte — einer perniziösen Anämie, aber mit einem enormen Milztumor, der schmerzhaft war und perisplenitische Entzündung aufwies. Der Blutbefund stieg nach Leber- und Eisentherapie bis zur Norm, der Milztumor verkleinerte sich weitgehend durch Röntgenbestrahlung. Der günstige Befund konnte durch Leberbehandlung und eine zweite vorsichtige Röntgenserie durch mehr als ein Jahr aufrechterhalten werden. Dann unaufhaltsamer Relaps, gleichzeitig Auftreten einiger Drüsen in inguine und am Halse. Die Probeexzision wurde verweigert. Exitus trotz Transfusionen, Arsen und Leber. Ob es sich in diesem Falle um eine perniziöse Anämie oder eine aleukämische Leukämie oder das Vorstadium einer solchen gehandelt hat, steht dahin. Der Blutbefund ergab keine Anhaltspunkte.

Auf Gefäßprozessen geht der Milztumor bei Milzvenenthrombose zurück, zuweilen mit heftigen, auch tödlichen Magenblutungen verlaufend, auch Milzzysten werden erwähnt.

Zu den entzündlichen, in seltenen Fällen isolierten Tumoren gehören Tuberkulosen, Lymphogranulomatosen, Echinokokkus und Abszesse der Milz.

Von Tumoren der Milz im Alter sind primäre Sarkome bekannt; nur selten erfolgt Karzinommetastasierung in dieses Organ.

Anhangsweise sei noch erwähnt, daß die Milz zu den Organen gehört, welche an der allgemeinen Altersatrophie in besonderem Maße teilnehmen, daß anderseits entzündliche und Stauungsvergrößerungen ungemein häufig sind, daß Infarkte oder deren Narben oft nachgewiesen werden können, daß die Milz eine Aussaat von spezifischen Knötchen zeigen kann, doch haben alle diese Dinge keine selbständige klinische Bedeutung. Infarkte verursachen zuweilen Schmerzen in der Milzgegend und können perisplenitisches Reiben hervorrufen, das Organ ist dann bei Palpation schmerzhaft.

26. Erkrankungen der Drüsen mit innerer Sekretion.

Vorbemerkungen. Nach den Ausführungen im allgemeinen Teil finden im Alter Änderungen in der Funktion, meist im Sinne der Abnahme statt. Die Aufgabe der folgenden Seiten beschränkt sich daher darauf, die faßbaren Erkrankungen der Organe mit innerer Sekretion im Alter darzustellen, soweit sie nicht schon — wie die Hodenerkrankungen — berücksichtigt wurden oder erst bei den Stoffwechselkrankheiten besprochen werden sollen. Es ist dies eine übliche, aber durchaus nicht ganz logische und konsequente Abgrenzung. Erkrankungen dieser Art spielen im Alter keine allzu große Rolle, viele sind sehr selten; das Material eines einzelnen reicht nicht aus. So ist dieser Abschnitt in geringerem Maße als die anderen auf eigener Erfahrung aufgebaut.

Die Schilddrüse.

Kropf. Sehr oft ist die Schilddrüse im Alter vergrößert, kropfig verändert. Es kommen alle Arten von Strumen zur Beobachtung; von denen, welche vorwiegend chirurgisches Interesse haben, gibt es gleichmäßige, diffuse und ungleichmäßige, nodöse Formen. Man unterscheidet als Grundformen parenchymatöse, kolloide und vaskuläre Formen, die Knotenbildung beruht auf Hyperplasien, Adenomen, Zysten usw. Regressive Veränderungen, Fibrose, Hyalinisierung, Blutungen, Verkalkungen usw. verändern die ursprüngliche Art, Form und Größe. Der histologische Aufbau der Strumen erlaubt, mit Ausnahme der Basedowstruma, bzw. der basedowifizierten Struma kein Urteil über die Funktion, so daß eine Aufzählung der Formen unterlassen werden kann. Soweit mit Strumenbildung nicht Änderungen der Funktion verbunden sind, interessieren sie im Alter nur durch ihre Beziehungen zur Trachea, als Ursache von Dyspnoe und Stenose, und zur Herztätigkeit. Die Therapie ernster Symptome ist eine chirurgische. Es soll auf sie nicht eingegangen werden.

Strumitis. Entzündliche Erkrankungen der Schilddrüse von klinischer Bedeutung sind selten, doch haben wir öfters, einmal nach Angina, ein andermal nach Grippe, Entzündungen einer Hälfte gesehen, wo unter mäßiger Steigerung der Temperatur die befallene Seite schmerzhaft und geschwollen war und sich heiß anfühlte. Der Prozeß ging unter den üblichen Umschlägen rasch zurück.

Das **Karzinom** der Schilddrüse ist leicht zu erkennen, wenn es sich aus einer normalen oder diffus veränderten Schilddrüse als harter, rasch wachsender Knoten mit den Zeichen der Malignität entwickelt, schwerer, wenn es in einer knotigen Struma zur Entwicklung kommt, da auch z. B. verkalkte Knoten sehr hart sein können und der Verlauf und die Zeichen der Malignität abgewartet werden müssen. Besonders hervorzuheben ist aber, daß Schilddrüsenkrebse trotz reichlichster und massiger Metastasierung ganz klein und unscheinbar sein können. Es ist wiederholt vorgekommen, daß der primäre Tumor bei Obduktionen nur mit Mühe in der Schilddrüse gefunden werden konnte.

Morbus Basedow und Hyperthyreoidismus. Morbus Basedow und Hyperthyreoidismen werden im Alter selten beobachtet, aber sie verschwinden nicht. Die Abnahme kann etwa an der Tatsache demonstriert werden, daß nach den Statistiken von Schlesinger und von Sattler die Anzahl der Fälle im sechsten Jahrzehnt auf etwa ein Viertel des fünften absinkt. Die Zahlen beider Autoren sind groß: sie umfassen 610 bzw. 168 Fälle über 50 Jahre, aber nicht nur vollentwickelten Basedow, sondern auch Formes frustes und Basedowoide. Das Kennzeichnende im Senium ist aber nicht nur die Abnahme der Krankheitsfälle, sondern auch qualitative Abweichungen.

Vor allem ist der Vollbasedow im Alter extrem selten. Ich habe noch keinen gesehen, aber er wurde beschrieben, selbst schwerer akuter Basedow ist mehrfach beobachtet worden. Unter Vollbasedow sind jene Fälle zu verstehen, bei denen die Kardinalsymptome (Augensymptome, Steigerung des Stoffwechsels, die kardiovaskulären Zeichen, insbesondere Tachykardie und die nervösen Symptome) in deutlichem Maße ausgesprochen sind. Das klinische Bild kann als bekannt vorausgesetzt werden, das anatomische Substrat ist die Basedowstruma (eventuell die basedowifizierte Struma), die sehr gefäßreich ist, proliferierendes Epithel und flüssigen, kolloidarmen Bläscheninhalt aufweist. Die Ähnlichkeit sehr vieler Symptome des Basedow mit reinem Hyperthyreoidismus gestatten es, den Basedow zu den Hyperthyreosen zu stellen, aber die Unterschiede, insbesondere in den Augensymptomen, heben die Identität auf und machen Hilfshypothesen notwendig, welche entweder eine Dysfunktion der Drüse annehmen oder die Schilddrüsensymptome als sekundär auffassen und den primären Sitz der Erkrankung ins Nervensystem verlegen. Eine durchaus befriedigende Theorie liegt nicht vor.

Von den sonstigen Hyperthyreosen ist zunächst der Jodbasedow abzutrennen, auch dieser kommt im Alter — wo Jod in der Regel gut vertragen wird — weit seltener vor, aber es sind Fälle bekannt. Die Augensymptome treten zurück, beschränken sich meist auf leichte Erweiterung der Lidspalte und Glanzauge, in den Vordergrund treten Abmagerung, Tachykardie, Erregung, Zittern. Die Anamnese ergibt Jodgebrauch, der sistiert werden muß. Ich habe im Alter nur wenige schwere Fälle gesehen, darunter zwei, bei denen die Prognose infolge der hochgradigen Abmagerung und Tachykardie zuerst sehr zweifelhaft war, sie waren nach langdauerndem Jodgebrauch entstanden, der durch Monate fortgesetzt und in seiner Wirkung nicht erkannt worden war. Wird, wie dies an der Abteilung geschieht, viel Jod gegeben, dabei aber Gewicht und Befinden kontrolliert, so sieht man öfter einen ersten Beginn eines Jodismus in Gewichtsabnahme und erhöhter Pulsfrequenz usw.; aber rechtzeitiges Aussetzen des Jods bringt im Alter den Zustand rasch zur Norm, während bei Jugendlichen unter den gleichen Voraussetzungen unter Umständen schon ein langdauernder und schwer zu behebender Schaden entstanden wäre.

Nicht selten begegnet man im Alter Basedownarben. Es handelt sich um Leute, meist Frauen, welche in früheren Jahren einmal Basedow durchgemacht haben und dies in der Regel in der Persistenz von Augensymptomen, vor allem des Exophthalmus, zur Schau tragen. Bestimmt man in solchen Fällen den Grundumsatz und sucht die Zeichen der Aktivität auf, so wird man in der einen Gruppe normale Werte und nur wenige Symptome feststellen, in der anderen einen mäßig oder gering erhöhten Ruhewert und immerhin einige Symptome finden, wobei Tachykardie und Arhythmie sowie Pulsus irregularis perpetuus häufig ist.

Quantitativ überwiegend sind aber im Alter die Fälle, welche man als Formes frustes oder als Basedowoide bezeichnen kann. Wenn man zwischen diesen Bezeichnungen unterscheiden will, so wird man unter den Formes frustes einfach mitigierte und oligosymptomatische Basedowerkrankungen verstehen, während das Basedowoid noch die Veränderung dieses Befundes durch eine degenerative oder vegetative oder neurotische Stigmatisierung voraussetzt (R. Stern). Was die Aufmerksamkeit auf diese Fälle lenkt, ist sehr verschieden. Fast immer besteht eine Vergrößerung der Schilddrüse und dazu wechselnd Tachykardie, Herzklopfen, vasomotorische Erscheinungen, feuchte Haut oder Schweiße, Zittern, Diarrhöen, Haarausfall, irgendwelche Augensymptome. Aber es sind nicht alle diese Abweichungen gleichzeitig vorhanden, sondern nur einzelne. Die Sicherung der Diagnose erfolgt durch die Feststellung des erhöhten Grundumsatzes; ist dieser normal, so wird nur eine große Häufung anderer Symptome es erlauben, an der Diagnose festzuhalten. Im Alter stehen die Symptome des Hyperthyreoidismus meist nicht isoliert da, sie verbinden sich in der Regel mit anderen Erkrankungen, wie Herzinsuffizienz, Hochdruck, Asthma, leichten Tuberkuloseformen, Diabetes usw.

Die Therapie des schweren Basedows im Alter ist die Operation, wenn sie gestattet ist, sonst kommt Röntgenbestrahlung und Allgemeintherapie, insbesondere Mast in Betracht. Der Jodbasedow erfordert neben Beseitigung der Schädigung Bestrahlung und Mast unter Beihilfe von Insulin, das sonst meist im Alter als Mastmittel versagt. Landaufenthalt in jener Höhe, die noch vertragen wird, ist günstig. Bei den mitigierten Formen wird man wohl im Alter von Operationen Abstand nehmen und auch Bestrahlungen von der Höhe des Grundumsatzes abhängig machen. Sehr günstig wirken bei Erregung Brom und Luminal, bei Herzsymptomen Chinin oder Chinidin, je nach Bedarf mit Digitalis kombiniert. Die spezifischen internen Mittel der Basedowtherapie sind im Alter alle unzuverlässig, was nicht besagen soll, daß sie unwirksam sind. Ich habe schöne, auch durch den Grundumsatz kontrollierte Erfolge nach Calciuminjektionen, Natrium phosphoricum, Thyronorman, Antithyreoidin Moebius usw. gesehen; aber es war immer nur eine kleine Anzahl von Erfolgen, neben einer Majorität von Versagern. Dies gilt auch für das Dijodtyrosin, welches kaum etwas anderes darstellt als ein gut verträgliches Jodpräparat. Aber auch die Jodtherapie selbst hat, abgesehen von ihrer segensreichen Wirkung einer vorübergehenden Herabsetzung des Grundumsatzes und der Besserung der Erscheinungen vor einer Operation, keinen andauernden Effekt. Gynergen usw. wird man wohl im Alter als kontraindiziert ansehen.

Hypothyreosen.

Das Myxödem ist ein Zustand, der bei Erwachsenen nur selten neu auftritt und dies ändert sich auch nicht im Alter. Die abortiven, von Hertoghe zur Zeit der Menopause beschriebenen Formen sind noch nicht zu den Alterserkrankungen zu rechnen. Ein Einsetzen von typischem Myxödem mit seinen Veränderungen der Haut, der Haare und der Psyche, des Befundes am Herzen und den Gefäßen usw. wurde zwischen dem 50. und 60. Jahre mehrfach mitgeteilt. Wir haben aber auch eine Frau in Mitte der Siebziger gesehen, welche die dicke, starre, glanzlose Haut im Gesicht und an den Händen aufwies, keine palpable Schilddrüse hatte und an Verblödung litt. Der Grundumsatz konnte infolge ihres psychischen Zustandes nicht festgestellt werden, aber der eminente Erfolg einer Schilddrüsentherapie auf Intelligenz, Beweglichkeit und Aussehen sicherte die Diagnose. Bei der Atrophie der Schilddrüse im Alter ist es eigentlich erstaunlich, daß solche Zustände nicht öfter eintreten, aber es scheint eben auch der Bedarf des Organismus an Schilddrüsensekret im Alter zu sinken.

Immerhin sieht man öfter oligosymptomatische Formen, Formes frustes, die sich in einer dicken, starren, blassen Haut, besonders des Gesichtes, im Gesichtsausdruck, sowie auch durch die Schwellung der Lider und die kleine Lidspalte, zuweilen, aber nicht immer in geistiger Abstumpfung äußern. Oft besteht Obstipation und Anämie. Herz und Aorta sind meist vergrößert, das Elektrokardiogramm weist Verkleinerung der Zacken usw. auf.

Man muß sich vor Verwechslungen mit chronischem Ödem bei Herz- und Nierenkranken hüten, insbesondere aber mit lokalen Veränderungen der Haut nach entzündlichen Prozessen (z. B. chronischem Erysipel), bei hartnäckigem Quinckeschen Ödem oder infolge Stauung bei Neoplasmen und Verschluß von Venen oder Lymphgefäßen. Dabei hilft nicht nur die Vorgeschichte und die positiven Befunde bei diesen Erkrankungen, sondern vor allem dient die Feststellung eines verminderten Grundumsatzes zur Sicherung der Diagnose. Die Schilddrüse ist bei solchen Fällen entweder sehr klein oder kropfig verändert. Erfolge der Schilddrüsentherapie, insbesondere bei Einzelsymptomen, wie Obstipation, können diagnostisch nicht allzu hoch gewertet werden, wenn nicht der Gesamtzustand verändert wird. Man darf nicht vergessen, daß die Verabreichung von Drüsensubstanzen über ihre Substitutionswirkung hinaus auch den Erfolg eines symptomatischen Medikaments haben kann.

Die mit dem endemischen Kretinismus verbundene Hypothyreose entsteht nicht im Alter, wohl aber kommt es vor, daß Kretins oder kretinoide Individuen ein höheres Alter erreichen.

Die Therapie der Hypothyreosen besteht auch im Alter in Darreichung von Schilddrüse in Form der getrockneten Drüse oder der Wirksubstanzen, wie Thyroxin. Es muß individuell nach dem Grade der Störung und der Empfindlichkeit dosiert werden, zunächst höher, um einen möglichst normalen Zustand und Grundumsatz zu erreichen, dann geringer, um ihn aufrechtzuerhalten. Im allgemeinen ist die erforderliche Menge geringer als in der Jugend. Allgemeine Vorschriften lassen sich auch schon wegen der verschiedenen Wirksamkeit der Präparate nicht geben.

Erkrankungen der Epithelkörperchen.

Tetanie. Die vollausgebildete Tetanie ist durch spontane oder künstlich auslösbare schmerzhafte, charakteristische Krämpfe, vorwiegend in der Extremitätenmuskulatur, durch mechanische, sensorische und elektrische Übererregbarkeit der Nerven und Muskeln gekennzeichnet. Es besteht eine Senkung des Kalkspiegels im Blute, die durch eine Insuffizienz der Epithelkörperchen bedingt ist. Diese beruht entweder primär auf einer anatomischen Läsion, wie durch operative Entfernung, oder infolge von Blutungen, Tuberkulose, Lues oder sonstigen Entzündungen, Atrophie usw., oder sie ist sekundär, durch Versagen der Funktion gegen allzu große Anforderungen wie bei Alkalose oder Gravidität.

Tetanie im Alter ist eine sehr seltene Erkrankung, ich habe noch keinen Fall beobachtet, der mehr als einzelne Züge des Krankheitsbildes aufgewiesen hätte, aber es ist eine Reihe von Fällen mitgeteilt worden, welche sich allerdings nur auf zwei Formen beziehen, auf die strumiprive Tetanie nach Schilddrüsenoperationen, wo zuweilen allzuviel Epithelkörperchen entfernt wurden, und zweitens auf die in ihrer Entstehung nicht ganz aufgeklärte, in den meisten Fällen wohl auf Alkalose durch Salzsäureverluste beim Erbrechen zu beziehende Tetanie im Verlaufe schwerer Magen-Darmerkrankungen, insbesondere bei gutartigen Pylorusstenosen.

Außerdem wird von inkompletter Tetanie berichtet, also Symptomen der Tetanie ohne Spontankrämpfe. Ich selbst habe nur gelegentlich ein positives Chvosteksches Symptom (Fazialissymptom) ohne andere Zeichen beobachtet, dagegen mehrere Fälle von Pseudotetanie, d. h. beid- oder einseitigen Krämpfen vom klinischen Bilde der Tetanie, die sich aber bei genauer Untersuchung, insbesondere bei Feststellung des Kalkspiegels und der elektrischen Übererregbarkeit, als nicht zum Tetaniekomplex gehörig erwiesen.

Therapie. Nur die leichteren Formen der Tetanie reagieren auf reichliche Kalkzufuhr in Form von Injektionen und oral, schwerere erfordern die Zufuhr des wirksamen Prinzips der Nebenschilddrüse, welches in den oralen Tabletten und in den injizierbaren Extrakten der üblichen Präparate in meist nur ungenügender Menge und nicht zuverlässig enthalten ist. Zuverlässig wirken die kostspieligen Collipschen Präparate und, solange sie noch nicht resorbiert sind, transplantierte Epithelkörperchen. Auch bestrahltes Ergosterin (Vitamin D) erhöht den Blutkalkspiegel, doch führt dessen Überdosierung zu einer fortschreitenden Arteriosklerose, ist also im Alter sehr bedenklich. Auch das neueste, anscheinend bei operativer und aus anderer Ursache entstandener Tetanie sehr wirksame Präparat A. T. 10, welches aus Reaktionsprodukten des bestrahlten Ergosterins gewonnen wird, führt leicht zu Vergiftungen, ist daher nur unter sorgfältiger Kontrolle des Blutkalks usw. zu verwenden und dürfte im Senium nur mit Vorsicht herangezogen werden. Persönliche Erfahrung mit all diesen Therapien im Alter steht mir nicht zur Verfügung.

Andere Veränderungen der Nebenschilddrüse. Diese können in sehr seltenen Fällen zum Ausgangspunkt maligner Tumoren werden. Eine Hypertrophie der Epithelkörperchen tritt bei manchen Knochenerkrankungen auch im Alter ein, so bei seniler Osteoporose und Osteomalazie. Nach der Ansicht Erdheims handelt es sich aber dabei nicht um eine Ursache, sondern um eine Folge der Knochenveränderungen. Dagegen sind Tumoren einzelner Epithelkörperchen wohl in vielen Fällen die Ursache der Ostitis cystica Recklinghausen, einer mit Zystenbildung, Entkalkung und Spontanfrakturen einhergehenden Erkrankung, welche zuweilen auch im Alter beobachtet wird und nach Entfernung der Tumoren schwindet.

Erkrankungen der Hypophyse.

Vorbemerkungen. Die Hypophyse nimmt durch die Vielfalt ihrer Wirkstoffe und durch ihre nahe Beziehung zum Gehirn, welchem einige ihrer Sekrete direkt durch das Infundibulum und mit vermehrtem Effekt zufließen, eine zentrale Stellung ein, deren Bedeutung erst allmählich klar wird. Sie wird von anderen Drüsen mit innerer Sekretion beeinflußt und beeinflußt diese in noch weit höherem Grade. Als Beispiel für das erstere soll etwa die vermehrte Bildung des Sexualstoffes Prolan nach Erlöschen der Tätigkeit der Sexualdrüsen dienen, für das letztere können die mehr oder minder organspezifischen Wirkungen auf Schilddrüse, Sexualorgane, das Pankreas, die Nebennieren usw. gelten, von den Beziehungen zu Blutdruck und Niere ganz zu schweigen. Es soll keineswegs der Versuch gemacht werden, das Netz dieser Beziehungen darzustellen und deren Veränderungen im Alter zu analysieren. Daß solche bestehen, ist aus dem Beispiel der Sexualdrüsen zu entnehmen, aber gegenwärtig würde ein Versuch nach dieser Richtung vielfach ins Vage und ungenügend Fundierte führen. Es soll nur das Vorkommen jener Krankheitsbilder im Alter herangezogen werden, für welche heute vorwiegend die Hypophyse verantwortlich gemacht wird.

Akromegalie. Die Akromegalie beruht auf der vermehrten Sekretion eines Zellbestandteiles des Hypophysenvorderlappens, der eosinophilen Zellen, auf deren Vermehrung, meist in Form eines Adenoms, unter Vergrößerung des Organs und Erweiterung seines Gehäuses im Schädel mit den entsprechenden röntgenologisch nachweisbaren Veränderungen. Die Mehrproduktion an Wuchsstoff kann an dem Erwachsenen mit seinen geschlossenen Knochenfugen keinen Riesenwuchs mehr erzeugen, aber sie gibt sich überall, vor allem am Skelett, zu erkennen, am hervorstechendsten ist die Vergrößerung an den Knochenspitzen, den Akren, die eine Zunahme von Nase und Brauen und Kinn, sowie von Hand- und Fußskelett bedingt. Aber auch der Schädelumfang wächst, die Rippen werden massiger, die Wirbelsäule wird nicht nur kyphotisch, sondern in toto umgebildet. Hierfür ein Beispiel: Um den alten Wirbelkörper bildet sich förmlich eine neue ringförmige Knochenmasse (Erdheim). Aber die Veränderung bezieht auch die Weichteile ein. Nase, Lippe und Zunge werden größer und gröber, die Hände und Füße zu Tatzen; auch die inneren Organe sind beteiligt.

Es ist verständlich, daß sich die Funktionsänderung nicht allein auf die eosinophilen Zellen beschränkt, sondern auch in sehr wechselnder Weise andere Zellen und Funktionen der Hypophyse betrifft. So findet man oft Vergrößerung der Schilddrüse mit wechselnder Funktion, Hyper- oder Hypofunktion der Genitalien, Hypertrichosis, Glykosurie, Riesenkraft oder Adynamie, erhöhte oder fehlende Potenz; es besteht Neigung zu Früharteriosklerose und Blutdrucksteigerung.

Je nach dem Umfang der Vergrößerung gesellen sich noch die Allgemeinsymptome des Hirntumors, wie Kopfschmerz und Schwindel und Veränderungen der Netzhaut dazu oder — bei Ausdehnung gegen das Chiasma — auch Zeichen von dessen Kompression, wie bitemporale Hemianopsie.

Die Akromegalie ist eine Erkrankung, welche ihr Häufigkeitsmaximum zwischen dem 30. und 40. Jahre erreicht. Ihr Vorkommen im Alter ist aber nicht extrem selten und beruht in einem Teile der Fälle darauf, daß bei dem oft jahrzehntelangen Verlauf der Krankheit die Altersgrenze überschritten wird, im anderen Teile aber entsteht sie erst spät, zwischen 50. und 60. Jahre, in einigen Fällen aber selbst jenseits des 70. Jahres. Die Fälle im Alter sind meist relativ gutartig und nicht sehr progredient.

Ich möchte noch einen Eindruck hervorheben, daß nämlich manchmal im Verlaufe des physiologischen Alterns Züge von Akromegalie in Form einer Vergröberung und Verplumpung der Weichteile des Kopfes zu finden sind, insbesondere bei Juden. Der alte Jude oder die alte Jüdin zeigt öfters akromegaloide Züge. Doch ist diese Erscheinung nicht auf diese Rassenmischung beschränkt. Davon kann man sich an einem beliebigen Material durch einen Vergleich von Jugend- und Altersbildern der gleichen Personen, etwa bei Durchsicht eines Familienalbums, zuweilen überzeugen.

Die Therapie der Akromegalie im Alter wird nur bei starken Beschwerden, Tumorsymptomen und Gefährdung des Sehens primär die Operation veranlassen, wobei die Richtung des Wachstums den Weg für den chirurgischen Zugang — ob nasal oder vom äußeren Schädel aus — bestimmt. Sonst wird man versuchen, durch Strahlentherapie Erfolge zu erreichen.

Simmondssche Kachexie. Die hypophysäre Kachexie bildet das Gegenstück zur Akromegalie. Sie ist eine Folge der Beeinträchtigung oder Zerstörung des Hypophysenvorderlappens durch Blutung, Entzündung, durch Karzinom und Lues durch Metastasierung usw. Ihre Kennzeichen sind starke Gewichtsabnahme, Schwäche, Atrophie der Organe, Haarausfall, Rückbildung der sekundären Geschlechtscharaktere, Greisenhaut. Fälle dieser Art sind im Alter selten, doch hat z. B. Simmonds einen Fall im Alter von 78 Jahren mit gummöser Zerstörung mitgeteilt. Ich selbst habe nur einen einzigen Fall in den Sechzigerjahren gesehen; eine Frau, welche nach einem Mammakarzinom eine hochgradige Kachexie aufwies, bei der eine auffallende Polyurie (Diabetes insipidus) den Verdacht auf die Hypophyse lenkte und die Obduktion eine Metastase nachwies. Die Diagnose der hypophysären Kachexie wird man im Alter nur dann stellen können, wenn neben den Allgemeinerscheinungen noch lokale Hypophysenzeichen vorhanden sind, besonders wenn gleichzeitig auch ein ätiologischer Faktor, wie Krebs oder Lues, wahrscheinlich ist. Ist dies nicht der Fall, so ist man nicht in der Lage, sie von den vielfach häufigeren primären Kachexien des Alters, die bei den Stoffwechselkrankheiten besprochen werden sollen, abzugrenzen, und es ist in erster Linie an diese zu denken.

In einer Reihe von Fällen luetischen Ursprungs war eine erfolgreiche antiluetische Therapie möglich, in anderen Fällen wird man eine Mast mit allen Mitteln und Künsten erstreben und diese auch durch Insulin — im Alter als Mastmittel sehr unzuverlässig — und durch Verabreichung von Vorderlappenpräparaten unterstützen. Erfolge derartiger Behandlungen wurden allerdings nur bei jüngeren Kranken berichtet.

Hypophysärer Zwergwuchs. Man kann im Alter nicht zum hypophysären Zwerg werden, wohl aber kann ein solcher ein sehr hohes Alter, bis 90 Jahre, erreichen.

Hypophysäre Fettsucht. Dystrophia adiposo-genitalis. Die Degeneratio adiposo-genitalis ist ein Syndrom, das durch Unterentwicklung oder Zurückgehen der primären und sekundären Geschlechtsmerkmale, Fettsucht von eunuchoidem Typus (vorwiegend um Schenkel, Gesäß, Bauch) und durch Symptome eines Tumors in der Gegend der Hypophyse (Allgemeinsymptome, Augensymptome,

insbesondere bitemporale Hemianopsie, zuweilen Polyurie, Glykosurie) gekennzeichnet wird. Die Ursache sind Tumoren und Zysten,
welche teils von der Hypophyse selbst, teils von ihrem Stiel, teils von
den benachbarten Gegenden des Subthalamus, der Hirnhäute, des
Knochens ausgehen. Die Erscheinungen sind nicht ausschließlich auf
die Hypophyse, sondern vorwiegend auf die Raumbeengung und das
Zwischenhirn zu beziehen. Es handelt sich also nicht um eine reine
Hypophysenerkrankung. Als cerebrale Symptome gelten insbesondere
die Fettsucht, die Verkleinerung der Genitalien und der eventuelle
Diabetes insipidus. Im Alter treten natürlich die Genitalsymptome
zurück. Es sind eine Reihe von Fällen von Fettsucht bei Tumoren
und Zysten dieser Gegend bekannt. Die Therapie wird Entlastung des
Drucks durch Entfernung oder Eröffnung oder Reduktion der Tumoren bzw. Zysten anstreben, in leichteren Fällen Strahlentherapie
anwenden, welche auch zur Nachbehandlung der operierten Fälle herangezogen wird. Über Eigenbeobachtungen im Alter verfüge ich nicht.

Morbus Cushing. Der Morbus Cushing wird zu den Hypo-
physenerkrankungen gerechnet. Seine Grundlage ist in der Mehrzahl
der Fälle ein basophiles Adenom der Hypophyse. Aber manches ist
ungeklärt. Die geringsten Schwierigkeiten macht bei den engen Beziehungen zwischen Hypophyse und Nebennierenrinde die Tatsache,
daß das gleiche oder ein sehr ähnliches Bild durch einen Nebennierentumor erzeugt werden kann. Aber das basophile Adenom in
der Hypophyse wird auch ohne klinische Erscheinungen gefunden
und auch Morbus Cushing wird in Ausnahmefällen ohne basophiles
Adenom oder Nebennierenaffektion festgestellt.

Das Symptomenbild besteht in einem gedunsenen und blaurötlichen
Gesicht, allgemeiner Hypertrichose, Fettleibigkeit am Bauch, Entwick-
lung von Striae an der Haut, Kyphose, Hochdruck und vorzeitiger
Arteriosklerose, oft Glykosurie. Die Keimdrüsentätigkeit sistiert.
Adynamie und geringe Widerstandsfähigkeit erhöhen die Be-
schwerden.

Der Morbus Cushing ist keine Alterserkrankung, er beginnt meist
zwischen 20 und 30 Jahren, es dürfte kein Fall mit einem Beginn jenseits von 60 Jahren bekannt sein, da aber eine Reihe von Fällen über
dem 50. Jahre beschrieben sind, so sollte das Krankheitsbild doch
erwähnt werden.

Als Therapie kommt Entfernung der Hypophyse und damit des
Adenoms oder Strahlentherapie in Frage.

Thymus.

Der Thymusrest spielt im Alter nur als Ausgangspunkt von Karzinomen eine Rolle, wie wir ein solches bei einem 76jährigen unter

dem Bilde des Mediastinaltumors mit Einscheidung und Kompression der Vena cava superior und Rekurrenslähmung verlaufend gesehen haben.

Erkrankungen der Nebennieren.

Morbus Addison. Das Symptomenbild des Morbus Addison ist bekannt. Pigmentation der Haut und der Schleimhäute, Adynamie, niederer Blutdruck sind die hervortretendsten Symptome. Appetitverlust, Diarrhöen, Abmagerung werden vielfach beobachtet; sehr niederer Blutzucker und erhöhte Zuckertoleranz ergänzen das Bild.

Die Grundlage des Morbus Addison bildet ein hochgradiger Funktionsausfall beider Nebennieren. In der Regel reicht das Erhaltensein eines geringen Restes aus, um die Symptome zu verhindern, doch gibt es Ausnahmen. Die Zerstörung erfolgt meist durch Tuberkulose, doch können auch Blutungen, Krebs, Entzündungen, Kompression schuldtragen; es kann ferner durch Sklerose oder durch zytotoxische Zerstörung zum Ausfall kommen.

Morbus Addison ist im Alter selten, aber er kommt bis zum Ende der Siebzigerjahre vor; er ist am häufigsten durch tuberkulöse Verkäsung des Organs bedingt. Aber selbst akuter Addison, bei welchem der Tod unter abdominalen Schmerzen und Verfall in kurzer Zeit eintritt, wurde beobachtet; dessen Diagnose dürfte im Alter nicht möglich sein.

Differentialdiagnostisch ist zu bemerken, daß auch hochgradige Pigmentierungen und Kachexie ohne Schleimhautpigmentation und ohne die anderen Symptome die Diagnose im Alter nicht rechtfertigen; sie treten zu häufig bei Karzinom, besonders dem des Magens, bei anderen Kachexien, wie durch Tuberkulose, bei vernachlässigten, ungepflegten, abgemagerten Leuten auf, und auch der braune Farbenton ist nicht entscheidend. Selbst wenn die Schleimhautpigmentierungen vorhanden sind, wird man immer noch die anderen Symptome oder mindestens einige von ihnen zur Diagnose benötigen.

Die Therapie des Morbus Addison hat in den letzten Jahren zwei Fortschritte gemacht. Statt der unzureichenden Zufuhr von roher Nebenniere per os oder zweifelhaft dosierter Tabletten, von denen allerdings manchmal Erfolge zu berichten waren, statt der meist wenig wirksamen, gegen Adynämie, Blutdrucksenkung, Achylie und Diarrhöen gerichteten symptomatischen Behandlung stehen jetzt wirksame Extrakte der Nebenniere (Cortin usw.) zur Verfügung, deren Injektionen für eine Reihe von Stunden substituierend wirken, deren kontinuierlicher Gebrauch aber doch recht kostspielig ist. Unter diesen Umständen ist es wichtig, daß ein so einfaches Mittel wie der Zusatz von Kochsalz in größerer Menge (10—15 g) zu einer normalen Kost bei leichteren Fällen die Cortinzufuhr temporär entbehrlich macht und bei schweren die gebrauchte Menge herabsetzt. Es kann eine beträchtliche Verlängerung des Lebens erzielt werden.

Funktionsschwäche der Nebennieren. Diese wird wohl in manchen Fällen eine Rolle spielen. Man findet bei infektiösen und zehrenden Krankheiten die Nebennieren oft klein, die Rinde schmal und lipoidarm, aber die dadurch bedingten Erscheinungen sind derzeit noch nicht mit Sicherheit aus dem Allgemeinbild herauszuheben und abzugrenzen. Auch die Anreicherung der Nebennierenrinde mit Vitamin C usw. und das Versagen dieser Speicherung dürfte oft von Bedeutung sein, besonders bei Infektionen und Kachexien.

Überfunktion der Nebenniere. Krankheitserscheinungen, welche auf Überfunktion, bzw. Hypertrophie oder Tumorbildung einzelner Teile der Nebennieren zurückzuführen sind, wurden bereits erwähnt. So gibt es Tumoren des Marks, welche heftigste Blutdruckkrisen mit den Zeichen allgemeiner Sympathikusreizung zur Folge haben; es wurde ferner gesagt, daß das Krankheitsbild des Morbus Cushing auch durch einen Nebennierentumor hervorgerufen werden könne. Nebennierentumoren können auch eine bedeutende Umwandlung der sekundären Geschlechtscharaktere und der Behaarung hervorrufen, doch hat all dies nichts mit der Alterspathologie zu tun. Die seltenen Nebennierenkarzinome sind sehr maligne Tumoren, mit der Neigung, in die Venen einzubrechen und Metastasen in Knochen, Gehirn, Lunge zu setzen.

Hypogenitalismus. Menschen mit angeborenem oder erworbenem Hypogenitalismus können diesen und seine Erscheinungen bis ins Greisenalter hinübernehmen. Bei Männern kommt auch — selten im Alter — im Zusammenhang mit Zwischenhirnveränderungen eine neu entstehende, sehr hochgradige Hodenatrophie vor. Doch ist dies eine dem Bereiche der Neurologie zugehörige seltene Affektion.

Pluriglanduläre Störungen im Alter. Der Begriff der pluriglandulären Störungen ist schon in der allgemeinen Medizin sehr vage und ist dies, auf das Alter angewandt, noch mehr. Faßt man ihn weit, so gibt es keinen Fall im Alter, der solche Störungen nicht aufweist. Immer sind Drüsen verändert, schon von der Sexualsphäre aus, und immer wirkt dies auf andere Drüsen zurück. Faßt man den Begriff enger und geht man von einem schweren, anatomisch faßbaren, über die physiologischen Variationen hinausgreifenden Befund aus, so wird man ebenfalls Erkrankung einer Drüse, zumindest von funktionellen, oft aber auch von anatomischen Veränderungen anderer gefolgt, feststellen können. Von pluriglandulären Veränderungen im eigentlichen Sinne wird man nur sprechen können, wenn eine Reihe von Drüsen gleichzeitig anatomisch erkrankt sind, ohne daß der Zusammenhang anders als durch eine gemeinsame Ursache erklärt werden kann. Auch dann wird man noch die ätiologisch klaren Fälle, wie Hungerödem, Avitaminosen, Pellagra und Sklerodermie abtrennen müssen. So bleiben für das Alter nur wenige Fälle dieser Art übrig. Wir selber haben nur einen beobachtet: Ein 60jähriger Mann mit schwerer Anämie und chlorotischem Blutbild hatte gleichzeitig eine Myxödemhaut und herabgesetzten Grundumsatz — also eine Schilddrüseninsuffizienz — und Diabetes mellitus. Die Obduktion zeigte neben aplastischer Anämie, hochgradiger Atrophie von Schilddrüse und Pankreas noch eine sehr weitgehende Atrophie und Sklerosierung der Nebennieren.

27. Stoffwechselerkrankungen.

Vorbemerkung. Die Abgrenzung der Stoffwechselerkrankungen ist eine willkürliche und traditionelle. Mehrere von ihnen, wie Diabetes mellitus und insipidus, bilden durch ihre Beziehungen zu Organerkrankungen (Pankreas bzw. Hypophyse) ein Grenzgebiet zwischen Stoffwechsel und innerer Sekretion. Die seltenen Stoffwechselkrankheiten, wie Alkaptonurie, Cystinurie und Porphyrinurie, stehen außerhalb der Alterspathologie. Auch Oxalurie und Phosphaturie interessieren für die Altersperiode nur im Zusammenhang mit der Steinbildung und den Blasen- bzw. Nierenbeckenerkrankungen.

Diabetes mellitus.

Der Diabetes mellitus ist eine ungemein häufige und wichtige Alterserkrankung. Das Maximum der Erkrankungsziffer liegt im fünften und sechsten Dezennium, aber auch noch im sechsten erkranken nach dem Durchschnitt verschiedener Statistiken noch 10% der Gesamtzahl. Bei der jahrzehntelangen Dauer des Diabetes nach der Lebensmitte ist es klar, daß die Mehrzahl der Diabetiker im Greisenalter, nach 60 Jahren angetroffen werden. In meiner Abteilung im Versorgungsheim werden die behandlungsbedürftigen Diabetiker der Anstalt gesammelt. Ich habe ständig etwa 50 Diabetiker über dem 60. Jahre auf der Abteilung. Die folgenden Ausführungen gründen sich also auf ein relativ sehr großes Material. Sie beabsichtigen nicht, alle Probleme zu diskutieren, sondern nur die Besonderheiten des Altersdiabetes herauszuarbeiten und die eigenen Erfahrungen zusammenzufassen.

Der Diabetes mellitus soll zunächst ganz primitiv und unvorgreiflich als die Krankheit definiert werden, bei der bei normaler landesüblicher Kost dauernd oder häufig Traubenzucker im Harn ausgeschieden wird und der Blutzucker erhöht ist.

Seit **Mehring** und **Minkowski** steht die Pankreasfunktion im Mittelpunkt der Lehre vom Diabetes, und es begegnet wohl keinem Zweifel, daß der schwere Diabetes der Jugendlichen ein Pankreasdiabetes oder, besser gesagt, ein Pankreasinseldiabetes ist. Dafür spricht die weitgehende Analogie mit der Stoffwechselstörung, welche nach Pankreasexstirpation auftritt und die fast vollkommene Beseitigung der Störungen durch entsprechende Mengen von Insulin, welches unter diesen Umständen als reine Substitutionstherapie wirkt. Die zentrale Stellung des Pankreas beim Altersdiabetes wird öfters angezweifelt. Es wird nicht geleugnet, daß das Pankreas beteiligt ist, aber unter Hinweis auf den deutlichen Einfluß von psychischen Faktoren, auf die Unregelmäßigkeit und das andere Verhalten der zahlenmäßigen Insulinwirkung wird die nervöse und hormonale Regulationsstörung (Hypophyse, Nebenniere usw.) mehr in den Vordergrund gestellt.

Die anatomische Untersuchung des Pankreas gibt keine sichere Entscheidung. Es kann in vielen Fällen von Altersdiabetes makroskopisch normal sein, in anderen weist es Veränderungen auf, Arteriosklerose der Gefäße, Lipomatose, in schweren Fällen Atrophie. Die mikroskopische Untersuchung des Organs zeigt besonders nach den Untersuchungen von **Weichselbaum** und **Heiborg** Fettinfiltrationen, inter- und intralobuläre Pankreatitis und insbesondere Veränderungen am Inselapparat, welche in der Abnahme der Zahl der Inseln, ihrer Atrophie, Sklerosierung und Hyalinisierung sowie anderen degenerativen Veränderungen bestehen. Man kann aus der Häufigkeit dieser Befunde schließen, daß eine anatomische Affektion des Pankreas auch für den Altersdiabetes eine notwendige oder zumindest fast regelmäßig vorhandene Bedingung darstellt, nicht aber, daß sie allein eine zureichende Bedingung ist und daß andere Einflüsse keine Rolle spielen. Für diese ist aber eine anatomische Grundlage einstweilen nicht nachgewiesen.

Von ätiologischen Besonderheiten im Alter sei hervorgehoben, daß in unserem Altersmaterial die Bedeutung der Heredität sehr zurücktritt. Bei der vorwiegend proletarischen Herkunft der Kranken spielt dabei die oft ungenügende Kenntnis von den Krankheiten der Aszendenz und der übrigen Verwandten eine Rolle. Bei den Patienten jüdischer Abstammung — die besondere Häufigkeit des Diabetes bei Juden ist eine vielfach hervorgehobene Erscheinung — sind die Angaben über Vererbung weit zahlreicher. Es bestehen ferner Häufigkeitsbeziehungen zu Fettleibigkeit und Arteriosklerose. Es ist schwer zu sagen, wieviel davon auf eine gemeinsame konstitutionelle Ursache zurückgeht, wieviel davon konditionell ist. Vielessen spielt sowohl für die Genese der Fettleibigkeit als auch durch dauernde Mehrbeanspruchung des Inselapparates für das Entstehen eines Diabetes eine Rolle. Anderseits kann Diabetes sowohl die Folge einer Arteriosklerose der Pankreasgefäße mit den folgenden Ernährungsstörungen sein als auch möglicherweise ein bestehender Diabetes, schon durch die Art der therapeutischen lipoidreichen Ernährung, welche sich auch in der Regel in einem erhöhten Gehalt des Blutes an Cholesterin und anderen Lipoiden ausspricht, der Entwicklung der Arteriosklerose Vorschub leisten kann. Die Beziehungen zur Gicht spielen bei unserem Material keine Rolle.

Der Verlauf des Diabetes im Alter ist nach allgemeinem Urteil anders wie in früheren Perioden, er ist im großen ganzen weit milder; maßgebend sind für die Kenntnis des Spontanverlaufes die Erfahrungen vor der Insulinära. Darnach ist im Alter die Krankheitsdauer länger, die Progression verzögert, die Neigung zu Azetonbildung und Koma herabgesetzt.

Noorden gibt aus seinem großen Material eine Tabelle über die Altersverteilung der Diabetiker auf die einzelnen Jahrzehnte und ihre Scheidung nach der Schwere der Affektion, welche ich mit Elimination der zweiten Dezimalstelle wiedergebe.

	1.	2.	3.	4.	5.	6.	7.	8.	9.
				Dezennium					
Leichte Fälle	—	0,4	2,4	10,0	21,0	17,7	4,0	0,4	—
Mittelschwere und schwere Fälle ...	1,4	2,4	6,0	9,6	12,6	11,0	2,1	—	—

Da sich die Altersfälle vielfach der Behandlung entziehen, auch unerkannt bleiben, dürfte die relative Zahl, insbesondere der leichten Fälle, in den Altersklassen zu niedrig angenommen sein.

Die Gliederung gibt auch die individuellen Variationen nicht ausreichend wieder. Für unsere Zwecke ist eine weitere Teilung durchzuführen.

Es gibt zunächst eine nicht allzu zahlreiche Gruppe, welche nach dem Grade ihrer Stoffwechselstörung und Kohlehydrattoleranz dem schweren oder mittelschweren Diabetes zugezählt werden muß. Sie scheidet bei einer Standardkost (kalorisch eben ausreichende Eiweiß-Fettdiät mit Zulage von 4 Weißbroteinheiten à 20 g) dauernd Zucker aus und hat Neigung zur Azetonurie. Die Krankheit ist progressiv, der anatomische Befund weist meist eine Atrophie des Pankreas auf. Die Patienten magern ab und sind komagefährdet, sie sind nach den üblichen Maßstäben als insulinbedürftig anzusehen. Ihre Anzahl ist vielleicht 2—3% des Diabetes.

Die zweite Gruppe ist zahlreicher. Es sind die paraphagischen Patienten, welche bei einer vernünftigen Diät zuckerfrei sein könnten, sich aber an die Vorschriften nicht halten, sie dauernd und grob übertreten und so ihren Diabetes verschlechtern. Sie machen ihren Diabetes selbst zu einem schweren und gefährlichen.

Eine dritte Gruppe ist von vornherein schwer zu erkennen, es sind Fälle, welche einen anscheinend leichten und nicht fortschreitenden Diabetes haben, aber sich bei einer entzündlichen Komplikation oder einer interkurrenten Erkrankung rapid verschlechtern, dann meist insulinrefraktär werden und in die Gefahr des Komas gelangen können.

Ich möchte die zahlenmäßigen Verhältnisse an 60 in einer kontinuierlichen Reihe zur Obduktion gelangten Diabetikern aufzeigen, wobei in den meisten Fällen der Diabetes nicht Todesursache, sondern Nebenkrankheit war. An einem diabetischen Koma sind sieben gestorben, zwei davon bloß an ihrem Diabetes, beide waren paraphag. Bei zweien trat das Koma im Verlauf einer diabetischen Komplikation auf, einer Zehen- bzw. Fußgangrän, bei einem in Anschluß an eine Enteritis, bei einem nach Phlegmone und Furunkel, im letzten bei einer Endokarditis und Pyämie.

Die vierte Gruppe ist noch immer als diabeteskrank zu bezeichnen. Die Patienten haben Beschwerden, welche entweder mit dem Diabetes als solchen zusammenhängen, Hunger und Durst und Abmagerung und Schwäche, oder sie zeigen Symptome einer der zahlreichen Komplikationen und Nebenerscheinungen, auf welche noch zurückzukommen sein wird.

Die letzte Gruppe fühlt sich nicht krank, soweit es sich um den Diabetes handelt. Allgemeinbefinden und Ernährung sind befriedigend, nur die ärztliche Untersuchung hat in ihrem Harn Zucker festgestellt und ihr Blutzucker ist erhöht. Darunter sind Diabetiker, bei denen die Diagnose vor Jahren gemacht wurde, die sich in ihrer Lebensweise nur wenig um ihren Diabetes kümmerten und es nicht zu bereuen hatten. Die Zuckerausscheidung ist konstant geblieben, der Allgemeinbefund befriedigend und Komplikationen haben sich nicht gezeigt. Das heißt allerdings noch nicht, daß sie dauernd ausbleiben müssen.

Die Verhältnisse der Zuckerausscheidung, des Blutzuckers und des Azetons im Alter lassen sich nicht abgesondert von der Therapie betrachten und sollen in diesem Zusammenhang dargestellt werden.

Die Symptomatologie des Komas ist im Alter weniger durchsichtig, weil die schweren Bewußtseinstrübungen so zahlreich sind. Leicht ist die Diagnose nur, wenn Azetongeruch und tiefe Atmung bestehen. Aber beides läßt oft im Stich. Es besteht präkomatös oft ein eigenartiges psychisches Verhalten: Unbesinnlichkeit und Indolenz, der

Bewußtseinsverlust geht mit passiver Lage, Tachykardie und elendem Puls einher, die Atmung ist frequent. Die Harnuntersuchung ist wenig maßgebend, weder der Zucker- noch der Azetongehalt braucht auffallend hoch sein, sie können sogar fehlen. Albuminurie und reichliche Zylinder gehören zum Bilde. Die Bulbi werden weicher.

Sieht man von den typischen Fällen ab, so bleibt im Alter im Präkoma nichts als Änderung des psychischen Verhaltens, Benommenheit, Erregung und im Koma die Bewußtseinsstörung als konstantes Symptom. Ist vom Diabetes nichts bekannt, so kann die klinische Diagnose fast unmöglich sein. Die Zustände, an die man bei einem solchen Fall denken kann, sind sehr verschiedenartig: Hirnödem und Apoplexie, Pneumonie und schwere abdominale Infektionen, Urämie und Schlafmittelvergiftung seien als Beispiele genannt, um zu zeigen, wie weit die Möglichkeiten auseinandergehen.

Diagnostisch am wichtigsten ist die Untersuchung des Blutzuckers, welche in jedem Fall unklarer Bewußtseinsstörung durchgeführt werden muß, und zwar mit der größten Beschleunigung, da Stunden das Schicksal des Patienten entscheiden.

Es sind nun die Komplikationen, welche für den Verlauf des Altersdiabetes maßgebend sind, zu besprechen. Da ist zunächst eine allgemeine Herabsetzung der Widerstandskraft gegen Infektionen und besonders gegen Vereiterung zu nennen. Sie äußert sich zunächst an der Haut in der besonderen Neigung zu Furunkulose, Pyodermien, Paronychien und in ihrer erschwerten Heilung, ferner zwar nicht in einer erhöhten Zahl von Lungenerkrankungen, wohl aber in einer besonderen Neigung der Pneumonien zur Vereiterung und Gangrän. Was die Tuberkulose anlangt, so ist im Gegensatz zum jugendlichen Diabetes an unserem Altersmaterial keine Häufung festzustellen. Am Zirkulationsapparat wurde die Beschleunigung der Arteriosklerose bereits erwähnt. Deren wichtigste Folgeerscheinung ist die periphere Ernährungsstörung an den unteren Extremitäten, die diabetische Gangrän, welche viele Opfer an Extremitäten und Leben fordert. Hier scheint der Zusammenhang mit der Behandlung evident. Wir erhalten verhältnismäßig viele Patienten mit Gangrän und amputierten Gliedmaßen eingeliefert, sehen aber relativ wenig Gangrän entstehen und diese verhältnismäßig günstig verlaufen, womit nicht gesagt sein soll, daß man nicht zuweilen zur Amputation schreiten muß und daß nicht Patienten bei dieser Gelegenheit an der Infektion oder an Koma zugrundegehen. Die häufige Alveolarpyorrhöe, die Gingivitis und der Verlust der Zähne sind wohl unter dem Gesichtspunkt der Eiterung zu betrachten, die Leber ist, besonders bei fetteren Individuen oft vergrößert, wobei die Glykogenarmut der Neigung zur Fetteinlagerung Vorschub leisten dürfte. Als Komplikation von Seite des Geschlechtsapparats ist die Verringerung von Libido und Potenz anzusehen, doch tritt sie im Alter an Bedeutung sehr zurück. Vielfältig sind die Erscheinungen von Seite des Nervensystems, Müdigkeit, Schwäche, herabgesetzte Leistungsfähigkeit, Kopfschmerzen und Schwindel und insbesondere die peripheren Erscheinungen. Verlust der Sehnenreflexe bedeutet an sich nicht viel, aber er steigert sich durch Beeinträchtigung der tiefen Sensibilität bis zu Ataxie und zur Pseudotabes diabetica. Parästhesien und leichtere Störungen der Sensibilitätserscheinungen sind häufig. Das wichtigste sind aber die Schmerzen, wandernde und wechselnde Schmerzen nach Art der rheumatischen und lokalisierte als Neuritiden und Neuralgien, meist an den unteren Extremitäten mit Bevorzugung des Ischiadicus, aber auch der N. cruralis, und die Armnerven können befallen sein, und manche Neuralgie klärt sich als diabetische auf.

Der häufig zu beobachtende Haarausfall, auch bei Frauen, die Nagelveränderungen und der spontane Verlust der Zähne und das Mal perforans sind wahrscheinlich trophische Störungen.

An der Haut ist neben den schon genannten Infektionen in erster Linie der Diabetikerpruritus zu nennen, der hartnäckige Juckreiz, bei Frauen oft an der Vulva, manchmal als erstes Symptom. Aber auch Ekzeme und vasomotorische Erscheinungen, wie Urtikaria und Erytheme, kommen vor. Im Alter findet sich, meist nur bei schweren Fällen, die Xanthose, eine gelbliche Verfärbung der Haut. Gleiches gilt von der Rubeose, einer Rötung insbesondere im Gesicht und an den seitlichen und innern Partien der Handfläche. Auch auf Nekrose beruhende Hauterscheinungen werden beobachtet.

Die Zahl der Augenveränderungen im Alter ist groß, Kataraktbildungen in einem erheblichen Prozentsatz mit rascher Entwicklung, Retinitis diabetica, wobei deren Selbständigkeit gegenüber den Gefäßerkrankungen (Hypertonie, Arteriosklerose) bestritten, ihre besondere Häufung aber nicht geleugnet werden kann, ferner die lipämische Veränderung an der Netzhaut und die retrobulbäre Neuritis, um nur die wichtigsten zu nennen.

Gehörgangsfurunkel können sehr schmerzhaft sein und Otitiden zu Zerstörungen des Knochens und schweren Komplikationen führen.

Diagnose. Die Diagnose des Diabetes im Alter ist in der Regel sehr leicht, wenn nicht die Harnuntersuchung verabsäumt wird. Schwer ist nur der larvierte, harnzuckerfreie Diabetes zu erkennen, da im Alter bei hohem Blutzucker die Harnzuckerausscheidung oft fehlen kann. Besonders zu betonen ist die Nierendichtung bei chronischer Nierenveränderung, bei Hochdruck und Nephritis, welche die

Zuckerschwelle in die Höhe treibt. Man muß daher in allen Fällen, wo Beschwerden bestehen, welche erfahrungsgemäß häufig bei Diabetes gefunden werden, wie Pruritus, Ekzeme, Neuritis, periphere Ernährungsstörungen, Furunkulosen usw. den Blutzucker kontrollieren, besonders wenn sich die Affektionen als therapeutisch hartnäckig erweisen oder wenn Nierenveränderungen bestehen. Die Einleitung einer entsprechenden Diät und deren Erfolg klärt dann den Sachverhalt.

Therapie des Diabetes: Es ist schon mit Rücksicht auf den Raum untunlich, die Prinzipien und die Technik der diätetischen Behandlung auseinanderzusetzen. Es ist auch überflüssig, denn die notwendigen Unterlagen über Kostberechnung und Kostformen sind in allen Darstellungen der inneren Medizin zu finden. Es sollen nur unsere eigenen Erfahrungen über die Wirkung und die Besonderheiten der Behandlung im Alter zusammengefaßt werden. Bevor dies aber geschieht, sind vielleicht noch zwei prinzipielle Auseinandersetzungen am Platze, die Frage nach dem Ziel, welches die Diätbehandlung im Alter anstreben soll, und die nach der Verwendung von Insulin im Alter.

Die Vorfrage ist: Soll man überhaupt jeden Diabetes im Alter behandeln? Die Frage könnte zunächst für die nicht progressiven, nicht an irgendwie beträchtlichen Beschwerden Leidenden verneint werden. Es gibt auch viele Patienten, welche für sich diese Frage verneinen. Sie haben ein Recht dazu, wenn sie bereit sind, die Konsequenzen zu tragen, d. h. die Möglichkeit des Auftretens von Komplikationen auf sich zu nehmen. Pflicht des Arztes ist es, sie über diese Möglichkeiten aufzuklären und zu versuchen, sie dazu zu bewegen, jene bescheidenen diätetischen Einschränkungen durchzuführen, mit denen man in der Regel in solchen Fällen auskommt. Es ist nicht seine Pflicht, darüber hinauszugehen und eine Behandlung zu erzwingen, indem er die Sachlage schwärzer darstellt, als sie ist. In allen anderen, den schwereren Fällen, liegt die Behandlungsindikation klar zutage, aber das Behandlungsziel ist doch begrenzt. Formuliert man für die jüngeren Jahre die Aufgabe der Therapie dahin, einen Harn frei von Zucker und Azeton und einen annähernd normalen Blutzucker zu erreichen, so genügt es für die große Mehrzahl der Diabetiker im Alter, den Harn zuckerfrei oder an der Grenze der Zuckerfreiheit zu erhalten, den Blutzucker aber nur zu senken, und zwar aus zwei Gründen: Zunächst reicht dieser Zustand erfahrungsgemäß aus, um eine Verschlechterung des Grundleidens zu verhindern und das Auftreten von Komplikationen zurücktreten zu lassen. Zweitens aber sind die Trauben zu sauer. Es ist verhältnismäßig leicht, die eingeschränkte Forderung in der großen Mehrzahl zu erreichen, aber das weitere Ziel der

Normalisierung des Blutzuckers erfordert einen ganz unverhältnismäßigen Aufwand an Mühe und konstanter Überwachung mit unzähligen Blutzuckerkontrollen, mit Aufwand an diätetischen Künsten, an Insulin usw. Insbesondere ist die Mitarbeit des Patienten in der Einschränkung der Diät, in deren quantitativer Durchführung in einem Grade nötig, daß der Kranke auf die Dauer nicht mittut und es sich meist auch ökonomisch nicht leisten kann. Der Blutzucker im Alter sinkt sehr oft bei der üblichen Behandlung ab. Ist dies aber nicht der Fall, und ist der Harn zuckerfrei, so ist der Blutzucker nur unter Anstaltsbedingungen zu sanieren, jedoch weit schwieriger als sonst, da der Harnbefund keine Kontrolle bietet. Nur sehr lästige oder gefährliche Komplikationen oder Komagefahr lassen ein solches Vorgehen als berechtigt und ratsam erscheinen.

Die Schwierigkeiten hängen auch mit der Anwendung des Insulins im Alter zusammen, und das ist die zweite Frage, die erörtert werden soll. Eine Normalisierung des Blutzuckers bei zuckerfreiem Harn erfordert entweder — und dabei ist noch der Erfolg sehr fraglich — die langdauernde Anwendung von sehr einseitigen Kostformen, etwa der Petrénkost (Gemüse-Fettkost) u. dgl., oder Insulinbehandlung. Nun gibt es eine Reihe erfahrenster Diabeteskenner, welche die Anwendung des Insulins im Alter auf dringende Indikationen beschränkt wissen wollen. Das erste Argument ist die der Zirkulationsschädigung durch Insulin. In der Tat sind eine ganze Reihe von Fällen beschrieben, wo bei alten Leuten nach Insulin schwere, auch tödliche Anfälle von Angina pectoris aufgetreten sind. Diesem Standpunkt steht diametral ein anderer gegenüber, welcher wieder auf Grund der Beobachtung, daß bei Korornarverschluß eine Hyperglykämie auftritt, das Insulin angeblich mit Erfolg zur Behandlung der Angina pectoris heranzieht (Edelmann). Ich nehme einen mittleren Standpunkt ein. Einerseits habe ich bei unserem großen Diabetikermaterial im Vergleich zu den Kontrollfällen der gleichen Altersschicht keine besondere Neigung zu Angina pectoris beobachtet. Dies spricht gegen die Meinung, daß hoher Blutzucker in der Genese der Angina pectoris eine Rolle spielt. Anderseits haben wir mit zurückhaltender Indikation, aber doch im Laufe der Jahre sehr häufig Insulin im Alter verwendet und nie einen Schaden gesehen. Der springende Punkt scheint mir zu sein, daß Hypoglykämie mit dem Bewußtseinsverlust, den Krämpfen, der Erregung, der Senkung des Blutzuckers und der dadurch bedingten Ernährungsstörung insbesondere im Herzmuskel im Alter eine gefährliche Sache ist, die vermieden werden muß. Man soll also so dosieren, daß dies vermieden wird. Dies bedeutet, durch Insulin nicht mehr erstreben zu wollen, als den Harn an den Grenzen der Zuckerausscheidung zu halten und bei zuckerfreiem Harn Insulin nur in den dringendsten Fällen zu verwenden und dann durch wiederholte Blutzuckerkurven so zu kontrollieren, daß nicht überdosiert wird. Ganz analog ist, wie mir scheint auch das zweite Gegenargument zu werten. Es sind dies Verschlechterungen von Augenhintergrundsveränderungen, insbesondere Auftreten von Blutungen bei Insulin. Sie wurden an der Abteilung nicht beobachtet und dürften gleichfalls mit Überdosierung und Hypoglykämien zusammenhängen. Immerhin wird man in solchen Fällen ganz besonders vorsichtig sein. Aber all dies berechtigt nicht, im Alter auf ein so wichtiges und souveränes Mittel zu verzichten, es verpflichtet nur zu Rückhaltung und vorsichtiger Dosierung und zu der genannten Einschränkung des Zieles der Therapie, dem Verzicht auf prinzipielle Normalisierung des Blutzuckers.

Ein weiteres wesentliches Hindernis einer rationellen Diabetestherapie im Alter betrifft die Durchführung der Vorschriften durch die Patienten und deren Umgebung. Man kann sagen, daß einzelne Verstöße zur Regel gehören und an und für sich nicht viel ausmachen, aber auch eine laxe Handhabung aller Vorschriften ist sehr häufig und bestimmt die Resultate. Es gilt dies nicht nur für den Altersdiabetes, aber für diesen in erhöhtem Grade. Charakteristisch ist auch die geringe Neigung, sich und dem Arzte über die Verfehlungen Rechenschaft zu geben. Es ist in dieser Richtung der Unterschied zwischen den sozial gehobenen Kreisen und dem vorwiegend proletarischen Spitalsmaterial nicht sehr groß. Senile Veränderungen, aber auch die Abneigung, sich Entbehrungen aufzuerlegen, spielen eine Rolle, in vielen Fällen falsche Informationen und falsches Mitleid der weiblichen Umgebung. Der Unterschied in den Resultaten der Patienten, welche sich halten, und solchen, welche die Diätvorschrift gewohnheitsgemäß übertreten, ist sehr deutlich. Er tritt nicht nur an der Abteilung hervor, wo ein strenges Einhalten nicht immer erreicht werden kann, sondern besonders nach der Entlassung. Es begegnet uns oft, daß Zuckerkranke, welche in sehr gutem Zustand entlassen wurden, zu Hause in eine freie Diät verfallen und in sehr verschlechtertem Zustand wieder eingeliefert werden, verschlechtert nicht nur, was Harn- und Blutzucker betrifft, sondern auch abgemagert, mit gesteigerten Beschwerden und ernsten Komplikationen, wie Gangrän u. a.

Statt Auseinandersetzungen über Schwere, Verlauf und Behandlung des Diabetes im Alter durchzuführen, möchte ich die Verhältnisse möglichst konkret und anschaulich wiedergeben, indem ich zwei, durch fast drei Jahre getrennte beliebige Stichtage herausgreife. Es ist aber vorher notwendig, einige Erläuterungen über die hauptsächlich verwendeten Kostformen zu geben. Die Grundlage ist eine Dia-

betesstandardkost, welche, kalorisch knapp ausreichend, normale
Fleisch- und Fettmengen aufweist, an Fleischtagen andere Eiweiß-
träger wie Eier und Käse in geringerem Maße, an fleischlosen Tagen
ausreichend heranzieht, reichlich Gemüse und Salze, Kaffee oder Tee-
mit Süßstoff enthält. Die Basiskost hat im Durchschnitt 1650 Kalorien
mit 60—70 g Eiweiß, 120—130 g Fett und zirka 50 g Kohlehydraten.
von denen 20 auf Gemüse entfallen. Das Durchschnittsgewicht des
männlichen Diabetikers ist 64, das der Frauen 59 kg. Die Standardkost wird durch Zuteilung größerer oder kleinerer Portionen dem
Gewicht und Appetit des Individuums angepaßt und durch Zubußen
von Kohlehydraten, an Fett und Eiweiß, wobei auch Luftbrot ein-
zurechnen ist, qualitativ und quantitativ abgeändert. Aber diese Grund-
kost ist nicht ganz kohlehydratfrei, sondern es werden, um sie ab-
wechslungsreich und wohlschmeckend zu gestalten, nicht nur die
kohlehydratärmsten Gemüse verwendet, sondern auch an einzelnen
Tagen Rüben oder Schnittbohnen u. dgl., es werden kleine Obst- oder
Kartoffelzulagen eingerechnet und nicht völlig kohlehydratfreie Süß-
speisen zugefügt, so daß die Kost zwei bis drei Weißbroteinheiten
entspricht. Dazu kommen die Brotzulagen in der Menge von zwei bis
vier Weißbroteinheiten à 20 g, also es ist eine im ganzen nicht allzu-
strenge Kostform. Gebrauch gemacht wird ferner von proteinreicher
Magerkost mit reichlichen Kohlehydraten, von strenger eiweißreicher,
fettreicher, kohlehydratarmer Kost, von Gemüsetagen (eiweißarm,
kohlehydratarm mit wenig oder viel Fett), von Kohlehydrattagen meist
in Form von Gemüse, Obst, Salat oder Hafertagen, die letzteren fettreicher.

An einem Stichtag des Jahres 1934 waren 46 Diabetiker von über
60 Jahren an der Abteilung in stationärer Behandlung. Von diesen
waren zuckerfrei 23, 17 hatten geringe Harnzuckerwerte zwischen 0
und 12 g pro die, 6 dauernd Zucker zwischen 20 und 40 g. Von
diesen sind aber drei als paraphag und praktisch unbehandelt auszuschließen.

Der Blutzucker war bei 9 dieser 46 Patienten annähernd normal,
unter 140 mg%, bei 13 weiteren unter 180, bei 12 unter 220, bei 7
unter 260 und bei 5 darüber mit einem Durchschnitt von 290 mg%.
Man sieht an diesen Zahlen sehr deutlich, wie sehr im Alter Blutzucker und Harnzucker auseinandergehen. Während die Harnzucker-
zahlen als sehr günstig zu bezeichnen sind, könnte man bei einem
jüngeren Material mit den Blutzuckerwerten nicht zufrieden esin.

Die Azetonkörperausscheidung war zu vernachlässigen, nur bei
zweien positiv, bei einem spurweise, bei den anderen Fällen mäßig, ein
Resultat, wie es bei jüngeren Diabetikern schwer zu erreichen wäre.

34 der Diabetiker erhielten die beschriebene Standardkost mit 2—4

Weißbroteinheitszulagen, 6 hatten im Laufe der Behandlung eine derartige Toleranz erlangt, daß sie bei Normalkost mit verringerten Brotzulagen zuckerfrei waren, nur 6 hatten Sonderkostformen, bei 4 war eine proteinreiche Magerkost mit reichlichen Kohlehydratzulagen die Ernährungsgrundlage, allerdings in einigen Fällen mit eingeschalteten Gemüse- oder Hafer-Obsttagen (2 pro Woche), ein sehr eiweißempfindlicher Fall hatte eiweißarme Kost ein anderer strenge, kohlehydratfreie eiweißreiche Kost mit eingeschalteten Hafertagen. Er war schwer zu entzuckern und zeigte Neigung zu Azetonurie, hatte außerdem eine Retinitis. Es sollte Insulin möglichst vermieden werden.

Insulin erhielten nur 5 Patienten in der Menge von 20—45 Einheiten, drei wegen der Schwere ihres Diabetes, der bei zweien noch Komplikationen zeigte (Furunkulose, Neuritis), zwei leichtere Fälle nur wegen ihrer Komplikationen (Gangrän bei Paraphagie, Furunkulose).

Nicht wesentlich anders ist das Bild des zweiten Stichtages aus dem Jahre 1936. Es handelte sich um 40 Diabetiker über 60 Jahre, davon 18 zuckerfrei, 16 mit geringer und intermittierender Zuckerausscheidung, 7 mit größeren Harnzuckermengen, davon 4 paraphag, nicht ausreichend behandelt. Auch bei einer Reihe der anderen sind gelegentliche Unregelmäßigkeiten in der Kost anzunehmen. Die Blutzuckerwerte lagen bei 7 unter 140, bei 12 unter (richtiger zwischen 140 und) 180, bei 8 unter 220, bei 10 unter 260, bei 4 darüber mit einem Durchschnitt von 320. Bei zweien war Azeton in geringen Mengen vorhanden.

Was die Verteilung der Kostformen anlangt, so hatten 32 Standardkost, darunter 7 mit eingeschalteten kohlehydratfreien Tagen, 5 Normalkost, darunter ein fettleibiger Fresser mit reichlicher Zuckerausscheidung, der nicht zu diätetischen Einschränkungen zu bringen war. Sein Diabetes ist gutartig. 2 Patienten hatten wegen ihrer Neigung zu Azetonurie proteinreiche, kohlehydratreiche Magerkost mit Insulin, einer, durch schweren Ikterus (Hepatitis) kompliziert, eine fleischlose, fettarme Kost mit sehr reichlichen Kohlehydraten (13 Weißbroteinheiten) und Insulin. Außer den genannten Fällen erhielt noch ein schwerer und ein mit Eiterung komplizierter Fall Insulin.

Überblickt man die angewendeten Methoden und ihre Resultate vom Standpunkt des Praktikers, so läßt sich sagen, daß die übergroße Mehrzahl der Fälle von Altersdiabetes hausärztlich mit einfachen Mitteln und ohne allzugroße Entbehrungen behandelt werden kann, daß aber die Behandlung mancher Komplikationen, welche die Sanierung des Blutzuckers erfordern, nur mit besonderer Kontrolle in Anstalten erfolgen sollte. Aus der Tatsache, daß die protein- und kohlehydratreiche Magerkost (nach Porges und Adlersberg) die häufigste der von uns in schwereren Fällen verwendete Sonderkostformen ist, geht die positive Einstellung zu dieser Diätform hervor. Aber sie ist für uns eine Sonderform, nicht die Regel. Es besteht bei den mitgeteilten Resultaten kein Grund von der gemischten, relativ, aber durchaus nicht extrem fleisch- und kohlehydratarmen Standardkost für die große Mehrzahl der alten Diabetiker abzugehen.

Was die Dosierung des Insulins im Alter anlangt, so kann sie nicht errechnet, sondern muß individuell erprobt werden. Es ist bekannt, daß der Einfluß des Insulins auf die quantitative Verminderung des Zuckers im Harn variiert. Man sagt gewöhnlich, daß eine Einheit Insulin 3 g Zucker aus dem Harne zum Verschwinden bringt, aber daß dieses Äquivalent zwischen 1,5 g und 4 g wechselt. Im Alter liegt es öfters an der unteren Grenze und unterschreitet sie oft, insbesondere bei Fieber und Komplikationen. Aber auch ohne diese gilt der Altersdiabetes eher als insulinresistent, was sich nach unseren Erfahrungen stärker am Blutzucker als am Harnzucker äußert. Dieses Verhalten ist auch ein wesentliches Argumen jener Forscher (Falta u. a.), welche für manche Formen des Diabetes, insbesondere auch im Alter, nicht die Beeinträchtigung der Inselfunktion des Pankreas in den Mittelpunkt stellen wollen, sondern eine abnorme Einstellung des sonstigen Zuckerstoffwechsels (Stoffwechselzentren, Hypophyse, Nebennieren, Leber).

Falta gibt folgende Tabelle über Alter und Insulinempfindlichkeit, wobei die erste Zahl in jeder Rubrik die Anzahl der beobachteten Fälle, die zweite deren Prozentzahl für die entsprechende Altersklasse bedeutet.

	Alter						
	20—30	30—40	40—50	50—60	60—70	70—80	80—90
	%	%	%	%	%	%	
Insulinempfindlich: 124	18 90	20 71,5	26 40	23 25	19 19	3 15	
Insulinresistent: 184	2 10	3 10,7	31 44,7	70 65	65 64	12 60	1
Mittelformen: 52		5 12,3	8 12,3	15 14	18 18	5 25	
360	20	28	65	108	102	20	1

So hoch sind die Zahlen der Insulinresistenz bei unseren im Alter mit Insulin behandelten Diabetikern bei weitem nicht. Die Differenz dürfte durch die Verschiedenheit des Materials sowie in der von Falta verwendeten, an Eiweiß und Fett reichen Standardkost ihre Aufklärung finden. Es dürfte jedoch unser Material dem Durchschnitt des Altersdiabetes näherkommen. Es zeigt eine nur sehr mäßige Erhöhung der Insulinresistenz im Alter quoad Harnzucker, eine beträchtliche quoad Blutzucker.

Komabehandlung. Das Koma hat im Alter durchaus nicht seine Schrecken verloren. Auch bei ausgiebiger Verwendung von Insulin ist die Mortalität hoch, besonders wenn man die Fälle einbezieht, welche zwar zur Rückkehr des Bewußtseins und zur ausgiebigen Blutzuckersenkung gebracht werden können, aber in den nächsten Tagen an Herzinsuffizienz sterben. Besonders ungünstig ist die Prognose, wenn das Koma durch schwere entzündliche Komplikationen, wie Eiterungen großen Umfangs oder Pneumonien ausgelöst ist. In der Behandlung steht das Insulin weitaus voran. Man braucht sehr große Mengen, 100 Einheiten sind wenig, 200 sind oft nötig, aber in einem Falle haben wir in 30 Stunden bis 600 injiziert, ehe das Koma abgewendet war. Der Patient lebte noch geraume Zeit. Die erste Dosis, meist 50 Einheiten, wird zweckmäßig intravenös in hypertonischer Zuckerlösung gegeben, die weiteren Dosen werden unter Kontrolle des Blutzuckers und Harnzuckers alle paar Stunden weiter verabfolgt, wobei der Erfolg die Größe der Dosen (zwischen 50 und 20 Einheiten) und die Art der Verabreichung (subkutan oder intravenös) bestimmt. Wo Nahrung überhaupt aufgenommen wird, besteht sie in gesüßtem Tee und Fruchtsäften und Alkohol, sonst kommt Tröpfcheneinlauf einer 10% Zuckerlösung oder intravenöse Zuckerinjektion in Betracht. Herz und Blutdruck erfordern entsprechende Mittel (Strophanthin, Coffein, Sympatol, Cardiazol usw.). Die Neigung zu Relapsen ist groß, die deletäre Wirkung des Komas auf Herz und Gefäße wurde schon hervorgehoben. Sie ist die häufigste Todesursache. Alkalizufuhr, auch intravenös, verbessert die Prognose nicht.

Die Gicht.

Wie immer man die letzten Ursachen der Gicht auffassen möge, jedenfalls stehen Anomalien des Harnsäurestoffwechsels in ihrem Mittelpunkt. Die Krankheitserscheinungen ziehen aber darüber hinausgreifend, den ganzen Körper in Mitleidenschaft. Die Harnsäure wird in den Gelenken, in der Haut, in den Sehnenscheiden, in den Nieren usw. abgelagert, sie wird im Blut erhöht vorgefunden und zumindest in der Regel schlecht und verspätet ausgeschieden. In welcher Weise die Erscheinungen miteinander verknüpft sind, ob die Störung der Niere oder der befallenen Gewebe, ob Veränderung im Abbau oder in der Speicherung oder in der Produktion der Harnsäure in den Vordergrund zu stellen sind, darüber besteht keine Übereinstimmung, und ebensowenig ist das Krisenhafte und das Wechselnde des Ablaufs aufgeklärt.

Es muß hervorgehoben werden, daß in Wien das Material an Gichtfällen ungemein spärlich ist. Der folgende Bericht baut sich daher nicht ausreichend auf eigener Erfahrung auf. Es ist zweifelhaft, wo-

durch die regionale Verteilung der Gicht bedingt ist, aber es ist jedenfalls sicher, daß dabei die Menge des Fleischgenusses sowie das Klima
eine Rolle spielt. Der Einfluß von Heredität, Wohlleben und Alkohol
kann nicht geleugnet werden. Die relativ häufige konstitutionelle und
konditionelle Verbindung mit Diabetes und Fettleibigkeit ist bekannt.
Die gichtartigen Erscheinungen bei chronischer Bleiintoxikation und
Leukämien sind wohl nur symptomatisch verwandt. Sie gründen sich
im ersten Falle wahrscheinlich auf die Ausscheidungsstörung der
Bleischrumpfniere gegenüber Harnsäure, im zweiten Falle auf eine
abnorm hohe endogene Harnsäurebildung durch massenhaften Zellzerfall der weißen Blutkörperchen.

Viele alte Leute haben Gicht, jedoch ist die Gicht keine typische
Alterserkrankung, sondern eine Affektion, die bei ihrem jahrzehntelangen Verlauf ins Alter hinübergenommen wird. Nach einer Statistik
von Skudamore (zitiert nach Schlesinger) haben von über
500 Gichtikern nur weniger als 10% ihren ersten Anfall nach dem
50. Jahr gehabt, wobei die Anzahl der Fälle nach dem 40. Jahr rasch
abnimmt. Bei Epstein allerdings ist die analoge Zahl höher —
16,5% —, als Seltenheit wird Einsetzen bis im 80. Jahre berichtet, z. B.
die Gicht von Benjamin Franklin, mit 75 Jahren beginnend.

Auch im Alter kann man reguläre und irreguläre Gicht unterscheiden. Die reguläre Gicht ist durch akute Anfälle und durch an
Erscheinungen arme oder freie Zwischenperioden charakterisiert. Die
häufigste Lokalisation der Attacke ist das Großzehengelenk, dann
kommen in abnehmender Frequenz die Gelenke des Fußes, die Knie
und weit seltener die übrigen Gelenke, wie die der oberen Extremitäten
in Betracht. Die Anfälle heftigster Art mit wütendem Schmerz und
stärkster entzündlicher Reaktion, welche bei atypischer Lokalisation
den Gedanken an einen akuten Gelenkrheumatismus oder an eine
Gelenkvereiterung oder eine Phlegmone aufkommen lassen, treten im
Alter sehr zurück zugunsten zwar noch akuter, aber doch mitigierter
Formen, deren Einsetzen langsamer erfolgt und deren Symptome geringer sind.

Aber es ist nicht die reguläre, sondern die irreguläre Gicht, welche
im Alter vorherrscht mit den Haupterscheinungen der chronischen
Arthritis urica, welche bei den Gelenkkrankheiten näher beschrieben
werden sollen und den Tophis, sei es in der Nähe der Gelenke, sei es
an anderen Orten, besonders an den Ohrläppchen und den Sehnenscheiden. Es handelt sich um jene bekannten gelben Knoten, aus
denen ein Einstich Harnsäurekristalle ans Licht befördert. Häufig
koinzidiert Gicht mit Fettleibigkeit und Diabetes. Sehr wichtig ist
die Neigung zu Erkrankungen des Harnapparates, in erster Linie
steht die chronische Gicht- und Schrumpfniere mit Uratablagerungen

in dem Organ, aber auch Steinbildungen sind häufig und eine spezifische Cystitis und Urethritis wird behauptet. Myalgien und Crampi werden wohl mit Recht mit der Gicht in Zusammenhang gebracht, ebenso Hauterscheinungen, wie Pruritus, Ekzeme und Urticaria. Daß Gicht Arteriosklerose und Hochdruck befördert, wird durch deren relativ frühes Auftreten bei jüngeren Gichtkranken wahrscheinlich gemacht. Sichere Beziehungen zu Erkrankungen der Leber und des Herzens bestehen nicht, doch ist die Leber oft vergrößert, das Herz durch Alter oder Arteriosklerose geschädigt. Sieht man von jenen Magenindispositionen ab, von welchen akute Anfälle eingeleitet und ausgelöst werden, so sind die sonstigen ursächlichen Verknüpfungen mit Magen-Darmaffektionen nicht zweifelsfrei. Anazidität ist sehr häufig, vielleicht noch häufiger als in Kontrollfällen.

Die Diagnose der Gicht im Alter ist nur dann leicht, wenn typische Anfälle bestehen oder Tophi zu finden sind. Sonst bieten die Röntgenuntersuchung der Gelenke, der erhöhte Harnsäuregehalt im Blute, die meist sehr niedrige Ausscheidung endogener Harnsäure bei purinfreier Kost und die sehr verlängerte und unvollkommene Elimination der Harnsäure nach einer Fleischzulage Anhaltspunkte.

In der Behandlung der Gicht im Alter, steht die Diätetik obenan, die Verordnung purinarmer Kost, also Rückdrängung von Fleisch und besonders der zellreichen Innereien, von Fleischsuppe. Der erhöhte Puringehalt einiger Pflanzen, wie der Hülsenfrüchte, des Spinats, der Steinpilze und Pfifferlinge kann vernachlässigt werden, wenn nicht besondere Gründe vorliegen. Es ist aber im Alter immer die Frage nach den Neigungen und Gewohnheiten, nach den sonstigen Rückwirkungen von Verboten zu stellen und es ist zu überlegen, was schlimmer ist, die Krankheit oder die Therapie. Die Erfolge purinarmer Kost bei der Gicht sind unbestreitbar, aber doch im Einzelfalle nicht prompt und sicher. Die Fleischnahrung ist für das Wohlbefinden mancher daran Gewöhnter so wichtig, daß im Alter ein Schematisieren nicht am Platze ist. Es muß auch an die Zickzackkost Noordens erinnert werden, der betont, daß man in der Diätetik oft mit der Einschaltung einzelner Tage oder kurzer Perioden strenger Diät in eine freiere Kostform auskommt. Sehr wichtig ist es, dem Allgemeinzustand Rechnung zu tragen, nach Notwendigkeit zu entfetten oder zu mästen, Darmsymptome, wie Diarrhöen oder Verstopfung, Magenerscheinungen wie Hyperazidität und Achylie zu behandeln, Blähungen vorzubeugen und vor allen den individuellen Auslösungsursachen der Anfälle nachzugehen, den Überladungen des Magens, dem Alkoholabusus, den besonderen Empfindlichkeiten gegen bestimmte Speisen oder Getränke oder sonstigen Schädlichkeiten.

Medikamentös stehen im akuten Anfall oder bei den Steigerungen

von Schmerzen und Entzündungen die Atophanpräparate obenan, die
eine allgemein entzündungswidrige und schmerzlindernde Wirkung
mit einer spezifischen, auf die Vermehrung der Harnsäureausscheidung gerichteten verbinden. Salizylate und Antineuralgika haben nur
die beiden ersten Komponenten einzusetzen. Das Colchicin wird wegen
seiner Nebenerscheinungen (Diarrhöe, Schwächeanfälle) im Alter nur
herangezogen werden, wenn die anderen Mittel versagen und Tastdosen gut vertragen werden. Lokale Antiphlogistik im Anfalle braucht
nur erwähnt zu werden. Es wird sowohl die Zufuhr von Alkalien in
Form von Mineralwässern und chemischen Mischungen empfohlen, als
auch die von Salzsäure in großen Quantitäten. Eine ausreichende
theoretische Fundierung fehlt für beide Maßnahmen; die letztere wird
wohl nur bei Anazidität in Frage kommen, die erstere ist durch eine
lange Tradition gestützt. Dies gilt auch von Badekuren in Stoffwechsel-
bädern wie Karlsbad und Vichy und den Badeorten für Gelenkkranke. Radiumhältige Thermen und Radiumemanation werden verordnet. Ob die Begünstigung der Harnsäureausscheidung der tat-
sächliche Wirkungsfaktor ist, ist zweifelhaft. Die Verwendung von
Salzen, welche im Reagensglasversuch Harnsäure gut lösen, wie
Lithiumsalze oder Piperazin, Urecidin usw., ist nicht ausreichend begründet, wenn mit der Verordnung Auflösung von Körperdepots oder
Vermehrung der Ausscheidung erstrebt wird. Bei der Gelenkgicht
kommen alle Mittel zur Behandlung chronischer Gelenkkrankheiten
zur Anwendung.

Die sogenannte „uratische Diathese“.

Unter dieser Bezeichnung ist ein Zustand gemeint, dessen äußeres
Zeichen ein sehr saurer, an Harnsäure reicher Harn ist, der beim
Erkalten die Neigung hat, ein Harnsäuresediment ausfallen zu
lassen. Oft ist auch die Harnsäure im Blute vermehrt. Dieser Befund
wird mit allerlei Beschwerden in Zusammenhang gebracht, vor allem
mit „rheumatischen“, aber auch mit Hochdruck, Fettsucht, Nieren-
steinen, mit anderen Konkrementbildungen usw. Mit Gicht hat er
direkt nichts zu tun, da Harnsäure nicht retiniert wird, die Befallenen
sollen außer zu den oben genannten Erkrankungen auch noch zu
Diabetes mell. prädisponiert sein, bzw. mit all diesen Erkrankungen,
mit Gicht und anatomischen Gelenkerkrankungen hereditär oder familiär in Beziehung stehen. Befunde und Kombinationen dieser Art
sind im Alter häufig.

Es ist mir durchaus zweifelhaft, ob dieser Zustand als Krankheits-
einheit oder konstitutionelle Variation überhaupt existiert. Er wird
aber von vielen erfahrenen Ärzten anerkannt. Man kann die Erscheinungen ohne weiteres als Folgen einer für das betreffende In-

dividuum allzu sauren und allzu purinreichen Kost ansehen und darnach einen ungünstigen Einfluß der Ernährung auf sonstige Beschwerden und Anlagen ableiten.

Therapeutisch wird man in solchen Fällen eine Verminderung der Harnsäureausscheidung durch Einschränkung von Fleisch, Innereien usw. anstreben, und eine basenreiche Kost durch Anreicherung mit Obst, Gemüse und Kartoffeln bei Rückdrängung der Cerealien durchführen. Bei Überernährung und Überfütterung mit Fleisch können Perioden vegetarischer Kost oder mit Annäherung an Rohkost nützlich sein, aber sie sind im Alter nicht schematisch zu verordnen.

Die Zufuhr von Alkalien, wie Mineralwässern oder Salzmischungen, kann vertreten werden und man kann von den besonders gut harnsäurelösenden Mitteln wie Lithiumsalzen, Piperacin, Urecidin, in diesem Zusammenhang rationellen Gebrauch machen.

Die Diagnose ist in manchen Kreisen von Ärzten und Patienten fest eingewurzelt, sie ist aber in der Regel nur ein Ausdruck der Verlegenheit und stiftet mehr Schaden als Nutzen, da mit dieser bequemen Bezeichnung Wichtigeres übersehen wird.

Die Fettsucht.

Fette, übergewichtige Leute sind im Alter häufig, sie werden sogar oft noch fetter, aber man kann die Fettsucht nicht als eigentliche Alterskrankheit bezeichnen, wenn man dessen Grenze — mit sehr erheblichen individuellen Schwankungen — um das 60. Lebensjahr zieht und wenn man von den seltenen, schon erwähnten Fällen hypophysärer und zentraler Fettsucht im Senium absieht. Die Fettsucht ist keine Alterserkrankung, weil sie selten in dieser Lebensperiode entsteht und weil ihre Zunahme meist von äußeren Momenten abhängig ist. Daß im Durchschnitt das Körpergewicht bei Greisen sinkt, wurde bereits erwähnt.

Es ist allgemein bekannt, daß im Klimakterium mit dem Ausfall der Eierstockfunktion sehr häufig ein gesteigerter Fettansatz und gleichzeitig ein Umbau in der Fettverteilung einsetzt, besonders an Hüfte und Schenkel, aber auch am Bauche. Es ist ebenso bekannt, wie häufig beim Manne in den sogenannten besten Jahren Gewichtszunahme eintritt mit Bevorzugung des Bauches. Diese Beispiele beweisen, daß die Drüsenfunktionen (Sexualdrüsen, Hypophyse, Schilddrüse) für den Fettansatz wichtig sind.

Besondere Typen der Adipositas, meist bei Frauen, befallen die unteren, manchmal die oberen Extremitäten, entweder gleichmäßig als „Sulzfüße" oder mit Aussparung von Fuß und Knöchel, in der Gestalt an eine Skihose erinnernd, oder mit besonderer Beteiligung der Oberschenkel, an eine Reithose gemahnend. Diese Beispiele zeigen wieder die Wichtigkeit einer lokalen konstitutionellen Komponente für den Typus der Fettsucht.

Es liegt in der Tendenz der neueren konstitutionellen Betrachtungen, die Bedeutung dieser endogenen Faktoren in den Vordergrund zu stellen, wobei teils der Einfluß der Blutdrüsen, teils der des Gewebes, seine Lipophilie, die anlagemäßig gegeben ist, besonders betont wird.

Es ist richtig, daß es auch im Alter Fälle von Fettsucht gibt, bei welchen Körpergewicht und Fettbestand so festgehalten werden, daß sie selbst bei starker Einschränkung der Nahrungszufuhr unter jeden berechneten Sollbedarf kaum zu beseitigen sind. Kranke dieser Art können als nahezu unbehandelbar gelten, zumindest sind sie nur mit heroischen Mitteln diätetisch angreifbar, aber es ist auch richtig, daß solche Fälle nur eine kleine Minorität darstellen. Auch heute darf das Bilanzproblem nicht vernachlässigt werden. Die Bilanz ist lange als einziges Moment berücksichtigt worden, aber gegenwärtig besteht eine Neigung, sie zu übersehen. Man muß sich nur das Massenexperiment des Krieges ins Gedächtnis zurückrufen, wo der größte Teil der Fettsüchtigen bedeutende Gewichtsverluste aufwies. Gerade das Alter ist geeignet zu demonstrieren, welch großen Einfluß äußere Umstände auf den Grad einer konstitutionell vorbereiteten Fettsucht haben. Man findet kaum einen Fall der landläufigen Adipositas, bei dem die Neigung dazu erst jenseits der Sechzigerjahre manifest geworden wäre, wohl aber sehr häufig solche, bei denen der Grad wesentlich zugenommen hat. Dann ist fast immer eine Ursache nachweisbar. Solche Anlässe sind z. B. die Entwicklung einer Arthritis deformans mit Herabsetzung der Beweglichkeit oder eine Schenkelhalsfraktur oder Kurzatmigkeit. Noorden hat berechnet, wie sehr sich geringe, fast unmerkliche Änderungen in der Ernährung oder in der Steigleistung — etwa der Übergang vom Treppensteigen zum Gebrauch eines Lifts — in langer Zeit auswirken können. Aufgabe des Berufs, Abnahme des Bewegungstriebes genügt. Es kommt zu einer Fettsucht höheren Grades, die wieder ein eventuelles Grundleiden verschlechtern kann. Es heißt das Kind mit dem Bade ausschütten, wenn über der so wichtigen und richtigen konstitutionellen Bedingtheit der meisten und der praktischen Unbeeinflußbarkeit einiger weniger Fälle die ebenso wichtige Tatsache der Bilanzstörung vergessen wird, die zudem doch der gegebene therapeutische Angriffspunkt ist. Worin die konstitutionelle Prädisposition besteht, das ist freilich nicht aufgeklärt und dürfte auch nicht einheitlich sein; sie ist unter Umständen gar nichts anderes als ein guter Appetit und ein guter Magen, was sich wissenschaftlich auch mit einer reichlichen Insulinproduktion in Zusammenhang bringen läßt (pankreatogene Fettsucht), in anderen Fällen, vielleicht nur der entwickelte Geschmackssinn des Gourmands oder unzweckmäßige Eßgewohnheiten. Die wahrscheinlich oft maßgebende, auch vererbte Lipophilie des subkutanen Gewebes, des Netzes, wurde schon erwähnt, ebenso der Einfluß von Schilddrüse, Hypophyse und Genitale. Daß die cerebralen Stoffwechselzentren eine Rolle spielen, wird aus der krankhaften Fettsucht einiger Fälle nach Encephalitis und bei Tumoren klar. Die Lipoitrinwirkung, der Einfluß des fettstoffwechselaktiven Inkretionsprodukts der Hypophyse ist bei der Fettsucht herabgesetzt (Raab).

Der Mechanismus der Gewichtszunahme beruht nur zum Teil auf einer besonderen Ökonomie des Stoffwechsels, welche sich in herabgesetztem Grundumsatz und fehlender, bzw. geringerer spezifischdynamischer Steigerung des Stoffwechsels nach Zufuhr von Eiweiß und Fett ausspricht. Solche Anomalien sind durchaus nicht regelmäßig oder in der überwiegenden Mehrzahl im Alter nachweisbar. Die Bilanzstörung beruht in erster Linie auf übermäßiger Zufuhr von Nahrung, deren Ausmaß durchaus nicht absolut, sondern meist nur relativ zu hoch ist, und in zweiter auf einer Herabsetzung der Ausgaben durch verminderte und besonders ökonomische Muskelleistungen.

Die Folgeerscheinungen und Komplikationen der Fettleibigkeit im Alter sind vielfältig und zuweilen schwerwiegend. Sie betreffen zunächst das Herz. Dieses wird mechanisch durch den Zwerchfellhochstand in Querlage gebracht, ferner lagern sich oft an seine Oberfläche und am Perikard beträchtliche Fettmassen ab und in vielen Fällen kommt es auch zu einem Einwachsen in den Bereich der Muskulatur. Daß Fettsucht die Arteriosklerose begünstigt, kann im Senium nicht mehr so klar demonstriert werden, ist aber an den Frühfällen wahrscheinlich gemacht. All dies und besonders die Belastung durch das übergroße Körpergewicht ist für die Leistungsfähigkeit des Herzens von Schaden.

Die Hochdrängung des Zwerchfells durch die intrathorakalen Fettmengen beeinträchtigt mechanisch die Atmungsorgane. Dies vermindert die Lüftung der Lungen und erhöht die Neigung zu Bronchitiden, Atelektasen und Pneumonien. Die Leber ist meistens fettreich und vergrößert, es besteht Neigung zu Obstipation und Hämorrhoiden, die Ausweitung der Bruchpforten erleichtert die Bildung von Hernien. Die Haut neigt schon aus mechanischen Gründen zu Ekzemen und Intertrigo, Gelenkleiden entstehen und verschlechtern sich unter dem Einfluß der Belastung (Senkfuß, Arthritis deformans).

Die Beziehungen zu Diabetes, Hochdruck, Gicht, Schrumpfniere sind keine ursächlichen, sondern solche der konstitutionellen Zusammenordnung, wenn es sich nicht um ein zufälliges Nebeneinander handelt.

Daß Fettsucht durch eine ruhige Gemütsart gefördert wird und daß sie umgekehrt auf Bewegungsdrang und psychische Erregbarkeit dämpfend wirkt, daß der Pykniker zu Adipositas neigt, ist — mit vielen Ausnahmen — zuzugeben.

Eine große Gruppe von Übergewichtigen ist im Alter schmerzfrei oder leidet nur an Beschwerden, welche ungezwungen durch Überanstrengung der Muskulatur oder durch statische Überlastung erklärt werden können. Eine andere hat Schmerzen, welche auf Erkrankungen der Gelenke oder anatomische Veränderungen, wie Senkfüße, zu beziehen sind. Die Häufigkeit rheumatischer Beschwerden im Alter braucht bei ihrer großen Frequenz nicht zu besonderen Betrachtungen Anlaß zu geben. Vielleicht kann aber eine eventuelle statistische Häufung und ihre besondere Hartnäckigkeit auch auf die schlechtere Gefäßversorgung und -regulierung der Haut zurückgeführt werden (s. S. 22). Eine für einen bestimmten Typus von Fettsucht charakteristische Art der Schmerzhaftigkeit und Empfindlichkeit wird noch zu besprechen sein.

Was die Behandlung anlangt, so soll keine ausführliche Darstellung der Entfettungskuren im Alter gegeben, sondern nur unsere Erfahrungen im Alter kurz referiert werden. Prinzipien und Technik sind die gleichen wie sonst. Die Diätkur steht obenan. Zur Reduktion der Nahrung unter den Bedarf bevorzugen wir im allgemeinen die sogenannte Banting-Kost, also eine fett- und kohlehydratarme Diät mit reichlich Fleisch, Gemüsen und Salat. Sie hat den Vorteil, das Allgemeinbefinden zu schonen und den Hunger relativ gut zu stillen. Da aber die Fettanhäufungen im Alter oft sehr wasserreich sind und das Herz meist nicht ganz intakt ist, so ist sehr häufig auch der Salzgehalt von Bedeutung und die salzarme Banting-Diät tritt in den Vordergrund. Einschaltung von 1—2 Karenztagen in Form von Kartoffel-, Obst- oder Milchkarell ist oft zu empfehlen. Doch ist an diesen Tagen Bettruhe anzuordnen, während sonst auf die möglichste Bewegung Wert gelegt werden muß, um die Muskulatur zu erhalten und zu üben. Wo dies nicht möglich ist, soll Massage herangezogen werden. Der Wasserüberschuß kann rascher durch einzelne Salyrganinjektionen beseitigt werden, wenn salzarme Kost nachfolgt. Daß das Herz zu überwachen und daß eventuell mit Digitalis einzugreifen ist, muß nur erwähnt werden. Schilddrüsentherapie ist in vorsichtiger Weise heranzuziehen, wenn man ohne sie nicht weiterkommt, bei Herzerscheinungen und Arhythmie mit Chinin kombiniert. Die Dosierung ist individuell und nach dem verordneten Präparat einzustellen, 0,1—0,6 der Trockensubstanz. Von kombinierten Organpräparaten haben wir im Greisenalter keine Vorteile gesehen. Daß im Postklimakterium Eierstockpräparate herangezogen werden können, ist bekannt. Jod verordnen wir im Alter nicht zur Entfettung, es ist nach dieser Richtung meist unwirksam, wenn es aber einmal ausnahmsweise wirkt, dann unberechenbar und wegen der Gefahr des Jodismus nicht ungefährlich. Jede Gewichtsabnahme unter Jod ist eine Indikation, es auszusetzen. Ableitung auf den Darm zu Entfettungszwecken kommt im Alter wohl nur bei Verstopfung in Form salinischer Mittel oder als vorsichtig geleitete Badekur (Typus Marienbad) in Betracht. Wir verwenden sie wenig. Die Resultate der Entfettungen hängen zum großen Teil von der Mitarbeit der Patienten ab. Ist diese gegeben, so kann man mit Leichtigkeit um 10 kg und mehr entfetten. Den größten Gewichtsverlust — 62 kg — haben wir vor Jahren bei einer Frau erzielt, von 166 kg auf 104 kg. Sie ist von einem umförmlichen, kaum beweglichen Klumpen zu einer gut leistungsfähigen Frau geworden.

Dercumsche Krankheit und andere Formen schmerzhafter Fettleibigkeit. Die Dercumsche Krankheit ist selten, relativ weit häufiger (6 : 1) bei Frauen, bei diesen meist nach dem Klimakterium auftretend. Sie ist dadurch charakterisiert, daß das Fettgewebe nicht in normaler diffuser Form, sondern als abgegrenzte Masse mit unebener, höckeriger Struktur auftritt, welche auf Druck und zumeist auch spontan schmerzhaft ist. Die Fettansammlungen beschränken sich auf Stamm und den zentralen Teil der Extremitäten, sind meist in knotigen und flächenförmigen Gruppen mit Neigung zu einer ungefähren Symmetrie angeordnet, seltener mehr diffus, aber auch dann von abnormer, ungleichförmiger Struktur. Weitere, nicht obligate Symptome sind Muskelschwäche und psychische Veränderungen. Vererbung ist zuweilen festzustellen.

Als Ursache werden entweder Inkretstörungen oder eine Trophoneurose des Fettgewebes oder lokale Anlage angenommen. Für die Bedeutung von Inkretstörungen sprechen einige anatomische Befunde und therapeutische Erfolge. Aber die Befunde sind durchaus nicht gleichmäßig auf ein Organ beschränkt, sie betreffen bald Schilddrüse, bald Hypophyse oder Keimdrüse und die Behandlungsresultate sind auch anderen Erklärungen zugänglich.

Nun ist aber die Dercumsche Erkrankung durch eine kontinuierliche Reihe von Übergängen mit einer weit häufigeren Erscheinung verbunden, welche sich oft bei fetten alten Frauen findet. Untersucht man diese genauer, so wird man oft feststellen können, daß die Fettverteilung nicht gleichmäßig ist, sondern daß sich kleinere und größere lipomartige Verdichtungen finden lassen, welche oft schmerzhaft sind. Aber dieser Befund ist nicht durchgehend. Man begegnet oft Fällen, wo die Haut und das Fettgewebe unter ihr an sehr vielen Stellen auf Druck empfindlich sind. In der Regel ist dies mit gesteigerter Zerreißlichkeit der Blutgefäße, dem Auftreten blauer Flecke bei den kleinsten Traumen verbunden. Die Beschwerden werden dabei meist für rheumatisch oder neuritisch, zuweilen für hysterisch gehalten. Ich habe noch nie einen solchen Fall mit der richtigen Diagnose eingeliefert erhalten. Wo immer man bei einer solchen Frau das Fett und die Haut angreift, tut es ihr weh, ohne daß Gelenke, Muskel oder Nervenstämme dabei besonders beteiligt sind.

Die Behandlung des M. Dercums ist sehr unbefriedigend. Die üblichen Antineuralgika und Antirheumatika nützen hier wenig. Die meisten Erfolge werden neben völligem Versagen von Schilddrüsentherapie berichtet; auch ich habe beides gesehen. Auch kombinierte Inkrettherapie wurde verwendet. Wichtig ist die Beeinflussung von der Haut aus durch Schlamm-, Sole- und Thermalbäder, durch Bürstenbäder, wenn sie vertragen werden, und durch Bestrahlung mit Quarzlicht und kleinsten Röntgendosen. Genau die gleiche Richtung nimmt die Behandlung der Integumentschmerzen bei den fettleibigen Frauen. Ich habe von Schilddrüse in kleinen Dosen gute Erfolge gesehen, aber noch mehr Versager. Keinen Erfolg von Eierstockpräparaten und den meisten Hypophysentabletten, aber die Versuche wären mit neuen, besser wirkenden Präparaten noch zu wiederholen. Bäderkuren in Schwefel- und Radiumbädern können versucht werden. Ein Fall — ich hatte keine Gelegenheit zu wiederholen — reagierte sehr gut auf Bucky-Strahlen. Salizylate und Antineuralgika haben keinen wesentlichen Effekt.

Die Magersucht im Alter, insbesondere die primäre Kachexie.

Vorbemerkungen. Man begegnet im Alter extrem abgemagerten Individuen relativ oft. Für eine Erörterung der Magersucht aber sind alle jene Formen auszuschalten, welche manifest oder wahrscheinlich sekundär sind. Dies sind in erster Linie alle Fälle, welche an einem Karzinom, an einer Tuberkulose oder einer anderen zehrenden Krankheit leiden, an chronischen Entzündungen, an Blutkrankheiten, an Herzinsuffizienz und Nephritis, insbesondere aber an Erkrankungen, welche die Nahrungsaufnahme oder -resorption erschweren, wie Stenosen des Ösophagus oder des Magens oder Darms, schwere Diarrhöen und senile Demenzen, Fälle, welche die Nahrungsaufnahme verweigern. Dazu gehören ferner die hypophysären Kachexien, die Abmagerungen bei Schilddrüsenüberfunktion, wie Basedow und Jodintoxikation. Die Aufzählung ist gewiß nicht vollständig, aber der Begriff einer sekundären Abmagerung braucht nicht weiter kommentiert zu werden. Schließt man alle in diesen Bereich fallende Erkrankungen aus, so verbleiben nur zwei Affektionen, eine seltenere, deren Bestehen als selbständiges Krankheitsbild sehr zweifelhaft ist, die senile Anorexie Naunyns und H. Schlesingers, und eine relativ häufige, einstweilen noch nicht in extenso beschriebene, welche ich als primäre Kachexie bezeichnen möchte.

Die primäre Kachexie. Die primäre Kachexie ist zunächst durch extreme, spontane Abmagerung ohne anderen anatomischen Befund als Atrophie der Organe gekennzeichnet.

Es wurde im allgemeinen Teil auseinandergesetzt, daß Abnahme des Gewichts und Schrumpfung des Körperbestands, daß Austrocknung und Involution zu den normalen Alterserscheinungen gehören. Die primäre Kachexie ist nun zunächst nichts anderes als eine Steigerung dieser normalen Vorgänge ins Extreme und Pathologische. Gewiß ist es schwierig und unmöglich, feste Grenzen zu ziehen, aber wenn ein Mann, dessen Normalgewicht einmal 70 kg war, wenn eine Frau, deren Normalgewicht 60 kg gewesen ist, unter 40, bzw. unter 35 kg hinuntergehen, so ist dies etwas Besonderes und Pathologisches. Dies sind auch ungefähr die Grenzen, bei denen an der Abteilung die Diagnose der primären Kachexie beginnt, ein Gewichtsverlust von zirka 40%. Man wird also diese Zahlen bei Leuten verringern müssen, welche in ihrem ganzen Leben Kümmerformen gewesen sind, und wird bei größerer Körperlänge und entsprechendem Knochenbau hinaufgehen dürfen. Die primäre Kachexie tritt allerdings vorwiegend bei Leuten auf, welche schon früher eher untergewichtig gewesen sind.

Man wird an diese Diagnose nur denken dürfen, wenn keine Krankheitsursache besteht, welche zu einer sekundären Kachexie führt. Es ist in den Ausführungen dieses Buches so oft mit Nachdruck auf die Schwierigkeit der Diagnostik im Alter hingewiesen worden, daß sich der Einwand erhebt, wie man denn ein okkultes Karzinom, eine verborgene Tuberkulose oder Eiterung, eine Simondssche Kachexie ausschließen könne. Dieser Einwand ist völlig richtig, und man kann in der Tat die Diagnose einer primären Kachexie nur dann als völlig gesichert ansehen, wenn der Obduktionsbefund vorliegt. Aber der Einwand verliert doch einiges an Gewicht, wenn gezeigt werden kann, daß das Krankheitsbild der primären Kachexie auch durch positive Züge charakterisiert ist, welche in den meisten Fällen die Wahrscheinlichkeitsdiagnose gestatten. Es ist Tatsache, daß der Prozentsatz unserer Fehldiagnosen nach dieser Richtung nicht sehr hoch ist.

Der Obduktionsbefund weist als unmittelbare Todesursache nur eine Gelegenheitskrankheit auf, etwa lobulär-pneumonische Herde oder eine eitrige Bronchitis oder Cystitis, auch diese Affektionen zuweilen so gering, daß sie nur bei dem so sehr abgemagerten Individuum als Erklärung des Sterbens herangezogen werden können, für die Ursache der Abmagerung aber nicht in Betracht kommen. Es handelt sich um Greise, extrem abgemagert, meist mit hochgradiger Alterskyphose und dadurch verkleinert, mit osteoporotischen Knochen und ungemein reduzierter Muskulatur. Die Lungen sind emphysematös, die inneren Organe hochgradig atrophisch. So hat das Herz wieder die Größe eines Kinderherzens, aus dem aber die geschlängelten, zu lange gewordenen Gefäße hervortreten. Leber und Milz und Darm weisen minimale Gewichte auf, der Dünndarm ist schmal und zart, die Nieren klein, meist aber relativ größer als die anderen Organe, zuweilen mit Arterio- oder Arteriolosklerose behaftet. Auch das Gefäßsystem weist nichts Auffallendes auf, der Grad der Arteriosklerose wechselt, ist aber eher gering, die Aorta oft auffallend glatt, auch die Entwicklung der Arteriosklerose in den Hirngefäßen ist nicht besonders vorgeschritten, wenn man gleichaltrige Vergleichsfälle berücksichtigt. Besondere Aufmerksamkeit erfordert der Befund an den Drüsen mit innerer Sekretion. Es liegen im Laufe der Jahre Dutzende von Befunden vor, die meisten von Prof. Erdheim persönlich kontrolliert. Sie lassen sich dahin zusammenfassen, daß auch diese Drüsen an der allgemeinen Atrophie teilnehmen, nicht mehr. Dies gilt von Schilddrüse, Nebenniere, Pankreas, Hypophyse. In einzelnen Fällen, aber durchaus der Minderheit, trat etwa die Atrophie des Pankreas besonders hervor, oder die Hyphophyse war makroskopisch klein, aber die mikroskopische Untersuchung dieses Organs wies sowohl in diesen Fällen als auch in den anderen entsprechend großen, wie auch sonst in den Blutdrüsen keinen besonderen, abnormen Befund auf. Das Hirn — oft atrophisch mit erweiterten Ventrikeln, oft sehr gut erhalten, zuweilen mit Residuen nach Encephalomalazie — weist keine von dem Vergleichsmaterial abweichende Verhältnisse auf. Die Gegend der Stoffwechselzentren war makroskopisch normal. Eingehende histologische Untersuchungen dieser Gegend liegen aus äußeren Gründen nicht vor; sie sind beabsichtigt. Die Obduktionsbefunde sind im ganzen nur durch ihre Negativität bezeichnend.

Das klinische Bild unterscheidet sich von den sekundären Kachexien zunächst durch Beginn und Verlauf. Während bei diesen immerhin ein Zeitpunkt für das Einsetzen fixiert werden kann und die Progression meist steil ist, erfolgt bei der primären Kachexie das Abmagern ganz allmählich, vielfach über Jahre, zuweilen über viele Jahre verteilt und der Verlauf ist ein langsamer. Ein zweiter Unterschied liegt im Allgemeinbefinden und Aussehen. Die sekundären Kachexien brauchen nicht geschildert zu werden, bei den primären fällt die weitaus größere Frische, die normale Farbe der Haut und Schleimhäute, die ungleich bessere Leistungsfähigkeit auf. Der Appetit ist nur in der Minderzahl schwer gestört, ein weiterer Teil hat Eßlust, ist aber sehr bald gesättigt, bei einer erheblichen Anzahl ist die Nahrungsaufnahme ganz ungestört, für das Gewicht reichlich, so daß man die Abnahme kaum begreifen kann. Der Blutbefund ist normal. Die Hautfarbe kann blässer oder röter sein, aber sie hat nicht den fahlen Ton des Karzinoms oder die Durchsichtigkeit der Tuberkulose. Das eigentlich Entscheidende ist: Die primäre Kachexie ist — um es an einem Paradoxon klar zu machen — weniger kachektisch als die gleichgewichtige sekundäre, sie ist nicht vergiftet, sondern Leistungsfähigkeit und Befinden haben nur der Gewichtsabnahme entsprechend abgenommen und sind zuweilen erstaunlich erhalten. Die Gewichte gehen auch im Durchschnitt weit tiefer herab als bei Karzinomen u. dgl. Diese erreichen nur selten ein Gewicht unter 30 kg, aber bei der primären Kachexie unterschreiten selbst Männer diese Grenze und Frauen sinken in ihrem Gewicht auf 26 und 25 kg und selbst noch tiefer. Das geringste Gewicht bei einem autoptisch kontrollierten Fall war 21,5 kg — ein Extrem.

Die physikalischen Befunde sind unerheblich. Der Magensaft ist meist, nicht immer anazid, der Stuhl normal oder obstipiert. Die Untersuchung des Grundumsatzes stößt bei den kümmerlichen Individuen auf Schwierigkeiten. Soweit es gelang, brauchbare Kurven zu erzielen, und soweit die Vergleichszahlen ausreichen, ist der Gaswechsel und die spezifisch-dynamische Eiweißwirkung normal.

Fragt man nach den Ursachen dieser Erscheinungen, so kann man zunächst durch den Obduktionsbefund eine primäre zehrende Erkrankung oder anatomisch faßbare Veränderungen an den Drüsen mit innerer Sekretion ausschließen. Will man die Frage überhaupt beantworten, so wird man zu einer cerebralen Genese der Störung gedrängt. Die Existenz cerebral bedingter Formen der Magersucht ist schon mehrfach betont worden, u. zw. als Folgeerscheinung der Encephalitis (Bodart), der progressiven Paralyse (Chvostek und Reichart, Hecht), der Cerebrospinalmeningitis (Lichtwitz); aber als zirkumskriptes und häufiges Krankheitsbild im Alter ist sie wohl der allgemeinen Aufmerksamkeit entgangen. Die schwierig zu beurteilenden anatomischen Untersuchungen der Stoffwechselzentren solcher Fälle und ihr Vergleich mit normalen Gleichaltrigen stehen noch aus. Auf meine Anregung hat Borusso bei unseren Fällen von endogener Magersucht im Alter, nach der Methode von Raab, die Fettbelastungskurve und den blutfettsenkenden Lipoitrineffekt untersucht und diesen erhöht gefunden. Daraus kann auf eine gesteigerte Reaktivität der Stoffwechselzentren im Zwischenhirn geschlossen werden (vgl. dagegen den abgeschwächten bis fehlenden Lipoitrineffekt bei endogener Fettsucht nach Raab). Die Hypothese von der zentralen Genese der primären Kachexie kann als gut gestützt, freilich nicht als positiv bewiesen angesehen werden.

Die Krankheit ist häufig. Auf meiner Abteilung liegen im Durchschnitt stets 6—10 Fälle von seniler Kachexie, welche wir als dieser Erkrankung zugehörig betrachten und bei denen die Obduktion in der Regel die Diagnose bestätigt. Hie und da erweist sich ein Fall bei der Obduktion als hypophysäre Kachexie oder als Zehrkrankheit. Im ganzen nähert sich die Zahl meiner Beobachtungen wohl 100.

Die Therapie kann nur in Mast bestehen, unterstützt durch alle Hilfsmittel, durch Roborantia, wie Arsen, durch Salzsäurepepsin, durch die Stomachika usw. Insulin und Hypophysenvorderlappenpräparate haben wir vielfach verwendet. Der Erfolg der Behandlung ist nur in Ausnahmefällen deutlich, in mehreren Fällen gelang es durch sorgfältige Mast Gewichtszunahmen bis zu 10 kg zu erzielen, welche von entsprechender Besserung des Allgemeinzustandes begleitet waren. In der großen Mehrzahl bleibt der Effekt aus. Insulin versagt völlig, Vorderlappenpräparate meist, doch glauben wir in einigen wenigen Fällen von ihnen eine günstige Beeinflussung des Masterfolgs gesehen zu haben. Bei den meisten schreitet die Kachexie unaufhaltsam bis zum Tode fort, der an irgendeiner Gelegenheitserkrankung erfolgt.

Die senile Anorexie.

Im Anschluß an Naunyn hat H. Schlesinger von Abmagerungen im Greisenalter berichtet, bei denen die Appetitstörung weitaus im Vordergrund steht. Der Verlust des Eßvermögens schließt sich meist an eine vorangehende organische Erkrankung, an einen apoplektischen Insult, eine Operation, eine leichte Tuberkulose, eine Grippe, eine psychische Erschütterung an, bleibt aber in der Regel — Heilung durch gelungene Mast kommt ausnahmsweise vor — bis zum Tode bestehen, der an Inanition durch zu geringe Nahrungsaufnahme erfolgt. Der Widerwille gegen Nahrung ist in solchen Fällen unüberwindlich, er ist mit Anazidität und Nausea verbunden, Erbrechen ist häufig. Obstipation besteht. Es treten psychische Veränderungen auf, Erregungszustände, Charakteränderungen und Delirien. Eine anatomische Magenkrankheit besteht angeblich nicht. Schlesinger berichtet aber nur von einer Obduktion, welche nur Atrophie der Organe ergab.

Von der primären Kachexie würde sich das Krankheitsbild durch den scharfen Beginn, den raschen Verlauf, das Vortreten der Appetenzstörung unterscheiden. Auch bei der primären Kachexie kann die Eßlust darniederliegen, doch ist dies nicht die Regel.

Ich habe noch in keinem Falle die Diagnose einer senilen Anorexie als Haupterkrankung gestellt und glaube nicht, daß es sich um ein selbständiges Krankheitsbild handelt. Der eine obduzierte Fall kann zwanglos als eine primäre Kachexie mit Appetitstörung oder chronischer Gastritis gedeutet werden. Es soll gewiß nicht geleugnet werden, daß Appetitstörungen im Alter eine sehr große Rolle für Abmagerung und Allgemeinbefinden spielen können, aber sie sind ein Symptom sehr verschiedener Genese und kaum geeignet, das Krankheitsbild zu fundieren. Schon die Beschreibung läßt die Erkrankung als sekundär, als Folgezustand erscheinen. Dahinter mögen in vielen Fällen cerebrale Arteriosklerose und Demenzen stecken, in anderen okkulte Zehrkrankheiten, oder Tumoren, oder Gastritiden, oder sonstige Entzündungsherde, der Rest der Fälle dürfte zur primären Kachexie zu rechnen sein.

Diabetes insipidus.

Der Diabetes insipidus ist eine Erkrankung, deren anatomisches Substrat Veränderungen verschiedenster Genese sind, welche um den Hypophysenstiel sitzen, von der Hypophyse selbst bis zum Zwischenhirn. Auf die allgemein bekannte Symptomatologie braucht nicht eingegangen zu werden. Er ist im Alter sehr selten. Ich selbst habe nur einen Fall bei einer Krebsmetastase in der Hypophyse gesehen, aber es sind neben Fällen dieser Art im Senium auch solche bei Lues, nach Schädeltraumen, bei Tuberkulose usw. beschrieben. Über Verlauf und Therapie ist nichts vom Bilde früherer Perioden Abweichendes zu berichten. Ein auf Lues beruhender Fall wurde geheilt. Die symptomatische Einwirkung salzarmer Kost und des Pituitrins, das neuerdings auch als Schnupfpulver zugeführt werden kann, besteht auch im Senium.

Erkrankungen des Bewegungsapparates.

28. Erkrankungen der Knochen.

Vorbemerkungen. Eine Abnahme des Gewichts und der Kalkmenge der Knochen, sowie die bereits geschilderten Veränderungen der Bandscheiben mit fortschreitendem Alter kann man als physiologisch ansehen (s. S. 4). Aber das Auftreten dieser Atrophie ist in hohem Grade von individuellen Verhältnissen abhängig. Es gibt

Greise, welche noch in hohem Alter einen festen und dichten Knochen aufweisen, und solche, bei denen die Abnahme der Substanz deutlich ist. Dies hängt von der Konstitution und der allgemeinen Seneszenz, aber auch von äußeren Bedingungen ab, von der Funktion und Ernährung. Ein englischer Gentleman, der bis ins hohe Alter regelmäßig Golf spielt, hat bessere Knochen als ein Stubenhocker oder einer, den ein Gelenkleiden an freier Bewegung hindert. Leute mit gutem kräftigen Appetit schneiden besser ab, als verdauungsschwache Individuen, von Unterernährung aus Mangel zu schweigen.

Senile Osteoporose.

Die senile Osteoporose ist eine besonders hochgradige Steigerung des eben geschilderten normalen Prozesses des Alterns. Der Knochen wird in seiner Kompakta bei erhaltener Oberfläche dünner und poröser, in der Spongiosa werden die Balken schmäler und dünner, die Markräume weiter, der Querschnitt weitmaschiger. Dabei ist der Kalkgehalt der erhaltenen Teile normal, es sind keine Zeichen von Entkalkung zu sehen. Die Atrophie betrifft mehr oder minder das ganze Skelett, besonders auch die Extremitäten und die Wirbelkörper und Rippen. Sie ist besonders hochgradig dort, wo eine funktionelle Schädigung dazu kommt, wie in der Umgebung eines kranken Gelenks, wenn sich die in allen Lebensaltern ausgesprochene funktionelle Atrophie zur senilen addiert. Je nach dem Grade der Veränderung nimmt auch die Festigkeit des Knochens ab und er wird brüchiger.

Die Knochenbrüchigkeit ist oft das einzige Symptom einer latenten Osteoporose. Sie tritt meist bei Gelegenheit eines Traumas in Erscheinung, wobei der Effekt im Mißverhältnis zur Ursache steht. Schenkelhalsbrüche und Rippenbrüche sind die häufigsten Ereignisse dieser Art, aber auch alle anderen Knochen können bei geeigneten Anlässen brechen. Die Röntgenuntersuchung zeigt die Atrophie. Den höchsten Graden der Osteoporose gehören die „Spontanfrakturen" bei geringsten Traumen und bei normaler Beanspruchung an.

Die Veränderungen an der Wirbelsäule sind bereits geschildert worden.

Besonders bemerkenswert ist aber, daß die Atrophie der Wirbelkörper zur allmählichen Deformation oder zu plötzlichen Einbrüchen der Wirbelkörper führen kann, ohne daß ein grobes Trauma nachweisbar wäre. Dadurch werden einige Wirbel unter Zerstörung ihrer Form, vor allem der vorderen Anteile der Wirbelkörper, aneinandergepreßt, es entwickelt sich eine Knickung der Wirbelsäule, welche zu einem Gibbus führen kann, der dem der Karies gleicht und auch die gleichen Folgeerscheinungen durch Beeinträchtigung der austretenden Nerven und durch Kompression des Rückenmarks mit sich bringen kann. Man muß also bei jeder derartigen Formänderung nicht nur an Tuberkulose und Tumor, sondern ebensosehr an die weit minder bekannte Möglichkeit der senilen Knochenänderungen (Osteoporose und Osteomalazie) denken und diese radiologisch zu erkennen suchen. Es werden allerdings osteoporotische Einbrüche der Wirbelsäule auch von Radiologen nicht erkannt und zuweilen ist auch die Unterscheidung von anderen Affektionen nicht sicher.

Es ist klar, daß solche Komplikationen mit erheblichen Schmerzen verbunden sind. Die Osteoporose als solche verursacht keine Schmerzen, viele Fälle sind dauernd schmerzfrei. Die Schmerzen anderer finden ungezwungene Erklärung durch begleitende Gelenksveränderungen oder als „rheumatisch", als Nerven- und Muskelschmerz sowie durch Änderung der statischen Belastung. Man wird immer die Beschwerden als durch Komplikationen oder als sekundär bedingt erklären können, so daß man nicht, wie dies vielfach geschieht, eine vom atrophischen Knochen selbst ausgehende Schmerzhaftigkeit annehmen muß. Meist dürften solchen Angaben Verwechslungen mit den Formes frustes der senilen Osteomalazie zugrunde liegen.

Prophylaktisch und therapeutisch wird auf Ausübung und Erhaltung der Bewegungsfunktion und reichliche Ernährung Gewicht zu legen sein. Es ist nicht ausgeschlossen, daß auch die bei der Osteomalazie verwendeten Mittel (Vitamin D, Lebertran, Phosphor, Quarzlicht) Einfluß haben, doch bin ich davon nicht sehr überzeugt. Jedenfalls ist er mit dem prompten Erfolg dieser Maßnahmen bei Rachitis und Osteomalazie nicht zu vergleichen.

Die senile Osteomalazie.

Während der Knochen der Osteoporose quantitativ vermindert ist, so ist der der Osteomalazie qualitativ verändert. Der Knochen ist physikalisch abnorm biegsam und brüchig, chemisch kalkarm. Histologisch ist er nicht atrophisch, sondern es wird reichlich osteoides Gewebe gebildet, doch bleibt dessen Verkalkung aus und der alte Knochen verliert vielfach seinen normalen Kalkgehalt. Die osteoide Substanz ist nicht atrophisch, vielfach gewuchert, unregelmäßig. Seit den Untersuchungen Pommers steht es fest, daß Rachitis und Osteomalazie histologisch wesensgleich sind. Es braucht daher auf die Histologie nicht näher eingegangen zu werden.

Die Erkenntnis von der großen Bedeutung des Vitamin D und von der Aktivierung seiner Muttersubstanzen durch ultraviolettes Licht bei der Rachitis hat diese Faktoren auch für die Genese der Osteomalazie wichtig erscheinen lassen. Will man aber in der

senilen Osteomalazie eine Hypovitaminose sehen, so erfordert dies
eine Reihe von Hilfsannahmen. Es ist zwar richtig, daß die senile
Osteomalazie eine Krankheit der armen, schlecht genährten Bevölkerung ist, aber es gilt dies nicht durchaus und in manchen Fällen
ergibt die Vorgeschichte eine ausreichende Zufuhr von Stoffen, die
Vitamin D enthalten, und allgemein reichliche Ernährung. Man
muß dann annehmen, daß das Vitamin entweder nicht zur Wirkung gekommen ist oder daß ein besonders hoher Bedarf besteht.
Der Wirkungsverlust kann durch Störung der Resorption oder
Zerstörung im Körper erklärt werden. Einen Anhaltspunkt
nach dieser Richtung bietet die noch nicht veröffentlichte, aber anscheinend schon genügend gestützte Beobachtung meines Assistenten Dr. Bergel, daß im Alter bei chronischem Ikterus Knochenerweichung auftritt. Für einen verschiedenen Bedarf spricht die
Tatsache, daß unter gleichen Bedingungen der Ernährung und des
Alters doch nur immer einzelne Individuen erkranken. Es bestehen
ferner deutliche Beziehungen der Krankheit zur inneren Sekretion,
wie dies insbesondere die puerperale Osteomalazie beweist, und die
bei den Kranken (wahrscheinlich sekundär, Erdheim) auftretenden Veränderungen der Epithelkörperchen. Trotz der Kenntnis wichtiger pathogenetischer Faktoren rundet sich das Bild der Krankheit
noch nicht zu einem einheitlichen und befriedigenden Ganzen.

Klinisch unterscheidet sich die senile Osteomalazie von den
wesensähnlichen Erkrankungen früherer Perioden durch ihre Lokalisation und damit durch ihre Symptome. Sie ist vorwiegend am
Rumpfe, an der Wirbelsäule und den Rippen lokalisiert, während
im Gegensatz zur puerperalen Osteomalazie die Beteiligung des
Beckens und zur Rachitis die der Extremitäten zurücktritt. Es fehlt
also die regelmäßige und extreme Umgestaltung des Beckens zum
Schnabelbecken sowie, in nicht extremen Fällen, die Verkrümmung
der Beine. Die Umgestaltung des Rumpfes geht ganz in die Richtung der bei der senilen Osteoporose beschriebenen, erreicht aber
unter Umständen weit höhere Grade. Die Wirbelsäule krümmt sich
zur hochgradigen Kyphose und Kyphoskoliose, der Schädel sinkt
nach vorn, der Druck des Kopfgewichtes auf die Wirbelsäule hebt
zuweilen die weich gewordene Schädelbasis und stülpt sie ein. Das
Sinken des Kinns auf das Brustbein kann dieses eindellen, die atrophischen und weichen Rippen werden durch diese Belastungen sowie durch den Gegendruck des Beckens umgeformt, oft umgekrem-
pelt und weisen vielfach Brüche auf. Die Körpergröße sinkt, die
Querfurche am Abdomen ist ausgesprochen.

Osteomalazie ist immer ein schmerzhafter Prozeß, sehr häufig
ein ungemein quälender. Bewegung, abnorme Belastung und Lage-

wechsel, alles wird schmerzhaft empfunden, häufig werden die Patienten unfähig das Bett zu verlassen und zu gehen. Aber die Beschwerden haben nicht den typischen, uns von der puerperalen Osteomalazie bekannten Charakter und werden darum meist verkannt. Es fehlt die Beckenveränderung und die exquisite Empfindlichkeit auf seitlichen Druck in der Höhe der Schaufeln und der Trochanteren. Es fehlt der Adduktorenspasmus. Passive Bewegungen sind zwar schmerzhaft, aber nicht anders wie bei Gelenkaffektionen. So lange die Patienten noch gehen können, ist der Gang kleinschrittig, mühsam und schmerzhaft, er bedarf der Stütze, aber er ist nicht watschelnd.

Die senile Osteomalazie ist keine seltene Erkrankung und ist therapeutisch sehr dankbar. Ich habe im Laufe der Jahre sehr viele Fälle gesehen, aber kaum eine mit der richtigen Diagnose eingeliefert erhalten. Sie gelten meist als „Rheumatismus" oder deformierende Arthritis, manchmal als Polyneuritis oder als Altersschwäche. Meist handelt es sich um magere Frauen — die Erkrankung ist bei Frauen etwa doppelt bis dreifach so häufig als bei Männern. Nach dem äußeren Aspekt sind nur die weit vorgeschrittenen Formen von senilen Osteoporosen zu unterscheiden.

Die weitaus wichtigste diagnostische Stütze ist ein sehr einfacher Handgriff, die Konstatierung der starken Empfindlichkeit des Thorax auf Druck. Legt man seine Hände nacheinander seitlich auf die Rippen und dann auf Brustbein und Wirbelsäule und nähert man sie einander mit gelindem Druck, so wird dieser schmerzhaft empfunden. Man darf dieses Manöver nicht brüsk ausführen, es tut in floriden Fällen zu weh und erstaunlich geringe Traumen können bei der Osteomalazie zu Rippenbrüchen führen.

Die Röntgenuntersuchung ergibt neben den Formänderungen und eventuellen Frakturen hochgradige Kalkarmut und verwaschene Zeichnung. Zuletzt kontrolliert die Therapie die Diagnose.

Unbehandelt — es gibt auch eine unbewußte Behandlung durch Umstellung der Ernährung, z. B. durch die Spitalkost — verläuft der Prozeß progredient, macht die Patienten bettlägerig und ihr Bett zu einer Matratzengruft, bis eine interkurrente Krankheit sich ihrer erbarmt.

Die Therapie ist sehr einfach, Häufung von Vitamin D in Form von Lebertran oder noch besser Vigantol in Vereinigung mit gemischter Kost. Der Erfolg ist prompt. Zuerst bessern sich die Spontanschmerzen, dann geht die Druckempfindlichkeit zurück, dann vertragen die Knochen wieder funktionelle Belastung und selbst Patienten, welche lange ans Bett gefesselt waren, erreichen rasch jenen Grad von Beweglichkeit und Funktionsfähigkeit wie-

der, welchen die Verbildungen des Körpers noch zulassen. Diese
bleiben bestehen, ferner auch eine gewisse Muskelschwäche; auch die
Abmagerung ist in jenen Fällen, wo sie vorhanden ist — und dies
ist die Mehrzahl der Fälle — nur schwer zu beeinflussen. Man hat
keinen Grund, auf die anderen bei Osteomalazie empfohlenen Mittel
wie Phosphor, Strontium und Adrenalininjektionen zurückzugreifen.
Die senile Osteomalazie ist einer jener Fälle, wo die richtige Diagnose sich unmittelbar therapeutisch auswirkt. Wir verfügen sogar über einen Fall von geheilter Osteomalazie bei einem 64jährigen
Mann, welcher nach großen Dosen Vitamin D — es war damals von
der Möglichkeit einer Überdosierung noch nichts bekannt — ein
überfestes Knochensystem entwickelte. „Alle Rippen sind sehr fest
wie bei Jugendlichen. Auf der Sägefläche erweist sich die Spongiosa
der Wirbelkörper selbst im Vergleich mit einem Jugendlichen als
ausgesprochen verdickt."

Pagetsche Erkrankung (Ostitis deformans).

Die Pagetsche Erkrankung ist eine typische Alterserkrankung
unbekannter Ätiologie. Sie tritt nicht vor dem 45. Jahre auf und
der Höhepunkt der Frequenz liegt nach dem 60. Lebensjahr. Sie ist
keineswegs selten. Es befinden sich auf der Abteilung immer einige
Patienten, welche diese Affektion, meist als Nebenbefund, aufweisen.

Hauptsymptome sind Verbildungen und Vergrößerungen einzelner oder vieler Knochen. Die häufigste Lokalisation ist an der
Tibia und am Schädel. In vielen Fällen ist einer dieser Knochen-
abschnitte oder beide die allein befallenen Skeletteile, in anderen
sind in wechselndem, oft sehr bedeutendem Ausmaß andere Knochen
beteiligt, Extremitäten, Wirbelsäule, Rippen und Brustbein, doch
sind die generalisierten Fälle weitaus in der Minderzahl.

Pathologisch-anatomisch handelt es sich um einen Knochenumbau
auf entzündlicher Basis, an dem sowohl die Markhöhle wie das
Periost beteiligt ist. Die Masse des Knochengewebes wächst nach
außen, dadurch wird der Knochen dicker und länger, er krümmt
sich, wenn er ein langer Knochen ist, in jedem Fall wird er dicker
und plumper. Nach innen verkleinert das Wachstum die Markhöhle,
die Kompakta ist verdickt, die Spongiosa verplumpt, beides unregelmäßig, die funktionellen Strukturen verwischt. Das neugebildete
Knochengewebe bleibt zunächst in seiner Verkalkung zurück, dadurch wird der Knochen weicher und leicht schneidbar. In der Fortentwicklung des Prozesses, der sich auf Jahre erstreckt, tritt dann
meist doch eine ausgiebige Verkalkung ein, welche den Knochen
ungewöhnlich schwer, fest und hart macht.

Röntgenologisch prägt sich die Strukturveränderung in der Verdickung des Knochens bei unregelmäßiger, verwaschener, wattiger Struktur aus.

Klinisch wird die Aufmerksamkeit auf die Erkrankung meist durch den Befund an Tibia oder Schädel gelenkt. Wenn die Tibiaerkrankung einseitig ist oder sich beide Tibien in einem sehr differenten Stadium befinden, so ist die Affektion unverkennbar. Die Tibia ist ein plumpes, dickes, meist nach vorne gekrümmtes Gebilde. Bei doppelseitiger Affektion muß man zuweilen zur Unterscheidung von alter Rachitis an den Röntgenbefund appellieren. Sehr charakteristisch ist auch der Anblick des Schädels in typischen Fällen. Er ist in allen Dimensionen vergrößert, mächtig wölbt sich die Stirne über dem unveränderten Untergesicht vor, und die Kieferpartie ist seitlich zu klein. Dazu kommen noch die Angaben der Patienten über das Schädelwachstum, ihre Hüte sind zu klein geworden. Lassen diese Angaben im Stich und ist der Prozeß am Beginn oder nicht hochgradig, so kann freilich die Frage auftauchen, ob es sich nicht um einen der Anlage nach großen Schädel handelt oder um einen rachitischen Wasserkopf. Dies muß durch die Röntgenuntersuchung entschieden werden. In solchen Fällen stellt sich der Verdacht ungefähr gleich häufig als begründet wie als hinfällig heraus. Man muß also in jedem Fall von auffallend großem Schädel im Alter, dessen großer und unveränderter Umfang nicht seit vielen Jahren feststeht, eine Röntgenuntersuchung veranlassen. Ist der Verdacht geweckt, so wird die Abtastung des Knochensystems oft noch an anderen Knochen Anomalien ergeben. In seltenen Fällen sind unter Ausfall der Lieblingslokalisationen nur andere Knochen beteiligt, so haben wir einen Fall gesehen, wo ausschließlich der Humerus befallen war. Differentialdiagnostisch kann bei peripherem Sitze neben der Rachitis abgelaufene Osteomyelitis, Karies, Periostitis, auch luetischer Natur, in Betracht kommen, doch sind bei Wertung der Erscheinungen, der Vorgeschichte und des Röntgenbefundes die Schwierigkeiten gering. Gleiches gilt vom Schädel, die Größenzunahme durch Akromegalie ist infolge der anderen Symptome an Kinn, Nase und Lunge nicht zu verwechseln, andere unklare Zustände mit Zunahme des Kopfumfanges sind bedeutungslose Ausnahmen.

Was die subjektiven Erscheinungen anlangt, so verläuft der Prozeß im Alter oft ganz schmerzlos, in anderen Fällen treten ziehende und bohrende, manchmal „rheumatische" Schmerzen auf. Die Beteiligung des Schädels kann zu Kopfschmerzen führen, an deren Genese sowohl der Druck auf den Innenraum als das Gewicht beteiligt sein kann. Der Durchschnitt durch einen Schädelknochen kann 4 cm und darüber betragen.

Therapie. Da das Wesen der Erkrankung unbekannt ist, kann von einer rationellen Therapie nicht die Rede sein, aber auch nicht von einer empirischen. Wo die Schmerzen der üblichen symptomatischen Therapie nicht weichen, kann man versuchen, von Röntgenbestrahlungen Gebrauch zu machen. Die von Kollert und John empfohlene Therapie intravenöser hypertonischer Traubenzuckerinjektionen haben wir mehrmals versucht, nur in einem Fall mit deutlichem Erfolg.

Die Ostitis cystica, die Recklinghausensche mit Epithelkörperchentumoren und Anomalien des Kalkstoffwechsels verbundene schwere Knochenerkrankung, habe ich im Alter nicht beobachtet, Fälle um die Sechzigerjahre und darüber sind bekannt, doch gehört die Krankheit nicht zur Alterspathologie.

Sonstige entzündliche Knochenerkrankungen.

Von den entzündlichen Knochenerkrankungen steht die Karies an erster Stelle. Das Wesentlichste über ihre Häufigkeit wurde schon bei der Besprechung der Tuberkulose gesagt. Soweit die Erscheinungen den sonst gewohnten gleichen, soll von ihnen in diesem internen Buche nicht die Rede sein. Nur auf einige Abweichungen im Verlaufe soll aufmerksam gemacht werden. Der Fungus an einem Gelenke kann zunächst unter den Erscheinungen eines akuten monartikulären Gelenksrheumatismus auftreten, bis entweder seine besondere Hartnäckigkeit, das mangelnde Reagieren auf die Therapie oder eine Fistelbildung die Diagnose nahelegt oder eine Röntgenuntersuchung veranlaßt. Bei der Karies der Wirbelsäule können sehr lange alle auffälligen Symptome und jede Verunstaltung fehlen. Das führt zu unklaren Krankheitsbildern, von denen ich drei Typen hervorheben möchte. Das eine sind unbestimmte Schmerzen im Rücken und Kreuz, wie sie im Greisenalter aus banalen Gründen unendlich oft vorkommen, meist mit einer Schwerfälligkeit beim Aufsetzen und Bücken verbunden. Es ist notwendig, in solchen Fällen die Wirbelsäule immer nach zirkumskripten Druckpunkten, nach der Reaktion gegen Erschütterung und nach minimalen Abweichungen in der Prominenz der Dornfortsätze oder Symmetrie der Wirbelsäule zu untersuchen und genaue Röntgenbilder zu verlangen. Diese werden in den meisten Fällen negativ sein, in anderen Osteoporosen ergeben, aber auch manchmal unerwartet eine Knochenzerstörung durch Karies oder Karzinose nachweisen. Daß anderseits auch der typische Gibbus im Alter durch Osteoporose und Osteomalazie, vom Krebs abgesehen, hervorgerufen werden kann, soll hier nochmals in Erinnerung gerufen werden. Der zweite abnorme Typus ist die Querschnittläsion des Rückenmarks durch einen

Abszeß, der bei einer klinisch und röntgenologisch normalen Wirbelsäule sich nach innen vorwölbend, das erste Anzeichen einer Karies sein kann. Das dritte Krankheitsbild sind große Senkungsabszesse, welche sich aus sehr unscheinbaren Knochenveränderungen entwickeln und zu großen diagnostischen Schwierigkeiten führen. Abmagerung, Schwäche und sehr gesteigerte Schmerzen, meist in den Bauchraum verlegt, Leukocytosen, Senkungsgeschwindigkeit, meist etwas erhöhte Temperatur, lassen je nach den Erscheinungen an Sepsis, Tuberkulose, Lymphogranulomatose, aber auch an ein okkultes Karzinom denken. Bei tieferer Lokalisation ist auch die Hüfte beteiligt, aber es kommt nicht zum Bilde des typischen Psoasabszesses, sondern mehr zu dem der Coxitis. Man muß alle diese Bilder kennen, um an die Karies wenigstens denken und durch Aufsuchung minimaler Knochensymptome klinischer und radiologischer Art den Verdacht fundieren zu können. Oft reicht es nicht weiter als bis zum Verdacht. Die Therapie ist Allgemeintherapie (Klima, Bestrahlungen, Diät) und nimmt nach Bedarf orthopädische und chirurgische Methoden zur Hilfe.

Knochensyphilis. Sie ist heute selten geworden und weist im Alter keine Besonderheiten auf. Der Nachweis der periostalen Veränderungen, von Knochenrauhigkeit und -defekten, besonders am Schädel, die Knochenschmerzen, besonders die nächtlichen, geben Anhaltspunkte, welche durch Vorgeschichte, Wassermann und Röntgenbefund gesichert werden und die therapeutische Indikation bestimmen.

Osteomyelitiden und Knochenabszesse durch die verschiedensten Erreger sind im Alter selten. Temperatursteigerungen sind dabei nur unregelmäßig zu beobachten. Die Schmerzen und das Fieber sind meist geringer als in früheren Perioden. Bestehen diagnostische Lokalzeichen, so werden diese röntgenologisch ergänzt. Sonst entgeht die Affektion dem Nachweis oder stellt einen Zufallsbefund dar.

Die Knochenschmerzhaftigkeit bei Blutkrankheiten, insbesondere bei den Leukämien, soll nur erwähnt werden, der Knochen bleibt äußerlich unverändert. Dagegen können Lymphogranulomatosen zu den weitestgehenden Zerstörungen auch großer Teile des Skeletts führen. Sie gleichen dann in ihrem klinischen Bilde den im Folgenden angeführten bösartigen Knochenaffektionen, sie können zu Zerstörungen, Zusammenbrüchen und Frakturen führen. Spontanschmerz fehlt oft. Kenntnis von Grundleiden und Röntgennachweis ermöglichen die Diagnose.

Maligne Knochentumoren und Knochenmetastasen.

Maligne Geschwülste des Knochens sind primär oder metastatisch. Sie befallen das Skelett in großer Ausdehnung oder nur einzelne Anteile.

Quelle der Metastasen können alle malignen Geschwülste sein, doch sind erfahrungsgemäß einige Krebsformen besonders geneigt, reichlich Knochenmetastasen zu setzen. Das sind bei beiden Geschlechtern Karzinome der Schilddrüse und die Hypernephrome, bei den Frauen Krebse der Mamma und Ovarien, bei dem Manne der Prostata. Die Verteilung ist ungleich, Wirbelsäule, Rippen, Extremitäten stehen etwas voran. Das Senium bedingt mit der Zunahme der Karzinome auch eine der Metastasen.

Die befallenen Knochen brauchen äußerlich nicht verändert zu sein, in anderen Fällen sind sie aufgetrieben, es kommt zu Frakturen und bei der Wirbelsäule auch zu Zusammenbrüchen mit Bildung von Kyphosen und Gibbus und Abnahme der Körpergröße. Als Zeichen der Karzinose ist Abmagerung und Kachexie zu beobachten, die Beteiligung des Knochenmarkes drückt sich in einem Teil der Fälle durch Anämie aus, seine Reizung durch Leukocytosen und Auftreten von unreifen Formen wie kernhaltigen roten Blutkörperchen und Myelocyten und Myeloblasten. Die Anämie kann sekundären Charakter tragen oder mit hohem Färbeindex verbunden sein. Die abweichende Art der Leukocytenänderung gestattet meist hämatologisch die Abtrennung von der perniziösen Anämie.

Beschwerden können fehlen oder bis zu den höchsten Graden quälender Knochenschmerzen vorhanden sein oder durch Einbeziehung von Nerven, z. B. an den Nervenaustrittsstellen der Wirbelsäule entstehen. Meist sind die Metastasen osteoklastisch, sie zerstören und entkalken den Knochen und machen ihn biegsam und zerbrechlich, so daß Krankheitsbilder entstehen können, welche durch den Namen der Osteomalacia carcinomatosa richtig und genügend gekennzeichnet sind. Osteoplastische Metastasen bedingen in ihrem Bereiche eine Knochenverdichtung.

Der Röntgenbefund weist die Zerstörungen und Herde meist in weit höherem Grade nach, als es dem klinischen Bilde entspricht.

Das multiple Knochenkarzinom läßt zuweilen auch den Benze-Jonesschen Eiweißkörper im Harne erscheinen.

Dieser fehlt selten bei ausgebreiteten primären Knochentumoren. Deren Typus in jüngeren Jahren ist das echte multiple Myelom, eine sich aus den spezifischen Elementen des Knochenmarks, z. B. den myeloischen Zellen entwickelnde multizentrale Geschwulst. Wir haben es mehrmals zwischen 50 und 60 Jahren, nicht nach 60 beobachtet. Im Alter überwiegen die vom Knochenperiost oder dem Knocheninneren ausgehenden Sarkome, und die Chondrosarkome, bzw. Chondromyxome, auch zystische Tumoren und Hämangiome der Wirbelsäule haben wir gesehen, seltener Karzinome. Ihr klinisches Bild gleicht dem ausgebreiteten Sekundärkarzinom, nur fehlt der Primärtumor, und der Röntgenbefund weist einige Verschiedenheiten auf. Reichliche Metastasen in Knochen, Lunge, Pleura, usw. kommen vor.

Therapeutisch ist wenig zu machen. Einzelne Knochenmetastasen können unter Röntgentherapie zurückgehen, auch heilen. Auch ein ausgebreiteter Knochenprozeß kann durch Röntgentherapie in seiner Progredienz eine Zeitlang aufgehalten und in seinen subjektiven Erscheinungen, insbesondere in der lokalen und spontanen Schmerzhaftigkeit günstig beeinflußt werden. Auch Arsen erzielt zuweilen vorübergehende Besserungen. Orthopädische Behelfe können herangezogen werden. Im übrigen bleibt Schmerzstillung und Euthanasie.

29. Gelenkerkrankungen.

Gelenkerkrankungen werden im Alter ungemein häufig beobachtet. Sie sind selten die direkte Ursache des Todes, aber sie verringern die Leistungsfähigkeit und das Behagen sehr vieler, sie quälen und schmerzen, machen berufsunfähig und genußunfähig, sie haben die Neigung fortzuschreiten und verurteilen oft durch lange Jahre zum Bett. Der Bewegungsapparat ist die Voraussetzung jeder menschlichen Freiheit, der Gelenkkranke verliert sie, und dies ist eine der schlimmsten Folgen. Es ist allerdings hervorzuheben, daß die Behandlung der Gelenkkrankheiten im Alter keine so undankbare Sache ist, wie dies gewöhnlich angenommen wird.

Die akuten und subakuten Gelenkerkrankungen.

Der akute Gelenkrheumatismus ist im Alter zweifellos seltener als in der Jugend, aber er ist keine Ausnahmserscheinung. Er tritt oft kurz nach einer überstandenen Angina, oft ohne faßbaren Anlaß, plötzlich auf. Er unterscheidet sich von dem gewohnten Bilde dadurch, daß die Anzahl der befallenen Gelenke meist geringer und die Temperatur niedriger ist, in der Regel nur subfebril, doch kommen auch Steigerungen bis 39⁰ vor. Zunächst wird meist ein großes Gelenk, etwa Handgelenk oder Knie, befallen, es schwillt an, ist schmerzhaft, nicht immer gerötet. Selten bleibt die Erkrankung auf ein Gelenk beschränkt, es folgen andere, auch kleinere, aber es gehört zu den Ausnahmen, daß viele Gelenke gleichzeitig oder nacheinander betroffen werden wie in der Jugend. Neigung zu Schweißen besteht oft. Das Gesamtbild ist weniger akut und dramatisch, man ist geneigt, zunächst Reaktionen auf Traumen oder Infektarthritiden im engeren Sinne anzunehmen. Differentialdiagnostisch kommen oft Tuberkulose oder Gichtanfälle oder Exazerbationen chronischer Prozesse in Frage. Auch die therapeutische Reaktion erfolgt langsam, die Heilungsdauer ist länger, die Neigung zur Chronizität größer.

Der anatomische Befund beim akuten Gelenkrheumatismus ist sehr gering. Am Gelenk selbst ist fast nichts zu sehen, in der Umgebung oft nur geringe Schwellung und Rötung, die histologische Untersuchung weist entzündliche Veränderungen und rheumatische Knötchen, bzw. allergische Zeichen im Sinne Klinges auf.

Therapeutisch kommen in erster Linie die hohen Salizyldosen von 6—8 g oder große Pyramidon- oder Atophangaben in Betracht. Die kleineren Mengen dieser Medikamente wirken wohl schmerzstillend, heilen aber nicht. Umschläge mit heißem Burow oder Einhüllung in Watte ist notwendig, ein mangelnder Erfolg der Therapie kann durch Proteinkörperinjektionen, z. B. Milch 2—5 ccm oder Eigenblut unterstützt werden. Versagen dieser Mittel fordert zu einer Kontrolle der Diagnose und zur Röntgenuntersuchung auf (Tuberkulose, Gicht, Infekte usw.).

Sonstige akute Gelenkerkrankungen. Von den bereits aufgezählten abgesehen, kommen nach vielen akuten Infektionskrankheiten akute Gelenkschwellungen vor, allerdings im Alter nirgends als häufige Komplikationen. Ich nenne als Beispiele Pneumonie, Erysipel, Dysenterie und Colitis. Die eitrigen Gelenkentzündungen bei septischer Pyämie brauchen nur erwähnt zu werden, sie können sehr viele Gelenke befallen.

Der Befund der akuten Infektarthritis kann je nach Erregern und Grad ungemein wechseln, bis zu schweren Gelenkvereiterungen mit Knochenzerstörung.

Die Therapie wird über das Symptomatische hinaus durch das Grundleiden bestimmt. Ist dieses bereits abgelaufen, so kommen die gleichen Mitteln wie beim akuten Gelenkrheumatismus in kleineren Dosen zur Anwendung. Auch Reizkörpertherapie, Eigenblutinjektionen, Bestrahlungen mit Röntgen, Kurzwellen u. dgl. müssen versucht werden. Läßt sich der Erreger feststellen oder züchten, so kann bei refraktären Fällen eine Vaccinetherapie durchgeführt werden.

Chronische Gelenkerkrankungen.

Die übergroße Mehrzahl dieser läßt sich in zwei Gruppen einordnen, die entzündlichen, progressiven Polyarthritiden und die Arthritis deformans, welche vom Knorpel ihren Ursprung nimmt. Weiters gibt es noch eine Anzahl von selteneren Sonderformen.

Die primär-chronische Polyarthritis. Diese Erkrankung wird bei ihrem jahrzehntelangen Verlauf häufig aus den mittleren Lebensperioden ins Alter hinübergenommen, anderseits entsteht eine Minderzahl erst im Alter. So führt E. Freund unter 239 Frauen den Beginn von 69 Fällen und unter 41 Männern den Beginn von 6 Fällen nach dem 60. Lebensjahr an. Die bereits in der Jugend schwer Erkrankten erreichen nur selten das Greisenalter, sie gehen meist früher an interkurrenten Prozessen zugrunde. Im allgemeinen überwiegen die Frauen um ein Mehrfaches. Die primär-chronische Arthritis ist eine entzündliche Gelenkerkrankung, welche in der Regel von den kleinen Gelenken der Extremitäten ausgeht und erst später aufsteigend die größeren befällt; doch gibt es Ausnahmen. Der anatomische Prozeß geht nicht vom Knorpel, sondern von der Synovia und dem periarthritischen Gewebe aus, er führt zunächst zu einer schmerzhaften Weichteilschwellung, die mit Exsudation verbunden ist, als solche auch deutlich nachweisbar wird und die Beweglichkeit einschränkt. Später kommt es dann vielfach zu einer Schrumpfung der Gelenkkapsel, welche — wenn sie höhere Grade erreicht — die Exkursionen hemmt und das Gelenk fixiert. So kommt es zu den häufigen Verkrümmungen von Fingern und Zehen, der fixierten Beugung in Ellbogen und Knie. Aber auch der Knorpel bleibt nicht intakt, die Entzündung der Synovia nagt ihn an, macht ihn atrophisch und legt den Knochen frei, der dann abgebaut und zerstört wird. Die Flächen werden, wenn sie beweglich bleiben, abgeschliffen. Da Freilegung und Zerstörung nicht gleichmäßig erfolgen, so wird die Gelenkform verändert. An den Fingergrundgelenken werden fast regelmäßig zuerst die ulnar gerichteten Flächen angegriffen, es resultiert daraus die so häufige Deviation der Finger nach außen. Ähnliches spielt sich auch an den Zehen ab. Ist die Menge des Exsudats gering oder wird es resorbiert, so verbleiben noch Fibrin und zellige Bestandteile zwischen den freigelegten Knochenflächen. Liegen solche proximal und distal aufeinander, so kann es zunächst zur Verklebung, dann zur bindegewebigen Adhäsion zarter oder strafferer Natur kommen und zuletzt zur knöchernen Verwachsung und vollkommenen Ankylosierung. Die dem Gelenk benachbarten Knochenpartien werden atrophisch, neuritische Symptome treten zuweilen auf, auch die Muskeln verfallen in eine Inaktivitätsatrophie. Dies äußert sich in Abnahme ihrer Volumina, mechanischer Übererregbarkeit und zuweilen Zunahme der Reflexe bis zum Klonus. Auch die Sehnenscheiden sind oft an der Entzündung beteiligt. Der entzündliche Charakter kommt auch in Allgemeinsymptomen zum Ausdruck, die aber im Alter weniger ausgesprochen und weniger verwertbar sind. So können Temperatursteigerungen völlig vermißt werden. Die Senkungsgeschwindigkeit ist immer erhöht. Leukocytenvermehrung und -verschiebung sind meist vorhanden, aber nur das Fehlen dieser Zeichen kann gegen einen entzündlichen Prozeß verwertet werden, der positive Befund ist vieldeutig, da im Alter andere latente Erkrankungen mit diesen Reaktionszeichen nie ausgeschlossen sind. Der Röntgenbefund zeigt in frühen Stadien Kapselverdickung und Exsudation, in späteren die Atrophie des Knochens, die Zerstörung und Formänderung an den Gelenkflächen, bisweilen die Verbindungen bindegewebiger oder knöcherner Natur zwischen den Gelenken. Der Verlauf erstreckt sich über Jahrzehnte, Verschlechterungen schließen sich im Alter häufig an interkurrente Erkrankungen an. Fieberhafte Affektionen, cerebrale Zwischenfälle lassen die stete Sorge um die Erhaltung der Funktion in den Hintergrund treten, Schwächung des Gesamtorganismus tut das übrige und ein neues Stadium der Progression ist erreicht.

Über Differentialdiagnose und Therapie der Gelenkkrankheiten wird zusammenfassend zu berichten sein, aber trotz aller therapeutisch erzielbaren Remissionen gehört die Neigung zur Progredienz zum Bilde der schweren Affektion. Das Allgemeinbefinden leidet durch Schmerz, Bewegungseinschränkungen, der entzündliche Prozeß bedingt Abmagerung und Schwäche bis zur Hilflosigkeit.

Arthritis deformans. Bei der Arthritis deformans treten ursächlich die Qualitätsverschlechterung des Knorpels und statische Momente in den Vordergrund; die Entzündung spielt eine Nebenrolle. Aber dafür finden sich vielfach reaktive Wucherungen von Knorpel und Knochen, die Deformierung durch Exostosen und Zakken, welche zwar ein sekundäres Symptom sind, aber der Krankheit den Namen gegeben haben. Die Wirkung statischer und mechanischer Faktoren zeigt sich vor allem in der Lokalisation. Um ein Beispiel zu geben: Bei bestehenden O-Beinen wird man vorhersagen können, daß im Alter an den überbelasteten äußeren Kondylen Knorpelveränderungen eintreten werden. Die Neigung des Knorpels, an mechanisch überbelasteten Stellen zu zerfasern, zu atrophieren und zu verschwinden, wächst mit dem Alter. Die Arthritis deformans ist eine exquisite Alterserkrankung, nicht in dem Sinne, daß sie nur in diesem Lebensabschnitt vorkommt, sondern daß sie in ihm an Häufigkeit und Schwere zunimmt.

Der Knorpelschwund legt die Knochenflächen frei. Diese, nicht für diese Beanspruchung gebaut, sind unelastisch, sie werden schmerzhaft und durch den Gebrauch abgeschliffen. Es wird Knochensubstanz zerstört. Das Gelenk als Ganzes nimmt aber diesen Vorgang in der Regel nicht reaktionslos hin, es beantwortet ihn an den Rändern der Knorpelzone mit Wucherungen, welche in höherem oder geringerem Grade zur Bildung von Zacken, Warzen und Exostosen führen. So wird das Gelenk nicht nur durch Schwund, sondern gleichzeitig durch unzweckmäßige und unregelmäßige Neuproduktion umgestaltet, oft in grober Weise verplumpt, verdickt und verschoben. Dies tritt meist am stärksten an den Kniegelenken zutage; sie werden dick und ungestaltet, aber Ähnliches findet sich auch am Ellbogen- und Handgelenk und an den kleinen Gelenken. Der Beginn und die vorwiegende Beteiligung der großen Gelenke ist die Regel, aber eine mit vielen Ausnahmen. Es gibt viele Fälle im Alter, wo der äußere Aspekt nicht gestattet, zwischen Polyarthritis und Arthritis deformans zu unterscheiden und wo sie auch anatomisch koordiniert sind. Die Druckempfindlichkeit der Gelenke ist meist geringer als bei den entzündlichen Affektionen, selten fehlt sie ganz. Bei Suchen findet man fast immer schmerzhafte Stellen, so ist beim Knie der mediale Rand des Gelenkspaltes die bevorzugte Lokalisation.

Die Beeinträchtigung der Funktion tritt teils durch die Schmerzhaftigkeit ein, teils durch Sperrung infolge der reaktiven Wucherungen. Dagegen fehlen die ankylosierenden Momente der Kapselschrumpfung sowie der bindegewebigen und knöchernen Ankylosierung fast immer. Durch Arthritis deformans allein wird ein Gelenk nicht völlig unbeweglich. Oft bestehen schwere Formänderungen bei auffallend guter Funktion, man kann dies besonders an den Knien und den Gelenken der Hand beobachten — Gelenken, welche immer in Anspruch genommen werden. Die Unebenheit der Gelenkflächen werden bei der Bewegung oft gespürt, selbst gehört, es kommt zu dem arthritischen Reiben und Knarren. Deformation und Funktionsstörung decken sich nicht. Man sieht schwer verunstaltete Hände mit ulnarer Abweichung, welche am Werkzeug oder Waschtrog noch kräftig zugreifen, plumpe, reibende Knie, welche erheblichen Marschanforderungen gewachsen sind. Im Gegensatz dazu verlaufen recht geringe äußere Veränderungen mit erheblichen Schmerzen.

Die Zeichen der Entzündung im Blute und im Temperaturverlauf fehlen bei unkomplizierter Arthritis deformans. Das Röntgenbild wird beherrscht durch die sekundären Erscheinungen der Zackenbildungen und Exostosen und die Veränderungen durch Abschliff des Knochens. Der primäre Knorpelschwund tritt radiologisch zurück, weiters sind oft Knochenatrophie, das Entstehen kleiner Hohlräume infolge von Nekrosen und zuweilen freie Gelenkkörperchen nachweisbar.

Auch die chronische Arthritis hat im Alter die Neigung fortzuschreiten, kann aber auch sehr lange stationär bleiben und sich funktionell bessern. Es kommt nur sehr selten zu jenen schweren Graden allgemeiner Unbeweglichkeit wie bei den primär entzündlichen Formen, es fehlt auch die Beeinträchtigung des Allgemeinbefindens in dem hohen Grade wie bei diesen, und auch die Neigung zu Abmagerung. Im Gegenteil nehmen die Fälle mit Arthritis deformans infolge der Bewegungseinschränkung leicht an Gewicht zu, was wiederum durch Mehrbelastung den Prozeß verschlechtert. Ebenso leistet eine bestehende Adipositas der Entstehung von Gelenkveränderungen Vorschub. Erscheinungen von Arthritis deformans sind auch häufige Komplikationen der primär-chronischen und anderer entzündlicher Formen von Gelenkerkrankungen. Es ist leicht einzusehen, daß die Umbildung der Gelenke durch Entzündung deren Mechanik und Statik ändern und dadurch bei verschlechtertem Knorpel im Alter die Vorbedingungen für eine begleitende Arthritis deformans schafft. Solche Mischformen bereiten der Analyse oft Schwierigkeiten.

Sonderformen aus den obenstehenden Gruppen.

Malum coxae senile. Das Malum coxae senile ist nichts anderes als eine Arthritis deformans des Hüftgelenks, welche zuweilen die einzig klinisch in Erscheinung tretende Lokalisation der Erkrankung ist. Wenn Schäden am Knorpelbezug des Hüftgelenks auftreten, so wird dieses nicht nur schmerzhaft, sondern auch deformiert. Die eine Formänderung ist vorwiegend atrophisch, das Gelenk wird abgeschliffen, der Oberschenkel kürzer, aber der Kopf verliert auch seine Kugelgestalt und wird mehr oder minder walzenförmig. Verkleinert sich die Pfanne nicht, so geht die sichere Führung verloren, es kann zu Subluxation und Schlottern kommen. Anderseits treten aber, wie es der Arthritis deformans zukommt, neben den atrophierenden Prozessen auch luxurierende auf, Exostosen an der Pfanne wie an dem Gelenkrad des Femurkopfes, welcher pilzförmig umgestaltet wird. So wird die normale Bewegung eingeschränkt oder verhindert.

Die klinischen Zeichen sind Schmerzen, oft von ausstrahlendem neuralgischem Charakter, in der Regel vom Gehen abhängig, bei dessen Einsetzen und dann wieder bei Übermüdung am stärksten. Die Einschränkung der Beweglichkeit ist am größten nach der Richtung, die nicht dauernd in Anspruch genommen wird: dies ist die Abduktion und die Rotation nach außen. Druck und Stoß gegen das Gelenk wird oft schmerzhaft empfunden, das Becken geht bei den Bewegungen des Schenkels vielfach mit, dadurch ergeben sich Asymmetrien der Körperhaltung beim Stehen und in der Bewegung. Die Differentialdiagnose gegen Ischias ist durch das Feststellen der Gelenksymptome, den Röntgenbefund und das Fehlen der spezifischen

Nervenerscheinungen zu führen. Die subjektiven Klagen können ähnlich sein.

Die Periarthritis humero-scapularis, das Duplaysche Leiden. Dieses ist wohl nicht als eine Erkrankung sui generis anzuerkennen, aber man muß zugeben, daß Schmerzen, in und um das Schultergelenk zentriert, selbständig auftreten oder innerhalb einer chronischen Gelenkerkrankung subjektiv und funktionell eine besondere Bedeutung gewinnen können. Meist ist die Hebung des Armes über die Horizontale und die Bewegung nach rückwärts, zuweilen auch die Abduktion gestört. Adduktion und die Exkursion nach vorne bleiben frei.

Pathologisch-anatomisch werden sehr differente Befunde erhoben, zunächst minimale. In Fällen, die, durch sehr lange Zeit und therapeutisch schwer beeinflußbar, Schmerzen und Funktionsstörungen des Schultergelenks aufwiesen, war der Befund an diesem Gelenk und in der Umgebung makroskopisch bis auf minimale Verdickung und Rötung des periartikulären Gewebes normal. In anderen Fällen war typische Arthritis deformans zu finden, in wieder anderen deutliche Entzündungen an den Schleimbeuteln der Umgebung mit oder ohne Verkalkung.

Bei der Arthritis deformans ist oft Reiben zu spüren, die Muskelatrophie ist bei den schwereren Prozessen hochgradig, die Ansätze der Sehnen und die Orte der Schleimbeutel sind druckempfindlich. Die Röntgenuntersuchung ist für die Feststellung der objektiven Zeichen von Arthritis deformans und für die Erkennung der Schleimbeutelaffektionen, insbesondere bei Kalkablagerung von großem Wert, aber sie ist vielfach negativ. Besonders muß darauf aufmerksam gemacht werden, daß eine Erkrankung des sogenannten kleinen Schultergelenks, der Artikulation zwischen Clavicula und Schulterblatt, eine echte Omarthritis vortäuschen kann.

Die Bewegungsstörungen der Schulter können rasch auftreten und unter entsprechender Therapie bald verschwinden, sie können aber auch chronisch verlaufen und der Behandlung sehr großen Widerstand entgegensetzen.

Gelenkerkrankungen der Wirbelsäule. Veränderungen an der Wirbelsäule im Alter sind so häufig, daß ihr völliges Fehlen zu den Ausnahmen zählt. In der überwiegenden Mehrzahl gehören sie zum Kreis der Arthritis deformans, haben ihren Ausgangspunkt in den Altersveränderungen der Bandscheiben. Es treten Exostosen an den Wirbelkörpern und -bogen und an den Begrenzungen der Wirbelgelenke auf, kleine Zacken und mächtige Wucherungen, welche die Konturen verändern, aber auch von Wirbel zu Wirbel einander entgegenwachsen und mit Einbeziehung des Bandapparates, aber auch mit knöcherner Ankylose diese verbinden und die Beweglichkeit bis zur völligen Versteifung behindern. Die Ausbildung der Alterskyphose mit ihrer Änderung der Belastung ist gleichzeitig Prädisposition wie Folgeerscheinung.

Klinisch äußert sich der Prozeß in Einschränkung der Beweglichkeit und in Steifigkeit. Oft spüren die Patienten ein Knacken und Krachen, besonders in der Halspartie. Schmerzen können ganz fehlen oder nach Belastung und Anstrengung auftreten oder sie sind in erheblichem Maße vorhanden, wahrscheinlich vielfach durch Einbeziehung der austretenden Nerven in den Prozeß. Der Zustand kann stationär sein oder fortschreiten, oft unter erheblicher Umgestaltung des Thorax, wobei Verkrümmung der Brustwirbelsäule mit vorgeneigtem oder gesenktem Kopfe resultiert oder bei Versteifung der Lendenwirbelsäule auch jene extreme Vorbeugung des Oberkörpers, welche durch Verlegung des Schwerpunktes nach vorne zum Gange mit einem oder zwei Stöcken zwingt.

Seltener sind die entzündlichen Versteifungen der Wirbelsäule im Verlauf der primär oder sekundär chronischen Polyarthritis im Alter, welche von den kleinen Gelenken der Wirbelsäule ausgehend, diese bindegewebig oder knöchern verbinden. Das Zustandsbild ist im wesentlichen das gleiche, nur fehlen die Schmerzen nie und treten mehr in den Vordergrund.

Der Morbus Bechterew im eigentlichen Sinne. Die von dem Bandapparat der Wirbelsäule ausgehende Versteifung, welche zur Verbindung der Wirbel durch Knochenspangen, zunächst von außen einsetzend, führt und meist im Halsteil am stärksten ausgeprägt ist, ist keine Alterserkrankung und braucht uns hier nicht zu beschäftigen. Auf sonstige Affektionen der Wirbelsäule wird noch zurückzukommen sein.

Alle diese Wirbelleiden sind chronisch, nicht rückbildungsfähig und zeigen Neigung zu Progredienz. Ihre Unterscheidung erfolgt nach dem Grundprozeß, der sich bei dem gleichen Individuum auch an anderen Gelenken zeigt, doch ist dieses Kriterium nicht zuverlässig, da Mischformen vorkommen. Eine sehr wesentliche diagnostische Hilfe bietet das Röntgenverfahren.

Sekundär chronischer Gelenkrheumatismus. Man findet im Alter nicht selten Gelenkerkrankungen, welche zum Typus der chronischen Polyarthritis gehören und sich nur durch ihre Vorgeschichte unterscheiden. Während sich die primär chronische Polyarthritis langsam und schleichend von den kleinen Gelenken aus entwickelt, findet sich hier die bestimmte Angabe, daß sich das chronische Gelenkleiden aus einem typischen akuten Gelenkrheumatismus mit scharfem Beginn herausgebildet hat.

Heberdensche Knoten sind Wucherungen, welche sich im Alter, meist mit dem Beginn um die Fünfzigerjahre und später, bei Frauen viel häufiger als bei Männern entwickeln. Sie sind mit Vorliebe an den zwei peripheren Phalangen der Finger, seltener der Zehen lokalisiert, zunächst weicher, dann knochenhart; sie sind Exostosen. Die Funktion ist mit Ausnahme extremer Formen meist ungestört. Schmerzen können fehlen, sie erreichen kaum jemals hohe Grade, manchmal sind sie lästig. Die Affektion gehört zum Formenkreis der Arthritis deformans, mit Gicht hat sie nichts zu tun; sie ist eine typische Alterserscheinung.

Endokrine Arthritiden. Schon von den Heberdenschen Knoten wurde behauptet, daß sie durch den Ausfall der Genitalfunktionen veranlaßt seien; ein Beweis ist nicht erbracht. Es wird ferner, z. B. von Pineles, Umber, Munk u. a. für eine Form der chronischen Polyarthritis, nach der Zeit des Auftretens und nach therapeutischen Erfolgen mit Eierstockpräparaten, eine endokrine Entstehung angenommen. Aber abgesehen davon, daß sich die Beschreibungen von Umber und Munk widersprechen, ist doch die Auffassung der primär chronischen Polyarthritis in allen ihren Formen als infektiös bedingt sehr wahrscheinlich. Zuzugeben ist aber, daß in der Zeit nach dem Klimakterium beim weiblichen Geschlechte eine rasche Zunahme der Gelenkkrankheiten erfolgt. Man wird dies aber als eine gesteigerte Altersdisposition zu Gelenkkrankheiten aller Ätiologien auffassen können. Auch in eventuellen therapeutischen Erfolgen, wie sie vor allem mit Eierstockpräparaten, aber auch zuweilen mit Schilddrüse erzielt werden können, wird man kein sicheres Kriterium einer ursächlichen Beziehung sehen dürfen, sondern auf unspezifischen Einfluß und Allgemeintherapie rekurrieren dürfen.

Arthropathien, insbesondere bei Tabes, kommen auch im Alter zur Beobachtung und Entwicklung. Es handelt sich dabei um eine Arthritis deformans hohen, oft extremen Grades. Inwieweit bei deren Entwicklung trophische Einflüsse, inwieweit mechanische Mißhandlungen des erkrankten Gelenks — durch dessen Schmerzlosigkeit ermöglicht — daran beteiligt sind, kann nicht unterschieden werden. Ein weiteres Charakteristikum ist, daß diese grobdeformierten Gelenke infolge der Hypotonie der Muskulatur und Dehnung der Gelenkkapsel gleichzeitig auch Schlottergelenke sind. Dies äußert sich auch bei der Untersuchung. Die groben Umgestaltungen bei ungewöhnlicher Beweglichkeit erzeugen Sensationen, die man nicht mehr als Reiben bezeichnen kann, es ist schon mehr ein Klappern. Das Monströse des Gelenks bei geringer oder fehlender Schmerzhaftigkeit legt die Diagnose nahe, selbst wenn nur eine

Tabes spuria vorliegt. Neigung zu Blutungen ins Gelenk und zu dessen Vereiterung besteht.

Arthritiden von besonderer Ätiologie.

Gicht. Vom akuten Gichtanfall war bereits die Rede. Die chronischen gichtischen Gelenkveränderungen sind zunächst durch die Anwesenheit von Harnsäure im Gelenke charakterisiert, sehr eindrucksvoll ist der kalkweiße Überzug an den Knorpelflächen oder der Uratbrei, der die Gelenkräume erfüllt. Die Harnsäureablagerungen beschränken sich aber nicht nur auf die Knorpeloberfläche, sie sind auch im benachbarten Knochen zu finden und lösen sehr starke Reaktionen aus. Diese bestehen in einer Auflösung des Knochens in ihrem Bereich, in seiner Atrophie und der Bildung von Hohlräumen, ferner in Wucherungen, welche zu grober Umgestaltung der Gelenke führen können, mit Verschiebung, Subluxation und Luxation, mit Verdickung und Verplumpung; Neigung zu Ankylosierung tritt zurück.

Der Röntgenbefund weist die Umgestaltung des Knochens und der Gelenke, Atrophie, Wucherungen und die scharf ausgestanzten Lücken der Harnsäuredepots nach.

Klinisch sind die Lokalisationen sehr verschieden. Größere und kleinere Gelenke sind befallen, nach ihrem äußeren Aspekt kann die Gicht im Alter zunächst sowohl als Arthritis deformans wie als primär chronische Polyarthritis erscheinen, beide imitieren. Mit der Arthritis deformans hat sie die Wucherungen und Umgestaltungen gemein, der Polyarthritis ähnelt sie, wenn vorwiegend die kleinen Gelenke der Finger und Zehen befallen sind, aber ihr fehlt — also ein Unterscheidungsmerkmal bei der Majorität der Fälle — die Neigung zur Ankylosenbildung. Das wichtigste und entscheidende äußere Merkmal ist der Nachweis von Tophi, welche vor allem an den Ohrmuscheln, in der Umgebung der Gelenke und an den Sehnenscheiden zu finden sind. Mattglänzende gelbliche Haut über den Gelenken wird im Alter nur selten beobachtet. Es wurde bereits hervorgehoben, daß Gicht in Wien und in den österreichischen Alpenländern sehr selten ist. In meinen Fällen wäre ohne die Anwesenheit von Tophi die Diagnose nur durch eingehende Stoffwechseluntersuchungen zu stellen gewesen, nicht durch den sonstigen klinischen Befund; typische Gichtanfälle wies keiner auf. Die Schmerzen waren relativ geringe und in ihrer Art von denen bei anderen Gelenkaffektionen nicht abweichend.

Von den Gelenkprozessen bei anderen Stoffwechselerkrankungen, wie Alkaptonurie (Ochronose), bei Psoriasis, bei endokrinen Störungen wie Akromegalie, bei Hämophilie soll nicht weiter die Rede sein; sie sind selten und nicht dem Alter eigentümlich. Auch von den akuten und subakuten Formen der Infektarthritis wurde bereits gesprochen. Es verbleiben die chronisch entzündlichen Formen bei Tuberkulose, Lues und Gonorrhöe sowie die chronischen Eiterungen.

Gelenktuberkulose. Diese verläuft auch im Alter häufig unter dem Bilde des Tumor albus, der spindeligen Gelenkauftreibung mit blasser Haut und Funktionsausfall, Neigung zur Ankylosierung und Fistelbildung, mit den röntgenologisch nachweisbaren Zerstörungsherden und mit Knochenatrophie. Die Gelenktuberkulose gehört traditionsgemäß ins Arbeitsgebiet der Chirurgie. An dieser Stelle soll nur daran erinnert werden, daß sie im Beginn einem akuten Rheumatismus eines Gelenks gleichen kann. Wenig geklärt ist die Frage, ob es im Alter chronische Gelenkaffektionen ohne nachweisbare Tuberkulose gibt, welche aber doch auf tuberkulöser Basis entstehen. Es ist bekanntlich in den letzten Jahren von Reitter und Löwenstein mit sehr beachtenswerten Argumenten und Befunden, allerdings gegen vielfachen Widerspruch, die tuberkulöse Natur des akuten Gelenkrheumatismus behauptet worden. Es liegt bei der Häufigkeit endogener Reinfektionen im Alter, bei der oft hohen Tuberkulinempfindlichkeit und den hämatogenen Lokalisationen dieser Periode der Gedanke nahe, daß auch manche Alterserkrankungen der Gelenke tuberkulösen Ursprungs sein könnten, daß der sogenannte Poncetsche tuberkulöse Gelenkrheumatismus auch im Alter eine Rolle spielen könnte. Sicheres ist darüber nicht bekannt. Ich habe eine Anzahl von Blutproben Altersgelenkkranker mit Tuberkuloseverdacht an das Laboratorium von Prof. Löwenstein eingesandt, aber keine positiven Ergebnisse mitgeteilt erhalten. Allerdings ist die Zahl der Untersuchungen nicht ausreichend, und man weiß bei chronischen Erkrankungen nicht, ob der Zeitpunkt der Blutentnahme richtig gewählt war. Schlüsse sind einstweilen nicht zu ziehen. Mit Tuberkulinreaktionen ist bei deren allgemeiner Häufigkeit wenig anzufangen, nur lokale eindeutige Reaktionen der Gelenke wären verwertbar.

Syphilis. Es ist bekannt, daß bei der sekundären Lues zuweilen Gelenkbeteiligungen vorkommen, die einem akuten Gelenkrheumatismus ähneln. Bei der Seltenheit frischer luetischer Affektionen im Alter spielt diese Form keine Rolle. Auch die gummöse Arthritis luetica ist zumindest in Wien eine Seltenheit, ich habe nur einen Fall gesehen, der erst auf dem Obduktionstisch erkannt wurde.

Mit dieser Feststellung steht im Widerspruch, daß H. Schlesinger auch am Wiener Material in der Arthritis luetica tardiva eine häufige Erkrankung sehen wollte. Anatomisches Beweismaterial fehlt, und die Diagnose ex juvantibus ist anzweifelbar, insbesondere, da dem Salvarsan kein deutlicher Heileffekt zukommen soll, wohl aber der lokalen Quecksilberbehandlung. Ich habe an einem sehr großen Gelenkmaterial, bei dem jeder Fall mit der Wassermannschen Reaktion untersucht und sehr viel latente Lues festgestellt wurde, keine derartigen Beobachtungen machen können. Wenn die Annahme H. Schlesingers zuträfe, müßte man Gelenklues weit häufiger als anatomischen Zufallsbefund antreffen. Dies ist sehr selten der Fall, und zwar bei einem Prosektor wie J. Erdheim, der seine Aufmerksamkeit und seine Kennerschaft den Gelenken zuwandte. Ich glaube, daß den Beobachtungen Schlesingers das zufällige Zusammentreffen überstandener Lues und ihrer Manifestationen an inneren Organen mit Gelenkerkrankungen anderen Ursprunges zugrunde liegt. Durch eine Jod- oder Quecksilbertherapie können dabei Gelenkbeschwerden auch unspezifisch beeinflußt werden.

Gonorrhöe. Die gonorrhoischen Gelenkaffektionen, welche sowohl unter dem Bilde eines akuten Gelenkrheumatismus als unter dem einer Infektarthritis auftreten können und häufig, aber durchaus nicht immer Monarthritiden sind, kommen im Alter nur ausnahmsweise zur Beobachtung. Die zeitliche Distanz von der Infektion ist im Alter doch gewöhnlich zu groß. Immerhin wird man bei nachgewiesener Gonorrhöe, insbesondere beim Bestehen von Residuen und bei hartnäckigen, auf die übliche Therapie nicht reagierenden Gelenkleiden auch an diese Möglichkeit denken und versuchen müssen, dies durch spezifische Reaktionen, Komplementablenkung usw. zu erhärten. An der Abteilung kamen im Greisenalter zwei Fälle dieser Art zur Beobachtung, wo eine Therapie mit Arthigon, bzw. Buccura-Vaccine bei Versagen der üblichen Behandlung einen auffallend günstigen Erfolg hatte.

Chronische Gelenkeiterungen. Es gibt noch eine seltene Form ganz chronisch verlaufender, sich über Jahre erstreckender multipler Gelenkeiterungen, wie sie Erdheim und Freund beschrieben haben. Einen solchen Fall habe ich auch im Alter gesehen. Die Temperatur war nicht auffallend gestört, das Allgemeinbefinden befriedigend, an den Gelenken war infolge der durch die Eiterung bedingten hochgradigen Zerstörungen ein sehr grobes Reiben zu fühlen, man konnte feststellen, daß zwischen den Gelenkkörpern abnorme Beweglichkeit bestand, daß der Kontakt unsicher war. Bei einem derartigen Symptomenkomplex könnte man an diesen Zustand denken. Die Obduktion ergab chronische Eiterung in sehr vielen Gelenken, welche in vivo nur durch Gelenkpunktion sicherzustellen gewesen wäre.

Differentialdiagnostische Bemerkungen. Die erste diagnostische Aufgabe ist es festzustellen, ob ein konkreter Fall nach Vorgeschichte und Befund sich ungezwungen in eine Gruppe, vor allem in die Reihe der beiden vorwiegenden Affektionen — primär chronische Polyarthritis oder Arthritis deformans — einreihen läßt. Daß die sehr wichtige Unterscheidung nach den Allgemeinreaktionen der Entzündung in Fieber und Blut dabei im Alter häufig im Stich läßt, wurde bereits erwähnt. Symmetrisches oder asymmetrisches Auftreten, die Art der befallenen Gelenke, die Neigung zur Ankylosierung müssen verwertet, auf Mischformen muß Bedacht genommen werden. Die zweite Frage ist, ob nach der Symptomatologie, nach dem Gesamtbild des Falles und nach Anamnese und ätiologischen Untersuchungsmethoden eine der ätiologisch charakterisierten Sondergruppen, wie Gicht oder Tuberkulose, vorliegt. Bei jedem Zweifel wird der Röntgenbefund der Gelenke und seine fachmännische Analyse heranzuziehen sein. Er wird in manchen Fällen Entscheidung, in anderen Anhaltspunkte bringen, in einigen versagen oder gar verwirren. Bei solchen Kranken kann nur die Beobachtung des Verlaufs, der therapeutischen Reaktionen und die Kenntnis analoger Krankheitsbilder helfen. Eine Reihe atypischer Beobachtungen entzieht sich der Klassifikation in vivo, und selbst der Obduktionsbefund vermag — allerdings in seltenen Fällen — nicht immer restlose Klärung zu bringen.

Therapie der Gelenkkrankheiten.

Chronische Gelenkkrankheiten im Alter können fast niemals anatomisch und nur selten funktionell geheilt werden, aber es muß mit Nachdruck betont werden, daß das, was therapeutisch geleistet werden kann, in der Praxis meist weit unterschätzt wird. Es wird ungemein viel, auch in den Spitälern, durch therapeutischen Nihilismus, durch Unkenntnis und Indolenz gesündigt. An dieser Sachlage tragen vielfach die Patienten selbst und ihre Umgebung schuld, aber es werden die chronischen Gelenkleiden im Alter auch oft von den Ärzten vernachlässigt. Immer wieder erhalten wir Patienten mit Kontrakturen in Knien oder in der Hüfte, welche durch einfaches Auflegen eines Sandsackes hätten vermieden werden können. Menschen werden durch fixierte Streckung im Sprunggelenk gehunfähig, welche bei rechtzeitiger, ensprechender Lagerung des Fußes im rechten Winkel das Bett hätten verlassen können. Gelenke sind durch unzeitgemäße oder zu lange fortgesetzte Ruhigstellung, durch Eingipsen usw. versteift worden, bei denen Mobilisierung am Platze gewesen wäre. Es ist gewiß auch bei sorgfältiger Betreuung unmöglich, Ankylosierungen zu ver-

hüten, manche Gelenkkranke geraten bei bester Behandlung im Endstadium in einen bedauernswerten Zustand der Hilflosigkeit. Aber
das sind doch eher Ausnahmsfälle. Immer wieder sieht man, wie
bettlägerig Eingelieferte mit einfachen Mitteln wieder gehfähig gemacht werden können, immer wieder verlassen Patienten in weit
gebessertem Zustand das Spital, um nach einigen Monaten sehr verschlechtert wiederzukehren. Meist ist es dann wieder möglich, eine
Besserung herbeizuführen, aber der alte Stand wird kaum wieder
erreicht, der bei zweckmäßigem Verhalten von Kranken und Arzt
mindestens annähernd hätte erhalten werden können. Allerdings
eines ist wichtig, die chronischen Gelenkkranken im Alter brauchen
eine dauernde, wenn auch intermittierende Behandlung, wenn gebessert und konserviert werden soll. Die Mühe muß aufge-
bracht werden, wenn man Erfolge sehen will.

Eine große Anzahl von Heilmethoden ist für alle oder zumindest
die meisten Gelenkleiden brauchbar. Faßt man zunächst die beiden
großen Gruppen ins Auge, so bestehen zwar auch Unterschiede in
der Therapie der chronischen Polyarthritis und der Arthritis deformans, aber noch mehr Gemeinsames, so daß eine nicht ganz sichere
Diagnose der Therapie nicht unbedingt im Wege steht.

Zunächst wirken die schmerz- und entzündungswidrigen Mittel
bei beiden. An der Abteilung wird gewöhnlich die Behandlung der Gelenkkranken mit großen Dosen Salicyl und einer
Wärmetherapie, meist Heißluft, eingeleitet. Es ist nicht richtig, daß
die großen Dosen von Salicyl oder Pyramidon nur bei entzündlichen
Erkrankungen oder daß sie ursächlich wirken, sie wirken
schmerzstillend und entzündungswidrig, und auch eine Arthritis deformans gewinnt dadurch bessere Beweglichkeit und Rückgang der
Beschwerden. Es wird Salicyl, meist 6 bis 8 g, verabreicht, solange es
vertragen wird, später durch kleinere Dosen oder anderen Medikamente oder Medikamentenkombinationen dieser Gruppen ersetzt. Durch
diese initiale Behandlung wird im allgemeinen die Schmerzhaftigkeit verringert, die Beweglichkeit erhöht und jeder weiteren Behandlung vorgearbeitet. Diese besteht an der Abteilung als nächstes
in der Regel in irgend einer Form der Reiztherapie, in der Privatpraxis kann man ebensogut eine Badekur oder eine vorwiegend
physikalische Behandlung anschließen, im Spital ist die erstere
leichter durchzuführen. Welche Mittel man dabei verwendet, ist
weniger wichtig, als wie sie dosiert und angewendet werden. Wir
haben am meisten Erfahrung mit Kuren mit Yatrencasein, Schwefel
und Mirion, wobei bei entzündlichen Erkrankungen meist Yatren-
casein, bei Arthritis deformans Mirion und bei beiden Schwefel
herangezogen wird. Yatrencasein schwach wird in Mengen von 0.2

bis 2 ccm, Schwefel in $^1/_4$% Lösung in Öl oder als Sulfolein meist 1 ccm, Mirion zu 3 bis 10 ccm, in Intervallen von 3 bis 5 Tagen injiziert, unter Berücksichtigung der individuellen Reaktion. Will man stärkere Reaktionen, so kommt Milch, 2 bis 5 ccm, in Verwendung. Nach einigen Wochen einer derartigen Behandlung, welche in den Pausen während eventueller Reaktionen schon mit aktiven und passiven Muskelübungen kombiniert wird, schieben wir eine rein symptomatische Therapie ein. Außer in desolaten Fällen sind völliges Versagen oder Verschlechterungen nach dieser Reaktionstherapie selten, aber sie kommen vor; in den meisten Fällen ist ein Erfolg festzustellen, der in seinen Ausmaßen und seiner Dauer weitgehend schwankt. Die nächsten Maßnahmen richten sich dann einerseits auf die Behandlung einzelner, durch ihre schwerere Erkrankung oder durch ihre funktionelle Bedeutung besonders wichtiger Gelenke, anderseits auf die Fortsetzung von Allgemeintherapien. Was das erstere anlangt, so kann Korrektur von Stellungsanomalien oder Kontrakturen in Frage kommen. Systematische Belastung durch Sandsäcke oder Extension durch gesteigerte Gewichte, Beugung des gestreckten Fußes durch Lagerung und Zug, können manchmal noch Erstaunliches leisten. Massage der Muskulatur, passive und aktive Gelenkbewegungen, Gehübungen mit einer Gehschule werden herangezogen. Der Erfolg hängt vielfach von der Mitarbeit des Patienten ab, von seiner Energie und seiner Fähigkeit, Schmerzen auf sich zu nehmen. Entzündungserscheinungen an den einzelnen Gelenken werden durch lokale Prozeduren beeinflußt: von der heißen Packung mit Burow, den lokalen Umschlägen mit den verschiedensten Schlammsorten, etwa Fango, Pistyan u. a., von den Pinselungen des Gelenks mit mildernden, resorbierenden und reizenden Applikationen, wie Antiphlogistin, Ichthyol, Jodtinktur, Reizsalben bis zu den verschiedenen Bestrahlungen und Durchwärmungen mit Höhensonne, Diathermie, Diamix, Kurzwellen, Röntgen usw. und bis zu Gelenkumspritzungen mit Serum und Gelatine bis zur heftigen Reaktion (Latzel). Die Allgemeintherapien, die in Betracht komen, sind Badekuren in den Heilbädern, sei es Schlamm-, Schwefel-, Radiumbädern oder deren Ersatz durch die eingeführten Originalpräparate oder künstlich dargestellte Zusätze zum Bade oder Packungen. Solche stehen mit einem Gehalt an Schwefel, an Radium, an Thorium, an Solen, an Schlammsubstanzen zur Verfügung. Schon das systematisch angewandte, einfache heiße Bad ist wirksam, aber es ist kein Zweifel, daß Zusätze dieser Art den Effekt erhöhen. Gute Erfahrungen haben wir an der Abteilung mit U-Bädern (Dr. Ried) gehabt, die nichts enthalten als bestrahlte Kaliumsalze, auch mit Salhumin und künstlichen Schwefelbädern, aber dies sind nur Beispiele. Als Allgemeintherapien im Sinne der Reiztherapie können noch Bienengift in Form von intrakutanen Injektionen (Immenin) und als Einreibung (Forapin) als nützlich erwähnt werden, auch Sanarthrit und die Goldpräparate, welchen eine besondere Wirksamkeit zugeschrieben wird, bei denen aber auch sehr starke Reaktionen und schwere Dermatitiden vorkommen, und über die ich im Alter keine ausreichenden Erfahrungen habe. Es ist unmöglich, alle Methoden aufzuzählen und zu beherrschen. Ich bin überzeugt, daß man auch mit anderen als den angeführten Spezialmethoden — die grundlegenden sind Gemeingut — die gleichen Erfolge erzielen kann. Es kommt im wesentlichen darauf an, daß dauernd, allerdings mit Pausen, in dem erörterten Sinn behandelt wird. Was sich bei einem Fall bewährt hat, wird man in Abständen immer wiederholen. Wo das Resultat zu wünschen übrig läßt, wird man unter der reichen Auswahl Neues versuchen. Der Prozeß ist so chronisch, daß man dazu Zeit und Gelegenheit hat. Dies geht so lange, bis man erreicht hat, was zu erreichen ist, und dann handelt es sich darum, das Erreichte durch Übung und durch therapeutisches Eingreifen bei jeder Verschlechterung möglichst zu konservieren. In vielen Fällen wird man bei Ankylosen und ungünstigen Stellungen auch die Hilfe des Chirurgen oder Orthopäden in Anspruch nehmen müssen.

Ungemein wichtig ist die Allgemeintherapie und die Kräftigung des Organismus. Entfettung und Mast, Sonne und Quarzlampe, Phosphor, Arsen, Lebertran, Hautpflege, Massage und Bäder, wie auch Bürstenbäder sind die Mittel.

Im vorstehenden wurden die Grundzüge einer allgemeinen Therapie der Gelenkkrankheiten im Alter angedeutet, sie sind noch durch den Hinweis auf Vermeidung äußerer Schädlichkeiten, wie Überanstrengung, Durchkältung, Durchnässung und Zugluft zu ergänzen, aber darüber hinaus bestehen noch Sonderindikationen. Man wird bei allen entzündlichen Erkrankungen die ätiologische Frage zu stellen haben und mit der im Alter gebotenen Zurückhaltung nach Möglichkeit Herde zu beseitigen haben. Man wird aus diesen Indikationen keine Gallenblase extirpieren und wird bei zweifelhaften Befunden keine Tonsillektomien veranlassen, aber man wird manifeste Eiterherde angehen und Zähne reißen lassen dürfen. Bei der Arthritis deformans wird man etwa durch Plattfußeinlagen korrigieren und gefährdete Gelenke durch orthopädische Behelfe entlasten. Bei der Gonorrhöe oder Lues wird eine spezifische Therapie am Platze sein, welche neben der chirurgischen und Allgemeintherapie in vorsichtiger Weise auch für Gelenktuberkulose in Betracht kommt. Bei der Gicht ist eine purinarme Kost durchzuführen oder zumindest in ihrem Erfolg zu kontrollieren und die bei der Gicht genannten Medikamente (Atophan, Atophanyl, Urecidin usw.) und sonstige Kuren sind heranzuziehen.

An diese letzte Indikation sollen noch einige Bemerkungen über Diät angeschlossen werden. Neben der Gicht geben noch Fettsucht und Abmagerung zweifellose Anzeigen. Die Reduktion überflüssigen Gewichts entlastet die Gelenke, oft mit sehr deutlichem Erfolg. Gewichtszunahme bei gleichzeitiger Muskelübung stärkt die Muskulatur und damit die Leistung der allzu Reduzierten. Alles andere ist zu mindesten zweifelhaft. Es hat keinen Sinn und bringt keinen Erfolg, chronisch Gelenkkranke, die mit Gicht nichts zu tun haben, vegetarisch oder rohköstlerisch zu ernähren oder ihnen auch nur das gewohnte Fleisch zu versagen. Auch die von Pemberton empfohlene eiweiß- und fettreiche, kohlehydratarme Diät wird im Alter gegenüber der Forderung, Gewohnheiten nicht überflüssig zu ändern, zurücktreten müssen. Nur bei großen Gelenkergüssen, welche der normalen Therapie nicht weichen, wird man einen Versuch mit entwässernder, salzarmer und volumarmer Diät machen können, eventuell unterstützt durch Schwitzen, wenn es dem Organismus zugemutet werden kann, oder durch Salyrgan.

Zusammengefaßt: Man wird im Senium selten Heilungen und überraschende Erfolge erreichen, aber doch oft mehr, als man erwartet hat. Bei der großen Rolle, welche der Bewegungsapparat für das Leben des Menschen spielt, ist es eine befriedigende Aufgabe, den Bettlägerigen aus dem Bett und den Humpelnden zu freierer Bewegung zu bringen.

30. Erkrankungen der Muskeln, „Muskelrheumatismus" und „rheumatische" Beschwerden.

Über die gröberen anatomischen Muskelerkrankungen im Alter ist nicht viel zu sagen. Es kann ausnahmsweise eine entzündliche, selbst eine eitrige Myositis oder Dermatomyositis zur Beobachtung kommen, eine Trichinose kann auch Greise überfallen oder, was häufiger der Fall ist, man findet in ihrer Muskulatur die alten abgestorbenen und abgekapselten Herde. Systemerkrankungen oder Defekte der Muskulatur werden ins Alter übernommen, aber all dies hat nichts mit der Alterspathologie zu tun. Auch die Atrophien der Muskulatur bei Abmagerung, Kachexie und Inaktivität, die mechanische Übererregbarkeit bei zehrenden Prozessen, sind keine Eigentümlichkeit des Alters.

Muskelrheumatismus. Mit dem nicht sehr präzisen und zutreffenden Ausdruck Muskelrheumatismus bezeichnet man Schmerzen und Tonuserhöhungen ohne pathologisch-anatomischen, zumindest makroskopischen Befund, welche an bestimmte Muskelpartien gebunden sind. Solche Schmerzen kommen in jedem Lebensalter vor, sie spielen aber mit zunehmenden Jahren eine immer größere Rolle und müssen daher erörtert werden.

Man kann eine prinzipielle Scheidung vornehmen zwischen Erscheinungen, welche im wesentlichen auf statische und mechanische Momente zurückgeführt werden können, und solchen, welche im weitesten Sinne infektiös und toxisch sind.

Was die ersteren anlangt, so haben sie ihre Ursache in Lageverschiebungen der Ansatzpunkte und in einer abnormen qualitativen und quantitativen Beanspruchung der Muskel. Es wird niemanden wundern, wenn ein Plattfuß bei der Bewegung auch in abliegenden Muskelpartien, so im Musculus sartorius oder Gastrocnemius, Bewegungsschmerzen und eventuelle Krämpfe hervorruft, deren Unterscheidung von intermittierendem Hinken Schwierigkeiten machen kann. Ebenso lösen die Verkrümmungen der Wirbelsäule jeder Genese auch Schmerzen und Spannungserhöhungen in der Rücken- und zuweilen auch in der kompensatorisch herangezogenen Bauchmuskulatur aus. Auch eine abnorme Stellung des Kopfes beansprucht die Nackenmuskulatur. Bei Emphysem und insbesondere bei Altersasthma werden merkwürdigerweise die Atmungsmuskeln des Rumpfes nur selten und bei schweren Attacken schmerzhaft, aber sehr oft sind die Bauchmuskeln, besonders die oberen Partien der Musculi recti, sehr gespannt und empfindlich, so daß der Unerfahrene an eine entzündliche Affektion im Oberbauch denkt. Intensive Schmerzen der Muskulatur kommen auch bei starkem Husten und nach dem Erbrechen vor. Nach Traumen dauern die Beschwerden, welche ja in jedem Alter in den direkt oder indirekt — durch heftige reflektorische Spannungen — betroffenen Muskeln entstehen, oft durch viele Wochen an.

Muskelrheumatismus im engeren Sinn, toxisch-infektiöse Schmerzen. An der Grenze zwischen mechanischen und toxisch bedingten Muskelsymptomen stehen jene akuten Schmerzen, welche sich an eine plötzliche ungewöhnte Bewegung anschließen oder durch Überanstrengung entstehen. Die Turnschmerzen des Untrainierten sind allgemein bekannt. Ihnen analog sind oft die andauernden Schmerzen und Krampi im Alter nach längerem Gehen oder sonstigen Muskelanstrengungen. Sie sind mechanisch bedingt, aber ihr Mechanismus dürfte in vielen Fällen auch durch die Entstehung und Retention von Ermüdungsstoffen, also toxisch beeinflußt sein. Auch bei der Entstehung eines Lumbago im Anschluß an eine heftige Bewegung ist es schwer zu entscheiden, ob sie durch eine Muskelzerrung, vielleicht mit Zerreißung von Fasern bedingt ist, oder ob dieser Bewegungsakt nur die Auslösung für einen vorbereiteten Prozeß war.

Akuter Lumbago. Nach einer ungewohnten, aber noch öfter bei einer ganz normalen Bewegung, ja selbst bei einem Lagewechsel im Bett entsteht urplötzlich ein heftiger, oft sehr heftiger Schmerz in der Kreuzgegend. Es braucht nicht gesagt zu werden, daß das auch in früheren Jahren oft vorkommt. Meinem Eindruck nach ist der akute Lumbago im Greisenalter nicht häufiger als etwa zwischen 40 und 50. Der objektive Befund wechselt, die befallene Muskelpartie kann druckschmerzhaft und gespannt, ja geschwollen sein, oder es kann nur eines dieser Symptome bestehen, oder es ist in der Ruhe nichts festzustellen, nur der heftige Bewegungsschmerz ist da, der den Patienten unbeweglich machen kann. Auch in diesen Fällen ist häufig ein Symptom nachzuweisen, das wenig bekannt ist. Beugt man dem mit möglichst entspannter Muskulatur sitzenden Patienten den Kopf nach vorn, übt also einen Zug auf die Wirbelsäule aus, so empfindet er in vielen Fällen einen deutlichen Schmerz, aber nicht an der Stelle der Bewegung, sondern weit unten im Kreuz einen Schmerz, der in seiner Qualität mit dem Lumbagoschmerz identisch ist.

Es ist nicht bekannt, was dem Lumbago zugrunde liegt, ob es sich in letzter Linie um einen Nervenschmerz, eine Neuralgie, handelt (Schmidt) oder um eine Affektion des Muskels. Aber sicher ist, daß organische Erkrankungen des Gelenkapparats, wie Arthritis deformans der Wirbelsäule oder entzündliche Affektionen dazu prädisponieren. Dagegen ist es zweifelhaft, ob — von echter Gicht abgesehen — das sehr unklare Krankheitsbild der „uratischen Diathese" dabei eine Rolle spielt (s. Stoffwechsel). Es wird allerdings berichtet, daß bei diesen Erkrankungen oft erhöhte Harnsäurewerte gefunden werden.

Ganz analog ist das Krankheitsbild der Tortikollis und der selteneren anderen Lokalisationen. Von diesen nehmen nur die Krampi, die Krämpfe der Wadenmuskulatur, eine Sonderstellung ein. Auch bei diesen möchte ich eine Häufung im Alter negieren, wenn man darunter nicht ein gelegentliches Vorkommen, sondern ein chronisches, quälendes Leiden versteht. Zu den oben erwähnten Prädispositionen tritt noch eine neue, der Wasserverlust, sei es durch Diarrhöen oder durch forcierte Entwässerung. Insbesondere bei der Kombination von salzarmer Diät und Salyrganinjektionen sieht man nicht selten Muskelkrämpfe auftreten.

Außer diesen akuten und in der Regel kurzdauernden Muskelaffektionen kommen sehr häufig chronische zur Beobachtung, sei es aus einem akuten Anfall sich entwickelnd, sei es mit schleichendem Beginn und gelegentlichen Steigerungen; auch diese meist bei

Rheumatikern und Arthritikern und, sehr wahrscheinlich, von der gleichen Genese. In den schmerzhaften Muskelpartien ist bei sorgfältiger Untersuchung meist die Anwesenheit einzelner verhärteter und empfindlicher Verdichtungen zu spüren. Sie sind inkonstant und schwinden oft. Der pathologisch-anatomische Befund ist negativ, und es besteht alle Wahrscheinlichkeit, daß es sich um physikalische Zustandsänderungen des Muskels bei äußeren (Kälte, Zug) oder inneren Noxen handelt, um die sogenannten Gelosen Schades. Die enge anatomische und funktionelle Beziehung zur Muskulatur, zur Abgrenzung, Spannung und Bewegung der Muskeln läßt diese Schmerzen von denen der Gelenke sowie von Schmerzzuständen der Sehnen, des Bindegewebes und des Integuments abtrennen, auf welche noch zurückzukommen sein wird.

Therapie. Bei der Behandlung des akuten Muskelschmerzes stehen Wärme und Massage obenan, Wärme in jeder Form, als heißes Bad, Thermophor und Breiumschlag, als Diathermie usw. auch Massage hilft sehr, wenn sie sachgemäß geübt wird. Aber man kann auch der schmerzstillenden Mittel nicht entraten, vom Aspirin bis zur Atophanylinjektion. Bewährt ist auch die Beeinflussung von der Hautoberfläche aus, durch ein Senfpflaster, Schröpfköpfe, Blutegel, reizende Einreibungen und Injektionen. Zu dieser Gruppe gehören auch die später zu erwähnenden Maßnahmen, wie Traubenzuckerinfiltrationen, welche in der Regel nur bei chronischen Fällen verwendet werden, aber auch bei hartnäckigen akuten herangezogen werden können.

Krampi weichen meist vorübergehend der passiven Dehnung der befallenen Muskelgruppe, in vielen Fällen ist Zufuhr von Wasser und Salz wirksam, wenn die Indikationen zu deren Einschränkung nicht überwiegen. Systematische Massage verringert die Anfälligkeit.

Bei den chronischen Leiden — aber auch bei den akuten — ist immer die Frage nach dem Grundleiden zu stellen. Wo mechanische Ursachen zugrunde liegen, wie Plattfüße und sonstige Deformationen, ist die Hilfe der Orthopädie heranzuziehen, in anderen Fällen das Gelenkleiden, die entzündliche Krankheit oder die Ursache der Überanstrengung der Muskulatur, der Hustenreiz, das Asthma usw. zu beeinflussen.

Symptomatisch stehen auch bei den chronischen Muskelleiden Massage und Wärme obenan, aber auch alle anderen Mittel zur Schmerzstillung sind heranzuziehen. Sehr gut haben sich Infiltrationen der befallenen Muskelpartien mit größeren Mengen hypertonischer, 5 bis 10% Traubenzuckerlösung, mit Zusatz von Novokain bewährt. Auch Histaminiontophorese wird sehr empfohlen, doch ist meine eigene Erfahrung unzureichend. Prophylaktisch kommen neben der Behandlung der Grundleiden und Vermeidung von Anlaßschädigungen auch die Bäder- und Reiztherapien zur Anwendung. Normalisierung des Gewichtes und, wo der Verdacht eines Ernährungsschadens, einer harnsauren Diathese besteht, ein Versuch mit purinarmer Kost. Umstellung der Diät kann im Heilplan liegen, nicht aber schematische Einschränkungen.

Die rheumatischen Beschwerden.

Mit der Behandlung der Erscheinungen, die von Gelenken und Muskeln ausgehen, ist es aber noch nicht getan. Es existieren noch eine Anzahl rheumatischer Beschwerden, bei denen man nichts oder nur wenig Charakteristisches findet.

Zu diesen Zuständen sollen jene Beschwerden nicht gerechnet werden, wie sie sich z. B. im Beginne und im Verlauf von Infektionskrankheiten in den Gliedern, im Kreuz oder in den Knochen finden, nicht die Schmerzen der Diabetiker oder des Morbus Paget, kurz es sollen alle jene Schmerzen ausgeschlossen sein, welche nicht in Begleitung von Gelenkleiden oder des Muskelrheumatismus auftreten, oder wo nicht wechselnde „rheumatische" Phänomene eine mehr selbständige Rolle im Krankheitsbild spielen. Auch von diesen ist noch eine Gruppe von Schmerzen bei alten Frauen abgetrennt worden, welche in einer allgemeinen Druckempfindlichkeit der Haut und des Fettgewebes ihr wichtigstes Symptom haben und im Anschluß an Fettsucht und die Derkumsche Erkrankung erörtert worden sind. Aber nach all diesen Einschränkungen bleibt noch immer viel übrig.

Es wurde gesagt, daß bei den „rheumatischen Schmerzen" nichts oder wenig zu finden sei. Wenig ist nicht nichts, und es besteht in Druckempfindlichkeiten an Sehnenscheiden und Muskelansätzen und Schleimbeutels, an den Austrittsstellen und dem Verlauf von Nervenstämmen und an der Kopfschwarte. Man kann wohl diese Lokalisation den Gelenk- und Muskellokalisationen analog halten, aber darüber hinaus tut noch manches weh, was sich nicht mit einem Organ oder einem anatomischen Gebilde überhaupt zur Deckung bringen läßt. Es sind Schmerzen, die wechseln und wandern, heute da und morgen dort, zuweilen von äußeren Umständen deutlich abhängig. Es gibt Tage des Wetterumschlages, wo in den Krankensälen sehr viele Klagen dieser Art zu hören sind, und andere, wo sie verstummen. Kälte und Nässe erhöhen die Beschwerden, in der feuchten Wohnung sind sie zu Hause und ein Aufenthalt in warmem, trockenem Klima bessert sie. Die alten Engländer wissen, warum sie für den Winter nach Ägypten und an die Riviera gehen. Aber man darf nicht glauben, daß kalt für den alten und für den jungen Menschen dasselbe ist. Der Krankensaal kann wohl geheizt sein und die Bettdecken warm. Man kann sich nicht vorstellen, daß jemand friert. Aber eine Gruppe von Patienten klagt über Kälte und auch eine dritte Decke macht ihnen nicht warm. Man mag der Ordnung halber predigen, was man will, aber die Patienten haben einen unwiderstehlichen Drang, mit Unterhosen und Strümpfen im Bett zu liegen — und sie haben recht damit. Es ist eine Eigentümlichkeit der alten Rheumatiker — und nebenbei bemerkt auch mancher junger —, daß sie ihre Haut und deren nahe äußere Umgebung, daß sie ihr Bett nicht zu erwärmen vermögen, Munk hat die niedere Hauttemperatur und die mangelnde Reaktionsfähigkeit von Rheumatikern festgestellt, und hat damit nur bewiesen, was die tastende Hand konstatiert, die trotz der Decken kalte Füße und blasse kühle Haut findet. Damit hängt auch die enorme Empfindlichkeit gegen kleine Temperaturschwankungen zusammen, besonders gegen solche, die durch bewegte Luft veranlaßt werden, die Angst vor dem „Zug" und dem offenen Fenster, die der Normale, auch der normale Greis nicht begreift. Das geschilderte Verhalten gegen äußere Reize ist, neben den begleitenden objektiven Erscheinungen von Gelenk- und Muskelerkrankungen und einer entsprechenden Vorgeschichte, auch das wichtigste objektive Kriterium der rheumatischen Schmerzen ohne bestimmten Befund.

Dies ist auch bei der Behandlung zu berücksichtigen, eine ihrer wichtigsten Aufgaben ist der Wärmeschutz durch Herstellung eines erhöhten Privatklimas unmittelbar um die Haut. Was eine warme Bettdecke und ein Pelz nicht erreicht, gelingt einem dünnen, bis zur Körpermitte reichenden Fußsack aus Flanell oder anliegender Bettkleidung und Bettstrümpfen aus wenig leitendem Material, ebenso warmer wollener oder seidener Unterkleidung beim Ausgehen. Wärmeflaschen im Bett sind auch zu Zeiten notwendig, wo der Normale sie nicht ertragen kann. Für eine Abhärtung ist es im Alter zu spät, aber wer sie von der Jugend her mitgebracht hat, hat seine Vorteile davon. Er kann kalt baden und kalt schlafen, für den Rheumatiker wäre es Pein und Schaden. Von diesem Standpunkt aus ist auch der Drang nach Einreibungsmitteln zu verstehen und deren finanzieller Erfolg für die Erzeuger, sie heilen nicht, aber sie lindern Beschwerden. Es soll nicht behauptet werden, daß der Beimischung wirksamer Körper vom Typus der Salicylverbindungen dabei keine Rolle zukommt, aber dies ist nicht die Hauptsache. Das wichtigste sind die hautreizenden Körper, welche die verschlossenen Kapillaren öffnen und damit Kältegefühle und Schmerzen bessern, und es ist die fettige oder fettähnliche Grundsubstanz, welche einen wirksamen Wärmeschutz darstellt und Reize ausschaltet. Wie oft ist es vorgekommen, daß sich Patienten, welchen man die Einreibung entzogen hat, mit allem Möglichen, z. B. mit Butter, einreiben, sie schützen ihre Haut. Darüber hinaus ist bei der Therapie der rheumatischen Schmerzen das ganze Arsenal der Methoden zu verwenden, welche bei Gelenk- und Muskelleiden in Betracht kommen, Behandlung der Grundleiden, Antirheumatika, Bäder und Massage, Reiztherapien.

Neuritiden und Neuralgien. Dem Plan dieses Buches gemäß soll von den eigentlichen Neuritiden und Neuralgien nicht weiter die Rede sein; die wichtigste Affektion ist die Ischias, dann kommen Trigeminusneuralgien und gewisse Arten von Kopfschmerz. Immer ist die Frage nach ihrer sekundären und symptomatischen Natur zu stellen. Symptomatologie und Behandlung gleichen vielfach der in früheren Jahren üblichen. Auch der Herpes zoster mit seinen Begleit- und Nachschmerzen ist im Alter häufig.

31. Infektionskrankheiten.

Vorbemerkungen. Für sehr viele, ja für die meisten Infektionskrankheiten ist es noch nicht an der Zeit, das Bild ihres im Alter geänderten Aspekts und Verlaufs zu entwerfen. Es liegt kein ausreichendes und geordnetes Material vor und die Erfahrungen eines einzelnen können die Lücken des Materials nicht ausfüllen. H. Schlesinger hat mit möglichster Vollständigkeit die Angaben bis 1913 gesammelt und seitdem ist nichts Wesentliches unter dem Gesichtspunkt des Alters hinzugekommen. Auch er findet die Daten vielfach unzulänglich. Unter diesen Umständen wird auch auf den Versuch einer vollständigen Darstellung verzichtet, und diese nur auf jene Infektionskrankheiten beschränkt, von denen ich mindestens einige Fälle selbst gesehen habe oder bei denen die Angaben der Literatur ergiebiger sind.

Die Unzulänglichkeit des Materials und der Erfahrung gilt, wenn wir von den Tropenkrankheiten prinzipiell absehen, in erster Linie bei den sogenannten Kinderkrankheiten. Masern, Röteln, Scharlich, Varicellen, Diphtherie, Keuchhusten und Mumps sind im Alter extrem selten, auf Hunderttausende von Fällen gibt es nur sehr wenige im Senium, vielfach sind die Erkrankungen der Diagnose unzugänglich und die klinischen Angaben sind nicht zahlreich genug, um statistisch verwertet zu werden. Ich habe auch keine eigenen Erfahrungen in dieser Beziehung. Bei anderen schweren Infektionen, wie Fleckfieber, Typhus, Paratyphus, Bazillenruhr, Cholera und Pocken, habe ich wohl während des Krieges eine Reihe von Fällen im Alter unter der Zivilbevölkerung auf dem östlichen Kriegsschauplatz gesehen, doch war meine Aufmerksamkeit damals nicht gerade auf das Alter gerichtet, und ich verfüge nicht über Krankengeschichten, sondern nur über Erinnerungsbilder.

Eine allgemeine Bemerkung läßt sich vielleicht über den Verlauf von Infektionskrankheiten im Alter machen. Sie klingt paradox. Die ansteckenden Erkrankungen im Senium erscheinen entweder besonders schwer und mit größerer Mortalität als in früheren Perioden oder sie sind auffallend leicht. Für beides lassen sich unschwer Gründe finden. Wenn eine Ansteckung mit gleicher Virulenz auf einen gleichempfänglichen Organismus trifft, so ist der alte Körper mit seinem weniger leistungsfähigen und oft geschädigten Zirkulationsapparat, mit seiner anfälligen Lunge und geringeren Lebenskraft schlechter daran, und das muß zum Ausdruck kommen, wie dies auch die Kurven auf S. 9 zeigen. Anderseits ist die Empfänglichkeit gegen viele Infektionskrankheiten häufig herabgesetzt, und darin liegt die Erklärung für das zweite Verhalten. Es ist wahrscheinlich, daß es bei manchen Erkrankungen eine primäre Beziehung zwischen Infektionswiderstand und Alter gibt. Bei einer Scharlachepidemie auf einer Faroer Insel war, 58 Jahre nach der letzten Scharlachinfektion, die Morbidität bei jugendlichen Personen bis zu 50% und sank allmählich im Alter über 60 Jahre auf 4% herab. Meist dürfte es sich aber bei der Abnahme der Erkrankungszahl und dem leichteren Verlauf im Alter um den Prozeß der „stillen Feiung" handeln. Die alten Leute sind in ihrem Leben eben schon mit dem Virus in Berührung gewesen, es hat gehaftet, hat sehr geringe, klinisch nicht faßbare Erkrankungen oder doch allergische Veränderungen hervorgerufen, welche nun den Ablauf der Erscheinungen mildern. Dies gilt für eine ganze Anzahl von Krankheiten, welche in den betreffenden Gebieten einheimisch sind. Die Berichte über das Einschleppen von Masern u. dgl. in isolierte Menschengruppen, wo dann auch Erwachsene und Alte schwer, und häufig mit einer gesteigerten Mortalität, erkranken, beweisen die Wichtigkeit dieses Faktors.

Angina tonsillaris. Die akute Mandelentzündung ist auch im Alter eine häufige Erkrankung, aber relativ doch seltener als früher. Alle Unterformen kommen vor: die Schwellung und Rötung der Tonsille, die Angina follicularis, Verschmelzung der Eiterflecken zu einem Belag, Abszesse und Phlegmone.

Im großen ganzen kann man sagen, daß die Erkrankung im Alter abgeschwächt verläuft. Dies gilt nicht nur vom Fieber, welches — Ausnahmen zugegeben — niedriger ist, auch der Allgemeinzustand ist in der Regel, selbst bei recht ausgedehnten Erscheinungen nicht so sehr beeinträchtigt, die Schluckbeschwerden sind selten so groß wie bei Jugendlichen und fehlen selbst bei beträchtlichen Affektionen zuweilen fast völlig. Regionär geschwollene Drüsen sind meist zu finden. Die Leukocytenzahl ist erhöht; an Sonderformen kommt (von den sekundären Anginen bei Blutkrankheiten wie bei akuter Leukämie und Agranulocytose abgesehen) die Angina Plaut-Vincenti vor, mit ihrem weißlichen, diphtherieähnlichen oder schmutzigen Belag, dem charakteristischen Geruch und dem Befund von Spirillen und Bacterium fusiforme. Auch Lues und Tuberkulose wird — sehr selten — gesehen.

Die Nachkrankheiten sind spärlicher als sonst. Dies gilt vom akuten Gelenkrheumatismus wie von Endokarditis und Perikarditis. Gewiß kann man bei der Obduktion einer kryptogenetischen Sepsis im Alter einen verborgenen Tonsillarabszeß in chronisch veränderten Tonsillen finden, der per exclusionem oder nach dem Verhalten der regionären Drüsen der wahrscheinliche Ausgangspunkt ist, aber das Rücktreten der Nachkrankheiten zeigt, daß die verschiedenen Erreger einen durch vielfache Attacken veränderten Organismus treffen, der andere Reaktionserscheinungen produziert.

Die Therapie der Angina weicht nicht von dem gewohnten Vorgehen ab. Bettruhe und Umschläge, die üblichen Mittel zu Spülungen und Gurgelungen werden verwendet, in schweren Fällen benützen wir meist Pinselungen mit Silberpräparaten, kolloidales Silber oder Argochrom. Schluckschmerzen werden durch die Anginapastillen gemildert. Die Plaut-Vincentsche Angina reagiert gut auf lokale Behandlung mit Salvarsan. Eine Exstirpation der Mandeln wird wegen der erhöhten Gefahr der Blutung und der Verringerung der Nachkrankheiten nur in Sonderfällen in Betracht kommen, so bei sicher tonsillogener Sepsis oder bei immer wieder rezidivierenden schweren Anginen, nach Versagen der konservativen Behandlung der Mandeln, inklusive deren Röntgenbestrahlung. Wir veranlaßten einen solchen Eingriff bei einer sonst sehr rüstigen 70jährigen Frau, welche in einem Jahr vier Anginen hatte und Saalinfektionen verursachte.

Die Grippe. Die leichteren Fälle echter Grippe sind diagnostisch von den gewöhnlichen Erkältungskrankheiten und den Steigerungen chronischer Katarrhe und Bronchitiden nicht abzugrenzen und höchstens im Zusammenhang mit Epidemien oder bestimmten Ansteckungsquellen faßbar; nur die schweren Fälle geben ein typisches Bild.

Es ist nicht unwahrscheinlich, daß es sich bei der Grippe um eine Infektion mit einem invisiblen Virus handelt, wobei eine große Neigung zu Mischinfektionen mit körpereigenen oder ubiquitären Keimen besteht. Die Präponderanz verschiedener Mischerreger (Influenzabazillus, Pneumokokken, neurotrope Viren usw.) spielen für den Sondercharakter der verschiedenen Epidemien eine Rolle. Es ist eine statistisch belegte Erscheinung, daß die Morbidität der Grippe im Alter geringer ist, wahrscheinlich infolge früher durchgemachter Infektionen, daß aber die Mortalität der schweren Fälle zunimmt (H. Schlesinger u. a.). Beides läßt sich auch an unserem Material bestätigen. Die Grippewellen Wiens haben sich ins Versorgungsheim nur mit verringerter Intensität übertragen. Dies läßt sich auch zum Teil aus der relativen Isolierung dieser Gruppe erklären, die mit der Umwelt doch nicht in so intensivem Kontakt steht und der Ansteckung weniger ausgesetzt ist. Aber die relativ geringere Ausbreitung von Saalinfektionen spricht doch auch für verringerte Empfänglichkeit, für einen bestehenden Durchseuchungsschutz. Dieser erklärt auch das Vorwiegen leichterer, nur als gewöhnliche Erkältungskrankheiten und Bronchitiden erscheinender Fälle von gutartigem Verlauf.

Unsere weiteren Betrachtungen beziehen sich ausschließlich auf die schweren Fälle. Bei ihnen ist die Grippe als eine auch bei Greisen fieberhafte, zuweilen hochfieberhafte Erkrankung charakterisiert, welche mit einer starken Störung des Allgemeinbefindens, oft mit Kreuz- und Gliederschmerzen einsetzt und als konstantestes Symptom eine heftige Entzündung der oberen Luftwege, besonders der Trachea, mit der Prädilektion an der Bifurkation hat. Die Entzündung geht sehr oft auf die Bronchien, in vielen Fällen auch auf die Lunge über. Die Schleimhaut der Trachea ist düsterrot, oft mit Blutungen durchsetzt, zuweilen ist die Entzündung nekrotisierend. Die Pneumonie hat hämorrhagischen Charakter. Die Neigung zur Bildung von Abszessen und Gangrän ist groß, wofern die Kranken nicht früher sterben. Die Infektion hat einen sehr starken Einfluß auf Herz und Vasomotoren, sie ist sehr toxisch. Der Puls wird frequent und klein, in schweren Fällen kollabiert der Patient bald. Die Haut wird kalt und livid, die Extremitäten und zuweilen der ganze Körper zyanotisch und blaß. Ein Erliegen innerhalb von 24 Stunden kommt vor. Als Beispiel ein Obduktionsbefund eines Fünfundsiebzigjährigen: Schwerste Grippe; Dauer zwei Tage. Akuteste hämorrhagische Tracheabronchitis, im Lumen der Trachea und der Bronchien flüssiges Blut. Lobuläre Pneumonie in der Spitze und an der Basis des linken Unterlappens mit kollateralem, hämorrhagischem Ödem im ganzen Unterlappen .. Parenchymatöse Degeneration des Herzmuskels, der Leber und der Nieren.

Das Sputum wird oft nur ungenügend nach außen befördert und ist vielfach hämorrhagisch, sonst eitrig. Das Sensorium ist häufig getrübt, der Patient liegt apathisch da, zuweilen kommt es zu lauten oder stillen Delirien. Die Nebenerscheinungen von seiten des Magens und Darms („Bauchgrippe" mit Diarrhöen, Erbrechen, Übelkeit, Schmerzen), von seiten des Nervensystems („Kopfgrippe", Singultus usw.), die Komplikationen von seiten des Ohres und der Nebenhöhlen wechseln stark in den einzelnen Epidemien. Wir hatten eine kleine Epidemie, wo fast alle Befallenen eine positive Diazoreaktion im Harn zeigten, welche bei Grippe sonst zu fehlen pflegt. Auch die relative Zahl der Pneumonien, das Hervortreten von Hämorrhagien, die Anzahl der Empyeme und Abszesse variiert in hohem Maße.

Es ist unmöglich, bei einer so wenig abgegrenzten Krankheit Sicheres über Morbidität und Mortalität zu sagen. Nimmt man aber nur die schweren Fälle als Grundlage, so ist im Alter über 60 Jahren die schwere Grippe gefährlich, mit einer Sterblichkeit von 7—30%, je nach den einzelnen Epidemien.

Über die Therapie der Grippe herrscht keine Übereinstimmung. Selbst die ganz primitive Forderung nach absoluter Bettruhe wird im Alter aus Furcht vor Pneumonie oft verletzt, sehr zum Schaden der Patienten. Dieses Vorgehen ist grundfalsch und führt nur dazu, daß die Reserven an Herzkraft usw. rascher aufgezehrt werden und daß Kollapse und Pneumonie begünstigt werden. Fast alle Ärzte verordnen irgendein Grippemittel. Die Zahl der empfohlenen ist Legion. Als Typus kann das Aspirin angesehen werden. Aber die ungemeine Variation der Verschreibungen beweist, daß kein Mittel sich souverän durchgesetzt hat, die allgemeine Anwendung derartiger Medikamente zeigt aber, daß sie als wohltätig angesehen werden. Sie wirken fiebersenkend, entzündungswidrig und erleichtern die Beschwerden. Persönlich bevorzuge ich Causyth, in der Menge von 2—3 g pro die. Initial ist auf Darmentleerung zu achten. Unspezifische Therapie von der Art des Omnadins oder Eigenblut läßt sich vertreten. Bei alten Leuten scheint mir neben den genannten Mitteln und der symptomatischen Therapie die prophylaktische Verabreichung von Herzmitteln (Digitalis) und von Gefäßmitteln (Coffein usw.) von Nutzen. Die Ernährung hängt zum großen Teil von dem Appetit und den Wünschen des Patienten ab. Wo dies durchzuführen ist, wird man eine entzündungswidrige, also salzarme, kalziumreiche, alkalische Kost bevorzugen, mit Obst, Fruchtsäften, Kompott, leichten Gemüsen und Milch als Grundlage.

Sepsis und Pyämie. Septische und pyämische Erscheinungen und ihre Therapie sind schon an den verschiedensten Stellen dieses Buches in Zusammenhang mit den betreffenden Organkrankheiten erwähnt worden. Ich erinnere unter anderem an die Endokarditis, an die Erkrankungen der Gallenwege und der Harnorgane. Es sollen auch nicht die prämortalen Aussaaten bei den verschiedensten Entzündungen, z. B. bei Pneumonien und Lungeneiterungen, bei verjauchten Karzinomen u. dgl., erörtert werden. Es ist auch unmöglich, alle Eintrittspforten, Lokalisationen und Komplikationen der Sepsis aufzuzählen. Sie sind so vielfältig wie in früheren Perioden. Zu den häufigeren Ursachen gehört im Alter die Entstehung aus Zirkulationsstörungen, wie Extremitätengangrän, sowie aus infizierten Thrombosen der unteren Extremitäten, aus vereiterten Tumoren und vor

allem dem Dekubitus. In vielen Fällen der sogenannten kryptogenetischen Formen ist der Ausgangspunkt auch bei der Obduktion nicht
zu erkennen.

Da dieser Krankheit überhaupt das Typische fehlt, kann man im
Senium auch nicht von einem typischen Bild der Sepsis sprechen,
immerhin lassen sich einige Besonderheiten hervorheben. Zunächst
treten die Schüttelfröste, wenn wir von der Urosepsis und der Cholangitis absehen, meist zurück. Die Temperaturen sind im Durchschnitt weit geringer. Viele Fälle verlaufen nur subfebril, das völlige
Fehlen von Fieberzacken ist selten. Es lassen sich foudroyante Fälle,
bei denen die Krankheit in 1—2 Tagen zum Ende führt und bei denen
man mit allen diagnostischen Erwägungen und Untersuchungen zu
spät kommt, solchen mit längerer Dauer und den chronischen Erkrankungen gegenüberstellen. Das Allgemeinbild ist, besonders bei den
diagnostisch ungünstigen Fällen, oft das des marantischen Dahin-
liegens mit Apathie, zuweilen rasch einsetzender Bewußtseinstrübung.
Bei den chronischen Fällen ist der Allgemeinzustand und das Sensorium oft auffallend gut erhalten, so daß man eventuell von einem
positiven Blutbefund überrascht wird oder septische Metastasen als
einziges Symptom feststellt. Im übrigen sind diese sowohl an der Haut
wie an den Gelenken seltener als sonst. Auch die septischen Diarrhöen
treten zurück, doch kommen sie vor, wie auch eine Enteritis im Alter
der Ausgangspunkt einer Sepsis sein kann. Der Harnbefund zeigt
fast immer Albumen und etwas Sediment, oft den Befund einer akuten
Nephritis oder Herdnephritis mit Erythrocyten und Zylinder. Der
Blutstatus wechselt zwischen der prognostisch günstigeren Leukocytose — Eosinophile fehlen — und einer Leukopenie mit starker
Kernverschiebung. Die Senkungsgeschwindigkeit ist stets extrem beschleunigt. Die Blutkulturen fallen im Alter weniger oft positiv aus
wie sonst. Die Erreger sind meist Streptokokken, dann Pneumokokken,
seltener Staphylokokken und die anderen in Betracht kommenden
Bakterien. Auf Blutentnahme zur richtigen Zeit und öftere Wiederholung kommt viel an, doch ist die Wahl des günstigen Zeitpunktes
infolge der Temperaturverhältnisse erschwert.

Die Therapie der Sepsis wird auch im Alter die Ausschaltung des
Herdes anstreben, wo dies möglich ist und wo der betreffende Eingriff dem Organismus noch zugemutet werden darf, wie bei otogener
Sepsis oder bei Extremitätengangrän. Sonst wird man neben der symptomatischen Behandlung mit besonderer Berücksichtigung des Zirkulationsapparates einerseits die Mittel der allgemeinen Umstimmung
verwenden, wie Bluttransfusionen, Eigenblut, Omnadin usw., und anderseits von den sogenannten inneren Antisepticis nach der eigenen
Erfahrung in früheren Lebensperioden Gebrauch machen. Wir ver-

wenden meist Argochrom oder Trypaflavin, bei Streptokokkenaffektionen Prontosil; von intravenösen Alkoholinjektionen haben wir keine Erfolge gesehen. Es ist bekannt, daß die Sepsistherapie noch recht wenig befriedigend ist, die guten Erfolge von Urotropinpräparaten bei Urosepsis, von Choleval bei Gallenwegsaffektionen wurden bereits hervorgehoben. Auch sonst begegnet man im Alter Fällen, wo ein Erfolg der Therapie über das post hoc hinaus wahrscheinlich erscheint, aber die schlechte Prognose der Sepsis besteht noch zurecht. Über die Behandlung mit sehr großen Dosen von Vitamin C und P habe ich noch keine Erfahrung.

Meningitis epidemica. Die Empfänglichkeit für die epidemische Cerebrospinalmeningitis ist im Alter gering. In der großen Statistik von Flatau sind von über 2900 Fällen nur 11 im Alter von 50—60, 5 zwischen 60—70 Jahren und 2 darüber. Die Zahlen anderer Autoren sind analog. Allerdings mögen im Alter weit mehr Fälle der Diagnose entgangen sein als früher. Ich selbst habe nur wenige Erkrankungen dieser Art gesehen, darunter keine mit einem typischen Bild. Doch kommt dieses nach den Beschreibungen vor.

Es ist nicht schwer, bei Fieber, Nackensteifigkeit, Kernig, bei Hirnlähmungen auch an epidemische Meningitis zu denken und den Verdacht durch das Ergebnis der Lumbalpunktion zu erhärten. Auch Herpes und ein purpuraartiges Exanthem kann dabei helfen. Aber so leicht macht es einem das Alter nicht. Die Fälle sind, zumal im Beginn, wenig ausgesprochen, die Temperatursteigerung ist gering. Kopfschmerzen und eine geringe Nackensteifigkeit bestehen wohl, ein Kernig oder das Auftreten eines Babinski während der Ausführung des Kernig werden beobachtet, bald kommt eine Trübung des Bewußtseins dazu. Aber dieses gesamte Symptomenbild ist im Alter so vieldeutig, es kann einem Meningismus, einem cerebralen Schub einer Encephalomalazie, einer Encephalitis, einem Hirnödem entsprechen. Nur die gewohnheitsmäßige Durchführung der Lumbalpunktion in allen solchen Fällen kann die Diagnose der Meningitis und die Abtrennung der epidemischen von der tuberkulösen Form sichern. Einsetzen mit Lähmungen wie bei einer Apoplexie habe ich nicht gesehen; es wird berichtet. Wenn die Patienten nicht benommen sind, bzw. wenn sie durch die Lumbalpunktion zu Bewußtsein kommen, klagen sie über Kopfschmerzen, Schwindel, über Glieder-, Kreuz- und Gelenkschmerzen.

Die Prognose ist im allgemeinen schlecht. Unbehandelte Fälle gehen meist rasch zugrunde. Die Therapie verlängert das Leben und bringt doch einen Prozentsatz zur Heilung. Wir verfügen über einen geheilten Fall, der ziemlich schwer einsetzte. Das wichtigste ist die Entlastung des Hirns durch immer wieder erneute, ausgiebige Lumbalpunktionen bis zum normalen Druck. Meningitisserum wird in großen Dosen subkutan und in kleinen intraspinal gegeben. Auch verdünnte Argochromlösung haben wir mehrmals, auch in dem geheilten Falle, intraspinal angewandt.

Variola. Die Empfänglichkeit der Ungeimpften im Alter, wird im Alter als vermindert angegeben. Unter 632 Fällen von H. Curschmann waren 25 Fälle zwischen 50 und 60, 7 zwischen 60 und 70 Jahren. Weniger deutlich tritt die Abnahme bei Preger hervor, der unter 524 Kranken 46 über 60 Jahre hatte. Wenn man nach der Reaktion bei Nachimpfungen schließen dürfte, müßte die Empfänglichkeit für Blattern selbst bei Geimpften ziemlich hoch sein. In unserer Anstalt werden in der Aufnahmsabteilung die nichtkachektischen Neuaufnahmen durchgeimpft. Man sieht in der Regel sehr deutliche, oft ungemein starke Impfreaktionen, zuweilen von mehreren Zentimetern Durchmesser, mit entzündlichem Hof, Drüsenschwellung und Temperaturerhöhung. Meinem Eindruck nach sind die Reaktionen weit stärker als bei Erstimpfungen. Trotzdem erkranken die Geimpften im Alter meist nur an Variolois, es wird aber berichtet, daß eine zweite, ausgebreitete Erkrankung bei Greisen, die Blattern überstanden haben, deletär ist.

Ich selbst habe während des Krieges in Galizien und Russischpolen Blattern auch bei alten Leuten gesehen. Ich kann mich nicht erinnern, daß der Ausschlag sehr viel Besonderes aufgewiesen hätte, nur waren in der welken, schlaffen Haut der Greise die Pusteln schlaffer und weniger gespannt, wie dies auch in der Literatur hervorgehoben wird. Sonst kommen sehr reichliche und sehr spärliche Exantheme vor, die zuweilen konfluieren und hämorrhagisch sind, doch habe ich eine Variola fulminans nicht gesehen. Es wird berichtet, daß die Eruptionsperiode im Alter verlängert ist; es ist zu verstehen, daß sich die Rekonvaleszenz und Genesung lange hinausziehen.

Die Mortalität ist erhöht, bei den schweren Fällen sehr hoch, 40% und darüber. Neben Verlaufsarten vom gewohnten Typus mit Initialfieber, heftigen Glieder- und Kreuzschmerzen und der zweiten, von der Eruption des Exanthems und dessen Verlauf abhängigen Fieberperiode kommen auch sehr rasch verlaufende toxische Fälle vor, bei denen Tachykardie und Bewußtseinstrübung vorherrschen. Die Delirien sind im Alter meist still, wie überhaupt das passive Hinliegen die schweren Fälle kennzeichnet. Daß im Senium mit dem Versagen von Herz und Gefäßen zu rechnen ist und damit die Gefahr größer wird, ist klar. Aber auch Dekubitus, Erysipel und Pneumonien sind häufig als Komplikationen.

Die Grundlage der Therapie ist die Allgemeinbehandlung der Infektionskrankheit und des Zirkulationsapparates. Lokal werden auf die schmerzenden oder gespannten Pusteln indifferente Salben oder solche mit analgesierenden Zusätzen oder Öl oder Brandliniment aufgelegt. Die Behandlung unter rotem Licht ist in der Regel schwer durchführbar. Sie kann zum Teil durch Bepinseln mit einer stärkeren Kaliumpermanganatlösung ersetzt werden. Wo das Exanthem sehr reichlich ist und die Resorption toxischer Produkte durch die Haut als schädigendes und gefährdendes Moment sehr in Betracht kommt, wird die Therapie in Zukunft wohl von den Fortschritten in der Behandlung von Verbrennungen Gebrauch machen, also unter anderem lokal Tanninlösungen verwenden, intravenös hypertonische Traubenzucker- und Calciumlösungen und Bluttransfusionen heranziehen.

Fleckfieber. Der Typhus exanthematicus zeigt im Alter sehr deutlich die Bilder zweier entgegengesetzter Typen. Legt man die Fälle zugrunde, bei denen die Diagnose klinisch zu stellen ist, mit Exanthem, Fieber und dem Bilde schwerer Infektion, so ist an der Verschlechterung der Prognose mit dem Alter nicht zu zweifeln. Beide Formen des Exanthems sind vertreten, das abgegrenzte hämorrhagische, mit dem Blutpunkt in der Mitte und das diffuse, livide, blässere, etwas erhabene. Die Injektion der Schleimhäute, die Röte des Gesichts tritt im Alter zurück. Die Temperatur ist geringer, Prostration herrscht vor, Apathie und Flockenlesen drängen die lauten Delirien in den Hintergrund. Herzschwäche und Kollapse führen meist den üblen Ausgang herbei. Die Peripherie ist zyanotisch und blaß, doch zur Ausbildung von Extremitätengangrän fehlt es an Zeit.

Seitdem man in der Weil-Felixschen Reaktion ein sicheres Mittel hat, welches die sehr unzuverlässige, rein klinische Diagnose kontrolliert, konnte man lernen, daß es leichte und abortive Fälle gibt, welche nur serologisch erfaßt werden können, ohne Exanthem oder mit sehr geringen Hauterscheinungen, mit wenig gestörtem Allgemeinbefinden, oft ambulant, mit weit geringeren Temperaturen. Ich hatte im Krieg öfter Gelegenheit, Fieberfälle vom ersten Anfang an bei Bevölkerungsgruppen zu verfolgen, welche wegen Infektionsverdacht in Quarantäne standen. An ihnen konnte das Auftreten und Wachsen des Agglutinationstiters im Vergleich mit den klinischen Symptomen studiert werden. Ich glaube mich nicht zu täuschen, wenn ich sage, daß ein erheblicher Anteil der ganz leichten, nur serologisch erkennbaren Fälle auf Kleinkinder und Greise entfiel. Man wird kaum fehlgehen, wenn man darin bei den letzteren ein Zeichen chronischer Durchseuchung sieht.

Die Behandlung der schweren Fälle beansprucht ein Maximum an Pflege und Beobachtung vor allem des Kreislaufs. Wärmezufuhr ist notwendig, wenn die Temperatur der Umgebung niedrig ist. Keines der üblichen Mittel zur Beeinflussung von Fieber und Infektionen hat sich in den schweren Fällen bewährt. Man wird immer wieder solche Maßnahmen versuchen. Bei starken Kopfschmerzen und bei Unruhe haben sich Lumbalpunktionen zur Entlastung als sehr nützlich erwiesen.

Über Lyssa, Rotz, Milzbrand im Alter habe ich keine Erfahrungen, und es liegen auch keine ausreichenden Angaben vor. Auch über Tetanus kann ich nur aus der Literatur berichten, daß die Erkrankungsziffer im Alter abzunehmen scheint. Rose hatte unter 149 Fällen von Tetanus, Neumann unter 150 Fällen von Kopftetanus je 7 Erkrankte über 60 Jahre zu verzeichnen. Die Zahl der kryptogenetischen Fälle nimmt zu. Das Krankheitsbild weicht nicht wesentlich ab, auch die Therapie ist die gleiche. Die Prognose ist schlecht. Heilungen gehören zu den Ausnahmen.

Erysipel. Das Erysipel ist im Alter eine sehr häufige und bedeutungsvolle Infektionskrankheit. Die Empfänglichkeit dafür ist eher erhöht. Dies tritt vielleicht in den Statistiken nicht so deutlich hervor, wenngleich sie auch von einer großen Zahl von Erkrankungen berichten. Wenn in diesen Zahlen eine Frequenzzunahme über den Anteil der Alten im Aufbau der Bevölkerung hinaus nicht nachweisbar ist, so spricht sich wahrscheinlich die Tatsache darin aus, daß die Greise durch ihre Lebensweise weniger exponiert sind. Die hohe Empfänglichkeit für die Erkrankung kann aber bei Lokalepidemien erkannt werden.

Unter 4743 Fällen (H. Schlesinger) waren 350 (7,4%) zwischen 60 und 70 Jahren, 133 (2,8%) zwischen 70 und 80, 24 (0,5%) darüber. Unter 19.054 Wiener Infektionsmeldungen (F. Rosenfeld) waren 1486 (8%) im 7. Dezennium, 870 (4,5%) älter.

Die Prognose wird im Alter ungünstig. Wiener Statistiken vor dem Kriege zeigten eine Mortalität von 20% über 60 Jahren, sie stieg (Rosenfeld) von 13% (60—65 Jahre) auf 26% über 70. Der Leiter der Erysipelabteilung unserer Anstalt (L. Kühnel) hatte bis 1929 unter 60 Jahren eine Mortalität von 4%, darüber von 14%. Seitdem ist nach einer persönlichen Mitteilung die Mortalität infolge der therapeutischen Fortschritte noch weiter gesunken.

Das Aussehen des Erysipels im Alter unterscheidet sich nicht sehr wesentlich von dem in anderen Lebensstufen. Wie sonst steht das Gesichtserysipel an Zahl obenan, aber der Rotlauf an den unteren Extremitäten, oft im Zusammenhang mit bestehenden chronischen Hautveränderungen, und am Stamm ist häufiger zu finden als sonst. Die Fälle, wo die Eingangspforte nicht nachweisbar ist, werden zahlreicher. Die Neigung zu Rezidiven, ja zur vielfachen Wiederholung von Rotlauferkrankungen ist groß. Die Unterscheidung von Erythem, besonders solchem über lokalen Entzündungen, wie Thrombosen und Phlebitiden, von Dermatitiden und Phlegmonen kann Schwierigkeiten machen, die manchmal nur durch die Beobachtung des Verlaufs überwunden werden können. Manche Fälle bleiben ungeklärt. Spielt sich ein Erythem an einer normalen Hauptpartie ab, so kann oberflächliche oder tiefe Infiltration, letztere zugunsten des Rotlaufs, diagnostisch herangezogen werden, während der Rotlauf wieder gegenüber der Phlegmone der oberflächlichere Prozeß ist. Die Haut allein, Subkutis, tiefe Infiltration ist die Stufenleiter. Diese Kriterien lassen uns jedoch bei einer chronisch-entzündlich veränderten oder ödematösen Haut im Stich. Ungemein wichtig ist der scharfe, wallartige, oft gezackte oder girlandenförmige Rand sowie das rasche und kontinuierliche Forschreiten im Beginn. Bei schweren Fällen wird die Haut durch Blasenbildung und Nekrose verändert. Übertragung des Rotlaufs auf andere Körperpartien und Wandererysipele kommen vor.

Der Rotlauf ist auch im Alter eine fieberhafte, sehr oft hochfieberhafte Erkrankung, wiewohl auch fieberlose Fälle mit nicht geringer Ausdehnung zur Beobachtung gelangen. Zuweilen geht der Fieberanstieg den sichtbaren Erscheinungen bis zu 24 Stunden voraus. Bei Gesichtserysipel sind zuweilen auch schon vor Auftreten des Fiebers regionäre Lymphdrüsen am Halse tastbar. Diese Beobachtung meines Assistenten Dr. Bergel ist für die Erkenntnis des Weges solcher Infektionen von Belang. Sie können in diesen Fällen kaum von der Hautoberfläche stammen. Die Fieberdauer hängt ganz vom Verlauf ab, sie kann zwischen wenigen Stunden und Wochen schwanken. Für die Möglichkeit der Tonsillen als Eintrittspforte sprechen Beobachtungen von S. Bondi über Erysipel nach Tonsillektomien.

Die Schmerzen sind meist mäßig, beim Kopferysipel oder überhaupt bei Rotlauf im Bereiche gespannter Haut jedoch zuweilen sehr groß. Das Allgemeinbefinden ist, besonders bei rezidivierendem Erysipel und leichteren Fällen, oft nur wenig geschädigt, in anderen schwer beeinträchtigt mit Prostration, Unruhe, Delirien, Bewußtseinsverlust, Meningismus. Es kommt zu Hirnödem. Die Leukocytenzahl ist meist beträchtlich erhöht, der Harn weist Zeichen febriler Schädigung auf.

Der Tod erfolgt an Herzschwäche oder an Pneumonie. Daß alle Arten von Komplikationen auftreten können, Abszesse, Eiterungen, Gangrän, Thrombosen, Dekubitus, Nephritiden, Sepsis usw. braucht nur erwähnt zu werden. Nach der Genesung bleibt die Haut zuweilen noch lange verdickt und schuppend.

Über die Lokaltherapie des Rotlaufs herrscht keine Übereinstimmung. Es scheint auch ziemlich gleichgültig zu sein, ob man die befallenen Stellen mit indifferenten Salben oder mit Burow- oder Alkoholumschlägen bedeckt, ob man sie mit Jodtinktur bepinselt oder mit Ichthyol, oder Cehasolsalbe u. dgl. behandelt. Nur die bei jüngeren Individuen nützlichen, sehr hochprozentigen Karbol-Campher-Mischungen wird man wegen der Gefahr der Hautschädigung und Intoxikation bei Greisen ablehnen.

Gleichzeitig mit den lokalen Maßnahmen verwenden wir immer eine Reiztherapie, meist Yatren-Casein. Doch kommt es kaum auf das Präparat an. L. Kühnel rühmt aus einer sehr großen Erfahrung bei schweren Fällen die Anwendung von normalem Pferdeserum. In neuester Zeit scheint die Anwendung von Prontosil einen weiteren Fortschritt zu bedeuten, doch sind meine Erfahrungen noch nicht ausreichend. Die sonstige Behandlung besteht in Pflege und symptomatischer Therapie, insbesondere auch Prophylaxe der Zirkulationsstörungen und bei Zeichen von Hirnödem in der Anwendung der Gegenmittel zur Entwässerung.

Zum Schutze vor Ansteckung ist der Prophylaxe des Erysipels im Alter besondere Bedeutung zuzumessen. In einem ordentlich geführten Spital ist im allgemeinen die Furcht vor einer Übertragung des Rotlaufs nicht groß. Es besteht, vielfach durch äußere Umstände bedingt, der Usus, Rotlaufkranke auf inneren Abteilungen nicht zu isolieren. Dieser Zustand ist gewiß nicht ideal, aber er wird mit der Begründung gerechtfertigt, daß Ansteckungen kaum vorkommen. In einem Spital für viele alte Leute kann aber diese Behauptung nicht aufrechterhalten werden. Auch bei Durchführung aller Vorsicht und Desinfektionsmaßnahmen am Bett kommen ohne strenge Abtrennung und Isolierung Saalinfektionen, ja Hausepidemien vor. Für Rotlaufpatienten im Greisenalter ist die Absonderung zu fordern, und Patienten, welche mehrfach Rotlauf überstanden haben, stellen eine Gefahr für ihre Umgebung dar und sind womöglich gemeinsam unterzubringen. Eine Hausepidemie ist nur zu beseitigen, wenn man den üblichen Maßnahmen noch die zeitweise Entleerung der betreffenden Abteilung, die vollständige Weißigung der Wände und Desinfektion des Mobilars und aller Gebrauchsgegenstände hinzufügt.

Malaria. Bei Malaria ist zwischen chronisch infizierten Greisen in Gegenden mit endemischer Malaria und frischen Infektionen zu unterscheiden. Diejenigen, welche in Malariagegenden das Greisenalter erreichen, haben meist eine große Milz, Parasiten in Blut und Organen, aber nur gelegentliche Fiebersteigerungen, sind schwächlich und mager, scheinen aber einen beträchtlichen Grad von Gewöhnung an die Infektion erlangt zu haben. Frische Infektionen verlaufen im Senium analog wie sonst, vielleicht mit etwas geringeren Temperaturen, doch sind die Schüttelfröste und die Blutzerstörung eine ernste Gefahr und die Mortalität ist weit größer. Höheres Alter gilt auch als Kontraindikation gegen die Anwendung der Malariatherapie bei Paralyse usw. Die Therapie und Prophylaxe der Malaria erfolgt nach den allgemein gültigen Richtlinien.

Darminfektionskrankheiten. Cholera. In einer nicht endemisch durchseuchten Bevölkerung erkranken alte Leute anscheinend in gleicher Weise an Cholera wie die übrige Bevölkerung, nur ist die Mortalität der schweren, klinisch als Cholera erscheinenden Fälle eine weit höhere, nach älteren Angaben zwischen 80 und 90%. Doch gelten diese Zahlen nur mit Ausschluß der leichteren Fälle, welche als Diarrhöen mit oder ohne Magenerscheinungen verlaufen und nur innerhalb einer Epidemie bakteriologisch faßbar sind. Ich hatte persönlich unter den jüngeren Kontrollfällen bei Cholera eine geringere Mortalität, unter 10%, wofür ich nicht allein die eingeschlagene Therapie verantwortlich machen möchte, sondern noch mehr die Tatsache, daß ich erst zur Zeit einer abklingenden Epidemie Gelegenheit hatte, eine größere Zahl von Kranken zu sehen. Aber auch bei meinem Material war der Erinnerung nach die Sterbeziffer der Kranken von über 50 Jahre weit höher. Dies ist auch bei der schweren vasomotorischen Schädigung nicht zu verwundern. An Besonderheiten des Verlaufs ist zu erwähnen, daß bei Greisen der Kollaps mit Koma und Verfall oft schon einsetzt, bevor es zu sehr profusen Diarrhöen und Erbrechen gekommen ist. In solchen Fällen ist der Darm zwar mit einer großen Menge wässerigen Inhalts erfüllt, der aber nicht mehr genügend nach außen entleert wird. Anderseits sieht man auch typische Fälle mit profusen Brechdurchfällen, Austrocknung und Wadenkrämpfen usw. und wieder Formes frustes unter dem Bilde einfacher Diarrhöen.

Es ist bekannt, daß die interne Therapie es versucht, Bakterien und Toxine im Darme zu binden, daß aber gerade in schweren Fällen die Kranken nichts zu sich nehmen und nichts bei sich behalten. Ist dies nicht der Fall, oder ist wieder eine Besserung eingetreten, so kann man versuchen, Bolus alba oder Tierkohle in großen Mengen zuzuführen. Ich habe eine Mischung von Bolus alba, Calcium carbonicum und Tannalbin bevorzugt, welche bei der Ruhr angeführt werden soll. Das Hauptgewicht der Behandlung liegt aber bei der Auffüllung des Gefäßsystems und in der Anregung des Zirkulationsapparats. Große Mengen (500 ccm bis 1 l) hypertonischer (10%iger) Kochsalz- oder Ringerlösung, intravenös mit Zusatz von Strophanthin und Adrenalin langsam injiziert, bewirken oft eine schlagartige, häufig allerdings nicht dauernde Besserung. Der fadenförmige Puls wird wieder kräftiger, die Haut gewinnt einen Teil des Turgors zurück, die Züge werden weniger spitz und verfallen, das Koma, die Anurie, die Krampi weichen. Daß eine Schutzimpfung Morbidität und Mortalität wesentlich herabsetzt, ist wahrscheinlich, jedoch nicht unbestritten.

Ruhr. Die folgenden Bemerkungen beziehen sich nur auf bakterielle Ruhr. Amöbendysenterie bei alten Leuten habe ich nicht gesehen, doch dürfte sie sich im wesentlichen analog verhalten. Weder die Empfänglichkeit noch das klinische Bild der Ruhr weicht wesentlich von dem früherer Lebensabschnitte ab, nur ist die Mortalität höher. Nach Angaben von H. Schlesinger, welche mit meinen eigenen Erfahrungen übereinstimmen, steigt die Zahl der Toten von 5,7% im Alter zwischen 20 und 50 auf 14% zwischen 50 und 60 Jahren und auf 26% darüber an. Als prognostisch besonders ungünstig ist neben hoher Zahl, schlechter Beschaffenheit der Entleerungen und Hartnäckigkeit des Zustands das Auftreten einer Parotitis anzusehen. Die Rekonvaleszenz ist im Alter verzögert, als Nachkrankheiten sieht man zuweilen Polyneuritis und Gelenkschwellungen (Ruhrrheumatismus) auftreten.

Was die Behandlung anlangt, so möchte ich zunächst im Gegensatz zu vielen Angaben, aber auf Grund einer sehr großen Anzahl behandelter Ruhrfälle die Einleitung der Therapie durch eine Darmentleerung mit Rizinusöl vertreten und den Gebrauch von Opiaten aufs äußerste zurückdrängen. Man sieht sich allerdings zuweilen doch gezwungen, eine Morphiuminjektion zu geben, um bei erschöpften Patienten eine ruhige Nacht zu erzielen oder einen Transport zu ermöglichen. Die Anzahl der empfohlenen, intern gegebenen Mittel ist Legion. Sie sind alle mehr oder minder wirksam. Ich habe als schematische Therapie zumeist eine Mischung von 10 g Bolus alba, 4 g Calcium carbonicum und 1 g Albumen tannicum angewandt und diese Dosis dreimal täglich in Aufschwemmung geben lassen. Sie ist leichter zu nehmen als die sonst erforderlichen sehr großen Dosen von Bolus alba oder von Tierkohle (100 g und mehr) und leistet zumindest das gleiche. Bleibt der Erfolg aus, so stehen einem noch diese Mittel, wie auch Adsorgan, Yatren und Uzara, Alliumpräparate u. v. a. zur Verfügung. Von der Behandlung mit Serum habe ich Entscheidendes nicht gesehen, man wird sie in schweren Fällen versuchen. Auch Bluttransfusionen werden in Zukunft heranzuziehen sein. Emetininjektionen, welche bei Amöbenruhr unentbehrlich sind, haben mir bei Bazillenruhr keine entscheidenden Dienste geleistet. Die lokale Behandlung mit Darmspülungen (Tannin, Yatren, Wismut, Argentum nitricum) gehört ebenso wie die rektoskopisch durchgeführte Lokaltherapie nicht zur Therapie der akuten Ruhr, sondern der der chronischen. Daß die Kost im Beginne äußerst streng und schlackenlos sein soll, und daß der Übergang nur allmählich nach den Regeln der Enteritisbehandlung erfolgen darf, versteht sich von selbst.

Typhus und Paratyphus. Der Abdominaltyphus und diejenigen Fälle von Paratyphus, welche ihm gleichartig verlaufen, können gemeinsam erörtert werden. Aus den bei H. Schlesinger gesammelten Daten geht hervor, daß im Alter die Empfänglichkeit für Typhus sinkt, und zwar weit über die natürliche Abnahme der Alten im Aufbau der Bevölkerung hinaus. So waren — um nur eine Statistik zu zitieren, welche in der Mitte steht — von 2241 Typhusfällen nur 19 über 50 Jahre, nur 3 über 60 Jahre. Liebermeister findet unter 1714 Typhusfällen 30 zwischen 50 und 60 Jahren, 11 zwischen 60 und 70, einen darüber. Darnach würde die Disposition schon im sechsten Jahrzehnt auf ein Fünftel der durchschnittlichen sinken, später noch tiefer. Die statistischen Zahlen leiden allerdings darunter, daß in den hohen Altersstufen wesentlich mehr Fälle undiagnostiziert bleiben, doch sprechen auch Obduktionsstatistiken für die Seltenheit des Typhus im Alter.

Auch die Anzahl der Bazillenträger sinkt im Alter, doch sie fehlen nicht. Vielleicht wächst sogar in manchen Fällen ihre Gefährlichkeit durch Unreinlichkeit und Unbeholfenheit. Als Kuriosum sei ein Fall der Abteilung erwähnt, wo bei einer 80jährigen Frau, welche in ihrem 21. Lebensjahre Typhus durchgemacht hatte, Bazillen nachgewiesen wurden, also nach 59 Jahren. Als sie einige Zeit später starb, fand sich der Erreger reichlich in der steinfreien Gallenblase.

Der Verlauf der Erkrankung ist im Senium meist atypisch. Da in Wien Typhus eine sehr seltene Erkrankung ist, habe ich nur relativ wenige Fälle im Alter gesehen. Es war keiner darunter, bei dem aus dem klinischen Bilde allein die Diagnose mit Wahrscheinlichkeit hätte gestellt werden können. Meist war der bakteriologische Befund die einzige Unterlage der Diagnose. Diazoreaktion und Leukocytenbefund können helfen, aber auch im Stiche lassen. Es ist ein Zufall, daß wir nur einmal auf dem Obduktionstisch durch einen Typhusbefund überrascht wurden. Nach den Erfahrungen der Prosekturen werden Typhen im Alter aus Mangel an Anhaltspunkten in der überwiegenden Mehrzahl nicht erkannt. Das einzige Mittel gegen dieses Übersehen ist, auch bei sehr fernliegendem Verdacht den bakteriologischen Apparat in Bewegung zu setzen. Bei dem berichteten Falle handelt es sich um einen 70jährigen Patienten mit Schwäche, subfebrilen Temperaturen und Diabetes mellitus, bei dem wir wegen einer leicht positiven Diazoreaktion an eine Miliartuberkulose dachten. Er hatte 6100 Leukocyten mit 85⁰/o Neutrophilen. Die bakteriologischen Befunde waren negativ. Eine Widalsche Reaktion war allerdings nur im Beginne der Erkrankung angestellt und war später nicht wiederholt worden. Die Obduktion ergab einen lenteszierenden Typhus im dritten Monat, die Payerschen Plaques, sämtlich hyperämisch und pseudomelanotisch, in ihrem Bereich die Schleimhaut atrophisch und an mehreren Stellen gereinigte, quergestellte Geschwüre mit bloßliegender Muscularis propria. Über einem Geschwür mit Perforation auf der Muscularis perlenschnurartige Verdickung einiger Lymphgefäße. Auch die Follikel im Cöcum und die leicht vergrößerten mesenterialen Lymphdrüsen hyperämisch. Tod an Lobulärpneumonie.

Auch diejenigen Fälle, welche nach den Angaben der Literatur klinisch als Typhus erscheinen, haben meist geringere Temperatur mit einschleichendem Beginn, die Roseolen sind wenig ausgesprochen oder nicht zu finden, die Milzschwellung ist oft nicht nachzuweisen, die relative Bradykardie fehlt. Die Veränderungen an Lippen, Mund und Zunge sind deutlich, ebenso Bewußtseinstrübung und Kopfschmerzen, zuweilen Meningismus. Fieber, Diarrhöe und Beeinträchtigung des Allgemeinbefindens stellen die Hauptsymptome dar. Die Neigung zu Kollaps und Herzinsuffizienz ist groß, alle Komplikationen kommen vor, sehr selten ist die Perforation, häufiger die Blutung. Bronchopneumonie, Dekubitus, Nierenschädigungen treten relativ oft auf, auch Parotitis und Eiterungen der Lunge und Pleura. Diarrhöen können fehlen. Meteoristische Auftreibungen werden öfter beobachtet als Ileocöcalplätschern.

Die atypischen Fälle verlaufen entweder unter dem Bilde der schweren Prostration und Kreislaufschwäche, unter Rücktreten aller Lokalzeichen, mit geringer oder nur rektal nachweisbarer Temperaturerhöhung oder, im Gegensatz zu diesem Bilde, mit sehr geringen Allgemeinerscheinungen, zuweilen als Typhus ambulatorius. Eine Darmblutung kann das erste greifbare Symptom sein. Die Diagnose solcher Fälle ist nur bakteriologisch zu stellen. Einer unserer Patienten begann ambulatorisch und ganz leicht. Später kam es, wahrscheinlich im Anschluß an einen Diätfehler, zu einem Rezidiv mit weit höherer Temperatur und stärker ausgesprochenem Krankheitsbilde.

Die Mortalität des Typhus im Alter ist hoch, 30—50⁰/o.

Die Paratyphuserkrankungen verlaufen entweder wie Typhen oder akut unter dem Bilde der Nahrungsmittelvergiftung mit heftigen Diarrhöen, gewöhnlich als Brechdurchfall. In Ostgalizien sah ich eine Paratyphusepidemie von kurzer Dauer und schwerem Charakter unter dem klinischen Bilde der Cholera. Ich weiß nicht mehr, ob es sich um Paratyphus A oder B gehandelt hat, wohl aber, daß mit einer Ausnahme alle älteren Leute starben. Sie wurden wie Cholerakranke behandelt.

Die Therapie des Abdominaltyphus im Alter weicht nicht von den gewohnten Richtlinien ab, aber der Pflege des Patienten, der Erreichung einer gewissen Nahrungsmenge kommt womöglich eine noch größere Bedeutung zu. An Unterschieden ist hervorzuheben, daß man im Alter von Anfang an mit Herz- und Gefäßmitteln einsetzen wird, und daß die Behandlung mit kalten Bädern kontraindiziert ist. Man wird auch eine Behandlung mit größeren Mengen von Pyramidon bei Leukopenie nur unter regelmäßiger Kontrolle des Blutbefundes vornehmen, um die Gefahr einer weiteren Leukocytenschädigung auszuschalten. Auch spezifische oder unspezifische Vaccinebehandlung kann nur in ihren mildesten Formen unter Vermeidung intravenöser Verabreichung herangezogen werden. Ich habe im Alter keine Erfahrung damit.

Sachverzeichnis.

Die fett gedruckten Ziffern geben die Seiten an, welche den Gegenstand des betreffenden Schlagwortes eingehender behandeln. — Von Medikamenten sind in dem Sachregister nur die Spezialpräparate angeführt.

Abdomen 13, 16, 17, 18, 44, 56.
—, Serosa des 42.
Abdominalkranke, Symptome bei 42, 43, 49.
Ableitende Harnwege 19.
Abmagerung, allgemeine 14, 18.
Abnorme Konstitutionen 31.
Abnützungserscheinungen 2, 37.
Absterbefaktor 8, 9, 35, 57.
Absterbeordnung 8, 9.
Accretio cordis 129.
Acedicon 69.
Acetylcholin 247.
Acidol-Pepsin 227, 235.
Achylie 46, 213, 225, 229, 234, 286, 287, 289.
Adam-Stokes 113, 120.
Adenosinphosphorsäure 118.
Aderlaß 109, 115, 157, 170, 178.
Adipositas (s. Fettsucht) 332.
Adonis 75, 106, 112.
Adrenalinämie 163.
Adrenalininjektion, intracardiale 65, 115.
Adsorgan 387.
Aerophagie 228.
Afenil 74.
After, Erkrankungen des 252.
Agaricin 75.
Agobilin 258.
Agranulocytose 296.
Akromegalie 310, 311, 312, 361.
— und Paget 348.
Akromegaloide Vergröberung 23.
Aktinomykose 81, 98, 211, 237, 247, 271.
Albuminurie, febrile 180.
Alkaptonurie 361.

Allergene, spezifische 74.
Allergenfreie Kammer 75.
Allergie 88, 90, 91, 94.
— des Lebensalters 52.
Allgemeine Therapie im Alter 41, 58.
Allgemeinreaktion 45.
Alter 1f., 27, 30.
—, hohes 33, 39.
Altern 1, 2, 3, 5, 6, 7, 8, 9, 10, 27, 34, 35, 36, 40, 202.
—, vorzeitiges 5, 8, 202.
Altersallergie (s. Allergie) 54.
Altersanämie, primäre 217, 303.
Altersasthma 44, 71, 72, 114.
—, Therapie des 72, 73.
Altersatrophie (s. Atrophie) 4, 19, 339.
— der Lunge (s. Emphysem) 16, 17.
Alterserscheinungen 2, 3, 4, 5, 6, 12, 13, 14, 16, 18, 19, 37.
Altersfaktor, biologischer 9.
Alterskyphose 14, 15, 339, 359.
Alterspathologie 10, 36, 50, 59.
Altersproblem 5, 6, 8, 9.
Alterspsychosen 150.
Altersschwäche 8, 54.
Altersstatistik 50.
Alterstheorie, physikalische 7.
Alterstuberkulose 84, 86, 88, 91, 93.
Altersursachen 5, 6, 7.
Alucol 220, 227.
Amöbendysenterie 387.
Amphotropin 191, 192.
Amyloidose der Leber 262.
— der Milz 303.
Amyloidnieren 181.
Anazidität 23, 46, 213, 220, 227, 228, 234, 341.
— und Gicht 330.

Anamnese 42.
Anämie 19, 24, 46, **286f.**
—, aplastische (s. aplastische Form der Anämien) 46, 290.
—, atypische **290.**
—, hämolytische 302.
—, perniziöse 285, **286,** 303, 351.
—, — Behandlung der 288.
Anämien, primäre, mit chlorotischem Blutbild (s. Eisenmangelanämien; s. Altersanämie, primäre) 289.
—, sekundäre **289,** 294.
Anatomie des menschlichen Alters 10f.
Aneurysma aortae 83, 122, 124, 132, **133,** 144, 285.
Aneurysmen, miliare 153.
Androsteron 197.
Angina abdominalis **251.**
— pectoris 44, 65, 102, 106, 113, 114, 116, 117, 119, 210, 228.
— —, Mischformen der **119.**
—, Plaut-Vincenti 375.
— tonsillaris **375.**
— und Agranulocytose (s. Agranulocytose) 375.
— und akute Leukämien 375.
Animasa 139, 172.
Anorexie, senile 338, **341.**
Antigene, Storm van Leeuwensche 72, 73.
Anthrakosen 17, 83.
Antithyreoidin Moebius 307.
Antiphlogistin 366.
Anus praeternaturalis 237, 247.
Aorta, Arteriosklerose der 124, 130, 131, 132, 133, 142, 160.
—, aufsteigende 4, 21, 37, 44, 45.
—, Erkrankungen der **130f.**
—, Ektasie der senilen 130, 132, 161.
Aortenklappeninsuffizienz 71, 123, **124,** 125, 126, 132.
Aortenlues, spezifische Therapie der **134,** 135.
Aortenruptur 136.
Aortenstenose **124.**
Aortitis luetica (s. Mesaortitis) 125, **132,** 133.
Aplastische Form der Anämie 24.
Apoplektischer Insult (s. Schlaganfälle) 78, 165, 176, 320, 341.
Apoplexia uteri 200.
Apparat, lymphatischer 18.

Appendicitis, akute (s. Blinddarmentzündung; s. Appendix, Entzündungen der **238,** 239, 271, 279.
Appendikostomie 237.
Appendix, Entzündungen der 42.
Argochrom 376, 380.
Arteriolosklerose 18.
Arteriosklerosis der Nieren 160.
Arteriosklerose 4, 5, 11, 37, 78, 125, **137,** 138, 139, 140, 141, 160, 161, 164, 166, 167, 244.
—, Allgemeintherapie der **138.**
—, cerebrale 148, 150, 152, 231, **342.**
Arteriosklerotische Klappenfehler 121, 124, 125.
Arthigon 363.
Arthritiden, endokrine **360.**
— von besonderer Ätiologie **361.**
Arthritis deformans 14, 353, **355f.,** 358, 360, 361.
— luetica 362.
— urica (s. Gicht) 329.
Arthropathien **360.**
Artrial 117.
Arzneikörpertoleranz 27.
Aspergillose 98.
Astheniker 13, 31, 61, 63, 64.
Asthmaanfälle 65, 71, 113.
Asthmabereitschaft 74.
Asthma bronchiale 60, **71,** 72, 74, 113.
Asthmabronchitis **71.**
Asthma cardiale 71, 102, 107, **113,** 114, 115, 116.
Asthmolysin 73.
Aszites 46, 103, 108, 130, 266, 268, 269, 272, 277, 282.
Atemkapazität 10.
Atelektasien (s. Lungenatelektasien) 76, 78, 84.
Atemstörung, zentrale 25.
Atemzentrum 75, 109, 114, 115, 120.
Athletischer Typus 13, 31, 61.
Atmung 21, **22,** 23, 49, 62, 63, 64, 66, 75, 77.
Atmungstherapie 66, 101.
Atophan 258, 331, 353, 368.
Atophanyl 368, 371.
Atrophie (s. Altersatrophie) 1, 2, 13, 17, 18, 20, 23, 28, 60, 343.
— des Hirnes 14.
— des Hodens 19.
— der Schilddrüse 19.
— der Schleimhaut 18.

A. T. 10 309.
Auge 12, 20.
Aufrechterhaltung des Gewohnten 39.
Auskultation 45.
Avitaminosen 316.

Bakterienallergene 72, 74.
Bakteriurien 183.
Bandscheiben der Wirbelsäule 4, 14.
Banting-Kost 335.
Bantischer Symptomenkomplex 303.
Basedowoide 305.
Bauch 15, 16, 44, 55.
Bauchspeicheldrüse (s. Pankreas) 55.
Bazillämie und Tuberkulose 91.
Becken 14, 16, 44.
Behandlung (s. Therapie) 58, 59.
Bellafolin 74.
Bence-Jonesscher Eiweißkörper 351.
Bewegungsapparat 13.
—, Erkrankungen des 342f.
Betabion 289.
Betaxin 289.
Bigeminie 110.
Bildung der Diagnose im Alter 47.
Bindegewebe 3, 4, 5, 6, 13, 17, 19, 20.
Blase (Harnblase) 43.
—, Erkrankungen der 188.
Blasenerkrankungen, sonstige organische 193.
Blasenfistel 199.
Blasengeschwülste 193.
Blaseninkontinenz 26.
Blasenspülung 191.
Blasensteine 193.
Blasentuberkulose 184, 193.
Blatternimpfung 26.
Bleiintoxikation 161, 329.
Bleinieren 177, 329.
Blinddarmentzündung (s. Appendicitis) 238.
Blinddarmfortsatz 18.
Blinddarmsymptome 44.
Blut 19, 24, 46.
Blutdruck (s. Hypertonie) 21, 88, 115, 158, 159, 160, 161, 162, 165, 166, 170.
Blutdruckkrisen (s. Hochdruckkrisen) 113, 119, 154, 161, 162, 166, 167, 171.
Blutdrucksteigerung (s. Hypertonie) 11, 24, 25, 52, 72, 73, 119, 122, 158, 160, 165.

Blutdruckzentren 163.
Blutkörperchen 3, 19, 46.
Blutkrankheiten 24, 58, 285.
Blutnachweis im Stuhl 46.
Bluttransfusion 221, 224, 237, 288, 290, 293, 297, 299, 379, 382, 387.
Bösartige Geschwülste (s. Karzinom, s. Krebs) 52.
Bradykardie 111, 112.
Braune Atrophie 18.
Brechreiz und Tachykardie 113.
Bronzediabetes (s. Leber, Hämochromatose der) 264, 268.
Bronchialasthma (s. Asthma bronchiale) 71, 72, 113.
Bronchialatmen 45, 77, 81, 96.
Bronchialfistel 206.
Bronchialkrebs 83, 95, 96, 97, 98, 126.
Bronchialstein 97.
Bronchiektasien 69, 81, 83, 84, 85, 86, 96, 101.
Bronchien, Erkrankungen der 60, 66, 67, 69, 83.
Bronchiolitis, eitrige 67.
Bronchitis 49, 66, 67, 68, 69, 70, 71, 74, 76, 77, 83, 84, 86, 87, 88, 101.
— im Alter 66.
Bronchitistherapie, allgemeine 67, 68.
Bronchopneumonie (s. Pneumonien) 76.
Bronchoskopie 83, 97.
Bronchuspolyp 97.
Bronchusstenose 83, 96.
Brustfell (s. Pleura) 54.
Brustkorb (s. Thorax) 14, 15, 16, 61, 62, 63, 64.
—, birnförmiger (s. Thorax piriformis) 16.
Brust, weibliche 55.
Buccura-Vaccine 363.
Bühlausche Drainage 101.
Bulbusdruck 113.
Bullöses Emphysem (s. Emphysem) 60.

Cardiazol 93, 106, 119, 328.
Cardiazol-Chinin 111.
Cardiospasmus 210.
Causyth 70, 378.
Cavathrombose 97, 145.
Cebion (s. Vitamin C) 295.
Cehasol 385.

Cerebrale Erkrankungen 44.
— Insulte (s. apoplektischer Insult, s. Encephalomalacie) 176.
Cerebrospinalmeningitis und Magersucht 340.
Cheyne-Stokessches Atmen 112, 113, 120.
Cholangitis 255, 257, 259, 260, 262, 267, 270, 271.
Cholecystitis 252f., 260.
—, Therapie der 257f.
Choledochusverschluß 256, 260.
Cholelithiasis 252, 256, 266, 269, 275, 277.
—, Therapie der 257f.
Cholera 386, 390.
Choleval 258, 259, 260, 380.
Chologen 259.
Cholinpräparate 112.
Chondromyxome 352.
Chondrosarkome 352.
Cirrhose cardiaque 103, 264, 268.
—, Hanotsche 268.
—, Laennecsche 264, 265, 268.
Cirrhosen, biliäre 264, 267, 268.
—, cholangitische 264, 267, 268.
— der Leber 103, 262, 264f., 272, 285.
— im Alter, statistische Übersicht 264.
—, multilobuläre 264, 265, 267, 270.
—, Therapie der 269.
Cirrhoseformen, splenomegale 267, 303.
Clauden 178, 224, 294.
Claudicatio intermittens (s. Hinken, intermittierendes) 139.
Coagulen 224, 294.
Colchicin 331.
Colica mucosa 232
Colitis (s. Enteritis) 241.
— ulcerosa 223, 236.
— und Gelenkerkrankungen 353.
Coma hepaticum (s. Lebercoma) 267
Concretio, totale 129, 272, 303.
Convallaria 106.
Cor bovinum 126.
— pulmonale (s. Emphysemherz) 62, 64, 65.
Corphyllamin 157.
Cortin 315.
Coxitis 350.
Crampi (s. Krampi) (s. Gicht) 330.

Crysolgan 93.
C-Vitamin (s. Vitamin-C) 237.
Cyanose 64, 65, 72, 77, 79, 102, 115, 123, 128, 136, 147.
Cystitis, akute und chronische (siehe Blasenerkrankungen) 18, 49, 183, 184, 188, 189, 190, 191, 196.
—, Therapie der 191.
Cystopyelitis 183, 190.
—, Therapie der 193.
Cystopyelonephritis 190.

Dämpfungen 45.
Darm, Gefäßerkrankungen des 250.
— Krankheiten des 231.
Darmarterien, Arteriosklerose der 251.
Darmentzündungen, eitrige, lokalisierte 238.
Darminfektionskrankheiten 386f.
Darmintoxikation 8.
Darmkatarrhe, chronische 234.
Darmkrebs (s. Darmtumoren) 237, 240, 245, 249.
Darmpolypen 248.
Darmtuberkulose (s. Dickdarm, Tuberkulose des) 237, 238, 247, 249.
Darmtumoren, echte und entzündliche 247.
—, Therapie der 249.
Darmverengerung 245.
Darmverschluß 245, 250.
Decholin 108, 112, 258.
Degalol 258.
Degenerative Typen 31.
Dekubitalgeschwüre des Darmes 242.
Dekubitus 58, 127, 146, 384.
Demenz, arteriosklerotische 151, 342.
—, senile 28, 42, 44, 151, 152, 194, 231, 242, 337.
Depressin 172.
Depressordurchschneidung 119.
Dercumsche Krankheit 336, 372.
Deriphyllin 75.
Dermatomyositis 368.
Dermographismus 25.
Desalgin 179.
Desallergisierung 74.
Desensibilisierung 73.
Diabetes insipidus 168, 313, 342.
— mellitus 31, 51, 137, 142, 316f.
— —, Therapie des 322f.
Diagnose im Alter, Bildung der 47f.

Diagnostik im Alter 41, 42, 47, 50, 57, 58.
Diarrhöen, allergische 232.
—, chronische **234**, **235**, 337.
—, die akuten **231 f.**
—, gastrogene **234**, 235.
—, Therapie der **233**.
Diathermie 140, 210, 366.
— der Niere 179.
Diät, salzarme 70.
Dickdarm, Erweiterung des 18.
Dickdarmkrebs (s. Darmkrebs) 233, 247, 249, 250.
Dickdarm, Tuberkulose des (s. Darmtuberkulose) 223.
Digalen 106.
Digifolin 106.
Digipurat 106.
Digitalis 79, 80, **104**, 105, 106, 107, 110, 111, 112, 113, 115, 244, 307.
— Ersatzpräparate der 106.
Digitalisbigeminie 105.
Digitalisbradykardie 105.
Digitalisextrasystolen 105, 110.
Digitalisintoxikation 106.
Dijodtyrosin 307.
Dilaudid 69.
Dissoziation des Herzens 111.
Diuretin 107, 140, 171, 244.
Divertikelbildungen der Harnblase 19.
Divertikel des Darmes 18, 240, 242.
—, Grasersche 18, 240, 242, 279.
—, Meckelsches 279.
Dopplersche Pinselung 141.
Doryl 118, 141, 171.
Druckpunkte 43.
Drüsen mit innerer Sekretion 5, 6, 19.
— — —, Erkrankungen der **304**.
Drüsen, Tuberkulose 88, 92.
Dünndarmenteritis ohne Diarrhöen 233.
Dünndarmkrebs 247.
Duodenaldivertikel **231**.
Duodenalkarzinom 231.
Duodenalstenosen **231**.
Duodenalverschluß, arterio-mesenterialer 231.
Duodenitis **231**.
Duplaysches Leiden (s. Periarthritis humero-scapularis) **358**.
Durstkuren 84.
Dyschezie 243.

Dysenterie 223, 237.
— und Gelenkerkrankungen 353.
Dyspnoe 65, 69, 71, 77, 79, 96, 105, 106, 109, 113, 128, 147, 152, 304.
—, cerebrale 113, 119, 165.
Dyspnoeformen 71.
Dyspnoen, die anfallsweisen, im Alter **113**.
Dyspraxie des Darmes 251.
Dystrophia adiposo-genitalis (s. Hypophysäre Fettsucht) **312**.

Echinokokken der Leber 267, 271.
— der Lunge 98.
Eierstöcke 6, 55.
Eigenblutinjektionen 81, 157, 378, 379.
Eigenserum 100.
Eigenvaccine 74.
Eileiter 55.
Eingeweide, Erkrankungen der 26.
Einhornsche Mischung 73.
Eisenmangelanämien, achylische **289**.
Eiweißtherapie 81.
Elastisches Gewebe 17, 18, 19, 20, 60, 66, 82.
Elektrokardiogramm 21, 110, 111, 116, 126, 308.
Embolektomie 143.
Embolia cerebri 152, 153, 154.
Embolie 102, 141, **142**, 143, **146**, 152, 153, 154.
— der peripheren Arterien **142**.
Emetin 83, 237, 387.
Emphysem 12, 14, 16, 17, 22, 44, 45, 51, **60 f.**, 67, 77, 81, 87, 101, 102, 103, 120, 122, 129.
Emphysembronchitis 67.
Emphysemherz (s. Cor. pulmonale) 64, 102, **126**, 127.
Empyem der Pleura 82, **100**.
Encephalitis 151, 340, 380.
Encephalomalacie 151, 152, 153, 154, 165, 176, 339, 380.
Encypan 279.
Endarteriitis obliterans 140.
Enddarm, Erkrankungen des 18, **252**.
Endocarditis 126, 127, 128, 137, 142.
—, latente 108.
— lenta 183, 303.
— maligna ulcerosa **127**.
— recrudescens 127.
— spuria **126**.
— verrucosa **127**.

Endotheliom der Pleura 101.
Enterocleaner 243, 247.
Enteritis chronica 48, **235**, 244, 274, 280.
—, die akute **231**.
Enteritiden, hämorrhagische 223.
— mit Geschwüren (s. Colitis ulcerosa) **236**.
Entfettungskuren 335.
Entwässerung 107, 108, 115.
Entzündliche Affektionen 26, 41, 42, 46.
Entzündung des Peritoneums (s. Peritonitis) 43.
Entzündungswidrige Kost 100.
Eosinophilie und Asthma bronchiale senile 72.
Ephedralon 73.
Ephedrin 70, 73, 75.
Ephetonin 73, 75.
Ephetoninhustensaft 70.
Epidermis 12, 20.
Epileptiforme Anfälle und Hypertonie 165.
Epithelkörperchen 19, 23.
—, Erkrankungen der (s. Nebenschilddrüsen) **309**.
—, Therapie der 309.
Epokan 75.
Erblichkeit **31**.
Ergotin 112, 139.
Erkrankungen des Respirationsapparates im Alter **60**.
— nervöse 27.
— tödliche 33.
Ernährung 7, 30, 56, 58.
Erweichung des Gehirns (s. Encephalomalacie.
Erysipel 43, 180, **383**f.
— und Gelenkserkrankungen 353.
Erythrocytosen **291**.
Eucalyptol 69.
Eucarbon 245.
Eugenik 33.
Eupaverin 143, 157.
Euphorie 96.
Euphyllin 107, 115, 119.
Eutonon 118, 140.
Evipan 119.
Expektoration 67, 68, 71, 83.
Expulmin 70.
Exspiration 62, 63, 66, 67, 69, 71, 101.
Exsudat **46**, 95, 99, 100, 101.
Extrasystolen **109**, 110, 111, 228.

Falten 12, 13.
Fangoschlammpackungen 366.
Färbeindex 19, 46, 285, 286, 289.
Fäulnisdiarrhöe 235.
Felamin 258.
Felsol 75.
Ferrostabil 289.
Festal 274.
Fettgewebe 4, 12, 13, 15, 18.
Fettgewebsnekrosen 43.
Fettleibigkeit (s. Fettsucht) 12, 18, **44**.
—, schmerzhafte (s. Dercumsche Krankheit) **336**.
Fettmark 19.
Fettschwund 18.
Fettsucht, die (s. Fettleibigkeit) **332f**.
—, Endogene 341.
—, pancreatogene 333.
Fieber 26, 46, 49, 98.
— bei Erkrankungen des Harntraktes 188.
—, künstliches 75, 172.
Fleckfieber (s. Typhus exanthematicus).
Flecksedersche Mischung 108.
Flintsches Geräusch 123.
Foramen ovale, offenes 146.
Forapin 367.
Freiluftbehandlung 68, 93.
Freund-Kaminersche Reaktion 217.
Friedländer-Pneumonien 81.
Frustrane Kontraktionen 111.
Fungus 349.
Fußgewölbe, Senkung des 11.

Gallenblase 18, 42, 55.
—, Empyem der 254.
—, Erkrankungen der **252**f., 264.
—, Krebs der 56, **260**.
Gallenblasenentzündungen (s. Cholecystitis).
Gallengänge, Polypen der 261.
Gallensteinleiden (s. Cholelithiasis).
Gallenwege 18, 43.
—, Erkrankungen der (s. Cholangitis) **252**.
—, Krebs der **261**.
Gallertmark 19.
Gallopprhythmus 176.
Gamelan 94.
Gang, Veränderungen des 25.
Gangrän, diabetische 320, 326.
—, periphere 140, 141, 143.

Gärungsdiarrhöe 235.
Gastrektasie 217, 228.
Gastritis, chronische 225f., 229.
—, die akute 224f.
Gastro-kardialer Symptomenkomplex (Römheld) 228.
Gaswechsel 24.
Gebärmutter (s. Genitale) 55.
Gebiß 203.
Gedächtnisschwäche 42.
Gefäße 5, 10, 12, 15, 17, 21, 44.
— der Haut 39.
— der Niere 18.
Gefäßerkrankungen des Gehirnes 148.
Gefäßkrisen (s. Blutdruckkrisen) 166.
Gehirn 1, 3, 7, 17, 20, 25, 28, 150.
—, Atrophie des 151, 152.
Gehirntod 3.
Geistige Leistungsfähigkeit 27.
Gekröse 55.
Gelamon 108.
Gelenkeiterungen, chronische 363.
Gelenkerkrankungen 26, 43, 51, 352f.
—, chronische 353.
—, die akuten und subakuten 352f.
— der Wirbelsäule 358.
—, sonstige akute 353.
Gelenkkrankheiten, Therapie der 364f.
Gelenklues (s. Syphilis der Gelenke) 362.
Gelenkrheumatismus (s. Polyarthritis) 92, 122.
—, der akute 359, 362, 363.
—, sekundär chronischer 359.
Gelenktuberkulose 362, 364, 367.
Gelosen 371.
Genitale (s. Geschlechtsorgane) 5, 12.
—, männliches und seine Hüllen 199.
Genitaltuberkulosen 90.
Gerson-Diät 93.
Gesamtumsatz 24.
Geschlecht und Lebensalter 31.
Geschlechtsapparat, weiblicher (s. Genitale) 200.
Geschlechtsorgane (s. Genitale) 19, 23, 56.
—, Erkrankungen der 199.
Geschwüre, atypische, des Magens 229.
— im Magen und Darm (s. Magen und Darm) 43.
Geschwülste, bösartige (s. Krebs, s. Karzinom, s. Sarkom) 52f.

Gewebe 4, 10, 13.
Gewicht 10, 69, 88.
—, Abnahme des 4, 10, 11.
Gibbus 92, 349.
— und Metastasen 351.
— und Osteoporose 343.
Gicht, Behandlung der 330.
—, die (s. Arthritis urica) 328f., 353, 361, 364, 367, 368, 370.
— und Arteriosklerose 137.
— und Heberdensche Knoten 360.
Glatzenbildung 12, 13.
Gliose 20.
Glomerulonephritis, die akute und chronische 160, 177, 180.
Glukoseäquivalent 327.
Glykosurie und Hypophyse 311, 313.
Goldsalzinjektionen 93, 367.
Gonorrhöe und Gelenke 363.
Grasersche Divertikel (s. Divertikel, Grasersche).
Greise, korpulente 16.
Greisenallergie (s. Allergie) 91.
Greisenalter 9, 10, 12, 21, 28, 30, 37, 40, 52, 53.
—, Diagnose im 41.
—, Physiologie des 20.
—, Tod im 8.
Greisenhaut 17.
Greiseninvolution 60.
Greisenlunge 22.
Greisenpneumonie (s. Pneumonie) 41.
Greisenthorax (s. Thorax) 22, 64.
Greisentuberkulose (s. Tuberkulose).
Grippe, die 69, 70, 76, 77, 376f.
Grundumsatz 24, 69.
Gynergen 307.

Haarzunge, schwarze 203.
Habitus apoplecticus 165.
— corporis laxus 12.
— — strictus 12.
Hämangiom der Wirbelsäule 352.
Hämaturie 185, 187.
—, essentielle 188.
Hämophilie 296, 361.
Hämoptoen 84, 89, 93, 147.
Hämorrhagische Diathesen 292f., 297, 298, 299.
— Pneumonien 76.
Hämorrhoidalblutungen 248.
Hämorrhoiden 13, 18, 251.

Halbseitenlähmung (s. Hemiplegien, s. Schlaganfälle) 153, 155.
Hals 13, 15, 62.
Haltungsanomalien 14, 25.
Harnapparat 18, 23, 26.
Harnzysten (s. Zystennieren) 18, 173.
Haut 12, 14, **20**, 39, 56.
Hautempfindlichkeit 26, 43, 44.
Hautkrebse, gewerbliche 56.
Hautpflege 58.
Heberdensche Knoten **360**.
Hemiplegien (s. Halbseitenlähmung, s. Schlaganfälle) 155.
Hepar lobatum syphiliticum (s. Leberlues) 264.
Hepatitis, akute (s. Ikterus simplex) **262**, 263.
—, chronische **263**, 264, 267.
Herdnephritis 127, 180, 379.
Herdpneumonien (s. Pneumonien) 76.
Hernie, epidiaphragmatische 228.
Hernien 13.
—, Inkarzerationen von 245, 246.
Herpes coster 26, 374.
— labialis 81.
Herz 7, 11, 15, 17, 21, 44, 45, 52, 64, 73.
—, Koronarverschluß des 43.
—, parenchymatöse Degeneration des 76, 125.
—, rechtes 62, 64, 65, 101.
—, Überlagerung des 60, 63.
Herzaneurysmen 117, 122, 126.
Herzblock **111**, 121.
Herzinsuffizienz 11, 51, 64, 65, 102, 104, 106, 111, 112, 117, 126, 128, 129, 131, 145, 147, 154, 165, 291, 337.
—, die chronische **102f**.
Herzklappenfehler (s. Klappenfehler) 47, **121f**.
Herzkrankheiten 58, 62.
Herzmuskelveränderungen 124.
Herzmuskulatur 3.
Herzruptur 126, 147.
Herzsymptome 49.
Herztherapie und Altersasthma (s. Kreislaufinsuffizienz, Therapie der) 72.
Herztod 102, 116, 126, 147, 166.
Hilfsmuskeln der Atmung 64, 71, 113.
Hilustuberkulose 89.
Hinken, intermittierendes 138, **139**, 142, 369.

Hirnarteriosklerose (s. Gehirn, s. Arteriosklerose) 44.
Hirnblutung 153, 154.
Hirndruck 120, 157, 161, 170.
Hirnlues 155.
Hirnödem 92, 107, 108, 120, 152, **155**, 157, 158, 170, 176, 178, 194, 320, 380, 385.
Hirschsprungsche Krankheit 241.
Hochdruck (s. Hypertonie) 25, 71, 109, 115, 149, 152.
—, blasser und roter 165.
—, Therapie des **167f**.
Hochdruckkrisen (s. Blutdruckkrisen) 113, 114, 119, 245.
Hoden 5, 19, 54, 199.
Hoden, Krebs des 200.
—, Tuberkulose des 200,
Hodenerkrankungen (s. Genitale) 5.
Hohes Alter, Bedingungen des 33, 36, 37, 39.
Hombreol 197.
Hörvermögen 24.
Hundertjährige 10, **34**, 35.
Hustermuskel 12.
Hydrocelen 13, 199.
Hydronephrosen **186**.
Hydroperikard 128.
Hydrothorax 102, 103.
Hygiene und Alter **29**, 33, **36**, **37f**.
Hyperazidität 219, 227, 229.
Hyperostose 14.
Hypernephrom 98, 187, 351.
Hyperthyreoidismus 69, 112, 234, **305f**.
Hypertonie 51, 78, 102, 104, 123, 138, **158**, 162, 175.
—, essentielle **158f**.
—, klinisches Bild der, im Alter **165f**.
Hypertrichose 313.
Hypochlorämie 178, 179.
Hypogenitalismus 315.
Hypophysäre Fettsucht (s. Dystrophia adiposo-genitalis) **312**, 332.
Hypophysärer Zwergwuchs 312.
Hypophyse 6, 19, 23.
—, Erkrankungen der **310**.
— und Altern 6.
Hypophysin 247, 258.
Hypostase 67, 76, 78, 79.
Hypothyreosen **307**, 308.
Hypotonin 172.

Ikterus 112, 260, 261, 262, 263, 264, 266, 268, 269, 270, 271, 273, 274, 275.
— simplex 255, **262**.
— —, Therapie des 263.
— und Knochenerweichung 345.
Ileus 242, 244, 245, 246, 247, 248, 250, 280, 284.
Iminol 75.
Immenin 367.
Inalgon 76, 96.
Indurativpneumonie 81, 83, 96.
Infarkte der Lunge 47, 76, 100.
Infarktpleuritis 98, 147.
Infarktpneumonien 78, 147.
Infektarthritiden 353, 362, 363.
Infektionskrankheiten **374f.**
Inkontinenz der Harnblase 193, 194.
Innere Sekretion 6, 19, **23**.
Inspektion 44.
Inspiration 62.
Insulin und Angina pectoris 323.
— und Augenhintergrund 324.
Insulinresistenz im Alter 327.
Insulinschäden 323.
Insulintherapie 179, 263, 270, 307, 312, 317, 323, 326, 327, 328, 341.
Interkostalneuralgie 96, 99.
Intestinol 279.
Involution (s. Greiseninvolution) 1, 2, 20.
Ischias 374.
Ischias und Malum coxae senile 357.
— und Prostatakarzinom 199.
Ischiasschmerzen und Rektumkarzinom 248.
Ischuria paradoxa **194**, 196.
Istizin 243.
Ituran 181.

Jodbasedow 69, 306, 307.
Jodintoxikation 73, 337.
Jodschäden 69, 139, 306, 336.

Kachexie 48, 88, 92, 101, 108, 126, 145, 151, 155, 194, 200, 205, 206, 217, 262, 267, 283, 301, 314.
—, hypophysäre (s. Simmondsche Kachexie) 312, 337, 341.
—, primäre (s. Magersucht) 24, 312, **337, 338**, 340, 342.
Kammerflimmern 102, 126, 147.
Kardia 18.

Kardiakarzinom 55.
Kardiales Asthma (s. Asthma cardiale) 108, 112.
Karies 90, 92, 349.
Karotisdruck 113, 114.
Karzinom, Alters- und Geschlechtsdisposition für das 56.
Karzinome (s. Krebs) **43**, 52, 53, 56, 92, 338, 340.
Karzinomreaktionen 56.
Kavernen 86, 87.
Kiefer 12, 54.
—, Atrophie des 203.
Kinn 13.
Klappenfehler (s. Herzklappenfehler) 102, **121f.**, 1**5**4.
Kleidung 39.
Klimakterium, weibliches 10.
Knochen 13, 14, 15, 56.
—, Erkrankungen der **342f.**
— —, entzündliche sonstige **349f.**
Knochenabszesse 350.
Knochenatrophie 13, 25.
Knochenbrüchigkeit (s. Osteoporose) 343.
Knochenmark 19, 20, 24.
Knochenmetastasen **351**.
Knochenschmerzhaftigkeit bei Blutkrankheiten 350.
Knochensyphilis 350.
Knochentuberkulose (s. Karies) 90, 92.
Knochentumoren, maligne **351**.
Koma diabeticum 113, 320.
Komabehandlung (Diabetes mellitus) **328**.
Kombinationsdiagnose 47.
Kompensation, Erhaltenbleiben der 105.
Konglomerattuberkulose 86, 87, 94.
Kongorot 224.
Konstitutionelle Langlebigkeit 31.
Konstitution, pathologische 31.
Konstitutionstypen 13, 31, 33.
Kontrakturen 157.
Kopfbehaarung 13.
Koprophilie 151.
Koronaraffektionen 43.
Koronarinfarkte 108, 113, 116, 126.
Koronarverschluß des Herzens 43, 118.
—, Fiebersteigerung bei 116.
Körperbehaarung 12.
Körpergewicht 11.
Körperhaltung 15.

Körperlänge 10.
Körperoberfläche 12.
Körpertemperatur 21.
Korsakoffsche Psychose 152.
Kottumoren 240.
Krampi (s. Crampi) 370.
Krankheiten 33.
—, Verhalten bei 41.
Krankheitsdauer 8.
Kranzgefäße (s. Koronaraffektionen, -infarkte, -verschluß) 65, 125.
Kreatinausscheidung 23.
Krebs (s. Karzinom) 52, 53, 54, 55, 56.
— der Verdauungsorgane (s. diese) 53.
Krebsbereitschaft des Hochalters 53.
Kreislauf 22, 102, 103, 104, 120.
—, Erkrankungen des 102f.
Kreislaufinsuffizienz, allgemeine Therapie der 104f.
Kreislaufschwäche, chronische 65, 80, 103.
Kretinismus, endemischer 308.
Kristalle, Charcot-Leydensche im Sputum 72.
Kropf (s. Schilddrüse, s. Strumen) 304, 308.
Krümmung der Wirbelsäule (s. Wirbelsäule) 11.
Kuhnsche Saugmaske 66.
Kurzwellenbehandlung 140, 353, 366.
Kußmaulsche Atmung 113.
Kyphose 14, 15, 16, 62.
Kyphoskoliosen 84.

Lakarnol 118.
Längenabnahme, Ursache der 11.
Langlebigkeit 10, 29, 31, 33, 34, 35, 36, 37, 38.
Larostidin 221.
Lebensdauer 29f., 33, 36, 56.
Lebensende, natürliches 6.
Lebenserwartung 29, 30, 34.
Lebensführung 33.
Lebensverlängerung 5, 8, 30, 33, 38, 41, 57.
Leber 18, 44, 55, 65.
—, Erkrankungen der 262f.
—, Hämochromatose der (s. Bronzediabetes) 268.
—, Tuberkulose der 270.
Leberabszesse 257, 271, 279.
Leberatrophie 263, 268, 271.
Lebercirrhosen (s. Cirrhosen) 251, 272.

Leberkoma (s. Coma hepaticum) 263.
Leberinsuffizienz (s. Coma hepaticum) 269, 270.
Leberkarzinome, primäre 265, 271, 272.
Leberkrebs (s. Leberkarzinome) 271.
Leberlues 264, 267, 270.
Lebertherapie bei Nephrosen 181.
Lecicarbonzäpfchen 243.
Leishmaniosen 303.
Leistungsstoffwechsel 24.
Lerichesche Operation 141.
Leukämie, chronisch-lymphatische 298.
—, chronisch-myeloische 297.
Leukämien 24, 46, 262, 297f., 302.
—, die akuten 299.
—, die chronischen 297f.
—, Therapie der 299.
Leukocyten 19, 24, 26, 46, 77.
Leukocytensturz 26.
Leukocytosen 26, 72, 144, 181, 239, 240, 278, 280, 282, 289, 301, 351, 379.
Leukoplakia buccalis et lingualis 203, 204.
Lipatren 97.
Lipoitrin 334, 340.
Lipophilie 333.
Lobärpneumonie 80.
Lobulärpneumonie (s. Pneumonie) 67, 70, 76f., 81.
Lopion 93.
Lues der Aorta (s. Aortitis luetica) 132f.
Luftwege, obere 60.
Lumbago, akuter 370.
Lumbalpunktion 92, 157, 170, 179.
Lungen 11, 14, 17, 44, 45, 52, 54, 60, 61, 62, 63, 64, 67, 76, 286.
—, Lage der 15.
Lungenabszeß 81, 82, 148.
—, Therapie des 82.
Lungenatelektasen (s. Atelektasien) 84.
Lungencysten 98.
Lungendyspnoe (s. Dyspnoe) 72.
Lungenemphysem (s. Emphysem) 60f.
Lungenerkrankungen 60.
Lungengangrän 81, 82, 148, 206, 209.
—, Therapie der 82.
Lungeninfarkt (s. Infarkte der Lungen) 147.

Lungenkollaps 84.
Lungenkrebs (s. Lungentumoren) 95f.
—, Schneeberger 56.
Lungenkreislauf 62, 109.
Lungenödem 76, 78, 100, 102, 107, 113, 114, 115, 116, 166.
Lungenphthise (s. Lungentuberkulose) 87.
Lungensarkom (s. Lungentumoren) 98.
Lungentuberkulose 84f.
Lungentumoren (s. Bronchialkrebs) 84, 98.
Lupinin 172.
Lymphatische Leukämie (s. Leukämien) 24.
Lymphdrüsen 19, 20, 24, 83, 85, 89.
—, Tuberkulose der 90.
Lymphogranulomatose 282, 284, 300, 350.
Lymphosarkom des Darmes 241.
Lymphosarkomatose 262, 302.
Lyssa 383.

Magen 18, 42, 55.
—, Aktinomykose des 230.
—, Blutungen aus dem 212, 222f.
—, Syphilis des 230.
—, Tumoren des, außer Karzinom 229.
—, überfüllter 38, 229.
Magen-Darmblutungen, Therapie der 224.
Magendilatation, die akute 228.
Magendivertikel 231.
Magenerkrankungen 212f.
—, die sonstigen, im Alter 227.
Magenkarzinom 48, 53, 56, 212, 214f., 223, 225, 229.
—, Therapie des 217.
Magenneurosen 230.
Magenpolypen 223.
Magensarkom 229.
Magenulkus (s. Ulcus) 48, 212, 214, 216, 226.
Magerkeit (s. Magersucht) 38.
Magersucht, endogene 340.
— im Alter (s. Kachexie) 337f.
Mal perforans bei Diabetes 321.
Malaria 47, 385.
Maligne Sklerose Volhards 176.
Malum coxae senile 357.
Mammakarzinom 98, 126, 351.
Mandelentzündung (s. Angina) 43.

Mangelernährung 56.
Männlicher Geschlechtsapparat (s. Genitale) 19.
Marantische Zustände (s. Kachexie) 11.
Mastdarm 55.
Mastdarmvorfall 252.
Mediasklerose 137.
Mediastinitis 206, 210, 272.
Medionekrosis idiopathica 136.
Medizinalstatistik der Todesursachen 52.
Menformon 141.
Meningismus 44, 79, 92, 157, 380, 389.
Meningitis 44.
— epidemica 380.
— tuberculosa 90, 92.
Mesaortitis luetica (s. Aortitis luetica) 126, 133.
Metapneumonisches Empyem 100.
Meteorismus 244, 245, 246, 248, 249, 270.
Metuvitsalbe 58.
Milchinjektionen 75, 81, 100, 366.
Miliartuberkulose 87, 90, 92, 94, 98.
Mikuliczsche Erkrankung 204.
Milz 19, 20, 24, 44.
—, Abszesse der 304.
—, Echinokokkus der 304.
—, Infarkte der 304.
—, Lymphogranulomatose der 304.
—, Sarkome der 304.
—, Tuberkulose der 304.
Milzbestrahlungen und Asthma bronchiale 75.
Milzbrand 383.
Milzexstirpation (s. Splenektomie).
Milzvenenthrombose 303.
Mirion 365.
Mitralfehler 102.
Mitralinsuffizienz 122, 123.
Mitralstenose 123, 137.
—, Lungenödem bei 115.
Morbidität 50, 51.
Morbus Addison 234, 314.
— Basedow 305f., 337.
— Bechterew 359.
— Cushing 6, 313, 315.
— Gaucher 303.
— Paget und rheumatische Beschwerden (s. Pagetsche Erkrankung) 372.
— Werlhof 293.

Morphologische Blutuntersuchung 46.
Mortalität 8, 50, 51, 57, 102.
Mund 54, 56.
Mundhöhle **203**.
Mundkrebs 54.
Mundschleimhaut 204.
Muskeln, auxiliäre, der Atmung (s. Hilfsmuskeln der Atmung) 62.
—, Erkrankungen der 43, **368**f.
Muskelrheumatismus 43, **368, 369**.
—, Therapie des 371.
Muskulatur 12, 14, 15, 17, 21, 39, 109.
Mutaflor 236.
Myelom, multiples 351.
Myelose, funikuläre 287, 288.
Myokardaffektion 65, 78, 102, 116.
Myokarditiden 126.
Myositis 368.
Myoston 118.
Myxödem 5, **307**.
Myxom des Herzens 126.

Nägel 12.
Nahrungsbedürfnis 24, 38.
Nahrungsmittelallergene 75.
Natürlicher Tod 3, 4, 6, 8, 9.
Nautisan 179, 225.
Nebenhoden, Tuberkulose des 200.
Nebennieren 6, 19, 23, 56.
Nebenniere, Erkrankungen der **314**f.
—, Funktionsschwäche der 315.
—, Überfunktion der **315**.
Nebennierenkarzinom (s. Nebennierentumoren) 126, 315.
Nebennierentumoren (s. Nebennierenkarzinom) 163.
Nebenschilddrüsen, andere Veränderungen der (s. Epithelkörperchen) **310**.
Neohormonal 247.
Nephritiden (s. Glomerulonephritis) 108, 120, 160, 337, 379, 384.
Nephritis acuta haemorrhagica 180.
Nephrolithiasis (s. Nierensteine) **184**f.
Nephrosen **181**.
Nerven, Erkrankungen von 31, 43.
—, periphere 26.
Nervensystem 3, **20, 25**.
—, vegetatives 25.
Nervus reccurrens, Lähmung des 89.
Netz 18.
Neuralgie, diabetische 321.
Neuritiden und Neuralgien **374**.

Neuritis, diabetische 321.
Neutralon 220, 227.
Niere 18, 56.
—, Aktinomykose der 187.
—, Echinokokkus der 187.
—, Erkrankungen der **173**f.
—, Funktionsprüfung der 46.
—, Gefäßerkrankungen der 174f.
—, Mißbildungen und Lageanomalien der **186**.
—, Polypen der 188.
—, Syphilis der 119.
Nierenabszesse 181, 182.
Nierenentzündungen, die sonstigen, nicht aszendierenden, vorwiegend hämatogenen 181.
Nierenerkrankungen, sonstige **187**.
Nierengeschwülste **187**.
Niereninsuffizienz 149, 175, 196, 198.
Nierensteine (s. Nephrolithiasis) **43**, 182, **184**f.
Nierentuberkulose **184**.
Nieren- und Nierenbeckenaffektionen, Therapie der entzündlichen **183**.
Nitroskleran 172.
Normale Konstitutionen 31.
Novatropin 74.
Novurit 108, 270.
Nukleotrat 296.

Objektive Symptome **44**.
Obstipation 18, 110, 248.
—, atonische 241.
—, die habituelle **240**, 242.
—, spastische 235, 243.
—, Therapie der habituellen **242**f.
Obturationsatelektasen 84.
Ochronose 361.
Octinum 157.
Ödeme, nephritische 176, 180, 182.
Ösophagitis 211.
Ösophagus **211**, 212.
Ösophagusblutung **211**, 212.
Ösophaguserkrankungen, sonstige 208.
Ösophagusgeschwür 211.
Ösophaguskarzinom 55, 98, **205**f.
—, Therapie des **207**.
Ösophagusstenosen 208, 337,
Ösophagusvarizen 211, 222.
Omarthritis 358.
Omnadin 70, 378, 379.
Optochin 80, 81.
Organuntersuchungen **46**.

Osteomalacia carcinomatosa 351.
Osteomalazie, puerperale 345.
—, senile 16, 44, 294, 310, **344**, 345, 346, 349.
—, Therapie der 346.
Osteomyelitis 348, 350.
Osteoporose, senile 13, 92, 310, **343**, 344, 345, 346, 349.
— und primäre Kachexie 339.
Ostitis cystica Recklinghausen 310, 349.
— deformans (s. Pagetsche Erkrankung) **347**.
Ovarien, Krebs der 351.

Pacyl 173.
Padutin 118, 141.
Pagetsche Erkrankung (s. Morbus Paget) **347**f.
— —, Therapie der **349**.
Palpation 44.
Pankreas, Atrophie des 339.
—, Erkrankungen des 272f.
—, Lues des 278.
Pankreaserkrankungen, funktionelle 278.
Pankreaskrebs 223, 261, **273**f.
Pankreasnekrose **276**f.
Pankreassteine **275**.
Pankreaszysten **275**.
Pankreatin 274.
Pankreatitis, akute 250, 274, **276**.
—, chronische **275**.
Pankreon 274.
Panmyelophthise 290.
Paraktol 227, 235.
Paralysis agitans 150.
— progressiva 155.
— — und Magersucht 340.
Paranephritischer Abszeß 183.
Parapneumonisches Empyem 100.
Paratyphus 389, 390.
Parisalon 75.
Parkinsonismus 25, 44, 150, 205.
Parotitis, akute 204.
— und Ruhr 387.
— — Typhus 389.
Paroxysmale Tachykardie 112.
Paspat 74.
Pathologische Konstitutionen 31.
Pellagra 316.
Pembertonsche Diät 368.
Periarteriitis nodosa 144.

Periarthritis humero-scapularis (siehe Duplaysches Leiden) 358.
Perikarditis 42, 101, 117, 129, 137, 148, 206.
—, akute **127**.
—, Therapie der **129**.
Pericarditis epistenocardica 128.
— exsudativa 128.
— rheumatica 128.
— tuberculosa 128.
— uraemica 128.
Perichol 117.
Pericolitis 240.
Perikardverwachsungen **128**f.
Periostitis und Paget 348.
Perisigmoiditis 240.
Perisplenitis 303.
Peristaltin 247.
Peritoneum, Erkrankungen des **279**f.
Peritonitiden, chronische **282**.
Peritonitis 42, 43, 92, 93, 94, 240, 265, 267, 281, 282.
— adhaesiva **283**.
— carcinomatosa **284**.
—, die akute **279**.
— mit Erguß **282**.
— tuberculosa 270.
Perityphlitis 240.
Perkussion **44**.
Pernocton 119.
Perparin 75, 143.
Perphyllon 75.
Petrénkost 323.
Pflege im Alter 29, 36, 40, 58.
Phlebitis 142, 144.
Phlebosklerose 144.
Phrenikusexhairese 95.
Phthise 90, 92, 94.
Phthisis ulcero-fibrosa kachectisans 86.
Physikalische Untersuchung 44f., 63.
Physiologie des Greisenalters 10, **20**f.
Physiologischer Tod 4, 8.
Pigmentation 12.
Piperazin 331.
Pistyan-Schlammpackungen 366.
Pituitrin 75, 115.
Plastiken der Lunge 95.
Plethorischer Typus 12.
Pleuraempyem 82, **100**.
Pleuraergüsse 46, 96.
Pleurakappen 86.
Pleurakrebs, primärer 101.
Pleuraschwarten 83, 86, **101**, 103.

Pleuritis 42, 79, 81, 86, 93, 94, 98, 99, 100, 101, 116, 148, 206, 239, 265, 280.
Plomben der Lunge 95.
Plötzlicher Tod 38.
Pluriglanduläre Störungen im Alter 315.
Pneumatische Kammern 71.
Pneumonie 26, 41, 45, 47, 49, 51, 68, 76f., 83, 84, 89, 93, 97, 98, 99, 102, 116, 128, 148, 206, 210, 239.
—, chronische 81, 84, 96.
—, lobäre, kruppöse 80.
—, Therapie der 79.
—, und Grippe 378.
Pneumonien, abszedierende 81, 82, 83.
—, käsige 86.
—, lobuläre 76f., 80.
Pneumothoraxtherapie 95.
Polyarthritis, die primär-chronische 354f., 357, 359, 361, 364.
—, sekundär-chronische und Wirbelsäule 359.
Polycythämien 291.
Polyneuritis 238, 387.
Polyposis des Darmes 248.
— des Dickdarmes 223.
— des Magens 229.
Polyserositis 268.
Poncetscher tuberkulöser Gelenksrheumatismus 362.
Primäre Kachexie (s. Magersucht, s. Kachexie) 24.
Primärkomplex 85, 88.
Proktitis 251, 252.
Prolanausscheidung 23.
Prolapse 13, 18.
Prontosil 385.
Prostata, Erkrankungen der 188, 195.
Prostatahypertrophie 177, 186, 189, 195f.
Prostatakarzinom, das 198, 199, 351.
Prostatatektomie 198.
Prostatatomie 198.
Proteinkörpertherapie 94, 172, 353.
Pseudocirrhosen 265, 268, 269, 303.
Pseudoleukämien 285f., 299f., 302.
Pseudoneurasthenie 149, 231.
Pseudotabes diabetica 321.
Pseudourämie 155, 176.
—, Therapie der 178.
Psychisches 39.
— Verhalten 27, 59.

Ptose, senile 17, 18.
Pulmonalembolie 65, 126, 137, 142.
Pulmonalklappenveränderungen 125.
Pulmonalsklerose 122, 136, 137.
Pulmonalton, zweiter 45, 65, 122, 136.
Pulsionsdivertikel 208.
Pulsus alternans 109, 112.
— celer 47, 124, 125.
— irregularis perpetuus 109, 111, 306.
— paradoxus 128, 129.
— pseudoceler 160, 166.
— tardus 124.
Punktion der Pleura 99.
Punktionsflüssigkeiten 46.
Purpura, anaphylaktoide 292.
— durch Sedormid 295.
—, Henoch-Schönlein 292.
—, rheumatische 292.
— senilis 292.
—, thrombopenische (s. M. Werlhof) 293.
Pyämien 81, 142, 144, 148, 378f.
—, septische, und Gelenkerkrankungen 353.
Pyelitis 183, 190, 196.
Pyelonephritis 182, 183, 190.
Pykniker 13, 31, 61, 165, 204.
Pylorusstenose 217, 228, 231, 309.
Pyonephrosen 186.
Pyrifer 75.

Quarzlampenbestrahlung 93, 109, 118, 283, 299, 344, 367.
Quecksilberdiuretika (s. Novurit, s. Salyrgan) 108, 130.
Quecksilbertherapie 363.
Quecksilbervergiftung und Enteritis 237.
Quinckesche Lagerung 84.
Quinckesches Ödem 308.

Rachitis 344, 348.
Radiumbestrahlung der Gefäße 141.
Rankesche Lehre 89, 91.
Reaktivität im Alter 25, 26, 27, 41.
Rectum 18.
Rectumkarzinom 245, 248, 251.
Regeneration 3.
Reizkörpertherapie 353, 365, 367.
Rektalblutungen 223.
Rektaltemperatur 21, 77.
Respiration 22, 62.

Respirationsapparat, Erkrankungen des 60f.
Respirationsorgane 17.
Respiratorische Arrhythmie 109, **112**.
Restharn 196, 197.
Reststickstoff 174, 175, 176, 178, 196.
Retention des Harnes 193, 196.
Retroperitoneale Prozesse **284**.
Rheumatische Beschwerden **368, 372f.**
— Knötchen (s. Gelenkrheumatismus) 353.
Rhodacholin 173.
Rhodapurin 173.
Rhythmusstörungen im Alter **109f.**
Riedelscher Lappen 254, 267.
Rippe, erste 62, 66.
Rippen 4, 14, 15, 16, 17, 62, 64, 66.
Rippenbrüche und Osteoporose 343.
Rippenfell (s. Pleura) 17.
—, Erkrankungen des **98f.**
Rippenfellentzündung (s. Pleuritis) 98.
Rivaltasche Probe 46, 99.
Röntgenkrebs 56.
Rote Blutkörperchen 19.
Rotes Knochenmark 20.
Rotz 383.
Rubeose bei Diabetes 321.
Ruhr **387**.
Ruhrrheumatismus 387.
Rumpel-Leedescher Versuch 292.

Säbelscheidentrachea 17.
Sacharjinsche Kur 259.
Sahli 19.
Salhumin 366.
Salvarsan (s. Therapie, antiluetische) 132, 135, 192, 363.
Salvarsandermatitis 135.
Salyrgan 100, 106, 108, 115, 158, 178, 181, 270, 335, 368.
— und Krampi 370.
Salyrganüberempfindlichkeit 108.
Salzarme Diät und Krampi 370.
Samenbläschen, Tuberkulose der 200.
Sanarthrit 367.
Sanocrysin 93.
Sarkom der Pleura 101.
Säuretherapie und Bronchialasthma 75.
Scilloral 106.
Sekretion, innere **23**.
Sekundenherztod 126.

Senile Demenz 28, 42, 44.
Seniler Tremor 25.
Seniles Emphysem (s. Emphysem) 60.
Senkungsgeschwindigkeit des Blutes 46, 77, 87, 116, 145, 239, 355, 379.
Sepsis 142, 181, 237, 297, 299, 350, **378f.**, 384.
—, tonsillogene 376.
Septische Prozesse (s. Sepsis) 127.
Seröse Häute 26, 42, 43.
Sexualorgane (s. Genitale, s. Geschlechtsorgane) 6, 23, 35.
Sexuelles **40**.
Shocktherapie 75.
Sideroplen 289.
Sigmakarzinom 249.
Simmondsche Kachexie (s. Kachexie, hypophysäre) **312**, 338.
Sinnesorgane 20, 24.
Sinustachykardien 112.
Sklerodermie 316.
Skoliose 15.
Skorbut **294**, 295.
Solvochin 80, 81.
Somnacetin 141.
Soor 204.
Spasmosolv 75.
Speicheldrüsen (s. Parotitis) **204**.
Speichelfluß 205.
Speichelsteine 204.
Speiseröhre 54.
—, Krankheiten der **205f.**
Spermin 172.
Spiralen, Curschmannsche, und Asthma bronchiale 72.
Spirocid 135.
Splenektomie 289, 294.
Splenomagalien als Pseudoleukämien **302**.
Sputum 46, 67, 68, 69, 74, 77, 82, 83, 89, 95, 115.
Sputumbakterien 72.
Subphrenischer Abszeß 181, **282**.
Substantielles Emphysem (s. Emphysem) 60.
Subtonin 172.
Sulfolein 366.
Sympatol 328.
Symptomarmut **42**.
Symptome, objektive **43**.
— subjektive 42, **43**.
Syncodalsyrup 70.
Syphilis des Darmes 237.

Syphilis der Gelenke **362**.
— der Lunge 98.
Schenkelhalsbrüche und Osteoporose 343.
Schilddrüse 5, 19, 23, **304**f.
—, Karzinom der **305**, 351.
Schilddrüsentherapie 181, 308, 335, 337, 360.
Schlackentheorie des Alterns 7.
Schlaf 25, 38, 40, 151, 165.
Schlaganfälle (s. Halbseitenlähmung) 51, 120, 150, **152**f., 156, 194, 291.
—, Behandlung der 156, 158.
Schluckbeschwerden 55, 212.
Schluckpneumonie 209.
Schridde-Haare 217.
Schrumpfnieren 18, 102, 108, 160, 165, 196, 198.
— bei normalem Blutdruck **175**.
— besonderer Ätiologie 177.
—, die vaskulären **174**.
—, die vaskulären, bei Hochdruck **175**.
—, hydronephrotische (s. Hydronephrosen) 196.
—, pyelonephritische (s. Pyelonephritis) 182.
—, sekundäre (s. Schrumpfnieren) 174, 177, 180.
—, Therapie der **177**.
Schwindel 149, 153, 165, 241.
Statistik im Alter 33, 41, 56.
— im Greisenalter, Bemerkungen über 50f.
Status asthmosus 44, 71, 75.
Stäublische Mischung 73.
Steine der Gallenwege (s. Cholelithiasis) 43.
Stenokardien 119, 132, 134, 138, 165, 166.
Stenosen des Magens 228.
Sterblichkeit (s. Mortalität) 8, 29, 30, 33, 38.
Stierlinsches Zeichen 250.
Stoffwechsel 24, 25, 33.
Stoffwechselerkrankungen **316**.
Stomatitis aphthosa 204.
Stormin 70.
Storm van Leeuwensche Antigene 72, 73.
Strumen (s. Kropf) 304.
Strumitis **305**.
Stryphnon 178, 224, 294.
Stützapparat 13.

Tabes, Arthropathien bei 360.
Tachykardie 77, 111, 112.
Takata-Reaktion 266.
Taumagen 73.
Telatuten 118, 139, 172.
Temperatur **21**, 26, 46, 88.
Tetanie **309**.
Tetanus 383.
Theocamphor 117.
Theocylon 107.
Theominal 117.
Therapie, allgemeine, im Alter **41**f.
—, antiluetische (s. Salvarsan) 152.
— der Altersbronchitis **67**.
— der Lungengangrän **82**.
— der Pneumonie **79**.
— des Altersasthmas **72**.
— des Altersemphysems **65**.
— im Alter **57**f.
—, medikamentöse 41.
— von Lungenabszessen 82.
Thorax 12, 14, 15, 16, 17, 44, 45, 56, 61, 62, 63, 64, 66.
— emphysematosus 61.
—, faßförmiger 16, 44, 62, 63, 64, 65.
— piriformis 16, 61, 63, 64, 65, 66.
Thrombosen 81, **142**f., 147, 148, 152, 153, 291, 384.
— der peripheren Arterien **142**.
Thrombopenie, essentielle 294, 302.
Thrombophlebitis (s. Phlebitis) 144.
Thymusdrüse 1, 19, 23, **313**.
Thyronorman 307.
Thyroxin (s. Schilddrüsentherapie) 26, 308.
Tod 1, 5, 6.
—, physiologischer 4, 5, 8, 9.
—, plötzlicher 38.
—, Ursachen des 51, 52.
Tonephin 247.
Tonsillitis (s. Angina) 127.
Tophi (s. Gicht) 329, 361.
Torpor recti 243.
Torticollis 370.
Trabekelblase 19, 194, 196.
Trachea, Entzündung der 69.
Traktionsdivertikel 89, **210**.
Transpulmin 68, 79, 80, 83.
Transsudat 46, 99, 107.
Tremor, seniler 25, 150.
Tricuspidalvitien **125**.
Trommelschlegelfinger 84.
Tropfenherz 65.

Tuberkulinbehandlung 74, 94, 184.
Tuberkulinempfindlichkeit 26, 91, 74, 362.
Tuberkulinüberempfindlichkeit 87, 94, 100.
Tuberkulinunempfindlichkeit 90, 91.
Tuberkulose 45, 74, 83, 84, 85, 86, 87, 88, 89, 90, 91, 94, 96, 97, 337, 350, 353.
Tuberkulosebehandlung 30, 92, 93.
Tuberkuloseformen, besondere, des Alters 88f.
Tuberkuloseverlauf im Alter 26.
Tuberculosis miliaris discreta 90.
Tuberkulotoxische Erkrankungen 94.
Tuckersche Lösung 73.
Tumor albus (s. Gelenktuberkulose) 362.
Typen, degenerative 31.
Typhus 237 388f.
— exanthematicus (s. Fleckfieber) 382.
Typus, asthenischer 64.
—, athletischer 13.
—, plethorischer 12.

U-Bäder nach Dr. Ried 366.
Überleitungsstörungen 109.
Übung und Arbeit 38.
Ulkuskarzinome 216, 221.
Ulcus ventriculi, Therapie des 220f.
— — und duodeni 218f., 229, 231.
Unterschenkelgeschwür, chronisches 144, 146.
Untersuchung, physikalische 44, 63.
Untersuchungsmethoden 45, 50.
Urämie 176, 179, 196, 198, 234, 237, 320.
—, Therapie der 178f.
Urathische Diathese 331.
Urecidin 331, 368.
Urosepsis 379, 380.
Uzara 387.

Vaccinetherapie 70, 353.
Vagina 55.
Vagusdruck (s. Karotisdruck) bei Cheyne-Stokes 120.
Varikokelen 144, 199.
Variola 381.
Variolois 381.
Varizen 13, 22, 139, 144.
Vasano 179.

Vasotomie 197.
Vasotonin 172.
Vegetative Nerven 25, 26, 74.
Venen, Erkrankungen der 144f.
Venenentzündungen 144.
Venenerkrankungen, Therapie der 146.
Venenerweiterungen 144.
Venenthrombosen 145f.
Ventrikeldurchbruch des Gehirns 154.
Veramon 141.
Verdauungsapparat, Erkrankungen des 203f.
Verdauungsorgane 18, 23.
Verhalten in Krankheiten 41.
Verjüngungsoperationen, die sogenannten 200f.
Verjüngungsversuche 5, 19, 23.
Vigantol 346.
Virchowsche Drüsen 214.
Vitalkapazität 22, 23, 63, 64.
Vitamin-C (s. C-Vitamin) 24, 294, 295, 299, 380.
— und Nebenniere 315.
Vitamin-D 293, 309, 344, 345, 347.
Vitamin-P 380.
Vithormon 158.
Vitien (s. Herzklappenfehler) 22, 78, 120, 121f., 125.
Vogelbrust 16.
Volumen pulmonum auctum 16, 71.
Volvulus (s. Darmverschluß) 245, 246, 280.
Vorhöfe, Thrombosen der 108, 123, 126, 142.
Vorhofflimmern (s. Pulsus irregularis perpetuus) 111.
Vorsteherdrüse (s. Prostata) 54.
Vulva 55.

Wanderniere 186, 187.
Warzen 12.
Wassersucht 102, 103, 107, 108.
Wechselkost 192.
Weibliche Brust, Krebs der (s. Mammakarzinom) 53, 55.
Weiblicher Geschlechtsapparat (s. Genitale) 19.
Weibliches Genitale, Krebs des 53.
Weibliches Klimakterium 10.
Weil-Felixsche Reaktion 382.
Wenckebach-Pillen 110, 111.
Wilsonsche Krankheit 268.

Wirbelsäule 4, 11, 14, 15, 16, 44, 62.
—, Arthritis deformans der (s. A. deformans) 370.
—, Gelenkerkrankungen der 358.
—, Karies der 90, 92.
—, Osteoporose der 343, 344.

Xanthose 321.

Yatren-Casein 365, 385.
Yatrenlösung bei Pleuraempyem 101.
Yatrenspülungen des Darmes 237, 387.

Zahnerkrankungen, entzündliche 203.
Zenckersche Divertikel 208.
Zentrale Atemstörung 25.
Zentraler Hochdruck 25.
Zeugungsfähigkeit 35.
Zickzackkost nach Noorden 107, 169.

Zirbeldrüse 19.
Zirkulationsapparat (s. Kreislauf) 17, 21, 22.
Zirrhose (s. Cirrhose).
Zittern (s. Tremor) 69.
Zuckergußleber 103, 264, 268.
Zuckergußmilz (s. Perisplenitis).
Zunge 18, 54, 203, 204.
Zwangslachen 151.
Zwangspolyurie 178, 196.
Zwangsweinen 151.
Zwerchfell 16, 61, 62, 64, 65.
Zwerchfellhochstand 84, 110, 228, 334.
Zwerchfellähmung 96.
Zwischenhirn 25.
Zwischenzellen des Hodens 19.
Zyanose (s. Cyanose).
Zystennieren 177, 186.
Zystitis (s. Cystitis).

Manzsche Buchdruckerei, Wien IX.